AF238934

Ed. Autenrieth

Technische Mechanik

Ein Lehrbuch der Statik und Dynamik für Maschinen- und

Bauingenieure

bremen
university
press

Ed. Autenrieth

Technische Mechanik

Ein Lehrbuch der Statik und Dynamik für Maschinen- und Bauingenieure

ISBN/EAN: 9783955623166

Auflage: 1

Erscheinungsjahr: 2013

Erscheinungsort: Bremen, Deutschland

@ Bremen-university-press in Access Verlag GmbH, Fahrenheitstr. 1, 28359 Bremen. Alle Rechte beim Verlag und bei den jeweiligen Lizenzgebern.

bremen
university
press

Technische Mechanik.

Ein Lehrbuch der Statik und Dynamik,

für Maschinen- und Bauingenieure

herausgegeben

Ed. Autenrieth.

Oberbaurath und Professor an der K. Technischen Hochschule
in Stuttgart.

Berlin.
Verlag von Julius Springer.
1900.

Vorrede.

Seit einer langen Reihe von Jahren mit dem Unterricht in der technischen Mechanik an der hiesigen technischen Hochschule betraut, unternehme ich es, mehrfachen Aufforderungen zufolge, meine über technische Mechanik gehaltenen Vorträge durch den Druck zu veröffentlichen und zwar nachstehend denjenigen Theil derselben, welcher sich auf die Dynamik der im Gleichgewicht befindlichen und der nicht im Gleichgewicht befindlichen, also bewegten Körper, d. h. auf Statik und Kinetik bezieht. Hierbei wäre es denn angemessen gewesen, dem Buche den Titel: „Technische Dynamik" zu geben, allein der Umstand, dass man auch heute noch unter Dynamik vielfach nur die Lehre von den Kräften versteht, insofern dieselben Bewegung hervorrufen, war die Veranlassung, das vorliegende Buch in herkömmlicher Weise als ein Lehrbuch der Statik und Dynamik zu bezeichnen, obgleich in ihm die Statik als ein Theil der Dynamik aufgefasst ist.

Zunächst möge es mir gestattet sein, den Standpunkt zu kennzeichnen, von welchem aus ich meine Lehraufgabe behandeln zu müssen geglaubt habe.

Die Mechanik, durch Forderungen des praktischen Lebens hervorgerufen, hat im Laufe der Zeit an praktischer Bedeutung immer mehr zugenommen und dementsprechend auch eine weitgehende Ausbildung im Sinne der Praxis erfahren. Andererseits ist es den Mathematikern gelungen, in ihrem Sinn die Mechanik zu einer rein theoretischen Wissenschaft auszugestalten, zu einer Wissenschaft, welche auf der Stufe, die sie zur Zeit erreicht hat, füglich als ein Theil der Mathematik angesehen werden kann. Die Mechanik lässt sich also in zweierlei Weise auffassen: das eine Mal als eine praktische Ziele verfolgende Wissenschaft, dazu bestimmt, gewisse Aufgaben der Physik und der Technik zu lösen, das andere Mal als eine abstrakte, wie die reine Mathematik

I*

zunächst von keinerlei praktischen Rücksichten beeinflusste, für ihre Lehren den grösstmöglichen Grad von Allgemeinheit anstrebende, also möglichst „ökonomisch" verfahrende, gleichsam um ihrer selbst willen zu betreibende mathematische Wissenschaft, welche das Mittel liefert, auch „die in der Natur vor sich gehenden Bewegungen vollständig und auf die einfachste Weise zu beschreiben." Diese zweite Auffassungsweise entspricht vorzugsweise dem Standpunkt der Universität; ist ja doch die Universität von Alters her die für die Pflege der reinen Geisteswissenschaften bestimmte Stätte. Aber die technischen Hochschulen haben eine andere Bestimmung. Der Technik wegen ins Leben gerufen, müssen sie auch die Forderungen der Technik als Richtschnur unverrückt im Auge behalten.

Welche Forderungen stellt nun die Technik an die Mechanik? oder mit anderen Worten: Wie ist die Mechanik zu behandeln, wenn sie den Forderungen der Technik gerecht werden soll? Hierfür kann uns der dem Techniker so überaus wichtige Zweig der Mechanik, die Festigkeits- und Elasticitätslehre, einen deutlichen Fingerzeig geben.

Bei diesem bedeutungsvollen Fache des Ingenieurs pflegt man an den technischen Hochschulen zunächst die speciellen Fälle des Zuges, Druckes, der Biegung und Torsion von Stäben in eingehendster Weise durchzunehmen, dabei stets in Fühlung mit den wirklichen Verhältnissen bleibend, und erst dann, wenn die nöthigen genauen Einsichten in die betreffenden, praktisch so wichtigen Einzelheiten erzielt sind, sich auf einen allgemeineren, höheren Standpunkt zu erheben und die allgemeine mathematische Elasticitätstheorie folgen zu lassen. Dass dieser bei der Elasticitäts- und Festigkeitslehre an den technischen Hochschulen eingeschlagene Weg thatsächlich der richtige ist, darüber herrscht kein Zweifel.

Was aber für den einen Theil der Mechanik des Ingenieurs sich bewährt hat, das dürfte auch für das Ganze vorbildlich sein. Demgemäss erschiene es Verfasser verkehrt, an den technischen Hochschulen die für zukünftige Ingenieure bestimmte Mechanik gleich von möglichst allgemeinem Standpunkt aus, als analytische oder theoretische Mechanik zu behandeln, hierbei die praktische Verwerthung der gewonnenen Resultate im wesentlichen den betreffenden speciellen Ingenieurfächern überlassend. Nein! Zunächst eine den Bedürfnissen des Ingenieurs besonders Rechnung tragende, auch auf die Anwendungen ein Hauptgewicht legende technische Mechanik und dann erst für Weiterstrebende eine von allgemeineren, höheren

Gesichtspunkten aus dargelegte und auf entsprechende höhere Probleme angewandte theoretische Mechanik. Man sage da nicht, dass ja an den Vorschulen schon Mechanik getrieben werde und dass man daher recht wohl an der technischen Hochschule mit einer mehr dem akademischen Standpunkt entsprechenden, allgemein gehaltenen theoretischen Mechanik beginnen könne. Dem gegenüber möchte Verfasser behaupten, dass die Mechanik für den Ingenieur einen integrirenden Theil seiner Fachwissenschaft bildet und dass deshalb auch die Mechanik ihren gesammten Auf- und Ausbau in einer zweckentsprechenden Weise einheitlich an der technischen Hochschule erhalten muss. Sie hat sich daher auch nicht auf einen von anderer Seite gelieferten Unterbau zu stützen, so wenig ihr Ausbau nach oben ausserhalb der technischen Hochschule erfolgen sollte.

Noch über einen weiteren Punkt will Verfasser sich hier aussprechen. Logischerweise ist die Statik als ein Theil der allgemeinen Dynamik anzusehen. Soll nun die Statik nicht als besondere Wissenschaft, sondern thatsächlich als ein Theil der allgemeinen Dynamik erscheinen, so darf auch die Statik, falls sie besonders behandelt wird, auf keiner anderen Grundlage, als ausschliesslich auf den allgemeinen Grundprincipien der Dynamik aufgebaut werden, überdies muss ein und derselbe Kraftbegriff in der ganzen Dynamik zu Recht bestehen. Was soll man aber in der technischen Mechanik unter einer Kraft sich vorstellen?

Der Techniker denkt sich unter einer Kraft, welche an einem Körper sich geltend macht, unwillkürlich einen auf den Körper ausgeübten Zug oder Druck. Wesentlich auf diesem Kraftbegriff beruht beim Konstrukteur das „statische Gefühl". Die Versinnlichung der Kraft durch einen persönlich ausgeübten Zug oder Druck ist überhaupt so natürlich und so tief eingewurzelt, dass er selbst in der theoretischen Mechanik, trotz seiner künstlichen, wissenschaftlich wohl begründeten Unterdrückung, noch eine latente Rolle spielen dürfte. Wenn nun aber zweckmässiger Weise in der Statik die Kraft als ein ausgeübter Zug oder Druck aufgefasst wird, so sollte dieser Kraftbegriff, dem oben Gesagten gemäss, auch in der ganzen technischen Dynamik aufrecht erhalten bleiben. Dass dieses unter voller Wahrung der Wissenschaftlichkeit geschehen, oder mit anderen Worten: dass auch hierbei ein streng logischer Aufbau der ganzen Dynamik auf den für sie festgesetzten Grundprincipien erfolgen kann, dürften die Ausführungen des vorliegenden Buches zeigen.

Indessen ist zuzugeben, dass der vorerwähnte Kraftbegriff

für alle Zweige der Mechanik nicht allgemein genug ist. Da aber bei eventuellem späterem Aufsteigen zur theoretischen Mechanik, in welcher bekanntlich die Kraft lediglich als eine mathematische Grösse aufgefasst wird, nämlich als Produkt aus Masse und Beschleunigung, die für die technische Mechanik so geeignete Auffassung der Kraft als eines ausgeübten Zuges oder Druckes einer allgemeineren Auffassung keineswegs hindernd im Wege steht und darum in der theoretischen Mechanik nicht wieder ausgemerzt zu werden braucht, so liegt auch keine Veranlassung vor, in der technischen Mechanik von dem erwähnten, ihr so angemessenen Kraftbegriffe abzugehen.

Verfasser findet sich zunächst durch äussere Gründe veranlasst, in seinen Vorträgen über technische Mechanik mit der Statik zu beginnen. Er erachtet es aber auch vom pädagogischen Standpunkt aus nicht für ungerechtfertigt, in dieser Weise zu verfahren und die Statik, diesen so wichtigen Specialfall der Dynamik, mit der für den Techniker erforderlichen Ausführlichkeit zuerst durchzunehmen. Bei einem solchen Unterrichtsgang müssen dann eben einige Sätze zunächst als Axiome aufgestellt werden, die nachträglich im kinetischen Theil der Dynamik wieder ihren axiomatischen Charakter verlieren, indem sie dort ihren Beweis finden.

Bezüglich der in diesem Buche behandelten Lehrgegenstände möchte Verfasser bemerken, dass es ihm angemessen erschien, die neuerdings auch zu praktischer Bedeutung gelangte Kreiselbewegung in der technischen Dynamik nicht unerwähnt zu lassen. Um jedoch im Sinn der vorliegenden Dynamik zu verfahren, hat Verfasser, sich auf die Theorie des nutationsfreien Kreisels beschränkend, eine Lösung dieses Problems der Kreiselbewegung gegeben, welche dasselbe an andere, in der technischen Dynamik ohnehin zu behandelnde Aufgaben passend anreiht und auf verhältnissmässig einfachem Wege Aufschluss darüber giebt, woher es kommt, dass ein rotirender schwerer Kreisel in schiefer Lage merkwürdigerweise nicht umfällt.

Des weiteren hat es Verfasser für zweckmässig gehalten, in der Dynamik der bewegten materiellen Systeme als eine geeignete Anwendung das Wesentlichste aus der Dynamik der Maschinen mit zu entwickeln. Auch im übrigen glaubt Verfasser, mit der von ihm getroffenen Auswahl der Lehrgegenstände den Forderungen der auf die technische Dynamik sich stützenden speciellen Ingenieurfächer in wünschenswerthem Maasse gerecht geworden zu sein und ebenso in seinen Ausführungen sich möglichster Klarheit und Gründlichkeit befleissigt zu haben. In dieser

Beziehung dienten ihm hauptsächlich die von ihm mannigfach benutzten meisterhaften Darlegungen eines Belanger, Delaunay (seines unvergesslichen Lehrers), Duhamel, Grashof, A. Ritter und Schell als treffliche Vorbilder. Bei dieser Gelegenheit möchte Verfasser es auch nicht versäumen, der nützlichen Dienste zu gedenken, welche ihm einst bei seinen ersten Studien in Mechanik das durch klare und praktische Behandlung thatsächlicher Verhältnisse sich auszeichnende Lehrbuch der Mechanik von Ad. Wernicke geleistet hat. Ebenfalls soll nicht unerwähnt bleiben, dass dem vom Verein „Hütte" herausgegebenen bekannten Taschenbuch verschiedene Erfahrungsresultate für das vorliegende Buch entnommen wurden.

Erfreulicherweise ist die Statik heutzutage wohl den meisten Ingenieuren eine geläufige Wissenschaft. Das kann aber von der Dynamik der bewegten Körper, trotz ihrer grossen Bedeutung für das Maschinenfach, noch nicht in gleichem Maasse behauptet werden. Deshalb ist es dem Verfasser in seinem Buche hauptsächlich auch darum zu thun, durch eine praktische, möglichst fassliche, aber trotzdem streng wissenschaftliche Darlegung, der letztgenannten Disciplin noch weiteren Eingang bei den Ingenieuren zu verschaffen, in diesem seinem Bestreben sich eins wissend auch mit den Verfassern der in der letzten Zeit erschienenen geschätzten Lehrbücher der technischen Mechanik von Keck, Föppl, Hoppe u. A.

So möge denn das hier Gebotene mit Wohlwollen aufgenommen werden als ein von einem Ingenieur verfasstes, für Ingenieure bestimmtes Lehrbuch der technischen Dynamik.

Stuttgart, im Sommer 1900.

Ed. Autenrieth.

Inhaltsverzeichniss.

II. Abschnitt.

Die Dynamik des bewegten materiellen Punktes
(Kinetik des materiellen Punktes.)

I. Abschnitt.

Grundlehren und daran anschliessend die Statik der festen Körper.

1. Kapitel.

Einleitung in die Mechanik.

1. Gegenstand der Mechanik. Wird ein vom Boden aufgehobener Stein sich selbst überlassen, so fällt er bekanntlich in einer Vertikalen herab und zwar mit zunehmender Geschwindigkeit. Wird ein Stein vertikal aufwärts geworfen, so erhebt er sich in der betreffenden Vertikalen mit abnehmender Geschwindigkeit bis zu einer gewissen Höhe und fällt hierauf in der gleichen Vertikalen beschleunigt wieder zurück. Wirft man einen Stein schief hinaus, so bemerkt man, dass derselbe eine krummlinige Bahn von bestimmter Form durchläuft. Wird ein frei beweglicher ruhender Körper gleichzeitig nach verschiedenen Richtungen gezogen, oder, wie man auch sagt, von „Kräften" angegriffen, so fängt derselbe im allgemeinen sich zu bewegen an und führt eine Bewegung aus, die abhängt von den auf den Körper ausgeübten Kräften. Unter Umständen bleibt aber der Körper, trotzdem er gezogen wird, in Ruhe. Man sagt dann: er befinde sich im Gleichgewicht.

Derartige Erscheinungen konnten nicht verfehlen, den menschlichen Geist zum Nachdenken anzuregen, sie haben eine besondere Wissenschaft hervorgerufen: die Mechanik. Danach würde sich die Mechanik mit der Bewegung und dem Gleichgewicht der Körper in der Natur beschäftigen und als eine physikalische Disciplin erweisen.

2. Eintheilung der Mechanik. Soll eine stattfindende Bewegung erforscht werden, so ist vor allem die Art und Weise,

wie der Körper sich bewegt, genau festzusetzen. Ist das geschehen, so liegt es nahe, auch den Ursachen der beobachteten
Bewegung nachzuspüren, d. h. die der Bewegung zu Grunde
liegenden Kräfte aufzusuchen. Es treten also bei der Erforschung
einer Bewegung zwei verschiedenartige Aufgaben auf: eine geometrischen und eine physikalischen Charakters. Dementsprechend hat man denn auch die Mechanik eingetheilt in Kinematik oder Phoronomie und in Dynamik, wobei unter Kinematik oder Phoronomie die Theorie der Bewegungszustände
und unter Dynamik die Theorie der die Bewegungszustände
bedingenden Kräfte verstanden wird.

Die Kinematik[1]) können wir auffassen als eine Erweiterung
der Geometrie. Bekanntlich ist schon in der Geometrie von
Bewegungen die Rede, man denke nur an die Entstehung gewisser
Curven und Flächen (Rollkurven, Umdrehungsflächen, Regelflächen
etc.), aber bei allen diesen Bewegungen bleibt die Zeit, während
welcher die Bewegungen erfolgen, ausser Acht. In der Kinematik dagegen wird auch die Zeit berücksichtigt, in welcher
die betreffenden Ortsveränderungen vor sich gehen.

Was sodann die Dynamik betrifft, so fallen ihr zweierlei
Aufgaben zu: entweder hat sie für stattfindende Bewegungen die
derselben zu Grunde liegenden Kräfte zu ermitteln, oder sie hat
die Bewegungen zu bestimmen, welche von gegebenen Kräften
hervorgerufen werden. Letzterenfalls kann es sich aber ereignen,
worauf schon eingangs aufmerksam gemacht wurde, dass die
Kräfte gar keine Bewegung hervorrufen und sich gegenseitig im
Gleichgewicht halten. Diesen speciellen Fall behandelt die
Statik. Die Statik steht also nicht der Dynamik gegenüber, sie
bildet vielmehr einen Theil der Dynamik. Trotzdem findet man
sehr häufig noch die Mechanik statt in Kinematik und Dynamik, in Statik und Dynamik eingetheilt. In diesem Fall hat
man dann eben unter Statik die Lehre von den Kräften zu verstehen, insofern dieselben im Gleichgewicht sind, und unter
Dynamik die Lehre von den Kräften, insofern dieselben Bewegung hervorrufen, die Kinematik dagegen anzusehen als
eine geometrische Wissenschaft, der Dynamik als Hilfswissen-
schaft dienend. In diesem Sinne genommen stimmt die Dynamik
überein mit der als Kinetik bezeichneten Lehre von der Be-
wegungserzeugung durch Kräfte.

Wie man in der Mathematik Linien, Flächen, geometrische

---

[1]) Wir werden uns im folgenden nach dem Vorgange Schell's u. A. ausschliesslich der Bezeichnung „Kinematik" bedienen.

Körper in ihre kleinsten Theile, Elemente genannt, zerlegt, bezw. die erstgenannten Grössen als zusammengesetzt ansieht aus ihren Elementen, so pflegt man auch in der Mechanik die von ihr in Betracht gezogenen materiellen Körper aufzufassen als Vereinigungen, Systeme von materiellen Punkten, oder kurz als materielle Systeme. Danach wäre in einem materiellen Punkte nur eine unendlich kleine Menge von Materie enthalten, oder mit anderen Worten: ein materieller Punkt würde nur eine unendlich kleine Masse besitzen. Indessen pflegt man den materiellen Punkt auch noch anders aufzufassen. Wenn man sagt: ein schief hinausgeworfener Stein beschreibe eine Parabel, oder: die Erde bewege sich in einer Ellipse um die Sonne, so sieht man hierbei, da ja eine Linie nur von einem Punkte beschrieben werden kann, stillschweigend von den Dimensionen dieser Körper ab und denkt sich die ganze Materie des betreffenden Körpers in einen Punkt verdichtet. Ein solcher Ideeller, eine endliche Masse enthaltender Punkt wird dann ebenfalls materieller Punkt genannt.

Bei einem bewegten Körper sind im allgemeinen die Bewegungen seiner einzelnen Punkte nicht die gleichen: während der Körper im Raume fortschreitet, kann er sich gleichzeitig noch drehen, es erscheint daher auch zweckmässig, in der Mechanik zunächst die Bewegung und das Gleichgewicht von materiellen Punkten zu behandeln und darauf die Betrachtung der Bewegung und des Gleichgewichts von Körpern oder materiellen Systemen folgen zu lassen und demgemäss die Mechanik einzutheilen in:

I. Mechanik des materiellen Punktes und

II. Mechanik materieller Systeme.

Letztere kann dann entsprechend den verschiedenen Aggregatzuständen der Naturkörper wieder zerlegt werden in:

1. Mechanik der festen Körper,

2. Mechanik der tropfbar flüssigen Körper oder Hydromechanik.

3. Mechanik der luftförmigen Körper oder Aeromechanik.

8. Die verschiedenen Entwickelungsstufen der Mechanik. Die Mechanik ist nach dem, was oben gesagt wurde, als ein Theil der Physik anzusehen, sie ist eine Naturwissenschaft und damit eine Erfahrungswissenschaft. Dementsprechend hat die Mechanik im Laufe der Zeit thatsächlich auch eine Behandlung erfahren, ähnlich derjenigen, welche den übrigen Zweigen der Physik zu theil geworden ist: Wie man bei diesen durch

1*

Beobachtungen und Experimente zunächst Specialgesetze für die verschiedenen Klassen von Erscheinungen ausfindig machte, beispielsweise in der Optik das Reflexionsgesetz, das Brechungsgesetz etc., so ermittelte man auch für die verschiedenen in das Gebiet der Mechanik fallenden Erscheinungsarten die Gesetze, welche den betreffenden Erscheinungen zu Grunde liegen. Dahin gehören: Das Hebelgesetz, das Gesetz vom Parallelogramm der Kräfte, das Gesetz des freien Falles u. a. Indem man nun die zahlreichen Specialgesetze der Mechanik als feststehende Grundgesetze ansah, konnte man ein erstes wissenschaftliches System der Mechanik aufstellen, das System der Elementarmechanik. Dieses System kommt mit Recht auch heute noch beim Unterricht in der Mechanik an niederen technischen Lehranstalten zur Geltung. Aber auch in den Lehrkursen der allgemeinen Experimentalphysik pflegt man die Mechanik ähnlich wie die anderen physikalischen Disciplinen zu behandeln, ihre einzelnen Gesetze durch das Experiment vor Augen zu führen und zu bestätigen und damit die Mechanik als Elementarmechanik zum Ausdruck zu bringen. Bei der Elementarmechanik blieb man jedoch nicht stehen. In Anbetracht ihrer zahlreichen Specialgesetze lag es nahe, zu untersuchen, ob zwischen denselben nicht vielleicht ein Zusammenhang bestehe. Das hat sich in der That herausgestellt. Man hat nämlich gefunden, dass die einzelnen Specialgesetze der Elementarmechanik alle auf einigen wenigen „Grundprincipien" beruhen, aus welchen sie durch reine Verstandesoperationen, durch rationale Thätigkeit allein, abgeleitet werden können. Damit war ein zweites, höheres System der Mechanik festgesetzt, dasjenige der höheren oder rationellen Mechanik. Diese höhere Mechanik, welche mit Rücksicht auf ihre Grundlagen noch als eine physikalische Disciplin bezeichnet werden muss, kann aber auch mit einer mathematischen Wissenschaft verglichen werden. Wie in Geometrie und Algebra von wenigen Axiomen ausgegangen wird, so geht man in der höheren oder rationellen Mechanik von wenigen Grundprincipien aus. Während aber die Axiome der reinen Mathematik unmittelbar als richtig eingesehen werden, ist dies bei den Grundprincipien der Mechanik nicht in gleicher Weise der Fall, deren Richtigkeit sich vielmehr erst durch das Uebereinstimmen der aus ihnen gezogenen Folgerungen mit den Beobachtungsresultaten erweist.

Die Grundprincipien der Mechanik sind als nicht weiter zerlegbare Thatsachen der Natur aufzufassen.

Als Begründer der höheren oder rationellen Mechanik

ist Newton (1643—1727) zu bezeichnen, welcher in seinem berühmten Werke „Philosophiae naturalis principia mathematica", von drei Principien ausgehend, auf geometrischem Wege erstmals ein System der rationellen Mechanik aufstellte. Aber seine synthetischen Ableitungen sind überaus künstlich. Es war daher für die Mechanik ein grosser Fortschritt, als man es unternahm, die inzwischen erfundene Differential- und Integralrechnung für die Mechanik nutzbar zu machen und an Stelle der geometrischen Konstruktion das rechnerische Verfahren zu setzen. So entstand durch Euler's Vorgehen (Euler 1707—1783) die sogenannte analytische Mechanik, welche bald nach Euler durch Lagrange (1736—1813) in dessen klassischem Werke: „Mécanique analytique" einen hohen Grad von Vervollkommnung erreichte.[1] In der Regel versteht man heutzutage unter analytischer Mechanik eine höhere oder rationelle Mechanik, bei welcher das Augenmerk mehr auf die Entwickelung allgemeiner Theorien, als auf die praktischen Anwendungen der Mechanik gerichtet ist. Man will also mit „analytisch" nicht gerade zum Ausdruck bringen, dass es sich um eine Mechanik handele, bei welcher die analytische Methode ausschliesslich zur Anwendung kommt im Gegensatz zur synthetischen Methode, vielmehr will man damit nur den mehr theoretischen Charakter der betreffenden höheren Mechanik andeuten.

Bei den von Newton für die Mechanik aufgestellten drei Principien liess man es jedoch nicht bewenden. So hat neuerdings der Physiker Hertz[2] in scharfsinniger Weise gezeigt, wie man in der Mechanik auch mit einem einzigen Princip auskommen könnte.

Endlich hat man es auch unternommen, die Mechanik ihrer physikalischen Grundlage ganz zu entheben und sie nicht mehr aufzufassen als die Lehre von den Bewegungen der Körper in der Natur, sondern als eine abstrakte Wissenschaft, welche sich mit gedachten Bewegungen hypothetischer Raumgebilde beschäftigt. Eine solche Mechanik, theoretische Mechanik genannt, ist dann kein Theil der Physik mehr, sondern eine besondere Wissenschaft, welche der Physik als Grundlage dient; sie ist eine Mechanik allgemeinster Art, von welcher die gewöhnliche oder physikalische Mechanik nur einen speciellen Fall bildet. So wird in der theoretischen Mechanik beispielsweise die Masse

---

[1] Näheres über die Entwickelung der Mechanik hauptsächlich in Dühring, „Kritische Geschichte der allgemeinen Principien der Mechanik" und in Mach, „Die Mechanik in ihrer Entwickelung."

[2] Hertz, Gesammelte Werke. Bd. III „Die Principien der Mechanik."

eines materiellen Punktes lediglich als Koefficient aufgefasst, durch welchen einem geometrischen Punkt ein gewisser Werth beigelegt wird, und die Kraft definirt als Produkt aus Masse und Beschleunigung, wobei mit Rücksicht darauf, dass es Beschleunigungen verschiedener Ordnung giebt, auch Kräfte verschiedener Ordnung unterschieden werden können. [1])

Aber nicht bloss in theoretischer Beziehung hat die Mechanik in der Neuzeit eine bedeutende Weiterentwickelung erfahren, sondern auch nach der Seite der praktischen Anwendungen hin. So gab die mächtig emporstrebende Technik Anlass zur Bearbeitung der verschiedensten mechanischen Probleme und weiterhin zur Ausgestaltung einer besonderen, den Bedürfnissen des Technikers möglichst entsprechenden Mechanik, der sogenannten technischen Mechanik. Diese auf physikalischer Grundlage ruhende technische Mechanik, welche eine der Hauptgrundlagen des Bau- und Maschinenwesens bildet, wird sowohl als Elementarmechanik, wie auch als höhere oder rationelle Mechanik dargelegt; es kommt hier eben darauf an, welcher Kategorie von Technikern sie zu dienen hat. Bei der für den Ingenieur bestimmten technischen Mechanik muss angesichts der dem Ingenieur gestellten Aufgaben unbedingt der höhere Standpunkt eingenommen werden, gehört doch auch die höhere Mathematik zum unentbehrlichen Rüstzeug des Ingenieurs.

— —

2. Kapitel.

Die Kräfte, ihre Zusammensetzung und die Bedingungen ihres Gleichgewichts.

§ 1.

Von den Kräften im allgemeinen.

4. Begriff der Kraft. Wir sind im Stande, auf einen Körper einen Zug auszuüben in beliebiger Richtung und von beliebiger Stärke. Mittels eines solchen Zuges lassen sich einem frei beweglichen Körper die verschiedensten Bewegungen ertheilen. Beobachtet man nun in der Natur eine ohne unsere Einwirkung

---

[1]) Ein ausgezeichnetes, wegen seiner klaren Darstellung und der vielfach gebotenen Anwendungen namentlich auch für Ingenieure geeignetes Lehrbuch der theoretischen Mechanik ist das bekannte Werk von Schell, „Theorie der Bewegung und der Kräfte".

erfolgende Bewegung, welche ebenso gut auch durch einen entsprechend ausgeübten Zug hervorgebracht werden könnte, so liegt es nahe, der beobachteten Bewegung eine diesem Zug analoge Ursache zuzuschreiben, welche Ursache man kurzweg als Kraft zu bezeichnen pflegt. Da sich aber die Mechanik nicht mit dem Wesen, sondern nur mit den Wirkungen der Kräfte beschäftigt, so ist es auch zulässig, die einer beobachteten Bewegung zu Grunde liegende Kraft stets durch einen entsprechenden Zug ersetzt sich zu denken, also überhaupt die Kraft als einen Zug aufzufassen.

5. Bestimmung der Kraft. Um die Richtung einer Kraft zu bestimmen, denken wir uns den die Kraft vorstellenden Zug an dem einen Ende B eines Fadens wirkend, dessen anderes Ende A befestigt ist. Die Richtung AB des gespannten Fadens giebt uns dann die Kraftrichtung an.

Der stets mehr oder weniger elastische Faden wird übrigens durch die Kraft nicht bloss gerade gespannt, er erfährt auch eine Ausdehnung, deren Grösse abhängt von der Intensität oder Grösse der ausgeübten Kraft. Ein elastischer Faden giebt uns daher ein Mittel an die Hand, die Grösse einer Kraft zu beurtheilen. Statt eines elastischen Fadens bedient man sich indessen zum Messen der Kräfte besonderer Apparate, der sogenannten Dynamometer, welch letztere im wesentlichen elastische Federn sind, deren mehr oder weniger beträchtliche Formänderung, hervorgerufen durch die zu messende Kraft, von einem Zeiger auf einer Skala angezeigt wird.

Zwei Kräfte nehmen wir als gleich an, wenn sie, nach einander am nämlichen Dynamometer angebracht, die gleiche Verschiebung des Zeigers an der Skala des Dynamometers hervorrufen. Eine Kraft, welche die gleiche Verschiebung des Zeigers bewirkt, wie n gleiche Kräfte zusammen, wird n mal so gross als jede der einzelnen Kräfte genannt.

Um nun die Grössen der Kräfte numerisch ausdrücken zu können, hat man einen bestimmten, am Dynamometer gekennzeichneten Zug als Krafteinheit anzunehmen. [1])

Eine Kraft, welche fortwährend ihre Richtung und Grösse beibehält, wird konstant genannt, andernfalls veränderlich.

Graphisch pflegt man die Kräfte durch Pfeile darzustellen, wobei die Anzahl der Längeneinheiten des Kraftpfeiles übereinzustimmen hat mit der Anzahl der Krafteinheiten der Kraft.

Ausser der Richtung und Grösse einer Kraft kommt noch der Angriffspunkt derselben in Betracht. Durch Angriffspunkt

---

[1]) Weiteres hierüber siehe No. 39.

und Richtung der Kraft ist die Lage der Kraft vollständig bestimmt. Die Gerade, in welcher eine Kraft wirkt, wird Richtungslinie, oder besser Wirkungslinie der Kraft genannt.

6. Wirkung und Gegenwirkung. Zwischen zwei feste Punkte
A und B sei ein elastischer Faden straff gespannt eingezogen.
Hebt man nun die Befestigung bei B auf, verlangt aber, dass
der Faden in demselben Spannungszustand bleibe, so muss am
Faden in seinem Ende B eine gewisse von A nach B gerichtete
Kraft P angebracht werden, deren Grösse durch den zuvor vorhanden gewesenen Spannungszustand des elastischen Fadens bestimmt ist. Ebenso verhält sich die Sache am Fadenende A.
Auch hier haben wir, wenn wir die Befestigung aufheben, dafür
in der Richtung BA eine Kraft anzubringen, deren Grösse ebenfalls dem ursprünglichen Spannungszustande des Fadens entsprechen muss, also eine Kraft gleich P. Demgemäss giebt ein
gespannter Faden stets zwei gleiche, an seinen Enden A und B
in der Geraden AB entgegengesetzt wirkende Kräfte zu erkennen.
Ueben wir mittels eines Fadens AB auf einen Körper K im
Punkte A desselben einen Zug P aus in der Richtung AB, so
erfährt auch nach Ausweis der Spannung des Fadens unsere den
Zug ausübende Hand von Seiten des Körpers K eine ebenso
grosse Kraft $P' = P$ in der Richtung BA. Der Wirkung P entspricht die Gegenwirkung $P' = P$.

Ganz in gleicher Weise verhält es sich bei den übrigen in
der Natur auftretenden Kräften. Zieht ein Magnet ein Stück
Eisen mit einer Kraft P an, so wird auch der Magnet von dem
Eisen mit der gleich grossen Kraft P angezogen.

Ueberhaupt treten die Kräfte in der Natur nie einzeln auf,
sondern stets paarweise. Dabei wirken die betreffenden
zwei Kräfte in derselben Geraden, auch besitzen sie
beide die gleiche Grösse, jedoch entgegengesetzte
Richtung.

Durch Vorstehendes ist das wichtige physikalische Gesetz
der Wechselwirkung ausgesprochen, welches in dem Newton-
schen Gravitationsgesetze speciellen Ausdruck findet.

7. Von der Zusammensetzung der Kräfte. Wird ein frei
beweglicher starrer Körper von einer Reihe von Kräften P_1, P_2,
P_3 ... oder, wie man auch sagt, von einem System von Kräften
P angegriffen, und findet man, dass eine einzige Kraft R dieselbe Wirkung bezüglich des Bewegungszustandes des Körpers
äussert, wie die Kräfte P zusammen, so nennt man die Kraft R
die Resultante oder Resultirende der Kräfte P, die letzteren
dagegen die Komponenten von R. Des weiteren versteht man

unter der Zusammensetzung von Kräften die Bestimmung der Resultanten dieser Kräfte.

Was nun die Zusammensetzung von Kräften betrifft, so kann dieselbe nur auf Grund gewisser Hypothesen erfolgen, welch letztere aber, wie später gezeigt werden wird, aus den allgemeinen Grundprincipien der Dynamik sich ergeben und daher nur vorläufig als Axiome zu gelten haben.

§ 2.

Zusammensetzung von Kräften, welche einen und denselben Punkt angreifen und in einer und derselben Ebene liegen.

8. Der Satz vom Parallelogramm der Kräfte. Die Resultante R zweier einen und denselben Punkt A nach verschiedenen Richtungen angreifenden Kräfte P_1 und P_2 ist sowohl nach Richtung, als nach Grösse ausgedrückt durch die von A ausgehende Diagonale des über den Kraftstrecken P_1 und P_2 beschriebenen Parallelogramms (Fig. 1).

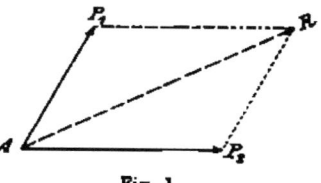

Fig. 1.

Damit ist der zunächst als Axiom zu betrachtente Satz vom Parallelogramm der Kräfte zum Ausdruck gebracht.

9. Graphische Zusammensetzung der Kräfte. Handelt es sich um die Zusammensetzung der Kräfte P_1, P_2, P_3, P_4 (Fig. 2), welche alle den Punkt A angreifen, so wird man, falls die Kräfte graphisch, d. h. auf der Zeichnung als Kraftstrecken gegeben sind, die Resultante R dieser Kräfte P zweckmässigerweise auch auf graphischem Wege bestimmen.

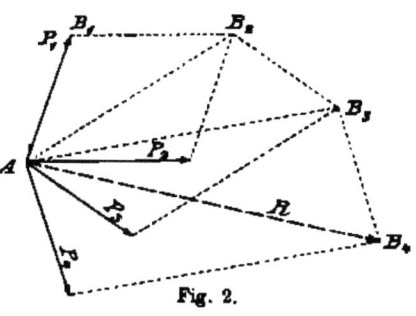

Fig. 2.

Dabei ist es am nächst liegenden, unter Benutzung des Satzes vom Kräfteparallelogramm durch aufeinanderfolgendes

Zusammensetzen von je zwei Kräften die Gesammtresultante R zu konstruiren (Fig. 2). Berücksichtigt man aber, dass die gesuchte Resultante R durch die Lage des Punktes B_4 des Linienzuges $AB_1B_2B_3B_4$ (Fig. 2) bestimmt ist, dessen einzelne Strecken gleich und parallel den gegebenen Kraftstrecken P sind, so erhält man die Resultante der Kräfte P einfacher, indem man, von A ausgehend, die einzelnen Kraftstrecken in der Richtung der betreffenden Kräfte aneinander aufträgt (Fig. 3) und den Anfangspunkt A dieses Kräftezuges mit dem Endpunkt B_4 desselben

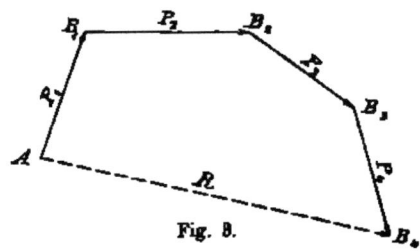

Fig. 3.

verbindet. Durch die Verbindungslinie AB_4 ist dann die Resultante R der Kräfte P nach Richtung und Grösse bestimmt. In welcher Reihenfolge hierbei die einzelnen Kraftstrecken aufgetragen werden, ist gleichgültig. Den Kräftezug $AB_1 \ldots B_4$ Fig. 2 und 3 nennt man das Kräftepolygon und die Verbindungslinie AB_4 die Schlusslinie des Kräftepolygons. Die Resultante R der den Punkt A angreifenden Kräfte P ist also nach Grösse und Richtung ausgedrückt durch die vom Anfangspunkt des Kräftepolygons aus gezogene Schlusslinie des letztern.

Wirken die zusammenzusetzenden Kräfte P in einer und derselben Geraden, so fällt auch das Kräftepolygon in eine Gerade, dabei erkennt man, dass die gesuchte Resultante gleich der algebraischen Summe der Komponenten ist, wenn man diejenigen der letzteren, welche nach der einen Seite der gemeinschaftlichen Wirkungslinie gerichtet sind, als $+$, die entgegengesetzt wirkenden als $-$ bezeichnet. Die Resultante ist dann nach derjenigen Seite gerichtet, deren Vorzeichen sie trägt.

10. Graphische Gleichgewichtsbedingung. Kommt bei der Konstruktion des Kräftepolygons der Endpunkt desselben auf den Anfangspunkt zu liegen, so ist die Resultante R der Kräfte $P = 0$, d. h. es sind die Kräfte P im Gleichgewicht. Damit ergiebt sich als graphische Gleichgewichtsbedingung für Kräfte in der Ebene,

welche einen und denselben Punkt angreifen: Es muss das Kräftepolygon sich schliessen.

Auf dieselbe Weise erkennt man auch, dass zwei gleiche, einen und denselben Punkt in entgegengesetzten Richtungen angreifende Kräfte sich im Gleichgewicht befinden.

11. Zerlegung einer Kraft. Der Satz vom Parallelogramm der Kräfte zeigt uns auch, wie eine Kraft R in 2 Komponenten P_1 und P_2, deren Richtungslinien vorgeschrieben sind, oder wie man kürzer zu sagen pflegt, in ihre Komponenten nach zwei Achsen zerlegt werden kann. Man ersieht nämlich aus dem Kräfteparallelogramm ohne weiteres, dass die gesuchten Komponenten nichts anderes sind als die Projektionen der zu zerlegenden Kraft R auf die beiden gegebenen Richtungslinien, wobei diese letzteren zugleich wechselseitig die Projektionsrichtungen angeben. Häufig ist in der Mechanik ohne weitere Beifügung von der Komponente einer Kraft nach einer bestimmten Achse die Rede. In diesem Falle ist dann immer die Orthogonalprojektion der Kraft auf die betreffende Achse gemeint.

Wird zu gegebenen Kräften P, für welche das Kräftepolygon die Kraft R als Resultante ergeben hat, noch eine Kraft R' gleich und entgegengesetzt R, d. h. die umgekehrte Kraft R oder die sogenannte Gegenresultante hinzugefügt, so hat man ein Kräftesystem, für welches das Kräftepolygon sich schliesst; es sind daher die Kräfte P mit ihrer Gegenresultanten im Gleichgewicht. Das können wir benutzen, um auf graphischem Wege eine gegebene Kraft R in beliebig viele Komponenten P zu zerlegen. Man wird einfach ein geschlossenes Polygon konstruiren, in welchem die umgekehrte Kraft R, also die Kraft R', eine Seite bildet und die übrigen Polygonseiten parallel den vorgeschriebenen Richtungslinien gezogen sind. Die betreffenden Seiten dieses Polygons geben dann die gesuchten Komponenten zunächst nach Grösse an. Um nun auch die Richtungen der Komponenten zu erhalten, beachtet man, dass in dem zur Konstruktion der Resultanten R dienenden Kräftepolygon (Fig. 3) die Kraftpfeile alle im gleichen Sinn aufeinander folgen und vorliegenden Falles dieser Sinn durch die Richtung der Kraft R' festgesetzt ist. Bei Anwendung dieses Verfahrens zeigt es sich aber auch, dass die Aufgabe, eine Kraft in Komponenten zu zerlegen, welche mit ihr in einer und derselben Ebene sich befinden, nur dann eine eindeutige Lösung zulässt, wenn die Zerlegung in nicht mehr als zwei Komponenten erfolgen soll.

12. Analytische Zusammensetzung der Kräfte. Soll die Resultante R der den Punkt A angreifenden Kräfte $P_1 P_2 P_3 \ldots$ auf analytischem Wege festgesetzt werden, so müssen auch die Kräfte P analytisch gegeben sein, d. h. man muss ausser den Grössen dieser Kräfte noch die Winkel derselben mit einer bestimmten von A aus gezogenen Richtung kennen. Nehmen wir den gemeinschaftlichen Angriffspunkt A als Ursprung eines rechtwinkligen Koordinatensystems an, $+x$ nach rechts, $+y$ nach oben, so bestimmen wir die Richtungen der Kräfte P dadurch, dass wir die von A ausgehenden Richtungslinien der Kräfte in vorgeschriebenem Drehungssinne (gewöhnlich im Sinne von links nach rechts, wie der Zeiger einer Uhr sich bewegt) um A drehen, bis dieselben mit dem positiven Zweig der x-Achse zusammenfallen, und die Winkel messen, welche bei der Drehung beschrieben werden. Diese Winkel pflegt man die Richtungswinkel der Kräfte zu nennen.

Sind $a_1 a_2 a_3 \ldots$ die Winkel der Kräfte $P_1 P_2 P_3 \ldots$ mit der $+x$-Achse, so ergeben sich als Komponenten dieser Kräfte nach den Koordinatenachsen:

$$X_1 = P_1 \cos a_1; \quad X_2 = P_2 \cos a_2; \quad X_3 = P_3 \cos a_3; \ldots$$
$$Y_1 = P_1 \sin a_1; \quad Y_2 = P_2 \sin a_2; \quad Y_3 = P_3 \sin a_3;$$

Damit hat man an Stelle der ursprünglich gegebenen Kärfte P eine Reihe von Kräften, welche in der x-Achse wirken, und eine Reihe von Kräften in der y-Achse wirkend. Setzt man nun die in der x-Achse wirkenden Kräfte zusammen zu der Resultanten X_0 und die in der y-Achse wirkenden zur Resultanten Y_0, wobei man erhält:

$$X_0 = X_1 + X_2 + \cdots = \Sigma P \cos a \text{ und } Y_0 = Y_1 + Y_2 + \cdots = \Sigma P \sin a,$$

so sind die sämmtlichen Kräfte P reducirt auf die beiden Kräfte X_0 und Y_0, welche senkrecht aufeinander stehen. Die Resultante R dieser beiden letzteren Kräfte ist dann auch die gesuchte Resultante der Kräfte P. Für die Grösse von R ergiebt sich demgemäss:

$$R = \sqrt{X_0{}^2 + Y_0{}^2}$$

Um nun auch die Richtung von R zu erhalten, bestimmt man den Richtungswinkel φ von R aus den Gleichungen:

$$\cos \varphi = \frac{X_0}{R} \text{ und } \sin \varphi = \frac{Y_0}{R}$$

in welchen Gleichungen die Vorzeichen von X_0 und Y_0 zu berücksichtigen sind, während für R der Absolutwerth zu nehmen ist. Mit dem Cosinus und Sinus des Winkels ist aber der Winkel selbst in unzweideutiger Weise festgesetzt.

13. Analytische Gleichgewichtsbedingungen. Die Bedingung für das Gleichgewicht von Kräften in der Ebene, welche einen und denselben Punkt angreifen, ist: Die Resultante R der Kräfte muss $= 0$ sein, oder

$$0 = R = \sqrt{X_0^2 + Y_0^2}, \text{ womit:}$$

$$X_0 = 0 \text{ und } Y_0 = 0 \text{ oder } \Sigma P\cos\alpha = 0 \text{ und } \Sigma P\sin\alpha = 0,$$

d. h. in Worten:

Es muss die algebraische Summe der Komponenten sämmtlicher Kräfte nach zwei aufeinander senkrecht stehenden Achsen je $= 0$ sein. Oder auch: Es muss die algebraische Summe der Projektionen sämmtlicher Kräfte auf zwei aufeinander senkrecht stehenden Achsen je $= 0$ sein.

Wirken die gegebenen Kräfte alle in einer und derselben Geraden, so hat man in Uebereinstimmung mit dem in Nr. 9 Gesagten, als einzige Gleichgewichtsbedingung:

Es muss die algebraische Summe der gegebenen Kräfte $= 0$ sein, wobei die nach der einen Seite gerichteten Kräfte als $+$, die entgegengesetzt wirkenden als $-$ zu bezeichnen sind.

§ 3.

Zusammensetzung von Kräften mit gemeinschaftlichem Angriffspunkt, welche nicht in einer und derselben Ebene wirken.

14. Satz vom Parallelepiped der Kräfte. Soll die Resultante R der drei Kräfte $P_1 P_2 P_3$, welche einen und denselben Punkt A angreifen, aber nicht in der gleichen Ebene wirken, bestimmt werden, so setze man mittels des Kräfteparallelogrammes zunächst die beiden Kräfte P_1 und P_2 zur Resultante R_1 zusammen und hierauf R_1 mit der dritten der Kräfte P, mit P_3, zu der Resultante R, dann stellt die letztere Kraft R die gesuchte Resultante der 3 Kräfte P_1, P_2 und P_3 vor. Hierbei zeigt nun Fig. 4, dass R ausgedrückt ist durch die von A ausgehende Diagonale eines Parallelepipeds, für

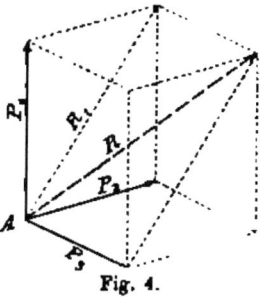

Fig. 4.

welches der Angriffspunkt A der Kräfte P eine Ecke ist und die von A ausgehenden Kanten von den Kraftstrecken $P_1 P_2 P_3$ gebildet werden. Damit ist der Satz vom Parallelepiped der Kräfte zum Ausdruck gebracht.

Aus Fig. 4 geht aber auch hervor, dass die Komponenten $P_1 P_2 P_3$ die Projektionen der Kraft R auf die drei in A sich schneidenden Geraden sind, in welchen diese Kräfte P wirken. Stehen die drei Kräfte P senkrecht aufeinander, so bilden sie die Orthogonalprojektionen der Kraft R. Bezeichnet man in diesem Fall mit a, β, γ die Winkel von R mit den Komponenten $P_1 P_2 P_3$, so hat man

$$P_1 = R \cos a; \quad P_2 = R \cos \beta; \quad P_3 = R \cos \gamma \text{ und}$$
$$R^2 = P_1{}^2 + P_2{}^2 + P_3{}^2 \text{ oder}$$
$$R^2 = R^2 (\cos^2 a + \cos^2 \beta + \cos^2 \gamma), \text{ woraus}$$
$$\cos^2 a + \cos^2 \beta + \cos^2 \gamma = 1, \text{ die bekannte Beziehung.}$$

15. Zusammensetzung beliebig vieler Kräfte, welche alle den gleichen Punkt A angreifen. Sollen die Kräfte $P_1 P_2 P_3 \ldots$ zu einer Resultanten R zusammengesetzt werden, so kann man wieder verfahren wie bei den Kräften in der Ebene, und unter Anwendung des Satzes vom Kräfteparallelogramm durch successives Zusammensetzen von je zwei Kräften die Resultante R bestimmen. Es ergiebt sich aber auch hier wieder, dass diese Resultante R ausgedrückt ist durch die Verbindungslinie des Punktes A mit dem Endpunkt des von A ausgehenden, durch die einzelnen Kraftgrössen und Kraftrichtungen bestimmten Kräftepolygons. Der Unterschied gegenüber von früher ist nur der, dass jetzt das Kräftepolygon nicht mehr ein „ebenes", sondern ein „räumliches" ist. Damit zeigt sich aber die graphische Bestimmung der Resultanten vorliegenden Falles als ungeeignet. Man wird daher analytisch vorzugehen haben. Zu dem Ende nehmen wir den gemeinschaftlichen Angriffspunkt A als Ursprung eines rechtwinkligen räumlichen Koordinatensystems an und bezeichnen die Winkel der gegebenen Kräfte $P_1 P_2 \ldots$ mit den positiven Zweigen der Koordinatenachsen mit $a_1, \beta_1, \gamma_1; a_2, \beta_2, \gamma_2; \ldots$ Nunmehr zerlegt man jede der Kräfte P in ihre Komponenten nach den Koordinatenachsen, wobei man erhält:

$$X_1 = P_1 \cos a_1; \quad Y_1 = P_1 \cos \beta_1; \quad Z_1 = P_1 \cos \gamma_1$$
$$X_2 = P_2 \cos a_2; \quad Y_2 = P_2 \cos \beta_2; \quad Z_2 = P_2 \cos \gamma_2$$

Setzt man jetzt die in der x-Achse wirkenden Kräfte zusammen zu der Resultanten

$$X_0 = X_1 + X_2 + \cdots = \Sigma P \cos a$$

und ebenso die in der y-Achse, sowie in der z-Achse wirkenden Kräfte zu den Resultanten Y_0, beziehungsweise Z_0, welche sich ergeben aus:

$$Y_0 = Y_1 + Y_2 + \cdots = \Sigma P \cos \beta$$
$$\text{und} \quad Z_0 = Z_1 + Z_2 + \cdots = \Sigma P \cos \gamma,$$

so hat man an Stelle der ursprünglich gegebenen Kräfte P die drei in den Koordinatenachsen wirkenden Kräfte X_0, Y_0, Z_0. Diese lassen sich aber nach dem Satz vom Kräfteparallelepiped zu einer Resultanten R vereinigen, welche Kraft R dann auch die Resultante der Kräfte P ist. Zur Bestimmung von R hat man zunächst

$$R = \sqrt{X_0^2 + Y_0^2 + Z_0^2}.$$

Um aber auch die Richtung der Resultanten R oder die Winkel φ, χ, ψ, von R mit den positiven Zweigen der Koordinatenachsen zu erhalten, bemerken wir wieder, dass die Komponenten X_0, Y_0, Z_0 von R nach den Koordinatenachsen auch die Projektionen von R auf diese Achsen sind. Man hat daher:

$$X_0 = R . \cos \varphi; \quad Y_0 = R . \cos \chi; \quad Z_0 = R . \cos \psi,$$

woraus

$$\cos \varphi = \frac{X_0}{R}; \quad \cos \chi = \frac{Y_0}{R}; \quad \cos \psi = \frac{Z_0}{R}.$$

Hierbei sind für X_0, Y_0, Z_0 die algebraischen Werthe und für R der Absolutwerth zu nehmen.

16. Gleichgewichtsbedingungen. Sollen die den Punkt A angreifenden Kräfte P im Gleichgewicht sein, so müssen sie sich auf eine Resultante $R = 0$ zurückführen lassen. Es muss also im Gleichgewichtsfall das Kräftepolygon sich schliessen. Das ist die graphische Bedingung des Gleichgewichtes.

Die analytische Gleichgewichtsbedingung, welche durch $R = 0$ oder, da $R = \sqrt{X_0^2 + Y_0^2 + Z_0^2}$, durch die Gleichungen $X_0 = 0$; $Y_0 = 0$; $Z_0 = 0$ ausgedrückt ist, lässt sich dagegen aussprechen:

Es muss die algebraische Summe der Komponenten sämmtlicher Kräfte nach drei aufeinander senkrechten Achsen je $= 0$ sein.

§ 4.

*Zusammensetzung von Kräften, welche einen frei beweglichen
starren Körper in verschiedenen Punkten angreifen und in einer
und derselben Ebene gelegen sind.*

17. Der Satz von der Verschiebbarkeit einer Kraft. Der
Angriffspunkt einer Kraft, welche einen starren Körper
angreift, kann auf der Wirkungslinie der Kraft beliebig
verschoben werden, ohne dass dadurch der Bewegungszustand[1]) des von der Kraft angegriffenen Körpers geändert würde, nur muss der Angriffspunkt der Kraft
stets in fester Verbindung mit dem Körper stehen.

Dieser Satz, welcher vorläufig wieder als ein Axiom angenommen werden mag, beruht thatsächlich, wie sich zeigen wird,
auf den später angeführten Grundprincipien der allgemeinen
Dynamik. Aus ihm folgt der weitere Satz:

Zwei gleiche, in einer und derselben Geraden an
einem starren Körper entgegengesetzt wirkende Kräfte
sind im Gleichgewicht.

Zum Beweise hat man nur die beiden Kräfte in ihrer gemeinschaftlichen Wirkungslinie zu verschieben, bis sie einen und denselben Angriffspunkt besitzen, alsdann sind sie nach § 2 im
Gleichgewicht.

18. Zusammensetzung von Kräften in einer Geraden. Sollen
Kräfte, welche an einem starren Körper in einer und derselben
Geraden *AB* wirken, zusammengesetzt werden, so wird man sie
in ihrer gemeinschaftlichen Wirkungslinie verschieben, bis sie alle
einen und denselben Punkt angreifen. Damit ist dann die Aufgabe zurückgeführt auf die in § 2 behandelte. Die Zusammensetzung von Kräften in einer Geraden *AB* kann demgemäss in
folgender Weise vorgenommen werden. Man nimmt zwischen
A und *B* einen Punkt *O* beliebig an, bezeichnet von den beiden
Richtungen *OA* und *OB* die eine als +, die andere als —, legt
den in der + Richtung wirkenden Kräften das + Zeichen, den
entgegengesetzt gerichteten Kräften das — Zeichen bei und nimmt
die algebraische Summe aller Kräfte. Diese giebt dann durch
ihren Absolutwerth die Grösse und durch ihr Vorzeichen die
Richtung der Resultanten der Kräfte an.

---

[1]) Und damit eventuell auch der Gleichgewichtszustand.

Sollen Kräfte in einer Geraden wirkend im Gleichgewicht sein, so muss ihre algebraische Summe sich $= 0$ ergeben.

19. Graphische Zusammensetzung von Kräften, welche in einer und derselben Ebene beliebig gelegen sind. Es handle sich um die Zusammensetzung der Kräfte P_1, P_2, P_3, P_4 (Fig. 5), welche, in einer und derselben Ebene wirkend, einen starren Körper in den gegebenen Punkten A_1, A_2, A_3, A_4 angreifen.

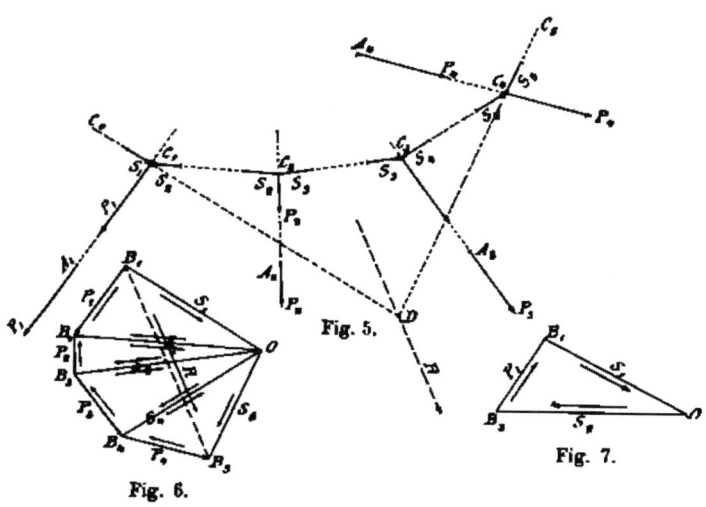

Fig. 5.

Fig. 6.

Fig. 7.

Zunächst könnte man P_1 und P_2 in ihren Wirkungslinien bis zu ihren Durchschnittspunkte C' verschieben und hier nach dem Satz vom Parallelogramm der Kräfte zu der Resultanten R_1 zusammensetzen, hierauf R_1 in ähnlicher Weise mit der Kraft P_3 zur Resultanten R_2 vereinigen und schliesslich R_2 mit P_4 zu der gesuchten Resultanten R; allein man kann die Zusammensetzung der Kräfte auch noch auf anderem Wege bewerkstelligen. Man konstruirt ein Kräftepolygon $B_1 B_2 \ldots B_5$ (Fig. 6) wie in dem Fall, in welchem die Kräfte einen gemeinschaftlichen Angriffspunkt haben, nimmt in der Ebene des Kräftepolygons einen Punkt O, den sogenannten Pol des Kräftepolygons, beliebig an, verbindet diesen Punkt O mit den Eckpunkten B des Kräftepolygons, zieht $C_0 C_1$ (Fig. 5) parallel OB_1; $C_1 C_2$ parallel OB_2 u. s. f. So entsteht ein Polygon $C_0 C_1 C_2 C_3 C_4 C_5$ (Fig. 5), dessen Eckpunkte auf den Wirkungslinien der gegebenen Kräfte P liegen und dessen Seiten parallel den betreffenden „Strahlen" des Kräftepolygons sind. Nun verschiebt man die gegebenen

Kräfte P in ihren Wirkungslinien bis zu den Eckpunkten C des zuletzt konstruirten Polygons (Fig. 5) und zerlegt hier die Kräfte P in ihre Komponenten S nach den Seiten dieses Polygons, indem man sich hierbei des in No. 11 angedeuteten Verfahrens bedient. Um beispielsweise die Komponenten S_1 und S_2 der Kraft P_1 nach $C_1 C_0$ und $C_1 C_2$ zu erhalten, muss man die zu zerlegende Kraft P_1 umkehren und sodann durch die Endpunkte der Kraftstrecke P_1 Parallelen mit $C_1 C_0$ und $C_1 C_2$ ziehen. Damit bekommt man das Kräftedreieck $B_1 B_0 O$ (Fig. 7) und aus demselben die gesuchten Komponenten S_1 und S_2. Wir sehen aber, dass es ganz unnöthig ist, dieses Kräftedreieck (Fig. 7) besonders zu konstruiren, es ist ja in Fig. 6 schon vorhanden. Diese letztere Figur zeigt überhaupt, dass die gesuchten Komponenten S der Kräfte P durch die Strahlen des Kräftepolygons bestimmt sind.

Die in den Polygonseiten $C_1 C_2$, $C_2 C_3$, $C_3 C_4$ (Fig. 5) wirkenden Kräfte S heben sich auf, weil stets die Grössen der beiden in der gleichen Polygonseite thätigen Kräfte S durch einen und denselben Strahl des Kräftepolygons ausgedrückt werden und ihre Richtungen nach Ausweis der Fig. 6 entgegengesetzt sind. Es bleiben somit nur noch die in den äussersten Polygonseiten $C_0 C_1$ und $C_4 C_5$ vorhandenen Kräfte S_1 und S_5 übrig, zwei Kräfte, welche die ursprünglich gegebenen Kräfte P ersetzen. Verlängert man nun die äussersten Polygonseiten $C_0 C_1$ und $C_5 C_4$ bis zu ihrem Schnittpunkt D, verschiebt die Kräfte S_1 und S_5 in ihren Wirkungslinien bis D und setzt sie hier zusammen zur Resultanten R, dann stellt diese Kraft R auch die Resultante der ursprünglich gegebenen Kräfte P vor. Im Kräftepolygon (Fig. 6) drücken die Kraftstrecken $B_1 O$ und $O B_5$ die Kräfte S_1 und S_5 nach Grösse und Richtung aus, demgemäss ist auch die Resultante R der Kräfte S_1 und S_5 oder die Resultante der Kräfte P angegeben nach Grösse und Richtung durch die Strecke $B_1 B_5$ (Fig. 6).

Verschiebt man die gegebenen Kräfte P in ihrer Ebene parallel mit sich selbst, so ändert sich damit nicht das Kräftepolygon, wohl aber die Lage des Punktes D, durch welchen die Resultante R der Kräfte P hindurchgehen muss; man kann daher sagen:

Durch Parallelverschiebung der gegebenen Kräfte P ändert sich weder die Grösse, noch die Richtung der Resultanten, nur ihre Lage wird eine andere.

Bringt man in den äussersten Polygonseiten $C_0 C_1$ und $C_4 C_5$ (Fig. 5) Kräfte S'_1 bezw. S'_5 an, welche den in Fig. 5 bezeichneten Kräften S_1 und S_5 gleich und entgegengesetzt sind, und in den Punkten C_1, C_2, C_3, C_4 wieder die Kräfte P_1, P_2, P_3, P_4, so halten sich die Kräfte P, S'_1 und S'_5 im Gleichgewicht. Dieses Gleichgewicht bleibt aber auch bestehen, wenn man von dem starren Körper, an welchem die Kräfte wirken, soviel wegschneidet, dass nur noch ein materielles Polygon $C_0 C_1 \ldots C_4 C_5$ übrig bleibt. Nimmt man des weiteren die Verbindungen der Stäbe des erwähnten Polygons in den Punkten C gelenkartig beweglich an, so werden sich die Kräfte P_1, S'_1 und S'_6 auch an einem solchen Stabpolygon noch im Gleichgewicht befinden. Die einzelnen Stäbe eines Stabpolygons sind entweder gezogen oder zusammengedrückt, je nachdem die beiden gleichen, entgegengesetzten, an den Enden jedes Stabes wirkenden Kräfte S entweder auseinander oder gegeneinander gerichtet sind. Handelt es sich um lauter Zugkräfte S an den Stäben, wie in Fig. 5, so könnten letztere auch durch biegsame Seilstücke ersetzt werden, man hätte dann ein Seilpolygon. Das hat Veranlassung gegeben, das Polygon $C_0 C_1$ überhaupt als Seilpolygon zu bezeichnen.

Solche Seilpolygone spielen in der graphischen Statik eine grosse Rolle; wir wollen indessen hier nicht näher auf dieselben eingehen. Später wird von ihnen noch weiter die Rede sein.

20. Graphische Gleichgewichtsbedingungen für Kräfte in einer Ebene. Fällt im Kräftepolygon (Fig. 6) der Endpunkt des Kräftezuges P auf den Anfangspunkt desselben, so ist damit zum Ausdruck gebracht, dass die Resultante R der Kräfte P gleich Null ist, dass die äussersten Seiten des Seilpolygons C (Fig. 5), da sie einem und demselben Strahl des Kräftepolygons parallel gezogen wurden, einander parallel sind, und dass die in diesen äussersten Seilpolygonseiten wirkenden, die gegebenen Kräfte P ersetzenden Kräfte S gleiche Grösse und entgegengesetzte Richtung haben. Fielen nun die äussersten Seilpolygonseiten in eine und dieselbe Gerade, so fänden sich damit die Kräfte P zurückgeführt auf zwei gleiche, in der nämlichen Geraden wirkende, entgegengesetzt gerichtete Kräfte S, also auf zwei Kräfte, die im Gleichgewicht sind. Fallen aber die äussersten Seilpolygonseiten nicht in ein und dieselbe Gerade, oder mit anderen Worten: Ist das Seilpolygon kein geschlossenes, so können auch die beiden die Kräfte P ersetzenden Kräfte S sich nicht aufheben, es können die Kräfte P nicht im Gleichgewicht sein. Demgemäss hat man als graphische Bedingung des Gleichgewichtes für Kräfte in einer Ebene:

Es muss sowohl das Kräftepolygon, als auch das Seilpolygon sich schliessen.

21. Kräftepaar. Schliesst sich nur das Kräftepolygon, nicht aber das Seilpolygon, so reduciren sich, wie erwähnt, die gegebenen Kräfte P auf zwei gleiche, in parallelen Geraden entgegengesetzt wirkende Kräfte S oder auf ein sogenanntes Kräftepaar, eine Bewegungsursache besonderer Art, die wir später eingehender betrachten. Hier möge nur angeführt werden, dass man den kürzesten Abstand a der Wirkungslinie der beiden Kräfte S den Hebelarm und das Produkt Sa das Moment des Kräftepaares nennt und dass man das Moment eines Kräftepaares als positiv bezeichnet, wenn das Kräftepaar, welches man vor sich hat, in dem als positiv angenommenen Drehungssinn (d. i. gewöhnlich der Sinn, in welchem sich der Zeiger einer Uhr bewegt, also der Sinn von links nach rechts) zu drehen bestrebt ist, andernfalls als negativ.

22. Graphische Zusammensetzung paralleler Kräfte. Dieselbe lässt sich wieder mittels eines Seilpolygons leicht bewerkstelligen (Fig. 8), es fällt hierbei nur das Kräftepolygon in eine und dieselbe Gerade. Daraus folgt dann unmittelbar der Satz:

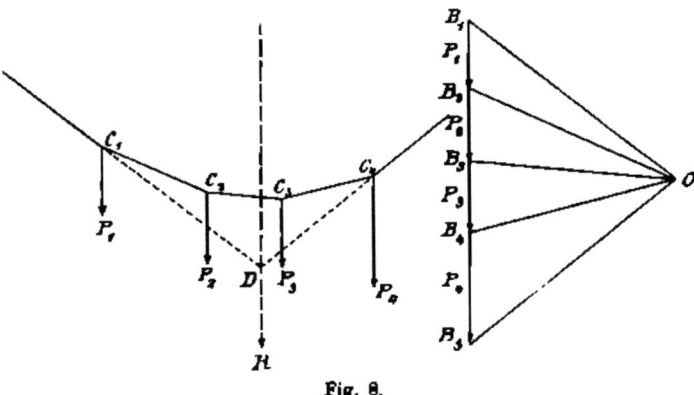

Fig. 8.

Die Resultante paralleler Kräfte ist parallel den gegebenen Kräften und gleich ihrer algebraischen Summe, wobei die nach der einen Richtung wirkenden Kräfte als positiv, und die nach der entgegengesetzten Richtung wirkenden als negativ zu bezeichnen sind. Die Resultante wirkt dann in dem Sinn, welcher durch ihr Vorzeichen angegeben ist.

Nehmen wir jetzt zwei parallele und gleich gerichtete Kräfte P_1 und P_2 und konstruiren mittels eines Seilpolygons die Resultante R (Fig. 9), so ergibt sich

$$R = P_1 + P_2.$$

Ueberdies hat man:

$$\triangle C_1 ED \sim \triangle OB_1B_2 \text{ und } \triangle C_2 ED \sim \triangle OB_2B_3.$$

Daraus folgt:

$$\frac{C_1 E}{ED} = \frac{B_2 O}{B_1 B_2} \quad \text{und} \quad \frac{ED}{EC_2} = \frac{B_2 B_3}{B_3 O}.$$

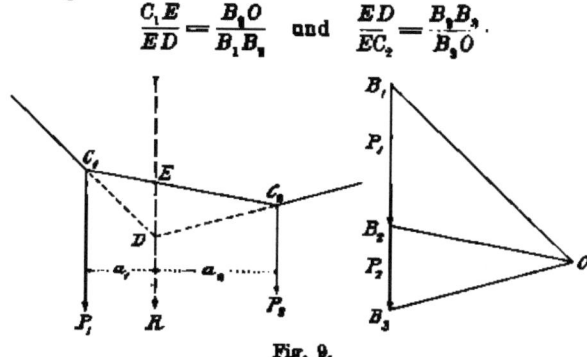

Fig. 9.

Werden diese Gleichungen miteinander multiplicirt, so erhält man:

$$\frac{C_1 E}{EC_2} = \frac{B_2 B_3}{B_1 B_2} = \frac{P_2}{P_1}$$

oder auch, wenn man die Abstände der Kräfte P_1 und P_2 von der Wirkungslinie der Resultanten R mit a_1, beziehungsweise a_2 bezeichnet,

$$\frac{a_1}{a_2} = \frac{P_2}{P_1}; \quad P_1 a_1 = P_2 a_2.$$

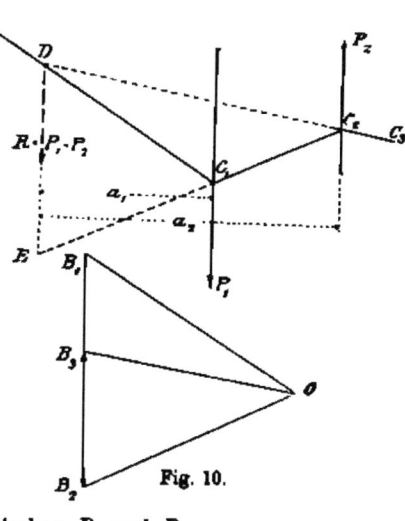

Es ist also die Resultante R der beiden parallelen und gleich gerichteten Kräfte P_1 und P_2 zwischen den letzteren gelegen und hat dieselbe eine solche Lage, dass

$$P_1 a_1 = P_2 a_2.$$

Sind die beiden Kräfte P_1 und P_2 entgegengesetzt gerichtet (Fig. 10), so erhält man

$$R = P_1 - P_2$$

und auf ähnliche Weise, wie vorhin, wieder die Beziehung

$$P_1 a_1 = P_2 a_2.$$

Fig. 10.

Diesmal liegt aber R nicht zwischen P_1 und P_2.

Bei der Konstruktion der Resultanten von zwei parallelen und entgegengesetzt gerichteten, gleichen Kräfte P ergiebt sich $R = 0$, oder sagen wir unendlich klein, und der Durchschnittspunkt D der beiden äussersten Seilpolygonseiten im Unendlichen gelegen. Die Resultante eines Kräftepaares wäre damit eine unendlich kleine und ferne Kraft, also keine wirkliche Kraft. Darum erfordern die Kräftepaare auch eine besondere Behandlung.

28. Sätze bezüglich der Kräftepaare. Ein Kräftepaar kann in seiner Ebene beliebig verschoben oder auch in eine Parallelebene versetzt und dort verschoben werden, ohne dass dadurch der Bewegungszustand des starren Körpers, an welchem das Kräftepaar wirkt, eine Aenderung erleidet.

Wir beweisen zunächst, dass ein Kräftepaar in seiner Ebene parallel verschoben werden darf.

Es sei $P(A_1 A_2) P$ (Fig. 11) das gegebene Kräftepaar, $A'_1 A'_2$ eine an beliebiger Stelle der Ebene des Kräftepaares gezogene Strecke

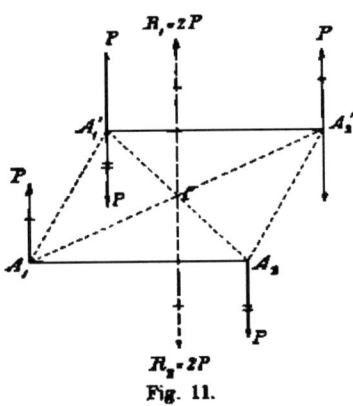

$R_1 = 2P$

Fig. 11.

gleich und parallel $A_1 A_2$, also $A_1 A_2 A'_2 A'_1$ ein Parallelogramm. Bringt man nun in A'_1 und A'_2 je zwei gleiche und direkt entgegengesetzte Kräfte P gleich und parallel den Kräften P des gegebenen Kräftepaares an, so wird dadurch am Bewegungszustand des starren Körpers, an welchem das gegebene Kräftepaar wirkt, nichts geändert. Wir können aber jetzt die einmal durchstrichenen Kräfte P zusammensetzen zu einer Resultanten $R_1 = 2P$, welche zwischen ihren Komponenten, und zwar

in gleichen Abständen von denselben, also durch den Punkt C, hindurchgeht. Ebenso liefern die zweimal durchstrichenen Kräfte P eine Resultante $R_2 = 2P$, welche gleichfalls durch C hindurchgeht. Somit können die vier durchstrichenen Kräfte P ersetzt werden durch die beiden einander gleichen und direkt entgegengesetzten Kräfte R_1 und R_2, woraus folgt, dass die genannten vier Kräfte P sich aufheben. Es bleiben daher nur noch die in der Figur nicht durchstrichenen, das Kräftepaar $P(A'_1 A'_2) P$ bildenden Kräfte P übrig. Letzteres Kräftepaar kann demgemäss das ursprünglich gegebene ersetzen. Damit ist thatsächlich der Beweis geliefert, dass man ein Kräftepaar in seiner Ebene parallel verschieben darf. Sieht man jetzt die Fig. 11 als eine perspektivische Zeichnung an, in welcher die sämmtlichen angedeuteten Kräfte in senkrechter Lage zur Ebene des Parallelogrammes $A_1 A_2 A'_2 A'_1$ angenommen sind, so erkennt man sofort, dass das ursprünglich gegebene Kräftepaar $P(A_1 A_2)P$ ersetzt werden kann durch das in einer Parallelebene gelegene Kräftepaar $P(A'_1 A'_2)P$. Somit ist es überhaupt zulässig, ein Kräftepaar in eine Parallelebene (zunächst parallel mit sich selbst) zu versetzen, ohne am Bewegungszustande des vom Kräftepaar angegriffenen starren Körpers etwas zu ändern.

Gehen wir wieder von dem ursprünglich gegebenen Kräftepaar $P(A_1 A_2)P$ aus, legen durch die Mitte C von $A_1 A_2$ (Fig. 12) unter einem beliebigen Winkel φ eine Gerade, tragen auf derselben die Strecken

$$CA'_1 = CA_1$$
und $\ CA'_2 = CA_2$

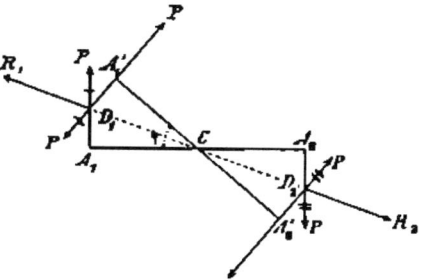

Fig. 12.

ab, bringen in A'_1 und A'_2 je zwei gleiche und direkt entgegengesetzte Kräfte P senkrecht zu $A'_1 A'_2$ gerichtet an, so wird dadurch der Bewegungszustand des starren Körpers nicht geändert. Nunmehr können die einfach durchstrichenen Kräfte P zu einer durch D_1 gehenden in der Halbirungslinie CD_1 des Winkels $A_1 CA'_1$ wirkenden Resultanten R_1 zusammengesetzt werden, ebenso die doppelt durchstrichenen Kräfte P zu der Resultanten R_2 in der Richtung CD_2 wirkend. Da aber $R_2 = R_1$, so heben sich alle vier durchstrichenen Kräfte P auf. Es bleibt also nur noch das Kräftepaar $P(A'_1 A'_2)P$ übrig, woraus folgt, dass dieses das ursprünglich gegebene Kräftepaar $P(A_1 A_2)P$ ersetzen kann, und dass man demgemäss ein Kräftepaar thatsächlich um den Mittelpunkt seines Hebelarmes beliebig in seiner Ebene drehen darf. Wenn man aber ein Kräftepaar parallel verschieben und dann noch um einen beliebigen Winkel in seiner Ebene drehen kann, ohne den Bewegungszustand des starren Körpers, an welchem das Kräftepaar wirkt, dadurch zu ändern, so heisst das nichts anderes, als:

Man darf das Kräftepaar in seiner Ebene beliebig verschieben, ohne damit den Bewegungszustand des von dem Kräftepaar angegriffenen starren Körpers zu ändern.

Zudem ist es nach dem, was wir oben gefunden haben, erlaubt, das Kräftepaar in eine Parallelebene zu versetzen In dieser kann es dann wieder beliebig verschoben werden.

Ein weiterer Satz ist der folgende:

Ein Kräftepaar kann durch ein anderes, in der gleichen Ebene gelegenes Kräftepaar ersetzt werden, wenn letzteres dasselbe Moment besitzt wie ersteres.

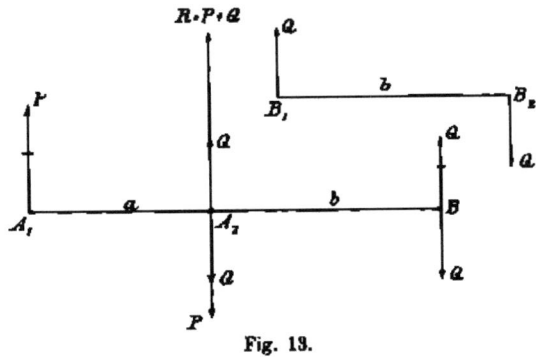

Fig. 13.

Um zu beweisen, dass das Kräftepaar $Q(B_1 B_2)Q$ (Fig. 13) die-selbe Wirkung hat wie das Kräftepaar $P(A_1 A_2)P$, wenn $Q.(B_1 B_2)$ $= P(A_1 A_2)$, oder wenn $Q.b = Pa$, so tragen wir von A_2 aus in der Verlängerung von $A_1 A_2$ die Strecke $A_2 B$ ab gleich b, bringen in A_2 und B senkrecht zu $A_2 B$ je zwei gleiche und direkt ent-gegengesetzte Kräfte Q an und setzen die durchstrichenen, nach oben gerichteten Kräfte P und Q zusammen zu einer Resultanten $R = P + Q$. Diese Resultante R, welche, parallel den Kompo-nenten P und Q, nach oben gerichtet ist, geht mit Rücksicht dar-auf, dass der Voraussetzung nach $P.a = Q.b$ ist, durch den Punkt A_2 hindurch, sie hebt also die beiden ebenfalls in A_2 wir-kenden, nach unten gerichteten Kräfte P und Q auf; übrig bleiben daher nur die beiden, das Kräftepaar $Q(A_2 B)Q$ bildenden Kräfte Q. Demgemäss ersetzt auch dieses Kräftepaar $Q(A_2 B)Q$ vom Momente $Q.b$ das Kräftepaar $P(A_1 A_2)P$ vom Momente $P.a$, womit der oben ausgesprochene Satz bewiesen ist.

Durch Angabe des Momentes des Kräftepaares und der Ebene, parallel welcher das Kräftepaar zu wirken hat, ist daher ein Kräftepaar vollständig bestimmt.

24. Zusammensetzung von Kräftepaaren, welche in der gleichen Ebene oder in Parallelebenen gelegen sind. Es seien zunächst die beiden in einer Ebene oder in Parallelebenen gelegenen Kräftepaare von den Momenten $+Pa$ und $+Qb$ zusammenzusetzen.

Das Kräftepaar $+Qb$ (Fig. 14) können wir ersetzen durch das Kräftepaar $+Q'a$, wobei $Q'a=Qb$ sein muss, hierauf verschieben wir das Kräftepaar $Q'a$, bis die Wirkungslinien der Kräfte P und Q' sich decken, und setzen die in einer und derselben Geraden wirkenden Kräfte P und Q' zusammen je zu

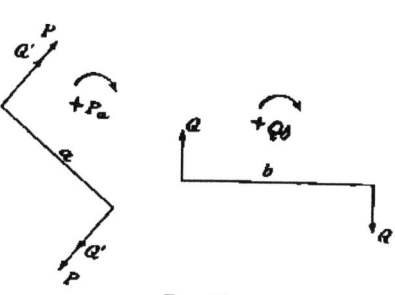

Fig. 14.

der Resultanten $R = P + Q'$; damit erhält man aber ein Kräftepaar vom Moment

$$Ra = (P + Q')a = Pa + Q'a = Pa + Qb.$$

Hätte man die Kräftepaare $+Pa$ und $-Qb$ zusammenzusetzen gehabt, würde sich in ähnlicher Weise ein resultirendes Kräftepaar ergeben haben vom Momente

$$Ra = (P - Q')a = Pa - Q'a = Pa - Qb.$$

Demgemäss ist der Satz erwiesen:

Zwei Kräftepaare, die in der gleichen Ebene oder in Parallelebenen wirken, lassen sich ersetzen durch ein einziges, in derselben Ebene, beziehungsweise in einer Parallelebene gelegenes Kräftepaar, dessen Moment gleich der algebraischen Summe der Momente der gegebenen Kräftepaare ist.

Daraus folgt weiter:

Beliebig viele Kräftepaare, die in der gleichen Ebene oder in Parallelebenen gelegen sind, lassen sich vereinigen zu einem einzigen, resultirenden Kräftepaar, dessen Ebene parallel den Ebenen der gegebenen Kräftepaare ist und dessen Moment durch die algebraische Summe der Momente dieser Kräftepaare angegeben wird.

25. Reduktion von Kräften in einer Ebene. $P_1 P_2 P_3 P_4$ seien die gegebenen Kräfte. Wir nehmen in der Ebene dieser Kräfte einen beliebigen Punkt O als sogenanntes Reduktionscentrum an, ziehen durch O Parallelen mit den Wirkungslinien der gegebenen Kräfte P und bringen in jeder dieser Parallelen in O zwei der betreffenden Kraft P gleiche und direkt entgegengesetzte Kräfte an. Dadurch erfährt der Bewegungszustand des von den gegebenen Kräften angegriffenen starren Körpers keine Aenderung.

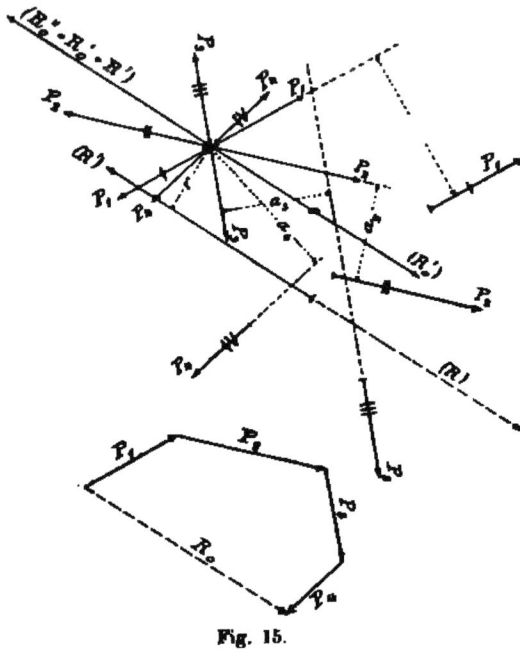

Wir haben aber jetzt die in der Figur 15 gekennzeichneten vier Kräftepaare, sowie vier in O angreifende, ihrer Grösse und Richtung nach mit den vier gegebenen Kräften P übereinstimmende Kräfte P_1, P_2, P_3, P_4, oder, wenn wir die vier Kräftepaare zusammensetzen zu einem resultirenden Kräftepaar vom Momente M und die vier in O angreifenden Kräfte P zu einer Resultanten R_0, der sogenannten Reduktionsresultanten, eine einzige, in dem angenommenen Punkte O wirkende Kraft R_0 und ein Kräftepaar

Fig. 15.

vom Moment M. Indem man nun die Kraft R_0 mit einer der beiden Kräfte des resultirenden Kräftepaares M zu einer Resultanten vereinigt und letztere wiederum zusammensetzt mit der noch übrigen Kraft des Kräftepaares M, erhält man schliesslich die Resultante R der ursprünglich gegebenen Kräfte P (die in Fig. 15 eingeklammerten Kräfte R sind für die Betrachtungen in No. 25 ohne Bedeutung). Im Falle die Reduktionsresultante $R_0 = 0$ wird, reduciren sich die gegebenen Kräfte P, wenn M nicht $= 0$, auf ein Kräftepaar vom Momente M. Ergiebt sich aber $M = 0$ und R_0 nicht $= 0$, so ist R_0 die Resultante der Kräfte P. Ist endlich sowohl $R_0 = 0$, als auch $M = 0$, so findet Gleichgewicht statt.

26. Die analytischen Gleichgewichtsbedingungen für Kräfte in einer Ebene. Sollen die gegebenen Kräfte P (Fig. 15), welche wir nach No. 25 auf eine Kraft R_0, die Reduktionsresultante,

und ein Kräftepaar, dessen Moment wir mit M bezeichnen, zurückführen können, im Gleichgewicht sein, so muss, da eine Kraft
nur durch eine ihr gleiche und direkt entgegengesetzte Kraft,
aber nicht durch ein Kräftepaar aufgehoben werden kann, (dessen
Resultante bekanntlich eine unendlich kleine, unendlich ferne, also
gar keine wirkliche Kraft ist), sowohl die Kraft $R_0 = 0$, als auch
das Kräftepaar $M = 0$ sein. Ersteres erfordert aber nach No. 13
in § 2, dass die algebraische Summe der Komponenten der in O
angreifenden Kräfte P nach zwei aufeinander senkrecht stehenden,
in O sich schneidenden Koordinatenachsen gleich Null sei, oder was
auf dasselbe hinauskommt, dass die algebraische Summe der Komponenten der gegebenen Kräfte nach zwei aufeinander senkrechten Achsen sich gleich Null ergebe; die Bedingung $M = 0$
dagegen verlangt, dass die algebraische Summe der Momente
sämmtlicher in der Figur 15 gekennzeichneten Kräftepaare P
gleich Null sei.

Hier hat man nun Veranlassung, einen neuen Begriff in die
Mechanik einzuführen, nämlich den des statischen Momentes
einer Kraft. Ist O (Fig. 16) ein Punkt und P eine Kraft, so
nennt man das von O auf die Wirkungslinie der Kraft P gefällte
Loth $OA = a$ den Hebelarm der

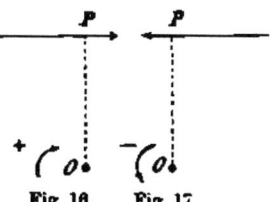

Fig. 16.   Fig. 17.

Kraft und das Produkt Pa das statische Moment der Kraft in Beziehung auf den Punkt O. Durch
das Produkt Pa ist indessen das statische Moment einer Kraft P noch
nicht vollständig bestimmt. Im Falle
der Fig. 16 ist das statische Moment der Kraft $P = Pa$ und im
Fall der Fig. 17 auch $= Pa$, und doch unterscheiden sich die
beiden Fälle wesentlich von einander. Denkt man sich nämlich
den Punkt O als einen festen Punkt, um welchen sich die materielle Ebene, an welcher wir P wirkend uns denken, drehen
kann, so wird im Fall der Fig. 16 die Drehung von links nach
rechts, und im Fall der Fig. 17 von rechts nach links erfolgen. Man
ist nun übereingekommen, wie bei den Kräftepaaren, den Drehungssinn von links nach rechts als den positiven anzunehmen und den
entgegengesetzten als den negativen, so dass das statische Moment
von P in Fig. 16 $= + Pa$ und dasjenige in Fig. 17 $= - Pa$ wäre.

Indem wir jetzt erkennen, dass die Momente der einzelnen
in Fig. 15 angegebenen Kräftepaare nichts anderes sind als die
statischen Momente der ursprünglich gegebenen Kräfte P in
Beziehung auf den beliebig angenommenen Punkt O können

wir die Bedingungen $R_0 = 0$ und $M = 0$ oder die Gleichgewichtsbedingungen für Kräfte in einer Ebene aussprechen
wie folgt:

Es muss die algebraische Summe der Komponenten
der gegebenen Kräfte P nach zwei aufeinander senkrechten Achsen und ebenso die algebraische Summe
der statischen Momente der Kräfte in Beziehung auf
einen beliebig in der Ebene der Kräfte angenommenen
Drehpunkt O je gleich Null sein.

27. Analytische Bestimmung der Resultanten. Ist weder
$R_0 = 0$, noch $M = 0$, so lassen sich die gegebenen Kräfte P auf
eine Resultante R zurückführen. Um nun diese zu bestimmen,
denken wir uns eine der Kraft R gleiche und direkt entgegengesetzte Kraft R', die sogenannte Gegenresultante, zu den gegebenen Kräften P hinzugefügt (Fig. 15); damit ist dann das Gleichgewicht des starren Körpers herbeigeführt. Bringt man jetzt
wieder in dem Punkte O (Fig. 15) auch der Gegenresultanten R'
entsprechend, zwei der letzteren parallele und gleiche, einander
direkt entgegengesetzte Kräfte R'_0 und R''_0 an, so hat man statt
der Gegenresultanten R' nunmehr ein Kräftepaar $R'r$ und eine in
O angreifende Kraft R''_0 gleich der Gegenresultanten R' und ebenso
gerichtet wie diese. Da aber die Kräfte P und R' zusammen ein
Gleichgewichtssystem bilden, so muss unter Berücksichtigung, dass
die Kräfte P sich auf ein Kräftepaar vom Moment M und auf
eine in O angreifende Kraft R_0 zurückführen lassen,

$$M + R'r = 0 \text{ und } R''_0 \text{ gleich und direkt entgegengesetzt der Kraft } R_0$$

sein. Aus letzterer Bedingung folgt, dass Grösse und Richtung
der gesuchten Resultanten R der Kräfte P übereinstimmt mit der
Grösse und Richtung der Reduktionsresultanten R_0 der Kräfte P,
und dass demgemäss Kräfte in ihrer Ebene parallel verschoben
werden dürfen, ohne dass dadurch die Grösse und Richtung
ihrer Resultanten geändert wird.

Insofern die Reduktionsresultante R_0 sich durch Zusammensetzung der nach O parallel verschobenen (transferirten) Kräfte P
ergiebt, nennt man dieselbe auch Translationsresultante.

Nimmt man also, wie in No. 12 § 2, ein rechtwinkliges
Koordinatensystem an und bezeichnet wieder wie dort die Richtungswinkel der gegebenen Kräfte P mit $a_1 a_2 a_3 \ldots$, den Richtungswinkel der gesuchten Resultanten R mit φ, so erhält man:

$$R \cos \varphi = P_1 \cos a_1 + P_2 \cos a_2 + P_3 \cos a_3 + \cdots = X_0$$
$$R \sin \varphi = P_1 \sin a_1 + P_2 \sin a_2 + P_3 \sin a_3 + \cdots = Y_0$$

$$R = \sqrt{X_0{}^2 + Y_0{}^2}; \quad \cos \varphi = \frac{X_0}{R}; \quad \sin \varphi = \frac{Y_0}{R},$$

wobei in den Ausdrücken von $\cos \varphi$ und $\sin \varphi$ für X_0 und Y_0 die algebraischen Werthe zu nehmen sind, während dem R sein Absolutwerth zu geben ist. Damit wäre Grösse und Richtung der gesuchten Resultanten R bestimmt. Um auch die Lage von R zu erhalten, hat man von der Bedingung $M + R'r = 0$ oder $-R'r = M$ auszugehen.

Bezeichnet man die Hebelarme der durch die gegebenen Kräfte P bedingten Kräftepaare beziehungsweise mit $a_1, a_2, a_3 \ldots$, so ergiebt die letzte Gleichung

$$-R'r = P_1 a_1 + P_2 a_2 + P_3 a_3 + \cdots$$

oder auch, da die gesuchte Resultante R gleich und direkt entgegengesetzt der Gegenresultanten R' ist,

$$Rr = P_1 a_1 + P_2 a_2 + P_3 a_3 + \cdots = \Sigma P a.$$

Damit ist ein sehr wichtiger Satz zum Ausdruck gebracht, welcher lautet:

Das statische Moment der Resultanten von Kräften in einer Ebene in Beziehung auf einen beliebig in der Ebene der Kräfte angenommenen Punkt ist gleich der algebraischen Summe der auf den gleichen Punkt bezogenen statischen Momente der Komponenten.

Die letzte Gleichung, „die Momentengleichung um O", liefert nun, nachdem Grösse und Richtung der Resultanten R bestimmt worden ist, den Hebelarm r von R und damit den Abstand des Punktes O von der gesuchten Wirkungslinie der Resultanten R. Beschreibt man daher um O mit dem Halbmesser r einen Kreis und zieht Tangenten an denselben parallel der nach Grösse und Richtung mit R übereinstimmenden, in O angreifenden Reduktionsresultanten R_0, so muss die Resultante R in einer der beiden Tangenten wirken. Welche dieser Tangenten aber die Wirkungslinie von R bezeichnet, ist dadurch bestimmt, dass R in dem durch das Vorzeichen des statischen Momentes $Rr = P_1 a_1 + P_2 a_2 + \cdots$ angegebenen Sinn um O drehen muss. Mithin wäre jetzt die Resultante der gegebenen Kräfte P vollständig ermittelt.

Uebrigens werden die zusammenzusetzenden Kräfte P analytisch in der Regel durch ihre Grösse und Richtung und die Koordinaten ihrer Angriffspunkte gegeben. Sind x_1, y_1; x_2, y_2; $x_3, y_3; \ldots$ die Koordinaten der Angriffspunkte der Kräfte $P_1 P_2 P_3$. und x_0, y_0 die Koordinaten des Angriffspunktes der Resultanten R in Beziehung auf ein rechtwinkliges Koordinatensystem, dessen

Ursprung O, so hat man nach dem gefundenen Satz, dass das statische Moment der Resultanten gleich der algebraischen Summe der statischen Momente der Komponenten, wenn man die Kräfte P in ihre Komponenten nach den Koordinatenachsen zerlegt sich denkt, als statisches Moment der Resultanten R in Beziehung auf den Punkt O

$$R r = R \cos \varphi \cdot y_0 - R \sin \varphi \cdot x_0$$

und als statische Momente der Kräfte P

$$P a = P \cos a \cdot y - P \sin a \cdot x.$$

Damit geht die Gleichung $R r = \Sigma P a$ über in:

$$R \cos \varphi \cdot y_0 - R \sin \varphi \cdot x_0 =$$
$$= P_1 \cos a_1 \cdot y_1 - P_1 \sin a_1 x_1 + P_2 \cos a_2 y_2 - P_2 \sin a_2 x_2 + \cdots$$

Nun sind die Grössen R und φ oben schon bestimmt worden, es bleibt daher nur noch übrig, die Lage der Resultanten vollends analytisch festzusetzen, d. h. den Angriffspunkt derselben zu ermitteln. Hierzu steht die letzte Gleichung zur Verfügung. Allein aus dieser Gleichung lassen sich die Koordinaten $x_0 y_0$ dieses Angriffspunktes nicht berechnen, vielmehr liefert die Gleichung nur eine Beziehung zwischen x_0 und y_0, also einen geometrischen Ort für den Angriffspunkt der Resultanten R. Dieser geometrische Ort ist vorliegenden Falles, weil die Gleichung zwischen x_0 und y_0 vom ersten Grade, eine gerade Linie. Diese Gleichung zwischen x_0 und y_0 stellt nichts anderes vor, als die Gleichung der Wirkungslinie der Resultanten R.

Handelt es sich um die Bestimmung der Resultanten R von paralielen Kräften P_1, P_2, P_3, P_4 (Fig. 18), so wird man zweckmässiger Weise die x-Achse des Koordinatensystems senkrecht zu den Wirkungslinien der Kräfte P annehmen und, falls die $+x$ Richtung nach rechts gewählt ist, den Ursprung O auf der Wirkungslinie der äussersten Kraft auf der linken Seite. Damit erhält man dann, wenn die $+y$ nach oben gerichtet

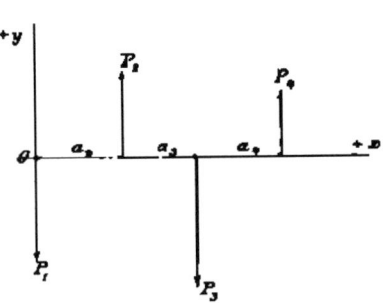

Fig. 18.

sind und die Abstände der Kräfte P von der ihnen parallelen y-Achse mit a und dem entsprechenden Index bezeichnet werden, für die Resultante R der Kräfte P, welche ja nach Grösse und

Richtung mit der vorliegenden Falles in der y-Achse wirkenden Reduktionsresultanten R_0 übereinstimmt,

$$R = R_0 = -P_1 + P_2 - P_3 + P_4.$$

Die Resultante paralleler Kräfte ist also parallel den gegebenen Kräften und gleich der algebraischen Summe der letzteren, wobei diejenigen Kräfte als positiv bezeichnet werden, welche im Sinn der $+y$ wirken, die entgegengesetzt wirkenden als negativ.

Damit ist Grösse und Richtung von R festgesetzt. Um aber auch die Lage der Resultanten R zu erfahren, benutzt man den Satz: Es ist das statische Moment der Resultanten gleich der algebraischen Summe der statischen Momente der Komponenten. Demgemäss hat man, wenn R in der Entfernung x_0 von O wirkt:

$$R x_0 = P_1 . 0 - P_2 a_2 + P_3 a_3 - P_4 a_4.$$

Hieraus ergiebt sich nicht bloss der Abstand x_0, sondern auch mit dem Vorzeichen der Momentensumme, der Sinn, in welchem die Resultante R um O zu drehen hat. Mit diesem Drehungssinn, der Richtung von R und dem Abstand x_0 der Resultanten R von O ist dann die Lage von R in unzweideutiger Weise bestimmt.

28. Weitere Betrachtungen. Findet man, dass für einen in der Ebene der Kräfte gewählten Punkt O_1 die Summe der statischen Momente der Kräfte $P = 0$ ist, so ist der Fall einer Zurückführung der Kräfte P auf ein Kräftepaar ausgeschlossen, indem die algebraische Summe der statischen Momente der Kräfte eines Kräftepaares in Beziehung auf jeden in der Ebene des Kräftepaares gelegenen Punkt sich stets gleich dem Moment des Kräftepaares ergiebt und daher, wenn die gegebenen Kräfte P sich auf ein Kräftepaar reducirten, die Summe ihrer statischen Momente in Beziehung auf den gewählten Punkt O nicht $= 0$ sein könnte. Es könnten also im vorliegenden Falle die Kräfte P sich nur noch entweder auf eine durch den angenommenen Punkt O_1 gehende Resultante reduciren oder die Kräfte P müssten im Gleichgewicht sein.

Wäre für einen zweiten Punkt O_2 die Summe der statischen Momente der Kräfte P ebenfalls $= 0$, so wäre damit das Gleichgewicht der Kräfte P immer noch nicht bedingt, es könnte ja die Resultante der Kräfte P durch O_1 und durch O_2 hindurchgehen. Ist aber für einen dritten Punkt O_3, welcher mit den beiden Punkten O_1 und O_2 nicht in einer Geraden liegt, die Momentensumme wieder $= 0$, so muss nothwendiger Weise Gleichgewicht stattfinden. Wir können also die Gleichgewichtsbedingungen für Kräfte in der Ebene auch noch in anderer Form ausdrücken, als weiter oben geschehen ist, indem wir sagen:

Im Falle des Gleichgewichts muss die algebraische Summe der statischen Momente der gegebenen Kräfte P in Beziehung auf drei in der Ebene der Kräfte befindliche, nicht in einer und derselben Geraden, sonst aber beliebig gelegene Punkte je gleich Null sein.

Findet man ein anderes Mal, dass die algebraische Summe der Komponenten der Kräfte P nach zwei angenommenen, auf einander senkrechten Koordinatenachsen $= 0$ ist, die algebraische Summe der statischen Momente der Kräfte P in Beziehung auf einen in der Koordinatenebene gelegenen Punkt O aber $= M$, so ist damit erwiesen, dass die Kräfte P sich auf ein Kräftepaar vom Moment M reduciren. Thatsächlich ist für die Kräfte des Kräftepaares die algebraische Summe ihrer Komponenten nach jeder Achse $= 0$, oder was dasselbe, die algebraische Summe der Projektionen der Kräfte auf jede beliebige Achse $= 0$, womit $R = 0$ sich ergiebt.

Da aber $\quad Rr = M, \quad$ so wird $\quad r = \dfrac{M}{R} = \dfrac{M}{0} = \infty$.

Das steht im Einklang mit dem, was früher bezüglich des Kräftepaares gesagt wurde, dass nämlich die Resultante eines Kräftepaares eine unendlich kleine und ferne Kraft sei.

§ 5.

Zusammensetzung von Kräften, welche an einem starren Körper in verschiedenen Punkten und in beliebigen Richtungen wirken.

29. Zusammensetzung beliebiger Kräftepaare. Es seien zunächst nur die beiden Kräftepaare $P(A_1 A_2)P$ vom Moment $M_1 = P.a$ und $Q(B_1 B_2)Q$ vom Moment $M_2 = Q.b$, welche in den sich schneidenden Ebenen I und II (Fig. 19) wirken, zusammenzusetzen. Um diese Zusammensetzung zu bewerkstelligen, trägt man auf der Durchschnittslinie der beiden Ebenen I und II die beliebige Strecke $A_0 B_0 = c$ auf und ersetzt die gegebenen Kräftepaare durch die Kräftepaare $P'(A_0 B_0)P'$ und $Q'(A_0 B_0)Q'$, oder $P'.c$ und $Q'.c$, wobei $P'.c = Pa$ und $Q'c = Qb$ sein muss, bestimmt hierauf die Resultanten R' der in A_0 und B_0 angreifenden Kräfte P' und Q', dann bilden diese beiden Kräfte R', wie leicht zu erkennen ist, ein Kräftepaar $R'(A_0B_0)R'$, das gesuchte resultirende Kräftepaar.

Handelt es sich um eine ganze Reihe von Kräftepaaren, die in verschiedenen, sich schneidenden Ebenen wirken, so könnte man je zwei nach dem soeben erläuterten Verfahren zusammen-

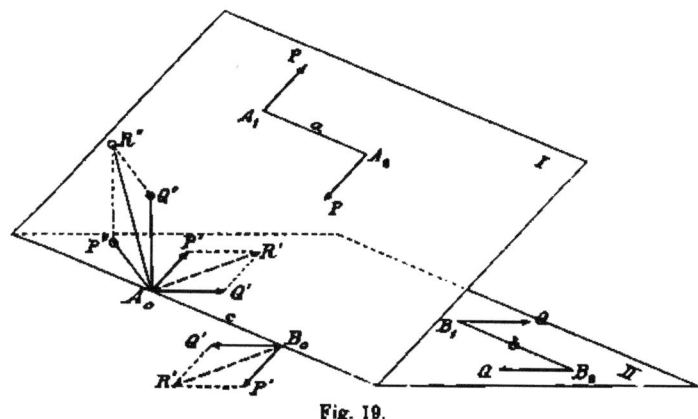

Fig. 19.

setzen und auf diese Weise schliesslich das resultirende Kräftepaar erhalten, es ist indessen zweckmässiger, sich der folgenden, von Poinsot angegebenen Methode zu bedienen.

Zur Begründung dieser Methode wird Nachstehendes angeführt:

Es stelle $P(A_1A_2)P$ in Fig. 20 ein gegebenes Kräftepaar vom Moment $M = P(A_1A_2) = Pa$ vor. In einem beliebigen Punkte C des Hebelarmes A_1A_2 errichte man ein Loth auf der Ebene des Kräftepaares, trage auf diesem Loth von C aus nach derjenigen Seite hin, von welcher aus das gegebene Kräftepaar im Sinne von links nach rechts drehend erscheint, eine Strecke $CD = M = Pa$ in beliebig gewähltem Maassstab auf, dann bestimmen Richtung und Grösse der Strecke CD vollständig das gegebene Kräftepaar. Dabei nennt man die Gerade CD die Achse des Kräftepaares und die Richtung CD, durch

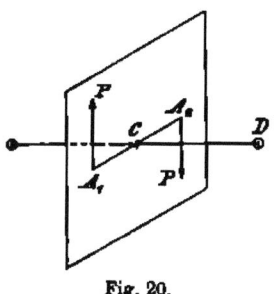

Fig. 20.

welche der Drehungssinn des gegebenen Kräftepaares angegeben wird, die Achsenrichtung des Kräftepaares; durch Achsenrich-

tung und Moment ist daher ein Kräftepaar vollständig bestimmt.

Sollen jetzt wieder die Kräftepaare $P(A_1A_0)P$ vom Moment
$M_1 = Pa$ und $Q(B_1B_0)Q$ vom Moment $M_2 = Qb$ Fig. 19 zusammengesetzt werden, so errichtet man in A_0 Fig. 19 auf den Ebenen I
und II Lothe A_0P'' und A_0Q'', trägt auf diesen Lothen die die
gegebenen Kräftepaare nach Poinsot darstellenden Strecken
$A_0P'' = M_1$ und $A_0Q'' = M_2$ ab, zeichnet das Parallelogramm
$P''A_0Q''R''$, zieht in demselben die Diagonale A_0R'', dann stellt
die letztere, als Achse eines Kräftepaares aufgefasst, die Resultante der Kräftepaare $P(A_1A_0)P$ und $Q(B_1B_0)Q$ vor. Der Beweis
hierfür ist folgender:

Winkel $P''A_0P' = 90°$; Winkel $Q''A_0Q' = 90°$; somit Winkel
$P''A_0Q'' = $ Winkel $P'A_0Q'$. Ferner Strecke $A_0P'' = M_1 = P.a =$
$P'.c$; Strecke $A_0Q'' = M_2 = Q.b = Q'.c$, daher Parallelogramm
$P''A_0Q''R''$ ähnlich dem Parallelogramm $P'A_0Q'R'$ und demgemäss:
Diagonale $(A_0R'') = R'.c = M$.

Durch die Länge A_0R'' ist also thatsächlich das Moment M
des resultirenden Kräftepaares $R'(A_0B_0)R'$ angegeben. Da aber
A_0R'' senkrecht steht auf A_0R' und damit auf der Ebene des
resultirenden Kräftepaares $R'(A_0B_0)R'$, so bestimmt die Parallelo-
grammdiagonale A_0R'' auch die Ebene des resultirenden Kräftepaares. Man bemerkt nun weiter, dass, wenn man vom Punkte
R'' gegen A_0 hin sieht, das resultirende Kräftepaar $R'(A_0B_0)R'$
thatsächlich von links nach rechts dreht, es bringt daher die
Richtung A_0R'' der Diagonalen A_0R'' auch den Drehungssinn
des resultirenden Kräftepaares richtig zum Ausdruck. Mit einem
Worte: Die Diagonale A_0R'' des aus den Momentenstrecken M_1 und
M_2 konstruirten Parallelogramms giebt vollständig das resultirende
Kräftepaar an. Hieraus können wir aber den allgemeinen Satz
entnehmen:

Man kann Kräftepaare genau wie Kräfte zusammensetzen, wenn man die Kräftepaare nach der Vorschrift
Poinsots darstellt und die betreffenden Momentenstrecken
wie Kraftstrecken ansieht und zusammensetzt. Dabei
entspricht der Fall von Kräftepaaren, welche in beliebigen Ebenen gelegen sind, dem Fall von Kräften, die
alle einen und denselben Punkt angreifen, und der Fall
von Kräftepaaren in der gleichen oder in Parallelebenen
dem Fall von Kräften, in einer und derselben Geraden
wirkend.

30. Reduktion der Kräfte. Ein starrer Körper werde in den
Punkten A_1, A_2, A_3 von den Kräften P_1, P_2, P_3 angegriffen,

Die Koordinaten der Angriffspunkte A in Beziehung auf ein beliebig angenommenes rechtwinkliges Koordinatensystem seien $x_1 y_1 z_1$; $x_2 y_2 z_2$; . . ., und die Winkel der Kräfte P mit den positiven Zweigen der Koordinatenachsen $\alpha_1 \beta_1 \gamma_1$; $\alpha_2 \beta_2 \gamma_2$; . ., alsdann ergeben sich die Komponenten der Kräfte P nach den Koordinatenachsen:

$$X_1 = P_1 \cos \alpha_1; \quad Y_1 = P_1 \cos \beta_1; \quad Z_1 = P_1 \cos \gamma_1$$
$$X_2 = P_2 \cos \alpha_2; \quad Y_2 = P_2 \cos \beta_2; \quad Z_2 = P_2 \cos \gamma_2$$

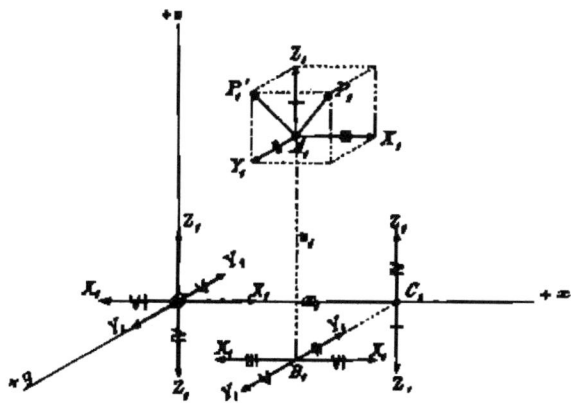

Fig. 21.

Bringt man jetzt, der Kraft P_1 entsprechend, in den Punkten O. B_1 und C_1 (Fig. 21), (welche Punkte man in fester Verbindung mit dem starren Körper sich zu denken hat), so wie Fig. 21 zeigt, die einander gleichen und direkt entgegengesetzten, den Komponenten $X_1 Y_1 Z_1$ der Kraft P_1 gleichen und parallelen Kräfte $X_1 Y_1 Z_1$ an, so wird dadurch am Bewegungszustande des starren Körpers nichts geändert. Damit hat man aber statt der Kraft P_1 nunmehr die drei im Ursprung O wirkenden Komponenten X_1, Y_1, Z_1 der Kraft P_1 nach den Koordinatenachsen, sowie die in der Figur 21 durchstrichenen 6 Kräftepaare. In gleicher Weise erhält man an Stelle der übrigen Kräfte P_2, P_3. . deren nach O parallel versetzte Komponenten X_2, Y_2, Z_2; X_3, Y_3, Z_3; . . . und je 6 Kräftepaare. Man vereinigt nun die in einer und derselben Koordinatenachse wirkenden Kräfte je zu einer Resultanten, wobei sich ergiebt:

$$X_0 = X_1 + X_2 + X_3 +$$
$$Y_0 = Y_1 + Y_2 + Y_3 + \cdots$$
$$Z_0 = Z_1 + Z_2 + Z_3 +$$

und setzt schliesslich die drei Kräfte $X_0 Y_0 Z_0$
Resultanten

$$R_0 = \sqrt{X_0^2 + Y_0^2 + Z_0^2} \text{ zusammen.}$$

Es lassen sich aber auch die vorhandenen Kräftepaare zusammensetzen, wobei man zunächst diejenigen vereinigt, deren Ebenen auf einer und derselben Koordinatenachse senkrecht stehen. So liefern die senkrecht zur x-Achse, also in Parallelebenen wirkenden Kräftepaare ein resultirendes Kräftepaar, dessen Moment M_x durch die algebraische Summe der Momente der einzelnen Kräftepaare angegeben wird, wobei die Momente derjenigen Kräftepaare als positiv bezeichnet sind, welche, von einem auf dem $+$Zweig der x-Achse gelegenen Punkte aus in der Richtung gegen den Ursprung O hin angesehen, in positivem Sinn, d. h. von links nach rechts drehend erscheinen. Demgemäss hat man:

$$M_x = (Z_1 y_1 - Y_1 z_1) + (Z_2 y_2 - Y_2 z_2) + \cdots$$

desgleichen ergiebt sich:

$$M_y = (X_1 z_1 - Z_1 x_1) + (X_2 z_2 - Z_2 x_2) +$$
$$M_s = (Y_1 x_1 - X_1 y_1) + (Y_2 x_2 - X_2 y_2) + \cdots$$

Damit sind die sämmtlichen Kräftepaare zurückgeführt auf nur drei Kräftepaare, deren Ebenen senkrecht stehen auf den Koordinaten-

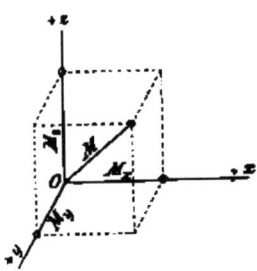

Fig. 22.

achsen und deren Momente durch die Werthe von M_x, M_y, M_s angegeben werden. Trägt man daher behufs der graphischen Darstellung dieser drei Kräftepaare vom Ursprung O (Fig. 22) des Koordinatensystems aus auf den Koordinatenachsen die Momente M_x, M_y, M_s in einem beliebig gewählten Massstab als Strecken ab, und zwar je nach deren Vorzeichen auf der positiven oder negativen Seite der Koordinatenachsen, konstruirt über den Strecken

M_x, M_y, M_s ein Parallelepiped und zieht von O aus die Diagonale OM des letzteren, dann stellt diese Diagonale OM, deren Länge wir mit M bezeichnen wollen, die Resultante der Kräftepaare M_x, M_y, M_s in vollständig bestimmter Weise vor.

Das Moment des resultirenden Kräftepaares wäre demgemäss ausgedrückt durch

$$M = \sqrt{M_x^2 + M_y^2 + M_s^2}.$$

Damit sind jetzt die sämmtlichen Kräfte P zurückgeführt auf eine durch den Punkt O gehende Kraft R_0 und ein Kräftepaar M.

Nunmehr liegt für uns die Veranlassung vor, den Begriff des statischen Momentes einer Kraft, den wir in No. 28 für das statische Moment einer Kraft in Beziehung auf einen Punkt aufgestellt haben, zu erweitern.

Es sei AA (Fig. 23) die Wirkungslinie einer Kraft P und BB eine windschief zu AA gelegene zweite Gerade, die wir Achse nennen wollen. Auf dieser Achse BB nehmen wir einen Punkt O beliebig an. Dieser Punkt O theilt die Achse in einen $+$- und einen $-$-Zweig. Durch O legen wir eine Ebene senkrecht zur Achse BB und projiciren auf die Ebene die Kraft P, wobei P' die Projektion von P sei. In der Projektionsebene befin-

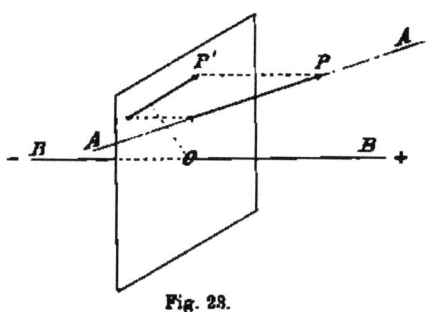

Fig. 23.

det sich nun der Punkt O und die Kraft P', man kann daher, wenn man von einem auf dem $+$Zweig der Achse BB gelegenen Punkt aus gegen die Projektionsebene hin sieht, den algebraischen Werth des statischen Momentes der Kraft P' in Beziehung auf den Punkt O in unzweideutiger Weise angeben. Dieses statische Moment der Projektion P' der gegebenen Kraft P auf eine Ebene senkrecht zur gegebenen Achse, bezogen auf den Durchschnittspunkt O der Achse mit der Projektionsebene, bezeichnen wir fernerhin auch als das statische Moment der Kraft P in Beziehung auf die gegebene Achse BB.

Kehren wir jetzt wieder zu dem von den Kräften P_1, P_2, P_3, angegriffenen starren Körper Fig. 21 zurück. Die in A_1 angreifende Kraft P_1 haben wir zerlegt in ihre Komponenten X_1, Y_1, Z_1, nach den Koordinatenachsen.

Soll nun das statische Moment der Kraft P_1 in Beziehung auf die x-Achse angegeben werden, so hat man P_1 zu projiciren auf eine Ebene senkrecht zur x-Achse und das statische Moment der Projektion P'_1 in Beziehung auf den Durchschnittspunkt der Projektionsebene mit der x-Achse zu bestimmen. Als Projektionsebene empfiehlt sich vorliegenden Falles die Seitenfläche $Y_1 A_1 Z_1$ des in Fig. 21 angedeuteten Parallelepipeds $A_1 P_1$, indem die Diagonale $A_1 P'_1$ dieser Seitenfläche unmittelbar die gewünschte Projektion P'_1 der Kraft P_1 liefert. Somit wäre das statische Moment der Kraft P_1, in Beziehung auf die x-Achse ausgedrückt durch das statische Moment der Kraft P'_1 in Beziehung auf den Punkt C_1. Da aber Y_1 und Z_1 die Komponenten von P'_1 sind und das statische Moment der Resultanten gleich der algebraischen Summe der statischen Momente der Komponenten ist, so ergiebt sich hier das statische Moment der Kraft P'_1 in Beziehung auf den Punkt C_1

$$= Z_1 y_1 - Y_1 z_1;$$

das ist dann auch das statische Moment der Kraft P_1 in Beziehung auf die x-Achse. Demgemäss wäre

$$M_x = (Z_1 y_1 - Y_1 z_1) + (Z_2 y_2 - Y_2 z_2) +$$

nichts anderes als die algebraische Summe der statischen Momente der gegebenen Kräfte P in Beziehung auf die x-Achse. Desgleichen bedeuten M_y und M_z die Momentensummen der Kräfte P in Beziehung auf die beiden anderen Koordinatenachsen.

Die ursprünglich am starren Körper wirkenden Kräfte P sind also zurückgeführt auf eine in O angreifende Kraft R_0, die sogenannte Reduktions- oder Translationsresultante und ein Kräftepaar vom Moment M, dessen Ebene, senkrecht zur Diagonale OM (Fig. 22) des aus M_x, M_y, M_z gebildeten Parallelepipeds, wir durch O gehend annehmen können und dessen beide Kräfte wir mit Q bezeichnen wollen. Man kann aber ganz allgemein die Reduktion noch etwas weiter treiben, indem man das resultirende Kräftepaar in seiner Ebene verschiebt, bis eine der beiden Kräfte Q des Kräftepaares ebenfalls durch O geht, und hierauf die in O angreifenden Kräfte R_0 und Q zu einer Resultanten S zusammensetzt. Damit sind dann die am starren Körper wirkenden Kräfte P zurückgeführt auf zwei im allgemeinen windschief gegeneinander gelegene Kräfte S und Q.

81. Die allgemeinen Gleichgewichtsbedingungen. Sollen die am starren freien Körper beliebig wirkenden Kräfte P im Gleichgewicht sich befinden, so muss, da die Reduktionsresultante R_0 das resultirende Kräftepaar M nicht aufheben kann, sowohl $R_0 = 0$, als auch $M = 0$ sein, woraus folgt:

$$X_0 = 0; \quad Y_0 = 0; \quad Z_0 = 0 \text{ und } M_x = 0; \quad M_y = 0; \quad M_z = 0,$$

d. h.: Es muss im Gleichgewichtsfalle die algebraische Summe der Komponenten sämmtlicher Kräfte nach irgend drei aufeinander senkrechten Achsenrichtungen und ebenso die algebraische Summe der statischen Momente der Kräfte in Beziehung auf die drei angenommenen Achsen je gleich Null sein.

82. Reduktion der Kräfte auf ein Kräftepaar. Ergiebt sich für ein beliebig angenommenes rechtwinkliges Achsensystem

$$X_0 = 0; \quad Y_0 = 0; \quad Z_0 = 0,$$

so können sich die Kräfte P, falls sie nicht im Gleichgewicht sind, nur noch reduciren auf ein Kräftepaar, dessen Moment M aus der Gleichung

$$M = \sqrt{M_x^2 + M_y^2 + M_z^2}$$

folgt, wobei M_x, M_y, M_z wieder die algebraischen Summen der statischen Momente der gegebenen Kräfte P in Beziehung auf die angenommenen Koordinatenachsen bedeuten. Um aber auch die übrigen Bestimmungsstücke des resultirenden Kräftepaares zu erhalten, denken wir uns die von O aus gezogene, das resultirende Kräftepaar graphisch zum Ausdruck bringende Momentenstrecke OM von der Länge M wieder als Diagonale des rechtwinkligen Parallelepipeds von den Kantenlängen M_x, M_y, M_z (Fig. 22), alsdann sind die Winkel λ, μ, ν von OM mit den positiven Zweigen der Koordinatenachsen ausgedrückt durch

$$\cos\lambda = \frac{M_x}{M}; \quad \cos\mu = \frac{M_y}{M}; \quad \cos\nu = \frac{M_z}{M}$$

wobei für M_x, M_y und M_z je der algebraische Werth, dagegen für M der Absolutwerth zu setzen ist.

83. Reduktion der Kräfte auf eine Resultante. Unter der Voraussetzung, dass die am starren Körper wirkenden Kräfte P sich zu einer Resultanten vereinigen lassen, fügen wir zu den Kräften P noch die der gesuchten Resultanten R gleiche und entgegengesetzte Gegenresultante R' hinzu. Nunmehr bilden die Kräfte P und R' zusammen ein Gleichgewichtssystem. Man hat daher, wenn

x_0, y_0, z_0 die Koordinaten des Angriffspunktes der Resultanten R
   und damit auch der Gegenresultanten R',

φ, χ, ψ die Winkel von R mit den positiven Zweigen der Koordinatenachsen

X', Y', Z' die Komponenten der Gegenresultanten R' nach den Koordinatenachsen:

$$X' + \Sigma P\cos\alpha = 0; \quad Y' + \Sigma P\cos\beta = 0; \quad Z' + \Sigma P\cos\gamma = 0$$

womit:

$$X' = -\Sigma P\cos\alpha; \quad Y' = -\Sigma P\cos\beta; \quad Z' = -\Sigma P\cos\gamma,$$

daraus ergeben sich die Komponenten der gesuchten Resultanten R nach den Koordinatenachsen

$$X = R \cos \varphi = \Sigma P \cos \alpha; \quad Y = R \cos \chi = \Sigma P \cos \beta;$$
$$Z = R \cos \psi = \Sigma P \cos \gamma$$

und mit den Komponenten von R, Grösse und Richtung der Resultanten selbst, nämlich

$$R = \sqrt{(\Sigma P \cos \alpha)^2 + (\Sigma P \cos \beta)^2 + (\Sigma P \cos \gamma)^2} \text{ und}$$

$$\cos \varphi = \frac{\Sigma P \cos \alpha}{R}; \quad \cos \chi = \frac{\Sigma P \cos \beta}{R}; \quad \cos \psi = \frac{\Sigma P \cos \gamma}{R}$$

Zugleich erkennen wir, dass sich Grösse und Richtung der Resultanten der Kräfte P nicht ändert, wenn man die Kräfte P parallel mit sich selbst im Raume verschiebt.

Zur Ermittelung der Lage der Resultanten R suchen wir die Koordinaten x_0, y_0, z_0 ihres Angriffspunktes zu bestimmen und benutzen hierzu die drei weiteren Gleichgewichtsbedingungen, nämlich die Momentengleichungen:

$$M_z + Z' y_0 - Y' z_0 = 0$$
$$M_y + X' z_0 - Z' x_0 = 0$$
$$M_z + Y' x_0 - X' y_0 = 0,$$

worin wieder M_z, M_y, M_z die Summe der statischen Momente der Kräfte P in Beziehung auf die drei Koordinatenachsen bedeuten.

Aus diesen drei Gleichungen wollen wir die Unbekannten $x_0 y_0 z_0$ zu bestimmen suchen. Zu diesem Zwecke multipliciren wir die erste der Gleichungen mit X', die zweite mit Y', die dritte mit Z' und addiren die Gleichungen, wodurch man erhält:

$$X' M_z + Y' M_y + Z' M_z = 0 \text{ oder auch}$$
$$X M_z + Y M_y + Z M_z = 0,$$

d. h. eine Gleichung, welche die gesuchten Koordinaten x_0, y_0, z_0 gar nicht mehr enthält. Diese Gleichung ist also eine Bedingungsgleichung, welche unter allen Umständen erfüllt sein muss, wenn die Kräfte P sich überhaupt auf eine einzige Kraft R sollen zurückführen lassen. Findet nun die angeführte Bedingungsgleichung thatsächlich statt, so ist eine von den obigen drei Momentengleichungen überflüssig. Aus den zwei noch zur Verfügung stehenden Gleichungen können dann aber die Unbekannten x_0, y_0, z_0 nicht mehr ermittelt werden, vielmehr ergiebt sich nur ein geometrischer Ort für den Angriffspunkt der Resultanten, nämlich eine durch die beiden Gleichungen ausgedrückte gerade Linie. Das liegt indessen wieder ganz in der Natur der Sache, darf man ja doch eine Kraft in ihrer Wirkungslinie beliebig verschieben. Demgemäss sind die erwähnten zwei Gleichungen zwischen x_0,

y_0 und z_0 nichts anderes als die Gleichungen der Wirkungslinie von R.

Suchen wir uns jetzt auch Rechenschaft zu geben über die Bedeutung der Bedingungsgleichung

$$X'M_x + Y'M_y + Z'M_z = 0 \quad \text{oder} \quad XM_x + YM_y + ZM_z = 0.$$

Oben wurden die Winkel von R und damit auch der in O angreifenden Reduktionsresultanten R_0 mit den Koordinatenachsen durch φ, χ, ψ und die Winkel der Achse OM des resultirenden Kräftepaares mit den Koordinatenachsen durch λ, μ, ν bezeichnet. Ist nun ζ der Winkel von R_0 mit OM, so hat man nach einem bekannten Satz:

$$\cos\zeta = \cos\varphi \cdot \cos\lambda + \cos\chi \cdot \cos\mu + \cos\psi \cdot \cos\nu \quad \text{oder:}$$

$$\cos\zeta = \frac{X}{R} \cdot \frac{M_x}{M} + \frac{Y}{R} \cdot \frac{M_y}{M} + \frac{Z}{R} \cdot \frac{M_z}{M} = \frac{1}{R \cdot M}(X \cdot M_x + Y \cdot M_y + Z \cdot M_z)$$

und damit, wenn

$$X \cdot M_x + Y \cdot M_y + Z \cdot M_z = 0,$$
$$\cos\zeta = 0; \qquad \zeta = 90^0.$$

Ist also obige Bedingungsgleichung erfüllt, so ist damit zum Ausdruck gebracht, dass die Reduktionsresultante R_0 in die durch O gehende, senkrecht auf OM stehende Ebene des resultirenden Kräftepaares fällt und nunmehr mit den beiden Kräften des letzteren zu einer einzigen Kraft, der Resultante der Kräfte P, zusammengesetzt werden kann.

34. Das sogenannte Nullsystem. Wir haben gesehen, dass unter allen Umständen sich die Kräfte P auf die zwei Kräfte S und Q zurückführen lassen, welche im allgemeinen windschief gegen einander gelegen sind. Suchen wir jetzt diese beiden Kräfte S und Q analytisch zu bestimmen. Wir nehmen ein rechtwinkliges Koordinatensystem an und bezeichnen wie früher die Summe der x-Komponenten der gegebenen Kräfte P mit $\Sigma P\cos\alpha$, die Summe der y-Komponenten mit $\Sigma P\cos\beta$ und die Summe der z-Komponenten mit $\Sigma P\cos\gamma$, ferner die Summen der statischen Momente der Kräfte P in Beziehung auf die drei Koordinatenachsen mit M_x, M_y, M_z. Desgleichen bezeichnen wir die Komponenten der Kräfte S und Q nach den Koordinatenachsen mit S_x, S_y, S_z und Q_x, Q_y, Q_z, endlich die Koordinaten der Angriffspunkte B' und B'' der Kräfte S und Q mit x', y', z'; x'', y'', z''. Man hat nun zur Bestimmung von S und Q:

$$S_x + Q_x = \Sigma P\cos\alpha; \quad S_y + Q_y = \Sigma P\cos\beta; \quad S_z + Q_z = \Sigma P\cos\gamma;$$

ferner:
$$S_x \cdot y' - S_y \cdot z' + Q_x \cdot y'' - Q_y \cdot z'' = M_x$$
$$S_z \cdot z' - S_x \cdot x' + Q_z \cdot z'' - Q_x \cdot x'' = M_y$$
$$S_y \cdot x' - S_x \cdot y' + Q_y \cdot x'' - Q_x \cdot y'' = M_z.$$

Setzt man in die drei letzten dieser Gleichungen die aus den drei ersten Gleichungen bestimmten Werthe von Q_x, Q_y, Q_z ein, so ergiebt sich:

$$S_z (y' - y'') - S_y (z' - z'') + y'' \Sigma P \cos \gamma - z'' \Sigma P \cos \beta = M_x$$
$$S_x (z' - z'') - S_z (x' - x'') + z'' \Sigma P \cos \alpha - x'' \Sigma P \cos \gamma = M_y$$
$$S_y (x' - x'') - S_x (y' - y'') + x'' \Sigma P \cos \beta - y'' \Sigma P \cos \alpha = M_z$$

Aus diesen drei Gleichungen lassen sich die neun Unbekannten S_x, S_y, S_z; x', y', z'; x'', y'', z'' nicht bestimmen. Multiplicirt man nun die erste dieser drei letzten Gleichungen mit $(x' - x'')$, die zweite mit $(y' - y'')$, die dritte mit $(z' - z'')$ und addirt die erhaltenen drei Gleichungen, so zeigt sich:

$$\Sigma P \cos \alpha (z'' y' - y'' z') + \Sigma P \cos \beta (x'' z' - z'' x') +$$
$$+ \Sigma P \cos \gamma (y'' z' - x'' y') =$$
$$= M_x (x' - x'') + M_y (y' - y'') + M_z (z' - z'').$$

In dieser Gleichung kommen die unbekannten Kräfte S und Q gar nicht mehr vor, es sind darin nur noch die Koordinaten der Angriffspunkte B' und B'' der Kräfte S und Q als Unbekannte enthalten. Nimmt man jetzt, was erlaubt ist, den Angriffspunkt B' beliebig an, infolgedessen die Koordinaten $x' y' z'$ desselben in der letzten Gleichung als gegebene Grössen auftreten, so giebt diese Gleichung einen geometrischen Ort an für den Punkt B''. Dieser geometrische Ort ist, da die Gleichung zwischen den Koordinaten x'', y'', z'' des Punktes B'' vom ersten Grade nach diesen Grössen, eine Ebene und zwar eine Ebene, die durch den Punkt B' hindurchgeht, insofern die Koordinaten x', y', z' dieses letzteren Punktes die Gleichung befriedigen. Da aber die Kraft Q, deren ursprünglicher Angriffspunkt B'' ist, in ihrer Wirkungslinie beliebig verschoben werden darf, so müssen auch die Koordinaten jedes auf der Wirkungslinie von Q gelegenen Punktes die erwähnte Ebenengleichung befriedigen, d. h. es muss die Kraft Q überhaupt in dieser Ebene liegen.

Wir sehen also, dass dem angenommenen Punkte B' im Raume bei gegebenem Kräftesystem P eine bestimmte, durch B' gehende Ebene entspricht. Diese Ebene wird nach Möbius Nullebene genannt und der Punkt B' Nullpunkt, weil für jede durch B' in der erwähnten Ebene gezogene Grade $B'D$ die Momentensumme der Kräfte P sich gleich Null ergiebt. Reducirt man nämlich das Kräftesystem P auf die beiden Kräfte S und Q, so schneidet sowohl die Kraft S, welche durch den Punkt B' hindurchgeht, als die Kraft Q, welche mit der Geraden $B'D$ in einer und derselben Ebene liegt, die Gerade $B'D$, weshalb auch die statischen Momente der beiden Kräfte S und Q in Beziehung auf die Gerade $B'D$ je gleich Null sind.

Das System zusammengehöriger Nullpunkte und Null-ebenen heisst ein Nullsystem. Diese Nullsysteme spielen in der Geometrie der Lage eine wichtige Rolle. Es ist aber nicht unsere Aufgabe, uns mit diesem Gegenstand hier weiter zu beschäftigen.

85. Resultante paralleler Kräfte. Die zusammenzusetzenden Kräfte P seien alle parallel, aber nicht gleichgerichtet. Um ihre Resultante zu erhalten, nehmen wir ein dreiachsiges, rechtwinkliges Koordinatensystem an, dessen z-Achse parallel den gegebenen Kräf-ten P sei. Nun stimmt, wie wir gesehen haben, die Resultante R der Kräfte P nach Grösse und Richtung mit der durch O gehenden, vorliegenden Falles in der z-Achse wirkenden Reduk-tionsresultanten R_0 überein. Demgemäss ergiebt sich die gesuchte Resultante R parallel den gegebenen Kräften P und gleich ihrer algebraischen Summe, wobei die in der $+z$-Richtung wirkenden Kräfte P als positiv, die entgegengesetzt wirkenden als negativ zu bezeichnen sind. Was sodann die Lage der Resultanten R betrifft, so benutzen wir zu ihrer Bestimmung wieder den Satz: Es ist das statische Moment der Resultanten gleich der alge-braischen Summe der statischen Momente der Komponenten. Damit erhält man

$$R \cdot x_0 = M_y \quad \text{und} \quad R \cdot y_0 = M_x,$$

unter M_y und M_x die algebraischen Summen der statischen Momente der Kräfte P in Beziehung auf die y- und x-Achse, und unter x_0 und y_0 die Abstände der Wirkungslinie von R von der yz- und der xz-Ebene verstanden. Mit diesen Abständen, sowie mit der Richtung der Resultanten R und dem Drehungssinn der-selben bezüglich der x- und der y-Achse ist dann die Lage von R in unzweideutiger Weise festgesetzt.

86. Der Mittelpunkt paralleler und gleichgerichteter Kräfte. Wir nehmen jetzt an, dass die gegebenen, am frei beweglichen starren Körper wirkenden Kräfte P alle parallel und gleichgerichtet seien und bezeichnen wieder mit $x_1, y_1, z_1; x_2, y_2, z_2;$. die Ko-ordinaten der Angriffspunkte A der Kräfte P, ferner mit α, β, γ die Winkel der letzteren mit den Koordinatenachsen, endlich mit

R die Resultante der Kräfte P und mit x_0, y_0, z_0 die Koordinaten des Angriffspunktes der Resultanten R, sowie mit R' die Gegenresultante, welche mit den Koordinatenachsen die Winkel α', β', γ' bilde.

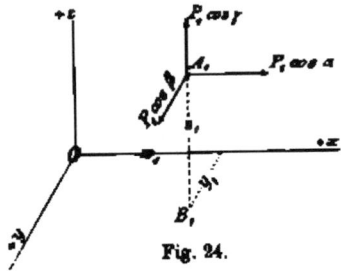

Fig. 24.

Bringt man am starren Körper, welcher von den Kräften P angegriffen wird, auch noch die Gegenresultante R' im Angriffspunkt $x_0 y_0 z_0$ der Resultanten R an, so hat man ein Gleichgewichtssystem von Kräften und daher die Gleichungen:

$$P_1 \cos \alpha + P_2 \cos \alpha + \quad + R' \cos \alpha' = 0$$
$$P_1 \cos \beta + P_2 \cos \beta + \quad + R' \cos \beta' = 0$$
$$P_1 \cos \gamma + P_2 \cos \gamma + \quad + R' \cos \gamma' = 0$$

oder $\quad \cos \alpha \Sigma P = - R' \cos \alpha'; \quad \cos \beta \Sigma P = - R' \cos \beta';$
$$\cos \gamma \Sigma P = - R' \cos \gamma'.$$

Quadrirt und addirt man die letzten drei Gleichungen, so ergiebt sich:

$$(\Sigma P)^2 (\cos^2 \alpha + \cos^2 \beta + \cos^2 \gamma) = R'^2 (\cos^2 \alpha' + \cos^2 \beta' + \cos^2 \gamma')$$
oder $\quad R' = \Sigma P.$

Damit gehen die oben erwähnten drei Gleichungen über in:

$$\cos \alpha' = - \cos \alpha; \quad \cos \beta' = - \cos \beta; \quad \cos \gamma' = - \cos \gamma.$$

Es ist also die Richtung der Gegenresultanten R' entgegengesetzt der Richtung der Kräfte P. Hieraus und mit $R' = \Sigma P$ folgt dann, dass die Resultante R der Kräfte P ebenso gerichtet ist wie die Kräfte P, und dass die Grösse von R durch die Summe der Kräfte P angegeben wird.

Um auch die Lage von R zu bestimmen, suchen wir die Koordinaten x_0, y_0, z_0 ihres Angriffspunktes zu ermitteln. Zu diesem Zwecke schreiben wir die noch nicht benutzten Gleichgewichtsbedingungen für die Kräfte P und R' an, nämlich die Momentengleichungen:

$$P_1 \cos \gamma . y_1 - P_1 \cos \beta . z_1 + P_2 \cos \gamma . y_2 - P_2 \cos \beta . z_2 +$$
$$+ R' \cos \gamma' . y_0 - R' \cos \beta' . z_0 = 0,$$
$$P_1 \cos \alpha . z_1 - P_1 \cos \gamma . x_1 + P_2 \cos \alpha . z_2 - P_2 \cos \gamma . x_2 +$$
$$+ R' \cos \alpha' . z_0 - R' \cos \gamma' . x_0 = 0,$$
$$P_1 \cos \beta . x_1 - P_1 \cos \alpha . y_1 + P_2 \cos \beta . x_2 - P_2 \cos \beta . y_2 + \cdots$$
$$+ R' \cos \beta' . x_0 - R' \cos \alpha' . y_0 = 0,$$

oder nach Einsetzung der Werthe von E', $\cos\alpha'$, $\cos\beta'$, $\cos\gamma'$ und gehöriger Zusammenfassung:

$$\cos\gamma\,(\varSigma P.y - y_0\,\varSigma P) - \cos\beta\,(\varSigma P.z - z_0\,\varSigma P) = 0,$$
$$\cos\alpha\,(\varSigma P.z - z_0\,\varSigma P) - \cos\gamma\,(\varSigma P.x - x_0\,\varSigma P) = 0,$$
$$\cos\beta\,(\varSigma P.x - x_0\,\varSigma P) - \cos\alpha\,(\varSigma P.y - y_0\,\varSigma P) = 0.$$

Multiplicirt man die erste dieser Gleichungen mit $\cos\alpha$ und die zweite mit $\cos\beta$ und addirt beide Gleichungen, so kommt nach entsprechender Vereinfachung die dritte Gleichung heraus. Zur Bestimmung der Koordinaten x_0, y_0, z_0 stehen daher nur zwei Gleichungen zur Verfügung. Diese sind nichts anderes, als die Gleichungen der Wirkungslinie der Resultanten. Damit wäre jetzt auch die Lage der Resultanten bestimmt.

Von allen Punkten der Wirkungslinie der Resultanten ist einer ausgezeichnet. Setzt man

$$\frac{\varSigma P.x}{\varSigma P} = a;\qquad \frac{\varSigma P.y}{\varSigma P} = b;\qquad \frac{\varSigma P.z}{\varSigma P} = c,$$

wobei a, b und c Strecken bedeuten, so liegt ein durch die Koordinaten a, b, c bestimmter Punkt C im Raum auf der Wirkungslinie der Resultanten, da seine Koordinaten a, b, c für x_0, y_0, z_0 gesetzt, die Gleichungen der Wirkungslinie der Resultanten befriedigen.

Dreht man nun die sämmtlichen Kräfte P um ihre Angriffspunkte in der Weise, dass sie stets parallel und gleichgerichtet bleiben, so ändern sich in den Gleichungen zwischen x_0, y_0, z_0 nur die Winkel α, β, γ, aber die Werthe a, b, c für x_0, y_0, z_0 gesetzt, hören nicht auf, die Gleichungen zu befriedigen. Mit anderen Worten: dreht man die parallelen und gleichgerichteten Kräfte P um ihre Angriffspunkte und bestimmt für jede Lage der Kräfte P die Resultante derselben, so geht diese Resultante stets durch den durch die Koordinaten a, b, c festgesetzten Punkt C hindurch. Dieser Punkt C wird Mittelpunkt der parallelen und gleichgerichteten Kräfte P genannt.

3. Kapitel.

Die Schwerkraft und die Lehre vom Schwerpunkt.

§ 6.

Von der Schwerkraft.

37. Richtung und Intensität der Schwerkraft. Ein beliebiger Körper, an einem elastischen Faden aufgehängt, spannt den Faden gerade und bringt eine Ausdehnung des Fadens hervor. Daraus schliessen wir, dass jeder irdische Körper von einer gewissen Kraft, die wir Schwerkraft nennen, angegriffen wird, von einer Kraft, deren Richtung das Senkloth, und deren Intensität oder Grösse die Ausdehnung des Fadens, bezw. der Ausschlag eines Federdynamometers oder einer Federwaage angiebt. Diese Schwerkraft wirkt, wie wir an der Federwaage sehen können, nicht mit einer und derselben Intensität auf die verschiedenen Körper, die Körper sind nicht alle gleich schwer, sie haben verschiedenes Gewicht. Demgemäss verstehen wir unter dem Gewicht eines Körpers die Intensität, mit welcher die Schwerkraft sich an dem betreffenden Körper geltend macht.

Die Gerade, in welcher die Schwerkraft an einem Körper wirkt, heisst Lothlinie oder Vertikale. Die Lothlinien stehen überall normal zur Oberfläche ruhender Flüssigkeiten. Da nun der Meeresspiegel eine krumme Oberfläche darstellt, so erkennt man, dass die an verschiedenen Erdorten bestimmten Lothlinien nicht parallel sind; nur für verhältnismässig nahe bei einander gelegene Punkte können Lothlinien als parallel angesehen werden. Indessen ist es unter allen Umständen gestattet, die Gewichte der einzelnen Theile der in der technischen Mechanik in Betracht gezogenen Körper als parallele Kräfte vorauszusetzen.

Eine Ebene normal zur Lothlinie ist eine Horizontalebene und eine in dieser gezogene Gerade eine Horizontale.

Die Gewichte der Körper bestimmen wir mittels der Waage, indem wir das Gewicht irgend eines ausgewählten Körpers als Gewichtseinheit festsetzen und dann angeben, wie viele solcher Gewichtseinheiten dem Gewichte des zu wägenden Körpers entsprechen.

Als Gewichtseinheit nehmen wir das Kilogramm (kg) = 1000 Gramm (g) an. Dasselbe wird dargestellt durch ein Gewichtsstück, dessen Gewicht übereinstimmt mit demjenigen eines Kubikdecimeter oder Liter Wasser von 4° C. Von diesen Kilogramm gehen 1000 auf eine Tonne (t).

88. Specifisches Gewicht. Unter demselben versteht man für gewöhnlich diejenige Zahl, welche angiebt, wieviel mal ein Körper schwerer ist als das gleiche Volumen Wasser. Vielfach bezeichnet man aber auch als specifisches Gewicht eines Körpers das Gewicht der Raumeinheit des Körpers entsprechend den Bezeichnungen: Specifische Ausdehnung eines Stabes = Ausdehnung der Längeneinheit des Stabes; specifischer Druck = Druck auf die Flächeneinheit.

89. Die technische Krafteinheit. Bei den Aufgaben der technischen Mechanik sind vielfach Gewichte mit anderen Kräften in Beziehung zu setzen, deshalb ist es auch angezeigt, als technische Krafteinheit die Gewichtseinheit, also das Kilogramm anzunehmen, d. h. mit anderen Worten: zur Krafteinheit denjenigen Zug zu wählen, welcher auf ein Dynamometer ausgeübt werden muss, wenn dieses einen Ausschlag zeigen soll gleich demjenigen, welcher von einem 1 Kilogramm schweren, an das gleiche Dynamometer gehängten Körper bewirkt wird. Diese Krafteinheit ist allerdings nicht ganz einwandfrei, indem die Schwerkraft aus Gründen, die wir später kennen lernen werden, an einem und demselben Körper sich nicht überall mit der gleichen Intensität äussert, also ein Körper nicht allerorten dasselbe Gewicht an der Federwaage zeigt. Das Gewicht eines Körpers hängt vielmehr, allerdings in wenig erheblichem Maasse, von der Höhenlage des Erdortes und von der geographischen Breite des letzteren ab. So ist z. B. das Gewicht eines Kilogrammstückes am Aequator um ungefähr 5 Gramm kleiner, als am Pol. Wollte man also die Krafteinheit genau festsetzen, müsste man auch den Erdort angeben, an welchem das Gewicht eines Kilogrammstückes oder das Gewicht eines Liter Wasser von 4° C. an einem Dynamometer die Krafteinheit bezeichnen soll. Die erwähnten Aenderungen des Gewichtes sind jedoch so gering, dass der Ingenieur bei seinen konstruktiven Berechnungen von denselben füglich absehen kann.

Wir werden also die Kräfte in Kilogramm ausdrücken.

§ 7.

Die Lehre vom Schwerpunkt.

40. Allgemeine Erläuterungen. Oben wurde bemerkt, dass jeder irdische Körper und damit auch jedes Element eines solchen von der Schwerkraft angegriffen sei. Ist dV das Raumelement eines Körpers und γ das specifische Gewicht dieses Elementes, d. h. das Gewicht seiner Raumeinheit, so ist die Grösse der das Element angreifenden, vertikal abwärts gerichteten Schwerkraft ausgedrückt durch $\gamma . dV$. Es wirkt daher an dem ganzen Körper ein System von unendlich vielen parallelen und gleich gerichteten Kräften $\gamma . dV$. Man versteht nun unter dem Schwerpunkt eines Körpers den Mittelpunkt der parallelen, gleich gerichteten Schwerkräfte, welche an den einzelnen Elementen des Körpers wirken. Demgemäss erhält man mit Rücksicht auf das in No. 36 Gefundene für die Koordinaten x_0, y_0, z_0 des Schwerpunktes, wenn die Koordinaten eines beliebigen Elementes des Körpers mit x, y, z bezeichnet werden:

$$x_0 = \frac{\Sigma \gamma . dV . x}{\Sigma \gamma . dV}; \qquad y_0 = \frac{\Sigma \gamma . dV . y}{\Sigma \gamma . dV}; \qquad z_0 = \frac{\Sigma \gamma . dV . z}{\Sigma \gamma . dV}$$

Bei einem homogenen oder gleichartigen Körper ist das specifische Gewicht γ für alle Elemente des Körpers dasselbe, also unabhängig von der Lage des Elements und daher:

$$x_0 = \frac{\Sigma dV . x}{\Sigma dV}; \qquad y_0 = \frac{\Sigma dV . y}{\Sigma dV}; \qquad z_0 = \frac{\Sigma dV . z}{\Sigma dV}$$

Die Koordinaten des Schwerpunktes eines homogenen Gebildes sind also unabhängig vom specifischen Gewicht des Körpers, so dass man hier von der physikalischen Bedeutung des Schwerpunktes absehen kann. Dies führt uns dazu, den Begriff des Schwerpunktes überhaupt allgemeiner zu fassen und den Schwerpunkt irgend einer homogenen Grösse m zu definiren als einen geometrischen Punkt, dessen Koordinaten x_0, y_0, z_0 in Beziehung auf ein räumliches rechtwinkliges Koordinatensystem dadurch erhalten werden, dass man die Grösse in ihre Elemente dm zerlegt, die Abstände x, y, z der letzteren von den drei Grundebenen bestimmt und die Quotienten

$$\frac{\Sigma dm . x}{\Sigma dm}, \qquad \frac{\Sigma dm . y}{\Sigma dm}, \qquad \frac{\Sigma dm . z}{\Sigma dm}$$

Diese Quotienten bedeuten Längen, welche man ansehen

kann als die Koordinaten x_0, y_0, z_0 eines gewissen Punktes im Raume, des sogenannten Schwerpunktes. Man hat also:

$$x_0 = \frac{\Sigma dm.x}{\Sigma dm}; \qquad y_0 = \frac{\Sigma dm.y}{\Sigma dm}; \qquad z_0 = \frac{\Sigma dm.z}{\Sigma dm}.$$

Das Produkt aus dem Elemente dm einer Grösse und seinem Abstande von einer Grundebene nennen wir das Moment des Elementes in Beziehung auf diese Ebene und die Summe der Momente sämmtlicher Elemente einer Grösse das Moment der ganzen Grösse in Beziehung auf die angenommene Grundebene. So wäre $dm.x$ das Moment eines Elementes der Grösse m in Beziehung auf die yz-Ebene des Koordinatensystems und $\Sigma dm.x$ das Moment der ganzen Grösse m in Beziehung auf die gleiche Ebene. Da aber aus

$$x_0 = \frac{\Sigma dm.x}{\Sigma dm} \qquad \text{folgt:} \qquad mx_0 = \Sigma dm.x,$$

so ist das Moment einer Grösse in Beziehung auf eine Ebene auch ausgedrückt durch das Produkt aus der Grösse und dem Abstand ihres Schwerpunktes von dieser Ebene.

41. Momentensätze. Hat man ein System von Grössen $m_1 m_2 m_3 \ldots$, deren Schwerpunkte in den Abständen $x_1 x_2 x_3 \ldots$ von einer angenommenen Grundebene liegen, so ergiebt sich, wenn x_0 der Abstand des Schwerpunktes des Gesammtsystems von der Grundebene:

$$(m_1 + m_2 + m_3 + \cdots) x_0 = \Sigma dm.x$$
$$= \Sigma dm_1.x + \Sigma dm_2.x + \Sigma dm_3.x + \cdots$$
$$= m_1 x_1 + m_2 x_2 + m_3 x_3 + \cdots$$

Es ist daher das Moment eines Systems von Grössen in Beziehung auf irgend eine Ebene gleich der Summe der Momente der einzelnen Grössen in Beziehung auf dieselbe Ebene.

Handelt es sich dagegen um das Moment einer Grösse m, welche gleich der Differenz zweier Grössen m_1 und m_2 ist, so kann man, um dieses Moment zu erhalten, zuerst die Summe der Elementarmomente $dm_1.x$ bilden für die Grösse m_1 und hierauf diejenigen Elementarmomente wieder in Abzug bringen, welche man zuviel genommen hat, nämlich $\Sigma dm_2.x$. Das giebt

$$\Sigma dm.x = \Sigma dm_1 x - \Sigma dm_2 x \qquad \text{oder}$$
$$m.x_0 = (m_1 - m_2) x_0 = m_1 x_1 - m_2 x_2,$$

d. h. das Moment der Differenz zweier Grössen ist gleich der Differenz der Momente dieser Grössen.

42. Fall einer Symmetralebene. Besitzt ein Gebilde m eine Symmetralebene, so befindet sich in ihr auch der Schwerpunkt des Gebildes.

Zum Beweis nehmen wir die Symmetralebene als eine Koordinatenebene, z. B. als yz-Ebene an und beachten, dass in diesem Fall jedem Element dm_1 von der Abscisse $+x$ ein Element dm_1 von der Abscisse $-x$ entspricht, dass also

$$\Sigma dm.x = 0 \quad \text{und demgemäss} \quad m.x_0 = 0; \quad x_0 = 0.$$

43. Fall eines Mittelpunktes. Hat ein Gebilde einen Mittelpunkt, so fällt in diesen der Schwerpunkt des Gebildes.

Im Begriffe des Mittelpunktes liegt es, dass, wenn man ein Element dm_1 des Gebildes mit dem Mittelpunkt verbindet und die Verbindungslinie über den Mittelpunkt hinaus um sich selbst verlängert, der Endpunkt dieser Geraden wieder mit einem Element dm_1 zusammentrifft, so dass das ganze Gebilde als zusammengesetzt angesehen werden kann aus paarweise auftretenden, einander entsprechenden Elementen. Legt man nun durch den Mittelpunkt eine beliebige Ebene, welche man wieder als yz-Ebene eines rechtwinkligen Koordinatensystems ansehen mag, und bezieht auf diese das Moment des Gebildes, so wird für diese Grundebene

$$\Sigma dm.x = \Sigma(dm_1.x_1 - dm_1 x_1) + \cdots = 0, \quad \text{also} \quad mx_0 = 0; \quad x_0 = 0,$$

d. h. es liegt der Schwerpunkt des Gebildes in dieser beliebigen, durch den Mittelpunkt gehenden Ebene. Wenn aber der Schwerpunkt in jeder durch den Mittelpunkt gelegten Ebene sich befinden muss, so kann er nur in diesem Mittelpunkt liegen.

44. Schwerpunkte von ebenen Gebilden. Der Schwerpunkt eines ebenen Gebildes liegt stets in der Ebene des Gebildes. Wählt man nämlich die Ebene des Gebildes als Grundebene, so ist das Moment $dm.x$ eines jeden Elementes dm des Gebildes in Beziehung auf diese Grundebene gleich Null, woraus folgt

$$\Sigma dm.x = 0; \quad mx_0 = 0; \quad x_0 = 0.$$

45. Polygonaler Zug. Um beispielsweise den Schwerpunkt des aus den drei Strecken a_1, a_2, a_3 bestehenden polygonalen Zuges (Fig. 25) zu bestimmen, nehmen wir ein rechtwinkliges Koordinatensystem an, in Beziehung auf welches die Koordinaten der in den Mittelpunkten der Strecken $a_1 a_2 a_3$ liegenden Schwerpunkte der Theile $a_1 a_2 a_3$ des polygonalen Zuges mit $x_1 y_1 z_1$, $x_2 y_2 z_2$, $x_3 y_3 z_3$ und die gesuchten Koordinaten des Schwerpunktes des polygonalen Zuges mit $x_0 y_0 z_0$ bezeichnet seien. Damit liefern die Momentengleichungen:

$$x_0(a_1 + a_2 + a_3) = a_1 x_1 + a_2 x_2 + a_3 x_3$$
$$y_0(a_1 + a_2 + a_3) = a_1 y_1 + a_2 y_2 + a_3 y_3$$
$$z_0(a_1 + a_2 + a_3) = a_1 z_1 + a_2 z_2 + a_3 z_3,$$

woraus sich die Unbekannten $x_0 y_0 z_0$, welche die Lage des Schwerpunktes bestimmen, ermitteln lassen.

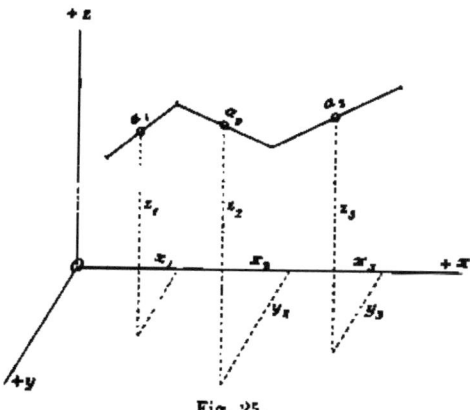

Fig. 25.

46. Dreieckumfang. Den Abstand y_0 des Schwerpunktes des Dreieckumfanges von der Dreieckseite b erhalten wir aus der Momentengleichung

$$(a + b + c)y_0 = c \cdot \frac{h}{2} + a \cdot \frac{h}{2},$$

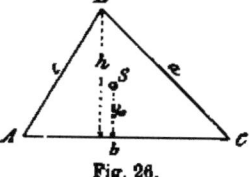

woraus $\quad y_0 = \dfrac{h}{2} \dfrac{a + c}{a + b + c}.$

In gleicher Weise berechnen sich die Abstände des Schwerpunktes von den beiden anderen Dreieckseiten. Mit

Fig. 26.

diesen Abständen ist dann die Lage des Schwerpunktes bestimmt.

Indessen lässt sich der Schwerpunkt einfacher dadurch festsetzen, dass man denselben wieder als den Mittelpunkt der Elementargewichte des Gebildes auffasst und demgemäss den Durchschnittspunkt der Resultanten dieser Gewichte mit der Ebene des Dreiecks, welch letzteres man sich in horizontaler Lage denken mag, bestimmt.

Bezeichnet man mit y das Gewicht der Längeneinheit des Dreieckumfanges und nimmt die Gewichte der Dreieckseiten a, b, c (Fig. 27) in den Mitten D, E, F dieser Dreieckseiten an, so kann

4*

man die Gewichte γa und γc von a und c ersetzen durch ihre Resultante $\gamma (a + c)$, welche die Dreiecksebene in dem Punkte G treffe. Dieser Punkt G muss auf der Verbindungslinie FD so gelegen sein, dass

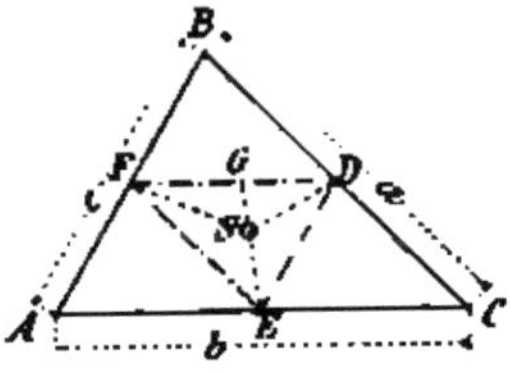

$$\gamma \cdot c(FG) = \gamma a(DG)$$

oder

$$\frac{DG}{FG} = \frac{c}{a} = \frac{\dfrac{c}{2}}{\dfrac{a}{2}} = \frac{ED}{EF}$$

Fig. 27.

EG ist somit Halbirungslinie des Winkels DEF des Dreiecks DEF. Jetzt hat man nur noch die in G angreifende Resultante $\gamma (a + c)$ mit dem in E wirkenden Gewicht γb der Dreieckseite b zusammenzusetzen, um die Resultante R sämmtlicher am Dreieckumfang wirkenden Elementargewichte zu erhalten, deren Durchschnittspunkt S mit der Dreiecksebene den gesuchten Schwerpunkt liefert. Der Schwerpunkt S muss also auf GE, der Halbirungslinie des Winkels DEF liegen, ebenso gut aber auch auf den Halbirungslinien der beiden anderen Winkel des Dreiecks DEF. Somit fällt der gesuchte Schwerpunkt des Dreieckumfanges in den Mittelpunkt des dem Dreieck DEF einbeschriebenen Kreises.

47. Kreisbogen. Der Schwerpunkt liegt jedenfalls in der Ebene des Kreisbogens und auf der eine Symmetralachse des Kreisbogens bildenden Halbirungslinie des dem Kreisbogen entsprechenden Centriwinkels. Wird letzterer mit $2a$ bezeichnet, so erhält man den Abstand x_0 des gesuchten Schwerpunktes vom Kreismittelpunkt aus

$$x_0 \cdot 2ra = \int_{-a}^{+a} r\, d\varphi \cdot r \cos \varphi = 2r^2 \sin a$$

womit sich ergiebt

$$x_0 = \frac{r \sin a}{a}.$$

Beim Halbkreis ist dann

$$x_0 = \frac{2r}{\pi}.$$

Fig. 28.

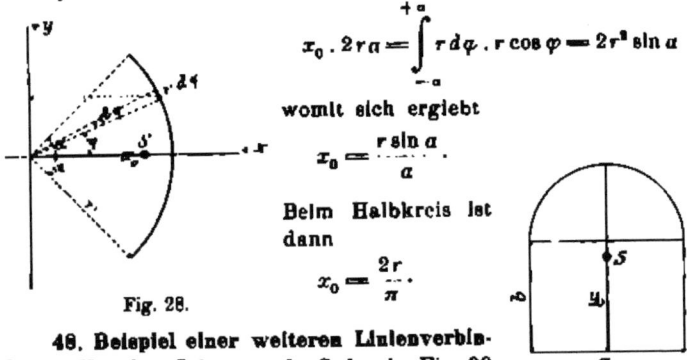

Fig. 29.

48. Beispiel einer weiteren Linienverbindung. Um den Schwerpunkt S der in Fig. 29 angegebenen Linienverbindung zu erhalten, bestimmt man den Schwerpunktsabstand y_0 aus der Momenten-gleichung in Beziehung auf die Grundlinie a

$$\left(\frac{a}{2}n + \frac{a}{2} + 3b + 2a\right)y_0 = \frac{a}{2}n\left(\frac{a}{n} + b\right) + \frac{a}{2}\left(b + \frac{a}{4}\right) + 3b\cdot\frac{b}{2} + a\cdot b.$$

49. Dreiecksfläche. Zerlegt man die Dreiecksfläche durch Parallelen mit einer der Seiten in unendlich schmale Flächen-streifen, so liegen die Schwerpunkte der letzteren alle auf der zu der betreffenden Dreiecksseite gehörigen Transversalen. Nimmt man nun diese Transversale als Momentenachse an, so ist die Summe der Momente der einzelnen Flächenstreifen in Beziehung auf die ge-wählte Achse gleich Null. Es muss daher der Schwerpunkt der Dreiecksfläche auf der erwähnten Transversalen sich be-finden. Aber eben so gut muss er auch

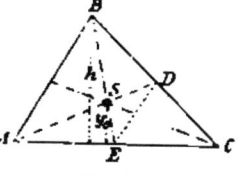

Fig. 80.

auf den beiden anderen Transversalen des Dreiecks liegen, mit-hin fällt derselbe in den Durchschnittspunkt der Transversalen des Dreiecks. Damit wird dann (Fig. 90)

$$\frac{SD}{SA} = \frac{DE}{BA} = \frac{CD}{CB} = \frac{1}{2};\quad SD = \frac{1}{2}SA;\quad SD = \frac{1}{3}AD;$$

$$SE = \frac{1}{3}BE.$$

Es ist also auch:

$$y_0 = \frac{1}{3}h.$$

50. Vierecksfläche. Man zieht (Fig. 31) die Diagonale AC und bestimmt die Schwerpunkte S_1 und S_2 der beiden Dreiecke ABC und ADC, nimmt die Verbindungslinie S_1S_2 als Momenten-achse an, alsdann muss der Schwerpunkt S des Vierecks auf dieser Achse liegen, weil die Summe der Momente der bei-den Dreiecke ABC und ADC und da-mit das Moment des Vierecks in Be-ziehung auf die Achse S_1S_2 gleich Null sich ergiebt. Zieht man hierauf die Diagonale BD und bestimmt die Schwer-punkte S_3 und S_4 der beiden Dreiecke

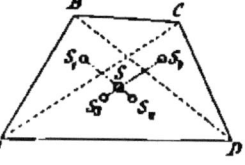

Fig. 31.

ABD und CBD, so muss der Schwerpunkt S des Vierecks auch auf der Geraden S_3S_4 liegen, er fällt daher in den Durchschnitts-punkt der beiden „Schwerlinien" S_1S_2 und S_3S_4.

51. Trapezfläche. Bei der Zerlegung des Trapezes in unendlich schmale Streifen durch Parallelen mit den parallelen Seiten erkennt man, dass die Schwerpunkte der Streifen auf der Verbindungslinie der Mittelpunkte E und F der parallelen Seiten des Trapezes sich befinden und dass demgemäss auch der Schwerpunkt S des ganzen Trapezes auf der Geraden EF liegen muss.

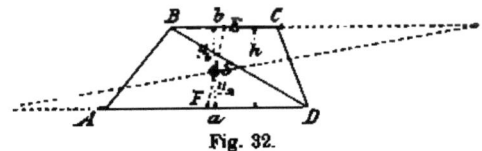

Fig. 32.

Es handelt sich daher nur noch um die Bestimmung der Entfernung des Schwerpunktes von einer der beiden parallelen Seiten AD oder BC. Bezeichnet man AD mit a, BC mit b, die Höhe des Trapezes mit h und die Schwerpunktsabstände von AD und BC mit y_a beziehungsweise y_b, so liefert die Momentengleichung in Beziehung auf AD, wenn man das Trapez durch die Diagonle BD in zwei Dreiecke zerlegt,

$$y_a \cdot \frac{1}{2}(a+b)h = \frac{1}{2}ah \cdot \frac{h}{3} + \frac{1}{2}bh \cdot \frac{2h}{3}$$

$$y_a(a+b) = \frac{h}{3}(a+2b).$$

Ebenso erhält man aus der Momentengleichung bezogen auf BC

$$y_b(a+b) = \frac{h}{3}(b+2a),$$

womit sich ergiebt

$$\frac{y_a}{y_b} = \frac{a+2b}{b+2a} = \frac{\frac{a}{2}+b}{\frac{b}{2}+a}$$

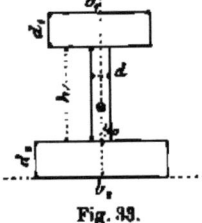

Fig. 33.

Hierauf beruht die in obiger Fig. 32 angedeutete Konstruktion des Schwerpunktes S.

52. System von Rechtecken. Als Beispiel wollen wir den I-Querschnitt Fig. 33 wählen. Mit den Bezeichnungen der Figur 33 erhält man bei der angedeuteten Zerlegung des Querschnittes:

$$y_0 (b_1 d_1 + h d + b_2 d_2) = b_1 d_1 \left(d_2 + h + \frac{d_1}{2} \right) +$$
$$+ h d \cdot \left(d_2 + \frac{h}{2} \right) + b_2 d_2 \cdot \frac{d_2}{2}$$

woraus sich y_0 und damit der auf der Symmetralachse des Querschnittes liegende Schwerpunkt des letzteren ergiebt.

53. Kreisausschnitt. Der Halbmesser des Kreises sei $= r$ und der den Ausschnitt bestimmende Centriwinkel $= 2\alpha$. (Fig. 34.)

Der Schwerpunkt S des Kreisausschnittes liegt auf der Halbirungslinie dieses Winkels. Ist x_0 der Abstand des Schwerpunktes S vom Kreismittelpunkt 0, so liefert die Momentengleichung in Bezug auf die angenommene y-Achse:

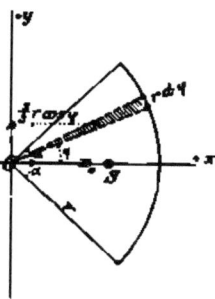

Fig. 34.

$$x_0 \cdot r^2 a = \int_{-\alpha}^{\alpha} \frac{1}{2} r^2 d\varphi \cdot \frac{2}{3} r \cos \varphi = \frac{r^2}{3} \cdot 2 \sin \alpha, \quad \text{woraus}$$

$$x_0 = \frac{2}{3} \frac{r \sin \alpha}{\alpha}.$$

Damit erhält man beim Halbkreis, also mit $\alpha = \frac{\pi}{2}$

$$x_0 = \frac{4 r}{3 \pi}$$

54. Ausschnitt einer Ringfläche. Es sei r_1 der äussere und r_2 der innere Halbmesser, 2α der Centriwinkel und x_0 der Abstand des auf der Halbirungslinie des Winkels 2α gelegenen Schwerpunkts S vom Kreismittelpunkt O (Fig. 35), alsdann hat man:

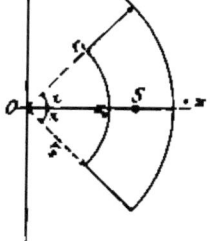

$$x_0 (r_1^2 - r_2^2) a =$$
$$= r_1^2 a \cdot \frac{2}{3} \frac{r_1 \sin \alpha}{\alpha} - r_2^2 a \cdot \frac{2}{3} \frac{r_2 \sin \alpha}{\alpha}$$

woraus

$$x_0 = \frac{2}{3} \frac{r_1^2 - r_2^2}{r_1^2 - r_2^2} \cdot \frac{\sin \alpha}{\alpha}$$

55. Kreisabschnitt. Derselbe wird angesehen als Differenz eines Kreisausschnittes und eines (Fig. 36) Dreiecks, womit man als Momentengleichung in Bezug auf die y-Achse erhält:

$$x_0 (r^2 a - r^2 \sin a \cos a) = r^2 a \frac{2}{3} \frac{r \sin a}{a} - r^2 \sin a \cos a \cdot \frac{2}{3} r \cos a$$

oder $\quad x_0 (a - \sin a \cos a) = \frac{2}{3} r \sin a (1 - \cos^2 a) = \frac{2}{3} r \sin^3 a$

$$x_0 = \frac{4}{3} r \cdot \frac{\sin^3 a}{2a - \sin 2a}$$

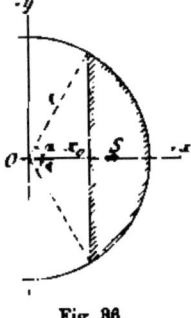

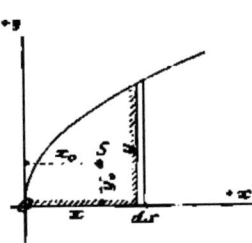

Fig. 36.   Fig. 37.

56. Halber Parabelabschnitt. Die Koordinaten des Schwerpunktes seien x_0, y_0 (Fig 37), damit liefert die Momentengleichung in Bezug auf die y-Achse:

$$x_0 \cdot \frac{2}{3} xy = \int_0^x y \, dx \cdot x = \int_0^x x \sqrt{2px} \cdot dx = \sqrt{2p} \int_0^x x^{\frac{3}{2}} \, dx$$

oder $\quad x_0 \cdot \frac{2}{3} xy = \sqrt{2p} \cdot \frac{2}{5} \cdot x^{\frac{5}{2}} = \frac{2}{5} x^2 \cdot \sqrt{2px} = \frac{2}{5} x^2 y,$

$$x_0 = \frac{3}{5} x.$$

Ebenso ergiebt die Momentengleichung in Bezug auf die x-Achse

$$y_0 \cdot \frac{2}{3} xy = \int_0^x y \, dx \cdot \frac{y}{2} = \frac{1}{2} \int_0^x 2px \, dx = \frac{px^2}{2} = \frac{y^2 x}{4}$$

$$y_0 = \frac{3}{8} y.$$

57. Beliebig begrenzte ebene Fläche. Um zunächst eine Schwerlinie für die gegebene Fläche F zu erhalten, d. h. eine Gerade, auf welcher der Schwerpunkt S der Fläche liegen muss, geht man zweckmässiger Weise wieder auf die physikalische Bedeutung des Schwerpunktes zurück, setzt die Fläche F als schwer und homogen voraus, wobei das Gewicht der Flächeneinheit $= 1$ sei, und denkt sich die Fläche F in vertikale Lage gebracht. Alsdann theilt man F durch Vertikalen in einzelne schmale Streifen, bestimmt möglichst genau die Flächeninhalte f_1, f_2, f_3, ... der

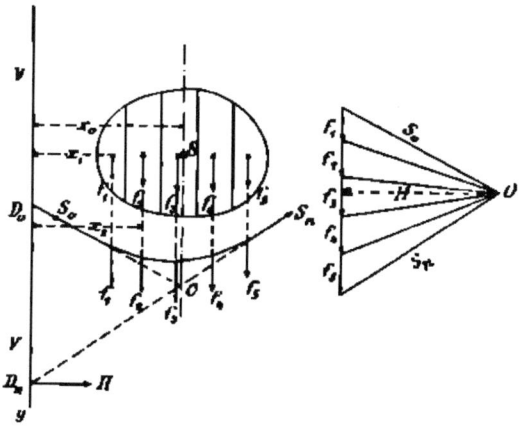

Streifen, nimmt deren Schwerpunkte, was bei entsprechend schmalen Streifen genau genug ist, in den Mitten zwischen den Trennungslinien der Streifen an, konstruirt für die in diesen Schwerpunkten wirkenden Gewichte f_1, f_2, f_3, ... der Flächenstreifen ein Seilpolygon und zieht durch den Durchschnittspunkt C der äussersten Seilpolygonseiten eine Vertikale, so ist diese eine vertikale Schwerlinie der Fläche F. Indem man hierauf die Fläche F in lauter horizontale Streifen f zerlegt, sodann die Kräfte f in horizontaler Richtung wirkend annimmt und für diese Kräfte ebenfalls ein Seilpolygon konstruirt etc., erhält man auch eine horizontale Schwerlinie, deren Durchschnittspunkt mit der vertikalen Schwerlinie den gesuchten Schwerpunkt S der Fläche F liefert.

58. Moment einer Fläche in Beziehung auf irgend eine Achse. Um das Moment M der Fläche F in Beziehung auf die beliebig angenommene Achse yy (Fig. 38) auf graphischem Wege zu erhalten, theilt man die Fläche F durch Gerade parallel dieser Achse in schmale Flächenstreifen f_1, f_2, f_3 .. f_n ein und konstruirt für diese, wie vorhin ein Seilpolygon, dessen äusserste Seiten die Achse yy in den Punkten D_0 und D_n schneiden, dann ist das Moment der Fläche F in Beziehung auf die Achse yy ausgedrückt durch das Produkt

$$H.(D_0 D_n),$$

wobei H die Poldistanz im Kräftepolygon bedeutet.

Um dieses zu beweisen, betrachtet man das Gleichgewicht des in seinen Eckpunkten von den Gewichten f_1, f_2, f_3 .. f_n angegriffenen, durch die in den äussersten Seilpolygonseiten wirkenden Spannkräfte S_0 und S_n ins Gleichgewicht gesetzten Seilpolygons und schreibt die Gleichung der statischen Momente der am Seilpolygon im Gleichgewicht befindlichen Kräfte für den Punkt D_0 als Drehpunkt an, indem man den Punkt D_n als Angriffspunkt der Spannkraft S_n ansieht und letztere in D_n ersetzt sich denkt durch ihre Komponenten H und V. Diese Momentengleichung ergiebt

$$H.(D_0 D_n) = f_1 x_1 + f_2 x_2 + f_3 x_3 + \cdot \quad + f_n x_n = F. x_0$$

59. Schwerpunkt einer Pyramidenoberfläche und eines Kegelmantels. Lassen wir die Basis der Pyramide unberücksichtigt, so liegt der Schwerpunkt S der Pyramidenoberfläche jedenfalls auf der Geraden, welche die Spitze der Pyramide mit dem Schwerpunkt des Umfanges der Basis verbindet, indem man ja die erwähnte Oberfläche durch Parallelebenen mit der Basis in lauter einander ähnliche, Dreiecke bildende Ringe zerlegen kann. Ist nun h die Höhe der Pyramide, so sind die Momente der dreieckigen Seitenflächen F_1, F_2, F_3 ... der Pyramide in Bezug auf die Basis derselben ausgedrückt durch:

$$F_1 . \frac{h}{3}, \quad F_2 . \frac{h}{3}, \quad F_3 . \frac{h}{3}, \cdots$$

Man hat daher, wenn der Abstand des gesuchten Schwerpunktes S von der Basis der Pyramide mit z_0 bezeichnet wird:

$$F.z_0 = \frac{h}{3}(F_1 + F_2 + F_3 + \quad \cdot) = \frac{h}{3}.F,$$

$$z_0 = \frac{h}{3}$$

Betrachten wir jetzt einen Kegel, so kann derselbe als eine Pyramide von unendlich vielen dreieckigen Seitenflächen angesehen werden. Demgemäss liegt auch der Schwerpunkt eines Kegelmantels auf der Verbindungslinie der Kegelspitze mit dem Schwerpunkt des Umfangs der Basis in einem Abstand z_0 von der Basis gleich dem dritten Theil der Höhe h des Kegels.

Abgestumpfte Pyramiden und Kegel werden als Differenz zweier Pyramiden, beziehungsweise Kegel aufgefasst und dementsprechend behandelt.

60. Kugelzone und Kugelschale. Es sei (Fig. 39) der Kugelmittelpunkt Ursprung eines rechtwinkligen Koordinatensystems und die Kugelzone durch zwei Ebenen parallel der yz-Ebene bestimmt, so dass die x-Achse die Symmetralachse der Kugelzone bildet. Um nun den Abstand x_0 des Schwerpunktes S der Kugelzone vom Kugelmittelpunkt zu erhalten, zerlegen wir die Kugelzone durch Ebenen senkrecht zur x-Achse in lauter unendlich schmale ringförmige Elemente und schreiben die Momentengleichung in Beziehung auf die yz-Ebene an. Dieselbe ergiebt:

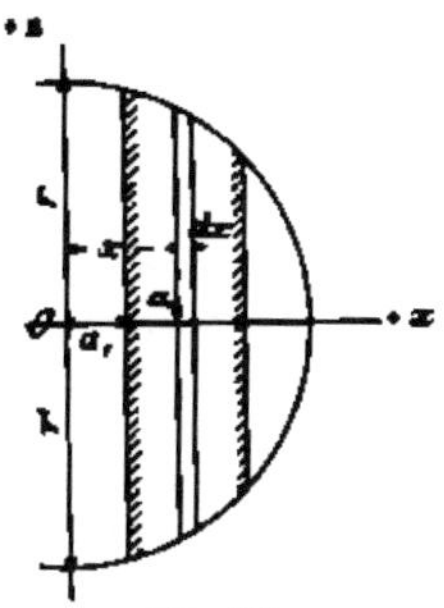

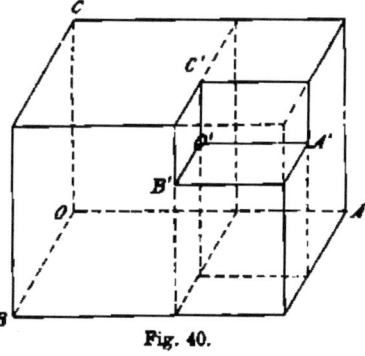

Fig. 39.

$$2r\pi(a_2 - a_1)x_0 = \int_{a_1}^{a_2} 2r\pi \, . \, dx \, . \, x = 2r\pi \frac{a_2{}^2 - a_1{}^2}{2}$$

woraus
$$x_0 = \frac{a_1 + a_2}{2}$$

Der Schwerpunkt der Kugelzone und ebenso derjenige der Kugelschale liegt also in der Mitte der Höhe von Kugelzone beziehungsweise Kugelschale.

61. Körper zusammengesetzt aus rechtwinkligen Parallelepipeden. Soll für den in Fig. 40 dargestellten Körper der Schwerpunkt bestimmt werden, so kann man den Eckpunkt O des Körpers zum Ursprung und die von O aus gehenden, aufeinander senkrecht stehenden Kanten OA, OB, OC des Körpers als Achsen eines rechtwinkligen Koordinatensystems annehmen, den Körper zerlegen, wie in der Figur angedeutet, in drei rechtwinklige Parallelepipede, die Momente dieser Parallelepipede in Beziehung auf die drei Koordinatenebenen angeben (die Schwerpunkte der

Fig. 40.

Parallelepipede liegen in den Mittelpunkten der letzteren) und sodann aus den Momentengleichungen in Bezug auf die Koordinatenebenen in bekannter Weise die Abstände x_0, y_0, z_0 des gesuchten Schwerpunktes S von den drei Grundebenen, d. h. die Koordinaten von S bestimmen. Einfacher aber macht sich die Sache, wenn man den gegebenen Körper als Differenz der beiden rechtwinkligen Parallelepipede $OABC$ und $O'A'B'C'$ ansieht und demgemäss das Moment des ganzen Körpers gleich der Differenz der Momente genannter Parallelepipede setzt.

62. Prismen und Cylinder. Um die Schwerpunkte derartiger Körper zu bestimmen, zerlegt man die letzteren durch Ebenen parallel den beiden parallelen Endflächen in lauter unendlich dünne Scheiben. Die Schwerpunkte dieser Scheiben liegen alle auf der Geraden, welche die Schwerpunkte der parallelen Endflächen verbindet, oder auf der sogenannten Achse des Prismas, beziehungsweise Cylinders. Nimmt man nun eine beliebige durch die erwähnte Axe gelegte Ebene als Momentenebene an, so ergiebt sich das Moment des Körpers in Beziehung auf diese Ebene gleich Null. Daraus lässt sich schliessen, dass auch die Schwerpunkte der Prismen und Cylinder auf den Achsen dieser Körper liegen müssen. Eine Ebene durch die Mitte der Achse parallel den parallelen Endflächen enthält aber ebenfalls den Schwerpunkt, weil das Moment des Körpers in Bezug auf diese Mittelebene gleich Null sich zeigt. Darum liegt der Schwerpunkt bei Prisma und Cylinder in der Mitte der Achse dieser Körper.

63. Pyramide und Kegel. Ziehen wir zunächst eine Pyramide mit dreieckiger Basis in Betracht (Fig. 41). Wir zerlegen die Pyramide durch Ebenen parallel der Basis in unendlich dünne Scheiben, alsdann liegen die Schwerpunkte dieser Scheiben auf der Verbindungslinie der Pyramidenspitze D mit dem Schwerpunkt F der Basis. Diese Verbindungslinie DF bildet eine Schwerlinie der Pyramide. Somit liegt der Schwerpunkt S der Pyramide im Durchschnittspunkt der sich in einem Punkte schneidenden, von den Ecken der Pyramide nach dem Schwerpunkte der gegenüberliegenden Dreiecksfläche gezogenen Geraden. Daher hat man:

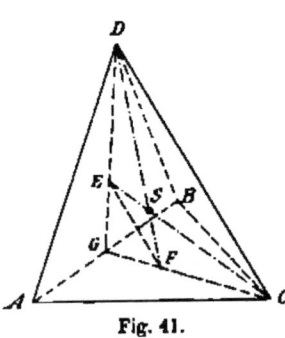

Fig. 41.

$$\frac{GF}{GC} = \frac{GE}{GD} = \frac{1}{3} \quad \text{und} \quad \frac{SF}{SD} = \frac{EF}{DC} = \frac{GE}{GD} = \frac{1}{3}$$

oder $SF = \frac{1}{3} SD$ und damit $SF = \frac{1}{4} DF$.

Ist nun h die Höhe der Pyramide, so ergiebt sich der Abstand z_0 des Schwerpunktes der Pyramide von der Basis $= \frac{1}{4} h$.

Bildet die Basis der Pyramide ein beliebiges Polygon, so zerlegt man das letztere durch Diagonalen in Dreiecke und damit die gegebene Pyramide in dreiseitige Pyramiden von gemeinschaftlicher Spitze. Die Schwerpunkte dieser dreiseitigen Pyramiden liegen aber alle in einer Ebene parallel der Basis im Abstand $\frac{h}{4}$ von letzterer. Es muss daher der Schwerpunkt der gegebenen Pyramide ebenfalls in dieser Ebene sich befinden. Anderseits muss derselbe auch auf der Verbindungslinie der Pyramidenspitze mit dem Schwerpunkte der Basis liegen. Der Durchschnittspunkt dieser Geraden mit der erwähnten Ebene liefert mithin den gesuchten Schwerpunkt.

In gleicher Weise bestimmt sich der Schwerpunkt eines Kegels.

Abgestumpfte Pyramiden und Kegel werden als Differenzen zweier Pyramiden beziehungsweise Kegel betrachtet. Bei diesen Körpern ergiebt sich der Abstand z_0 ihres Schwerpunktes von der Basis aus der Momentengleichung in Beziehung auf die Basis, und mit diesem Abstand z_0 in Anbetracht dessen, dass der gesuchte Schwerpunkt auf der Verbindungslinie der Schwerpunkte der parallelen Endflächen liegen muss, dann auch die Lage des Schwerpunktes selbst.

64. Kugelausschnitt. Derselbe besitzt eine durch den Kugelmittelpunkt gehende Symmetralachse, auf welcher dann auch der Schwerpunkt des Kugelausschnittes sich befindet (Fig. 42). Die Symmetralachse nehmen wir zur x-Achse und den Kugelmittelpunkt zum Ursprung eines rechtwinkligen Koordinatensystems an. Bezeichnet man nun den Abstand des gesuchten Schwerpunktes vom Kugelmittelpunkt mit x_0 und denkt sich den Kugelausschnitt durch koncentrische Kugelflächen in lauter unendliche dünne Schalen von der Dicke $d\varrho$ zerlegt, so ergiebt die

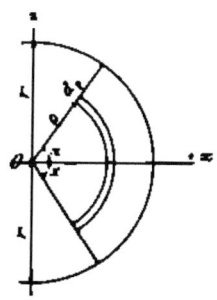

Fig. 42.

Momentengleichung in Beziehung auf die yz-Ebene, wenn 2α der Centriwinkel des Kugelausschnittes und r der Kugelhalbmesser:

$$2r\pi(r - r\cos\alpha)\cdot\frac{r}{3}\cdot x_0 = \int_0^r 2\varrho\pi(\varrho - \varrho\cos\alpha)\,d\varrho\cdot\frac{\varrho + \varrho\cos\alpha}{2}.$$

$$\frac{2}{3}r^3\pi(1 - \cos\alpha)x_0 = \pi(1 - \cos\alpha)(1 + \cos\alpha)\int_0^r \varrho^3\,d\varrho$$

$$\frac{2}{3}r^3\cdot x_0 = (1 + \cos\alpha)\cdot\frac{r^4}{4}; \qquad x_0 = \frac{3}{8}r(1 + \cos\alpha),$$

damit erhält man dann bei der **Halbkugel** mit $\alpha = \dfrac{\pi}{2}$

$$x_0 = \frac{3}{8}r.$$

65. Kugelabschnitt. Derselbe wird angesehen als Differenz eines Kugelausschnittes und eines Kreiskegels (Fig. 43), womit sich der Abstand x_0 des Schwerpunktes des Kugelabschnittes vom Kugelmittelpunkt in bekannter Weise wieder aus einer Momentengleichung in Beziehung auf eine Ebene durch den Kugelmittelpunkt senkrecht zur Symmetralachse des Kugelabschnittes ergiebt.

Man kann den Schwerpunktsabstand x_0 des Kugelabschnittes vom Inhalt V aber auch unmittelbar bestimmen aus:

$$Vx_0 = \int_{z=r\cos\alpha}^{z=r} z^2\pi\,.\,dx\,.\,x = \pi\int_{r\cos\alpha}^r (r^2 - x^2)x\,dx$$

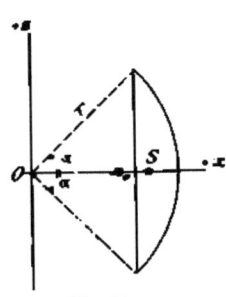

Fig. 43.

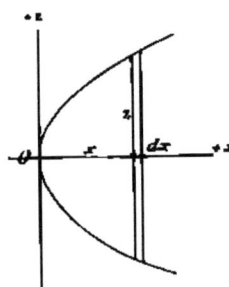

Fig. 44.

66. Umdrehungsparaboloid (Fig. 44). Für den körperlichen Inhalt V desselben erhält man

$$V = \int z^2\pi\,dx = \int 2px\,.\,\pi\,.\,dx = p\pi\,.\,x^2 = \frac{1}{2}z^2\pi\,.\,x$$

und als Momentengleichung in Beziehung auf die yz-Ebene

$$V \cdot x_0 = \int z^2 \pi \cdot dz \cdot x = 2p\pi \int x^2 dx = 2p\pi \cdot \frac{x^3}{3} = z^2\pi \cdot \frac{x^2}{3}$$

woraus
$$x_0 = \frac{2}{3} x.$$

67. Die Guldin'sche Regel. Mittels derselben lässt sich auf Grund der Lehre vom Schwerpunkt sowohl die Oberfläche, als der körperliche Inhalt eines Umdrehungskörpers (Fig. 45) für jede beliebige Meridiankurve bestimmen.

Nimmt man als x-Achse die gegebene Drehachse an, so ergiebt sich für die durch Umdrehung der Meridiankurve s um die gegebene Achse erzeugte Umdrehungsfläche:

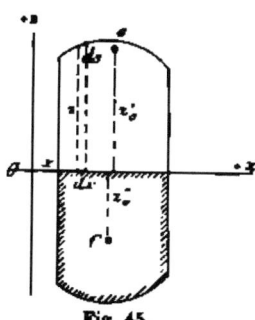

Fig. 45.

$$F = \int 2z\pi \cdot ds = 2\pi \int ds \cdot z^{1)} =$$
$$= 2\pi \cdot s \cdot z'_0 = s \cdot 2z'_0\pi,$$

wobei s die Länge der erzeugenden Meridiankurve und $2z'_0\pi$ der vom Schwerpunkt des Kurvenstückes s bei einer Umdrehung beschriebene Weg.

Für den körperlichen Inhalt V des Umdrehungskörpers erhält man dagegen, wenn f der Inhalt der erzeugenden Fläche (schraffirte Fläche in Fig. 45), $df = z \cdot dx$ ein Element derselben, und z''_0 der Abstand des Schwerpunktes der Fläche f von der Umdrehungsachse:

$$V = \int z^2\pi \cdot dx = 2\pi \int z dx \cdot \frac{z}{2} = 2\pi \int df \cdot \frac{z}{2} = 2\pi f z''_0 = f \cdot 2z''_0 \pi.$$

Es ist also der körperliche Inhalt eines Umdrehungskörpers gleich dem Produkt aus der erzeugenden Fläche und dem Weg des Schwerpunktes der letzteren bei einer Umdrehung.

$^1)$ $\int ds \cdot z$ ist die Summe der Momente der Bogenelemente ds in Beziehung auf die x-Achse.

4. Kapitel.

Kräfte an starren Körpern von beschränkter Beweglichkeit.

§ 8.

Starrer Körper in einzelnen Punkten festgehalten oder unterstützt.

68. Unfreier materieller Punkt. Wird ein von einer gegebenen Kraft P angegriffener materieller Punkt festgehalten, so dass er sich nach keiner Seite hin bewegen kann, dann befindet sich derselbe trotz Einwirkung der Kraft P im Gleichgewicht. Es liegt dies im Begriff der Befestigung des materiellen Punktes. Danach muss, in Uebereinstimmung mit dem physikalischen Gesetz der Wechselwirkung, ausser der Kraft P noch eine zweite Kraft W am materiellen Punkt thätig sein, welche der Kraft P das Gleichgewicht hält, also ihr gleich und direkt entgegengesetzt ist. Diese zweite, auf den materiellen Punkt ausgeübte und durch P hervorgerufene Kraft W ist die „Reaktion" oder der „Widerstand" der die Bewegung verhindernden Umgebung des materiellen Punktes.

Handelt es sich um einen materiellen Punkt, welcher durch eine Kraft P normal auf eine feste, unnachgiebige Fläche aufgedrückt wird, so macht in diesem Fall die feste Fläche die von der Kraft P angestrebte Bewegung des materiellen Punktes unmöglich, verhindert also die kinetische Wirkung der Kraft P und führt demgemäss das Gleichgewicht des materiellen Punktes herbei. Daher muss ausser der Kraft P an dem materiellen Punkte noch eine zweite Kraft W wirken, welche die Kraft P aufhebt. Diese ist der Auflager- oder Stützenwiderstand, die Auflager- oder Stützenreaktion. Mithin kann man sagen:

Jede Kraft, welche einen materiellen Punkt normal auf eine feste Fläche aufdrückt, wird durch den Widerstand der Unterlage aufgehoben.

Wäre die Kraft P nicht normal zur Unterlage gerichtet, sondern unter dem Winkel φ gegen die Normale geneigt (Fig. 46), so könnte man P in die Normalkomponente $N = P\cos\varphi$ und in die Tangentialkomponente $T = P\sin\varphi$ zerlegen. Von diesen beiden Komponenten würde die Normalkomponente N, falls dieselbe sich positiv erzeigte und damit gegen die Unterlage gerichtet wäre, durch den Normalwiderstand der Unterlage aufgehoben (bei negativem N zöge die Kraft P den materiellen Punkt von der Unterlage hinweg), während die Tangentialkomponente T den materiellen Punkt auf der Unterlage bewegte, falls letztere nicht einen entsprechenden Tangentialwiderstand zu entwickeln im Stande wäre. Bei absolut glatter Unterlage käme also nur ein Normalwiderstand der Unterlage am materiellen Punkt zur Geltung.

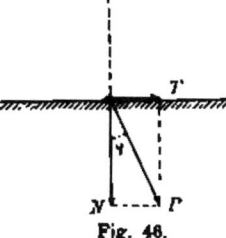

Fig. 46.

69. Körper mit einem festen Punkte. Der im Punkte O festgehaltene, also um diesen Punkt drehbare starre Körper sei im Punkte A von einer Kraft P angegriffen, deren Wirkungslinie durch den festen Punkt O hindurchgehe.

Ohne am Bewegungszustand des Körpers etwas zu ändern, kann man die Kraft P in ihrer Wirkungslinie bis O verschieben, so dass sie dann den festgehaltenen Punkt O des Körpers angreift. Hier zeigt sich aber die Kraft P bezüglich einer Bewegung des Körpers wirkungslos. Es befindet sich daher auch der in A von der Kraft P angegriffene Körper im Gleichgewicht, wenn P in der Richtung AO oder in der Richtung AO am Körper wirkt. Ist P nach OA gerichtet (Fig. 47), so nennt man das

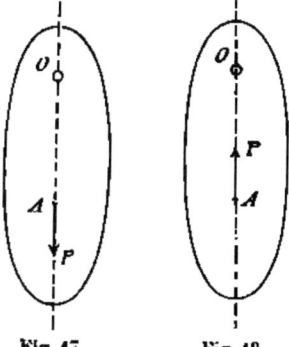

Fig. 47.　　　　Fig. 48.

Gleichgewicht ein stabiles, wirkt aber P in der Richtung AO (Fig. 48), so ist das Gleichgewicht ein labiles. Ginge nämlich die Wirkungslinie der Kraft P nicht genau durch den Punkt O hindurch, so würde ersterenfalls der Körper durch die Kraft P seiner ursprünglichen Gleichgewichtslage wieder zugeführt, letzterenfalls dagegen von ihr noch weiter entfernt werden. Fällt endlich der Angriffspunkt A der Kraft P mit dem Punkt O zusammen, so wird der Körper in jeder beliebigen Lage, in welche man ihn durch Drehung um O bringt, trotz Einwirkung der Kraft P, verharren; man sagt dann, das Gleichgewicht des Körpers sei ein indifferentes.

Was nun die analytischen Gleichgewichtsbedingungen für den in O festgehaltenen Körper betrifft, wenn derselbe von einem System von Kräften angegriffen wird, so ergeben sich diese Bedingungen wie folgt:

Den festen Punkt O des Körpers wählen wir zum Ursprung eines rechtwinkligen Koordinatensystems.

Wären die Momentensummen M_x, M_y, M_z der gegebenen Kräfte P in Beziehung auf die Koordinatenachsen gleich Null, so hätten die Kräfte, falls sie sich nicht im Gleichgewicht befänden, eine durch O gehende Resultante R. Aber diese Resultante R würde durch den am festen Punkt O sich geltend machenden Widerstand W der Befestigung aufgehoben. Somit wäre thatsächlich Gleichgewicht vorhanden. Demgemäss lauten die Gleichgewichtsbedingungen für einen starren Körper, welcher um einen seiner Punkte drehbar ist:

Es muss die algebraische Summe der statischen Momente sämmtlicher den Körper angreifenden Kräfte in Beziehung auf drei im Drehpunkt senkrecht aufeinander stehende Achsen je gleich Null sein.

Liegen die gegebenen Kräfte P alle in einer und derselben, durch den festen Punkt O gehenden Ebene, so wird man zwei der in O sich schneidenden Koordinatenachsen, beispielsweise die x-Achse und die z-Achse in der Ebene der Kräfte P annehmen. In diesem Falle sind dann die Momentensummen M_x und M_z je gleich Null, indem nunmehr die Kräfte P, in der xz-Ebene liegend, die x-Achse und die z-Achse schneiden (unter Umständen erst im Unendlichen), also keine statischen Momente für diese Achsen liefern. Wäre zudem noch $M_y = 0$, so hielten sich die Kräfte P, da auch die Reduktionsresultante R_0 wegen des festen Punktes O keine Wirkung hat, am Körper im Gleichgewicht. Die einzige Gleichgewichtsbedingung im vorliegenden Falle lautet daher:

Es muss die algebraische Summe der statischen Momente sämmtlicher Kräfte, welche an dem Körper wirken, in Beziehung auf eine durch O gehende, senkrecht auf der Ebene der Kräfte stehende Achse, oder wie man auch sagen kann, in Beziehung auf den Drehpunkt O des Körpers, gleich Null sein.

Bezüglich des Widerstandes W der Unterstützung im Fall eines von einem Kräftesystem P angegriffenen, in einem Punkte festgehaltenen Körpers bemerken wir, dass W, wenn der Körper im Gleichgewicht sich befindet und damit die Kräfte P, falls sie nicht für sich im Gleichgewicht sind, eine durch den festen Punkt gehende Resultante R liefern, dieser letzteren Kraft R gleich und direkt entgegengesetzt sein muss. Wären aber die oben aufgestellten Gleichgewichtsbedingungen für den Körper nicht erfüllt, so fände eine Drehung des Körpers um den festen Punkt statt, wobei der Stützenwiderstand W nach später in der Kinetik materieller Systeme folgenden Ausführungen bestimmt werden müsste.

70. Fall zweier festen Punkte des Körpers.[1]) Der Körper sei in zwei Punkten O' und O'' festgehalten, infolge dessen er sich nur noch um die Achse $O'O''$ drehen kann. Des weiteren nehmen wir an, dass der Körper von einer Kraft P angegriffen werde, welche die Gerade $O'O''$ schneide. Hierbei wird der Körper sich im Gleichgewicht befinden. Verbindet man nämlich (Fig. 49) einen beliebigen Punkt D auf der Wirkungslinie von P mit den beiden Punkten O' und O'', so liegen die Geraden DO' und DO'' mit P in einer Ebene, und es kann die Kraft in ihre Komponenten nach DO' und DO'' zerlegt werden. Diese Komponenten haben aber keine Wirkung hinsichtlich des Bewegungszustandes des Körpers, da sie durch die festen Punkte O' und O'' des Körpers hindurchgehen und hier aufgehoben werden. Mithin bleibt auch die die Achse $O'O''$ schneidende Kraft P ohne kinetische Wirkung.

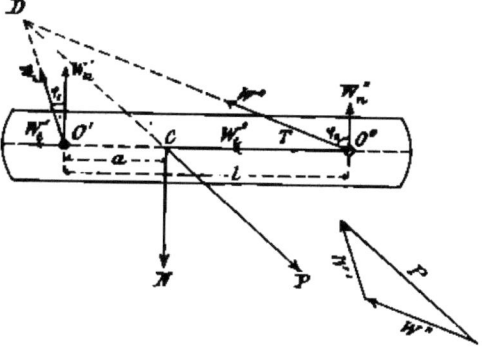

Zur Bestimmung der Stützenwiderstände W' und W'' bemerken wir zunächst, dass wenn drei Kräfte im Gleichgewicht sind, sie in einer und derselben Ebene liegen und durch einen und denselben Punkt hindurchgehen müssen, indem immer die Resultante von zweien der Kräfte gleich und direkt entgegengesetzt sein muss der dritten Kraft. Wollte man nun unter Berücksichtigung des eben Gesagten die Widerstände W' und W'' auf graphischem Wege bestimmen, so könnte man den beliebigen Punkt D der Wirkungslinie von P als den gemeinschaftlichen Punkt der drei Kräfte W', W'' und P ansehen und dementsprechend W' und W'' in den Geraden $O'D$, bezw. $O''D$ wirkend annehmen, die Kraftstrecke P auftragen und durch die Enden derselben Parallelen mit $O'D$ und $O''D$ ziehen, worauf das

[1]) Weiteres über diesen Fall siehe § 11.

so erhaltene Kräftedreieck die Widerstände W' und W'' nach
Grösse und Richtung lieferte. Da aber eine andere Annahme des
Punktes D auf der Wirkungslinie von P wieder andere Werthe
von W' und W'' ergiebt, welche ebenfalls der Bedingung, mit
der Kraft P ein Gleichheitssystem zu bilden, Genüge leisten, so
bleiben auch die thatsächlichen Widerstände W' und W'' unbestimmt.

Das gleiche Resultat erhält man auch auf analytischem
Wege wie folgt: Man zerlegt die in C angreifend gedachte, gegebene Kraft P in die Komponenten T und N nach $O'O''$ und
senkrecht darauf, ebenso die Widerstände W' und W'' in die
Komponenten

$$W'_t = W'\sin\varphi_1; \quad W'_n = W'\cos\varphi_1; \quad W''_t = W''\sin\varphi_2; \quad W''_n = W''\cos\varphi_2,$$

alsdann liefern die drei Gleichheitsbedingungen für Kräfte in
einer Ebene:

$$W'_t + W''_t = T; \quad W'_n + W''_n = N; \quad W''_n . l = N . a.$$

Aus diesen drei Gleichungen lassen sich die vier unbekannten Kräfte W'_t, W'_n, W''_t, W''_n nicht sämmtlich berechnen. Wir
ersehen aber, dass die Normalkomponenten W'_n und W''_n der
unbekannten Widerstände W' und W'' ermittelt werden können
und dass nur die Komponenten W'_t und W''_t, welche in der
Achse $O'O''$ wirken, unbestimmt bleiben.

Nimmt man die gegebene Kraft P in der Achse $O'O''$ wirkend
an, womit $N = 0$ und $T = P$, so erhält man

$$W'_n = 0 \quad \text{und} \quad W''_n = 0; \quad W'_t + W''_t = T = P$$

und damit die Widerstände W'_t und W''_t wieder unbestimmt.

Man kann jetzt sagen: Von den Widerständen W' und W''
werden die Normalkomponenten W'_n und W''_n lediglich von der
Normalkomponenten N der treibenden Kraft P und die Achsialkomponenten W'_t und W''_t von der Achsialkomponenten T von P
hervorgerufen. Ist nun die treibende Kraft P senkrecht zu $O'O''$
gerichtet, womit $T = 0$, so ergiebt sich dann auch $W'_t = 0$ und
$W''_t = 0$.

Wäre die Richtung eines der beiden Stützenwiderstände
infolge besonderer Anordnung der Unterstützung bekannt, wäre
also der Winkel φ_1 oder φ_2 gegeben, so könnte man auch die
sämmtlichen Unbekannten aus den vorliegenden Gleichungen berechnen. Ganz in Uebereinstimmung damit zeigt sich beim
graphischen Verfahren, dass, wenn die Richtung entweder von
W' oder von W'' bekannt ist, auch der gemeinschaftliche Punkt D

der drei Kräfte, P, W' und W'' angegeben werden kann, dass also der Konstruktion der thatsächlichen Stützenwiderstände W'' und W'' nichts mehr im Wege steht.

71. Beispiele zur Bestimmung von W' und W''. Ein Stab $O'O''$ (Fig. 50), welcher in C mit Q belastet ist, sei in O' festgehalten, so dass er sich nur noch um O' drehen kann, und in O'' mittels eines Seiles mit dem festen Punkt A verbunden. Hierbei hat der in O'' auftretende Widerstand W'', welcher durch die Spannung des Seiles $O''A$ angegeben wird, die bestimmte Richtung $O''A$. Es können daher die in O' und O'' am Stab wirkenden Widerstände vollständig bestimmt werden. Ist a

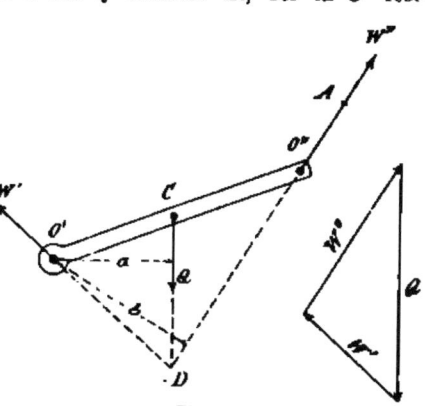

Fig. 50.

der Hebelarm von Q in Beziehung auf den Punkt O' und b der Abstand des Punktes O' von $O''A$, so liefert die Momentengleichung um O'

$$W''b = Qa; \qquad W'' = Q \cdot \frac{a}{b}$$

Mit W'' ist aber auch dessen Horizontal- und Vertikalkomponente H'' bezw. V'' bekannt. Um nun weiter die Komponenten H' und V' von W' und damit W' selbst zu erhalten, benützt man die beiden anderen Gleichgewichtsbedingungen für den Stab:

$$V' + V'' = Q; \qquad H' = H''.$$

Auf graphischem Wege ergeben sich W' und W'' folgendermassen: Man verbindet den Durchschnittspunkt D der Wirkungslinie von Q und der Geraden $O''A$ mit O', dann muss W' in der Geraden DO' wirken. Trägt man nun die Last Q als Strecke auf und zieht durch Anfangs- und Endpunkt der Kraftstrecke Q Parallelen mit $O'D$ bezw. $O''D$, so ergiebt das so erhaltene Kräftedreieck die gesuchten Widerstände W' und W'' nach Grösse und Richtung.

Ganz ähnlich verhält sich die Sache, wenn der Stab $O'O''$ sich in O'' gegen einen absolut glatten, abgerundeten, horizontalen Stab stützt (Fig. 51). Hier wirkt der Widerstand W'' in der durch den Berührungspunkt O'' gehenden Normalen zur abgerundeten Auflagefläche, da die absolut glatte Unterlage nur einen Normalwiderstand auszuüben vermag. Lehnt sich dagegen der Stab gegen eine vertikale, absolut glatte und feste Wand (Fig. 52), dann ist W'' normal zu dieser, also horizontal gerichtet.

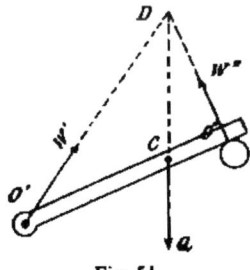
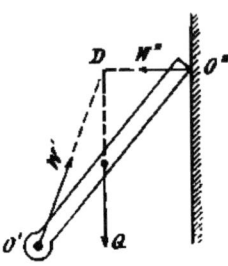

Fig. 51.

Ebenso lassen sich bei dem Krahn (Fig. 53) die Lagerreaktionen W' und W'' bestimmen, indem das „Halslager" bei O'', wenn von der Reibung abgesehen wird, vermöge seiner Anordnung nur einen horizontalen Widerstand H'' auf die vertikale Krahnsäule ausüben kann, während das „Fusslager" bei O' ausser einem Horizontalwiderstand H' auch einen Vertikalwiderstand V' an dem mit Q belasteten Krahn äussert. Zur Berechnung der beiden Lagerwiderstände W' und W'' hat man in diesem Fall:

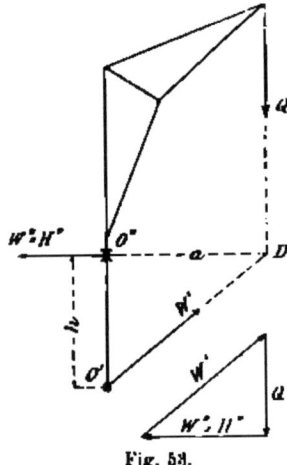

Fig. 53.

$$V' = Q$$
$$H' = H'' = \frac{Q \cdot a}{h}$$
$$W'' = \sqrt{H'^2 + V'^2}$$
$$W'' = H'' = \frac{Qa}{h}.$$

Noch einfacher gestaltet sich die graphische, in Fig. 53 angedeutete Lösung der Aufgabe.

Wirkte (Fig. 54) die treibende Kraft P an dem in den Punkten O' und O'' festgehaltenen starren Körper parallel $O'O''$ im Abstand e von letzterer Geraden, so erhielte man aus den Momentengleichungen um O'' und O', wenn $O'O'' = l$ und W'_n und W'''_n beide aufwärts wirkend angenommen werden,

$$W'_n = \frac{Pe}{l} \quad \text{und} \quad W''_n = -\frac{Pe}{l}$$

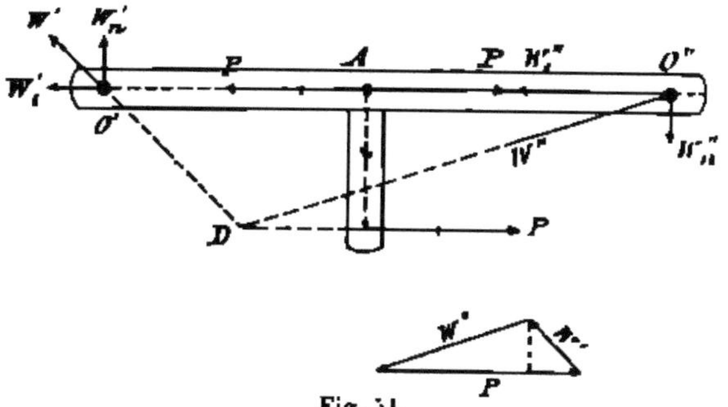

Fig. 54.

Die Normalkomponenten W'_n und W'''_n der Auflagerwiderstände bildeten mithin ein Kräftepaar. Bezüglich der Komponenten W'_t und W'''_t zeigte sich dagegen wieder Unbestimmtheit, indem zu ihrer Berechnung nur die Gleichung

$$W'_t + W'''_t = P$$

vorhanden wäre. Dass vorliegenden Falles die Normalkomponenten W'_n und W'''_n ein Kräftepaar bilden müssen, leuchtet auch ein, wenn man in einem beliebigen Punkt A von $O'O''$ in letzterer Geraden zwei der Kraft P gleiche einander entgegengesetzte Kräfte anbringt, wodurch ein Kräftepaar Pe und eine in $O'O''$ wirkende, wie die gegebene Kraft P gerichtete, die Widerstände W'_t und W'''_t hervorrufende Kraft P sich ergiebt (Fig. 54). Bezüglich der ebenfalls in Fig. 54 angedeuteten graphischen Bestimmung von W'' und W''' gilt wieder das, was im Falle der beliebig gerichteten treibenden Kraft P angeführt worden ist.

72. Körper in drei nicht in gerader Linie liegenden Punkten festgehalten. Dieser Körper kann sich unter keinen Umständen bewegen, er ist daher unter Einwirkung eines jeden beliebigen Kräftesystems im Gleichgewicht, oder mit anderen Worten: die in den festen Punkten O', O'', O''' sich geltend machenden Widerstände W'', W''', W'''', nach deren Anbringung der Körper als ein freier anzusehen ist, halten stets den gegebenen Kräften P das Gleichgewicht.

Zur Bestimmung dieser Widerstände stehen die sechs Gleichgewichtsbedingungen des Körpers zur Verfügung. Hierbei nehmen wir den Punkt O' zum Ursprung, die Verbindungslinie $O'O''$ zur x-Achse und die Ebene $O'O''O'''$ zur xy-Ebene eines rechtwinkligen Koordinatensystems an und zerlegen die Widerstände W'', W''', W'''' in ihre Komponenten nach den Koordinatenachsen. Da sehen wir aber, dass zur Berechnung der vorliegenden neun unbekannten Kräfte die sechs Gleichgewichtsbedingungen des Körpers nicht ausreichen. Man ist jedoch im Stande, wenigstens die z-Komponenten der Widerstände, d. h. die Komponenten der Widerstände normal zur Ebene des Dreiecks $O'O''O'''$ zu bestimmen. Dieselben ergeben sich am einfachsten aus den Momentengleichungen bezogen auf die Achsen $O'O''$, $O''O'''$, $O'O''$. Im Falle einer einzigen treibenden Kraft P können wir wieder sagen, dass von den beiden Komponenten N und T der in ihrem Durchschnittspunkt C mit der Ebene $O'O''O'''$ den Körper angreifend gedachten Kraft P, die Komponente N normal zur Ebene $O'O''O'''$ die Normalkomponenten W_n der Stützenwiderstände W hervorruft, während die in der Ebene $O'O''O'''$ wirkende Komponente T von P die Tangentialkomponenten W_t der Widerstände W erzeugt, so dass, wenn $T = 0$, die Stützenwiderstände normal auf der Ebene $O'O''O'''$ stehen und bestimmt werden können.

Starrer Körper durch feste Flächen unterstützt.

73. Starrer Körper in einem Punkte A durch eine feste Fläche unterstützt und auf dieselbe normal aufgedrückt. Es sei P die den Körper angreifende Kraft. Dieselbe gehe durch den Auflagepunkt A hindurch und wirke normal gegen die feste Unterlage.

Man denkt sich vorliegenden Falles die Kraft P in ihrer Wirkungslinie soweit verschoben, dass der die Unterlage berührende materielle Punkt A des starren Körpers unmittelbar von der Kraft P angegriffen ist. In diesem Falle wird nach No. 68 die Kraft P vom Normalwiderstand der Unterlage aufgehoben, womit sich dann letzterer gleich und direkt entgegengesetzt der Kraft P ergiebt. Was den starren Körper selbst betrifft, so befindet sich derselbe, da die an ihm wirkenden Kräfte sich aufheben, im Gleichgewicht.

74. Stabilität eines starren Körpers, welcher auf einer festen Ebene in einer Fläche F aufruht. Wir nehmen an, es werde ein starrer Körper, welcher eine ebene Unterlage in einer Fläche F berührt, von einer normal gegen letztere gerichteten Kraft N angegriffen. Dabei sei C der Durchschnittspunkt von N und der Ebene der Auflagefläche. Auf die Lage dieses Punktes C kommt es nun an, ob der von N auf die Fläche F aufgedrückte Körper sich im Gleichgewicht befindet oder nicht. Liegt C innerhalb einer Fläche F', welche von einer unbegrenzten, um die Auflagefläche F herumgewälzten, den Umfang der letzteren stets berührenden, die Fläche F aber nie durchschneidenden Geraden GG

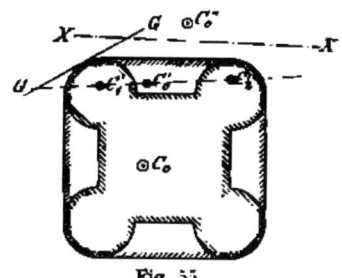

Fig. 55.

(Fig. 55) eingehüllt wird, so findet Gleichgewicht statt, liegt dagegen der Punkt C ausserhalb dieser Fläche F', so ist Gleichgewicht nicht möglich. Führen wir das näher aus.

Zunächst bemerken wir, dass, wenn an der Auflagefläche F Einbuchtungen, einspringende Winkel, nicht vorkommen, die Fläche F' mit der Fläche F zusammenfällt. Zeigt aber die Fläche F Einbuchtungen, wie in Fig. 55 (in dieser Figur sind die beiden Flächen F und F' durch Schraffirung von verschiedener Richtung der Striche angedeutet), so überragt die Fläche F' die Fläche F an den einspringenden Stellen des Umfanges der letzteren. Die Fläche F' wollen wir Standfläche nennen.

Läge jetzt der Durchschnittspunkt C der Wirkungslinie von N und der Ebene der Auflagefläche innerhalb der Fläche F bei C_0, so könnte man den Angriffspunkt der Kraft N in dem bei C_0 gelegenen materiellen Punkt des starren Körpers annehmen, womit sich der Körper nach No. 73 im Gleichgewicht befindlich zeigte. Würde aber der Punkt C ausserhalb der Fläche F, jedoch innerhalb der Fläche F' sich befinden, etwa bei C'_0 (Fig. 55), so liesse sich durch C'_0 eine Gerade ziehen, welche beiderseits die Fläche F durchschnitte und daher Punkte C'_1 und C'_2 aufwiese, die, den Punkt C'_0 zwischen sich fassend, beide der Fläche F angehörten. Man könnte also vorliegenden Falles die Kraft N stets ersetzen durch zwei ihr parallele, die Fläche F in den Punkten C'_1 und C'_2 durchschneidende Komponenten N_1 und N_2. Diese Komponenten würden aber vom Widerstand der Unterlage aufgehoben. Daher fände bei der angenommenen Lage

des Punktes C ebenfalls Gleichgewicht des starren Körpers statt.
Unter Umständen, beispielsweise im Falle der Fig. 56, müsste,
wenn die Kraft N durch Komponenten ersetzt werden soll, welche

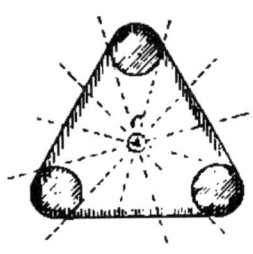

Fig. 56.

die Auflagefläche F durchschneiden, die
Kraft N in drei Komponenten zerlegt
werden. Anders verhält sich dagegen die
Sache, wenn der Punkt C ausserhalb
der Fläche F', etwa bei C''_0 (Fig. 55)
gelegen ist. Hier kann immer eine Gerade XX gezogen werden, welche zwischen dem Punkte C''_0 und der Fläche
F' hindurchgeht, ohne letztere zu schneiden. Nimmt man diese Gerade XX
(Fig. 55) als Momentenachse an, so erfordert das Gleichgewicht des starren
Körpers, dass die algebraische Summe der statischen Momente
sämmtlicher am Körper wirkenden Kräfte, d. h. der Kraft N
und der Normalwiderstände der Unterlage, auch in Beziehung auf
die Gerade XX gleich Null sei.

Bei einem auf die Unterlage einfach aufgelegten und nicht
aufgekitteten starren Körper können die Normalwiderstände nur
von der Unterlage hinweg gerichtet sein. Damit würden aber
vorliegenden Falles diese Widerstände mit der gegen die Unterlage gerichteten Kraft N im gleichen Sinn um die Achse XX
drehen; es könnte daher auch die Summe der statischen Momente sämmtlicher Kräfte nicht gleich Null sich ergeben, oder
mit anderen Worten: der starre Körper könnte nicht im Gleichgewicht sein.

Der Durchschnittspunkt C der gegebenen Normalkraft N mit der Auflagebene darf also thatsächlich
nicht ausserhalb der Fläche F' liegen, wenn der starre
Körper im Gleichgewicht sich befinden und ein Umkippen
des Körpers nicht eintreten soll.

Dies die Bedingung für das Gleichgewicht des Körpers.
Läge der Punkt C auf dem Umfang der Fläche F', so würde sich
der starre Körper an der Grenze des Gleichgewichts befinden.
Je weiter dagegen der innerhalb der Fläche F' angenommene
Punkt C vom Umfang der Fläche F' entfernt sich zeigt, um so
grösser erscheint auch die Stabilität oder Standfähigkeit des
Körpers gegenüber dem Bestreben, letzteren umzuwerfen.

Bezeichnet man mit e den kleinsten Abstand des Punktes C
vom Rande der Fläche F' so giebt das Produkt $N.e$ das Maass
für die Stabilität des Körpers an. Dieses Produkt $N.e$ nennt

man das Stabilitätsmoment des Körpers, während die Fläche F' selbst, wie erwähnt, Standfläche des Körpers heissen möge im Gegensatz zur Auflageflache F desselben.

75. Die gleitende Reibung.

Ein fester Körper sei mit der Kraft N normal auf eine ebene feste Auflagefläche aufgedrückt und des weiteren dicht über der letzteren von einer Kraft T parallel der Auflagefläche angegriffen. Hierbei wird die Kraft N durch den Normalwiderstand W_n der Unterlage aufgehoben, während bei absolut glatter Auflagefläche die treibende Kraft T den Körper auf seiner Unterlage in Bewegung setzt. Nimmt man aber die Auflagefläche so, wie sie sich thatsächlich stets darbietet, nämlich mehr oder weniger rauh an, so findet sich, dass eine Bewegung nicht eintritt, mithin Gleichgewicht stattfindet, so lange die Kraft T einen gewissen, jeweils durch den Versuch zu bestimmenden Grenzwerth T' nicht überschritten hat. Es übt also hier die Unterlage ausser einem Normalwiderstand W_n auch einen Tangentialwiderstand W_t aus. Dieser Tangentialwiderstand oder, wie man ihn zu nennen pflegt, der Reibungswiderstand, ist, so lange Gleichgewicht besteht, der treibenden Kraft T gleich und direkt entgegengesetzt, er wächst demgemäss beim Zunehmen der treibenden Kraft T mit letzterer. Aber die Zunahme des Reibungswiderstandes hat eine Grenze. Der Reibungswiderstand kann nämlich bei unbegrenztem Wachsen der treibenden Kraft T einen gewissen Maximalwerth, den wir mit W'_t bezeichnen wollen, nicht überschreiten. Ist dieser Werth W'_t bei dem Werthe T' der treibenden Kraft T von dem Reibungswiderstand erreicht, wobei also $W'_t = T'$, und es wird die treibende Kraft $T > T'$ angenommen, so fängt der Körper an, infolge des Ueberschusses $T - T'$ an treibender Kraft sich auf der Unterlage zu bewegen. Bei $T = T'$ befindet sich der Körper an der Grenze des Gleichgewichtes und die Unterlage an der Grenze der Leistungsfähigkeit bezüglich der Entwickelung eines Reibungswiderstandes.

Es ist nun wichtig, über den Maximalwerth W'_t des Reibungswiderstandes Näheres zu erfahren. Darum wurden auch entsprechende Versuche in ausgedehntem Maasse angestellt. Dieselben haben ergeben, dass der Reibungswiderstand im wesentlichen proportional ist der Normalkraft N, abhängig von der Oberflächenbeschaffenheit der in Berührung stehenden Körper, beziehungsweise vom Schmiermittel, und unabhängig von der Grösse der Auflagefläche F. Man kann daher setzen:

$$W'_t = \mu N.$$

Dabei wird der Koefficient μ Reibungskoefficient genannt. Dieser Reibungskoefficient zeigt sich nach genaueren Versuchen allerdings auch etwas beeinflusst von dem an der Berührungsstelle herrschenden specifischen Druck, d. h. dem Druck pro Flächeneinheit. Wir werden aber hiervon absehen und W'_l proportional N und unabhängig von der Grösse der Auflagefläche F annehmen.

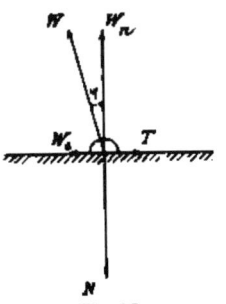

Fig. 57.

Setzt man den Normalwiderstand W'_n und den Reibungswiderstand W_l zu einer Resultanten W (Fig. 57) zusammen, so stellt diese überhaupt den Widerstand W' der Unterlage vor. Ist dann φ der Winkel von W' mit der Normalen zur Unterlage,

so hat man $\operatorname{tg}\varphi = \dfrac{W'_l}{W'_n} = \dfrac{W'_l}{N}$

Wird die treibende Kraft T grösser, so nimmt auch, wie schon erwähnt, W_l und damit $\operatorname{tg}\varphi$ und der Winkel φ zu. An der Gleichgewichtsgrenze, woselbst $\varphi = \varphi'$ sei, ergiebt sich:

$$\operatorname{tg}\varphi' = \frac{W'_l}{N} \quad \text{und da} \quad W'_l = \mu N, \quad \operatorname{tg}\varphi' = \mu$$

oder wenn man $\mu = \operatorname{tg}\varrho$ setzt

$$\operatorname{tg}\varphi' = \operatorname{tg}\varrho ; \qquad \varphi' = \varrho.$$

Dieser Winkel ϱ wird der Reibungswinkel genannt.

An der Gleichgewichtsgrenze bildet also der Widerstand W der Unterlage den Reibungswinkel mit der Normalen.

Lässt man nunmehr die treibende Kraft T den Werth $T' = \mu N$ überschreiten, so wird auch der Winkel β der Resultanten P von N und T mit der Normalen zur Unterlage grösser als der Reibungswinkel ϱ. Dagegen vermag der Winkel des Widerstandes W der Unterlage mit der Normalen zu letzterer nicht zuzunehmen, da W_l nicht grösser als $W'_l = \mu N$ werden kann.

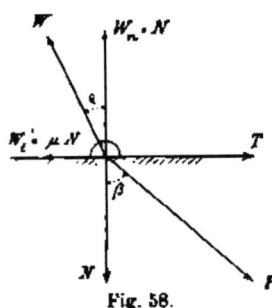

Fig. 58.

Demgemäss ist der Winkel des Widerstandes W einer Auflagefläche mit der Normalen zu letzterer niemals grösser als der Reibungswinkel.

Wird jetzt ein Körper durch eine Kraft P auf eine ebene Auflagefläche unter dem Winkel β gegen die Normale zu letzterer aufgedrückt, so ist die Normalkomponente N von P $N = P\cos\beta$ und die Tangentialkomponente $T = P\sin\beta = N\operatorname{tg}\beta$. So lange nun $\beta < \varrho$ ist $T < N\operatorname{tg}\varrho$ oder $< N \cdot \mu$, d. h. $< T'$, und daher der Körper im Gleichgewicht. Ist $\beta = \varrho$, so wird $T = T'$ und es befindet sich der Körper an der Grenze des Gleichgewichtes. Ist aber $\beta > \varrho$, dann ergiebt sich $T > T'$ also $> W'$, und infolgedessen Bewegung des Körpers auf seiner Unterlage.

76. Gleichgewichtsbedingung für einen in einer Fläche F' auf einer festen Ebene aufruhenden Körper, welcher durch irgend eine Kraft auf seine Auflagefläche aufgedrückt wird. Dieselbe lässt sich nach Maassgabe des Vorhergehenden aussprechen, wie folgt: Soll der von einer Kraft P gegen eine feste Ebene gedrückte Körper im Gleichgewicht sich befinden, so muss die Kraft P die Standfläche F' des Körpers schneiden, auch darf der Winkel von P mit der Normalen zur Auflageebene den betreffenden Reibungswinkel nicht überschreiten.

77. Starrer Körper eine feste Fläche in einem Punkte A berührend. In diesem Fall schrumpft die Standfläche F' in den Punkt A, d. h. in ein den Punkt A enthaltendes Flächenelement zusammen. Errichtet man nun in dem Punkte A auf der festen Unterlage die Normale AN, Fig. 59, legt an dieser den Winkel BAN gleich dem Reibungswinkel ϱ an, dreht den Winkel BAN um die Normale AN, wodurch der sogenannte „Reibungskegel" entsteht, so muss im Gleichgewichtsfall das den Körper angreifende Kräftesystem P sich auf

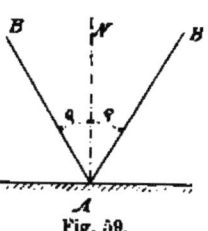

Fig. 59.

eine durch A gehende, gegen die Unterlage gerichtete Resultante R zurückführen lassen, deren Wirkungslinie nicht ausserhalb des Reibungskegels gelegen ist.

78. Starrer Körper eine feste Ebene in zwei Punkten A' und A'' berührend. Hier stellt die Strecke $A'A''$ die Standfläche F' vor. Soll daher der von der Kraft P angegriffene Körper im Gleichgewicht sich befinden, so muss die Kraft P die Strecke $A'A''$ schneiden (vgl. No. 70). Jetzt fragt sich nur noch, unter welchem Winkel kann die Kraft P im Falle des Gleichgewichtes, gegen die Normale zu $A'A''$ geneigt sein. Diese Frage wollen wir an einem Beispiel erörtern.

Es handle sich um einen horizontalen, in den Punkten A' und A'' frei aufliegenden Balken, Fig. 60 und Fig. 61,[1]) welcher in dem zwischen A' und A'' auf $A'A''$ gelegenen Punkte C von einer unter dem Winkel φ gegen die Normale zu $A'A''$ geneigten, nach unten gerichteten Kraft P angegriffen werde und sich hierbei im Gleichgewicht befinde.

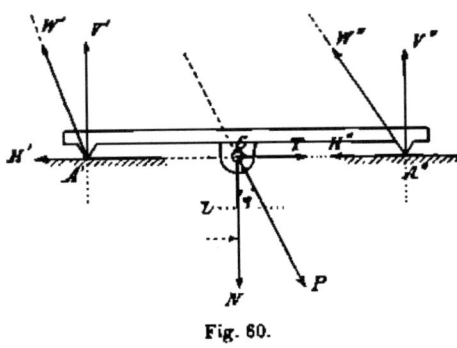

Die Reibungsverhältnisse in den beiden Auflagern A' und A'' seien verschieden, $\mu_1 = tg\,\varrho_1$ der Reibungskoefficient in A', $\mu_2 = tg\,\varrho_2$ der Reibungskoefficient in A''.

Wir zerlegen die treibende Kraft P (Fig. 60) in die beiden Komponenten

$$T = P\sin\varphi$$

Fig. 60.

und $N = P\cos\varphi$

und ebenso die die Unterlage ersetzenden Widerstände W'' und W''' in die Horizontal- und Vertikalkomponenten H', H'', V', V'', alsdann liefert im Gleichgewichtsfall die Momentengleichung um A''

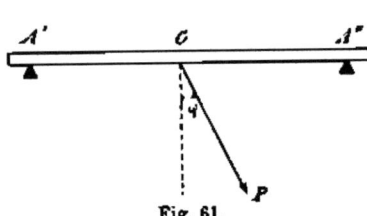

$$V' = \frac{N(l-a)}{l},$$

die Momentengleich um A':

$$V'' = \frac{N \cdot a}{l}$$

Fig. 61.

Es sind also die Normalkomponenten V' und V'' der Auflagerwiderstände bei angenommenem Winkel φ bestimmt, dagegen bleiben unbestimmt die beiden Tangentialkomponenten H' und H'' der Widerstände W'' und W''', indem für dieselben nur die Gleichung $H' + H'' = T$ zur Verfügung steht. Vgl. No. 70.

Im Falle $\varphi = 0$ hätte man $T = 0$; es wäre dann keine Veranlassung zum Auftreten von Reibungswiderständen in A' und A'' vorhanden, daher $H' = 0$ und $H'' = 0$. Wirkt also die treibende Kraft P normal zur Verbindungslinie der Auflagerpunkte A' und

[1]) Ob die Unterstützung des Balkens wie in Fig. 60 oder wie in Fig. 61 angeordnet ist, bleibt sich gleich.

A'', so sind auch die Auflagerwiderstände W'' und W''' normal zu $A'A''$ gerichtet und damit parallel der Wirkungslinie von P. Dreht man jetzt die Kraft P um C, so dass der Winkel φ allmählich grösser und grösser wird, dann tritt schliesslich eine Verschiebung des Balkens auf seinen Auflagern ein. Welches ist nun der Grenzwinkel φ', bei welchem der Balken gerade noch im Gleichgewicht sich befindet?

Ist der starre Balken (Fig. 62) an der Grenze des Gleichgewichtes angelangt, so tritt sowohl bei A' als bei A'' der grösste Reibungswiderstand,
namlich $\mu_1 N'$, beziehungsweise $\mu_2 N''$, in Wirksamkeit. Dabei bilden die Widerstände W'' und W''' die Reibungswinkel ϱ_1 bezw. ϱ_2 mit der Vertikalen und haben daher bestimmte Richtungen. Verlängert man nun die Wirkungslinien von W' und W''', bis sie sich schneiden, und verbin-

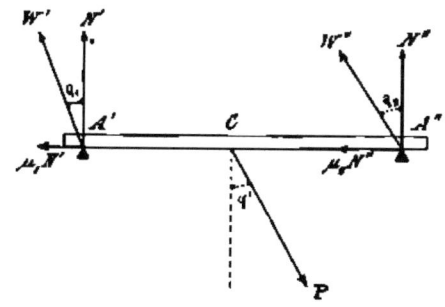

det den Durchschnittspunkt D derselben mit dem gegebenen Angriffspunkt C der Kraft P, dann giebt die Gerade DC die Wirkungslinie von P an und der Winkel der Geraden DC mit der Vertikalen den gesuchten Grenzwinkel φ'.

Hätte man $\mu_1 = \mu_2$ und damit $\varrho_1 = \varrho_2 = \varrho$, dann würden W' und W''' parallel und es fiele der Schnittpunkt D in's Unendliche. Dementsprechend ergäbe sich $\varphi' = \varrho$. Nunmehr zeigen sich bei der stetigen Drehung der Kraft P um den Punkt C aus der vertikalen Lage die Auflagerwiderstände W' und W''', sowohl wenn P senkrecht auf $A'A''$ steht, als auch wenn P mit der Normalen zu $A'A''$ den Reibungswinkel ϱ bildet, parallel der treibenden Kraft P. Nur wenn $\varphi \gtrless \dfrac{0}{\varrho}$, bleiben die Widerstände unbestimmt.

Soll ein in A' und A'' frei aufliegender Dachbinder (Fig. 63) statisch berechnet werden, welcher ein Gesammtgewicht Q zu tragen und überdies einen Winddruck P aufzunehmen hat, so müssen vor allem die Auflagerwiderstände W'' und W''' festgesetzt werden, denn ohne Kenntniss sämmtlicher äusseren, am Dachbinder wirkenden Kräfte, zu welchen ausser den Belastungen auch

die genannten Widerstände gehören, ist die Berechnung der nothwendigen Stärken der einzelnen Konstruktionstheile undenkbar.
Um nun die Widerstände W' und W'' zu erhalten, setzt man die
Belastungen Q und P zu einer Resultanten R zusammen, bestimmt
den Durchschnittspunkt C der letzteren mit der Verbindungslinie
$A'A''$ und nimmt C als Angriffspunkt der Resultanten an. Damit
hat man dann, in A' und A'' feste horizontale Auflageflächen
vorausgesetzt, einen ähnlichen Fall wie in Fig. 60. Demgemäss
wird der Dachbinder sich nicht bewegen, wenn der Punkt C
zwischen A' und A'' zu liegen kommt und der Winkel φ von R
mit der Vertikalen nicht grösser ist, als der Reibungswinkel ϱ.

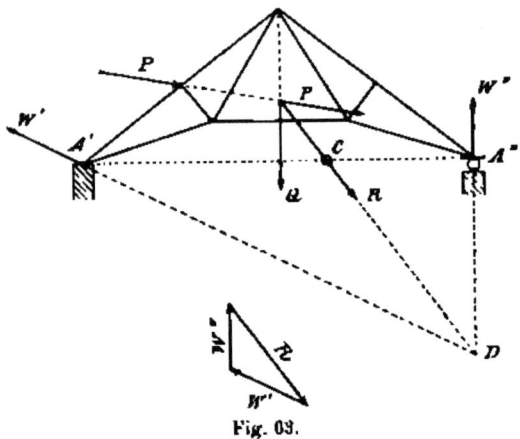

Fig. 63.

Ist der Winkel $\varphi = o$, dann sind, wie R, die Auflagerwiderstände
W' und W'' vertikal, also parallel R, ist $\varphi = \varrho$, dann sind W' und
W'' wieder parallel R und damit bestimmbar. Ist aber $\varphi \gtrless {}^{o}_{\varrho}$, so
bleiben diese Widerstände unbestimmt. Um nun auch in diesem
Falle den Dachbinder wenigstens angenähert berechnen zu können,
muss man eben zu einer Hypothese die Zuflucht nehmen. Hierbei
liegt es am nächsten, auch für Werthe von φ zwischen o und ϱ
die Auflagerwiderstände W' und W'' parallel R vorauszusetzen.

Bei eisernen Dachbindern, welche meistens einer statischen Berechnung unterworfen werden, pflegt man, um den
im Falle unverrückbarer Auflager durch Temperaturänderungen
hervorgerufenen Spannungen vorzubeugen, nur das eine der
beiden Auflager als fest, das andere dagegen als beweglich anzuordnen (Fig. 63). Damit ist dann der weitere Vortheil verbunden,

dass die Auflagerwiderstände in unzweideutiger Weise berechnet werden können. Das bewegliche Auflager kann nämlich keinen Tangentialwiderstand ausüben, sondern nur einen Normalwiderstand, also einen Widerstand von bestimmter Richtung. Ist aber die Richtung eines der beiden Auflagerwiderstände bekannt, so verschwindet auch nach Früherem die statische Unbestimmtheit dieser Widerstände.

79. Der kontinuirliche Balken. Ein mehr als zweimal unterstützter Balken wird kontinuirlicher Balken genannt. Bei einem solchen sind die Stützenwiderstände statisch unbestimmt. Nehmen wir beispielsweise an, es sei ein horizontaler, vertikal belasteter Balken dreimal unterstützt (Fig. 64). In diesem Fall wirken die Widerstände W'', W''', W'''' vertikal aufwärts, da

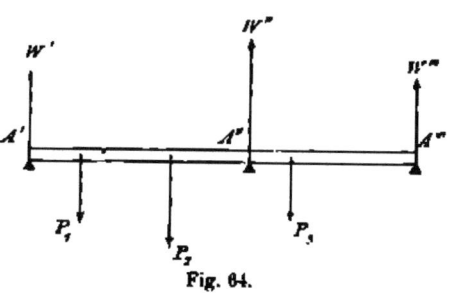

Fig. 64.

die treibenden Kräfte P keine Horizontalverschiebung des Balkens anstreben. Mit der Annahme vertikaler Stützenwiderstände ist aber die Gleichgewichtsbedingung: Summe der horizontalen Kräfte gleich Null, schon erfüllt, es stehen daher mit Rücksicht darauf, dass es sich um Kräfte in einer Ebene handelt, nur noch zwei Gleichgewichtsbedingungen zur Verfügung. Aus zwei Gleichungen lassen sich aber drei Unbekannte nicht bestimmen.

Hätte es sich um einen gleichmässig belasteten, in den Enden, sowie in der Mitte unterstützten Balken gehandelt, Fig. 65, würde man wieder ohne weiteres die drei Stützenwiderstände W'', W''', W'''' vertikal aufwärts

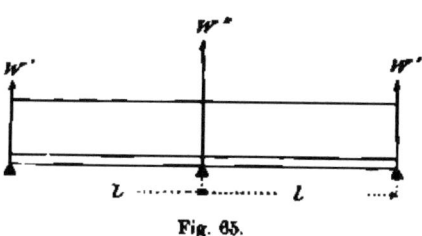

Fig. 65.

gerichtet und sodann, wegen der vorhandenen Symmetrie zur Balkenmitte, $W'' = W''''$ angenommen haben. Damit hätte die Momentengleichung um A''' ergeben, wenn q die Belastung der Längeneinheit des Balkens:

$$W'. 2l + W'''. l = 2ql.l; \qquad 2W'' + W''' = 2ql.$$

Die Vertikalkomponentengleichung dagegen hätte geliefert:

$$W'' + W''' + W' = 2ql \quad \text{oder} \quad 2W'' + W''' = 2ql$$

d. i. dieselbe Gleichung wie oben. Man sieht also, dass bei dem dreimal unterstützten Balken die Stützenwiderstände sich aus den Gleichgewichtsbedingungen des Balkens thatsächlich nicht bestimmen lassen.

60. Horizontaler Balken sich stützend gegen zwei schiefe Ebenen. Der Balken Fig. 66 berühre in den Punkten A' und A'' die senkrecht auf der vertikalen Bildfläche stehenden schiefen Ebenen. Ferner sei D_0 der Durchschnittspunkt der in A' und A'' auf den schiefen Ebenen errichteten Normalen und C_0 der Durchschnittspunkt der Vertikalen durch D_0 mit $A'A''$. Die beiden Auflageflächen des Balkens mögen zunächst als vollständig glatt vorausgesetzt werden.

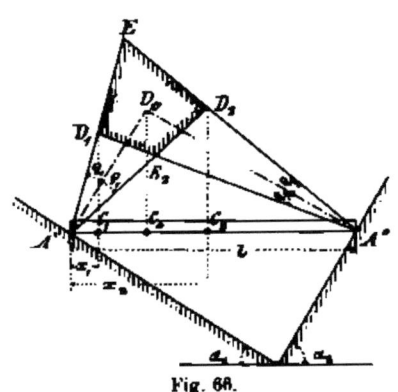

Fig. 66.

Nehmen wir an, dass am Balken in C_0 eine Last P wirke, so können wir deren Angriffspunkt nach D_0 versetzen, wobei selbstverständlich der Punkt D_0 in fester Verbindung mit dem Balken gedacht werden muss, und sodann die Kraft P in ihre Komponenten nach D_0A' und D_0A'' zerlegen. Da nun die nach A' und A'' verschobenen Komponenten von P normal zu den Auflageflächen des Balkens gerichtet sind, so haben sie keine Wirkung bezüglich einer Bewegung des Balkens, es werden dieselben von den Normalwiderständen W' und W''' der Auflageflächen aufgehoben. Somit befindet sich der in C_0 mit P belastete Balken im Gleichgewicht. Wäre der Angriffspunkt C der Last P rechts von C_0 gelegen, könnte man in C_0 zwei einander entgegengesetzte, der Last P gleiche und parallele Kräfte P anbringen, wodurch man eine in C_0 wirkende Last und ein Kräftepaar vom Moment $P.(C_0C)$ erhielte. Während dann die in C_0 angreifende Last P keine Wirkung hätte, würde das erwähnte Kräftepaar eine Drehung des Balkens hervorrufen, wobei das Balkenende A' auf seiner Auflageebene nach oben, das Balkenende A'' auf dessen

Auflageebene nach unten sich bewegte. In gleicher Weise ergäbe
sich die entgegengesetzte Bewegung des Balkens, wenn die Last
P links von C_0 am Balken wirkte. Ist aber die Unterlage des
Balkens nicht vollständig glatt, vielmehr $\mu_1 = tg\varrho_1$ der Reibungskoefficient für die Auflage bei A' und $\mu_2 = tg\varrho_2$ der Reibungskoefficient für A'', so kann der Balken, auch wenn die Last P
nicht durch den Punkt D_0 hindurchgeht, dennoch im Gleichgewicht
sich befinden, vorausgesetzt, dass der Angriffspunkt C der Last P
sich innerhalb gewisser Grenzpunkte befindet. Das geht aus
Nachstehendem hervor:

Legt man zu beiden Seiten der Normalen in A' und A'' die
betreffenden Reibungswinkel ϱ_1 beziehungsweise ϱ_2 an, wodurch
man das Viereck $D_1 E_1 D_2 E_2$ erhält, und zieht durch die äussersten
Eckpunkte D_1 und D_2 Vertikalen, welche die Verbindungslinie
$A'A''$ in den Punkten C_1 und C_2 schneiden, so sind diese Schnittpunkte die Grenzpunkte, zwischen welchen der Angriffspunkt
der Last P liegen muss, wenn der belastete Balken im Gleichgewicht sein soll. Denkt man sich nämlich die Last P zwischen
den Vertikalen durch D_1 und D_2 wirkend, so durchschneidet
die Wirkungslinie von P das Viereck $D_1 E_1 D_2 E_2$. Verbindet
man alsdann irgend einen Punkt D der Wirkungslinie von P,
welcher zugleich innerhalb des genannten Viereckes liegt, mit den
Punkten A' und A'' und zerlegt die bis D zurückgeschobene
Kraft P in ihre Komponenten nach DA' und DA'', so haben diese
Komponenten bezüglich der Bewegung des Balkens keine Wirkung, weil die Winkel, welche sie mit den Normalen in A' und
A'' bilden, die betreffenden Reibungswinkel nicht übersteigen. So
lange also die Wirkungslinie von P das Viereck $D_1 E_1 D_2 E_2$ trifft,
befindet sich der Balken im Gleichgewicht. Letzteres ist auch
noch der Fall, wenn die Last P durch den Eckpunkt D_1 oder
D_2 des Vierecks hindurchgeht. Gleichgewicht findet aber nicht
mehr statt, wenn P links von der Vertikalen $D_1 C_1$ oder
rechts von der Vertikalen $D_2 C_2$ wirkt, weil in diesem Fall P nicht
mehr in Komponenten zerlegt werden kann, welche, durch A'
und A'' hindurchgehend, mit den betreffenden Normalen Winkel
$\lessgtr \varrho$ einschliessen. Somit sind thatsächlich die Punkte C_1 und
C_2 die Grenzpunkte.

Handelt es sich nun darum, die Auflagerwiderstände W' und
W'' zu ermitteln, welche im Gleichgewichtsfall in A' und A'' auftreten, so hat man wieder zu beachten, dass drei im Gleichgewicht
befindliche Kräfte durch einen und denselben Punkt hindurchgehen müssen und dass demgemäss die Widerstände W' und W''
sich auf der Wirkungslinie von P zu schneiden haben. Ueber-

6*

dies dürfen die Widerstände W'' und W''' mit den Normalen in A' beziehungsweise A'' keine Winkel bilden, welche grösser sind als die betreffenden Reibungswinkel. Nimmt man jetzt den Angriffspunkt C der Last P zwischen den Grenzpunkten C_1 und C_2 an, so dass die Wirkungslinie von P das Viereck $D_1 E_1 D_2 E_2$ durchschneidet, dann kann jeder Punkt der Wirkungslinie von P, welcher innerhalb des genannten Vierecks sich befindet, als gemeinschaftlicher Punkt D der drei Kräfte P, W'' W''' angesehen werden, wobei einer jeden Annahme des Punktes D bestimmte Auflagerwiderstände W'' und W''' entsprechen. Es lassen sich aber die Widerstände W'' und W''' nicht unzweideutig festsetzen, wenn der Punkt D mit Bestimmtheit nicht angegeben werden kann.

Greift die Last P den Balken in einem der beiden Grenzpunkte z. B. in C_1 an, so giebt es auf der Wirkungslinie von P nur einen einzigen Punkt D, welcher als gemeinschaftlicher Punkt der drei Kräfte P, W'' und W''' angenommen werden kann und dabei Winkel der Widerstände W'' und W''' mit den betreffenden Normalen liefert, die nicht grösser sind als ϱ_1 beziehungsweise ϱ_2, und dieser Punkt D ist der Punkt D_1. Da aber, wenn P durch C_1 und damit auch durch D_1 hindurchgeht, der Balken thatsächlich an der Grenze des Gleichgewichtes sich befindet, so müssen in diesem Fall die Auflagerwiderstände W'' und W''' nach $A'D_1$, beziehungsweise $A''D_2$ gerichtet sein. Kennt man aber die Richtungen von W'' und W''', so lassen sich auch die Grössen dieser Widerstände bestimmen. Wir haben also gefunden, dass die Auflagerwiderstände nur dann in unzweideutiger Weise sich ergeben, wenn der Balken an der Grenze des Gleichgewichtes sich befindet.

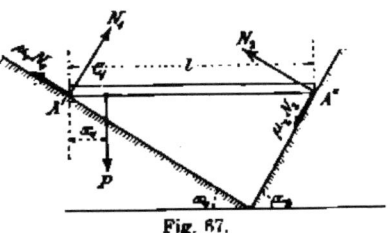

Fig. 67.

Zur Berechnung der Auflagerwiderstände W'' und W''', welche in A' und A'' auftreten, wenn der Balken im Grenzpunkt C_1 mit P belastet ist (Fig. 67), in welchem Falle die vollen Reibungswiderstände $\mu_1 N_1$ und $\mu_2 N_2$ sich geltend machen, liefern die Gleichgewichtsbedingungen:

$$N_1 \sin \alpha_1 - \mu_1 N_1 \cos \alpha_1 = N_2 \sin \alpha_2 + \mu_2 N_2 \cos \alpha_2$$
$$N_1 \cos \alpha_1 + \mu_1 N_1 \sin \alpha_1 + N_2 \cos \alpha_2 - \mu_2 N_2 \sin \alpha_2 =$$
$$(N_1 \cos \alpha_1 + \mu_1 N_1 \sin \alpha_1) l = P(l - x_1).$$

Aus den beiden ersten dieser Gleichungen lassen sich N_1 und N_2 und mit $\mu_1 N_1$ und $\mu_2 N_2$ auch H'' und H''' berechnen. Die dritte Gleichung dagegen ergiebt mit x_1 die Lage des Grenzpunktes C_1. In ähnlicher Weise erhält man die Auflagerwiderstände, so wie die Lage des Grenzpunktes C_2, wenn die Last P im Grenzpunkt C_2 wirkt.

81. Zulässige Lagen der Belastung einer aufgestellten Leiter im Falle des Gleichgewichtes. Eine gewichtlos vorausgesetzte Leiter stütze sich in A' gegen einen vollständig glatten horizontalen Boden und in A'' gegen eine ebensolche vertikale Wand (Fig. 68).

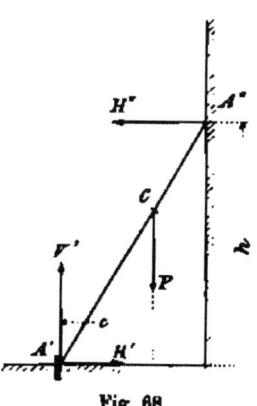

Fig. 68.

Wird diese Leiter in dem beliebigen Punkte C mit P belastet, so kann sie nicht im Gleichgewicht sein. Boden und Wand sind der Voraussetzung nach vollständig glatt, sie können also nur Normalwiderstände auf die Leiter ausüben. Bringt man diese Widerstände an der Leiter an, so bemerkt man alsbald, dass die Gleichgewichtsbedingung: Summe der horizontalen Kräfte gleich Null, nicht erfüllt ist. Um nun das Gleichgewicht der Leiter zu ermöglichen, nehmen wir bei A' einen in den Boden eingeschlagenen Pflock an, gegen welchen sich die Leiter stemme. Dieser Pflock verhindert dann die Bewegung des Endpunktes A' der Leiter und übt einen gewissen Horizontalwiderstand, den wir mit H' bezeichnen wollen, auf die Leiter aus. Jetzt ist die Leiter im Gleichgewicht unter Einwirkung der Kräfte P, V', H', H'', wobei zur Bestimmung der Widerstände V', H', H'' die Gleichgewichtsbedingungen dienen:

$$V' = P; \quad H''.h = Pc \quad \text{oder} \quad H'' = \frac{Pc}{h}$$

$$H' = H'' = \frac{Pc}{h}.$$

Bei jeder Lage der Last wird Gleichgewicht stattfinden.

Nehmen wir nunmehr an, dass der Pflock bei A' fehle, dass aber Boden und Wand rauh seien: $\mu_1 = \text{tg}\,\varrho_1$ Reibungskoefficient für den Boden und μ_2 tg ϱ_2 für die Wand.

Legt man die betreffenden Reibungswinkel zu beiden Seiten der Normalen in A' und A'' an, so entsteht wieder ein charakteristisches Viereck, durch dessen äussersten Eckpunkt D' wir eine Vertikale ziehen, welche die Verbindungslinie $A'A''$ in C' schneide. Es lässt sich nun behaupten, dass der Angriffspunkt der Last P nur zwischen A' und C' liegen darf, wenn die Leiter sich im Gleichgewicht befinden soll.

Ist der Angriffspunkt C von P zwischen A' und C' gelegen, so durchschneidet die vertikale Wirkungslinie von P das schraf-

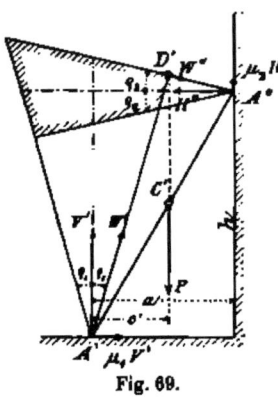

Fig. 69.

firte Viereck (Fig. 69). Hierbei lassen sich unendlich viele Punkte D auf genannter Wirkungslinie angeben, welche innerhalb dieses charakteristischen Viereckes sich befinden. Verbindet man dann einen solchen Punkt D wieder mit A' und A'', verschiebt die Kraft P in ihrer Wirkungslinie bis D, zerlegt hier dieselbe in ihre Komponenten nach DA' und DA'', so haben die letzteren bezüglich der Bewegung der Leiter keine Wirkung, da ihre Winkel mit den Normalen in A' und A'' nicht grösser sind, als die betreffenden Reibungswinkel. Fiele der Angriffspunkt der Last P in den Punkt C', dann ginge die Wirkungslinie von P durch den Eckpunkt D' des charakteristischen Viereckes hindurch. In diesem Falle würde immer noch Gleichgewicht stattfinden, da man die Last P durch ihre Komponenten nach $D'A'$ und $D'A''$ ersetzen könnte, also durch Kräfte, welche mit den Normalen in den Auflagerpunkten die Reibungswinkel bildeten. Es wäre aber die Leiter wegen des letztgenannten Umstandes an der Grenze des Gleichgewichtes.

Greift die Last P die Leiter in einem höher als C' gelegenen Punkte an, so ist Gleichgewicht nicht mehr möglich. Man kann also thatsächlich die Leiter zwischen A' und C' belasten, ohne eine Bewegung derselben hervorzurufen. Befindet sich dagegen der Angriffspunkt der Last zwischen C' und A'', so erfolgt eine Bewegung der Leiter.

Wollte man die in A' und A'' auftretenden Widerstände W' und W'' bei der Lage des Angriffspunktes C der Last P zwischen A' und C' berechnen, so zeigte es sich, da man den gemeinschaftlichen Punkt D der drei im Gleichgewicht befindlichen Kräfte P, W' und W''' nicht anzugeben vermag, dass dies nicht bewerkstelligt werden kann. Nur wenn P in C' angreift, die Leiter also an der Grenze des Gleichgewichtes sich befindet und damit die Widerstände W' und W'' bestimmte Richtungen besitzen, lassen sich diese Widerstände in unzweideutiger Weise festsetzen.

An der Gleichgewichtsgrenze ergeben sich W' und W'' auf analytischem Wege aus den Gleichgewichtsbedingungen:

$$H'' = \mu_1 V'; \quad V' + \mu_2 H'' = P; \quad P \cdot c' = H'' \cdot h + \mu_2 H'' a = H''_2 (h + \mu_2 a)$$

$$V'(1 + \mu_1 \mu_2) = P; \quad V' = \frac{P}{1 + \mu_1 \mu_2}; \quad H'' = \frac{\mu_1 P}{1 + \mu_1 \mu_2}$$

$$P \cdot c' = \frac{\mu_1 P}{1 + \mu_1 \mu_2} \cdot (h + \mu_2 a); \quad c' = \frac{\mu_1 (h + \mu_2 a)}{1 + \mu_1 \mu_2}$$

Mit c' ist die Lage des Grenzpunktes C' bestimmt.

Wären die Reibungsverhältnisse an Boden und Wand die gleichen, d. h. $\mu_1 = \mu_2 = \mu$ und $\varrho_1 = \varrho_2 = \varrho$ und die Leiter unter dem Reibungswinkel ϱ gegen die Vertikale aufgestellt, erhielte man:

$$c' = \frac{\mu (h + \mu a)}{1 + \mu^2} = \frac{\mu h \left(1 + \mu \frac{a}{h}\right)}{1 + \mu^2} = \mu h = \mu \cdot \frac{a}{\mu}$$

Damit ist zum Ausdruck gebracht, dass die Leiter in jedem ihrer Punkte belastet werden könnte, ohne in Bewegung zu gerathen. Stellte man die Leiter noch steiler auf, wäre die Gefahr des Gleitens noch geringer.

Handelt es sich um eine schwere Leiter vom Gewichte Q, so muss die Vertikale durch den Schwerpunkt C_0 der Leiter das charakteristische Viereck durchschneiden, wenn überhaupt die Leiter sich im Gleichgewicht befinden soll (Fig. 70). Ist dies der Fall und die Leiter ausser durch ihr Eigengewicht Q noch durch eine zweite Last P belastet rechts von Q, so tritt jetzt die Resultante R von P und Q an die Stelle der Last P bei der Fig. 69 betrachteten gewichtlosen Leiter. Um nun im vorliegenden Fall den höchsten Punkt C'' zu finden, bis zu welchem sich eine bewegliche Last P auf der Leiter erheben darf, ohne eine Bewegung der Leiter herbeizuführen, bemerken wir, dass an der Grenze des Gleichgewichtes die Resultante R in der Vertikalen durch den Eckpunkt D' des charakteristischen Vierecks wirken muss, dass also, je schwerer die Leiter ist, in um so grösserem Abstand von R die

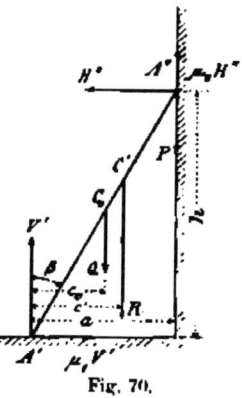

Fig. 70.

bewegliche Last P sich befinden kann. Sollte daher eine unter einem Winkel $\beta > \varrho$ gegen die Vertikale aufgestellte schwere Leiter ihrer ganzen Länge nach bestiegen werden dürfen, so müsste die Leiter zum mindesten so schwer sein, dass die Gleichung stattfindet

$$Q(c' - c_0) = P(a - c').$$

Wäre die Leiter in A'' unterstützt, wie in Fig. 71 angegeben, so käme die Vertikale durch den Eckpunkt D' des charakteristischen Viereckes, welche in ihrem Schnittpunkte mit $A'A''$ den Grenzpunkt C' auf der Leiter liefert, weiter nach rechts zu liegen, als in dem Falle, in welchem sich die Leiter in A'' gegen eine vertikale Wand lehnt. Es befindet sich also der Grenzpunkt C' vorliegenden Falles weiter oben auf der Leiter, als bei der Stützung der Leiter durch eine vertikale Wand.

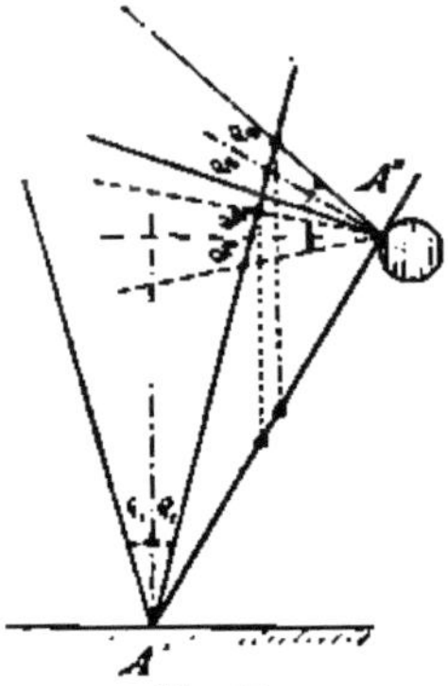

Fig. 71.

82. Starrer Körper eine feste Ebene in drei, nicht in gerader Linie liegenden Punkten berührend. Als Beispiel mag man sich einen Tisch mit drei Füssen denken, welcher auf einem festen, ebenen Boden steht und durch eine Kraft P gegen den Boden gedrückt wird. Sind A', A'', A''' die Stützpunkte oder vielmehr die kleinen Auflageflächen der Tischfüsse, so muss, wenn der Tisch im Gleichgewicht sich befinden soll, vor allem die den Körper auf seine Unterlage drückende Kraft P die Standfläche F', welche vorliegenden Falles durch das Dreieck $A'A''A'''$ bezeichnet ist, schneiden. Wäre nun die Auflageebene absolut glatt, so könnten in den Auflagepunkten A', A'', A''' nur Normalwiderstände auftreten, welche mit der gegebenen Kraft P ein Gleichgewichtssystem zu bilden hätten. Die Kraft P müsste daher ebenfalls normal auf der Auflageebene stehen, auch zeigten sich die Auflagerwiderstände W', W'', W''' gleich und direkt entgegengesetzt den Komponenten der Kraft P nach den Normalen in den Punkten A', A'', A''' Ist die Auflagefläche nicht absolut glatt, so kann ohne Störung des Gleichgewichtes die gegebene Kraft P auch schief gegen die Unterlage gerichtet sein, vorausgesetzt, dass der Winkel φ, welchen die Kraft P mit der Normalen zur Unterlage einschliesst, einen gewissen Grenzwerth φ' nicht überschreitet. Welches ist aber dieser Grenzwinkel φ'?

Es seien die Reibungsverhältnisse bei A', A'', A''' dieselben.

Beachtet man, dass bei einem durch eine Kraft auf eine feste
Ebene aufgedrückten starren Körper der Reibungswiderstand unabhängig von der Grösse und Form der ebenen Auflagefläche F
des Körpers angenommen werden darf (No. 73) und dass im vorliegenden Fall die Gesammtheit der drei kleinen Flächen A', A'', A'''
die Auflagefläche des als starren Körper zu betrachtenden Tisches
bildet, so ist auch hier das in No. 76 Gesagte massgebend und
dementsprechend der gesuchte Grenzwinkel φ' gleich dem Reibungswinkel ϱ. Mithin lässt sich behaupten:

Ein in den drei Punkten A', A'', A''' auf einer festen Ebene
aufstehender und durch die Kraft P auf seine Unterlage aufge-
drückter starrer Körper befindet sich im Gleichgewicht, so lange
die Wirkungslinie der Kraft P die Auflageebene in einem Punkte
C schneidet, der innerhalb des Dreieckes $A'A''A'''$ gelegen ist,
und gleichzeitig diese Wirkungslinie nicht aus dem für den Punkt
C der Auflageebene bestimmten Reibungskegel heraustritt.

Ganz ähnlich verhält es sich bei einem in vier oder mehr
Punkten aufruhenden starren Körper. An Stelle des Dreiecks
$A'A''A'''$ tritt hier eben die betreffende Standfläche F'.

§ 10.

Körper zwischen geraden Führungen verschiebbar.

88. Gleichgewichtsbedingung für einen solchen Körper. Ein
von Kräften angegriffener Körper sei von geraden und parallelen
Leitschienen so geführt, dass er sich zwischen den Führungen hin-
und herbewegen, nicht aber drehen kann. Dieser Körper befinde
sich im Gleichgewicht. Welches sind die Bedingungen für letzteres?

Zunächst bemerken wir, dass jede Kraft, welche rechtwinklig
zu den Führungen gerichtet ist, stets in Komponenten zerlegt
werden kann, welche von dem Normalwiderstand der Führungen
aufgehoben werden. Wir nehmen nun einen beliebigen Punkt
des Körpers zum Ursprung und eine durch diesen Punkt mit den
Führungen parallel gezogene Gerade zur x-Achse eines rechtwinkligen Koordinatensystems an und reduciren die sämmtlichen
den Körper angreifenden Kräfte auf die drei in den Koordinatenachsen wirkenden Kräfte X_0, Y_0, Z_0 und auf die drei Kräftepaare
M_x, M_y, M_z, deren Ebenen senkrecht auf den Koordinatenachsen
stehen. Von den erwähnten drei Kräften haben Y_0 und Z_0, da
sie rechtwinklig zu den Führungen gerichtet sind, keine Wirkung,
ebensowenig das Kräftepaar M_x. Aber auch die Kräftepaare M_y

und M, bleiben wirkungslos, da sie in ihren Ebenen immer so gedreht werden können, dass ihre Kräfte rechtwinklig zu den Führungen stehen. Es ist daher $X_0 = 0$ die einzige Gleichgewichtsbedingung, oder mit anderen Worten: es findet Gleichgewicht des Körpers statt, wenn die algebraische Summe der Komponenten sämmtlicher den Körper angreifenden Kräfte parallel den Führungen sich gleich Null ergiebt. Ist aber letzteres nicht der Fall, so tritt Bewegung des Körpers zwischen den Führungen ein.

84. Rechtwinkliges Parallelepiped zwischen horizontalen Führungen verschiebbar. Ein Parallelepiped $A_1 A_2 A_3 A_4$ (Fig. 72)

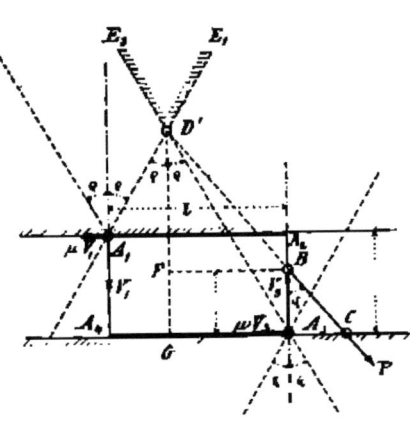

Fig. 72.

werde im Punkte B seiner vertikalen, parallel den Führungen gestellten Symmetralebene von einer Kraft P angegriffen, welche, in der Symmetralebene wirkend, den Winkel φ mit der Vertikalen bilde. Man soll angeben, ob bei Vorhandensein von Reibung in den Führungen diese Kraft P das Parallelepiped bewegt oder nicht. Zwischen dem Parallelepiped und den Führungen denken wir uns einen kleinen Spielraum, so dass das Parallelepiped, wenn es in seiner Kante $A_3 A_3$ festgehalten wird, bei Einwirkung der Kraft P sich aufwärts dreht und mit der Kante $A_1 A_1$ an der oberen Führungsebene ansteht. Lässt man jetzt das Parallelepiped in $A_3 A_3$ wieder los, so bleibt dasselbe unter Umständen in Ruhe. Um zu erfahren, für welchen Neigungswinkel φ der Kraft P gegen die Vertikale das Parallelepiped im Gleichgewicht sich befindet, nehmen wir dasselbe im Grenzzustand des Gleichgewichts und damit $\varphi = \varphi'$ an, in welchem Falle in A_1 und A_3 die vollen Reibungswiderstände μV_1 und μV_3 zur Geltung kommen. Hierbei sind die Gleichgewichtsbedingungen:

$$V_1 + P \cos \varphi' = V_3 \quad \text{oder} \quad P \cos \varphi' = V_3 - V_1$$
$$P \sin \varphi' = \mu V_1 + \mu V_3 = \mu (V_1 + V_3)$$
$$P \cdot b \sin \varphi' = V_1 \cdot l + \mu V_1 \cdot h = V_1 (l + \mu h).$$

Aus den beiden obigen Komponentengleichungen ergiebt sich, wenn man V_2 eliminirt:

$$V_1 = \left(\frac{\sin \varphi'}{\mu} - \cos \varphi' \right) \cdot \frac{P}{2}$$

Mit diesem Werth von V_1 liefert die Momentengleichung:

$$P \cdot b \cdot \sin \varphi' = \frac{P}{2} \left(\frac{\sin \varphi'}{\mu} - \cos \varphi' \right) (l + \mu h)$$

$$\operatorname{tg} \varphi' = \frac{\mu (l + \mu h)}{i + \mu (h - 2 b)} \quad \text{und mit} \quad b = \frac{h}{2}$$

$$\operatorname{tg} \varphi' = \frac{\mu (l + \mu l)}{i}$$

Durch die graphische Behandlung lässt sich, wie Ritter gezeigt hat, bei Aufgaben wie die vorstehende, ein besonders klarer Einblick in die Verhältnisse gewinnen. Suchen wir daher den Grenzwinkel φ' auch auf graphischem Wege zu ermitteln. Zu diesem Zwecke legen wir in A_1 und A_2 auf beiden Seiten der betreffenden Normalen den Reibungswinkel ϱ an. Damit erhält man den in Fig. 72 durch die Schraffirung hervorgehobenen Winkelraum $E_2 D' E_1$. Verbindet man nun den Punkt D' mit dem Punkt B, so muss die Kraft P in der Richtung $D'B$ wirken, wenn das Parallelepiped an der Grenze des Gleichgewichts sich befinden soll. Zum Beweise denken wir uns die Kraft P in ihrer Wirkungslinie rückwärts geschoben bis D' und dort in ihre Komponenten nach $D'A_2$ und $A_1 D'$ zerlegt. Diese Komponenten haben bezüglich einer Bewegung des Parallelepipeds keine Wirkung, da sie, mit den Normalen in A_2 und A_1 den Reibungswinkel ϱ bilden und durch den Widerstand der Führungen aufgehoben werden. Es findet also thatsächlich Gleichgewicht statt, wobei der Punkt D' den gemeinschaftlichen Punkt der drei am geführten Körper im Gleichgewicht befindlichen Kräfte P, W_1 und W_2 darstellt (W_1 und W_2 die Auflagerwiderstände in A_1 und A_2), und zwar handelt es sich vorliegenden Falles wirklich um den Grenzzustand des Gleichgewichts, insofern die Auflagerwiderstände den Reibungswinkel ϱ mit den betreffenden Normalen einschliessen. Wäre der Winkel φ von P mit der Vertikalen kleiner als der Winkel φ' von $D'B$ mit der Vertikalen, so würde die Wirkungslinie von P den charakteristischen Winkelraum $E_2 D' E_1$ durchschneiden. In diesem Falle könnte man einen beliebigen auf dieser Wirkungslinie und innerhalb des Winkelraumes $E_2 D' E_1$ gelegenen Punkt D als den gemeinschaftlichen Punkt der drei Kräfte P, W_1 und W_2 und als den Angriffspunkt der Kraft P ansehen, sodann P wieder zerlegen in die nach DA_2 und A_1D gerichteten Komponenten. Aber diese Komponenten von P würden, da sie mit den Normalen in A_2 bezw. A_1 Winkel bildeten, welche den Reibungswinkel ϱ nicht übersteigen, stets vom Widerstande der Führungen aufgehoben werden. Der geführte Körper wäre also im Gleichgewicht und dieses Gleichgewicht bliebe fortbestehen, oder mit anderen Worten: der geführte Körper bliebe eingeklemmt, wenn man auch die Kraft P beliebig vergrösserte. Nur wenn $\varphi > \varphi'$, ist Gleichgewicht nicht mehr möglich und Bewegung des geführten Körpers unausbleiblich, indem dann die Wirkungslinie von P den Winkelraum $E_2 D' E_1$ nicht mehr träfe und auf dieser Wirkungslinie kein Punkt D sich zeigte, der mit A_1 und A_2 verbunden Gerade DA_1 und DA_2 lieferte, welche mit den Normalen in A_1 und A_2 Winkel $\lesssim \varrho$ bildeten. Der angegebene Winkel φ' ist also thatsächlich der Grenzwinkel. Derselbe berechnet sich aus Fig. 72 wie folgt. Man hat:

$$\operatorname{tg}\varphi' = \frac{FB}{FD} = \frac{GA_2}{D'G - FG} = \frac{l + h\operatorname{tg}\varrho}{l + \dfrac{h\operatorname{tg}\varrho}{2} \cdot \cot\varrho - b} = \frac{\mu(l + \mu h)}{l + \mu(h - 2b)}$$

in Uebereinstimmung mit dem weiter oben für $\operatorname{tg}\varphi'$ gefundenen Ausdruck.

Ist die in B angreifende treibende Kraft P nicht, wie wir seither angenommen, nach unten, sondern nach oben gerichtet, so kommt der geführte Körper statt in A_1 und A_2, in A_3 und A_4 mit den horizontalen Führungen in Berührung, wobei auch hier wieder ein Grenzwerth für den Winkel der Kraft P mit der Vertikalen bestimmt werden kann. Damit vermag man überhaupt den Winkelraum anzugeben, in welchen die Kraft P hineingerichtet sein muss, wenn dieselbe das Parallelepiped zwischen den Führungen bewegen soll.[1]

Nehmen wir jetzt den Fall Fig. 73 an, in welchem das Parallelepiped von einer an dem Arm OB wirkenden, im Abstand e von der Achse des Parallelepipeds parallel der letzteren gerichteten Kraft P angegriffen wird.

Aus Erfahrung weiss man, dass, wenn der Abstand e der Kraft P von der Achse des Parallelepipeds sehr klein ist, das Parallelepiped von der Kraft P zwischen den Führungen bewegt wird, dass aber bei einem entsprechend grossen Abstand e eine

---

[1] Würde die treibende Kraft P die Führungsflächen $A_4 A_3$ oder $A_1 A_2$ nicht, wie in No. 84 überhaupt angenommen ist, ausserhalb $A_4 A_3$ bezw. $A_1 A_2$ treffen, sondern zwischen A_4 und A_3 bezw. A_1 und A_2, so hätte man lediglich den Fall No. 76.

solche Bewegung nicht erfolgt und das Parallelepiped eingeklemmt bleibt, man mag P annehmen, so gross man will.

Welches ist nun der Abstand e' der Kraft P von der Achse
des Parallelepipeds, bei welchem das letztere an der Grenze des
Gleichgewichts sich befindet?

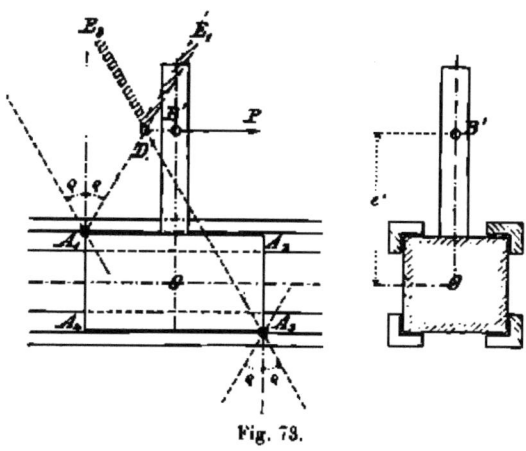

Fig. 73.

Um diese Frage zu beantworten, wenden wir
müssigsten wieder das graphische Verfahren an.

Man legt zu beiden Seiten der Normalen in A_1 und A_4 den
Reibungswinkel ϱ an und zieht durch den Durchschnittspunkt D'
von $A_1 E_1$ und $A_6 E_6$ eine Parallele zu den Führungen oder zur
Achse des Parallelepipeds, dann giebt diese Parallele die Gerade
an, in welcher die Kraft P wirken muss, wenn das Parallelepiped
an der Grenze des Gleichgewichts sich befinden soll. Der Abstand dieser Parallelen von der Parallelepipedachse wäre also der
gesuchte Abstand e'. Nimmt man $e > e'$ an, so durchschneidet
die Kraft P den Winkelraum $E_6 D'E_1$, wobei, wie vorhin nachgewiesen wurde, das Parallelepiped im Gleichgewicht ist. Wenn
aber $e < e'$, dann geht die Wirkungslinie von P nicht durch den
charakteristischen Winkelraum $E_6 A'E_1$ hindurch, infolge dessen
auch kein Gleichgewicht stattfinden kann.

85. Körper in einer Keilnuth beweglich. Ein keilförmiger
prismatischer Körper vom Querschnitt ABC (Fig. 74) werde durch
die Kraft N, welche in der den Keilwinkel 2α halbirenden Symmetralebene des Keils normal zur Schneide des letzteren wirke,

in eine Keilnuth, d. h. in eine Rinne, gebildet durch zwei unter dem Winkel 2α sich schneidende Ebenen, hineingedrückt und zugleich in O von einer Kraft T parallel der Schneide des Keiles angegriffen. Man soll unter Berücksichtigung der Reibung in den Auflageflächen des Keiles angeben, ob die Kraft T den Keil in der Nuth zu bewegen im Stande ist, oder nicht. Zunächst hat man:

$$2\,W_n \sin \alpha \quad N.$$

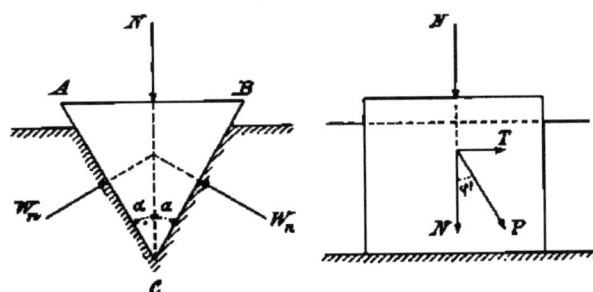

Fig. 74.

Damit ergiebt sich als grösster Reibungswiderstand, welcher in den Auflageflächen des Keiles überhaupt sich entwickeln kann,

$$W_t = 2\,\mu \cdot W_n = \mu \cdot \frac{N}{\sin \alpha} = \mu' \cdot N.$$

Soll nun die Kraft T eine Bewegung des Körpers in der Keilnuth hervorrufen, so muss

$$T > W_t \quad \text{also} \quad > \mu' N \text{ sein, wobei} \quad \mu' = \frac{\mu}{\sin \alpha}$$

der Reibungskoefficient für die Bewegung in der Keilnuth heissen mag. Nehmen wir jetzt an, es werde der Keil durch eine Kraft P, welche in der durch die Schneide des Keiles gehenden Symmetralebene des letzteren wirke und mit der Normalen zur Schneide den Winkel φ bilde, in die Nuth schief hineingedrückt, so ist im Gleichgewichtsfall, wenn T und N die Komponenten von P parallel und normal zur Schneide des Keils bezeichnen:

$$\operatorname{tg}\varphi = \frac{T}{N}$$

und an der Gleichgewichtsgrenze:

$$\operatorname{tg}\varphi' = \frac{T}{N'} = \frac{\frac{\mu}{\sin \alpha} \cdot N'}{N'} = \frac{\mu}{\sin \alpha} = \mu' = \operatorname{tg}\varrho'; \quad \varphi' = \varrho'.$$

Es wird sich also der Keil in der Nuth bewegen, falls $\varphi > \varrho'$. Ist aber $\varphi \leq \varrho'$, dann befindet sich der Keil im Gleichgewicht. Ganz dasselbe ergiebt sich in dem in Fig. 75 angedeuteten Fall einer Geradführung. Auch hier erhält man wieder die Gleichungen

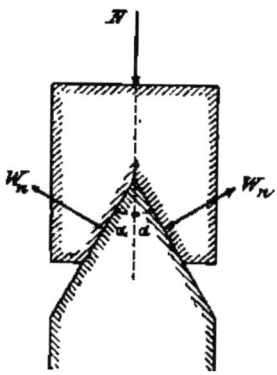

$$2W_n \sin a = N$$

und $W'_t = 2\mu W_n = \mu \cdot \dfrac{N}{\sin a} = \mu' N$

und demgemäss auch die gleichen Resultate, wie im vorhergehenden Fall.

86. Kreiscylinder in einer cylindrischen Rinne beweglich. Ein Kreiscylinder von der Länge l und dem Halbmesser r werde durch eine Kraft N normal auf seine Unterlage aufgedrückt und überdies von einer in der Cylinderachse wirkenden Kraft T angegriffen. Man soll angeben, ob die Kraft T den Cylinder in der Rinne bewegt oder nicht.

Wir zerlegen den Cylinder durch Ebenen senkrecht zu seiner Achse in lauter unendlich dünne Scheiben von der Dicke dl und betrachten eine dieser Scheiben (Fig. 76). Dieselbe werde durch die Kraft dN auf ihr Auflager gedrückt. Hinsichtlich der Druck-

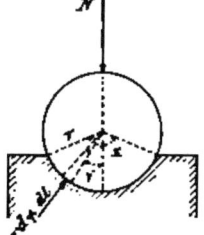 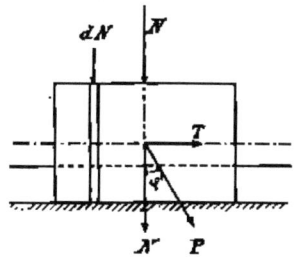

Fig. 76.

vertheilung in letzterem wollen wir annehmen, dass sie gleichmässig, also der Druck p auf die Flächeneinheit konstant sei. (Weisbach'sche Hypothese, siehe No. 90). Man hat daher:

$$dN = 2 \int_0^a p \cdot r\, d\varphi \cdot dl \cos\varphi = 2pr \cdot dl \int_0^a \cos\varphi\, d\varphi = 2pr\, dl \cdot \sin a$$

und als grössten, an der betrachteten Scheibe überhaupt möglichen Reibungswiderstand

$$dW'_t = 2\int_0^a \mu.p.r\,d\varphi.dl = \mu.2pr\,dl.a - \mu.\frac{a}{\sin\alpha}.dN = \mu'.dN,$$

woraus sich ergiebt: $W'_t = \mu'N = \mathrm{tg}\,\varrho'.N.$

Ist nun $T > W'_t$, also $> \mu'N$, so findet Bewegung des Cylinders längs der Rinne statt.

Wirkt am Cylinder in der durch seine Achse gehenden Vertikalebene eine treibende Kraft P, welche mit der Vertikalen den Winkel φ einschliesst und die Auflagefläche des Cylinders schneidet, so kann man wieder behaupten, dass nur dann Bewegung eintritt, wenn $\varphi > \varrho'$.

§ 11.

Starrer Körper drehbar um eine Achse.

87. Die Gleichgewichtsbedingung. Ein von einem System von Kräften P angegriffener starrer Körper sei in den Punkten O' und O'' nach Art der Fig. 77 festgehalten, so dass er sich nur noch um die Achse $O'O''$ drehen kann.

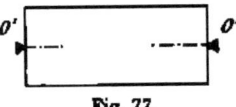

Man soll angeben, ob die Kräfte P sich am Körper im Gleichgewicht befinden oder nicht.

Fig. 77.

Der vorliegende Fall wurde schon in No. 70 in Betracht gezogen. Dort handelte es sich darum, die in den festen Punkten O' und O'' auftretenden Widerstände W' und W'' zu bestimmen unter der Annahme, dass der Körper von einer die Drehachse $O'O''$ schneidenden Kraft P angegriffen sei. Hier soll nun der Fall etwas allgemeiner ausgeführt werden.

Wir wählen den festen Punkt O' zum Ursprung und die Gerade $O'O''$ zur x-Achse eines rechtwinkligen Koordinatensystems, nehmen den Ursprung O' als Reduktionscentrum für die Kräfte P und ersetzen die letzteren durch die drei in den Koordinatenachsen wirkenden, zusammengesetzt die Reduktionsresultante R_0 liefernden Kräften X_0, Y_0, Z_0 und die drei mit ihren Ebenen senkrecht auf den Koordinatenachsen stehenden Kräftepaare von den Momenten M_x, M_y, M_z. Wäre nun $M_x = 0$, oder was dasselbe bedeutet, die algebraische Summe der statischen Momente der gegebenen Kräfte P in Beziehung auf die x-Achse gleich Null, so fände thatsächlich

Gleichgewicht statt, indem ja die durch den festen Punkt O' hindurchgehenden Kräfte X_0, Y_0, Z_0 keine Bewegung des Körpers hervorrufen und die Kräftepaare M_y und M_z, in die xz- bezw. xy-Ebene versetzt, ebenfalls ohne Wirkung bleiben, da eine jede von den Kräften dieser Kräftepaare in zwei Komponenten zerlegt werden kann, welche durch die festen Punkte O' beziehungsweise O'' hindurchgehen. Man hat also für Kräfte, welche einen in zwei Punkten O' und O'' festgehaltenen starren Körper angreifen, nur die einzige Gleichgewichtsbedingung:

Es muss die algebraische Summe der statischen Momente der gegebenen Kräfte in Beziehung auf die durch die festen Punkte O' und O'' des Körpers bestimmte Drehachse $O'O''$ gleich Null sein.

Ist diese Bedingung nicht erfüllt, so erfolgt eine Drehung des Körpers um die Achse $O'O''$, deren nähere Bestimmung späteren Ausführungen vorbehalten bleibt.

88. Die Stützenwiderstände. Nehmen wir wieder an, es sei der in den Punkten O' und O'' festgehaltene starre Körper von einem System von gegebenen Kräften P angegriffen, für welches die Momentensumme $M_x = 0$ sei. In diesem Fall befindet sich der Körper im Gleichgewicht. Man kann nun hierbei fragen: Welches sind die in O' und O'' auftretenden Stützenwiderstände W' und W''?

Zur Bestimmung dieser Widerstände denken wir uns dieselben in ihre Komponenten W'_x, W'_y, W'_z und W''_x, W''_y, W''_z nach den Koordinatenachsen zerlegt, alsdann sind die Gleichgewichtsbedingungen für den Körper ausgedrückt durch die Gleichungen:

$$W'_x + W''_x + X_0 = 0; \quad W'_y + W''_y + Y_0 = 0; \quad W'_z + W''_z + Z_0 = 0$$
$$W''_y \cdot (O'O'') + M_z = 0; \quad - W''_z (O''O') + M_y = 0; \quad M_x = 0.$$

Aus diesen Gleichungen lassen sich die unbekannten Stützenwiderstände W' und W'' nicht ermitteln, wohl aber können ihre y- und z-Komponenten W'_y, W''_y, W'_z, W''_z berechnet werden; die x-Komponenten derselben bleiben dagegen unbestimmt, da zu ihrer Festsetzung die einzige Gleichung $W'_x + W''_x + X_0 = 0$ nicht ausreicht.

Suchen wir uns jetzt noch Rechenschaft darüber abzulegen, welchen Beitrag ein zum System der gegebenen Kräfte P gehöriges Kräftepaar vom Moment M_1, dessen Ebene senkrecht auf der Drehachse $O'O''$ steht, zu den Stützenwiderständen W' und W'' liefert. Zunächst bemerken wir, dass das Kräftepaar M_1 zu der durch O' gehenden Reduktionsresultanten R_0, also auch zu deren Komponenten X_0, Y_0, Z_0 nichts beiträgt, und dass ebenso die Kräftepaare M_y und M_z vom Kräftepaar M_t nicht beeinflusst werden. Es bleiben daher die fünf ersten der obigen zur Bestimmung der Stützenwiderstände W' und W''' dienenden Gleichungen vom Kräftepaar M_t unberührt, woraus hervorgeht, dass das Kräftepaar M_t auf die Stützenwiderstände W'' und W''' überhaupt keinen Einfluss ausübt.

Wie es sich endlich mit den Stützenwiderständen W' und W''' verhält, wenn der um $O'O''$ drehbare und von einem Kräftesystem P angegriffene Körper nicht im Gleichgewicht sich befindet, so wird das später auseinander gesetzt werden.

89. Von der Zapfenreibung. Die Beschränkung der Beweglichkeit eines starren Körpers auf die Drehbarkeit um eine gegebene Achse $O'O''$ wird meistens dadurch herbeigeführt, dass man den Körper in O' und O'' mit Drehzapfen, Umdrehungskörpern, deren Achsen auf $O'O''$ liegen, versieht und diese Drehzapfen in entsprechend ausgehöhlten, feststehenden Körpern, den sogenannten Lagern, aufruhen lässt. Hierbei unterscheidet man Tragzapfen und Spur- oder Stützzapfen, je nachdem die Wirkungslinie des Zapfendruckes, d. h. der Kraft, welche den Zapfen auf sein Lager aufdrückt, senkrecht auf der Zapfenachse steht oder mit letzterer zusammenfällt.

Soll der von beliebigen Kräften P angegriffene, um $O'O''$ drehbare Körper im Gleichgewicht sich befinden, so muss die algebraische Summe der statischen Momente sämmtlicher Kräfte in Beziehung auf die Drehachse $O'O''$ gleich Null sein. Nun machen sich an den Drehzapfen mehr oder weniger beträchtliche Reibungswiderstände geltend; es ist daher nothwendig, die statischen Momente dieser Reibungswiderstände, oder wie man auch sagt, die an den Drehzapfen auftretenden Reibungsmomente zu bestimmen, wenn man angeben soll, ob die gegebenen Kräfte P eine Umdrehung des Körpers hervorzubringen vermögen oder nicht.

Wir wollen jetzt für verschiedene Zapfen die Reibungsmomente ermitteln unter der Voraussetzung, dass die in Betracht gezogenen Körper durch die gegebenen Kräfte P an die Grenze des Gleichgewichtes gebracht seien.

90. Der cylindrische Tragzapfen. Es handle sich um einen von seinem Lager ganz umschlossenen, genau passenden cylindrischen Tragzapfen vom Halbmesser r und der Länge l, welcher durch die Kraft P, den Zapfendruck, normal auf sein Lager aufgedrückt werde. Dieser Zapfen sei durch ein treibendes Kräftepaar vom Moment M', dessen Ebene senkrecht auf der Zapfenachse stehe, an die Grenze des Gleichgewichtes gebracht, so dass die geringste Vergrösserung von M' die Umdrehung des Zapfens im Sinne von M' bewirkt.

Nimmt man an, dass das Auflager des Zapfens in der Cylinder-fläche $A_1 B A_2$ (Fig. 78) erfolge und dass in einem Element $r d\varphi . l$ dieser Auflagefläche der specifische Normaldruck, d. h. der Druck pro Flächeneinheit, oder die herrschende Flächenpressung, $= p$ sei, so verlangt das Gleichgewicht des Zapfens:

$$P = \int_{-\frac{\pi}{2}}^{+\frac{\pi}{2}} p . r d\varphi . l . \cos\varphi; \qquad M' = \int_{-\frac{\pi}{2}}^{+\frac{\pi}{2}} \mu . r d\varphi . l . p . r.$$

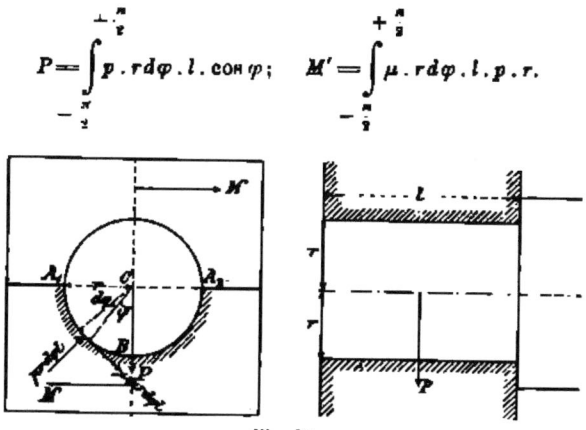

Fig. 78.

Was nun das Gesetz betrifft, nach welchem die Druckvertheilung im Lager erfolgt, so läge es am nächsten, bei genau eingepassten Zapfen nach Weisbach die Druckvertheilung gleichmässig, also p für die ganze Auflagefläche des Zapfens konstant anzunehmen, allein es hat sich gezeigt, dass bei eingelaufenen Zapfen, und um solche handelt es sich doch meistens in praktischen Fällen, diese für neue Zapfen angemessene „Weisbach'sche Hypothese" nicht mehr zutrifft, und dass man besser nach Reye[1]) setzt:

$$\frac{p \cdot \eta}{\cos\varphi} = c,$$

wobei c eine Konstante, η den Abstand des Flächenelementes von der Zapfenachse und φ den Winkel der Normalen zum Flächenelement mit der Richtung des Zapfendruckes P bedeutet. Damit erhält man im vorliegenden Fall

---

[1]) Siehe die Abhandlung von Reye in der Zeitschrift: „Civilingenieur" Jahrgang 1860.

$$P = \int_{\varphi=-\frac{\pi}{2}}^{\varphi=+\frac{\pi}{2}} \frac{c.\cos\varphi}{r} . r\,d\varphi . l . \cos\varphi = c . l \int_{-\frac{\pi}{2}}^{+\frac{\pi}{2}} \cos^2\varphi\,d\varphi = c . l . \frac{\pi}{2}$$

und hieraus:

$$c = \frac{2P}{l\pi}; \qquad p = \frac{2P}{rl\pi} . \cos\varphi.$$

Dieser Ausdruck für p zeigt, dass im Punkte B die Pressung am grössten, nämlich $= \frac{2P}{rl\pi}$ ist, während sie an den Grenzen A_1 und A_2 der Auflagefläche mit $\varphi = \frac{\pi}{2}$ sich gleich Null ergiebt.

Des weitern wird

$$M' = \int_{-\frac{\pi}{2}}^{+\frac{\pi}{2}} \mu . r\,d\varphi . l . \frac{2P}{rl\pi} . \cos\varphi . r = \frac{2\mu Pr}{\pi} \int_{-\frac{\pi}{2}}^{+\frac{\pi}{2}} \cos\varphi\,d\varphi = \frac{4\mu}{\pi} . Pr.$$

Es ist also das gesuchte Reibungsmoment

$$M' = \frac{4\mu}{\pi} . Pr = \mu' . Pr = \operatorname{tg}\varrho' . Pr.$$

Das Gleichgewicht des Zapfens erfordert aber auch, dass die algebraische Summe der Komponenten sämmtlicher Kräfte nach einer Senkrechten zur Wirkungslinie des Zapfendruckes P gleich Null sei. Diese Gleichgewichtsbedingung ist vorliegenden Falles nicht erfüllt, indem die am Zapfen wirkenden Reibungswiderstände eine senkrecht zu P gerichtete Resultante liefern. Daraus

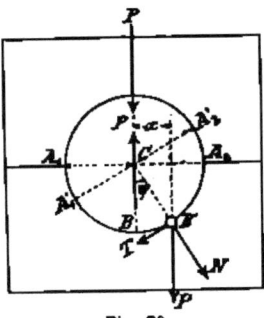

Fig. 79.

schliessen wir, dass die angenommene Vertheilung der Reibungswiderstände am Zapfen in Wirklichkeit nicht genau zutrifft. Um nun weiteren Aufschluss über die Sachlage zu erhalten, setzen wir das treibende Kräftepaar

$$M' = P . x$$

und bringen das Kräftepaar $P.x$ in die Lage Fig. 79. Hierbei heben sich die beiden in CB wirkenden Kräfte P auf, infolgedessen die ursprünglich am Zapfen wirkenden gegebenen Kräfte (nämlich der Zapfendruck P und die beiden Kräfte des Kräftepaares M') sich ersetzt finden durch die in B' angreifende Kraft P oder auch durch die Komponenten $N = P\cos\psi$ und $T = P\sin\psi$ dieser letzteren Kraft. Von den beiden Kräften N und T drückt die Kraft N den Zapfen in der Richtung CB' auf sein Lager auf, während die Kraft T den Zapfen umzudrehen bestrebt ist und das Reibungsmoment M' hervorruft. Zieht man daher durch C die Gerade $A'_1 A'_2 \perp CB'$, so kann nunmehr die cylindrische Fläche $A'_1 B' A'_2$ als Auflagefläche des Zapfens angesehen werden.

Unter Zugrundelegung der Reye'schen Hypothese ergiebt sich jetzt bei dem Zapfendruck $P\cos\psi$ in ähnlicher Weise, wie oben:

$$M' = \frac{4\mu}{\pi} \cdot P\cos\psi \cdot r = \mu' \cdot P\cos\psi \cdot r.$$

Anderseits ist: $M' = P\sin\psi \cdot r$, also

$$P\sin\psi \cdot r = \mu' \cdot P\cos\psi \cdot r; \quad \operatorname{tg}\psi = \mu' = \operatorname{tg}\varrho'$$
$$\psi = \varrho'$$

und demgemäss $M' = \sin\varrho' \cdot Pr.$

Dies ist ein genauerer Werth[1]) des Reibungsmomentes als $\operatorname{tg}\varrho' \cdot Pr$.

Für die in Broncelagern laufenden und gut geschmierten Stahlzapfen darf $\mu = \frac{1}{20}$ angenommen werden. Damit ergiebt sich

$$\psi = \varrho' = 3^0\,38'\,34''; \quad \operatorname{tg}\varrho' = 0{,}063\,66; \quad \sin\psi' = 0{,}063\,54.$$

Man sieht also, dass $\sin\varrho'$ und $\operatorname{tg}\varrho'$ so wenig von einander abweichen, dass es zulässig erscheint, zu setzen

$$M' = \operatorname{tg}\varrho' \cdot Pr = \mu' \cdot Pr = \frac{4\mu}{\pi} Pr.$$

Handelte es sich um einen neuen, gut eingepassten Zapfen, in welchem Falle bezüglich der Druckvertheilung im Lager die Weisbach'sche Hypothese, nämlich p konstant, zur Geltung gelangt, so hat man, wenn P der Zapfendruck und dN die in einem Element dF der Berührungsfläche zwischen Zapfen und Lager auftretende Normalkraft, ferner η der Abstand des Flächen-

[1]) Uebrigens ist auch hierbei die Summe der Komponenten der am Zapfen wirkenden Kräfte nach einer Senkrechten zu CB' nicht genau gleich Null, sie nähert sich aber immer mehr diesem Werth, je mehr man die Enden A'_1 und A'_2 des Auflagebogens $A'_1 B' A'_2$ dem Punkte B' nähert, je kleiner man also die Auflagefläche des Zapfens annimmt. Wäre der Auflagebogen in den Punkt B' zusammengeschrumpft, so zeigte sich die erwähnte Gleichgewichtsbedingung genau erfüllt und das Reibungsmoment genau ausgedrückt durch

$$M' = \sin\varrho' \cdot Pr, \quad \text{wobei dann} \quad \mu' = \mu \quad \text{und} \quad \varrho' = \varrho.$$

elementes von der Zapfenachse und φ der Winkel der Normalen zum Flächenelement mit der Wirkungslinie des Zapfendruckes

$$P = \Sigma dN . \cos\varphi = \Sigma p dF . \cos\varphi = p \Sigma dF . \cos\varphi = p \Sigma df = p . f$$

$$\text{oder} \quad p = \frac{P}{f},$$

wobei f die Projektion der gesammten Auflagefläche F des Zapfens auf eine Ebene senkrecht zur Richtung des Zapfendruckes. Damit wird dann beim cylindrischen Tragzapfen, wenn l dessen Länge

$$p = \frac{P}{2rl} \quad \text{und} \quad M' = \int_{-\frac{\pi}{2}}^{+\frac{\pi}{2}} \mu \,(prd\varphi . l)\, r = \mu p r^2 l . \pi = \frac{\mu}{2} . \pi \, Pr = \mu' . Pr.$$

Es zeigt sich also, wie zu erwarten war, der Zapfenreibungskoefficient μ' und damit auch das Reibungsmoment M' bei einem neuen Zapfen grösser, als bei einem eingelaufenen, und zwar hat man, wenn man die Reibungsmomente beim eingelaufenen und neuen Zapfen mit M'_e, beziehungsweise M'_n bezeichnet,

$$\frac{M'_e}{M'_n} = \frac{\frac{4\mu}{\pi}}{\frac{\pi}{2} . \mu} = 0,81,$$

wonach beim eingelaufenen Zapfen das Reibungsmoment nur noch 81 $^0/_0$ von seiner ursprünglichen Grösse betragen würde.

91. Spurzapfen. Setzen wir zunächst einen neuen Spurzapfen voraus. Ist $A_1 A A_2$ (Fig. 80) die Meridianlinie eines Spurzapfens, so erhält man unter Beibehaltung der früheren Bezeichnungen:

$$P = \int_{r_1}^{r_2} 2\eta\pi . ds . p . \sin\varphi = \int_{r_1}^{r_2} 2\eta\pi . p . d\eta = p\,(r_2^2 - r_1^2)\,\pi,$$

woraus im Einklang mit dem Ergebniss $p = \dfrac{P}{f}$ in No. 90, beim neuen Tragzapfen

$$p = \frac{P}{(r_2^2 - r_1^2)\,\pi}$$

$$M' = \int_{r_1}^{r_2} \mu . 2\eta\pi . ds . p . \eta = 2\mu . p . \pi \int_{r_1}^{r_2} \eta^2\, ds.$$

Damit ergiebt sich beim kegelförmigen Zapfen (Fig. 81),

well $ds = \dfrac{d\eta}{\sin \alpha}$,

$$M' = \frac{2}{3}\frac{\mu p \pi}{\sin \alpha}(r_2{}^3 - r_1{}^3) \quad \text{oder da} \quad p = \frac{P}{(r_2{}^2 - r_1{}^2)\pi}$$

$$M' = \frac{2}{3}\frac{\mu P}{\sin \alpha}\cdot\frac{r_2{}^3 - r_1{}^3}{r_2{}^2 - r_1{}^2}.$$

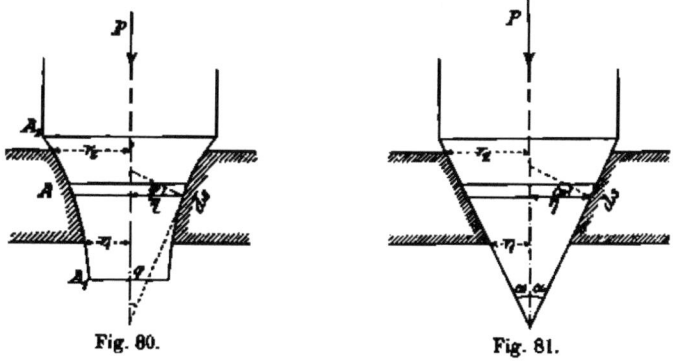

Fig. 80.　　　　　　　　　Fig. 81.

Dieser Ausdruck liefert dann für den ebenen Ringzapfen (Fig. 82), weil hier $\alpha = \dfrac{\pi}{2}$,

$$M' = \frac{2}{3}\mu P \cdot \frac{r_2{}^3 - r_1{}^3}{r_2{}^2 - r_1{}^2}$$

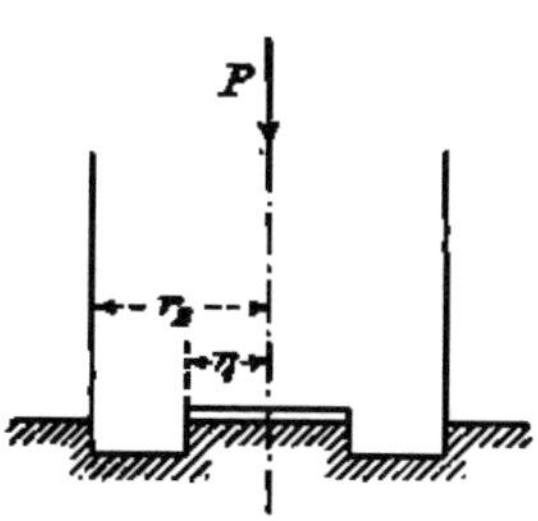

Fig. 82. 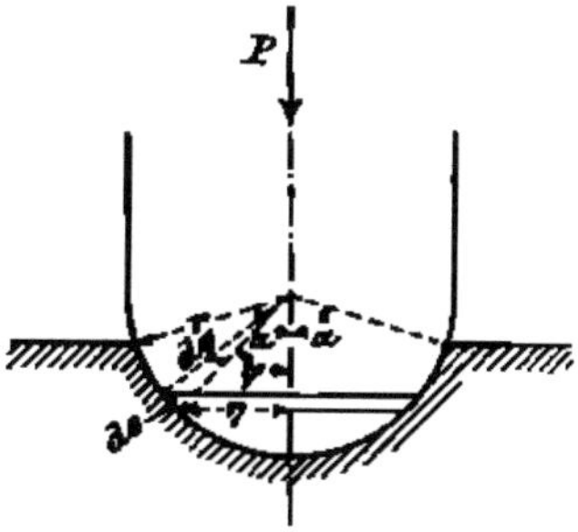　　　　　　　　　Fig. 83.

und für den ebenen Spurzapfen mit $r_1 = 0$ und $r_2 = r$

$$M' = \frac{2}{3}\mu P r.$$

Beim Kugelzapfen (Fig. 83, S. 103) hat man zu setzen:

$$ds = r\,d\varphi; \quad \eta = r \sin \varphi \quad \text{und} \quad p = \frac{P}{(r \sin \alpha)^2 \pi},$$

$$M' = 2\mu p \pi \int_0^a r^2 \sin^2 \varphi \cdot r\,d\varphi = 2\mu p \pi r^2 \int_0^a \sin^2 \varphi\,d\varphi$$

$$= 2\mu p \pi r^2 \cdot \frac{1}{2}\left(\alpha - \frac{1}{2}\sin 2\alpha\right) = \frac{\mu}{\sin^2 \alpha}\left(\alpha - \frac{1}{2}\sin 2\alpha\right)Pr.$$

Für die Halbkugel ergiebt sich dann:

$$M' = \frac{\pi}{2} \cdot \mu Pr.$$

Ziehen wir jetzt den wichtigen Fall des eingelaufenen Spurzapfens in Betracht.

Beim kegelförmigen Zapfen (Fig. 81) geht die Gleichung

$$\frac{p\eta}{\cos \varphi} = c,$$

welche das Gesetz der Druckvertheilung beim eingelaufenen zum Ausdruck bringt, über in:

$$\frac{p\eta}{\sin \alpha} = c, \quad \text{womit} \quad p = \frac{c \sin \alpha}{\eta}.$$

Ferner hat man:

$$P = \int_{r_1}^{r_2} 2\eta \pi \cdot ds \cdot p \cdot \cos \varphi = \int_{r_1}^{r_2} 2\eta \pi \cdot \frac{d\eta}{\sin \alpha} \cdot \frac{c \sin \alpha}{\eta} \sin \alpha$$

$$= 2\pi \sin \alpha (r_2 - r_1)c,$$

woraus $c = \dfrac{P}{2\pi(r_2 - r_1)\sin \alpha}$ und $p = \dfrac{P}{2\pi(r_2 - r_1)\eta}$

Nun wird:

$$M' = \int_{r_1}^{r_2} \mu \cdot 2\eta \pi \cdot ds \cdot p \cdot \eta = \int_{r_1}^{r_2} \mu \cdot 2\eta^2 \pi \cdot \frac{d\eta}{\sin \alpha} \cdot \frac{P}{2\pi(r_2 - r_1)\eta}$$

$$= \frac{\mu P}{(r_2 - r_1)\sin \alpha}\int_{r_1}^{r_2} \eta\,d\eta = \frac{\mu P}{2\sin \alpha}(r_2 + r_1).$$

Damit ergiebt sich für das Reibungsmoment beim ebenen Spurzapfen wegen $\alpha = \dfrac{\pi}{2}$; $\sin \alpha = 1$; $r_1 = 0$; $r_2 = r$

$$M' = \frac{1}{2}\mu Pr.$$

Beim neuen ebenen Spurzapfen fanden wir als Reibungs-moment:

$$M'_n = \frac{2}{3}\,\mu Pr,$$

beim eingelaufenen ebenen Spurzapfen dagegen

$$M'_e = \frac{1}{2}\,\mu Pr.$$

Demgemäss wäre: $\qquad \dfrac{M'_e}{M'_n} = \dfrac{3}{4} = 0{,}75.$

Beim eingelaufenen ebenen Spurzapfen hätte also das Rei-bungsmoment bis zu 75 % seiner ursprünglichen Grösse abge-nommen.

Betrachten wir noch den eingelaufenen **Kugelzapfen.** (Fig. 83.) Bei diesem ist:

$$\eta = r\sin\varphi;\quad ds = r\,d\varphi;\quad \frac{p\,r\sin\varphi}{\cos\varphi} = c;\quad p = \frac{c\cdot\cos\varphi}{r\cdot\sin\varphi},$$

$$P = \int_0^a 2\eta\pi\,ds\cdot p\cdot\cos\varphi = \int_0^a 2r\sin\varphi\cdot\pi\cdot r\,d\varphi\cdot\frac{c\cdot\cos^2\varphi}{r\cdot\sin\varphi}$$

$$= 2r\pi\cdot c\int_0^a \cos^2\varphi\,d\varphi = 2r\pi\cdot c\left(\frac{1}{2}\sin\alpha\cdot\cos\alpha + \frac{1}{2}\,\alpha\right),$$

womit $\quad c = \dfrac{P}{r\pi(\sin\alpha\cdot\cos\alpha + \alpha)}\quad$ und $\quad p = \dfrac{P\cdot\cotg\varphi}{r^2\pi(\sin\alpha\cdot\cos\alpha + \alpha)}.$

Ferner ergiebt sich:

$$M' = \int_0^a \mu\cdot 2\eta\pi\,ds\cdot p\cdot\eta = \int_0^a \mu\cdot 2\cdot r^2\sin^2\varphi\cdot\pi\cdot r\,d\varphi\cdot\frac{P\cdot\cotg\varphi}{r^2\pi(\sin\alpha\cdot\cos\alpha + \alpha)}$$

$$= \frac{\mu r P}{\sin\alpha\cdot\cos\alpha + \alpha}\int_0^a 2\cos\varphi\cdot\sin\varphi\cdot d\varphi = \mu\cdot\frac{\sin^2\alpha}{\sin\alpha\cdot\cos\alpha + \alpha}\cdot Pr,$$

und für die **Halbkugel**

$$M' = \frac{2}{\pi}\,\mu Pr.$$

92. Der Zapfenreibungskoefficient. Die gefundenen Aus-drücke für die Reibungsmomente M' zeigen, dass dieselben alle auf die Form gebracht werden können:

$$M' = \mu'\cdot Pr,$$

wobei μ' der Zapfenreibungskoefficient. Um nun diesen angeben zu können, hat man Kenntniss von dem Werth des Reibungskoefficienten μ nöthig. Dieser Werth hängt aber erfahrungsgemäss nicht bloss von der Oberflächenbeschaffenheit der Zapfen und Lager und von der sonstigen Beschaffenheit des Zapfen- und Lagermaterials, sowie des Schmiermittels ab, sondern streng genommen auch von der herrschenden Pressung zwischen Zapfen und Lager und bei sich drehenden Zapfen noch von der Geschwindigkeit ab, mit welcher die Drehung des Zapfens im Lager erfolgt. Wollte man daher in einem speciellen Fall den genauen Werth von μ' haben, würde man zweckmässigerweise nicht erst den Werth von μ, sondern sofort den Werth von μ' auf experimentellem Wege ermitteln, wofür namentlich auch der Umstand spricht, dass die der Berechnung von μ' zu Grunde gelegten Hypothesen nicht unbedingt stichhaltig sind. Für gewöhnlich kann man jedoch, wenn es sich um Stahlzapfen handelt, welche in Broncelagern laufen, sich des Mittelwerthes $\mu = \dfrac{1}{20}$ bedienen und hieraus den betreffenden Werth von μ' berechnen.[1]

93. Die Hirn'sche Reibungswaage. Um den Zapfenreibungskoefficienten μ' auf dem Wege des Versuches zu erhalten, kann man die sogenannte Hirn'sche Reibungswaage (Fig. 84) benutzen, deren Einrichtung und Anwendungsweise aus Nachstehendem erhellt.

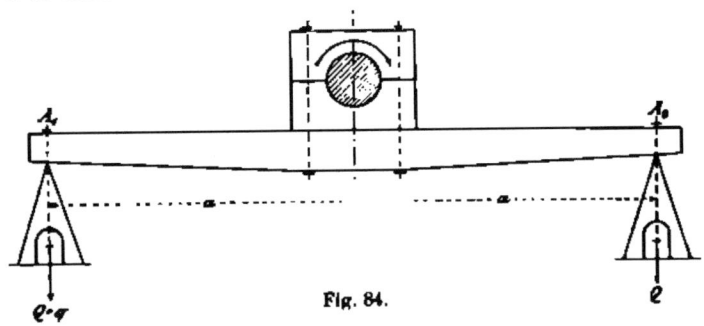

Fig. 84.

Die Welle, an welcher sich der zu untersuchende Zapfen befindet, wird so gelagert, dass der Zapfen frei hervorsteht. Hierauf umgiebt man den Zapfen mit dem für ihn bestimmten Lager, welches

[1] Näheres über Zapfenreibung siehe insbesondere in Bach, Die Maschinenelemente.

seinerseits auf einem Balken $A_1 A_2$ befestigt ist. So hat man
einen Waagbalken drehbar um den zu untersuchenden Zapfen.
Dabei ist durch Auflegen von Ausgleichungsgewichten Fürsorge
zu treffen, dass der Balken in horizontaler Lage und dessen
Schwerpunkt senkrecht unter der Wellenachse sich befindet, wenn
die Welle sich nicht dreht. Nun bringt man in gleichen Abständen a von der Zapfenachse gleiche Gewichte Q an, deren Grösse
so bemessen ist, dass

$$2Q + G = P,$$

wobei G das Gewicht des Balkens sammt Lager etc. und P den
Zapfendruck bedeutet, welcher für die Welle in Aussicht zu
nehmen ist. Lässt man jetzt die Welle sich umdrehen mit
der gewünschten Geschwindigkeit, so würden die Reibungswiderstände, welche an dem Lager sich geltend machen, dieses sammt
dem daran befestigten Balken um die Wellenachse drehen. Diese
Drehung kann aber durch ein entsprechendes Zulagegewicht q
verhindert werden, das man dem betreffenden Gewicht Q bei-
fügt. Es ist daher bei sich drehender, bezw. an der Gleichgewichtsgrenze befindlicher Welle der mit dem Zulagegewicht q versehene Waagbalken wieder im Gleichgewicht, so dass man hat

$$q \cdot a = M' = \mu' \cdot Pr,$$

wobei r der Zapfenhalbmesser. Es ist aber

$$P = 2Q + G + q.$$

also $\quad \mu' = \dfrac{q \cdot a}{(2Q + G + q) r}$

5. Kapitel.

Technisch wichtige Fälle des Gleichgewichtes fester Körper.

§ 12.

Von den einfachen Maschinen.

94. Begriff der einfachen Maschinen. Man hat in früheren
Zeiten schiefe Ebene, Keil, Schraube, Hebel, Wellrad
und Rolle als einfache Maschinen bezeichnet, indem man
unter einer Maschine überhaupt jede künstliche Vorrichtung

verstand, mittels welcher man in den Stand gesetzt war, durch gegebene treibende Kräfte bestimmte Wirkungen an Körpern zu erzielen, die bei unmittelbarem Angriff dieser Kräfte gar nicht möglich gewesen wären. Von diesem Gesichtspunkte aus sind denn auch Hebel, Keil, Schraube ohne weiteres als Maschinen zu bezeichnen. Desgleichen erkennt man, dass die lose Rolle und das Rad an der Welle zu den Maschinen gehören, insofern beide das Mittel darbieten, durch eine Kraft P eine Last $Q > P$ in die Höhe zu heben. Aber auch die schiefe Ebene kann zu den Maschinen gerechnet werden, da sie es ebenfalls ermöglicht, eine Last Q durch eine Kraft $P < Q$ auf jede beliebige Höhe zu fördern.

95. Die schiefe Ebene. Auf einer schiefen Ebene (Fig. 85) von der Horizontalneigung α befinde sich ein Körper vom Gewichte Q. Dieses Gewicht zerlegen wir in seine Komponenten $N = Q \cos \alpha$ normal zur schiefen Ebene und $T = Q \sin \alpha$ parallel der schiefen Ebene. Des

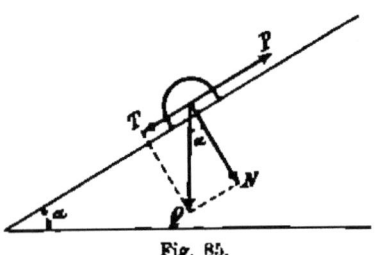

weiteren sei der Körper von einer treibenden Kraft P angegriffen, welche parallel der Linie des grössten Falles der schiefen Ebene aufwärts wirke. Besitzt nun diese Kraft P den Werth $P_0 = Q \sin \alpha$, so ist der Körper auf der schiefen Ebene im Gleichgewicht, ohne dass ein Rei-

Fig. 85.

bungswiderstand sich am Körper geltend machte. Wäre die schiefe Ebene absolut glatt, so würde bei der geringsten Ueberschreitung des Werthes $P_0 = Q \sin \alpha$ von Seiten der treibenden Kraft P eine Bewegung des Körpers auf der schiefen Ebene im Sinne von P, also aufwärts, erfolgen, bei der geringsten Abnahme des Werthes P_0 der Kraft P eine Bewegung abwärts. Ist aber Reibung vorhanden, so wird der von der aufwärts gerichteten treibenden Kraft P angegriffene Körper im Gleichgewicht sich befinden, wenn

P nicht grösser als $Q \sin \alpha + \mu Q \cos \alpha$
und nicht kleiner als $Q \sin \alpha - \mu Q \cos \alpha$ ist.

P kann also im Gleichgewichtsfall zwischen den Grenzwerthen

$$P' = Q (\sin \alpha + \mu \cos \mu) \quad \text{und} \quad P'' = Q (\sin \alpha - \mu \cos \alpha)$$

angenommen werden. Diese beiden, den Gleichgewichtsgrenzen

des Körpers entsprechenden Werthe von P unterscheiden sich, wie wir sehen, lediglich durch das verschiedene Vorzeichen von μ. Ist $P > P'$, so tritt eine Aufwärtsbewegung des Körpers auf der schiefen Ebene ein. Wäre nun gleichzeitig

$$\sin \alpha + \mu \cos \alpha < 1 \quad \text{oder} \quad \mu < \frac{1 - \sin \alpha}{\cos \alpha},$$

so hätte man $P' < Q$. Es könnte daher in diesem Falle eine treibende Kraft $P < Q$ die Last Q auf der schiefen Ebene in die Höhe ziehen.

Betrachten wir jetzt den unteren Grenzwerth P'' von P, nämlich

$$P'' = Q (\sin \alpha - \mu \cos \alpha).$$

Hierbei zeigt der Ausdruck für P'', dass P'' positiv sich erweist, wenn

$$\sin \alpha > \mu \cos \alpha \quad \text{oder} \quad \operatorname{tg} \alpha > \mu; \quad \alpha > \varrho.$$

Damit ist gesagt, dass, wenn die Horizontalneigung α der schiefen Ebene grösser als der Reibungswinkel ϱ ist, thatsächlich eine nach oben gerichtete Kraft P aufgewendet werden muss, um den Körper auf der schiefen Ebene am Herabgleiten zu verhindern. Dagegen ergiebt sich

$$P'' = 0, \quad \text{wenn} \quad \sin \alpha = \mu \cos \alpha \quad \text{oder} \quad \operatorname{tg} \alpha = \mu = \operatorname{tg} \varrho; \quad \alpha = \varrho;$$

d. h. es bleibt in diesem Falle jeder auf die schiefe Ebene gelegte und sich selbst überlassene Körper auf der schiefen Ebene ohne weiteres liegen. Wäre aber $\alpha < \varrho$, ergäbe sich P'' negativ. Es müsste also am Körper eine Kraft abwärts wirken, um denselben an die Grenze des Gleichgewichts zu versetzen. Desgleichen zeigte sich hier, da $T = N . \operatorname{tg} \alpha$ und damit $T < N \operatorname{tg} \varrho$ oder $T < \mu N$ wäre, dass die treibende Kraft T vom Reibungswiderstande der schiefen Ebene aufgehoben würde, ohne dass hierbei der volle Reibungswiderstand μN zur Geltung käme. Demgemäss kann gesagt werden:

Ein schwerer Körper, auf eine schiefe Ebene von der Horizontalneigung α gebracht, gleitet die schiefe Ebene herab, wenn $\alpha > \varrho$, er bleibt aber auf der schiefen Ebene liegen, wenn $\alpha \leq \varrho$. Ist $\alpha = \varrho$, so befindet sich der Körper an der Grenze des Gleichgewichts.

96. Der Keil. Wir wollen die in Fig. 86 angedeutete Anordnung einer Keilpresse in Betracht ziehen, wobei ein Keil sich einerseits in A'' gegen eine feste Wand stützt, anderseits in A' gegen einen zwischen parallelen Führungen beweglichen starren

Körper K. Wird dieser Keil von einer abwärts gerichteten treibenden Kraft P angegriffen, so sucht letztere den Keil abwärts zu bewegen und damit den Körper K nach aussen zu schieben.

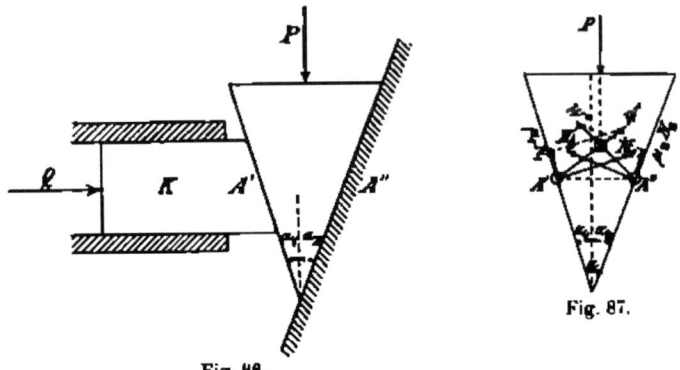

Fig. 86.

Fig. 87.

Diese Verschiebung des Körpers K kann aber durch einen entsprechenden Gegendruck Q verhindert werden. Es fragt sich nun, welche Beziehung findet zwischen den Kräften P und Q statt?

Macht man den Keil frei, so hat man statt der Unterlagen die Widerstände W' und W'' derselben am Keil anzubringen, als-

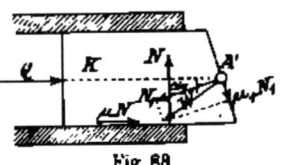

Fig. 88.

dann müssen die drei Kräfte P, W' und W'' (Fig. 87) im Gleichgewicht sein. Ebenso befindet sich der zwischen seinen Führungen bewegliche Körper K (Fig. 88) unter Einwirkung der Kräfte W' und Q im Gleichgewicht. Da aber nach Früherem die Auflager-widerstände eines an zwei Stellen unterstützten, von gegebenen Kräften angegriffenen Körpers sich nur festsetzen lassen, wenn der Körper an der Grenze des Gleichgewichts sich befindet, so kann man auch bei der Keilpresse nur an der Gleichgewichtsgrenze die Beziehung zwischen P und Q bestimmen.

Wie leicht zu erkennen, zeigen sich beim Keil, wenn Reibung zwischen ihm und seiner Unterlage vorhanden ist, zwei Gleichgewichtsgrenzen, es lassen sich bei gegebenem Gegendruck Q für die treibende Kraft P zwei Grenzwerthe P' und P'' angeben, zwischen welchen im Gleichgewichtsfalle des Keiles die treibende Kraft P angenommen werden kann: einen oberen Grenzwerth P', welchen die Kraft P nicht überschreiten darf, ohne eine Abwärtsbewegung des Keiles hervorzurufen, und einen unteren Grenzwerth P'', unter welchen P nicht sinken darf, wenn der Keil von der Kraft Q nicht nach aussen gedrückt werden soll. In beiden Grenzfällen kommen die grösstmöglichen Reibungswiderstände zur Geltung, aber in entgegengesetzten Richtungen. Suchen wir zunächst den oberen Grenzwerth P' zu bestimmen.

Bezeichnet man die Normalkomponenten der auf den Keil von Seiten der Unterlagen ausgeübten Widerstände W' und W'' mit N_1 beziehungsweise N_2 (Fig. 87), so erfordert das Gleichgewicht des Keils an der betreffenden Gleichgewichtsgrenze:

$$P' = N_1 \sin\alpha_1 + \mu_1 N_1 \cos\alpha_1 + N_2 \sin\alpha_2 + \mu_2 N_2 \cos\alpha_2$$
$$= N_1(\sin\alpha_1 + \mu_1\cos\alpha_1) + N_2(\sin\alpha_2 + \mu_2\cos\alpha_2).$$

Ferner: $N_1\cos\alpha_1 - \mu_1 N_1\sin\alpha_1 = N_2\cos\alpha_2 - \mu_2 N_2\sin\alpha_2,$

oder $N_1(\cos\alpha_1 - \mu_1\sin\alpha_1) = N_2(\cos\alpha_2 - \mu_2\sin\alpha_2),$

woraus $N_2 = N_1 \dfrac{\cos\alpha_1 - \mu_1\sin\alpha_1}{\cos\alpha_2 - \mu_2\sin\alpha_2}$

und $P' = N_1\left[\sin\alpha_1 + \mu_1\cos\alpha_1 + \dfrac{\cos\alpha_1 - \mu_1\sin\alpha_1}{\cos\alpha_2 - \mu_2\sin\alpha_2}\cdot(\sin\alpha_2 + \mu_2\cos\alpha_2)\right]$

$$= N_1(\cos\alpha_1 - \mu_1\sin\alpha_1)\left[\dfrac{\sin\alpha_1 + \mu_1\cos\alpha_1}{\cos\alpha_1 - \mu_1\sin\alpha_1} + \dfrac{\sin\alpha_2 + \mu_2\cos\alpha_2}{\cos\alpha_2 - \mu_2\sin\alpha_2}\right]$$

$$= N_1(\cos\alpha_1 - \mu_1\sin\alpha_1)\left[\dfrac{\operatorname{tg}\alpha_1 + \mu_1}{1 - \mu_1\operatorname{tg}\alpha_1} + \dfrac{\operatorname{tg}\alpha_2 + \mu_2}{1 - \mu_2\operatorname{tg}\alpha_2}\right]$$

$$= N_1(\cos\alpha_1 - \mu_1\sin\alpha_1)\left[\operatorname{tg}(\alpha_1 + \varrho_1) + \operatorname{tg}(\alpha_2 + \varrho_2)\right].$$

Anderseits ist für den Körper K die Bedingung des Gleichgewichts an der Gleichgewichtsgrenze, wenn die Kraft, welche den Körper normal auf seine Führungen aufdrückt, mit N und der Reibungskoefficient für die Führungen mit μ bezeichnet wird (Fig. 88):

$$Q = N_1\cos\alpha_1 - \mu_1 N_1\sin\alpha_1 - \mu N$$

oder da $N = N_1\sin\alpha_1 + \mu_1 N_1\cos\alpha_1$

$$Q = N_1\left[(\cos\alpha_1 - \mu_1\sin\alpha_1) - \mu(\sin\alpha_1 + \mu_1\cos\alpha_1)\right]$$

$$= N_1(\cos\alpha_1 - \mu_1\sin\alpha_1)\left[1 - \mu\cdot\dfrac{\sin\alpha_1 + \mu_1\cos\alpha_1}{\cos\alpha_1 - \mu_1\sin\alpha_1}\right]$$

$$= N_1(\cos\alpha_1 - \mu_1\sin\alpha_1)\left[1 - \mu\operatorname{tg}(\alpha_1 + \varrho_1)\right].$$

Damit ergiebt sich für die gesuchte Beziehung zwischen P und Q:

$$P' = Q\cdot\dfrac{\operatorname{tg}(\alpha_1 + \varrho_1) + \operatorname{tg}(\alpha_2 + \varrho_2)}{1 - \mu\operatorname{tg}(\alpha_1 + \varrho_1)}$$

Soll also beim Pressen eines Körpers mittels der Keilpresse auf den zu pressenden Körper ein Druck Q ausgeübt werden, so muss $P = P'$ sein.

Was den unteren Grenzwerth P'' der treibenden Kraft P betrifft, so erhält man denselben aus dem Ausdruck für P', indem man in diesem das Vorzeichen der Reibungskoefficienten bezw. der Reibungswinkel umkehrt, wodurch man erhält:

$$P'' = \frac{Q}{1 + \mu \, \text{tg}(\alpha_1 - \varrho_1)} \cdot [\text{tg}(\alpha_1 - \varrho_1) + \text{tg}(\alpha_2 - \varrho_2)],$$

oder $P'' = \frac{Q}{1 + \mu \, \text{tg}(\alpha_1 - \varrho_1)} \cdot [\text{tg}(\alpha_1 - \varrho_1) - \text{tg}(\varrho_2 - \alpha_2)].$

Wäre nun $\text{tg}(\alpha_1 - \varrho_1) = \text{tg}(\varrho_2 - \alpha_2)$ oder $\alpha_1 - \varrho_1 = \varrho_2 - \alpha_2$; $\alpha_1 + \alpha_2 = \varrho_1 + \varrho_2$ oder, da $\alpha_1 + \alpha_2$ gleich dem Keilwinkel α,

$$\alpha = \varrho_1 + \varrho_2,$$

so erhielte man $P'' = 0$ für jeden beliebigen endlichen Werth von Q, es wäre demgemäss gar keine Kraft P am Keil nöthig, um denselben am Zurückgehen zu verhindern. Der Keil bleibt also eingeklemmt, wenn

$$\alpha = \varrho_1 + \varrho_2.$$

Hierbei mag noch bemerkt werden, dass keiner der beiden Winkel α_1 und α_2, deren unterer Grenzwerth $= 0$ ist und deren Summe $\alpha = \varrho_1 + \varrho_2$ sein soll, damit den Werth $\varrho_1 + \varrho_2$ übersteigen kann.

Ist $P = 0$ und der Keil trotzdem im Gleichgewicht, dann müssen die beiden Auflagerwiderstände W' und W'', welche nunmehr allein noch am Keil sich bethätigen, einander das Gleichgewicht halten und demgemäss in einer und derselben Geraden $A'A''$ (Fig. 87) wirken.

Bezeichnet man jetzt mit φ_1 und φ_2 die Winkel von $A'A''$ mit den Normalen zu den Auflageflächen des Keiles in A' bezw. A'', dann hat man:

$$\varphi_1 + \varphi_2 \quad \alpha$$

und mit $\alpha = \varrho_1 + \varrho_2$: $\varphi_1 + \varphi_2 = \varrho_1 + \varrho_2$.

Da aber φ_1 nicht grösser sein kann als ϱ_1, und φ_2 nicht grösser als ϱ_2, und mit $\varphi_1 < \varrho_1$ sich aus der letzten Gleichung $\varphi_2 > \varrho_2$ ergäbe, so bedingt damit die Gleichung $\varphi_1 + \varphi_2 = \varrho_1 + \varrho_2$:

$$\varphi_1 = \varrho_1 \quad \text{und} \quad \varphi_2 = \varrho_2,$$

d. h. den Grenzzustand des Gleichgewichts. Ist also der Keilwinkel

$$\varrho_1 + \varrho_2,$$

dann befindet sich bei beliebiger Grösse der Kraft Q der von keiner Kraft P angegriffene Keil stets an der Grenze des Gleichgewichts.

Wäre dagegen der Keilwinkel $a < \varrho_1 + \varrho_2$, so zeigte sich der Keil ebenfalls im Gleichgewicht, aber nicht an der Grenze desselben. Man kann daher sagen: damit der Keil bei fehlender Kraft P unter Einwirkung der Kraft Q nicht zurückgehe, muss der Keilwinkel

$$a \gtreqless \varrho_1 + \varrho_2 \quad \text{sein.}$$

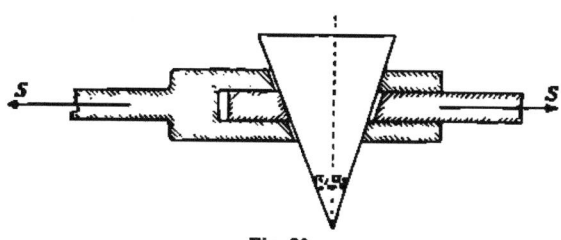

Fig. 89.

Bei einer sogenannten Keilverbindung, wie sie in Fig. 89 angedeutet ist, liegen die Verhältnisse ganz ähnlich; man hat hier nur in den obigen Formeln an Stelle der Kraft Q die Stabkraft S zu setzen, um auch für die Keilverbindung die betreffenden Formeln zu erhalten. Daher wird auch in der Keilverbindung der Keil sich bei Einwirkung der Zugkräfte S nicht von selbst lösen, wenn der Keilwinkel

$$a \gtreqless \varrho_1 + \varrho_2,$$

es mögen die Zugkräfte S so gross sein, als sie wollen.

Handelt es sich um einen Keil, der durch eine Kraft P in ein Stück Holz eingetrieben ist (Fig. 90), so bleibt dieser Keil auch nach Wegnahme der Kraft P im Holze stecken, wenn die Winkel φ_1 und φ_2 der Geraden $A'A''$ mit den Normalen zu den beiden Keilflächen die betreffenden Reibungswinkel ϱ_1 beziehungsweise ϱ_2 nicht überschreiten.

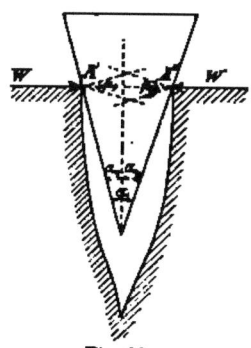

Da aber hier

$$\varphi_1 = a_1 \quad \text{und} \quad \varphi_2 = a_2,$$

so kann man auch sagen, dass der Keil stecken bleibt, wenn

$$a_1 \lesseqgtr \varrho_1 \quad \text{und} \quad a_2 \lesseqgtr \varrho_2.$$

Fig. 90.

97. Quetschwalzen. Soll ein Eisenstab von der Dicke d mittels zweier Quetschwalzen (Fig. 91) vom Halbmesser r auf die

Dicke d' gebracht werden, so müssen die Walzen im Stande sein, den Stab einzuklemmen. Dies ist der Fall, wenn

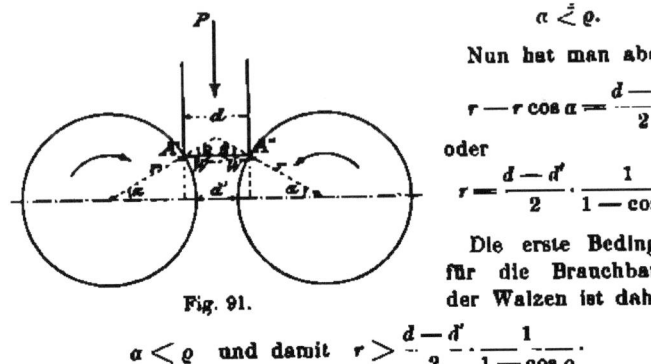

Fig. 91.

$$\alpha \lessgtr \varrho.$$

Nun hat man aber

$$r - r \cos \alpha = \frac{d - d'}{2}$$

oder

$$r = \frac{d - d'}{2} \cdot \frac{1}{1 - \cos \alpha}.$$

Die erste Bedingung für die Brauchbarkeit der Walzen ist daher

$$\alpha < \varrho \quad \text{und damit} \quad r > \frac{d - d'}{2} \cdot \frac{1}{1 - \cos \varrho}.$$

98. Die Schraube. Bewegt man ein Dreieck ABC (Fig. 92) an der Oberfläche eines gegebenen, Kerncylinder genannten Kreiscylinders in der Weise, dass beim Fortrücken des Dreiecks die Dreiecksebene immer durch die Cylinderachse hindurchgeht,

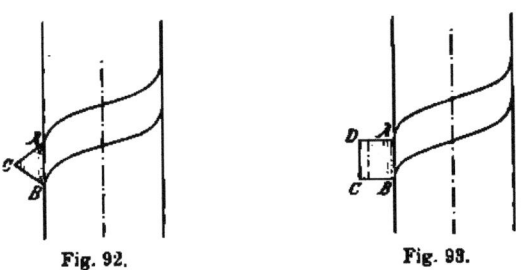

Fig. 92.   Fig. 93.

die Dreiecksseite AB stets auf eine Mantellinie des Cylinders fällt und die Endpunkte A und B von AB auf dem Cylindermantel parallele Schraubenlinien durchlaufen, so beschreiben die Dreiecksseiten AC und BC windschiefe Schraubenflächen, während die Dreiecksfläche ABC eine bestimmte Körperform, das sogenannte Schraubengewinde beschreibt. Der Kerncylinder mit dem darauf gelagerten Schraubengewinde bildet die Schraubenspindel oder kurzweg die Schraube.

Man kann sich aber auch das Dreieck ABC in derselben Weise wie auf dem vollen Kerncylinder auf der Mantelfläche eines Hohlcylinders vom gleichen Halbmesser bewegt denken und annehmen, dass hierbei eine schraubenförmige Rinne aus der Wand des Hohlcylinders herausgeschnitten werde. In diesem Falle entsteht die zu der Schraube gehörige Schraubenmutter. Wird, wie oben angegeben, ein Dreieck ABC an dem Kerncylinder hin bewegt (Fig. 92), so erhält man die scharfgängige Schraube. Ist jedoch die erzeugende Fläche des Schraubengewindes ein Rechteck $ABCD$ (Fig. 93), dann beschreiben die Rechteckseiten BC und AD sogenannte Wendelflächen oder rechtwinklige Schraubenflächen, es entsteht die flachgängige Schraube.

Wir wollen nunmehr eine Schraubenpresse (Fig. 94) in Betracht ziehen und annehmen, dass an der vertikalen, mit einem scharfen Gewinde versehenen Schraubenspindel ein horizontales Kräftepaar vom Moment M wirke, welches die Schraubenspindel im Sinne von links nach rechts (von oben gesehen) zu drehen suche. Diese Drehung werde verhindert durch den in der Schraubenachse aufwärts gerichteten Gegendruck Q eines unter der Schrauben.spindel befindlichen zusammengedrückten Körpers K. Hierbei tritt die Frage auf: welche Beziehung findet zwischen M und Q statt? Diese Beziehung kann aber nur unter der Voraussetzung, dass die Schraubenspindel an der Grenze des Gleichgewichts sei, bestimmt werden.

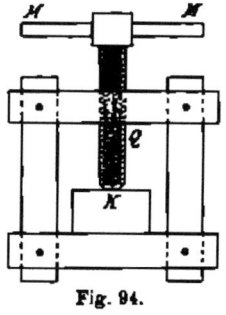

Fig. 94.

Bezeichnet man mit M' den grössten Werth des treibenden Kräftepaares M, bei welchem die Schraubenspindel gerade noch im Gleichgewicht sich befindet, so dass bei der geringsten Vergrösserung von M' eine Umdrehung und gleichzeitige Abwärtsbewegung der Schraubenspindel erfolgte, dann ergiebt sich die Beziehung zwischen M' und Q in nachstehender Weise:

Die Kraft Q drückt die Schraubenspindel nach oben gegen die feste Schraubenmutter; es erfährt daher die Schraubenspindel in jedem Flächenelement dF der Berührungsfläche zwischen Schraubenspindel und Schraubenmutter einen Normalwiderstand dN und einem Tangentialwiderstand $\mu . dN$. Denkt man sich die genannte Berührungsfläche durch die aufeinanderfolgenden Lagen der die Schraubenfläche des Gewindes erzeugenden Geraden in lauter unendlich schmale Flächenstreifen dF zerlegt, Fig. 95, so liegen die Angriffspunkte A der Widerstände dN und μdN auf einer mittleren Schraubenlinie, deren Steigungswinkel $= \alpha$ und

3*

deren Grundkreishalbmesser $= r$ sei. Von den Flächenelementen dF betrachten wir eines mit den daran wirkenden Widerständen dN und μdN, Fig. 95. Was den Tangentialwiderstand μdN betrifft, so wirkt derselbe in der Tangente EA, Fig. 96, an die eben erwähnte mittlere Schraubenlinie und zwar aufwärts. Die Wirkungslinie des Normalwiderstandes dN dagegen ist die Normale zur Schraubenfläche im Punkte A. Um aber diese Normale zu erhalten, wird man durch A, Fig. 96, die erzeugende Gerade AC der Schraubenfläche ziehen (dieselbe schneidet die Schraubenachse unter dem gegebenen Winkel β), durch diese, sowie durch die Tangente EA an die Schraubenlinie durch A eine Ebene legen und auf dieser Ebene, deren Horizontalspur ED, in A ein Loth errichten. Dieses Loth giebt dann die Normale zur Schraubenfläche im Punkte A und damit die Wirkungslinie des Widerstandes dN an.

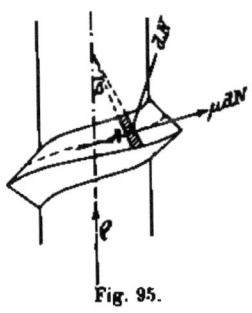

Fig. 95.

Unter Berücksichtigung der Fig. 96 und 97 hat man nun im Fall des Gleichgewichtes der Schraubenspindel

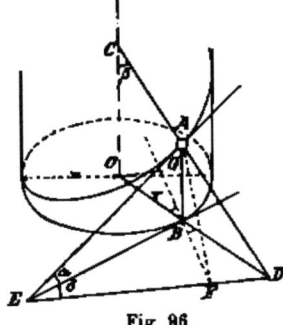

Fig. 96.

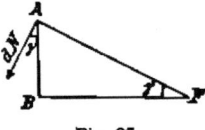

Fig. 97.

$$Q = \Sigma (dN \cos \gamma - \mu dN . \sin \alpha) = (\cos \gamma - \mu \sin \alpha) \Sigma dN$$
$$M' = \Sigma [dN . \sin \gamma (OG) + \mu dN \cos \alpha . r]$$
$$= [(OG)\sin \gamma + \mu r \cos \alpha] \Sigma dN = (r \sin \delta . \sin \gamma + \mu r \cos \alpha) \Sigma dN$$

oder nach Einsetzung des aus der ersten Gleichung bestimmten Werthes von ΣdN

$$M' = Qr \cdot \frac{\sin \delta . \sin \gamma + \mu \cos \alpha}{\cos \gamma - \mu \sin \alpha}.$$

Dies wäre die Beziehung zwischen M' und Q; allein in der Gleichung für M' sind noch die Winkel δ und γ enthalten, welche nicht unmittelbar gegeben sind, also erst in den gegebenen Winkeln a und β ausgedrückt werden müssen. Zu diesem Zwecke beachten wir, dass

$$\sin \delta = \frac{BF}{BE} = \frac{AB \cdot \cot g \, \gamma}{AB \cdot \cot g \, a} = \frac{\cot g \, \gamma}{\cot g \, a},$$

$$M' = Q r \cdot \frac{tg\, a \cdot \cos \gamma + \mu \cos a}{\cos \gamma - \mu \sin a} = Q r \cdot \frac{tg\, a + \mu \cos a \cdot \dfrac{1}{\cos \gamma}}{1 - \mu \sin a \cdot \dfrac{1}{\cos \gamma}}.$$

Jetzt wäre noch $\dfrac{1}{\cos \gamma}$ in Funktion der gegebenen Winkel a und β auszudrücken. Man hat

$$AB = BD \cdot \cot g \, \beta = BE \cdot tg \, \delta \cdot \cot g \, \beta = AB \cdot \cot g \, a \cdot tg \, \delta \cdot \cot g \, \beta,$$

also: $\qquad\qquad \cot g \, \delta = \cot g \, a \cdot \cot g \, \beta$

und damit $\qquad \dfrac{1}{\sin^2 \delta} = 1 + \cot g^2 \, \delta = 1 + \cot g^2 \, a \cdot \cot g^2 \, \beta,$

oder nach Einsetzung von $\sin \delta = \dfrac{\cot g \, \gamma}{\cot g \, a}$

$$\frac{tg^2 \, \gamma}{tg^2 \, a} = 1 + \cot g^2 \, a \cdot \cot g^2 \, \beta; \quad tg^2 \, \gamma = tg^2 \, a + \cot g^2 \, \beta,$$

oder $\qquad \sec^2 \gamma = \dfrac{1}{\cos^2 \gamma} = 1 + tg^2 \, a + \cot g^2 \, \beta,$

damit wird: $\quad M' = Q r \dfrac{tg\, a + \mu \cos a \sqrt{1 + tg^2 \, a + \cot g^2 \, \beta}}{1 \mp \mu \sin a \sqrt{1 + tg^2 \, a + \cot g^2 \, \beta}}.$

Das obere Vorzeichen entspricht hierbei der von uns angenommenen Gleichgewichtsgrenze, mit dem untern Vorzeichen erhält man dagegen denjenigen Werth M'' des treibenden Kräftepaares M, unter welchen letzteres nicht sinken darf, wenn nicht die Schraubenspindel infolge des Druckes Q in die Höhe gehen soll.

Um für die flachgängige Schraube die Werthe von M' und M'' zu bekommen, hat man nur $\beta = 90^0$ zu setzen, womit

$$M' = Q r \cdot \frac{tg\, a + \mu}{1 - \mu \, tg\, a} = Q r \cdot tg \, (a + \varrho)$$

und $\qquad M'' = Q r \cdot \dfrac{tg\, a - \mu}{1 + \mu \, tg\, a} = Q r \cdot tg \, (a - \varrho).$

Wäre der Steigungswinkel a der Schraube gleich dem Reibungswinkel ϱ, erhielte man für jeden noch so grossen endlichen Werth von Q

$$M'' = 0.$$

In diesem Fall wäre gar kein Kräftepaar M nöthig, um die von der Kraft Q nach oben gedrückte Schraubenspindel an dem Rückgang zu verhindern, die Schraubenspindel bliebe auch ohne Vorhandensein des Kräftepaares M trotz der Einwirkung der Kraft Q im Gleichgewicht. Daraus ersehen wir, dass, wenn eine Schraube als Befestigungsschraube dienen soll

$$a \lesseqgtr \varrho$$

sein muss. Wünscht man dagegen, dass die Schraubenspindel nach Aufhebung des treibenden Kräftepaares von selbst wieder zurückgebe, was bekanntlich bei einer Stempelpresse nothwendig ist, so muss $a > \varrho$ sein.

99. Der Hebel. Jeder um eine feste Achse drehbare Körper kann als ein Hebel angenommen werden. Wir betrachten demgemäss einen mit cylindrischen Drehzapfen versehenen, durch

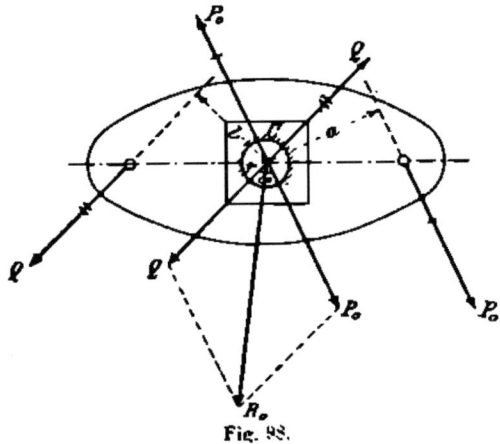

Fig. 98.

entsprechende Lager unterstützten Körper Fig. 98, welcher von zwei Kräften P_0 und Q angegriffen sei, die in der Symmetralebene des Körpers senkrecht zu seiner geometrischen Drehachse wirken und in Bezug auf den Durchschnittspunkt C dieser Ebene und der Drehachse die Hebelarme a, beziehungsweise b besitzen. Zwischen diesen beiden Kräften finde die Beziehung statt:

$$P_0 a = Q b.$$

Bringt man nunmehr im Punkte C zwei der Kraft P_0 parallele und gleiche, einander entgegengesetzte Kräfte P_0 und ebenso parallel der Kraft Q zwei gleiche und entgegengesetzte Kräfte Q an, so wird dadurch am Bewegungszustand des Hebels nichts geändert; man hat jetzt aber ein Kräftepaar vom Moment $+ P_0 . a$ und ein solches vom Moment $- Q b$ und zwei in C wirkende Kräfte P_0 und Q, welche man ansehen kann als die aus ihrer ursprünglichen Lage parallel nach C verschobenen gegebenen Kräfte P_0 und Q. Diese beiden in C wirkenden Kräfte P_0 und Q setzen sich zusammen zu einer Resultanten R_0, während die erwähnten zwei Kräftepaare sich aufheben wegen $P_0 a = Q b$. Es bleibt also nur die Kraft R_0 übrig, welche, durch den Punkt C gehend, keine Drehung des Hebels anstrebt und damit keine Zapfenreibung hervorruft, sondern die Zapfen normal auf ihre Lager aufdrückt.

Der Zapfen bleibt aber, falls Zapfenreibung sich entwickeln kann, auch noch im Gleichgewicht, wenn die treibende Kraft P vom Werth P_0 aus bis zu einem gewissen Grenzwerth P' zunimmt oder bis zu einem Grenzwerth P'' abnimmt. Uebersteigt P den Werth P', so findet eine Drehung des Hebels im Sinn von P statt, ist aber $P < P''$, dann erfolgt eine Drehung im Sinn von Q. Besitzt dagegen P den Werth P' oder den Werth P'', so befindet sich der Hebel an der Grenze des Gleichgewichtes.

Zur Bestimmung von P' bringen wir wieder in C parallel den Kräften P' und Q die gleichen und entgegengesetzten Kräfte $+ P'$ und $- P'$, $+ Q$ und $- Q$ an, wodurch wir die Kräftepaare $+ P' a$ und $- Q b$, sowie die in C angreifenden Kräfte P' und Q erhalten, welch letztere zusammengesetzt die Resultante

$$R = \sqrt{P'^2 + Q^2 + 2 P' Q . \cos a}$$

ergeben, unter a den Winkel der beiden Kräfte P' und Q verstanden. Desgleichen liefern die erwähnten zwei Kräftepaare ein resultirendes Kräftepaar vom Moment

$$M' = P' a - Q b,$$

wobei zu beachten ist, dass $P' a > Q b$, insofern $P' > P_0$ also $P' a > P_0 a$, auch $P_0 a = Q b$.

Dieses Kräftepaar M' ist als das die Zapfenreibung hervorrufende treibende Kräftepaar anzusehen und die Kraft R als Zapfendruck. Man kann daher nach No. 90 mit hinreichender Genauigkeit setzen

$$M' = \mu' . R . r,$$

wobei μ' der Zapfenreibungskoefficient und r der Zapfenhalbmesser. Demgemäss wäre auch

$$\mu' R r = P' a - Q b$$

oder $\qquad \mu' r \sqrt{P'^2 + Q'^2 + 2 P'Q \cos \alpha} = P'a - Qb$

eine Gleichung, aus welcher P' bestimmt werden kann.

Um jetzt auch den anderen Grenzwerth P'' zu erhalten, hat man nur dem Koefficienten μ' das entgegengesetzte Vorzeichen zu geben.

Sind die beiden Kräfte P und Q parallel, so wird $\alpha = 0$ und $R = P' + Q$, also

$$\mu' (P' + Q) r = P'a - Qb$$

oder $\qquad P' = Q \dfrac{b + \mu' r}{a - \mu' r}$ und $\quad P'' = Q \cdot \dfrac{b - \mu' r}{a + \mu' r}.$

Diese Werthe von P' und P'' bleiben dieselben, wenn man die Drehbarkeit des Hebels in anderer Weise, nämlich dadurch herbeiführt, dass man den Hebel durchbohrt und durch das Bohrloch vom lichten Durchmesser $2r$ einen cylindrischen Bolzen vom gleichen Durchmesser hindurchsteckt und diesen Bolzen in seinen Enden befestigt.

Die beiden Ausdrücke für P' und P'' zeigen, dass sowohl P' als P'' sich dem Werth $P_0 = \dfrac{Qb}{a}$ um so mehr nähern, je kleiner μ', oder auch, je kleiner r ist. Wird daher der Hebel durch eine Schneide unterstützt, was bei den verschiedenen Wägevorrichtungen der Fall ist, so kann man hier wegen des ausserordentlich kleinen Werthes von r setzen:

$$P' = P'' = Q \cdot \frac{b}{a}.$$

100. Die gewöhnliche doppelarmige Waage. Es sei C in Fig. 99 der Aufhängepunkt des Waagbalkens, S der Schwerpunkt

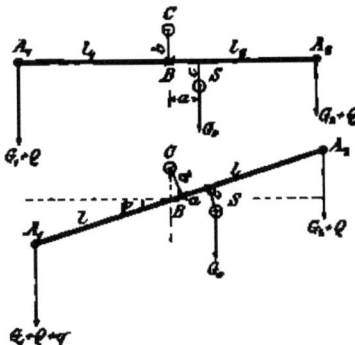

desselben und G_0 sein Gewicht, ferner G_1 das Gewicht der einen Waagschale und G_2 das Gewicht der anderen. Soll nun die Vorrichtung überhaupt als Waage benutzbar sein, so muss der Waagbalken horizontale Lage haben, wenn keine Gewichte in den Waagschalen sich befinden, und diese Lage beibehalten, wenn man gleiche Gewichte Q in die beiden Waagschalen legt. Damit und unter Berücksichtigung der Bezeichnungen der Fig. 99 erhält man dann:

$$G_1 l_1 = G_2 l_2 + G_0 a$$

und

$$(G_1 + Q) l_1 = (G_2 + Q) l_2 + G_0 a,$$

woraus

$$Q . l_1 = Q . l_2 \quad \text{oder} \quad l_1 = l_2,$$

d. h. es müssen die beiden Arme $A_1 B$ und $A_2 B$ des Waagbalkens genau die gleiche Länge besitzen. Setzt man jetzt $l_1 = l_2 = l$, so geht die erste Gleichung über in

$$(G_1 - G_2) l = G_0 a.$$

Legt man in die linksseitige, mit Q belastete Waagschale noch ein Zulagegewicht q, so wird sich der Waagbalken um C drehen im Sinne von rechts nach links und nach Erreichung einer gewissen Horizontalneigung φ wieder im Gleichgewicht befinden. In diesem Fall ist dann

$$(G_1 + Q + q)(l \cos \varphi - b \sin \varphi) = (G_2 + Q)(l \cos \varphi + b \sin \varphi) + $$
$$+ G_0 (c \sin \varphi + a \cos \varphi + b \sin \varphi)$$

woraus:

$$\text{tg}\, \varphi = \frac{(G_1 - G_2 + q) l - G_0 a}{G_0 (c + b) + b (G_1 + G_2 + 2Q + q)}$$

und mit Berücksichtigung der Gleichung $(G_1 - G_2) l = G_0 . a$

$$\text{tg}\, \varphi = \frac{q l}{G_0 (c + b) + b (G_1 + G_2 + 2Q + q)}.$$

Von einer guten Waage wünscht man, dass sie bei einem und demselben Zulagegewicht q immer denselben Ausschlag φ gebe, was auch für Gewichte Q sich in den Waagschalen befinden. Diese Bedingung ist durch $b = 0$ erfüllt, in welchem Fall

$$\text{tg}\, \varphi = \frac{q l}{G_0 . c} \quad \text{wird.}$$

Bei einer guten Waage müssen also die Aufhängepunkte A_1 und A_2 der beiden Waagschalen und der Aufhängepunkt C des Waagbalkens in einer geraden Linie liegen.

Aus Gleichung $\text{tg}\, \varphi = \frac{q l}{G_0 c}$ erkennen wir, dass eine Waage um so empfindlicher sich zeigt, je kleiner das Gewicht G_0 des Waagbalkens und je kleiner der Abstand c des Schwerpunktes des Waagbalkens von der durch die Aufhängepunkte gehenden Geraden ist.

Läge der Schwerpunkt S des Waagbalkens über der Geraden $A_1 C A_2$, wobei c negativ wäre, erhielte man $\text{tg}\, \varphi$ negativ, es kippte also die Waage bei jedem Zulagegewicht q um.

101. Die Schnellwaage oder römische Waage. Die Anordnung einer solchen zeigt Fig. 100. Bei derselben hat man an Stelle der zweiten Waagschale A_2 ein auf dem Waagbalken verschiebbares Laufgewicht P. Unter der Voraussetzung, dass wieder die Stützpunkte der Waagschale, des Laufgewichtes und

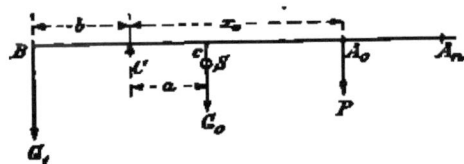

Fig. 100.

des Waagbalkens in einer Geraden liegen und der Schwerpunkt S des Waagbalkens sich unterhalb dieser Geraden befinde, bestimmt sich die Lage des Laufgewichtes, bei welcher der Waagbalken horizontal und im Gleichgewicht, wenn G_0 das Gewicht des Waagbalkens, G_1 dasjenige der Waagschale und P das Laufgewicht, aus der Gleichung

$$G_1 b = G_0 a + P x_0.$$

Werden jetzt der Reihe nach die Gewichte $Q, 2Q, 3Q, \ldots nQ$ in die Waagschale gelegt, wobei Q die Gewichtseinheit darstelle, und durch Verschieben des Laufgewichts der Waagbalken jedesmal zum Einspielen, d. h. in horizontale Lage gebracht, dann müssen, wenn man die jeweiligen Abstände des Aufhängepunktes A des Laufgewichts von dem Drehpunkt C des Waagbalkens mit $x_1, x_2, x_3, \ldots x_n$ bezeichnet, die Gleichungen stattfinden:

$$(Q + G_1) b = G_0 a + P x_1$$
$$(2Q + G_1) b = G_0 a + P x_2$$

$$(nQ + G_1) b = G_0 a + P x_n.$$

Aus diesen Gleichungen ergibt sich:

$$Qb = P(x_1 - x_0) = P(x_2 - x_1) = P(x_3 - x_2) = \cdots = P(x_n - x_{n-1})$$

und damit $x_1 - x_0 = x_2 - x_1 = x_3 - x_2 = x_n - x_{n-1}.$

Man wird daher, um den Waagbalken zu graduiren, auf dem Wege des Versuches die Lagen A_0 und A_n des Aufhängepunktes A des Laufgewichtes P ermitteln, bei welchen für $Q = 0$ und $Q = n$ Gewichtseinheiten die Verbindungslinie BCA sich horizontal stellt, und sodann die Strecke $A_0 A_n$ in n gleiche Theile theilen.

108. Die Zeigerwaage. Dieselbe besteht im wesentlichen aus einem um eine horizontale Achse C drehbaren Winkelhebel ACB (Fig. 101), an dessen einem Arm AC in A eine Waagschale für den abzuwägenden Körper hängt, während der andere Arm CB einen Zeiger bildet, dessen Spitze B an einem eingetheilten festen Gradbogen die Gewichte der in die Waagschale gelegten Körper bezeichnet.

Bei unbelasteter Waagschale soll der Arm AC des Winkelhebels in horizontaler Lage sich befinden, was mittels eines am Arm CB verschiebbaren Gegengewichtes erreicht werden kann. Man

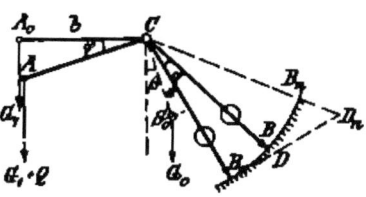

Fig. 101.

hat daher im Gleichgewichtsfalle, wenn G_1 das Gewicht der Waagschale, G_0 das Gewicht des ganzen Winkelhebels sammt dem erwähnten Gegengewicht, S_0 Schwerpunkt des Winkelhebels, β Winkel von CS_0 mit der Vertikalen und $e = S_0 C$ der Abstand des Schwerpunktes S_0 des Winkelhebels von der Drehachse C:

$$G_1 b = G_0 \cdot e \sin \beta.$$

Legt man nun auf die Waagschale das Gewicht Q, so wird infolgedessen der Arm AC sich um einen gewissen Winkel φ nach unten drehen, worauf dann wieder Gleichgewicht eintritt, so dass man hat:

$$(Q + G_1) b \cos \varphi = G_0 e \cdot \sin (\beta + \varphi) = G_0 e (\sin \beta \cos \varphi + \cos \beta \sin \varphi).$$

Zieht man von dieser Gleichung die vorhergehende, mit $\cos \varphi$ durchmultiplicirte Gleichung ab, so erhält man:

$$Q \cdot b \cos \varphi = G_0 e \cdot \cos \beta \cdot \sin \varphi,$$

woraus $\quad \operatorname{tg} \varphi = Q \cdot \dfrac{b}{G_0 \cdot e \cos \beta} = \varkappa \cdot Q.$

Es ist also, da $\varkappa$ für die in Betracht gezogene Waage eine konstante Grösse bedeutet, $\operatorname{tg} \varphi$ proportional Q. Will man daher den Gradbogen eintheilen, so wird man die Lagen B_0 und B_n der Zeigerspitze B für $Q = 0$ und $Q = n$ Gewichtseinheiten an dem aus C mit dem Halbmesser CB beschriebenen festen Kreis bezeichnen, in B_0 eine Tangente an diesen Kreis ziehen, den Durchschnittspunkt D_n des Halbmessers CB_n mit der erwähnten Tangente festsetzen, die Strecke $B_0 D_n$ in n gleiche Theile theilen und von C aus nach diesen Theilpunkten die Strahlen CD ziehen, dann bestimmen die Durchschnittspunkte dieser Strahlen mit dem aus C mit CB beschriebenen Kreis die Eintheilung des Gradbogens.

108. Das Rad an der Welle. Auf einer horizontalen, in ihren Enden mit cylindrischen Drehzapfen vom Halbmesser r versehenen Welle (Fig. 102) vom Halbmesser b sei ein Rad vom Halbmesser a centrisch befestigt. An diesem Rad wirke eine Tangentialkraft P, welche der Last Q, die an einem um die Welle gewickelten Seil hange, das Gleichgewicht halte. Welche Beziehung findet zwischen P und Q statt?

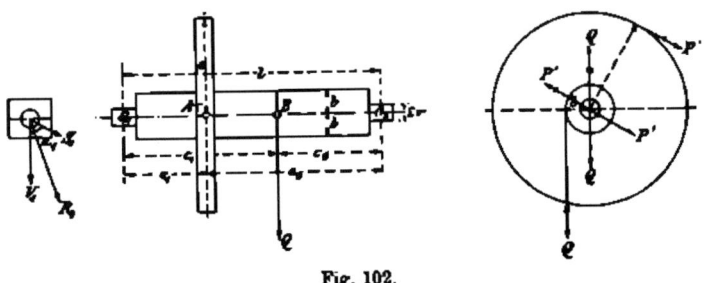

Fig. 102.

Wäre $Pa = Qb$ oder $P = Q \cdot \dfrac{b}{a} = P_0$, fände Gleichgewicht statt, wie beim Hebel; Zapfenreibung machte sich keine geltend. Nur wenn $P \lessgtr P_0$, tritt Zapfenreibung auf. Dabei bleibt die Welle im Gleichgewicht, so lange P zwischen gewissen Grenzwerthen, einem oberen P' und einem unteren P'', liegt.

Suchen wir nun für die gegebene Last Q die Werthe von P' und von P'' auf. Ist $P = P'$, so befindet sich die Welle an der oberen Grenze des Gleichgewichts, es erzeugte die geringste Vergrösserung von P eine Umdrehung der Welle im Sinne von P. Um nun P' zu bestimmen, legen wir je durch die beiden Kräfte P' und Q Ebenen senkrecht zur Wellenachse, welche die letztere in den Punkten A und B schneiden. Hierauf bringen wir in A parallel der Kraft P' zwei gleiche und entgegengesetzte Kräfte P' an, und in B parallel der Kraft Q die gleichen und entgegengesetzten Kräfte Q. Hierdurch wird am Gleichgewichtszustand der Welle nichts geändert. Nun setzen wir die beiden Kräftepaare $+P'a$ und $-Qb$, welche in Ebenen senkrecht zur Wellenachse wirken, zu einem einzigen vom Moment

$$M' = P'a - Qb$$

zusammen, dessen Ebene ebenfalls senkrecht auf der Wellenachse
steht. Dieses treibende Kräftepaar M' ruft Zapfenreibungsmomente
hervor, die wir für die beiden Drehzapfen mit M'_1 und M'_2 bezeichnen wollen. Ausser dem treibenden Kräftepaar M' haben wir
aber jetzt noch im Punkt A der Wellenachse die Kraft P' und
im Punkt B der Achse die Kraft Q wirkend. Diese beiden, die
Wellenachse rechtwinklig schneidenden Kräfte bringen in den
Zapfenlagern Auflagerdrücke parallel P' beziehungsweise Q hervor, die wir mit S_1, S_2 und V_1, V_2 bezeichnen wollen.

Zur Bestimmung der vertikalen, von der Kraft Q herrühren-
den Auflagerdrücke V_1 und V_2 hat man, wenn man den Abstand
des Punktes B von den Mittelpunkten O_1 und O_2 der cylindrischen Drehzapfen mit c_1 und c_2 und die Länge $O_1 O_2$ der Welle
mit l bezeichnet:

$$V_1 l = Q \cdot c_2 \quad \text{und} \quad V_2 l = Q \cdot c_1,$$

woraus $\quad V_1 = Q \cdot \dfrac{c_2}{l} \quad \text{und} \quad V_2 = Q \cdot \dfrac{c_1}{l}.$

Ebenso kann man die im Punkte A der Wellenachse wirkende
Kraft P' ersetzen durch ihre parallelen durch O_1 und O_2 gehenden Komponenten S_1 und S_2, deren Grössen ausgedrückt sind durch

$$S_1 = \frac{P' \cdot e_2}{l} \quad \text{und} \quad S_2 = \frac{P' \cdot e_1}{l}$$

unter e_1 und e_2 die Abstände des Punktes A von O_1 und O_2 verstanden. Nunmehr wirken in O_1 senkrecht zur Wellenachse und
den Winkel a_1 mit einander bildend, die Auflagerdrucke V_1 und
S_1. Diese Kräfte V_1 und S_1 zusammengesetzt liefern den Zapfendruck R_1 auf das Lager bei O_1 und zwar

$$R_1 = \sqrt{V_1{}^2 + S_1{}^2 + 2 V_1 S_1 \cos a_1}.$$

Desgleichen erhält man für den Zapfendruck auf das Lager bei O_2

$$R_2 = \sqrt{V_2{}^2 + S_2{}^2 + 2 V_2 S_2 \cos a_1}.$$

Damit werden die Reibungsmomente M'_1 und M'_2 bei O_1 und O_2

$$M'_1 = \mu' R_1 r \quad \text{und} \quad M'_2 = \mu' R_2 r.$$

Diese Werthe von M'_1 und M'_2 in die Gleichgewichtsbedingung
für die Welle:

$$P' a - Q b = M'_1 + M'_2$$

eingesetzt, ergeben dann:

$$P' a - Q b = \mu' r (R_1 + R_2) =$$
$$= \mu' r \left[\sqrt{V_1{}^2 + S_1{}^2 + 2 V_1 S_1 \cos a_1} + \sqrt{V_2{}^2 + S_2{}^2 + 2 V_2 S_2 \cos a_1} \right]$$

oder mit den oben gefundenen Werthen von V_1, S_1, V_2, S_2

$$P'a - Qb = \frac{\mu' r}{l} \left[\sqrt{Q^2 c_2{}^2 + P'^2 e_2{}^2 + 2 Q P' c_2 e_2 \cos a_2} + \right.$$
$$\left. + \sqrt{Q^2 c_1{}^2 + P'^2 e_1{}^2 + 2 Q P' c_1 e_1 \cos a_1} \right].$$

Aus dieser Gleichung lässt sich die Unbekannte P' bestimmen.

Nimmt man jetzt P' wie Q vertikal abwärts gerichtet an, womit $a_1 = 0$, so erhält man:

$$P'a - Qb = \mu' r [V_1 + S_1 + V_2 + S_2] = \mu' r (Q + P')$$

und daher

$$P' = Q \frac{b + \mu' r}{a - \mu' r}.$$

Hätte man am Umfang des Rades nicht die einzige Tangentialkraft P' wirkend, sondern die beiden parallelen und entgegengesetzt gerichteten Tangentialkräfte $\frac{P'}{2}$, welche zusammen ein Kräftepaar vom Moment $P'a$ bilden, also dasselbe statische Moment in Beziehung auf die Wellenachse liefern, wie die e i n e Kraft P', so würde sich, da ein Kräftepaar keinen Beitrag zu den Auflagerdrücken liefert, ergeben haben:

$$S_1 = 0 \quad \text{und} \quad S_2 = 0 \quad \text{und damit} \quad R_1 = V_1 \quad \text{und} \quad R_2 = V_2$$
$$\text{also} \quad P'a - Qb = \mu' r (V_1 + V_2) = \mu_1 r Q.$$
$$P' = Q \frac{b + \mu' r}{a}.$$

Man hätte mithin einen kleineren Werth für P' erhalten.

Will man die Beziehung zwischen P' und Q haben für den Fall, dass der Punkt A nicht, wie angenommen, z w i s c h e n O_1 und O_2 liegt, sondern auf der Verlängerung von $O_1 O_2$ (über O_2 hinaus), so hat man nur in obigen Gleichungen der Grösse e_2 das entgegengesetzte Vorzeichen beizulegen. Damit ist man dann auch in den Stand gesetzt, die Beziehung zwischen P' und Q anzugeben bei einer W i n d e , welche mittels einer am Ende O_2 der Wellenachse angebrachten Handkurbel in Bewegung gesetzt werden soll.

Was endlich den unteren Grenzwerth P'' der Kraft P betrifft, so erhält man denselben, wenn man in dem Ausdruck für P' das Vorzeichen von μ' umkehrt.

104. Die Rolle und die Rollenverbindungen. Eine Rolle wird als eine **feste** bezeichnet, wenn ihre Drehachse von unveränderlicher Lage ist, wie in Fig. 103, sie heisst dagegen eine **lose**, wenn, wie in Fig. 104, eine fortschreitende Bewegung der Drehachse eintreten kann.

Ueber eine feste Rolle (Fig. 103) sei ein Seil geschlungen, an dessen einem Ende eine Last Q hänge, während am anderen Ende die Kraft P ziehe. Ist nun $P = Q$, so befindet sich die Rolle im Gleichgewicht, auch bemerken wir, dass in diesem Falle keine Reibungswiderstände sich geltend machen, weil zu ihrem Auftreten die Veranlassung fehlt.

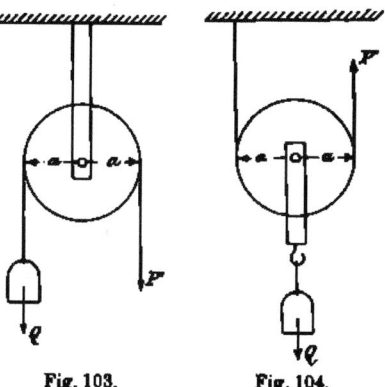

Fig. 103.　　Fig. 104.

Nehmen wir an, dass vom Werth $P_0 = Q$ an die treibende Kraft P stetig wachse, dass aber durch eine entsprechende Vorkehrung ein Gleiten des zunächst absolut biegsam angenommenen Seils auf der Rolle unmöglich gemacht sei, so wird wegen der Zapfenreibung erst wenn P einen gewissen Grenzwerth P' überschritten hat, eine Umdrehung der Rolle um ihre Achse im Sinne von P' erfolgen. Dieser Grenzwerth P' bestimmt sich aus der Gleichung:

$$P'a = Qa + \mu'(P' + Q)r,$$

wobei a der Halbmesser der Rolle, r der Zapfenhalbmesser und μ' der Zapfenreibungskoefficient. Man erhält

$$P' = Q \cdot \frac{a + \mu'r}{a - \mu'r}.$$

Wird die Last Q durch die Kraft P in die Höhe gezogen, so muss das mit der Last Q emporsteigende Seilstück beim Aufwinden auf die Rolle sich krümmen, ebenso hat sich das von der Rolle ablaufende Seilstück wieder gerade zu strecken. Hierbei geht aber der Krümmungshalbmesser des Seiles thatsächlich nicht plötzlich von einem unendlich grossen in den endlichen Werth a über und ebensowenig von dem Werth a in einen unendlich grossen Werth, vielmehr erfolgt der Uebergang stetig und zwar bei einem Hanfseil, vielfach wie in Fig. 105, und bei einem Drahtseil, wie in Fig. 106. Bei einer Kette verhält sich die Sache ähnlich. In allen Fällen ist eben der Hebelarm a_1 der Kraft P kleiner als der Hebelarm a_2 der Last Q, so dass man, wenn von der Zapfenreibung abgesehen wird, im Falle des Gleichgewichts die Beziehung hat

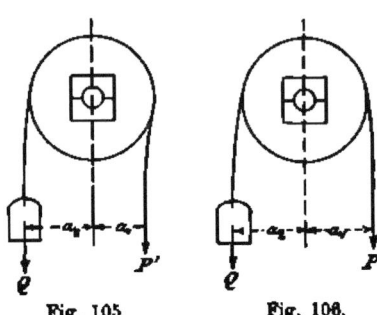

Fig. 105.   Fig. 106.

$$P'a_1 = Qa_2$$

oder

$$P' = Q\frac{a_2}{a_1} = Q\left(1 + \frac{\xi}{a}\right),$$

unter a den Halbmesser der Rolle und unter ξ eine Grösse verstanden, welche bei zunehmendem Seildurchmesser ebenfalls zunimmt.

Man kann somit der „Seilsteifigkeit" dadurch Rechnung tragen, dass man die Last Q um den Betrag $\frac{Q \cdot \xi}{a}$ vergrössert, dafür aber das Seil als absolut biegsam annimmt.

Unter Berücksichtigung der Zapfenreibung, wobei für den Zapfendruck $P' + Q$ angenähert $2Q$ gesetzt werden kann, sowie der Seilsteifigkeit, lässt sich jetzt die Beziehung zwischen der treibenden Kraft P' und der Last Q an der Gleichgewichtsgrenze durch

$$P' = Q\left(1 + \frac{2\mu'r}{a} + \frac{\xi}{a}\right)$$

ausdrücken, wofür man auch setzen kann:

$$P' = Q \cdot \zeta.$$

Hierbei stellt dann ζ einen gewissen Widerstandskoeffizienten vor, welcher erfahrungsgemäss bei gewöhnlichen Ausführungen für Hanfseilrollen, je nach der Seilstärke, 1,05 bis 1,17 und für Kettenrollen 1,04 bis 1,05 beträgt.

Handelte es sich um das Hinablassen einer Last und damit um die Bestimmung des unteren Grenzwerthes P'' von P, so tritt in diesem Falle Q als treibende Kraft auf und P'' als Last, infolge dessen die Beziehung stattfindet:

$$Q = P'' \cdot \zeta \quad \text{oder} \quad P'' = \frac{1}{\zeta} \cdot Q.$$

Bei einer losen Rolle (Fig. 104) hat man an der Gleichgewichtsgrenze, im Falle die Last Q in die Höhe gezogen werden soll, wenn S die Spannkraft des Seiles an seinem befestigten Ende:

$$P' = S.\zeta \quad \text{und} \quad P' + S = Q,$$

woraus $P' = Q \cdot \dfrac{\zeta}{1+\zeta}$.

Soll dagegen die Last Q herabgelassen werden, so ist zu setzen:

$$S = P''.\zeta; \quad P'' + S = Q,$$

womit $P'' = Q \cdot \dfrac{1}{1+\zeta}$.

Man hat eben auch hier wieder, um aus dem Werth von P' denjenigen von P'' zu erhalten, in dem Ausdruck für P' an Stelle von ζ den reciproken Werth $\dfrac{1}{\zeta}$ zu setzen.

105. Gewöhnlicher Flaschenzug. Das Princip desselben ist in Fig. 107 angedeutet. Bestimmt soll bei dem Flaschenzug werden die Beziehung zwischen der treibenden Kraft P' an der Gleichgewichtsgrenze und der Last Q.

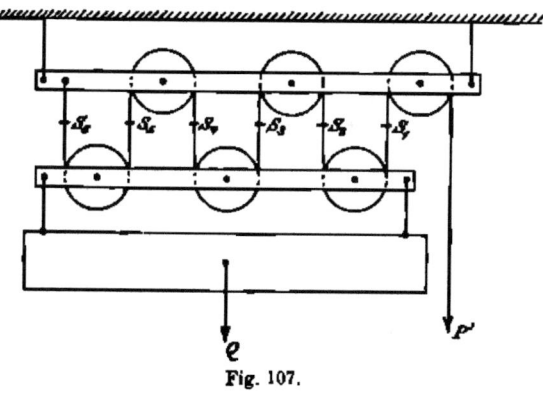

Fig. 107.

Sind S_1, S_2, $S_3 \ldots S_5$, S_6 die Spannkräfte in den Seilstücken, welche von den losen Rollen nach oben gehen, so hat man dem Vorhergehenden entsprechend:

$$P' = \zeta.S_1; \quad S_1 = \zeta.S_2; \quad S_2 = \zeta.S_3; \ldots$$

oder

$$S_1 = \frac{1}{\zeta} \cdot P'; \quad S_2 = \frac{1}{\zeta} \cdot S_1 = \frac{1}{\zeta^2} \cdot P'; \quad S_3 = \frac{1}{\zeta^3} \cdot P'; \cdots S_6 = \frac{1}{\zeta^6} \cdot P'$$

Es erfordert aber das Gleichgewicht der vereinigten losen Rollen:

$$Q = S_1 + S_2 + S_3 + \cdots + S_5 + S_6 =$$
$$= P' \left(\frac{1}{\zeta} + \frac{1}{\zeta^2} + \frac{1}{\zeta^3} + \cdots + \frac{1}{\zeta^5} + \frac{1}{\zeta^6} \right) =$$
$$= \frac{P'}{\zeta^6} (1 + \zeta + \zeta^2 + \cdots + \zeta^5) = \frac{P'}{\zeta^6} \cdot \frac{\zeta^6 - 1}{\zeta - 1}.$$

Daher ist die Beziehung zwischen P' und Q, wenn n lose Rollen vorhanden:

$$P' = Q \cdot \frac{\zeta^{2n} \cdot (\zeta - 1)}{\zeta^{2n} - 1} = Q \cdot \frac{\zeta - 1}{1 - \dfrac{1}{\zeta^{2n}}}.$$

Beim Hinablassen einer Last mittels des Flaschenzuges ergäbe sich dann, der Schlussbemerkung von No. 104 entsprechend, an der Gleichgewichtsgrenze

$$P = P'' = Q \cdot \frac{\dfrac{1}{\zeta} - 1}{1 - \zeta^{2n}}.$$

Am kleinsten zeigte sich die zum Emporheben der Last Q erforderliche Kraft P', wenn $n = \infty$, und zwar wäre in diesem Falle

$$P' = Q (\zeta - 1).$$

Soll Zapfenreibung und Seilsteifigkeit vernachlässigt werden, so hat man zu setzen $\zeta = 1$, womit sich allgemein

$$P' = Q \cdot \frac{0}{0}$$

ergiebt. Ermittelt man nun in bekannter Weise den wahren Werth des Ausdruckes $\dfrac{0}{0}$, so findet man vorliegenden Falles für denselben

$$\frac{0}{0} = \frac{1}{2n}, \quad \text{womit } P' = \frac{Q}{2n}.$$

Dieses Resultat hätte man auch unmittelbar erhalten können wie folgt:

Sind n lose Stellen vorhanden, so gehen von diesen aus $2n$ Seilstücke nach oben. Da aber bei fehlender Zapfenreibung und Seilsteifigkeit die Spannung des Seiles durch Umlegen des letzteren um die Rollen sich nicht ändert, so hat man, wenn die konstante Spannkraft des Seiles mit S bezeichnet wird:

$$P' = S \quad \text{und} \quad 2n \cdot S = Q, \quad \text{woraus} \quad P' = \frac{Q}{2n}.$$

106. Der Potenzialrollenzug. Das Princip desselben zeigt Fig. 108. Bei demselben hat man:

$$S_6 = \zeta . S_4; \quad S_3 + S_4 = Q; \quad S_6 = \frac{Q}{1 + \frac{1}{\zeta}};$$

ebenso $S_3 = \dfrac{S_6}{1 + \frac{1}{\zeta}}; \quad S_1 = \dfrac{S_3}{1 + \frac{1}{\zeta}}$ und schliesslich $P' = \zeta S_1$.

Damit wird:

$$P' = \frac{\zeta . Q}{\left(1 + \frac{1}{\zeta}\right)^3} \quad \text{und bei } n \text{ losen Rollen} \quad P' = \frac{\zeta . Q}{\left(1 + \frac{1}{\zeta}\right)^n},$$

welcher Ausdruck für P' bei Vernachlässigung von Zapfenreibung und Seilsteifigkeit, also mit $\zeta = 1$, übergeht in:

$$P' = \frac{Q}{2^n}.$$

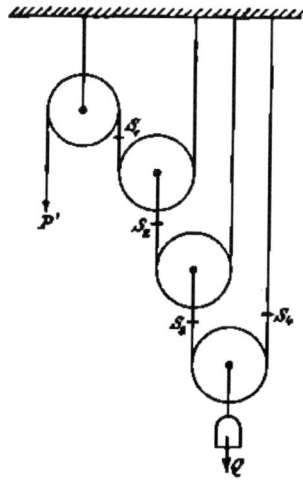
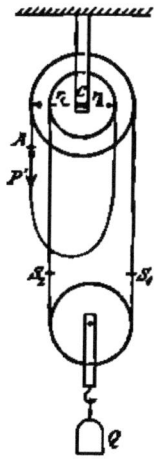

Fig. 109.

107. Der Differenzialflaschenzug. Einen solchen zeigt Fig. 109. Bei demselben hat man sich die beiden oberen Rollen von den Halbmessern r_1 und r_2 fest miteinander verbunden zu denken, so dass sie sich nur zusammen um die gemeinschaftliche Achse C drehen können.

Nimmt man vorliegenden Falles den Werth von ζ näherungsweise für sämmtliche Rollen gleich an, so erhält man zur Bestimmung der treibenden Kraft P' an der Gleichgewichtsgrenze, wenn diese Kraft im Punkte A der in der angedeuteten Weise um die Rollen geschlungenen und in letztere eingreifenden endlosen Kette abwärts zieht, die Gleichung

$$P'r_1 + S_2 r_2 = \zeta . S_1 r_1.$$

Anderseits hat man aber

$$S_1 - \zeta . S_2 \text{ und } S_1 + S_2 = Q, \text{ woraus } S_2 = \frac{Q}{1+\zeta} \text{ und } S_1 = \frac{\zeta Q}{1+\zeta}.$$

Damit wird dann

$$P'r_1 + \frac{Q}{1+\zeta} r_2 = \frac{\zeta^2 . Q}{1+\zeta} . r_1 \quad \text{oder} \quad P' = \frac{\left(\zeta^2 - \frac{r_2}{r_1}\right)}{1+\zeta} . Q .$$

Wäre jetzt die Last Q nicht im Aufsteigen, sondern im Herabsinken begriffen, so erhielte man den Werth P'' der Kraft P, bei welchem gerade noch Gleichgewicht stattfände, dadurch, dass man in dem oben für P' gefundenen Ausdruck an Stelle von ζ den reciproken Werth $\frac{1}{\zeta}$ setzte. Demgemäss würde

$$P'' = \frac{\zeta}{1+\zeta} \left(\frac{1}{\zeta^2} - \frac{r_2}{r_1} \right) Q .$$

Hätte man nun $\frac{r_2}{r_1} = \frac{1}{\zeta^2}$, zeigte sich $P'' = 0$.

Soll daher bei der wegen der Differenz in der Klammer als Differenzialflaschenzug bezeichneten Hebevorrichtung die Last Q, auch wenn die Kraft P zu wirken aufgehört hat, nicht herabsinken, sondern in Ruhe bleiben, so muss sein

$$\frac{r_2}{r_1} > \frac{1}{\zeta^2} .$$

Bei Vernachlässigung von Zapfenreibung und Kettensteifigkeit ist $\zeta = 1$ und

$$P' = P'' = \frac{1}{2} \left(1 - \frac{r_2}{r_1} \right) Q .$$

§ 13.

Starre Stabverbindungen.

108. Allgemeine Bemerkungen. Man unterscheidet starre Stabverbindungen und bewegliche Stabverbindungen. Bei den starren Stabverbindungen sind die Stäbe so angeordnet, dass die Verbindungs- oder Knotenpunkte ihre gegenseitige Lage nicht ändern können. Ist jedoch eine solche Aenderung möglich, wie beispielsweise bei einer Kette, so hat man es mit einer beweglichen Stabverbindung zu thun.

Was die Knotenpunkte der Stabverbindungen betrifft, so werden wir dieselben hier stets als reibungslose Gelenke voraussetzen.

Die Stabverbindungen spielen in der Praxis eine grosse Rolle, daher ist auch das Bestreben, dieselben berechnen, d. h. die nothwendigen Stärken der einzelnen Stäbe bestimmen zu können, sehr erklärlich. Eine Berechnung des Querschnittes eines Stabes ist aber selbstverständlich nur dann denkbar, wenn man die sämmtlichen Kräfte anzugeben vermag, welche auf den betreffenden Stab von aussen einwirken. Mit der Ermittelung dieser an den einzelnen Stäben wirkenden Kräfte werden wir uns im Nachstehenden befassen.

109. Starre Stabverbindungen aus drei Stäben gebildet. Als erstes Beispiel wollen wir die in Fig. 110 angedeutete Stabverbindung in Betracht ziehen.

Zunächst bestimmen wir zweckmässigerweise die in A' und A'' wirkenden Auflagerwiderstände W' und W'' aus den Gleichgewichtsbedingungen für die ganze Stabverbindung. Diese Widerstände können wir, da vorliegenden Falles kein Bestreben einer Horizontalverschiebung der starren Stabverbindung auf ihrer horizontalen Unterlage, und damit kein Anlass zum Auftreten eines Reibungswiderstandes vorhanden ist, ohne weiteres vertikal aufwärts gerichtet annehmen. Für W' liefert dann die Momentengleichung in Bezug auf den Drehpunkt A''

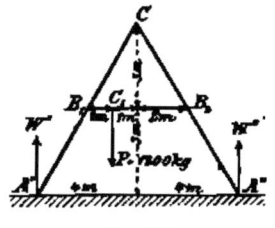

Fig. 110.

$$W' \cdot 8 = 1200 \cdot 5 ; \qquad W' = 750,$$

während die Komponentengleichung $W' + W'' = 1200$ des weiteren $W'' = 450$ ergiebt. Nunmehr betrachten wir einen einzelnen Stab, z. B. den Stab $A'C$ (Fig. 111). An demselben wirkt in A' der soeben bestimmte Auflagerwiderstand W', sodann in B_1 eine vorläufig noch unbekannte, von dem Stab B_1B_3 ausgeübte Kraft P_1, deren Horizontal- und Vertikalkomponente $= H_1$ beziehungsweise $= V_1$ sei. In welchem Sinn diese letzteren Komponenten wirken, lässt sich vorliegenden Falles auf Grund einer einfachen Ueberlegung wohl angeben; manchmal ist aber der betreffende Wirkungssinn nicht sofort einleuchtend, da nimmt man dann diesen Wirkungs- sinn einfach nach Gutdünken an. Würden nun H_1 und V_1 that- sächlich entgegengesetzt gerichtet sein, als man angenommen hat, so zeigte sich dies im Rechnungsresultat, indem sich in diesem Fall H_1 und V_1 negativ herausstellten. Denken wir uns in unserem Beispiel an dem um C drehbaren Stab $A'C$ (Fig. 111)

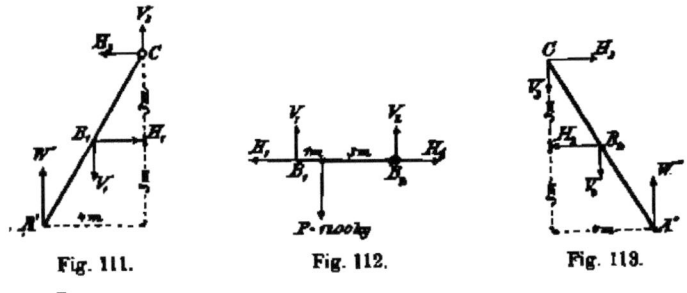

Fig. 111.   Fig. 112.   Fig. 113.

die Kraft H_1 in B_1 nach rechts gerichtet und die Kraft V_1 nach unten, so giebt die Momentengleichung für den Drehpunkt C:

$$W' \cdot 4 = H_1 \cdot 3 + V_1 \cdot 2,$$

aus welcher Gleichung sich die unbekannten Kräfte H_1 und V_1 nicht ermitteln lassen. Man braucht also noch eine zweite Gleichung zwischen H_1 und V_1. Diese liefert das Gleichgewicht des in B_1 frei gemachten, um B_3 drehbaren Stabes B_1B_3 (Fig. 112). An diesem Stab wirken in B_1, entsprechend dem Gesetz der Wechsel- wirkung, in entgegengesetzten Richtungen wie am Stab $A'C$, die Kräfte H_1 und V_1, womit man als Gleichgewichtsbedingung des um B_3 drehbaren Stabes B_1B_3 erhält:

$$V_1 \cdot 4 = 1200 \cdot 3 \quad \text{und daraus} \quad V_1 = 900.$$

Mit diesem Werth von V_1 ergiebt sich dann

$$H_1 = 400.$$

Aus dem Umstand, dass V_1 und H_1 sich als positiv erweisen, kann auf die richtige Annahme des Wirkungssinnes von V_1 und H_1 geschlossen werden. [1] Nunmehr mag der Stab $B_1 B_2$ auch in B_2 durch Anbringung der Kräfte H_2 und V_2 frei gemacht werden. Ist der Stab ganz frei, so handelt es sich bei ihm um drei Gleichgewichtsbedingungen, von welchen übrigens eine, nämlich die Momentengleichung für den Punkt B_2, schon benutzt wurde, infolgedessen nur noch die beiden Komponentengleichungen

$$V_1 + V_2 = 1200 \quad \text{und} \quad H_1 = H_2$$

zur Verfügung stehen. Diese liefern mit den gefundenen Werthen von V_1 und H_1

$$V_2 = 300 \quad \text{und} \quad H_2 = 400.$$

Kehren wir jetzt wieder zum Stab $A'C$ zurück und machen denselben vollends ganz frei, indem wir in C die beiden vom Stab CA'' auf ihn ausgeübten Kräfte H_3 und V_3 anbringen. Man hat dann wegen des Gleichgewichtes des Stabes $A'C$ ausser der schon benutzten Momentengleichung für den Drehpunkt C noch

$$H_3 = H_1 = 400 \quad \text{und} \quad W' + V_3 = V_1,$$
$$\text{woraus} \qquad V_3 = 150.$$

Schliesslich wird man auch den Stab CA'' (Fig. 113) in Betracht ziehen, obgleich alle an ihm wirkenden Kräfte nunmehr bekannt sind, und die drei Gleichgewichtsbedingungen für denselben anschreiben. Zeigen sich nämlich diese Gleichgewichtsbedingungen durch die Kräfte erfüllt, so kann man daraus auf die Richtigkeit der berechneten Kräfte schliessen.

Nehmen wir jetzt den in Fig. 114 (S. 136) bezeichneten Fall einer festen Stabverbindung an. Hier liegt es am nächsten, die in C wirkende Last $P = 1200$ kg zu zerlegen in ihre Komponenten S_1 und S_2 nach CA' und CA'', womit man die Kräfte erhält, welche die Stäbe CA' und CA'' ihrer Länge nach zusammendrücken. Dabei ergiebt sich

$$S_1 = P \cdot \frac{\sin(90 - \alpha_2)}{\sin(\alpha_1 + \alpha_2)} = \frac{P \cos \alpha_2}{\sin(\alpha_1 + \alpha_2)} = \frac{P \cos \alpha_2}{\sin \beta},$$

$$S_2 = \frac{P \cos \alpha_1}{\sin(\alpha_1 + \alpha_2)} = \frac{P \cos \alpha_1}{\sin \beta}, \quad \text{wobei Winkel } A'CA'' = \beta.$$

Sind H_1, H_2 und V_1, V_2 die Horizontal- und Vertikalkomponenten von S_1 und S_2, so hat man

---

[1] Es empfiehlt sich, im Fall eine Kraft im Rechnungsresultat negativ erscheint, sofort in den Figuren die Korrektur bezüglich des Wirkungssinnes der Kraft vorzunehmen und nicht das negative Vorzeichen durch die Rechnung durchzuschleppen.

$$H_1 = S_1 \cos \alpha_1 = \frac{P \cos \alpha_2 \cdot \cos \alpha_1}{\sin \beta} \text{ und } H_2 = S_2 \cos \alpha_2 = \frac{P \cos \alpha_1 \cos \alpha_2}{\sin \beta},$$

$$\text{also } H_1 = H_2 = \frac{P \cos \alpha_1 \cos \alpha_2}{\sin (\alpha_1 + \alpha_2)} = P \cdot \frac{1}{tg\,\alpha_1 + tg\,\alpha_2} = P \cdot \frac{1}{3 + 1}$$

$$= \frac{P}{4} = 300 \text{ kg}.$$

Ferner:

$$V_1 = S_1 \sin \alpha_1 = \frac{P \cos \alpha_2 \cdot \sin \alpha_1}{\sin (\alpha_1 + \alpha_2)} = \frac{P}{1 + \cot g\,\alpha_1\,tg\,\alpha_2} = \frac{P}{1 + \frac{1}{3} \cdot 1}$$

$$= \frac{3}{4} P = 900 \text{ kg}.$$

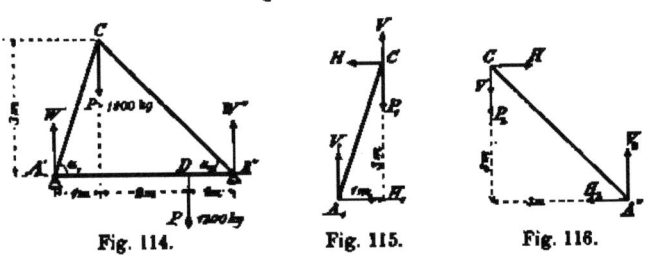

Fig. 114.   Fig. 115.   Fig. 116.

Dieselben Resultate hätte man auch auf folgende Weise erhalten können:

Denkt man sich von der Belastung P in C den beliebigen Theil P_1 am Stab CA' und den anderen Theil P_2 am Stab CA'' wirkend, sodann den Stab CA'' weggenommen und dafür an CA' (Fig. 115) in C die beiden Kräfte H und V angebracht, so erfordert das Gleichgewicht von CA':

$$H . 3 = (P_1 - V) 1.$$

Geht man nun zum Stab CA'' über, so hat man an diesem in C an Stelle des Stabes CA' die entgegengesetzten der obigen Kräfte H und V anzubringen, womit das Gleichgewicht von CA'' bedingt:

$$H . 3 = (P_2 + V) . 3.$$

Man hat also: $P_1 - V = 3 (P_2 + V)$; $V = \frac{P_1 - 3 P_2}{4}$

und damit $P_1 - V = \frac{3 (P_1 + P_2)}{4} = \frac{3}{4} P$; $P_2 + V = \frac{P_2 + P_1}{4} = \frac{P}{4}$

Macht man jetzt die Stäbe CA' und CA'' vollends ganz frei, indem man in A' und A'' die Kräfte V_1, H_1 beziehungsweise V_2, H_2 anbringt, so ergiebt sich:

$$V_1 = P_1 - V = \frac{3}{4} P; \quad V_2 = P_2 + V = \frac{P}{4}$$

$$H_1 = H; \quad H_2 = H,$$

wobei, wie aus jeder der beiden Momentengleichungen $H \cdot 3 =$ folgt, $H = \frac{P}{4}$. Endlich hat man

$$S_1 = \sqrt{H_1^2 + V_1^2}; \quad S_2 = \sqrt{H_2^2 + V_2^2}.$$

Was den horizontalen Stab $A'A''$ betrifft, so wirken an demselben (Fig. 117) die aus dem Gleichgewicht der ganzen Stabverbindung sich ergebenden Auflagergegendrücke $W' = 1200$ kg und $W'' = 1200$ kg, ferner in A' die Kräfte V_1, H_1, in A'' die Kräfte V_2, H_2 und in D die Belastung 1200 kg. Diese Kräfte sind im Gleichgewicht, da die Bedingungen für dasselbe, nämlich

$$W' + W'' = V_1 + V_2 + 1200; \quad H_1 = H_2 \text{ und } (W' - V_1) 4 = 1200.1$$

thatsächlich sich erfüllt zeigen.

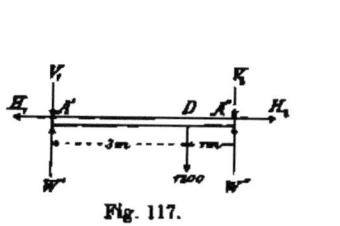

Fig. 117.   Fig. 118.

Wir sehen jetzt auch, dass es bei Bestimmung der in Frage kommenden Kräfte gar nicht darauf ankommt, wie man die in C wirkende Belastung P auf die beiden Stäbe CA' und CA'' vertheilt.

Besonders einfach hätten sich im vorliegenden Fall auf graphischem Wege die Kräfte $H_1, V_1, H_2, V_2, S_1, S_2$ bestimmen lassen, wie die Konstruktion in Fig. 118 angiebt.

Als weiteres Beispiel mag der in Fig. 119 angedeutete einfache Krahn dienen.

Was die beiden Lagerwiderstände W' und W'' betrifft, welche in A' und A'' am Krahn sich geltend machen, so ist W'', da es sich bei A' um ein Halslager handelt, das keinen Vertikalwiderstand auszuüben vermag, horizontal gerichtet. Damit erhält man, wenn H'' und V'' die Horizontal- und Vertikalkomponenten von W'',

$$H'' \cdot 6 = 1200.3; \quad W'' = 600$$

Ferner: $H'' = W' = 600$ und $V'' = 1200.$

Betrachten wir jetzt den Stab $B_1 C$, welcher von seiten der Strebe $B_3 B_2$ in B_2 einen Gegendruck P_2 erfährt, dessen Horizontalkomponente $= H_2$ und dessen Vertikalkomponente $= V_2$ sei. Das Gleichgewicht des um B_1 drehbaren Stabes $B_1 B_2$ erfordert nun, wenn V_2 nach oben und H_2 nach rechts gerichtet angenommen wird:

$$V_2 \cdot 2 = 1200 \cdot 3 \quad \text{woraus} \quad V_2 = 1800.$$

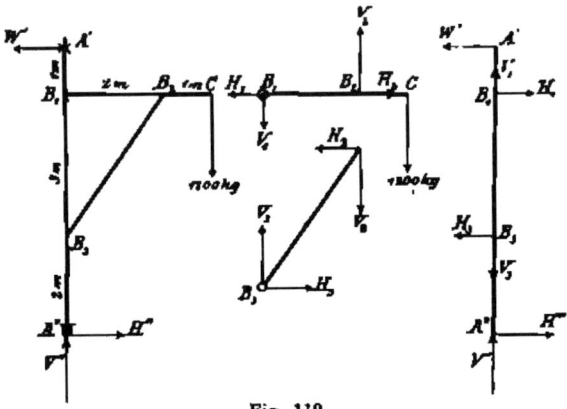

Fig. 119.

Anderseits liefert das Gleichgewicht der um B_3 drehbaren Strebe $B_3 B_2$:

$$H_2 \cdot 3 = V_2 \cdot 2 \quad \text{woraus} \quad H_2 = \frac{2}{3} V_2 = \frac{2}{3} \, 1800 = 1200.$$

Macht man den Stab $B_1 C$ in B_1 vollends frei, indem man in B_1 an $B_1 C$ die Kräfte H_1 und V_1 anbringt und zwar H_1 nach links und V_1 nach unten, so erhält man

$$H_1 = H_2 = 1200 \quad \text{und} \quad V_1 + 1200 = V_2 = 1800,$$

woraus $\quad V_1 = 600.$

Die Strebe $B_3 B_2$, auch in B_3 frei gemacht, liefert für die in B_3 an ihr vom Stab $A' A''$ ausgeübten Kräfte H_3 und V_3

$$H_3 = H_2 = 1200 \quad \text{und} \quad V_3 = V_2 = 1800.$$

Nunmehr sind die sämmtlichen, an den einzelnen Stäben wirkenden Kräfte festgesetzt. Zur Probe für die Richtigkeit der berechneten Kräfte setzen wir noch in die drei Gleichgewichtsbedingungen der Krahnsäule $A' A''$ die gefundenen Werthe der die Krahnsäule angreifenden Kräfte ein und sehen nach, ob diese Werthe die Gleichungen befriedigen. Thatsächlich ist:

$$H'' - H_2 + H_1 - W' \quad \text{oder} \quad 600 - 1200 + 1200 - 600 = 0$$
$$V'' - V_2 + V_1 \quad \text{oder} \quad 1200 - 1800 + 600 = 0.$$

Ebenso trifft die Momentengleichung für den Punkt A'' zu, nämlich:

$$H_1 . 5 - W' . 6 - H_2 . 2 \quad \text{oder} \quad 1200 . 5 - 600 . 6 - 1200 . 2 = 0.$$

Die Kräfte sind also richtig berechnet.

110. Von den Fachwerken im allgemeinen. Sind bei einer starren, aus geraden Stäben bestehenden Stabverbindung die Stäbe nur in den Enden ihrer Achsen (Mittellinien) miteinander verbunden, infolgedessen ein Netz von Dreiecken entsteht, dann nennt man die Stabverbindung ein Fachwerk und zwar ein ebenes, wenn die Stabachsen alle in einer Ebene liegen, ein räumliches, wenn letzteres nicht zutrifft. Die ebenen Fachwerke sind als Träger im Brücken- und Hochbau von der grössten Bedeutung. Bei diesen Fachweikträgern bezeichnet man die Stabstränge, welche das Fachwerk nach oben und unten begrenzen als Gurtungen, während die zwischen den Gurtungen im Zickzack gestellten Stäbe im allgemeinen Wandstäbe heissen, im besondern aber, bei vertikaler Lage, den Namen Vertikalpfosten oder Vertikalständer, bei schräger Lage, den Namen Diagonalen oder Streben führen.

Sind bei einem Fachwerk nicht mehr Stäbe vorhanden, als sich nothwendig erweisen, um die als reibungslose Gelenke gedachten Knotenpunkte in gegenseitig unveränderlichen Abständen zu halten, dann ist das Fachwerk ein einfaches, andernfalls ein verstärktes.

Zur Berechnung der praktisch so wichtigen Fachwerke sind die eingehendsten Theorien aufgestellt worden. Hier sollen jedoch nur die Grundzüge der Berechnung einfacher Fachwerke dargelegt werden.

Bezüglich der äusseren, an den Fachwerken wirkenden Kräfte (Belastungen und Auflagerwiderstände) nehmen wir an, dass sie ausschliesslich in den Knotenpunkten wirken; infolgedessen handelt es sich dann bei den einzelnen Stäben nie um Biegung, sondern stets um Zug oder Druck in der Richtung der Achse. Des weiteren ist zu bemerken, dass bei einem ebenen Fachwerk, falls dasselbe thatsächlich als eine starre Stabverbindung erscheinen soll, auch die äusseren Kräfte in der Ebene des Fachwerks liegen müssen.

Von den äusseren Kräften sind die Belastungen gegebene Kräfte, die Auflagerwiderstände dagegen nicht. Letztere müssen erst berechnet werden. Hierzu stehen die Gleichgewichtsbedingungen für das ganze, am Fachwerk thätige System der äusseren Kräfte zur Verfügung. Bei einem ebenen Fachwerkträger können daher die Auflagerwiderstände stets aus den drei Gleichgewichtsbedingungen für Kräfte in der Ebene bestimmt werden, wenn das Auflager des Trägers in zwei Punkten erfolgt und eines der Auflager beweglich angeordnet ist (siehe No. 78).

Was nun die Berechnung der Fachwerke betrifft, so handelt es sich bei derselben darum, aus den äusseren Kräften die inneren oder die sogenannten Stab- oder Spannkräfte zu ermitteln, d. h. die Kräfte, mit welchen die einzelnen Stäbe ihrer Achse nach gezogen oder gedrückt werden. Zur Berechnung dieser Spannkräfte liegt es am nächsten, jeden Stab des Fachwerkes zu durchschneiden und damit die einzelnen Knotenpunkte des Fachwerkes frei zu machen. Hierbei hat man dann aber, um den ursprünglichen Spannungszustand der durch die Schnitte getrennten Stabtheile wieder herzustellen, an den Schnittflächen, in den Stabachsen die betreffenden Spannkräfte anzubringen, und zwar gegen die Schnittflächen gerichtet, bei zusammengedrückten Stäben, von den Schnittflächen hinweg gerichtet, bei gezogenen Stäben. Auf diese Weise entstehen so viele einzelne Systeme von im Gleichgewicht befindlichen, je einen und denselben Punkt angreifenden Kräfte, als Knotenpunkte vorhanden sind. Die Gleichgewichtsbedingungen für diese Kräftesysteme liefern dann für die gesuchten Spannkräfte die Bestimmungsgleichungen.

Nehmen wir jetzt einen ebenen Fachwerkträger an, welcher k Knotenpunkte und n Stäbe besitze. Hierbei ergiebt das Gleichgewicht für jeden Knotenpunkt zwei Gleichungen, im ganzen also $2k$ Gleichungen. Mit Rücksicht darauf, dass das Gleichgewicht sämmtlicher einzelnen Knotenpunkte auch das Gleichgewicht des ganzen Fachwerkes bedingt, lassen sich die drei Gleichgewichtsbedingungen für das letztere, d. h. die Beziehungen zwischen den gegebenen Belastungen und den Auflagerwiderständen, auch aus obigen $2k$ Gleichungen ableiten, so dass zur Bestimmung der n unbekannten Spannkräfte nur $2k-3$ Gleichungen zur Verfügung stehen. Wäre nun $n = 2k-3$, dann könnten die Spannkräfte sämmtlicher n Stäbe des Fachwerkträgers lediglich aus den Gleichgewichtsbedingungen berechnet werden, das Fachwerk wäre an sich ein statisch bestimmtes.

Bei dem einfachen ebenen Fachwerk sind zur Festlegung der Knotenpunkte nicht mehr Stäbe verwendet, als nothwendig erscheinen; zur Festlegung der drei ersten Stäbe hat man 3 Stäbe nöthig, für jeden weiteren Knotenpunkt deren 2, im ganzen also

$$3 + 2(k-3) = 2k - 3 \quad \text{Stäbe.}$$

Beim einfachen Fachwerk sind mithin so viel Stäbe vorhanden, als ein statisch bestimmtes Fachwerk erfordert. Das einfache Fachwerk ist daher zugleich ein statisch bestimmtes bei bestimmten äusseren Kräften. Demgemäss braucht man, um angeben zu können, ob ein ebenes, von gegebenen äusseren Kräften angegriffenes Fachwerk sich lediglich mit Hilfe der erwähnten $2k - 3$ Gleichungen berechnen lässt oder nicht, nur die Zahl k der Knotenpunkte festzusetzen und nachzusehen, ob die Zahl s der vorhandenen Stäbe übereinstimmt mit der Zahl $2k - 3$;

$$s = 2k - 3$$

wäre somit das Kennzeichen für die statische Bestimmtheit eines solchen ebenen Fachwerkes.

Besitzt ein ebenes Fachwerk mehr als $2k - 3$ Stäbe, so ist das Fachwerk ein verstärktes und zugleich ein statisch unbestimmtes. Sind aber weniger als $2k - 3$ Stäbe bei einer Stabverbindung vorhanden, so hat man es in diesem Fall mit gar keiner starren Stabverbindung, also auch mit keinem Fachwerk mehr zu tun. Beispielsweise stellt die Stabverbindung Fig. 120 ein einfaches und statisch bestimmtes, Fig. 121 ein verstärktes und statisch unbestimmtes Fachwerk und und Fig. 122 eine bewegliche Verbindung vor.

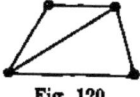

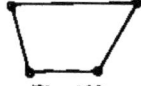

Fig. 120. 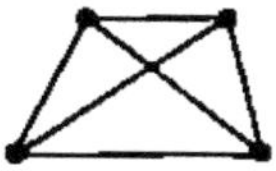 Fig. 121. Fig. 122.

Was nun die Ausführung der Berechnung eines statisch bestimmten ebenen Fachwerkes betrifft, so könnte man aus den Gleichgewichtsbedingungen für die frei gemachten Knotenpunkte die gesuchten Spannkräfte der Stäbe analytisch bestimmen. Weit einfacher und für den praktischen Zweck mit hinreichender Genauigkeit kann man aber nach einer der nachstehenden Methoden verfahren.

111. Graphische Bestimmung der Spannkräfte in den Stäben statisch bestimmter ebener Fachwerke mit Hilfe von Kräfteplänen. Die an den einzelnen Knotenpunkten eines Fachwerkes im Gleichgewicht befindlichen und daher für jeden Knotenpunkt

ein geschlossenes Kräftepolygon liefernden Kräfte sind theils die gegebenen äusseren Kräfte, theils die zu bestimmenden in den Stabachsen wirkenden Spannkräfte der Stäbe. Da nun von diesen Spannkräften S die Wirkungslinien bekannt sind, so lässt sich auch für einen Knotenpunkt das betreffende Kräftepolygon stets dann konstruiren, wenn am Knotenpunkt nicht mehr als zwei unbekannte Spannkräfte in Betracht kommen.

Dies berücksichtigend, wollen wir für das in Fig. 123 dargestellte statisch bestimmte Fachwerk, welches unter dem Namen des Polonceau'schen oder französischen Dachbinders bekannt ist und wegen seiner Zweckmässigkeit vielfach zur Ausführung gelangt, die Spannkräfte der Stäbe oder kurz die Stabkräfte S auf graphischem Wege ermitteln.

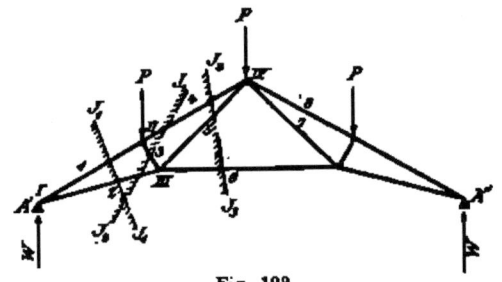

Fig. 123.

Wollte man den Knotenpunkt II (Fig. 123) des Fachwerkes zuerst in Betracht ziehen, so würde es sich hier um die eine bestimmte Lösung nicht zulassende Aufgabe handeln, die

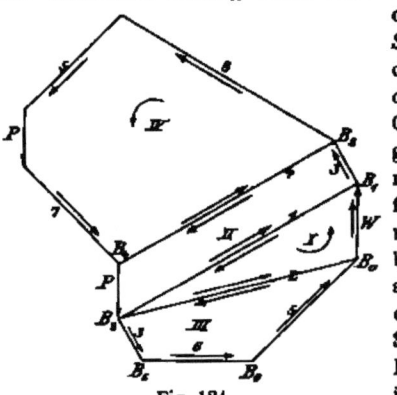

Fig. 124.

drei unbekannten Kräfte S_1, S_3, S_4 festzusetzen, welche in den vorgeschriebenen Geraden 1, 3, 4 wirkend, das Gleichgewicht des von der gegebenen Kraft P angegriffenen Knotenpunktes II herbeiführen. Wir haben also nicht mit dem Knotenpunkt II zu beginnen, sondern mit einem solchen Knotenpunkt, bei welchem nur zwei unbekannte Stabkräfte zu bestimmen sind. Das ist der Knotenpunkt I. An ihm wirken die Kräfte W, S_1

und S_9, von welchen W bekannt, S_1 und S_2 unbekannt sind. Diese letzteren Kräfte S werden von dem Kraftepolygon I (Fig. 124) geliefert. Aus dem Kräftepolygon I geht hervor, dass die Kraft S_1, welche durch die Polygonseite $B_1 B_2$ nach Grösse und Richtung angegeben ist, in der Richtung $II—I$ (Fig. 123) am Knotenpunkt I wirkt, die durch die Polygonseite $B_2 B_0$ ausgedrückte Stabkraft S_2 dagegen in der Richtung $I—III$, dass also der Stab 1 gedrückt und der Stab 2 gezogen ist.

Jetzt kann man, nachdem von den drei am Knotenpunkt II wirkenden Stabkräften S_1, S_3, S_4 die Stabkraft S_1 nunmehr ermittelt ist, zum Knotenpunkt II übergehen und das betreffende Kräftepolygon mit den Stabkräften S_3 und S_4 konstruiren. Hierauf lässt sich der Knotenpunkt III behandeln. Damit sind dann alle Stabkräfte bestimmt, insofern wegen der im vorliegenden Falle stattfindenden Symmetrie $S_7 = S_5$; $S_8 = S_4$ etc. sein muss. Zur Probe mag schliesslich noch das Kräftepolygon für den Knotenpunkt IV aufgezeichnet werden, wobei sich dasselbe als ein geschlossenes zu erweisen hat. Die Gesammtheit der aufgezeichneten Kräftepolygone bildet den sogenannten Kräfteplan des Fachwerkes.

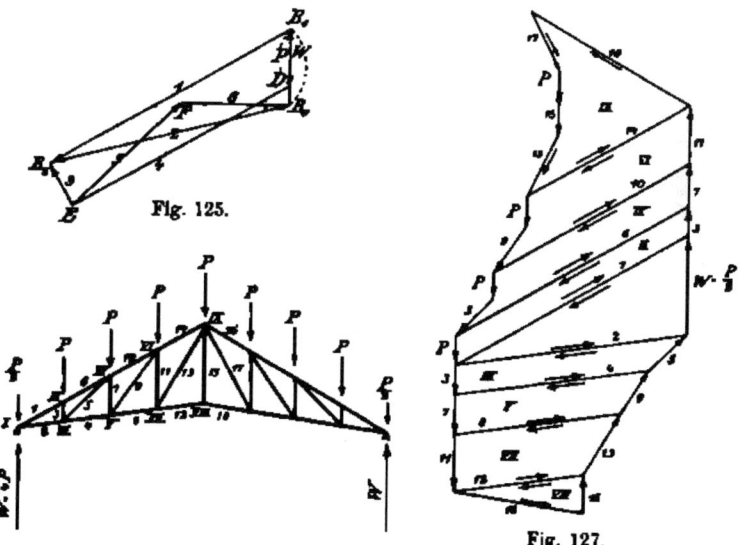

Fig. 125.

Fig. 127.

Der Kräfteplan in Fig. 124 zeigt, dass die Kraftstrecke S_4 zweimal aufgetragen werden musste. Dieses doppelte Auftragen lässt sich aber vermeiden, wenn man beim Kräftepolygon für den

Knotenpunkt *II* die Last *P* nicht in B_2 an der Kraftstrecke $B_2 B_1$ aufträgt, sondern in B_1. Damit erhält man den Kräfteplan Fig. 125.

In Fig. 126 ist ein sogenannter **Englischer Dachbinder** dargestellt und in Fig. 127 der Kräfteplan für denselben, wie er sich durch **Aneinanderreihen** (nicht Aufeinanderlegen) der einzelnen Kräftepolygone ergiebt, in Fig. 128 aber der Kräfteplan, wie er sich bei **Vermeidung mehr- maligen Auftragens** einer und der- selben **Kraftstrecke durch Auf- einanderlagerung** der einzelnen Kräftepolygone gestaltet.

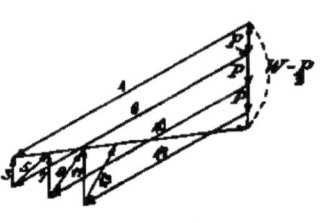

Fig. 128.

Die Kräftepläne, bei welchen jede Kraft nur einmal im Kräfteplan aufgetragen ist, pflegt man **Cremona'sche Kräfte- pläne** zu nennen nach dem hervorragenden italienischen Mathe- matiker **Cremona**, welcher reciproke Beziehungen zwischen solchen Kräfteplänen und der Figur der Fachwerke entdeckt hat.

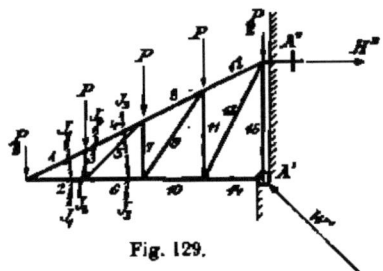

Fig. 129.

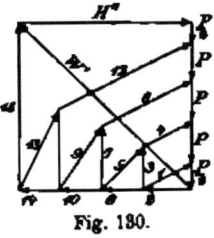

Fig. 130.

Endlich stellt Fig. 130 den Cremona'schen Kräfteplan für einen zum Tragen von Vordächern sehr häufig verwendeten Dach- binder (Fig. 129) dar.

112. Anderes graphisches Verfahren. Methode der Quer- durchschneidungen. Statt die einzelnen Knotenpunkte des Fach- werkes frei zu machen und die graphischen Gleichgewichts- bedingungen für die Knotenpunkte zur Bestimmung der unbekann- ten Stabkräfte zu benützen, kann man auch das Fachwerk durch Schnitte wie $J_1 J_1$, $J_2 J_2$,... (Fig. 123 u. 129) je in zwei Theile voll- ständig trennen, an den Schnittstellen die betreffenden Spann- kräfte anbringen und aus den Gleichgewichtsbedingungen für die

abgeschnittenen Fachwerkstheile die unbekannten Stabkräfte auf
graphischem Wege ermitteln, wobei man sich zu erinnern hat,
dass auch für Kräfte in derselben Ebene, welche nicht durch einen
und denselben Punkt hindurchgehen, das Kräftepolygon im Gleichgewichtsfall sich schliessen muss.

Sollen dementsprechend die Spannkräfte in den Stäben des
Fachwerkes (Fig. 123) festgesetzt werden, so wird man zunächst
den links vom Schnitt $J_1 J_1$ gelegenen, unter Einwirkung der
Kräfte W, S_1, S_2 im Gleichgewicht befindlichen Fachwerkstheil $A' J_1 J_1$
in Betracht ziehen und aus dem Kräftedreieck $B_0 B_1 B_2$ (Fig. 125)
die Stabkräfte S_1 und S_2 bestimmen, hierauf für den Fachwerkstheil $A' J_2 J_2$, an welchem sich die Kräfte W, P, S_2, S_3, S_4 im Gleichgewicht halten, das Kräftepolygon $B_0 B_0 B_1 D E B_2$ (Fig. 125) konstruiren und diesem Kräftepolygon die unbekannten Kräfte S_3 und
S_4 entnehmen und endlich noch die Kräfte S_5 und S_6 aus dem
Kräftepolygon $B_0 B_1 D E F B_0$ für den Fachwerkstheil $A' J_3 J_3$ festsetzen. Auf diese Weise ergiebt sich schliesslich ein Kräfteplan,
welcher mit dem für das gleiche Fachwerk konstruirten Cremona-
schen Kräfteplan vollständig übereinstimmt. Dasselbe zeigt sich
bei den Kräfteplänen (Fig. 128 und 130) für den englischen Dachbinder (Fig. 126 und 129).

Was die Reihenfolge der zu führenden Schnitte JJ betrifft,
so ist hier der Umstand massgebend, dass mit Hilfe des Kräftepolygons für einen abgeschnittenen Fachwerkstheil stets nur zwei
Stabkräfte sich bestimmen lassen, dass man also nicht zu einem
Schnitt übergehen darf, welcher einen Fachwerkstheil mit mehr
als zwei unbekannten Stabkräften liefert. So hätte man z. B.
bei Fachwerk (Fig. 123) nicht zuerst den Schnitt $J_3 J_3$ und den
Fachwerkstheil $A' J_3 J_3$ in Betracht ziehen dürfen, vielmehr hätte
man zur Bestimmung der drei unbekannten, am Fachwerkstheil
auftretenden Stabkräfte S_4, S_5, S_6 bei Anwendung der vorliegenden Methode die Aufstellung des ganzen Kräfteplanes bis zu dem
betreffenden Schnitt $J_3 J_3$ nöthig gehabt. Man kann aber, wie
Culmann, der Begründer der graphischen Statik, gezeigt hat,
die Stabkräfte S_4, S_5, S_6 doch auch unmittelbar aus dem Gleichgewicht des Fachwerkstheiles $A' J_3 J_3$ bestimmen.

118. Culmann's Methode. Die erwähnten drei Stabkräfte
S_4, S_5, S_6 am Fachwerk (Fig. 131), welche, wie ja auf anderem Wege
schon festgesetzt worden ist, ganz bestimmte Werthe haben, bilden
mit den bekannten Kräften W und P ein Gleichgewichtssystem.
Es liegt somit die Aufgabe vor, Kräfte S zu ermitteln, welche, in
den vorgeschriebenen Geraden 4, 5 und 6 wirkend, den Kräften

W und P das Gleichgewicht halten. Hat man solche Kräfte gefunden, dann sind dieselben auch die gesuchten. Demgemäss ergeben sich die Kräfte S_4, S_5, S_6 in folgender Weise:

Ist R die Resultante von W und P, C (Fig. 131) der Durchschnittspunkt der Wirkungslinie von R mit der Stabachse 4, dann kann man die in C angreifend gedachte Kraft R mit Hilfe des Kräftedreiecks $E_0 E_1 E_2$ (Fig. 131, oben) zerlegen in die beiden Komponenten R_1 und R_2 nach CII und $CIII$. Nimmt man jetzt

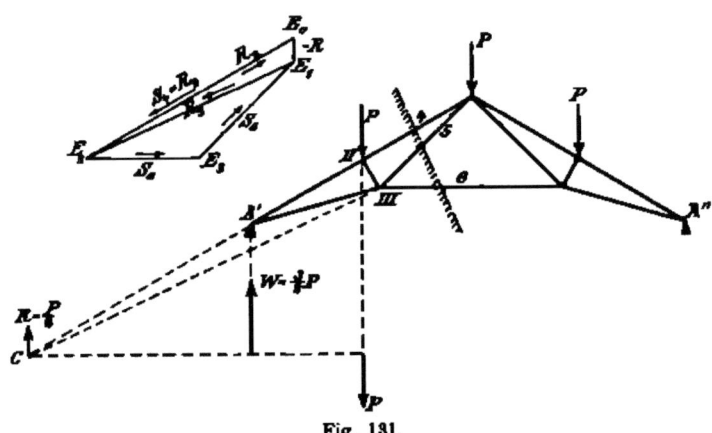

Fig. 131.

S_4 gleich und entgegengesetzt R_2 an und, in den Stabachsen 5 und 6 wirkend, Kräfte S_5 beziehungsweise S_6, welche der Kraft R_1 das Gleichgewicht halten und aus dem Kräftedreieck $E_1 E_2 E_3$ sich ergeben, dann sind die so bestimmten Kräfte S_4, S_5, S_6 die gesuchten Stabkräfte. Thatsächlich bilden ja diese Kräfte mit der Kraft R, also auch mit den Kräften W und P ein Gleichgewichtssystem, wie das geschlossene Kräftepolygon $E_0 E_1 E_2 E_3$ zeigt.

114. Ritter's Momentenmethode. Wir wollen wieder das Fachwerk (Fig. 131) in's Auge fassen und annehmen, dass es sich lediglich um die Berechnung der Spannkraft S_5 des Stabes 5 handle.

Zur Berechnung von S_5 ziehen wir den durch den Schnitt $J_4 J_5$ abgetrennten, unter Einwirkung der Kräfte W, P, S_4, S_5, S_6 im Gleichgewicht befindlichen Fachwerkstheil $A' J_4 J_5$ (Fig. 132.) in Betracht und schreiben die Momentengleichung der genannten Kräfte in Beziehung auf den Durchschnittspunkt der zwei unbekannten, zunächst nicht zu bestimmenden Kräfte S_4 und S_6, d. h. in Beziehung auf den Durchschnittspunkt O der Stabachsen 4 und 6 an, womit wir erhalten:

$$S_5 . c = W . a + P . b.$$

Aus dieser Gleichung lässt sich, nachdem man die Hebelarme c, a, b auf der Zeichnung abgemessen hat, die Grösse der Kraft S_5 berechnen. Man kann aber gleichzeitig auch erkennen, ob der Stab 5 gezogen oder gedrückt ist. Wie man nämlich sieht, sind die beiden Kräfte W und P bestrebt, den Fachwerkstheil $A' J_5 J_4$ um den Punkt O zu drehen im Sinn von links nach rechts.

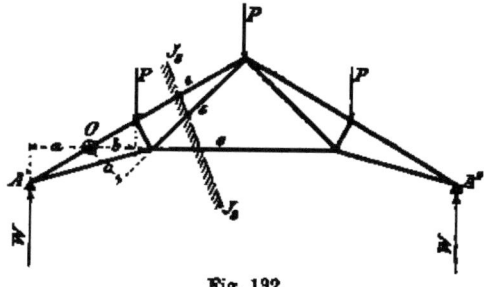

Fig. 132.

Diese Drehung wird durch die Kraft S_5 verhindert. S_5 muss also von rechts nach links drehen und demgemäss von der Schnittfläche des Stabes 5 hinweg wirken. Damit zeigt sich aber der Stab 5 auf Zug beansprucht.

Diese von A. Ritter erdachte Methode ist u. a. besonders dann mit Vortheil zu verwenden, wenn es sich bei einem einfachen Fachwerk nur um die Ermittelung einer einzigen Stabkraft handelt und durch den betreffenden Stab ein Schnitt geführt werden kann, der ausser diesem Stab nicht mehr als zwei weitere Stäbe trifft.

§ 14.

Bewegliche Stabverbindungen.

115. Die Brückenwaage. Die Anordnung einer solchen zeigt Fig. 133. Bezeichnet man die Spannkräfte in den Stäben BE und DF mit S_1 und S_2, so erfordert das Gleichgewicht der Waage:

$$S_1 (EG) = Q . x; \quad S_1 = Q . \frac{x}{(EG)}.$$

Ferner $S_2(FK) = W \cdot (GK) - (Q - S_1)(GK) = Q\left(1 - \frac{x}{(EG)}\right)(GK)$

und endlich

$$P \cdot (AC) = S_1(CB) + S_2(CD) = Q \cdot \frac{x}{(EG)}(CB) + Q\left(1 - \frac{x}{(EG)}\right)\frac{GK}{FK} \cdot (CD)$$

$$= Q \cdot \frac{GK}{FK}(CD) + Q \cdot \frac{x}{(EG)}\left[CB - \frac{GK}{FK}(CD)\right].$$

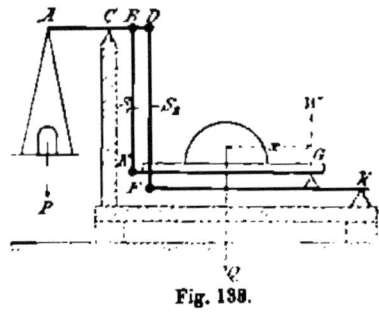

Fig. 138.

Nun darf aber, wenn die Waage eine brauchbare sein soll, P nicht abhängig von der Lage der Last Q auf der „Brücke" EG, d. h. nicht abhängig von x sein, man wird daher die Waage so konstruiren, dass

$$CB = \frac{GK}{FK} \cdot CD$$

oder $\frac{CB}{GK} = \frac{CD}{FK}$.

Damit wird dann

$$P(AC) = Q \cdot \frac{GK}{FK} \cdot (CD) \quad \text{oder} \quad P = Q \cdot \frac{GK}{FK}\frac{CD}{AC}$$

und mit $\frac{GK}{FK} = \frac{1}{10}$ und $\frac{CD}{AC} = \frac{1}{10}$

$P = \frac{1}{100} \cdot Q$, also die Waage eine Centesimalwaage.

Es zeigt sich aber auch, dass, wenn

$$\frac{CB}{GK} = \frac{CD}{FK},$$

die Brücke EG bei einer Drehung des Waagbalkens AD um C sich parallel hebt und senkt. Um dies zu beweisen, nehmen wir an, dass der ursprünglich horizontale Waagbalken AD sich um C um den Winkel $d\varphi$ im Sinn von links nach rechts drehe. Damit ergiebt sich für den Punkt B und ebenso für den Punkt E eine Senkung $dz_1 = (CB)d\varphi$, desgleichen für die Punkte D und F eine Senkung $dz_2 = (CD)d\varphi$. Senkt sich aber der Punkt F um dz_2, so senkt sich damit der Punkt G um

$$dz_3 = \frac{GK}{FK}dz_2 = \frac{CB}{CD}dz_2 = \frac{\frac{dz_1}{d\varphi}}{\frac{dz_2}{d\varphi}} \cdot dz_2 = dz_1.$$

Es stimmt daher die Senkung des Punktes G überein mit derjenigen des Punktes E, oder mit anderen Worten: Die Brücke EG bewegt sich parallel auf und nieder bei einer Drehung des Waagbalkens AD um den Punkt C.

116. Die Roberval'sche Tafelwaage. Ihre Einrichtung ist in Fig. 134 angedeutet. Die Waagbalken $A_1 A_2$ und $A'_1 A'_2$, welche sich um die festen Punkte C bezw. C' drehen können, sind in ihren Enden gelenkartig mit den Stäben $A'_1 A_1$ und $A'_2 A_2$ verbunden, welch letztere an ihren oberen Enden mit Platten versehen sind, die zur Aufnahme der abzuwägenden Körper, beziehungsweise der Gewichtsstücke dienen. Bei dieser Waage müssen die beiden

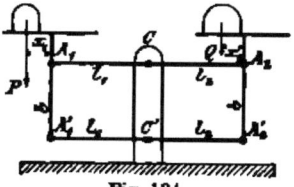

Fig. 134.

Waagbalken in horizontaler Lage sich befinden, wenn die erwähnten Platten nicht belastet sind, sie müssen aber auch in dieser Lage bleiben, wenn auf die beiden Platten an beliebiger Stelle gleiche Gewichte aufgelegt werden.

Das Gleichgewicht der linksseitigen Platte mit dem an ihr befestigten Stiel $A_1 A'_1$ ergiebt, wenn P die Belastung der Platte (Fig. 135):

$$V_1 + V'_1 = P; \qquad P x_1 = H_1 \cdot b,$$

dasjenige der rechtsseitigen, mit Q belasteten Platte:

$$V_2 + V'_2 = Q; \qquad Q x_2 = H_2 \cdot b.$$

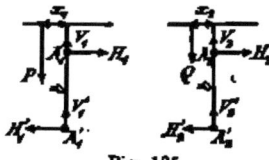

Fig. 135.   Fig. 136.

Ebenso erfordert das Gleichgewicht des Waagbalkens $A_1 A_2$ (Fig. 136):

$$V_1 \cdot l_1 = V_2 l_2,$$

dasjenige des Waagbalkens $A'_1 A'_2$ (Fig. 136):

$$V'_1 l_1 = V'_2 \cdot l_2.$$

Addirt man die beiden letzten Gleichungen, so erhält man:

$$(V_1 + V'_1) l_1 = (V_2 + V'_2) l_2 \quad \text{oder} \quad P \cdot l_1 = Q \cdot l_2.$$

Soll nun $P = Q$ sein, so müssen die Längen l_1 und l_2 genau übereinstimmen. Nur wenn letzteres der Fall ist, kann die angegebene Vorrichtung als Waage dienen.

117. Von den Sprengwerken. Soll ein Balken, welcher über eine Oeffnung gelegt ist, lediglich von den beiden „Widerlagern" aus unterstützt werden, so kann dies nach Art der Figuren 137 geschehen. Hierbei nennt man die betreffenden, zur Unterstützung des Balkens dienenden Konstruktionen Sprengwerke. Diese Sprengwerke suchen, wenn sie belastet werden, ihre Spannweiten $A'A''$ zu vergrössern und üben auf ihre Stützpunkte A' und A'' nicht bloss vertikale Auflagerdrucke, sondern stets auch einen Horizontalschub aus, welcher Horizontalschub bei nur vertikaler Belastung des Sprengwerkes sich für beide Widerlager als gleich stark erweist. Es geht das aus der Gleichgewichtsbedingung für das ganze Sprengwerk: Summe sämmtlicher horizontalen Kräfte gleich Null, hervor.

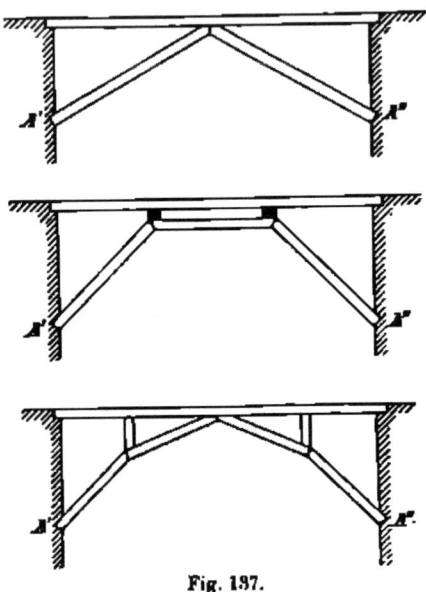

Fig. 137.

118. Das einfache symmetrische Sprengwerk. Dasselbe besteht aus zwei gleich langen, von gleich hoch gelegenen Stützpunkten A' und A'' ausgehenden, sich gegeneinander stemmenden Streben $A'C$ und $A''C$ (Fig. 138).

Nimmt man an, dass dieses Sprengwerk nur im Knotenpunkt C belastet sei, und zwar mit P, so ergeben sich vorliegenden Falles die Komponenten V und H der beiden gleichen Auflagerwiderstände W aus

$$2V = P; \quad V = \frac{P}{2}; \quad H.h = V \cdot \frac{l}{2}; \quad H = P \cdot \frac{l}{4h},$$

oder auch $\quad H = V . \cot g\ \alpha = \frac{P}{2} \cot g\ \alpha.$

§ 14. Bewegliche Stabverbindungen.

Die Resultante von V und H, d. h. der Auflagerwiderstand W muss im vorliegenden Falle in der Richtung $A'C$ bezw. $A''C$ wirken, es ist daher die Kraft S, mit welcher die Streben zusammengedrückt werden:

$$S = W = \sqrt{V^2 + H^2} = \frac{P}{2}\sqrt{1 + \left(\frac{l}{2h}\right)^2}$$

oder auch $S = \dfrac{V}{\sin\alpha} = \dfrac{P}{2}\operatorname{cosec}\alpha.$

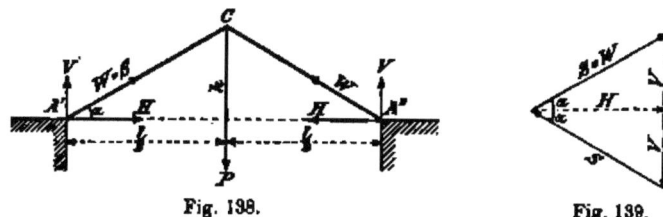

Fig. 138.　　　　　Fig. 139.

Anderseits erhält man auch S als Komponente von P nach CA' und CA'', weshalb sich hier die graphische Bestimmung der am Sprengwerk in Betracht kommenden Kräfte besonders einfach gestaltet (siehe Fig. 139).

Aus den Ausdrücken für H und S ersehen wir, dass, je kleiner α, um so grösser die Werthe von H und S sich ergeben. Für $\alpha = 0$ werden H und S unendlich gross.

Die sogen. Kniehebelpresse ist nichts anderes als ein einfaches Sprengwerk, dessen Schub den Druck auf den zu pressenden Körper abgiebt. Dieser Druck wäre demnach ausgedrückt durch

$$\frac{P}{2}\cotg\alpha.$$

Nehmen wir jetzt an, das Sprengwerk sei an einer beliebigen Stelle B mit P belastet

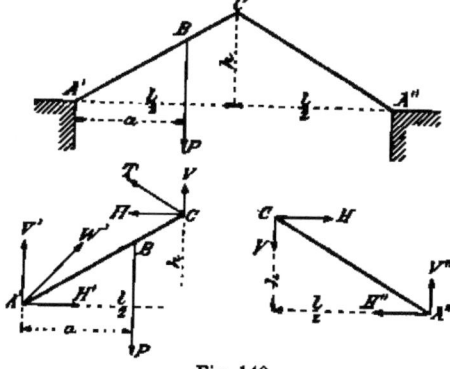

Fig. 140.

(Fig. 140). Auch in diesem Falle ist statische Bestimmtheit vorhanden, indem die drei Gleichgewichtsbedingungen für jede der beiden Streben ausreichen, die an den Streben auftretenden unbekannten Kräfte zu bestimmen. Macht man nämlich die Strebe $A'C$ frei, so hat man dafür in A' den Auflagerwiderstand W' oder seine beiden Komponenten H' und V' anzubringen und in C den Gegendruck T der Strebe $A''C$ oder dessen Komponenten H und V. Nun sind die Gleichgewichtsbedingungen für die Strebe $A'C$:

$$V' + V = P; \qquad H' = H; \qquad Pa = H.h + V \cdot \frac{l}{2}.$$

An der Strebe $A''C$ wirkt in C eine der oben genannten Kraft T gleiche und direkt entgegengesetzte Kraft T und in A'' der Auflagerwiderstand W'' oder dessen Komponenten H'' und V''. Diese Kräfte sind ebenfalls im Gleichgewicht. Man hat daher:

$$V = V''; \qquad H = H'' \quad \text{und} \quad Hh = V \cdot \frac{l}{2}.$$

Aus vorstehenden sechs Gleichungen lassen sich nun die sechs unbekannten Kräfte H', V', H, V, H'', V'' in unzweideutiger Weise berechnen.

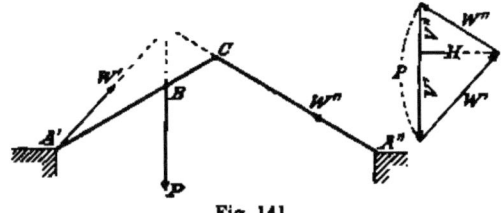

Fig. 141.

Zweckmässig lässt sich hier auch die graphische Methode verwenden (Fig. 141). Die in C auf die Strebe CA'' von Seiten der Strebe $A'C$ ausgeübte Kraft T muss, wenn CA'' sich nicht um A'' drehen soll, in der Richtung CA'' wirken, alsdann ergiebt sich auch der in A'' angreifende Auflagerwiderstand W'' gleich und direkt entgegengesetzt der von C nach A'' gerichteten Kraft T. Anderseits hält die in C auf die Strebe $A'C$ in der Richtung $A''C$ ausgeübte Gegenkraft T den Kräften P und W', welche gleichfalls an der Strebe $A'C$ thätig sind, das Gleichgewicht. Demgemäss haben sich die drei Kräfte W', P und T oder W'' in einem Punkte zu schneiden, welcher gemeinschaftliche Punkt der Durchschnittspunkt D von $A''C$ und der Wirkungslinie von P ist. Verbindet man nun diesen Punkt D mit A', so giebt die Gerade $A'D$ die Wirkungslinie des Auflagerwiderstandes W' an. Damit liefert dann das Kräftedreieck (Fig. 141) die gesuchten Kräfte W' und T oder W'' nach Grösse und Richtung, sowie gleichzeitig auch den Horizontalschub H des Sprengwerks.

Der statischen Bestimmtheit des einfachen Sprengwerks entspricht auch diejenige des mit Kämpfer- und Scheitelgelenken versehenen Bogenträgers (Fig. 142), indem hier an Stelle der beiden geraden Streben die als einfache Fachwerke konstruirten Träger $A'C$ und $A''C$ sich gegeneinander stemmen. Desgleichen zeigen die neuerdings mehrfach zur Ausführung gelangten Betongewölbe mit Kämpfer- und Scheitelgelenken (Fig. 143) statische Bestimmtheit.

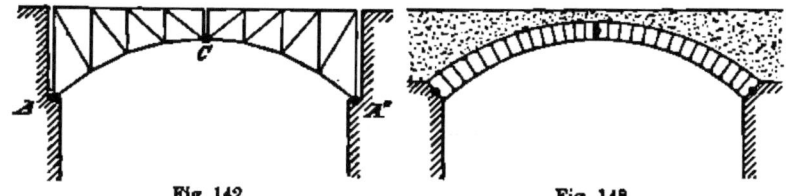

Fig. 142.   Fig. 143.

119. Symmetrisches Sprengwerk mit Spannriegel. Ein solches zeigt Fig. 144, wobei $C_1 C_2$ der sogenannte Spannriegel. Dasselbe sei in den Knotenpunkten C_1 und C_2 je mit P belastet. Aus der Symmetrie des Ganzen folgt die Gleichheit der wegen der Gelenke bei C_1 und C_2 nach $A'C_1$ und $A''C_2$ gerichteten Auflagerwiderstände W' beziehungsweise W'' und daraus, sowie aus dem Gleichgewicht des Ganzen, ausser der Gleichheit der Horizontalkomponenten H,

$$2V = 2P; \qquad V = P.$$

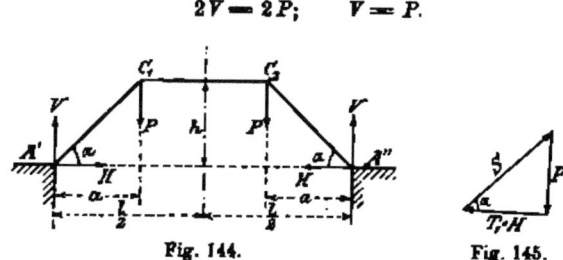

Fig. 144.   Fig. 145.

Desgleichen ergiebt das Gleichgewicht der um C_1 drehbaren Strebe $A'C_1$:

$$V . a = H . h,$$

womit der Horizontalschub H des Sprengwerks:

$$H = \frac{a}{h} V = \frac{a}{h} P = P \cdot \cotg \alpha.$$

Ferner findet sich die Kraft S, mit welcher die Streben ihrer Länge nach zusammengedrückt werden, aus:

$$W'' = W''' = S = \sqrt{V^2 + H^2} = P \operatorname{cosec} \alpha.$$

Am Knotenpunkt C_1 wirken die Kräfte S, P und der Gegendruck T_1 des Spannriegels $C_1 C_2$. Diese Kräfte sind im Gleichgewicht, man hat daher

$$T_1 = S \cos \alpha = H = P \operatorname{cotg} \alpha.$$

Dasselbe Resultat liefert auch das Kräftedreieck für den Knotenpunkt C_1 (Fig. 145).

Für den Knotenpunkt C_2 ergiebt sich ebenso

$$T_2 = P \operatorname{cotg} \alpha.$$

Mithin ist der Spannriegel $C_1 C_2$, welcher in C_1 von der Kraft T_1 und in C_2 von der Kraft T_2 angegriffen wird, wegen $T_1 = T_2$ thatsächlich im Gleichgewicht.

Wäre jedoch das symmetrische Sprengwerk in den beiden Knotenpunkten C_1 und C_2 nicht gleich belastet gewesen, vielmehr in C_1 mit P_1 und in C_2 mit P_2, so hätte sich ergeben:

$$T_1 = P_1 \operatorname{cotg} \alpha \quad \text{und} \quad T_2 = P_2 \operatorname{cotg} \alpha,$$

es hätte sich dann der Spannriegel $C_1 C_2$ und damit auch das ganze Spannwerk nicht im Gleichgewicht befunden, das Sprengwerk hätte sich bewegt.

Das vorliegende symmetrische Sprengwerk ist also nur in dem Falle im Gleichgewicht, wenn es in seinen Knotenpunkten C_1 und C_2 gleiche Lasten P trägt, sollen dagegen zwei verschiedene Lasten P_1 und P_2, welche in den durch die Abstände a vorgeschriebenen Vertikalen wirken, von A' und A'' aus gestützt werden mittels eines aus drei Stäben bestehenden Sprengwerkes, so muss dieses eine andere Form als beim vorhergehenden Belastungsfall erhalten; es kann sich hierbei nicht mehr um ein symmetrisches Sprengwerk handeln.

Zur Bestimmung der neuen Gleichgewichtsform bedient man sich am besten des graphischen Verfahrens, wie folgt:

Man setzt zunächst die beiden, in den vorgeschriebenen Vertikalen wirkenden Lasten P_1 und P_2 (Fig. 146) mit Hilfe eines Seilpolygons (O Pol des Kräftepolygons, Fig. 147) zu der Resultanten R zusammen, nimmt auf der Wirkungslinie der letzteren über $A'A''$ einen Punkt D beliebig an, verbindet diesen Punkt mit A' und A'', bestimmt die Durchschnittspunkte C_1 und C_2 der Geraden DA' und DA'' mit den Wirkungslinien der Lasten P_1 bezw. P_2, dann

giebt das Polygon $A'C_1 C_2 A''$ eine Gleichgewichtsform des Sprengwerks an. Hätte man den Punkt D an anderer Stelle der Wirkungslinie von R angenommen, würde sich eine andere Gleichgewichtsform ergeben haben.

Zum Beweis ziehen wir in Fig. 147 $B_0 O' \parallel DA'$ und $B_2 O' \parallel A''D$,
sodann durch den Schnittpunkt O' eine Parallele mit $C_1 C_2$, welche
$B_0 B_2$ vorläufig in B'_1 schneide. Nun hat man wegen der Aehnlichkeit der Dreiecke $C_1 D S_2$ und $O' B_0 B'_1$, sowie $D S_2 C_2$ und
$B'_1 B_2 O'$, und weil überdies die Resultante R von P_1 und P_2 die
Strecke $C_1 C_2$ im Verhältniss $C_1 S_2 : S_2 C_2 = P_2 : P_1$ theilt,

$$B_1 B'_1 : B'_1 B_2 = P_1 : P_2 = B_0 B_1 : B_1 B_2.$$

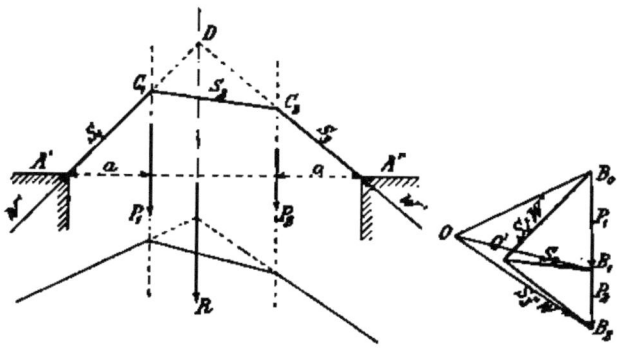

Es fällt daher B'_1 mit B_1 zusammen, infolge dessen sich das
Polygon $A'C_1 C_2 A''$ als ein zum Kräftepolygon $O'B_0 B_2$ gehöriges
Seilpolygon ergiebt. Letzteres ist aber im Gleichgewicht unter
Einwirkung der Kräfte W', P_1, P_2 und W''', somit stellt das
Polygon $A'C_1 C_2 A''$ thatsächlich eine Gleichgewichtsform des
Sprengwerkes dar.

120. Polygonales Sprengwerk. Wie bei den festen Stabverbindungen, so ist es auch bei den beweglichen Stabverbindungen und insbesondere bei den Sprengwerken angezeigt, die
Konstruktion so anzuordnen, dass die einzelnen Stäbe nie auf
Biegung in Anspruch genommen werden können. Letzteres wird
bei einem Sprengwerk, welches zur Unterstützung gegebener
Lasten zu dienen hat, dadurch erreicht, dass man die Knotenpunkte des Sprengwerks auf den vertikalen Wirkungslinien der
gegebenen Lasten annimmt.

Soll beispielsweise ein horizontaler, eine gegebene Belastung tragender Balken durch ein Sprengwerk in bestimmten Punkten A_0, A_1, A_2, A_3 .... unterstützt werden (Fig. 148), so wird man letzteres so anordnen, dass seine Knotenpunkte C_1, C_2, C_3 ... senk-

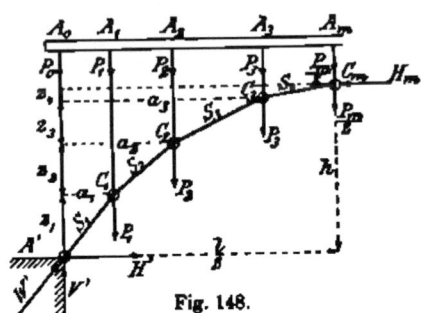

recht unter den Punkten A_1, A_2, A_3 ... des Balkens liegen und demgemäss mittels der vertikalen Stützen $A_1 C_1$, $A_2 C_2$, $A_6 C_3$ ... die vertikalen Drucke P_1, P_2, P_3 ... aufnehmen können, welche der belastete horizontale Balken auf seine Stützpunkte A_1, A_2, A_3 ... ausübt.

Fig. 148.

In der Regel ist die Weite l der vom Spreng-werk zu überspannenden Oeffnung, sowie die Scheitelhöhe h des Sprengwerks über den Auflagerpunkten A' und A'' gegeben, auch handelt es sich meistens um Unterstützung von Lasten, welche sym-metrisch zu der Vertikalen durch die Mitte der Spannweite wirken. Nehmen wir dies an, so muss auch die eben erwähnte Vertikale Symmetralachse des Polygons sein, das bei der vorliegenden Be-lastung die Gleichgewichtsform für das Sprengwerk angiebt. In diesem Falle genügt es, eine der beiden Sprengwerkshälften in Betracht zu ziehen. Wirkt dann in der vertikalen Symmetral-achse des Sprengwerks auch eine Last, so wird man, um die volle Symmetrie der Belastung des Sprengwerks aufrecht zu er-halten, diese Last zur Hälfte an der linksseitigen und zur Hälfte an der rechtsseitigen Sprengwerkshälfte wirkend sich denken. Nimmt man jetzt die rechtsseitige Sprengwerkshälfte weg, so hat man dafür, wenn die linksseitige Sprengwerkshälfte im Gleich-gewicht bleiben soll, im Scheitel C_m des Sprengwerks einen hori-zontalen Gegendruck H_m an der linksseitigen Sprengwerkshälfte anzubringen. Zur Bestimmung dieser horizontalen Kraft H_m liefert die Momentengleichung in Beziehung auf den Punkt A':

$$H_m . h = P_1 a_1 + P_1 a_1 + P_3 a_3 + \frac{P_m}{2} \cdot \frac{l}{2}$$

$$H_m = \frac{P_1 a_1 + P_3 a_3 + P_3 a_3 + P_m \cdot \frac{l}{4}}{h}.$$

Nimmt man sodann auch das Widerlager des Sprengwerks bei A' weg, so hat man dieses durch den Auflagerwiderstand W'' oder dessen Komponenten H' und V' zu ersetzen. Alsdann erfordert das Gleichgewicht der linksseitigen Sprengwerkshälfte

$$H' = H_m \quad \text{und} \quad V' = P_1 + P_2 + P_3 + \frac{P_m}{2}.$$

Nunmehr können wir übergehen zur Bestimmung der Gleichgewichtsform des Sprengwerks und der Spannkräfte S der einzelnen Stäbe.

Betrachten wir zunächst den untersten Stab $A'C_1$. An ihm wirken, wenn man den Druck P_0 der Stütze $A'A_0$ unmittelbar durch den Widerstand der Unterlage aufgehoben sich denkt, in A' die beiden schon ermittelten Kräfte H' und V', ferner in C_1 die Belastung P_1 und der Druck S_2, welchen der Stab C_1C_2 in der Richtung C_2C_1 auf den ihn unterstützenden Stab $A'C_1$ ausübt. Unter Einwirkung dieser Kräfte befindet sich der Stab $A'C_1$ im Gleichgewicht, es muss daher, wenn z_1 die Höhe des Knotenpunktes C_1 über der Horizontalen durch A',

$$V'. a_1 = H'. z_1 \text{ sein.}$$

Daraus lässt sich z_1 berechnen und damit die Lage des Knotenpunktes C_1 angeben. Man erhält aber auch die Kraft S_1, welche den Stab $A'C_1$ zusammendrückt, aus

$$S_1 = W'' = \sqrt{H'^2 + V'^2}.$$

Ferner hat man, wenn H_2 und V_2 Horizontal- und Vertikalkomponenten von S_2 bezeichnen,

$$V' = P_1 + V_2; \quad H' = H_2; \quad S_2 = \sqrt{H_2^2 + V_2^2}.$$

In gleicher Weise behandeln wir den Stab C_1C_2. An seinem unteren Ende wirkt die nunmehr bekannte Horizontalkraft H_2 nach rechts und die Vertikalkraft V_2 nach oben, ferner in C_2 die Last P_2 vertikal abwärts und ebenso die Vertikalkomponente V_3 des Druckes S_3, welchen der Stab C_2C_3 in der Richtung C_3C_2 auf den Stab C_1C_2 ausübt, sowie nach links die Horizontalkomponente H_3 von S_3. Das Gleichgewicht des Stabes C_1C_2 ergibt alsdann, wenn z_2 die Höhe des Punktes C_2 über der Horizontalen durch C_1

$$V_2 (a_2 - a_1) = H_3. z_2,$$

woraus z_2 und damit auch die Höhenlage des Knotenpunktes C_2 sich bestimmt. Des weiteren hat man:

$$V_3 = P_2 + V_3; \quad H_2 = H_3; \quad S_3 = \sqrt{H_3^2 + V_3^2}.$$

So lassen sich denn der Reihe nach nicht bloss die Lagen

der Knotenpunkte des Sprengwerks, sondern auch die Spannkräfte
sämmtlicher Stäbe des letzteren berechnen.

Noch rascher führt das graphische Verfahren zum Ziel.

Um den Horizontalschub $H_m = H'$ des Sprengwerks zu erhalten, setzen wir zunächst mittels eines Seilpolygons die Wirkungslinie der Resultanten R der Kräfte $P_1, P_2, P_3, \frac{P_m}{2}$ fest (Fig. 149),
wobei wir den Pol O des Kräftepolygons auf der Horizontalen durch
den Anfangspunkt B_0 der „Kraftvertikalen" $B_0 B_4$ annehmen.
Da nun die Kräfte W', H_m und R an der linksseitigen Sprengwerkshälfte im Gleichgewicht sind und sich demgemäss in einem Punkte

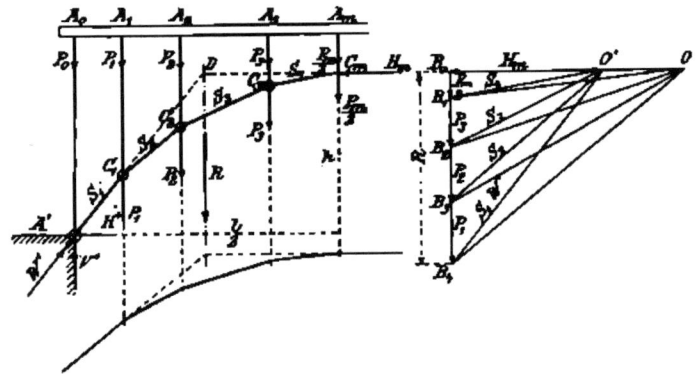

schneiden müssen, so kann der gemeinschaftliche Punkt der drei
Kräfte nur der Durchschnittspunkt D der Horizontalen durch den
Knotenpunkt C_m mit der Wirkungslinie von R sein. Verbindet
man daher A' mit D, so giebt $A'D$ die Wirkungslinie von W' an.
Zieht man hierauf im Kräftepolygon durch den unteren End-
punkt B_4 der Kraftvertikalen eine Parallele mit $A'D$, welche die
Horizontale durch B_0 in O' trifft, so ist W' durch $B_4 O'$ und H_m
durch $O'B_0$ angegeben.

Was die Kraft S_4 betrifft, welche den Stab $C_m C_3$ seiner Länge
nach zusammendrückt, so ist dieselbe die Resultante von $\frac{P_m}{2}$ und
H_m, also nach Grösse und Richtung durch den Strahl $O'B_1$ dargestellt. Zieht man daher durch C_m eine Parallele $C_m C_3$ mit $O'B_1$,
dann bestimmt diese die Lage des Knotenpunktes C_3. Betrachtet
man jetzt den Stab $C_3 C_2$, so wirken an demselben in C_3 die beiden
Kräfte S_4 und P_2, welche zusammengesetzt die Kraft S_3 liefern,

durch die der Stab $C_1 C_2$ zusammengedrückt wird. Mithin giebt der Strahl $O'B_2$ des Kräftepolygons die Kraft S_2 nach Grösse und Richtung an und eine Parallele mit diesem Strahl durch den Knotenpunkt C_2 die richtige Lage der Polygonseite $C_2 C_3$ und des Knotenpunktes C_3. In dieser Weise fährt man fort. Hierdurch erhält man schliesslich die Gleichgewichtsform des Sprengwerks durch ein Seilpolygon angegeben, bei welchem die Poldistanz im Kräftepolygon gleich dem Horizontalschub $H_m = H'$ des Sprengwerks ist.

121. Ein specieller Belastungsfall des Sprengwerkes. Nicht selten kommt es vor, dass ein Sprengwerk in der Weise der Fig. 150 eine in horizontalem Sinn gleichförmig vertheilte Belastung zu tragen hat. In diesem Falle müssen, wenn das Sprengwerk sich im Gleichgewicht befinden soll, die Knotenpunkte desselben auf einer Parabel mit vertikaler, durch die Mitte der Spannweite gehender Achse liegen.

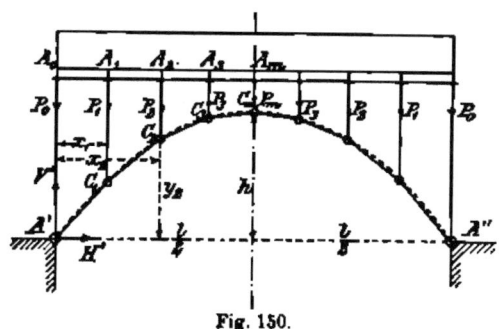

Fig. 150.

Zum Beweis hierfür ziehen wir das Gleichgewicht eines vom Widerlager A' aus bis zu einem beliebigen Knotenpunkt sich erstreckenden Sprengwerkstheiles in Betracht, z. B. des Sprengwerkstheiles $A'C_2$, und schreiben die Momentengleichung für die an demselben wirkenden Kräfte in Beziehung auf den Knotenpunkt C_2 an. Diese Momentengleichung lautet:

$$V'.x_2 = P_0 x_2 + P_1 (x_2 - x_1) + H'.y_2.$$

Da aber anderseits auch der horizontale, gleichmässig mit q pro Längeneinheit belastete, in den Punkten $A_0, A_1, A_2 \ldots$ unterstützte und in diesen Punkten unterbrochen angenommene Balken $A_0 A_1 A_2 \ldots$ im Gleichgewicht sich befindet und demgemäss

$$P_0 x_2 + P_1 (x_1 - x_1) = q x_1 \cdot \frac{x_2}{2},$$

so hat man
$$V' x_2 = \frac{q x_2^2}{2} + H' \cdot y_2$$

oder allgemein, wenn x und y die Koordinaten eines beliebigen Knotenpunktes bezeichnen:

$$V' x = \frac{q x^2}{2} + H' \cdot y.$$

Ist nun l die Spannweite und h die Scheitelhöhe des Sprengwerks, so ergiebt sich zunächst:

$$V' = \frac{q l}{2} \quad \text{und damit} \quad \frac{q l}{2} \cdot x = \frac{q x^2}{2} + H' y$$

$$H' y = \frac{q x}{2} (l - x), \quad \text{woraus mit} \quad x = \frac{l}{2} \quad \text{und} \quad y = h:$$

$$H' \cdot h = \frac{q l^2}{8}; \quad H' = \frac{q l^2}{8 h}$$

$$\frac{q l^2}{8 h} \cdot y = \frac{q x}{2} (l - x); \quad y = \frac{4 h}{l^2} x (l - x).$$

Dies die Gleichung einer Parabel mit vertikaler, durch die Mitte der Spannweite l hindurchgehender Achse.

122. Kuppeldach. Wir wollen annehmen, dass über einem regelmässigen Achteck ein Kuppeldach von gegebenem polygonalen Profil angeordnet werden soll. Hierbei kann man in der Weise verfahren, dass man zum Tragen der belasteten Dachfläche in den Vertikalebenen durch die Eckpunkte A des Achtecks und der vertikalen Kuppelachse lauter dem vorgeschriebenen Kuppelprofil entsprechend gestaltete Sprengwerke als Gratsparren aufstellt. Von diesen Sprengwerken, welche wir nicht bloss übereinstimmend geformt, sondern auch übereinstimmend in den Knotenpunkten belastet annehmen, liegen dann je zwei in der gleichen Vertikalebene, damit je ein einziges zur vertikalen Kuppelachse symmetrisch angeordnetes und belastetes Sprengwerk $A' C_0 A''$ bildend.

Im allgemeinen werden die erwähnten Sprengwerke $A' C_0 A''$ nicht die den gegebenen Knotenpunktsbelastungen entsprechende Gleichgewichtsform besitzen, es werden daher auch die einander gegenüberliegenden Knotenpunkte C' und C'' sich gegenseitig zu nähern oder zu entfernen suchen. Um nun die angestrebte Bewegung der Knotenpunkte zu verhindern, liegt es am nächsten, die einander

entsprechenden, in der gleichen Höhe gegenüber befindlichen Knotenpunkte C' und C'' durch Stäbe direkt miteinander zu verbinden.
Diese horizontalen Verbindungsstäbe $C'C''$ erfahren dann Zug-
oder Druckkräfte, je nachdem die Knotenpunkte C' und C'' sich
nach aussen oder nach innen bewegen wollen. Nur wenn das
Sprengwerk die Gleichgewichtsform zeigt, werden die erwähnten
Verbindungsstäbe $C'C''$ nicht in Anspruch genommen.

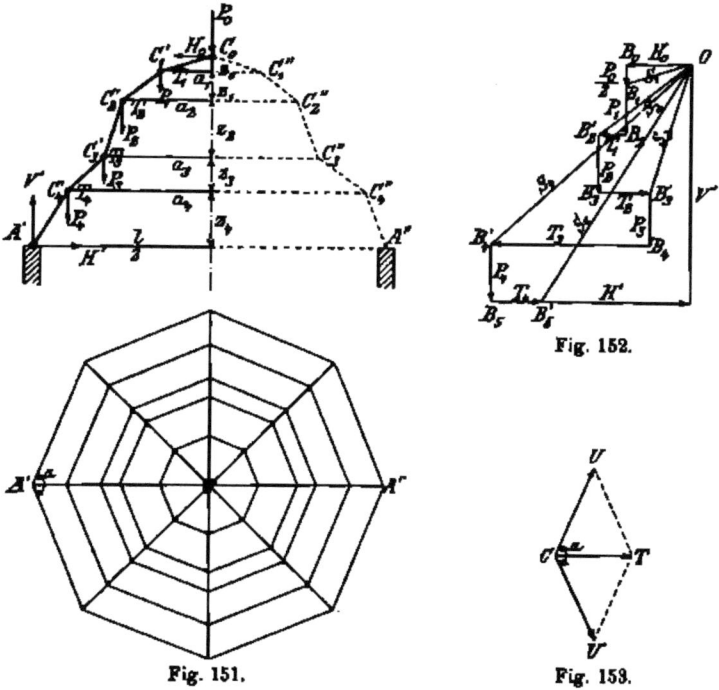

Fig. 152.

Fig. 151.

Fig. 153.

Suchen wir jetzt die Spannkräfte sämmtlicher Stäbe eines
solchen Sprengwerkes $A'C_0A''$ (Fig. 151) zu bestimmen.

Zunächst führen wir durch den Scheitel C_0 der Stabverbindung
einen vertikalen Schnitt, bringen an der zu betrachtenden linksseitigen Hälfte der Stabverbindung in C_0 wieder, wie früher, die
Kräfte $\frac{P_0}{2}$ und H_0, sowie an den Schnittstellen der horizontalen
Verbindungsstäbe $C'C''$ die betreffenden Spannkräfte T an. Des
weiteren ersetzen wir das feste Widerlager A' durch die Widerstände V' und H'.

Nunmehr liefert das Gleichgewicht der Stabverbindung $A'C_0$ nicht, wie früher, $H_0 = H'$, sondern

$$H_0 = T_1 + T_2 + T_3 + T_4 + H',$$

wobei die Verbindungsstäbe $C'C''$ vorläufig als gezogen angenommen sind.

Desgleichen kann H_0 auch nicht aus der Momentengleichung für den Punkt A' berechnet werden, indem in dieser Momentengleichung auch noch die unbekannten Spannkräfte T vorkommen, man hat vielmehr zur Ermittelung von H_0 das Gleichgewicht des obersten Stabes $C_0 C'_1$ in Betracht zu ziehen. Dasselbe ergiebt:

$$H_0 \cdot z_0 = \frac{P_0}{2} \cdot a_1.$$

Aus dieser Gleichung lässt sich, da bei der gegebenen Sprengwerksform die Höhe z_0 des Punktes C_0 über dem Punkt C'_1 bekannt ist, die Kraft H_0 berechnen. Macht man den Stab $C_0 C'_1$ auch in C'_1 frei, so hat man am Stab $C_0 C'_1$ in C'_1 die Gegendrücke V_1 und H_1 der Unterstützung anzubringen, worauf man erhält:

$$V_1 = \frac{P_0}{2} \quad \text{und} \quad H_1 = H_0$$

und damit die Spannkraft S_1 des Stabes $C_0 C'_1$:

$$S_1 = \sqrt{V_1^2 + H_1^2}.$$

Vom Stab $C_0 C'$ gehen wir zum Stab $C'_1 C'_2$ über. An diesem wirken in C'_1 ausser der Belastung P_1 die vom Stab $C_0 C'_1$ ausgeübten Drücke V_1 und H_1, sowie von Seiten des Stabes $C'_1 C''_1$ die Kraft T_1, welche letztere wir, wie schon oben erwähnt, als einen Zug voraussetzen mögen. Man hat daher wegen des Gleichgewichtes des um C'_2 drehbaren Stabes $C'_1 C'_2$

$$H_1 \cdot z_1 = T_1 z_1 + (P_1 + V_1)(a_2 - {}_1 a)$$
$$H_0 \cdot z_1 = T_1 z_1 + \left(P_1 + \frac{P_0}{2}\right)(a_2 - a_1).$$

Hieraus ergiebt sich T_1. Würde nun dieses T_1 sich negativ herausstellen, so wäre damit angedeutet, dass der Stab $C'_1 C''_1$ in Wirklichkeit nicht gezogen, sondern zusammengedrückt ist.

Nimmt man vom Stab $C'C'_2$ die Unterlage in C'_2 weg, so hat man dafür an ihm in C_2 die beiden Widerstände V_2 und H_2 der Unterlage anzubringen; alsdann muss wegen des Gleichgewichtes des Stabes $C'_1 C'_2$ sein:

$$H_2 = H_1 - T_1; \qquad V_2 = P_1 + V_1 = P_1 + \frac{P_0}{2}$$

und $$S_2 = \sqrt{V_2{}^2 + H_2{}^2},$$

unter S_2 die Spannkraft des Stabes $C'_1 C'_2$ verstanden.

In gleicher Weise werden auch die folgenden Stäbe behandelt, bis man schliesslich aus dem Gleichgewicht des untersten Stabes $C'_4 A'$ auch den Horizontalschub H' und den vertikalen Auflagerdruck V' des Sprengwerkes erhält.

Nicht minder einfach gestaltet sich die Bestimmung der Stabkräfte auf graphischem Wege, wobei man wie in Fig. 152 die Kräftepolygone für die einzelnen Knotenpunkte des Sprengwerkes entsprechend aneinanderreiht. Man fängt mit dem Knotenpunkt C_0 an. An demselben sind die Kräfte $H_0, \frac{P_0}{2}$ und S_1 im Gleichgewicht. Dementsprechend trägt man $B_0 B_1 = \frac{P_0}{2}$ auf, zieht durch B_0 eine Horizontale und durch B_1 eine Parallele mit $C'_1 C_0$, alsdann giebt $O B_0$ die Horizontalkraft H_0 und $B_1 O$ die Spannkraft S_1 des Stabes $C'_1 C_0$ an. Hierauf geht man zu dem Knotenpunkt C'_1 über, welcher sich unter Einwirkung der Kräfte S_1, P_1, T_1 und S_2 im Gleichgewicht befindet. Um nun die unbekannten Kräfte T_1 und S_2 zu erhalten, trägt man $B_1 B_2$ auf $= P_1$, zieht durch B_2 eine Horizontale und durch O eine Parallele mit $C'_1 C'_2$, dann ist die Kraft T_1 ausgedrückt durch $B_2 B'_2$ und die Kraft S_2 durch $B'_2 O$.

Ebenso zeichnet man für die übrigen Knotenpunkte die Kräftepolygone auf, wodurch man schliesslich den ganzen Kräfteplan (Fig. 152) erhält.

In Wirklichkeit pflegt man die horizontalen Verbindungsstäbe $C' C''$, welche das Ausweichen der Knotenpunkte nach aussen oder nach innen verhindern sollen, nicht anzubringen, vielmehr die angestrebte Bewegung der Knotenpunkte dadurch zu vereiteln, dass man die in einer und derselben Horizontalebene gelegenen Knotenpunkte der die Gratsparren der Kuppel bildenden Sprengwerke ringsum mit einander verbindet. Diese, vorliegenden Falles regelmässige Achtecke darstellenden Horizontalringe können vollständig die obigen, den Kuppelraum durchdringenden Verbindungsstäbe $C' C''$ ersetzen. Wollen nämlich die in einer Horizontalebene befindlichen Knotenpunkte nach aussen sich bewegen, so werden sie hieran durch den betreffenden Horizontalring, dessen Polygonseiten in diesem Falle auf Zug beansprucht wären, wirksam verhindert. Bei angestrebter Einwärtsbewegung der Knotenpunkte

11*

würden dagegen diese Polygonseiten ihrer Länge nach zusammengedrückt. Ein solcher die Auflagerpunkte A sämmtlicher Sprengwerke verbindender, achteckiger Horizontalring vermöchte dann auch den auf den Unterbau der Kuppel ausgeübten Horizontalschub aufzunehmen, so dass auf diesen Unterbau sich nur vertikale Auflagerdrücke von Seiten der belastenden Kuppel geltend machten. Bedenkt man des weiteren, dass diese Horizontalringe schon anderer konstruktiver Gründe wegen vorhanden sein müssen, so wird man unbedingt der Anordnung der Horizontalringe, bei welcher der Raum unter der Kuppel ganz frei bleibt, seinen Beifall zollen.

Was nun die Zug- beziehungsweise Druckkräfte U betrifft, welche in den die polygonalen Horizontalringe bildenden Stäben wirken, so sind diese nichts anderes, als die Komponenten der oben gefundenen Kräfte T nach den betreffenden Polygonseiten. Es können daher die Kräfte U leicht bestimmt werden, insofern man hat

$$2\,U\cos\frac{a}{2} = T,$$

unter a den Achteckswinkel verstanden. Graphisch ergeben sich die Kräfte U, wie in Fig. 153 angegeben.

Betrachten wir jetzt noch einmal das ganze aus den Sparren $C_0 C_1 C_2 C_3 C_4 A$ und den Horizontalringen C_1, C_2, C_3, C_4 und A bestehende Gerippe der Kuppel, so erkennen wir, dass, wenn man den über irgend einem Horizontalring C gelegenen Theil der Kuppel wegnimmt, der unter diesem Horizontalring befindliche Kuppeltheil im Gleichgewicht bleibt und für sich eine oben offene Kuppel bildet. So kann man beispielsweise den Kuppeltheil $C_2 C_0 C_1$ wegnehmen, ohne hierdurch das Gleichgewicht des Kuppeltheiles $A C_4 C_3 C_2 C_1 A$ aufzuheben. Will man dann haben, dass dieser untere Kuppeltheil im gleichen Spannungszustand bleibe, so hat man eben in den Knotenpunkten C_2 zu den Belastungen P_2 noch die Drücke S_2 hinzuzufügen, welche die Sparrenstäbe $C_2 C_1$ auf die Knotenpunkte C_2 ausüben. Was nun diese Kräfte S_2 betrifft, so sieht man, dass dieselben um so grösser sind, je grösser die Belastungen der Knotenpunkte C_2, C_1 und C_0 angenommen werden, auch erkennt man, dass die Belastungen der Knotenpunkte C_3 und C_4 keinen Einfluss auf die Kräfte S_2 haben. Demgemäss kann man sagen, wenn man sich die Knotenpunktsbelastungen $P_0 P_1 P_2 P_3 P_4$ beweglich, d. h. von den Knotenpunkten entfernbar denkt, dass in den Gratsparren der Kuppel der grösste Druck eintritt bei Vollbelastung der Kuppel.

Nehmen wir an, es seien die Knotenpunkte C_8 allein belastet, dann ergiebt sich ein Druck in dem Horizontalring $C_8 C_8$. Wären dagegen nur die über dem Horizontalring $C_8 C_8$ gelegenen Knotenpunkte belastet, so würde der Horizontalring $C_8 C_8$ einen Zug erleiden infolge des nach aussen gerichteten Horizontalschubs der Streben $C_8 C_8$. Endlich bemerken wir, dass die Belastungen der unterhalb des Horizontalringes $C_8 C_8$ befindlichen Knotenpunkte auf den letzteren ohne Einfluss bleiben. Daraus lässt sich nun weiter schliessen, dass ein Horizontalring den grössten Druck erfährt, wenn nur der untere bis zu diesem Ring sich erstreckende Kuppeltheil belastet ist, dagegen den grössten Zug, wenn nur der über dem Ring gelegene Kuppeltheil die Belastung trägt.

129. Von den Hängwerken. Hat man die Gleichgewichtsform eines Sprengwerkes bestimmt, welche einem gegebenen Lastsystem entspricht, so bleibt die betreffende Stabverbindung auch im Gleichgewicht, wenn man den Knotenpunktsbelastungen die entgegengesetzte Richtung giebt, nur sind dann die Stäbe nicht mehr zusammengedrückt, sondern gezogen. Eine derartig beanspruchte Stabverbindung nennt man, wenn man die Knotenpunktsbelastungen wieder vertikal abwärts gerichtet annimmt, ein Hängwerk. Die Theorie der Hängwerke entspricht genau derjenigen der Sprengwerke. Demgemäss ergiebt sich auch, dass in dem Fall, in welchem eine Kette wie in Fig. 155 zum Tragen einer in horizontalem Sinne gleichförmig vertheilten Be-

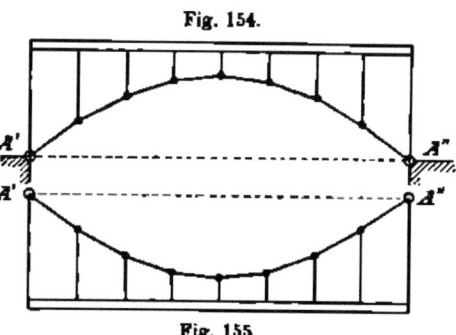

Fig. 154.

Fig. 155.

lastung dient, bei Vernachlässigung des Eigengewichtes der Kette und der Hängstangen, die Knotenpunkte der Kette wie beim entsprechenden Sprengwerk (Fig. 154) auf einer Parabel von vertikaler, durch die Mitte der Spannweite gehender Achse liegen müssen, wenn die Kette sich im Gleichgewicht befinden soll. Eine Anordnung wie in Fig. 155 zeigt aber eine Kettenbrücke in ihrer einfachsten Gestalt.

§ 15.

Seilartige Körper.

124. Allgemeine Bemerkungen. An die beweglichen Stabverbindungen, zu welchen auch die Ketten gerechnet werden
können, schliessen sich unmittelbar die seilartigen Körper
(Seile, Fäden, Riemen etc.) an, insofern eine Kette mit reibungslosen Kugelgelenken und unendlich kurzen Gliedern sich in sta-
tischer Beziehung wie ein vollkommen biegsames Seil verhalten
würde. Vollkommene Biegsamkeit zeigte ein Seil im Fall der
Fig. 156. In Wirklichkeit giebt sich aber bei den seilartigen
Körpern ein mehr oder minder
beträchtlicher Grad von Steifigkeit kund, so dass ein mit
seinem einen Ende eingeklemm-
tes Seil, an dessen freiem Ende
eine Kraft P wirkt, thatsächlich
nicht die in Fig. 156 angedeutete
Form annimmt, sondern eine Form
etwa wie in Fig. 157.

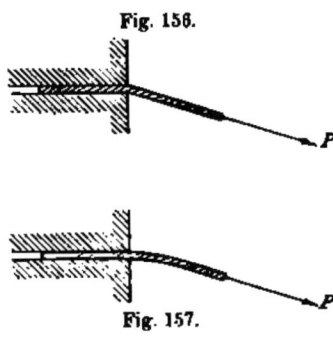

Fig. 156.

Fig. 157.

Von der Steifigkeit der Seile
war schon bei den Rollen die
Rede, sie wurde in der Theorie
der Rolle und der Rollenverbindungen berücksichtigt; in
diesem Paragraphen werden wir jedoch von derselben absehen.

Dass die seilartigen Körper nicht auf Druck beansprucht werden
können, braucht wohl nicht besonders hervorgehoben zu werden.

125. Seilpolygon. Ein vollkommen biegsames Seil werde in
den Punkten $C_0 C_1 C_2 \dots C_n$ von den Kräften $P_0 P_1 P_2 \dots P_n$ angegriffen (Fig. 158), deren Grössen und Richtungen gegeben seien.
Man soll die Bedingungen festsetzen, unter welchen sich das Seil
im Gleichgewicht befindet. Zunächst bemerken wir, dass das
Seil im Gleichgewichtsfall nur die Form eines Polygons besitzen
kann, dessen Eck- oder Knotenpunkte die gegebenen Angriffspunkte
der Kräfte P bilden, und dass die erste Seilpolygonseite $C_0 C_1$,
wenn sie sich infolge der Einwirkung der Kraft P_0 nicht um den
Punkt C_1 drehen soll, in die Wirkungslinie der Kraft P_0 fallen
muss. Man wird daher, um die Lage der ersten Seilpolygonseite
zu bestimmen, mit Rücksicht darauf, dass das Seil nur gezogen

werden kann, von C_0 aus in der der Kraft P_0 entgegengesetzten
Richtung die gegebene Länge $C_0 C_1$ abtragen und so die erste
Seilpolygonseite $C_0 C_1$ erhalten. Die Spannkraft S_1 in $C_0 C_1$ stimmt
dann mit P_0 überein. Denkt man sich hierauf den Knotenpunkt
C_1 als den Angriffspunkt von P_0 und die beiden in C_1 wirkenden
Kräfte P_0 und P_1 zu einer Resultanten R_1 zusammengesetzt, so
muss R_1, wenn keine Drehung der Seilpolygonseite $C_1 C_2$ um den
Knotenpunkt C_2 eintreten soll, durch C_2 hindurchgehen. Die
Wirkungslinie der Resultanten R_1 von P_0 und P_1 giebt daher die
Lage, die Grösse von R_1 aber die Spannkraft S_2 der zweiten Seilpolygonseite $C_1 C_2$ an. Was sodann die Seilpolygonseite $C_2 C_3$ betrifft, so wirken an ihr in C_2 die beiden Kräfte $S_2 = R_1$ und P_2,
welche zusammengesetzt die Resultante R_2 liefern, deren Wirkungs-

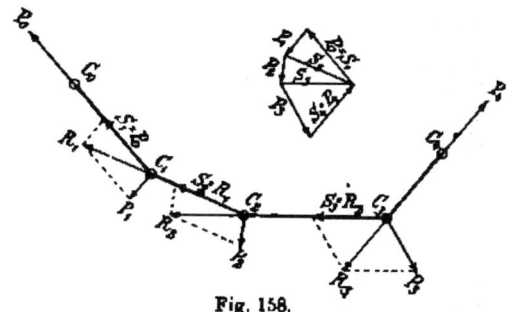

Fig. 158.

linie die Lage der Seilpolygonseite $C_2 C_3$ und deren Grösse die
Spannkraft des Seilstückes $C_2 C_3$ bezeichnet. Diese Kraft R_2 ist
auch die Resultante der Kräfte P_0, P_1 und P_2. In gleicher Weise
lassen sich nach und nach alle übrigen Seilpolygonseiten bestimmen. Bezüglich der letzten Seilpolygonseite $C_3 C_4$ (Fig. 158)
oder allgemeiner $C_{n-1} C_n$ bemerken wir, dass dieselbe in C_n angegriffen ist von der Kraft P_n und in C_{n-1} von der Resultanten
R_{n-1} aus der Spannkraft S_{n-1} der vorhergehenden Seilpolygonseite und der Kraft P_{n-1}, oder, was dasselbe, von der Resultanten R_{n-1} der Kräfte $P_0, P_1, P_2 \ldots P_{n-1}$. Soll nun auch die
letzte Seilpolygonseite und damit das ganze Seilpolygon im Gleichgewicht sein, so muss die Kraft P_n gleich und direkt entgegengesetzt der letztgenannten Resultanten R_{n-1} sein, also im Fall
der Fig. 158 P_4 gleich und entgegengesetzt R_3.

Unter Berücksichtigung des Gesagten lässt sich die Gleichgewichtsform des Seiles, sowie die Spannkraft jeder Seilpolygonseite besonders einfach mit Hilfe eines Kräftepolygons bestimmen.

Man bildet in der bekannten Weise aus den gegebenen Kräften $P_0, P_1, P_2 .. P_{n-1}, P_n$ ein Kräftepolygon $B_0 B_1 B_2 ... B_{n-1} B_n$. Dieses Kräftepolygon muss sich schliessen, wenn die Kräfte P am Seil überhaupt im Gleichgewicht sein sollen. Verbindet man nun die Eckpunkte des Kräftepolygons mit dem Anfangspunkt B_0 des Kräftezuges, so geben, wie sich leicht nachweisen lässt, die von B_0 aus gezogenen Strahlen die Spannkräfte der einzelnen Seilpolygonseiten an. Beachtet man des weiteren, dass die Längen der Seilpolygonseiten durch die Angriffspunkte C der Kräfte P auf dem Seil festgesetzt sind, so braucht man, um die Gleichgewichtsform des Seiles zu erhalten, nur von irgend einem Punkt C_0 des Raumes aus den polygonalen Zug $C_0 C_1 C_2 ... C_n$ zu konstruiren, dessen einzelne Strecken $C_0 C_1, C_1 C_2, C_2 C_3, ...$ in den Richtungen $B_1 B_0,$ $B_2 B_0, B_3 B_0, ...$ gezogen sind und die vorgeschriebenen Längen besitzen.

Wären die ihrer Grösse und Richtung nach gegebenen Kräfte P alle in einer und derselben Ebene gelegen, zeigte sich das aus den Kräften P konstruirte Kräftepolygon als ein ebenes und ebenso das Seilpolygon. Mit solchen ebenen Seilpolygonen haben wir es seither schon vielfach zu thun gehabt.

Nehmen wir jetzt zum Schluss noch an, es sei die Gleichgewichtsform eines Seiles zu bestimmen, welches in seinen Endpunkten C_0 und C_n befestigt und in den vorgeschriebenen Zwischenpunkten $C_1, C_2, ... C_{n-1}$ von den ihrer Richtung und Grösse nach gegebenen Kräften $P_1, P_2, ... P_{n-1}$ angegriffen werde.

Wäre die Spannkraft S_1 der ersten Seilpolygonseite $C_0 C_1$ bekannt, so wäre damit auch, wie oben gezeigt worden ist, das ganze Seilpolygon bestimmt. Bezeichnet man daher die Komponenten der Spannkraft S_1 nach drei im gegebenen Punkte C_0 senkrecht aufeinander stehenden Koordinatenachsen mit $X_1 Y_1 Z_1,$ dann lassen sich der Reihe nach die auf das angenommene Koordinatensystem bezogenen Koordinaten der Knotenpunkte $C_1 C_2 ... C_n$ in Funktion von $X_1 Y_1 Z_1$ ausdrücken. Da aber die Lage des Punktes C_n gegeben ist, so erhält man durch Gleichsetzung der in Funktion von $X_1 Y_1 Z_1$ ausgedrückten Koordinaten des Punktes C_n und der bekannten Werthe der Koordinaten dieses Punktes drei Gleichungen, aus welchen sich die unbekannten Kräfte $X_1 Y_1 Z_1$ und mit ihnen alle übrigen gesuchten Grössen ermitteln lassen.

126. Gleichgewicht eines schweren, frei hängenden Seiles. Ein bloss der Schwere unterworfenes Seil, von welchem eine Länge gleich der Längeneinheit das Gewicht q besitze, sei in seinen Enden A' und A'' (Fig. 159) aufgehängt. Man soll die Form bestimmen, welche das Seil unter Einwirkung seines Eigengewichtes annimmt.

Da die Belastungen alle vertikal sind, so ist die Seilkurve eine ebene Kurve, überdies die Horizontalkomponente H der Spannkraft S des Seiles von konstanter Grösse.

Wir beziehen die Seilkurve auf ein rechtwinkliges Koordinatensystem, dessen y-Achse die Vertikale durch den tiefsten Punkt A_0 der Seilkurve und dessen Ursprung sich im Abstand a unter dem Punkt A_0 befinde.

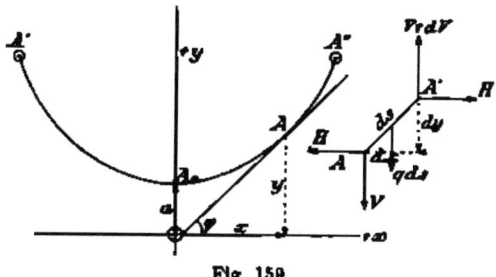

Fig. 159.

Das Gleichgewicht eines bei A aus dem Seil herausgeschnittenen Elementes AA' von der Länge ds erfordert:

$$V + q\,ds = V + dV ; \quad dV = q\,ds = q\,dx\sqrt{1 + \left(\frac{dy}{dx}\right)^2} = q\,dx\sqrt{1 + u^2}.$$

Es ist aber $V = H \cdot \mathrm{tg}\,\varphi = H \cdot u$, also $dV = H \cdot du$

und daher $H \cdot du = q\,dx\sqrt{1 + u^2}$ oder $\dfrac{du}{\sqrt{1 + u^2}} = \dfrac{q}{H} \cdot dx$.

Diese Gleichung integrirt giebt:

$$\log \mathrm{nat}\,(u + \sqrt{1 + u^2}) = \frac{q}{H} x + C,$$

wobei C die Integrationskonstante.

Zur Bestimmung von C hat man:

$$\frac{dy}{dx} = 0 \quad \text{oder} \quad u = 0 \quad \text{für} \quad x = 0.$$

Dies giebt $C = 0$, also

$$\log\,(u + \sqrt{1 + u^2}) = \frac{q}{H} x \quad \text{oder} \quad u + \sqrt{1 + u^2} = e^{\frac{q}{H}x},$$

unter e die Grundzahl des natürlichen Logarithmensystems verstanden. Aus der letzten Gleichung erhält man:

$$1 + u^2 = e^{\frac{2qx}{H}} + u^2 - 2u \cdot e^{\frac{qx}{H}}$$

$$u = \frac{1}{2}\left(e^{\frac{qx}{H}} - e^{-\frac{qx}{H}}\right) = \frac{dy}{dx}.$$

Integrirt man jetzt noch einmal und setzt überdies $\frac{H}{q} = a$, so wird

$$y = \frac{a}{2}\left(e^{\frac{x}{a}} + e^{-\frac{x}{a}}\right) + C'$$

und mit Rücksicht darauf, dass für $x = 0$ $y = a$ und damit $C' = 0$

$$y = \frac{a}{2}\left(e^{\frac{x}{a}} + e^{-\frac{x}{a}}\right).$$

Dies die Gleichung der Seilkurve, beziehungsweise der „Kettenlinie".

127. Seilreibung. Um einen festgehaltenen Kreiscylinder sei ein vollkommen biegsames Seil in einer Ebene senkrecht zur Cylinderachse, wie in Fig. 160 angedeutet, geschlungen. An den

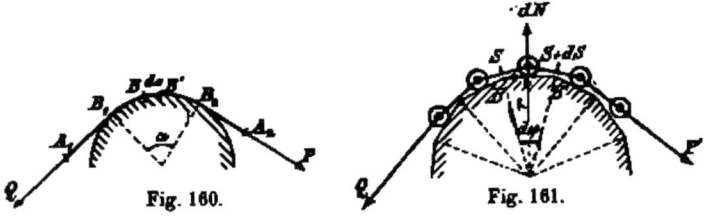

Fig. 160.   Fig. 161.

beiden Enden A_1 und A_2 des Seiles wirken die Kräfte Q und P, infolgedessen das Seil auf den Cylinder längs des Bogens $B_1 B_2$ aufgedrückt wird. Ist $P = Q$, so ist auch kein Bestreben einer Bewegung des Seiles über den Cylinder vorhanden, weder in dem einen, noch in dem anderen Sinn, es kommen daher auch keine Reibungswiderstände längs $B_1 B_2$ in Betracht. Vergrössert man aber allmählich die in A_2 am Seil wirkende Kraft P, so wird das Seil, falls seine Unterlage, der feste Cylinder, nicht vollkommen glatt ist, eine Zeit lang noch im Gleichgewicht bleiben, so lange nämlich die Kraft einen gewissen Grenzwerth P' nicht überschritten hat, dann aber sich im Sinne von B_1 gegen B_2 bewegen. Welches ist nun dieser Grenzwerth P'?

Statt des vollkommen biegsamen Seiles können wir uns eine Kette von unendlich kurzen Gliedern und reibungslosen Gelenken denken, und statt der cylindrischen Unterlage eine prismatische, wobei der Querschnitt des Prismas ein reguläres Polygon von unendlich vielen, unendlich kleinen Seiten ds bildet (Fig. 161).

An der Gleichgewichtsgrenze des Seiles nimmt die Spannkraft des Seiles längs $B_1 B_2$ von Q bis P' zu. Bei B sei die Spannkraft S und bei B' $S + dS$. Man hat dann unter Berücksichtigung von Fig. 161 die Gleichgewichtsbedingungen:

$$(S + dS)\cos\frac{d\varphi}{2} = S\cos\frac{d\varphi}{2} + \mu dN \quad \text{oder} \quad dS\cdot\cos\frac{d\varphi}{2} = \mu dN;$$

$$\text{und} \quad (2S + dS)\sin\frac{d\varphi}{2} = dN = \frac{1}{\mu}\cdot dS\cdot\cos\frac{d\varphi}{2},$$

woraus
$$\mu(2S + dS)\cdot\operatorname{tg}\frac{d\varphi}{2} = dS$$

und mit Beschränkung auf die unendlich kleinen Grössen der ersten Ordnung

$$\mu\cdot 2S\cdot\operatorname{tg}\frac{d\varphi}{2} = dS \quad \text{oder} \quad \mu S\cdot\frac{ds}{r} = dS; \quad \frac{dS}{S} = \frac{\mu ds}{r}$$

$$\int_Q^{P'}\frac{dS}{S} = \int_0^s\frac{\mu ds}{r}; \quad \log\operatorname{nat}\left(\frac{P'}{Q}\right) = \frac{\mu s}{r}$$

$$P' = Q\cdot e^{\frac{\mu s}{r}} \quad \text{oder da} \quad s = r\alpha$$

$$P' = Q\cdot e^{\mu\alpha},$$

wobei $e = 2,718\cdots$ die Grundzahl des natürlichen Logarithmensystems und α der im Bogenmass ausgedrückte „Umschlingungswinkel".

Dies ist die Grundformel für die Seilreibung. Bei derselben hat man sich zu merken, dass P' die grössere und Q die kleinere der Spannkräfte an den Seilenden bedeutet.

Wäre $\mu = 0$, erhielte man $P' = Q$, woraus hervorgeht, dass die Spannung eines Seiles sich nicht ändert, wenn dasselbe um einen abgerundeten, absolut glatten Körper gezogen wird.

Nimmt man als Reibungskoefficienten für Hanfseile auf Holz nach Morin $\mu = 0,33$ an, so wird damit, wenn das Seil einmal um den Cylinder herumgeschlungen, also $\alpha = 2\pi$ ist, angenähert:

$$P' = 8Q$$

und bei n-maliger Umwickelung

$$P' = 8^n Q.$$

126. Feste und bewegliche Knoten bei einem Seilpolygon. Denkt man sich bei einem unter Einwirkung der gegebenen Kräfte

$P_0 P_1 P_2 \ldots P_{n-1}$, P_n im Gleichgewicht befindlichen Seilpolygon die
Kräfte $P_1 P_2 \ldots P_{n-1}$ nicht unmittelbar das Seil in den Punkten
$C_1, C_2 \ldots C_{n-1}$ angreifend, sondern, wie in Fig. 162 angedeutet ist,
mittels kurzer Seilstücke $C_1 C'_1, C_2 C'_2, \ldots C_{n-1} C'_{n-1}$ ihre Wirkung
am Seil $C_0 C_1 C_2 \ldots C_{n-1} C_n$ äussernd, so hat man hierbei, wenn
die Punkte $C_1 C_2 \ldots C_{n-1}$ am Seil vorgeschrieben sind, die erwähnten Seilstücke $C_1 C'_1, C_2 C'_2, \ldots C_{n-1} C'_{n-1}$ sich am Hauptseil
in den gegebenen Punkten $C_1 C_2 \ldots C_{n-1}$ so befestigt zu denken,

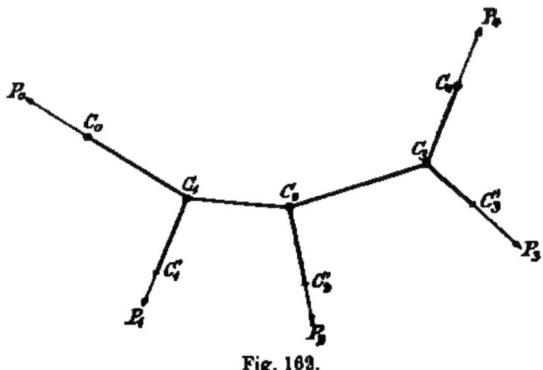

Fig. 162.

dass eine Verschiebung der Endpunkte C der Seilstücke CC' am
Hauptseil nicht eintreten kann. Diese Befestigung lässt sich durch
einen festen Knoten bewerkstelligen (daher denn auch die Bezeichnung „Knotenpunkte" für die Eckpunkte eines Seilpolygons). Nimmt man dagegen an, dass die Endpunkte C der Seilstücke CC', an deren freien Enden C' die gegebenen Kräfte P
wirken, zunächst an Ringen befestigt seien, durch welche das
Hauptseil $C_0 C_1 \ldots C_{n-1} C_n$ hindurch gehe, so kann in diesem Fall
eine Verschiebung der Seilenden C am Hauptseil erfolgen. Man

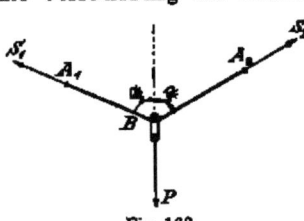

Fig. 163.

sagt dann, es handle sich bei der
Verbindung der Seilstücke CC' mit
dem Hauptseil um lose oder bewegliche Knoten. Ueber die
festen Knoten ist hier nichts weiteres anzuführen, wohl aber über
die beweglichen.

Wir bemerken, dass ein durch
einen festen Ring gezogenes Seil-
stück $A_1 B A_2$ (Fig. 163), welches in seinen Enden A_1 und A_2
von den Kräften S_1 und S_2 gezogen wird, bei fehlender Seil-

reibung an der Berührungsstelle B zwischen Seil und Ring sich nur dann nicht gegen den Ring bewegt, wenn $S_1 = S_2$. Nimmt man nun den absolut glatt vorausgesetzten Ring am Seil beweglich und ausser von den beiden gleichen Kräften S noch von der Kraft P angegriffen an, so ist dieser Ring im Gleichgewicht, wenn P gleich und direkt entgegengesetzt der Resultanten R der beiden gleichen Seilkräfte S; es muss also bei einem im Gleichgewicht befindlichen losen Knoten die Kraft P in der Halbirungslinie des von den Spannkräften S gebildeten Winkels a wirken und ausgedrückt sein durch

$$P = 2 S \cos \frac{a}{2}.$$

Demgemäss ist auch bei einem Seilpolygon mit losen Knoten die Spannung in allen Polygonseiten eine und dieselbe, überdies muss an jedem Knotenpunkt zwischen der äusseren, den Knotenpunkt angreifenden, den Seilpolygonwinkel halbirenden Kraft P und der konstanten Spannkraft S des Seiles die letzterwähnte Beziehung stattfinden, wobei a den Winkel der in dem betreffenden Knotenpunkt zusammenstossenden Seilpolygonseiten bedeutet.

Stellen wir uns jetzt die Aufgabe, die Gleichgewichtsform eines in seinen Enden A_1 und A_2 befestigten Seiles von der Länge $l > A_1 A_2$ anzugeben, welches unter Vermittelung eines Ringes von der ihrer Grösse und Richtung nach gegebenen Kraft P angegriffen wird.

Zunächst erkennt man, dass das Seil im Gleichgewichtsfall in der durch die Gerade $A_1 A_2$ und die Richtungslinie der Kraft P bestimmten Ebene liegen und ein Dreieck $A_1 C A_2$ (Fig. 164) bilden muss, dessen Eckpunkt C auf einer Ellipse sich befindet, für welche die Befestigungspunkte A_1 und A_2 des Seiles die Brennpunkte sind und die Summe der beiden Brennstrahlen $= l$ ist. Unter Berücksichtigung des Umstandes, dass bei einer Ellipse die in irgend einem Punkt C derselben gezogene Normale den Winkel der nach diesem Punkt gezogenen Brennstrahlen $A_1 C$ und $A_2 C$ halbirt,

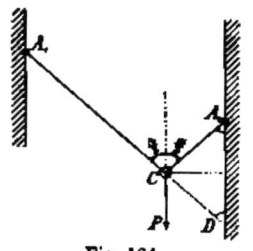

Fig. 164.

und dass ebenso der Winkel des Brennstrahles $A_2 C$ und der Verlängerung CD des Brennstrahles $A_1 C$ von der Tangente an die Ellipse halbirt wird, lässt sich dann die Gleichgewichtslage des losen Knotens C in folgender Weise konstruiren: Man zieht durch den einen Befestigungspunkt A_2 des Seiles eine Parallele $A_2 D$ mit der gegebenen Richtung der Kraft P, beschreibt aus dem anderen Befestigungspunkt A_1 einen Kreis mit dem Halbmesser $l = A_1 C + C A_2$, welcher die Gerade $A_2 D$ in D schneidet, errichtet auf $A_2 D$ das Mittelloth, dann giebt der Durchschnittspunkt D dieses Mittellothes mit der Geraden $A_1 D$ die gesuchte Lage des Knotenpunktes C und damit auch die Gleichgewichtslage des Seiles an.

129. Die einfache Bandbremse. Die Einrichtung derselben geht aus Fig. 165 hervor.

Ist M ein Kräftepaar, welches die Bremsscheibe in dem angedeuteten Sinne drehen will, und K die am Hebel $A_1 D$ in D wirkende Kraft, welche die angestrebte Drehung gerade noch zu verhindern im Stande ist, so hat man, wenn S_1 die Spannkraft des Bremsbandes in $A_1 B_1$ und S_2 diejenige in $A_2 B_2$

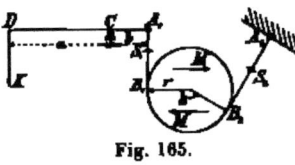

Fig. 165.

$$Ka = S_1 b;$$
ferner: $$M + S_1 r = S_2 r;$$
$$S_2 - S_1 = \frac{M}{r}.$$

Es ist also $S_2 > S_1$ und daher, da die Bremsscheibe sich an der Grenze des Gleichgewichtes befindet und an ihr der volle Reibungswiderstand zur Geltung kommt:

$$S_2 = S_1 \cdot e^{\mu\alpha}.$$

$$S_2 - S_1 = \frac{M}{r}, \quad \text{so wird} \quad S_1 (e^{\mu\alpha} - 1) = \frac{M}{r};$$

$$S_1 = \frac{M}{r(e^{\mu\alpha} - 1)} \quad \text{und damit} \quad K = \frac{b}{a} \cdot \frac{M}{r(e^{\mu\alpha} - 1)}.$$

Wirkte das Kräftepaar M an der Bremsscheibe im entgegengesetzten Sinn, so hätte man:

$$S_2 < S_1 \quad \text{und damit} \quad S_1 = S_2 \cdot e^{\mu\alpha}; \quad S_2 = \frac{M}{r(e^{\mu\alpha} - 1)};$$

$$S_1 = \frac{M \cdot e^{\mu\alpha}}{r(e^{\mu\alpha} - 1)}; \quad K = \frac{b}{a} \cdot \frac{M}{r} \cdot \frac{e^{\mu\alpha}}{e^{\mu\alpha} - 1}.$$

In diesem Falle wäre K grösser als zuvor.

130. Die Differenzialbremse. Statt nur das eine Ende des Bremsbandes am Bremshebel zu befestigen, können auch die beiden Enden des Bandes, wie in Fig. 166 angegeben, mit dem Bremshebel verbunden werden.

Man erhält dann wieder wie vorhin:

$$S_2 = S_1 e^{\mu a}; \quad S_1 = \frac{M}{r(e^{\mu a} - 1)} \quad \text{und} \quad S_2 = \frac{M \cdot e^{\mu a}}{r(e^{\mu a} - 1)}.$$

Das Gleichgewicht des Bremahebels erfordert nun

$$Ka = S_2 b_2 - S_1 b_1 = \frac{M}{r(e^{\mu a} - 1)} (b_2 \cdot e^{\mu a} - b_1).$$

Es hängt also von der Grösse der Differenz $(b_2 \cdot e^{\mu a} - b_1)$ ab, ob die zum Bremsen nöthige Kraft K gross oder klein ausfällt. Darum nennt man auch die betrachtete Bremse Differenzialbremse.

Wäre der Drehungssinn des Kräftepaares M der entgegengesetzte gewesen, hätte sich $S_1 > S_2$ ergeben und demgemäss

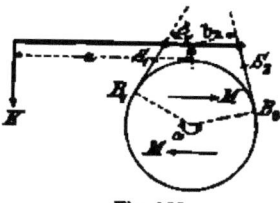

Fig. 166.

$$S_2 = \frac{M}{r(e^{\mu a} - 1)} \quad \text{und} \quad S_1 = \frac{M \cdot e^{\mu a}}{r(e^{\mu a} - 1)}$$

$$Ka = \frac{M}{r(e^{\mu a} - 1)} (b_1 e^{\mu a} - b_2).$$

Im Falle die Hebelarme b_1 und b_2 so gewählt wären, dass die maasgebende Differenz $(b_2 e^{\mu a} - b_1)$, beziehungsweise $(b_1 e^{\mu a} - b_2)$ sich gleich Null ergäbe, würde auch die Kraft K gleich Null werden, d. h. es würde die kleinste Kraft K ausreichen zum Bremsen der Scheibe.

191. Riemenscheiben. Ueber die auf parallelen Wellen sitzenden Scheiben O_1 und O_2 (Fig. 167) sei ein Band (Riemen oder Seil) so straff umgelegt, dass einer an der Scheibe O_1 wirkenden, entsprechend grossen Kraft P es ermöglicht ist, eine an der Welle O_2 seitwärts hängende Last Q in die Höhe zu ziehen. Welches ist nun die Beziehung zwischen P und

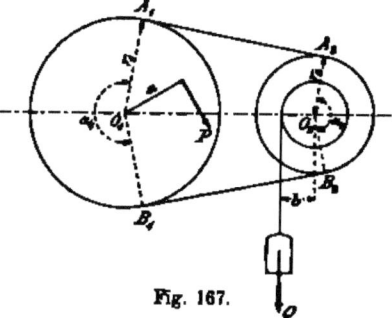

Fig. 167.

Q im Gleichgewichtsfall? und wie gross muss vor Einwirkung der Kräfte P und Q die Spannung S_0 des Bandes sein, wenn ein

Gleiten der Scheiben im Bande nicht erfolgen, also eine Einwirkung der Kraft P auf die Last Q überhaupt möglich sein soll?

Vor Einwirkung der Kräfte P und Q ist die Spannkraft des Bandes in $A_1 A_2$ und in $B_1 B_2$ dieselbe, sie sei $= S_0$, treten aber die Kräfte P und Q in Thätigkeit, so wird vorliegenden Falles die Spannung in $B_1 B_2$ vergrössert und in $A_1 A_2$ verkleinert. Es sei alsdann S_1 die Spannkraft des Bandes in $A_1 A_2$ und S_2 die Spannkraft in $B_1 B_2$.

Aus dem Gleichgewicht der Welle O_1 ergiebt sich

$$Pa = (S_2 - S_1) r_1$$

und aus demjenigen der Welle O_2

$$Qb = (S_2 - S_1) r_2 .$$

Man erhält daher durch Division dieser beiden Gleichungen

$$\frac{Pa}{Qb} = \frac{r_1}{r_2} \quad \text{und daraus} \quad P = Q \cdot \frac{b}{a} \cdot \frac{r_1}{r_2},$$

die gesuchte Beziehung zwischen P und Q.

Hätte man die Kraft P ersetzt durch eine am Umfange der Scheibe O_1 wirkende Kraft U_1 und ebenso die Kraft Q durch eine am Umfange der Scheibe O_2 wirkende Kraft U_2, wobei $U_1 r_1 = P \cdot a$ und $U_2 r_2 = Q b$ hätte sein müssen, würden die Gleichgewichtsbedingungen für die beiden Scheiben gelautet haben:

$$U_1 r_1 = (S_2 - S_1) r_1 \quad \text{und} \quad U_2 r_2 = (S_2 - S_1) r_2 ,$$

woraus $U_1 = S_2 - S_1$ und $U_2 = S_2 - S_1$, also $U_1 = U_2 = U$ gefolgt wäre.

Angenommen, es sei das Band mit einer solchen Spannung S_0 um die Scheiben gelegt, dass bei Einwirkung der im Gleichgewicht befindlichen Kräfte P und Q ein Gleiten des Bandes nicht eintritt, so wird, wenn die erwähnten beiden Kräfte in Thätigkeit treten, der Theil $A_1 A_2$ des elastisch zu denkenden Bandes eine Verkürzung und der Theil $B_1 B_2$ desselben eine Verlängerung erfahren, und zwar wird die Verkürzung von $A_1 A_2$ ebenso gross sein, wie die Verlängerung von $B_1 B_2$. Daraus kann man dann auf Grund der Elasticitätslehre schliessen, dass die Abnahme der Spannkraft des Bandes in $A_1 A_2$ von S_0 bis zum Betrag S_1 ebenso gross ist, wie die Zunahme der Spannkraft in $B_1 B_2$ von S_0 bis S_2, oder dass

$$S_1 = S_0 - \triangle S \quad \text{und} \quad S_2 = S_0 + \triangle S ,$$

womit man erhält $\qquad S_0 = \dfrac{S_1 + S_2}{2} .$

Denkt man sich die Auflage des Bandes auf der Scheibe O_1 so bewerkstelligt, dass ein Gleiten des Bandes auf dieser Scheibe unter allen Umständen ausgeschlossen ist, dagegen das Band auf die Scheibe O_2 einfach aufgelegt, so wird das Band, wenn die ursprüngliche Spannung nicht genügend gross war, über die Scheibe O_2 weggleiten, es wird die Umfangskraft U von der Scheibe O_1 nicht auf die Scheibe O_2 übertragen werden. Findet thatsächlich dieses Gleiten statt, so kann man durch Vergrösserung von S_0 es dahin bringen, dass das Gleiten des Bandes aufhört und die Scheibe O_2 mitgenommen wird. An der Grenze des Gleitens hat man dann:

$$S_2 = S_1 \cdot e^{\mu \alpha_2}; \qquad U = S_2 - S_1 = S_1 (e^{\mu \alpha_2} - 1)$$

$$S_1 = U \cdot \frac{1}{e^{\mu \alpha_2} - 1}; \quad S_2 = U \cdot \frac{e^{\mu \alpha_2}}{e^{\mu \alpha_2} - 1}; \quad S_0 = \frac{S_1 + S_2}{2}$$

$$= \frac{U}{2} \cdot \frac{e^{\mu \alpha_2} + 1}{e^{\mu \alpha_2} - 1}.$$

So gross müsste zum mindesten die ursprüngliche Spannkraft S_0 des Bandes sein, wenn kein Gleiten des Bandes über die Scheibe O_2 eintreten dürfte. Bringt man die letzte Gleichung für S_0 in die Form

$$S_0 = \frac{U}{2} \cdot \frac{1 + \dfrac{1}{e^{\mu \alpha_2}}}{1 - \dfrac{1}{e^{\mu \alpha_2}}},$$

so erkennt man sofort, dass bei einem Umschlingungswinkel $\alpha > \alpha_2$ die ursprüngliche Spannkraft S_0 kleiner genommen werden könnte.

Da nun $\alpha_1 > \alpha_2$, so ist zur Berechnung der zum mindesten nothwendigen ursprünglichen Bandspannung S_0 der kleinere der beiden in Betracht kommenden Umschlingungswinkel α, also hier α_2, massgebend und demgemäss S_0 zu bestimmen aus der Gleichung

$$S_0 = \frac{U}{2} \cdot \frac{e^{\mu \alpha_2} + 1}{e^{\mu \alpha_2} - 1}.$$

Die grössere der beiden Spannkräfte S_1 und S_2, nämlich S_2, welche zu berücksichtigen ist, wenn es sich um die Berechnung des Querschnittes des Bandes handelt, wird also zum mindesten den Werth besitzen:

$$S_2 = U \cdot \frac{e^{\mu \alpha_2}}{e^{\mu \alpha_2} - 1}.$$

Diese Formeln können benutzt werden, wenn das um die Scheiben gelegte Band in einem Riemen besteht. Bei Anwendung von runden Seilen dagegen pflegt man die Seile in keilförmigen Rinnen der Scheiben laufen zu lassen. Aber auch in diesem Falle kann man sich der gleichen Formeln bedienen, nur hat man dann an Stelle des Reibungskoefficienten μ den für Keil-nuthen gültigen Werth $\mu' = \dfrac{\mu}{\sin\alpha}$ zu setzen, wobei 2α den Keil-winkel bedeutet (siehe No. 85).

II. Abschnitt.

Die Dynamik des bewegten materiellen Punktes.

(Kinetik des materiellen Punktes.)

6. Kapitel.

Die Grundlehren der Kinetik des materiellen Punktes.

§ 16.

Kinematische Hilfslehren.

182. Die Bahn eines bewegten Punktes. Wir nennen die Linie, welche von einem sich bewegenden Punkte beschrieben wird, die Bahn des Punktes, und sagen, die Bewegung des Punktes sei geradlinig oder krummlinig; je nachdem die Bahn des Punktes eine gerade oder krumme Linie darstellt. Mit der Bahnlinie allein ist aber die Bewegung des Punktes noch nicht bestimmt, man muss auch die Bewegung des Punktes in der Bahn kennen.

183. Gleichung der Bewegung in der Bahn. In Fig. 168 sei $A'OA''$ die Bahnlinie eines sich bewegenden Punktes und O ein auf dieser Linie beliebig angenommener fester Punkt, welcher die Bahn in zwei Zweige theilt, in einen positiven und einen negativen. Dabei wollen

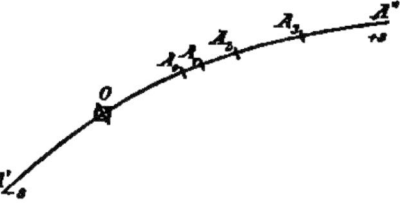

wir den Zweig OA'' als den positiven festsetzen.

In dem Augenblick, von welchem an wir bei der zu beobachtenden Bewegung die Zeit zählen, also zur Zeit 0, sei A_0 die Lage des bewegten Punktes in der Bahn; nach Verfluss von t_1 Zeiteinheiten, d. h. zur Zeit t_1, befinde sich der Punkt in A_1, zur Zeit t_2 in A_2 u. s. f. Man misst nun der Bahnlinie entlang die Abstände $s_1, s_2, s_3 \ldots$ der auf der Bahnlinie bezeichneten Punkte $A_1, A_2, A_3 \ldots$ von dem festen Punkt O, legt den gemessenen Abständen s, je nach der Lage des betreffenden Punktes A auf dem $+$ oder $-$ Zweig der Bahnlinie, das $+$ oder $-$ Zeichen bei, trägt in einem rechtwinkligen Koordinatensystem (Fig. 169) die Zeitabschnitte $t_1, t_2, t_3 \ldots$ als Abscissen, die zugehörigen Werthe $s_1, s_2, s_3 \ldots$ als Ordinaten auf und verbindet die Endpunkte der

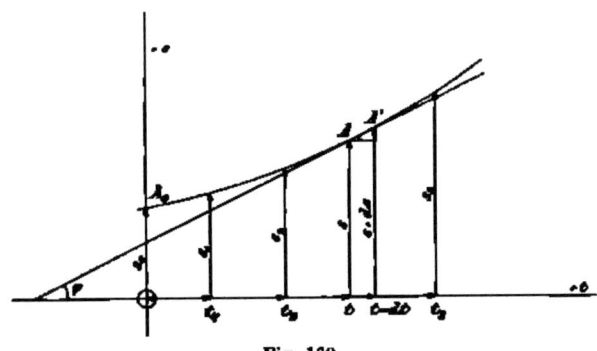

Fig. 169.

letzteren durch eine stetige Linie. Die so erhaltene Linie der s, Abstandslinie genannt, liefert alsdann zu einem beliebigen t das zugehörige s und damit auf graphischem Wege für einen beliebigen Zeitpunkt die jeweilige Lage des sich bewegenden Punktes in der Bahnlinie. Ist

$$s = f(t)$$

die Gleichung der Linie der s oder die sogenannte Gleichung der Bewegung in der Bahn, so kann man mit Hilfe dieser den Abstand s für einen beliebigen Zeitpunkt t auch berechnen.

134. Gleichförmige Bewegung. Angenommen, es habe sich als Linie der s eine Gerade ergeben und demzufolge als Gleichung der Bewegung in der Bahn die Gleichung

$$s = a + bt.$$

Diese Gleichung liefert für $t = 0$, $s = s_0 = a$; es ist daher der Koefficient a der anfängliche Abstand des bewegten

Punktes vom festen Punkt O der Bahnlinie. Setzt man des weiteren nach einander $t = 1$, $= 2$, $= 3$, $= \cdots$ Zeiteinheiten, so erhält man als entsprechende Werthe von s:

$$s_1 = a + b; \qquad s_2 = a + 2b; \qquad s_3 = a + 3b;$$

und damit

$$s_1 - s_0 = b; \qquad s_2 - s_1 = b; \qquad s_3 - s_2 = b;$$

$s_1 - s_0$; $s_2 - s_1$; $s_3 - s_2$; sind aber die Wegstrecken, welche vom bewegten Punkte in den aufeinander folgenden Zeiteinheiten beschrieben werden. Im vorliegenden Falle legt also der Punkt in gleichen Zeitabschnitten gleiche Wegstrecken zurück, d. h. die durch die Gleichung $s = a + bt$ ausgedrückte Bewegung ist eine gleichförmige.

Es handle sich nunmehr um zwei in einer und derselben Bahnlinie gleichförmig sich bewegende Punkte I und II. Für den Punkt I sei die Gleichung der Bewegung in der Bahn

$$s = a + b't;$$

für den Punkt II dagegen:

$$s = a + b''t;$$

wobei $b' > b''$. Für $t = 0$ ergiebt sich bei beiden Punkten $s = a$, beide bewegte Punkte befinden sich somit zur Zeit 0 an der gleichen Stelle der Bahn. Da aber $b' > b''$, so ist für jedes beliebige t der Abstand s des Punktes I vom festen Bahnpunkt O grösser als derjenige des Punktes II, der Punkt I kommt also schneller voran als der Punkt II, oder: die Geschwindigkeit des Punktes I ist eine grössere als diejenige des Punktes II. Der Koefficient b in der Gleichung $s = a + bt$ bedingt daher den Grad der Geschwindigkeit der Bewegung, er wird deshalb kurzweg als Geschwindigkeit bezeichnet. Oben fanden wir

$$s_1 - s_0 = b; \qquad s_2 - s_1 = b; \qquad s_3 - s_2 = b;$$

oder b als den Weg in der Zeiteinheit. Somit hätte man bei der gleichförmigen Bewegung unter der Geschwindigkeit zu verstehen den in der Zeiteinheit thatsächlich zurückgelegten Weg.

Legt nun ein gleichförmig sich bewegender Punkt in t Zeiteinheiten den Weg s' zurück, so ist seine Geschwindigkeit

$$v = \frac{s'}{t}.$$

Ist zur Zeit t der Abstand des bewegten Punktes vom festen Bahnpunkt $O = s$, zur Zeit $t + dt$ dagegen $= s + ds$, so beschreibt der Punkt in dt Zeiteinheiten die Wegstrecke ds. Man hat daher auch

$$v = \frac{ds}{dt}.$$

Damit ergiebt die Gleichung $s = a + bt$ durch Ableiten nach t für die Geschwindigkeit:

$$v = b$$

in Uebereinstimmung mit dem, was oben über die Bedeutung des Coefficienten b gesagt wurde.

Ist φ der Neigungswinkel der Linie der s gegen die Abscissenachse (Fig. 169), so zeigt sich

$$v = \frac{ds}{dt} = \operatorname{tg} \varphi. {}^1)$$

Je steiler also die Linie der s, um so grösser die Geschwindigkeit der Bewegung.

Ist die Geschwindigkeit $v = \frac{ds}{dt}$ positiv, so ist für ein positives dt auch ds positiv, d. h. es nimmt der positiv angenommene Abstand s vom festen Bahnpunkt O mit der Zeit thatsächlich zu, oder mit anderen Worten: es erfolgt eine Bewegung im Sinne der $+s$, also eine Vorwärtsbewegung; eine negative Geschwindigkeit deutet dagegen eine Bewegung im Sinne der $-s$, eine Rückwärtsbewegung an.

Bei der Geschwindigkeit kommen zweierlei Einheiten in Betracht: die Längeneinheit und die Zeiteinheit. Als Längeneinheit wird in der Regel das Meter[2]) und als Zeiteinheit die von unseren Uhren angezeigte Sekunde, d. h. der $(24 \cdot 60 \cdot 60)$te Theil eines mittleren Sonnentages[3]) angenommen, zuweilen werden

---

${}^1)$ Uebrigens giebt die trigonometrische Tangente des thatsächlichen Neigungswinkels φ der gezeichneten Linie der s nur dann den Werth der Geschwindigkeit v an, wenn auf der Zeichnung die Zeiteinheit durch dieselbe Länge angegeben wird, wie die Längeneinheit.

${}^2)$ 1 Meter (m) $= 10$ Decimeter (dm) $= 100$ Centimeter (cm) $= 1000$ Millimeter (mm).

1000 m $= 1$ Kilometer (km).

1 Quadratmeter (qm) $= 10\,000$ Quadratcentimeter (qcm); 1 qcm $= 100$ Quadratmillimeter (qmm).

1 Kubikmeter (cbm) $= 1000$ Kubikdecimeter (cdm) oder 1000 Liter (l).

1 cdm $= 1\,l = 1000$ Kubikcentimeter (ccm); 1 ccm $= 1000$ Kubikmillimeter (cmm).

${}^3)$ Die Erde dreht sich in 1 Sterntag einmal um ihre Achse oder in 23 Stunden 56 Minuten 4 Sekunden $(23^h\ 56^{min}\ 4^{sec}) = 86\,164^{sec}$ mittlerer Sonnenzeit.

aber auch andere Einheiten gewählt. So pflegt man die Fahrgeschwindigkeit der Eisenbahnzüge vielfach in Kilometer pro Stunde anzugeben, die Geschwindigkeit der Schiffe in Knoten, wobei eine Geschwindigkeit von 1 Knoten einer Geschwindigkeit von 1 deutschen Seemeile $= \frac{1}{4}$ deutschen Meile $= \frac{1}{15}$ des Aequatorgrades $= 1852$ m in der Stunde oder von 0,514 m in der Sekunde entspricht.

185. Beispiele von Geschwindigkeiten. Von Interesse dürften die nachstehend angegebenen Geschwindigkeiten sein:

	in der Sekunde
Infanterie beim gewöhnlichen Marsch	1,5 m
Infanterie im Laufschritt .	2,25 m
Fahrrad (Maximum) .	15 m
Pferd am Lastwagen im Schritt	1,0 m
Kutschen bei scharfem Trab	6,0 m
Kavallerie im Schritt	1,7 m
Kavallerie im Trab	4,0 m
Kavallerie im Galopp . .	8,7 m
Englisches Rennpferd (Maximum)	25,3 m
Brieftaube	15,0 m
Schwalbe bis gegen . .	60,0 m

Güterzug ungefähr 20 km in der Stunde oder rund 6 m in der Sekunde.

Gewöhnlicher Personenzug ungefähr 40 km in der Stunde oder rund 12 m in der Sekunde.

Schnellzug 60 km bis höchstens 90 km, gewöhnlich 70 km in der Stunde oder 16 m bis 25 m in der Sekunde.

Bei einem Wettfahren in England unter der grösstmöglichen Fahrgeschwindigkeit ergab sich eine durchschnittliche Geschwindigkeit von 102 km bei einer Steigerung der Maximalgeschwindigkeit bis zu 130 km in der Stunde. Die Grenze der betriebssicher durchführbaren Geschwindigkeit dürfte etwa 100 km in der Stunde sein.

Ozeandampfer bis zu 22,5 Knoten oder 41,7 km in der Stunde $= 11,6$ m in der Sekunde.

Geschwindigkeit des Windes bis zu 40 m in der Sekunde.

Geschoss aus dem deutschen Infanteriegewehr M. 88 Anfangsgeschwindigkeit 620 m in der Sekunde.

Geschoss aus der Krupp'schen 10,5 cm-Kanone Anfangsgeschwindigkeit 933 m in der Sekunde.

1000 kg schweres Geschoss aus der Krupp'schen 42 cm-Küstenkanone 604 m in der Sekunde.

Geschwindigkeit des Schalles 333 m in der Sekunde.

Geschwindigkeit des Lichtes und der Elektricität 300 000 km in der Sekunde.

Umfangsgeschwindigkeit der Erde am Aequator 464 m in der Sekunde.

Mittlere Geschwindigkeit der Erde in ihrer Bahn um die Sonne 29,6 km in der Sekunde.

186. Graphische Fahrpläne. Wir haben gesehen, dass man mittels der Linie der s festsetzen kann, an welcher Stelle der Bahn sich der bewegte Punkt zu jeder beliebigen Zeit befindet. Umgekehrt kann aber die Linie der s auch dazu dienen, den Zeitpunkt anzugeben, in welchem der bewegte Punkt an einer bestimmten Stelle der Bahn eintrifft, d. h. die Linie der s kann als „Fahrplan" dienen. Ein Beispiel mag das weiter verdeutlichen.

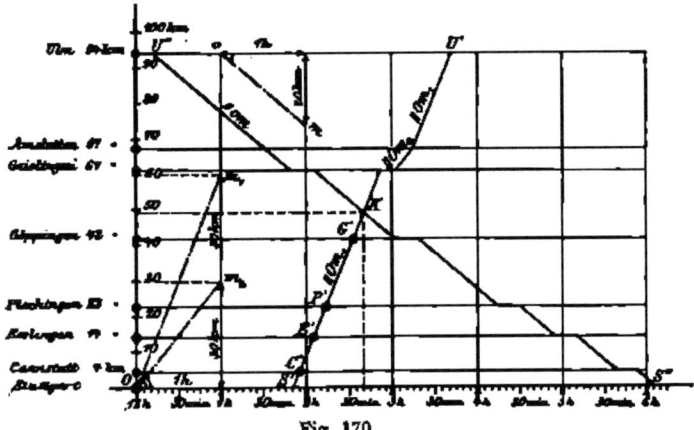

Fig. 170.

In Fig. 170 sind die s-Linien sowohl für einen von Stuttgart nach Ulm fahrenden Schnellzug, als für einen von Ulm nach Stuttgart fahrenden Güterzug aufgezeichnet. Dabei ist die Station Stuttgart als Fixpunkt O in der Bahn und die Bahnlinie Stuttgart-Ulm als $+s$-Zweig der Bahn vorausgesetzt. Des weiteren sind auf der Ordinatenachse die Abstände der verschiedenen Stationen vom Ausgangspunkt Stuttgart, in Kilometer ausgedrückt, in einem beliebig gewählten Längenmassstab aufgetragen, wogegen auf der Abscissenachse, unter Annahme des Beginnes der Zeitrechnung um 12 Uhr in der Nacht, die aufeinander folgenden Zeitabschnitte durch Theilstriche bezeichnet sich zeigen.

Während der Bewegung eines Zuges von Stuttgart gegen Ulm nehmen die Abstände s desselben vom Fixpunkt Stuttgart mit der Zeit zu, es steigt daher die Linie der s im angenommenen Koordinatensystem nach rechts an; hält auf einer Station der Zug eine Zeit lang, so ist für diese Zeit die Linie der s parallel der Abscissenachse; bewegt sich dagegen ein Zug von Ulm gegen Stuttgart, so nehmen die Abstände s des Zuges vom Fixpunkt Stuttgart mit der Zeit ab, es fällt die Linie der s nach rechts ab. So lange die Fahrgeschwindigkeit v konstant, ist die Linie der s eine Gerade, deren Neigungswinkel φ gegen die Abscissenachse mit Rücksicht auf

$$\operatorname{tg} \varphi = v$$

und unter Beachtung der festgesetzten Massstäbe sich leicht konstruiren lässt (siehe die strichpunktirten Linien Om in Fig. 170).

Bei dem erwähnten, der Fig. 170 zu Grunde gelegten Schnellzug wurde angenommen, dass derselbe um $1^h 50^{min}$ Nachts Stuttgart verlasse und mit einer Geschwindigkeit von 60 km in der Stunde fahre, welche Geschwindigkeit sich zwischen den Stationen Geislingen und Amstetten auf 30 km in der Stunde ermässige, wegen der daselbst vorkommenden grossen Steigung, und dass der Zug nur auf der Station Geislingen einen Aufenthalt von 10^{min} habe. Desgleichen war gedacht, dass der von Ulm nach Stuttgart fahrende Güterzug Ulm um $12^h 10^{min}$ verlasse, mit einer konstanten Geschwindigkeit von 20 km in der Stunde sich bewege und auf sämmtlichen angegebenen Zwischenstationen, mit Ausnahme von Amstetten, sich 15^{min} lang aufhalte.

Sind wieder s und t die Koordinaten eines beliebigen Punktes der für einen Bahnzug gezeichneten Linie der s, dann bezeichnet die Ordinate s einen bestimmten Ort auf der Bahnlinie, während die zugehörige Abscisse t die Zeit angiebt, zu welcher der Zug die betreffende Bahnstelle durchfährt. So liefern die Abscissen der Punkte C', E', P', G' unmittelbar die Zeitpunkte, in welchen der Schnellzug die Zwischenstationen Cannstatt, Esslingen, Göppingen, Plochingen etc. passirt, wie auch durch die Abscisse des Punktes U' die Ankunftszeit des Zuges in Ulm festgesetzt ist. In gleicher Weise wird durch die Koordinaten des Punktes K Ort und Zeit der Kreuzung der beiden angenommenen Bahnzüge bestimmt.

187. Veränderliche Bewegung. Jede Bewegung, welche nicht gleichförmig ist, nennt man veränderlich, oder mit anderen Worten: Eine Bewegung, für welche die Abstandslinie (Linie der s) sich nicht als eine Gerade erzeigt, ist eine ungleichförmige, veränderliche.

In Fig. 169 bedeute die Kurve $A_0 A A'$ die Abstandslinie für eine veränderliche Bewegung, ferner seien t und s die
Koordinaten des Punktes A, $t + dt$ und $s + ds$ die Koordinaten
des unendlich nahe bei A gelegenen Punktes A' der Abstandslinie. Insofern nun das Kurvenelement $A A'$ als gerade angesehen
wird und eine gerade Linie der s eine gleichförmige Bewegung
vorstellt, kann man auch sagen, dass die während eines Zeitelements dt stattfindende Bewegung, oder die sogenannte Elementarbewegung des sich bewegenden Punktes eine gleichförmige sei. Demgemäss wäre dann die veränderliche Bewegung aufzufassen als die Aufeinanderfolge von unendlich
vielen gleichförmigen Elementarbewegungen, und die
Geschwindigkeit der veränderlichen Bewegung zu irgend
einer Zeit als die Geschwindigkeit der in dem betreffenden Augenblick stattfindenden Elementarbewegung. Damit erhält man

$$v = \frac{ds}{dt} = \text{tg } \varphi,$$

unter φ den Winkel verstanden, welchen die Tangente an der
Linie der s mit der Abscissenachse einschliesst.

So können wir denn ganz allgemein die Geschwindigkeit
definiren als Ableitung des Abstandes nach der Zeit.

Trägt man die Zeiten t als Abscissen und die zugehörigen
Geschwindigkeiten als Ordinaten auf, so erhält man die Linie der
v oder die sogenannte Geschwindigkeitslinie für die betreffende
Bewegung (Fig. 171). Ist diese Linie in einem gegebenen Falle
eine Gerade (eine Gerade parallel der Abscissenachse drückt
eine gleichförmige Bewegung aus), so ist damit festgesetzt, dass
die Geschwindigkeit in gleichen Zeiten um gleich viel sich ändert,
d. h. dass die betreffende Bewegung eine gleichförmig veränderte ist.

Sieht man wie oben die Linie der s einer veränderlichen
Bewegung als ein Polygon von unendlich vielen unendlich kleinen
geraden Seiten an, also die veränderliche Bewegung als die
Aufeinanderfolge unendlich vieler gleichförmiger Elementarbewegungen, so gestaltet sich die Geschwindigkeitslinie, wie in
Fig. 171 angegeben, als eine stufenförmige Linie $A_1 B_1 A_2 A_2 A_3 B_3 A_4 \ldots$
Eine grössere Annäherung an die Wirklichkeit würde sich er-
geben, wenn man den Bogenelementen der Geschwindigkeitslinie
die Sehnen $A_1 A_2$, $A_2 A_3$ u. s. f. substituirte, d. h. wenn man die
veränderliche Bewegung auffasste als Aufeinanderfolge von unendlich vielen gleichförmig veränderten Elementarbewegungen,

in welchem Falle die Geschwindigkeit $v = \dfrac{ds}{dt}$ als die mittlere Geschwindigkeit während des betreffenden Zeitelements dt zu denken wäre.

Ist zur Zeit t die Geschwindigkeit $= v$ und zur Zeit $t + dt$ die Geschwindigkeit $= v + dv$, so nennt man den Differentialquotienten $\dfrac{dv}{dt}$ die Beschleunigung des bewegten Punktes in seiner Bahn zur Zeit t.

Diese Beschleunigung wäre also auch ausgedrückt durch tg ψ (Fig. 171), wobei ψ der Winkel, welchen die Tangente an die Geschwindigkeitslinie mit der Abscissenachse einschliesst.

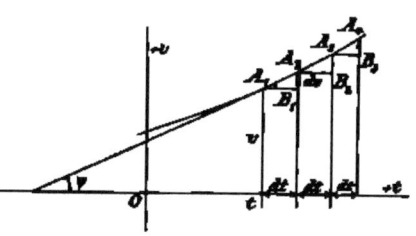

Fig. 171.

Demgemäss verstehen wir allgemein unter der Beschleunigung des bewegten Punktes in seiner Bahn die Ableitung der Geschwindigkeit nach der Zeit.

Somit hätte man, um alles noch einmal zusammenzufassen:

$$\text{Abstand } s = f(t),$$
$$\text{Geschwindigkeit } v = \frac{ds}{dt},$$
$$\text{Beschleunigung } p = \frac{dv}{dt} = \frac{d^2 s}{dt^2}.$$

Ergiebt sich für einen Werth von t die Geschwindigkeit v negativ, so ist, wie wir oben gesehen, damit eine Bewegung im Sinne der $- s$, eine Rückwärtsbewegung angezeigt; eine negative Beschleunigung bedeutet aber nicht immer eine Verzögerung, wie wir gleich nachher sehen werden.

188. Gleichförmig veränderte Bewegung. Nehmen wir als Gleichung der Bewegung in der Bahn die allgemeine Gleichung zweiten Grades an:

$$s = a + bt + ct^2,$$

so ist wieder a der anfängliche Abstand,

die Geschwindigkeit $v = b + 2ct$ und

die Beschleunigung $p = 2c$, also konstant.

Es ist daher die Bewegung eine gleichförmig veränderte.

Fassen wir nun verschiedene Fälle ins Auge. Es seien zunächst alle Koefficienten in der Gleichung für s positiv.

Da v stets positiv und der Absolutwerth der Geschwindigkeit mit t zunimmt, so stellt die Gleichung $s = a + bt + ct^2$ eine gleichförmig beschleunigte Vorwärtsbewegung vor.

Nehmen wir jetzt als zweiten Fall an:

$$s = a - bt + ct^2$$

womit $v = -b + 2ct$ und $p = +2c$.

Da a positiv, so befindet sich der bewegte Punkt zur Zeit 0 auf dem positiven Zweig der Bahn. Bezüglich der Geschwindigkeit v bemerken wir, dass dieselbe anfänglich negativ ist und ihr Absolutwerth mit zunehmendem t kleiner wird. Es handelt sich also zunächst, obgleich die Beschleunigung p positiv ist, um eine verzögerte Rückwärtsbewegung. Für $t = \dfrac{b}{2c}$ wird $v = 0$. Von da an ist v positiv und zunehmend mit t, die Bewegung eine beschleunigte Vorwärtsbewegung. Es sei nun:

$$s = a - bt - ct^2,$$

womit $v = -b - 2ct$
$p = -2c.$

Die Geschwindigkeit ist also stets negativ, absolut genommen grösser werdend, daher beschleunigte Rückwärtsbewegung.

Hätte man dagegen:

$$s = a + bt - ct^2,$$

womit $v = +b - 2ct$
$p = -2c,$

so wäre die Geschwindigkeit anfänglich positiv, aber abnehmend, hierauf 0 und dann negativ, absolut genommen zunehmend. Also anfänglich verzögerte Vorwärtsbewegung und dann beschleunigte Rückwärtsbewegung.

189. Beispiel einer Oscillationsbewegung. Es sei für einen in gerader Linie sich bewegenden Punkt die Gleichung der Bewegung in der Bahn:

$$s = a \cdot \sin bt.$$

Aus dieser Gleichung ergiebt sich:

$$v = \frac{ds}{dt} = ab \cos bt \quad \text{und} \quad p = \frac{dv}{dt} = -ab^2 \sin bt = -b^2 s.$$

Zur Zeit 0, d. h. für $t = 0$ ist $s = 0$ und $v = +ab$; es besitzt die Geschwindigkeit ihren grössten Werth. Darauf nimmt mit t der Abstand s zunächst zu, die Geschwindigkeit v dagegen ab. Sowohl s als v sind vorläufig positiv, es geht daher die Bewegung zunächst auf dem $+$-Zweig der Bahnlinie in der $+s$-Richtung vor sich (Fig. 172), allein immer langsamer. Mit $t = \dfrac{\pi}{2b}$ ist die Geschwindigkeit 0 geworden und $s = +a$. Von da an wird v negativ, es nimmt der Abstand s wieder ab. Die äusserste Lage A'', welche der bewegliche Punkt auf dem $+s$-Zweig erreicht, befindet sich also im Abstand a vom Ursprung.

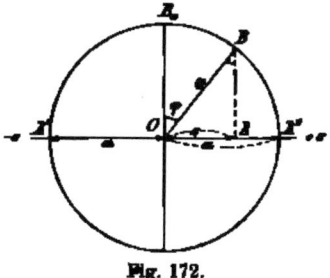

Fig. 172.

Ist $t = \dfrac{\pi}{b}$ geworden, hat man $s = 0$ und $v = -ab$ und wenn $t > \dfrac{\pi}{b}$ wird s negativ und ebenso v, aber der Absolutwerth der Geschwindigkeit nimmt ab, es handelt sich nunmehr um eine verzögerte Rückwärtsbewegung bis $t = \dfrac{3\pi}{2b}$. In diesem Augenblick hat man $v = 0$ und $s = -a$, der bewegliche Punkt ist in der äussersten Lage A' auf dem $-s$-Zweig der Bahn angekommen. Von da an wird v positiv, es geht wieder vorwärts. Zur Zeit $t = \dfrac{2\pi}{b}$ ist wieder $s = 0$ und $v = +ab$, das heisst derselbe Bewegungszustand erreicht, wie zur Zeit 0, worauf sich die geschilderte Bewegung von neuem vollzieht. Wir sehen also, dass es sich vorliegenden Falles um eine hin und her gehende Bewegung, um eine Oscillationsbewegung handelt. Dabei ist a die Schwingungsweite (Amplitude).

Für die Schwingungsdauer[1]) τ oder die Zeit, welche der bewegte Punkt braucht, um eine Schwingung auszuführen, d. h. von einer Grenzlage A' in die andere A'' zu gelangen, hat man:

$$\tau = \frac{\pi}{b}$$

Danach wäre die Schwingungsdauer unabhängig von der Schwingungsweite a.

Denken wir uns auf dem in Fig. 172 aus O mit dem Halbmesser $OA' = a$ beschriebenen Kreis von B_0 ausgehend einen

---

[1]) Zuweilen versteht man auch unter der Schwingungsdauer die zu einem ganzen Hin- und Rückgange erforderliche Zeit; hierbei denkt man sich eben unter einer Schwingung eine Hin- und Herschwingung, eine Oscillation.

Punkt B sich gegen A'' bewegend mit der konstanten Geschwindigkeit ab und diesen Punkt fortwährend auf den Durchmesser $A'A''$ des Kreises projicirt, so wird die Projektion A des Punktes B auf dem Durchmesser eine Bewegung ausführen, welche mit der soeben behandelten Oscillationsbewegung übereinstimmt.

Ist nämlich B die Lage des auf dem Kreis sich bewegenden Punktes zur Zeit t, dann hat man:

$$\text{Bogen } (B_0 B) = ab \cdot t.$$

Diesem Bogen entspricht im Kreis mit dem Halbmesser 1 ein Bogen

$$\varphi = \frac{B_0 B}{a} = bt.$$

Nun ist $OA = s = a \cdot \sin \varphi = a \cdot \sin bt,$

also in der That die Bewegung der Projektion A identisch mit der durch die Gleichung $s = a \cdot \sin bt$ ausgedrückten Oscillationsbewegung.

Hier wollen wir noch eine weitere Bemerkung anreihen. Ist ds der Bogen, welcher in der Zeit dt auf dem Kreis vom Halbmesser a von dem Punkt B beschrieben wird, so beschreibt in derselben Zeit der Radius OB einen Winkel $d\varphi$. Man nennt nun $\frac{ds}{dt} = v$ die Umfangsgeschwindigkeit des Punktes B und den Quotienten $\frac{d\varphi}{dt} = \omega$ die Winkelgeschwindigkeit des Radius OB oder auch die Winkelgeschwindigkeit des Punktes B in Beziehung auf den Punkt O. Werden die vom Radius $OB = a$ beschriebenen Winkel in Bogenmass angegeben, so hat man zwischen v und ω die folgende Beziehung:

$$v = \frac{ds}{dt} = \frac{a\, d\varphi}{dt} = a\omega.$$

Im vorliegenden Falle wäre, da $\varphi = bt$, die Winkelgeschwindigkeit

$$\omega = \frac{d\varphi}{dt} = b,$$

also konstant.

Hätte man als Gleichung der Bewegung in der Bahn gehabt

$$s = a \cdot \cos bt,$$

womit $v = -ab \sin bt;$ $p = -ab^2 \cos bt = -b^2 s,$

so würde sich die gleiche Oscillationsbewegung wie vorhin ergeben haben. Nur wäre im vorliegenden Falle die Anfangslage des be-

wegten Punktes (Lage zur Zeit 0) nicht der Ursprung O, sondern
der Punkt A'' gewesen.

**140. Andere Bestimmung der Bewegung eines Punktes im
Raum.** Statt zuerst die Bahnlinie eines Punktes und hierauf die
Bewegung des Punktes in seiner Bahn festzusetzen, kann man
die Bewegung eines Punktes im Raum dadurch bestimmen, dass
man den bewegten Punkt in seinen verschiedenen Lagen auf die
drei Achsen eines räumlichen Koordinatensystems projicirt und
für jede der in den betreffenden Koordinatenachsen sich bewegenden Projektionen, nach dem in No. 139 gezeigten Verfahren,
die Gleichungen der Bewegung in der Bahn ermittelt, wodurch
man die Beziehung zwischen den Koordinaten x, y, z des bewegten Punktes im Raum und der Zeit t erhält. Damit ist man dann
in den Stand gesetzt, für jeden beliebigen Zeitpunkt t die Koordinaten des Punktes im Raume, also seine Lage angeben zu können.
Des weiteren ergeben sich die beiden Gleichungen der vom Punkte
im Raume beschriebenen Bahnlinie (eine Linie im Raum wird ja
durch zwei Gleichungen ausgedrückt), durch Elimination von t
aus den drei Gleichungen, welche die Abhängigkeit der Koordinaten x, y, z von t bestimmen. Hat das Koordinatensystem eine
unveränderliche Lage, so ist die auf dasselbe bezogene Bewegung
die wirkliche oder absolute Bewegung, ist aber das Koordinatensystem selbst in Bewegung, so bezeichnet man die auf das
bewegte Koordinatensystem bezogene Bewegung des Punktes im
Raum als relative.

141. Zusammensetzung von Geschwindigkeiten. An einer
ebenen Platte E (Fig. 173, S. 192) seien zwei parallele Leitschienen
$E_1 E_2$ und $E'_1 E'_2$ angebracht, zwischen welchen sich ein Rechteck F
hin und herbewegen kann. An diesem Rechteck F befinden sich
gleichfalls zwei parallele Leitschienen $D_1 D_2$ und $D'_1 D'_2$, welche
zwischen sich das bewegliche Rechteck f fassen. Wird nun das
Rechteck F mit der Geschwindigkeit v_1 in der Richtung $E_1 E_2$
bewegt und gleichzeitig das Rechteck f in der Richtung $D_1 D_2$
mit der Geschwindigkeit v_2, so führt ein auf f bezeichneter Punkt
A eine Bewegung aus, die sich zusammensetzt aus den Bewegungen, welche dieser Punkt erhielte, wenn das eine Mal nur F
und das andere Mal nur f sich bewegte. Infolge der Bewegung
von F allein käme der Punkt A in dt Zeiteinheiten von A nach
A_1, wobei AA_1 parallel $E_1 E_2 = ds_1 = v_1 \, dt$ wäre. Infolge der
Bewegung von f dagegen legte der Punkt A in dt Zeiteinheiten
die Wegstrecke AA_2 parallel $D_1 D_2 = ds_2 = v_2 \, dt$ zurück. Thatsächlich kommt daher der Punkt A der Platte f in dt Zeiteinheiten

von A nach dem Eckpunkt A' des Parallelogramms $AA_1A'A_2$ und beschreibt in dieser Zeit die Diagonale $AA' = ds$ mit der Geschwindigkeit $v = \dfrac{ds}{dt}$. Trägt man jetzt von A aus in den Richtungen AA_1 und AA_2 die Strecke $A\mathfrak{A}_1 = \dfrac{ds_1}{dt} = v_1$ beziehungsweise $A\mathfrak{A}_2 = \dfrac{ds_2}{dt} = v_2$ auf und konstruirt aus denselben das Parallelo-

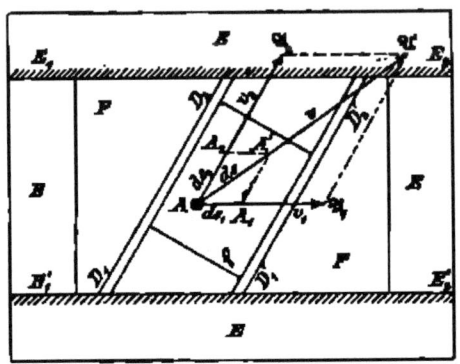

Fig. 173.

gramm $A\mathfrak{A}_1\mathfrak{A}'\mathfrak{A}_2$, so ist dieses dem Parallelogramm $AA_1A'A_2$ ähnlich. Mithin fällt auch die Diagonale $A\mathfrak{A}'$ auf AA' und ist

$$A\mathfrak{A}' = \frac{AA'}{dt} = \frac{ds}{dt} = v, \quad \text{d. h.}$$

Es ist die wirkliche Geschwindigkeit v des Punktes A nach Grösse und Richtung ausgedrückt durch die Diagonale $A\mathfrak{A}'$ des aus den Geschwindigkeitsstrecken $A\mathfrak{A}_1 = v_1$ und $A\mathfrak{A}_2 = v_2$ konstruirten Parallelogramms $A\mathfrak{A}_1\mathfrak{A}'\mathfrak{A}_2$.

Dies ist der Satz vom Parallelogramm der Geschwindigkeiten, welcher ganz dem Satz vom Kräfteparallelogramm entspricht.

In Wirklichkeit bewegt sich der Punkt A in der Geraden AA' mit der Geschwindigkeit $v = \dfrac{AA'}{dt} = \dfrac{ds}{dt}$; trotzdem pflegt man aber auch zu sagen, der Punkt A führe gleichzeitig zwei Bewegungen aus, eine in der Richtung AA_1 mit der Geschwindigkeit v_1 und eine zweite in der Richtung AA_2 mit der Geschwindigkeit v_2, oder auch: der Punkt A besitze gleichzeitig zwei Geschwindigkeiten. Diese beiden Geschwindigkeiten v_1 und v_2 werden Seitengeschwindigkeiten des Punktes A in der Richtung AA_1 bezw. AA_2 genannt.

Nehmen wir jetzt an, es sei die Platte E (Fig. 173) nicht ruhend, vielmehr werde dieselbe parallel mit sich selbst verschoben in einer beliebigen Richtung GG_1, so dass der Punkt A auch in der Richtung GG_1 eine Verschiebung $AA_3 = ds_3$ während der Zeit dt erfährt und damit so zu sagen gleichzeitig drei Bewegungen ausführt, gleichzeitig drei Geschwindigkeiten besitzt, nämlich

$$v_1 = \frac{ds_1}{dt}; \qquad v_2 = \frac{ds_2}{dt}; \qquad v_3 = \frac{ds_3}{dt},$$

dann gelangt, wie man leicht einsieht, der Punkt A in der Zeit dt thatsächlich nach dem Eckpunkt A'' eines Parallelepipeds, dessen Kanten von den drei von A ausgehenden Strecken ds_1, ds_2, ds_3 gebildet sind, und zwar auf dem geraden Weg $AA'' = ds$ mit der Geschwindigkeit $v = \frac{ds}{dt}$. Indem man nun von A aus in den Richtungen AA_1, AA_2, AA_3 die Seitengeschwindigkeiten

$$v_1 = \frac{ds_1}{dt}; \qquad v_2 = \frac{ds_2}{dt}; \qquad v_3 = \frac{ds_3}{dt}$$

als Strecken aufträgt und aus diesen ein Parallelepiped konstruirt, findet sich die wirkliche Geschwindigkeit des Punktes A nach Grösse und Richtung ausgedrückt durch die von A ausgehende Diagonale dieses Parallelepipeds.

Dies ist der Satz vom Parallelepiped der Geschwindigkeiten.

Geschwindigkeiten lassen sich also überhaupt zusammensetzen und zerlegen wie Kräfte.

§ 17.

Von der Masse der Körper.

142. Begriff der Masse. Zwei frei bewegliche, gleich grosse Kugeln, die eine von Blei, die andere von Holz, seien durch Kräfte W, welche den Gewichten der Kugeln das Gleichgewicht halten, den Einwirkungen ihrer Gewichte entzogen, des weiteren aber in ihren Mittelpunkten je von der Kraft P angegriffen, infolgedessen sich die Kugeln in Bewegung setzen. Da zeigt

es sich, dass die Kugel von Holz schneller voran kommt, als die Kugel von Blei. Man pflegt deshalb zu sagen, bei der Bleikugel habe die Kraft P eine grössere Menge von Materie, mehr „Masse" in Bewegung zu setzen, als bei der ebenso grossen Holzkugel, die Bleikugel enthalte mehr Masse, als die Holzkugel. Durch entsprechende Verkleinerung der Bleikugel kann man es dann dahin bringen, dass die Bleikugel sich unter Einwirkung der Kraft P ebenso bewegt, wie die von der gleichen Kraft P angegriffene Holzkugel. In diesem Fall sagt man, die Massen der beiden Kugeln seien gleich. Hätte dagegen eine Kugel eine n-mal so grosse Kraft P erfordert, wie eine andere, um die gleiche Bewegung zu erhalten, so würde man gesagt haben, die Masse der ersteren Kugel sei n-mal so gross, als die Masse der letzteren. Damit ist nun zum Ausdruck gebracht, dass bei gleicher Bewegung zweier Körper sich die Massen dieser Körper verhalten wie die bewegenden Kräfte.

148. Bestimmung der Masse eines Körpers. Bei einem an einem Faden aufgehängten Körper verhindert der Faden, dass der Körper sich unter dem Einfluss seines Gewichtes bewegt. Schneidet man den Faden durch, so hört der Widerstand desselben auf und es wirkt nur noch die Schwerkraft am Körper. Es erfolgt dann auch eine Bewegung und zwar, wie die Beobachtung bei mässigen Fallhöhen ergiebt, eine in der Lothlinie, also in einer Geraden vor sich gehende, gleichförmig beschleunigte Bewegung. Die bei dieser Bewegung beobachtete Beschleunigung oder die sogenannte Fallbeschleunigung, Beschleunigung der Schwere, welche man allgemein mit g bezeichnet, ist an einem und demselben Erdort[1]) für alle Körper, sie mögen ein Gewicht haben, welches sie wollen, eine und dieselbe, vorausgesetzt, dass die Körper im leeren Raum frei fallen. Für diese Fallbeschleunigung können wir den Werth annehmen

$$g = 9,81 \text{ Meter bezogen auf die Sekunde.}$$

Danach besässe ein frei fallender Körper am Ende der ersten Sekunde seines Fallens eine Geschwindigkeit von 9,81 Meter in der Sekunde.

Die Fallbewegung im leeren Raume ist also bei allen Körpern eine und dieselbe. Da aber, wie wir oben gesehen haben, bei gleicher Bewegung sich die Massen der Körper verhalten wie die bewegenden Kräfte, so können wir auch sagen: Die Massen der Körper verhalten sich wie ihre Gewichte.

---

[1]) Näheres hierüber in No. 245.

Damit ist nun ein einfaches Mittel gegeben, die Massen der Körper miteinander zu vergleichen, und des weiteren auch, nachdem man die in irgend einem ausgewählten Körper enthaltene Masse als Masseneinheit festgesetzt hat, die Masse eines Körpers zahlenmässig auszudrücken.

144. Specifische Masse oder Dichte eines Körpers. Ist dm die in einem Raumelement dV enthaltene Masse, so nennt man den Quotienten $\dfrac{dm}{dV} = \delta$ die specifische Masse oder die Dichte des betreffenden materiellen Elementes. Bei einem homogenen, d. h. überall gleich dichten Körper ergiebt sich dann, wenn m die Masse und V der Rauminhalt des Körpers als Dichte:

$$\delta = \frac{m}{V}, \qquad \text{womit} \quad m = V \cdot \delta.$$

Wäre der Körper nicht homogen, so würde der Quotient $\dfrac{m}{V}$ die mittlere Dichte des Körpers angeben.

§ 18.

Die Grundprincipien der rationellen Mechanik und die nächsten Folgerungen aus denselben.

Als Axiome werden wir in der Mechanik die beiden nachstehenden Principien ansehen.[1]

145. Erstes Grundprincip. Führt ein freier materieller Punkt infolge der Einwirkung einer Kraft irgend welche Bewegung aus und es hört diese Kraft plötzlich zu wirken auf, so wird der materielle Punkt die zuletzt innegehabte Bewegungsrichtung und Geschwindigkeit beibehalten, d. h. er wird sich geradlinig und gleichförmig fortbewegen.

Dieser Satz ist bekannt unter dem Namen des Trägheitsgesetzes.

[1] Das Gesetz der Wechselwirkung, welches vielfach als ein Grundprincip der Mechanik aufgeführt wird, soll hier nicht als ein solches aufgefasst werden. Dasselbe ist, was schon früher erwähnt wurde, als ein physikalisches Gesetz anzusehen, durch welches lediglich die Einwirkung zweier Naturkörper aufeinander, beziehungsweise die gegenseitige Einwirkung der Moleküle oder materiellen Punkte eines und desselben Körpers bestimmten Ausdruck erhält.

146. Zweites Grundprincip. Ein materieller Punkt werde zur Zeit t, in welchem Augenblick er die Geschwindigkeit v besitze, von einer Kraft P angegriffen. Diese Kraft P, (während eines unendlich kleinen Zeitabschnittes dt stets als konstant zu betrachten), bewirkt für sich während des folgenden Zeitelementes dt in ihrer Richtung einen ihr proportionalen Geschwindigkeitszuwachs du, welcher unabhängig ist sowohl von der Geschwindigkeit v, als auch von etwa noch weiteren, am materiellen Punkte wirkenden Kräften.

147. Umstände, unter welchen eine gradlinige, beziehungsweise krummlinige Bewegung eintritt. Ein materieller Punkt m habe in irgend einem Augenblick, sagen wir zur Zeit 0, eine Geschwindigkeit v_0. Im nämlichen Augenblick trete eine Kraft P an den materiellen Punkt heran. Nach dem zweiten Grundprincip der Mechanik erteilt die Kraft P im ersten Zeitelement dt dem materiellen Punkt in ihrer Richtung eine Geschwindigkeit du. Es besitzt daher der materielle Punkt am Ende des ersten, oder was dasselbe, am Anfang des zweiten Zeitelementes dt thatsächlich eine Geschwindigkeit v, welche sich durch Zusammensetzung der Geschwindigkeiten v_0 und du aus dem Parallelogramm der Geschwindigkeiten ergiebt.

Würde die Wirkungslinie der Kraft P während des ersten Zeitelementes dt sich decken mit der Richtungslinie der Anfangsgeschwindigkeit v_0, so fiele auch die Geschwindigkeit v am Ende des ersten Zeitelementes dt als Resultirende von v_0 und du in die gleiche Gerade. Ebenso verhielte es sich mit der Geschwindigkeit des materiellen Punktes am Ende des zweiten, dritten, $\cdots$ Zeitelementes dt, falls die Kraftrichtung sich nicht änderte; mit anderen Worten: es würde eine gradlinige Bewegung des materiellen Punktes erfolgen. Bildet aber die Kraft P mit der Richtungslinie von v_0 einen Winkel, der weder $= 0^0$ noch $= 180^0$ ist, so wird auch die resultirende Geschwindigkeit v von v_0 und du, welche die Geschwindigkeit der Bewegung des materiellen Punktes bei Beginn des zweiten Zeitelementes dt angiebt, eine etwas andere Richtung als v_0 haben. Damit zeigt sich aber, dass die Bewegung nicht in einer und derselben Geraden vor sich geht, dass also eine krummlinige Bewegung eintritt. Ebenso erfolgt eine krummlinige Bewegung, wenn ein materieller Punkt von einer Kraft angegriffen wird, welche ihre Richtung fortwährend ändert.

148. Die Grundgleichung der Kinetik des materiellen Punktes.
Eine Kraft P, welche einen frei beweglichen materiellen Punkt
von der Masse m angreift, erzeugt in ihrer Richtung während des
Zeitelementes dt einen Geschwindigkeitszuwachs du und damit
eine Beschleunigung $p = \frac{du}{dt}$. Nimmt man nun an, es sei die
Kraft C erforderlich, um der Masseneinheit eine Beschleunigung
gleich Eins zu ertheilen, so bedarf die Masse 1, falls sie die Beschleunigung p erhalten soll, entsprechend dem zweiten Grundprincip
der Mechanik einer p-mal so grossen Kraft, also der Kraft $C \cdot p$. Wenn
aber die Kraft Cp der Masse 1 die Beschleunigung p ertheilt,
dann ist nach der Schlussbemerkung in No. 142 zur Erzielung
derselben Beschleunigung p bei der Masse m eine m-mal so grosse
Kraft nöthig, d. h. die Kraft

$$P = C \cdot p \cdot m.$$

Dies ist die Grundgleichung der Kinetik des materiellen
Punktes.

Die Masseneinheit und die Krafteinheit können ganz
unabhängig von einander angenommen werden. Man pflegt jedoch
in der technischen Mechanik als Masseneinheit diejenige Masse
anzunehmen, welche von der Krafteinheit eine Beschleunigung
$= 1$ erfährt. In diesem Fall wird $C = 1$ und

$$P = m \cdot p.$$

149. Der Satz vom Parallelogramm der Kräfte. Ein frei beweglicher materieller Punkt von der Masse m werde gleichzeitig
von zwei Kräften P_1 und P_2 an-
gegriffen, welche ihm in ihren
Richtungen die Geschwindigkeiten
du_1 beziehungsweise du_2 im Zeitelement dt ertheilen. Diese beiden
Geschwindigkeiten du_1 und du_2
nach dem Parallelogramm der Geschwindigkeiten zusammengesetzt
liefern die resultirende Geschwindigkeit $AB = du$ (Fig. 174).

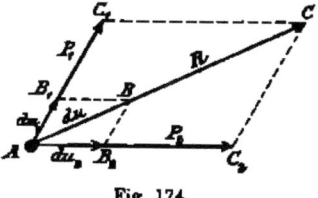

Fig. 174.

Trägt man nun von A aus in der Richtung AB_1 eine
Strecke AC_1 ab $= \left(C \cdot \frac{m}{dt} \right) \cdot du_1 = P_1$ und ebenso in der Richtung
AB_2 die Strecke $AC_2 = \left(C \cdot \frac{m}{dt} \right) \cdot du_2 = P_2$ und vollendet das Paral-

lelogramm AC_1CC_2A, so ist dieses zweite Parallelogramm ähnlich
dem Parallelogramm AB_1BB_2A, es fallen daher die Diagonalen
AB und AC aufeinander, auch wird

$$AC = \left(C \cdot \frac{m}{dt}\right) \cdot AB = \left(C \cdot \frac{m}{dt}\right) \cdot du.$$

Den Geschwindigkeitszuwachs du, welchen der materielle
Punkt durch das gleichzeitige Wirken der beiden Kräfte P_1 und
P_2 im Zeitelement dt erhält, erzielte auch eine einzige in der
Richtung AB wirkende Kraft R, deren Grösse ausgedrückt ist
durch

$$R = C \cdot m \cdot \frac{du}{dt} = \left(C \cdot \frac{m}{dt}\right) \cdot du = AC.$$

Die beiden Kräfte P_1 und P_2 lassen sich also ersetzen durch
die Kraft R. Man kann daher sagen:

Zwei Kräfte P_1 und P_2, welche einen und denselben
materiellen Punkt A nach verschiedenen Richtungen angreifen, haben eine Resultante R, deren Grösse und Richtung angegeben ist durch die von A ausgehende Diagonale des über den Kraftstrecken P_1 und P_2 beschriebenen
Parallelogrammes.

Dies ist der Satz vom Parallelogramm der Kräfte,
welchen wir in No. 8 als ein Axiom angenommen haben, der aber
nunmehr als ein aus den Grundprincipien der Mechanik folgender
Satz sich erweist.

Jetzt ist man auch zu der Annahme berechtigt, dass die
Resultante R beliebig vieler Kräfte P, welche einen materiellen
Punkt angreifen, dem materiellen Punkt eine Bewegung ertheilt,
welche übereinstimmt mit der von der Gesammtheit der Kräfte P
hervorgerufenen.

150. Die Beschleunigungskraft. Ist R die Resultante sämmtlicher, einen frei beweglichen materiellen Punkt angreifenden
Kräfte $P_1, P_2, P_3, \ldots$, so nennt man dieselbe die Beschleunigungskraft des materiellen Punktes, denn diese Kraft ist es,
welche den Geschwindigkeitszuwachs du des materiellen Punktes erzeugt und damit die Beschleunigung $\frac{du}{dt}$ desselben hervorruft. Wäre $R = 0$, so gäbe es auch bei der Bewegung des
materiellen Punktes keine Aenderung der Geschwindigkeit, keine
Beschleunigung.

Handelt es sich um einen unfreien, von treibenden Kräften P_1, P_2, P_3 .... angegriffenen materiellen Punkt, d. h. um einen materiellen Punkt, welcher genöthigt ist, entweder auf einer vorgeschriebenen Bahnlinie sich zu bewegen (Körper zwischen starren parallelen Führungen beweglich, durchbohrter Körper auf einem starren Draht) oder auf einer festen Fläche, so hat man den materiellen Punkt erst frei zu machen, indem man anstatt der festen Unterlage den Auflager- oder Bahnwiderstand W, welcher sich zusammensetzt aus dem Normalwiderstand W_n und dem Tangential- oder Reibungswiderstand W_t, als weitere, thatsächlich am materiellen Punkte wirkende Kraft anbringt; die Resultante R aus den treibenden Kräften P und dem Bahnwiderstand W ist dann vorliegenden Falles die Beschleunigungskraft des materiellen Punktes, d. h. diejenige Kraft, welche dem frei angenommenen materiellen Punkt eine Bewegung ertheilt, die übereinstimmt mit der von dem unfreien materiellen Punkt thatsächlich ausgeführten Bewegung.

§ 19.

Die Fundamentaleinheiten der Mechanik.

151. Fundamentale und abgeleitete Einheiten der technischen Mechanik. In der Regel ist das Meter als Längeneinheit festgesetzt, woraus sich das Quadratmeter als Flächeneinheit und das Kubikmeter als Raumeinheit ergeben. Diese zwei letztgenannten Einheiten sind aus der Längeneinheit „abgeleitet", sie werden daher abgeleitete Einheiten genannt im Gegensatz zu der Längeneinheit, welche als fundamentale Einheit bezeichnet wird. Ebenso tritt in der technischen Mechanik ausser der Sekunde, noch die Krafteinheit als Fundamentaleinheit auf, während die Masseneinheit als abgeleitete Einheit erscheint. Als Krafteinheit pflegt nämlich der Techniker das Kilogramm anzunehmen, oder schärfer ausgedrückt, die Intensität desjenigen an einem Dynamometer ausgeübten Zuges, welcher an dem Dynamometer die gleiche Deformation hervorruft, wie ein an das Dynamometer gehängtes, 1 Kilogramm schweres Gewichtstück, also wie ein Körper, dessen Gewicht mit demjenigen des gesetzlichen Normalkilogrammstückes[1])

---

[1]) Bezüglich des Normalkilogrammstückes ist anzuführen, dass das Prototyp des Kilogramms bei dem Internationalen Maass- und Gewichtsbureau in Paris niedergelegt ist und dass für das deutsche Reich nach dem

übereinstimmt. Bezüglich der Masseneinheit dagegen ist festgesetzt, dass sie von der Masse eines jeden Körpers vorgestellt werde, welcher von der Krafteinheit eine Beschleunigung gleich Eins erhält. Damit zeigt sich dann, wie in No. 146 nachgewiesen wurde, zwischen Kraft P, Masse m und Beschleunigung p die allgemeine Beziehung:

$$P = mp.$$

Ist nun Q das Gewicht eines Körpers von der Masse m, und g die Fallbeschleunigung, so hat man auch

$$Q = mg \quad \text{oder} \quad m = \frac{Q}{g} \quad \text{und mit} \quad Q = g \quad m = 1,$$

d. h. die Masseneinheit ist durch die Masse angegeben, welche in jedem g Kilogramm schweren, oder wenn man, wie üblich, $g = 9,81$ Meter bezogen auf die Sekunde annimmt, in jedem 9,81 Kilogramm schweren Körper enthalten ist.

152. Einwendungen gegen die gewählte Krafteinheit und Masseneinheit. Genaue Ermittelungen haben erwiesen, dass die Fallbeschleunigung g der Körper nicht überall auf der Erde eine und dieselbe ist, dass vielmehr g sich aus Gründen, die wir später kennen lernen werden, mit der geographischen Breite und der Meereshöhe des Beobachtungsortes etwas ändert. So ergiebt sich für einen Erdort in Meereshöhe am Aequator $g = 9,7807$ Meter bezogen auf die Sekunde, am Pol $g = 9,8315$ m, unter einer geographischen Breite von 45° $g = 9,8061$ m. Wäre der Erdort unter 45° geographischer Breite 500 m über dem Meeresspiegel gelegen, stellte sich $g = 9,8060$ m heraus.

Wie die Fallbeschleunigung g zeigt sich aber auch die Intensität, mit welcher die Schwerkraft auf einen Körper einwirkt, d. h. das Gewicht eines Körpers von der Lage des Erdortes abhängig, und zwar erfolgt die Aenderung des Gewichtes in demselben Verhältnis, in welchem sich g ändert. Es ist daher der Quotient $\frac{Q}{g} = m$ thatsächlich unabhängig vom Erdort und demgemäss die Auffassung der Masse als der vom Erdort selbstverständlich nicht beeinflussbaren Stoffmenge, durchaus gerechtfertigt.

Gesetz vom 26. April 1693 als Urgewicht dasjenige von dem Prototyp des Kilogramm abgeleitete Gewichtsstück aus Platin-Iridium gilt, welches durch die Internationale Generalkonferenz für Maass und Gewicht dem deutschen Reich als nationales Prototyp überwiesen worden ist und von der Normal-Aichungskommission aufbewahrt wird.

Da nach dem oben Erwähnten ein Kilogrammstück an verschiedenen Erdorten an ein und dasselbe Dynamometer gehängt, unter Umständen verschiedene Deformationen des Dynamometers hervorruft, so muss streng genommen bei der Festsetzung der Krafteinheit auch angeführt werden, an welchem Erdort das Gewicht eines Kilogrammstückes an dem Dynamometer die Krafteinheit bezeichnet.

Aehnliches ist bezüglich der Masseneinheit zu bemerken mit Rücksicht darauf, dass diese festgesetzt wurde als die Masse eines Körpers, dessen Gewicht mit demjenigen von g Einkilogrammstücken übereinstimmt. Es ist jedoch, wie wir gesehen haben, die Veränderlichkeit der Fallbeschleunigung g und damit auch die Veränderlichkeit des Gewichtes eines Körpers so unerheblich, dass sie für den Techniker im allgemeinen nicht in Betracht kommt. Letzterer hat daher zunächst keinen Anlass, von der oben festgesetzten, in der Technik längst eingebürgerten, Krafteinheit und der aus ihr abgeleiteten Masseneinheit abzugehen. Demgemäss werden auch wir die erwähnten Einheiten beibehalten.

158. Das absolute Masssystem. Der Umstand, dass bei Festsetzung der technischen Krafteinheit streng genommen auch der Erdort angegeben werden muss, an welchem das Gewicht eines Kilogrammstückes die Krafteinheit bezeichnet, dass also die technische Krafteinheit und damit auch die technische Masseneinheit keine absoluten, vom Erdort unabhängigen Einheiten darstellen, gab Veranlassung, noch ein anderes Masssystem als das oben erwähnte technische, nämlich das sogenannte absolute Masssystem aufzustellen. In demselben sind die Fundamentaleinheiten: Längeneinheit, Zeiteinheit und Masseneinheit. Da nämlich die Masse d. h. die Menge der Materie eines Körpers vom Erdort nicht beeinflusst wird, so lässt sich auch die Masseneinheit, wie die Längeneinheit und die Zeiteinheit als eine absolute festsetzen, womit das Masssystem als ein absolutes gekennzeichnet ist.

Als Längeneinheit dient im absoluten Masssystem das Centimeter, als Masseneinheit die in einem Kubikcentimeter Wasser von 4^0 C. enthaltene Masse, d. h. die Masse eines Grammstückes, endlich als Zeiteinheit die Sekunde oder der 86 400ste Theil des mittleren Sonnentages. Wegen dieser Fundamentaleinheiten wird das absolute Masssystem auch Centimeter-Gramm-Sekunden-System oder kurzweg C-G-S-System genannt.

Will man jetzt in diesem System die als abgeleitete Einheit erscheinende Krafteinheit angeben, so ist wieder zu beachten, dass die Krafteinheit der Masseneinheit die Beschleunigung 1 zu ertheilen hat. Demgemäss wäre im absoluten oder C-G-S-System die Krafteinheit aufzufassen als diejenige Kraft, welche einem Grammstück eine Beschleunigung von 1 cm bezogen auf die Sekunde ertheilt.

Wird, wie seither die Fallbeschleunigung, bezogen auf Meter und Sekunde, mit g bezeichnet, so ist die Fallbeschleunigung g', die Geschwindigkeit am Ende der ersten Fallsekunde, im C-G-S-System ausgedrückt durch

$$g' = 100 \, g.$$

Da nun ein Grammstück die Beschleunigung 1 cm, bezogen auf die Sekunde, von der absoluten Krafteinheit erhält und damit die Fallbeschleunigung g' durch $g' = 100 \cdot g$ absolute Krafteinheiten, andererseits aber das Grammstück infolge seines Eigengewichtes von 0,001 Kilogramm die Fallbeschleunigung annimmt, so entsprechen $100 \cdot g$ absolute Krafteinheiten einem Gewicht von 0,001 kg. Daraus ergiebt sich die Krafteinheit im C-G-S-System oder das sogenannte $\mathrm{Dyn} = \dfrac{1}{100000 \, g}$ Kilogramm. Hierbei ist unter g die an dem Beobachtungsort stattfindende Fallbeschleunigung, auf Meter und Sekunde bezogen, zu verstehen, und das Kilogramm aufzufassen als das Gewicht des Normalkilogrammstückes, wie solches an demselben Beobachtungsort sich am Dynamometer äussert. Mit

$$g = 9{,}81 \text{ m} \quad \text{erhält man} \quad 1 \, \mathrm{Dyn} = \frac{1}{981\,000} \text{kg} = \frac{1}{9{,}81} \cdot 10^{-5} \text{ kg},$$

also ein Dyn nahezu gleich einem Milligramm,

$$1 \text{ Kilogramm} = 981\,000 \text{ Dyn}.$$

154. Uebergang von einem Maassystem auf ein anderes. Bezeichnet man in einem Maassystem die Fundamentaleinheit der Länge mit l_1, der Zeit mit t_1, der Masse mit m_1, oder, wenn die Kraft als Fundamentaleinheit auftritt, der Kraft mit P_1, so erhält man die nachstehenden abgeleiteten Einheiten ausgedrückt, wie folgt: Einheit der Fläche: $F_1 = (l_1{}^2)$; des Rauminhaltes: $V_1 = (l_1{}^3)$; der Geschwindigkeit: $v_1 = \dfrac{l_1}{t_1} = (l_1 \cdot t_1{}^{-1})$;

der Beschleunigung $p_1 = \dfrac{v_1}{t_1} = (l_1 \cdot t_1{}^{-2})$; der Kraft: $P_1 = m_1 p_1$

$= (m_1 \, l_1 \, t_1{}^{-2})$, beziehungsweise der Masse $m_1 = \dfrac{P_1}{p_1} = (P_1 \, t_1{}^2 \, l_1{}^{-1})$.

Diese Gleichungen, aus welchen sich die Dimensionen der betreffenden Grössen (Fläche, Rauminhalt, Geschwindigkeit etc.) ergeben, werden die Dimensionsgleichungen der Grössen genannt.

Sollen jetzt Grössen, deren Zahlenwerthe in einem bestimmten Massystem angegeben sind, für ein anderes Maassystem numerisch festgesetzt werden, dessen Fundamentaleinheiten nicht mehr l_1, t_1, m_1 beziehungsweise P_1, sondern l'_1, t'_1, m'_1 beziehungsweise P'_1 sind, so kann man hierbei verfahren, wie in nachfolgenden Beispielen gezeigt ist.

Nehmen wir zunächst an, es solle eine Geschwindigkeit von 25 Meter in der Sekunde in Kilometer auf die Stunde ausgedrückt werden.

Man hat $v = 25$ m in der Sekunde $= 25$ Geschwindigkeitseinheiten im Meter-Sekundensystem, also $= 25 v_1 = 25 (l_1 t_1^{-1})$.

Nun ist 1 m $= 0,001$ km oder $l_1 = 0,001 \cdot l'_1$,

ferner: 1 Sekunde $= \dfrac{1}{60 \cdot 60}$ Stunde oder $t_1 = \dfrac{1}{3600} \cdot t'_1$,

womit $v = 25 \cdot 0,001 \cdot l'_1 \cdot \dfrac{3600}{t'_1} = 25 \cdot 3,6 \cdot \dfrac{l'_1}{t'_1} = 90 (l'_1 t'_1{}^{-1}) = 90 v'_1$

$= 90$ Geschwindigkeitseinheiten im Kilometer-Stundensystem oder $v = 90$ km in der Stunde.

Wäre die Fallbeschleunigung $g = 9,81$ Meter bezogen auf die Sekunde, für Fussmass (1 m $= 3,5$ Fuss) und für Minuten zu bestimmen, würde man setzen:

$g = 9,81$ Beschleunigungseinheiten im Meter-Sekundensystem

$$= 9,81 p_1 = 9,81 (l_1 t_1^{-2}).$$

Es ist aber 1 m $= 3,5$ Fuss oder $l_1 = 3,5 l'_1$,

ferner 1 Sekunde $= \dfrac{1}{60}$ Minute oder $t_1 = \dfrac{1}{60} t'_1$,

somit $g = 9,81 \left(3,5 \cdot l'_1 \cdot \dfrac{3600}{(t'_1)^2}\right) = 9,81 \cdot 3,5 \cdot 3600 (l'_1 t'_1{}^{-2})$

$$= 9,81 \cdot 12\,600 \text{ Beschleunigungseinheiten im Fuss-Minutensystem}$$

oder $g = 123\,666$ Fuss bezogen auf die Minute.

Zum Schluss möge noch eine Kraft von 20 Kilogramm in absoluten Krafteinheiten oder Dyn ausgedrückt werden.

Oben wurde gezeigt, dass eine Kraft von 1 Kilogramm $= 981\,000$ Dyn, man erhält daher unmittelbar 20 Kilogramm $= 20 \cdot 981\,000$ Dyn. Zur Uebung wollen wir jedoch auch hier das allgemeine Verfahren noch einmal anwenden. Man hat vorliegenden Falles

$$P = 20 \text{ Kilogramm} = 20 \text{ technische Krafteinheiten} = 20 P_1 =$$
$$= 20 (m_1 l_1 t_1^{-2}).$$

Nun ist im technischen Masssystem die Zeiteinheit dieselbe wie im absoluten System, d. h. $t_1 = t'_1$, dagegen sind Längeneinheit und Masseneinheit in den genannten Masssystemen verschieden. Im technischen Massystem ist nämlich die Längeneinheit das Meter, im absoluten das Centimeter, so dass $l_1 = 100 l'_1$, ferner hat man im technischen Massystem als Masseneinheit, wenn die Fallbeschleunigung $g = 9,81$ m bezogen auf die Sekunde, die in 9,81 cdm $= 9,81 \cdot 1000$ ccm Wasser enthaltene Masse. Im absoluten Massystem ist aber als Masseneinheit die in einem Kubikcentimeter Wasser enthaltene Masse angenommen, womit

$$m_1 = 9,81 \cdot 1000 m'_1$$

und $\quad P = 20 (9,81 \cdot 1000 \cdot m'_1 \cdot 100 l'_1 \cdot t'_1{}^{-2}) = 20 \cdot 981 000 (m'_2 l'_1 t'_1{}^{-2})$
$$= 20 \cdot 981 000 \text{ Dyn.}$$

Ueber die Einheiten der Arbeit und der Leistung im absoluten Massystem wird das Betreffende in No. 168 angeführt werden.

---

7. Kapitel.

Geradlinige Bewegung eines materiellen Punktes.

§ 20.

Allgemeine Lehren und Sätze.

155. Die Grundgleichung für die geradlinige Bewegung. Nach früheren Bemerkungen muss, wenn eine geradlinige Bewegung eintreten soll, die Wirkungslinie der Beschleunigungskraft mit der Richtungslinie der Anfangsgeschwindigkeit des materiellen Punktes zusammenfallen, auch darf im Verlaufe der Bewegung die Beschleunigungskraft ihre Richtung nicht ändern. Sind diese Bedingungen von Seiten der Beschleunigungskraft erfüllt, so wird die Bewegung des materiellen Punktes in der an Ort und Stelle bleibenden Wirkungslinie der Beschleunigungskraft erfolgen. Man hat dann zur Bestimmung der erfolgenden geradlinigen Bewegung zunächst wieder in der Bahnlinie einen Fixpunkt O und die $+s$-Richtung festzusetzen.

Bewegt sich zur Zeit t der materielle Punkt in der $+s$-Richtung mit der Geschwindigkeit v, so ist seine Geschwindigkeit zur Zeit $t+dt$, wenn dv der von der Beschleunigungskraft P in ihrer Richtung während des Zeitelementes dt hervorgerufene Geschwindigkeitszuwachs, ausgedrückt durch:

$$v+dv = v \pm du \quad \text{oder da} \quad P = m \cdot \frac{du}{dt};$$

$$v+dv = v \pm \frac{P \cdot dt}{m}; \qquad dv = \pm \frac{P \cdot dt}{m};$$

$$m \cdot \frac{dv}{dt} = \pm P,$$

wobei man das $+$- oder $-$-Zeichen zu nehmen hat, je nachdem dv und damit P im Sinne der $+s$ oder der $-s$ gerichtet ist.

156. Allgemeine Bemerkungen bezüglich der Probleme des vorliegenden Kapitels. Diese Probleme sind entsprechend dem in No. 2 der Einleitung Gesagten von zweierlei Art: entweder handelt es sich darum, für eine gegebene geradlinige Bewegung die Beschleunigungskraft zu ermitteln, oder es ist die Bewegung des materiellen Punktes zu bestimmen, der von gegebenen, eine Resultante in der geraden Bahnlinie liefernden Kräften angegriffen wird.

Liegt die Aufgabe vor, für eine stattfindende geradlinige Bewegung eines freien materiellen Punktes die Beschleunigungskraft zu bestimmen, so wird man zunächst auf die in No. 133 gezeigte Weise die Gleichung der Bewegung in der Bahn, $s = f(t)$ festsetzen, indem man den Ursprung O in der Bahn und die $+s$-Richtung annimmt und die Linie der s, sowie deren Gleichung bestimmt. Aus dieser Gleichung $s = f(t)$ ergiebt sich sodann durch zweimaliges Ableiten nach t die Beschleunigung p, worauf man p nur mit der Masse m des materiellen Punktes zu multipliciren hat, um die gesuchte Beschleunigungskraft $P = mp$, im allgemeinen in Funktion der Zeit, zu erhalten. Wird nun p und damit auch P für einen bestimmten Werth von t positiv, so ist damit angezeigt, dass die Beschleunigungskraft zu der betreffenden Zeit in der $+s$-Richtung wirkt, andernfalls entgegengesetzt.

Nehmen wir jetzt an, es sei die Beschleunigungskraft P gegeben und die Bewegung des materiellen Punktes gesucht.

Zunächst wird wieder der Ursprung O und die $+s$-Richtung festgesetzt, hierauf der Werth von P in die Grundgleichung

$$P = m \cdot \frac{dv}{dt}$$

eingesetzt, wobei der Beschleunigungskraft P das $+$-Zeichen beizulegen ist, wenn sie in der $+s$-Richtung wirkt, andernfalls das
$-$-Zeichen. Durch Integration können dann die weiteren Gleichungen erhalten werden, durch welche die Bewegung des materiellen Punktes bestimmt ist.

Die Beschleunigungskraft P ist entweder konstant oder veränderlich; letzterenfalls kann sie als eine Funktion der Zeit
gegeben sein, oder als eine Funktion des Abstandes s oder der
Geschwindigkeit v, unter Umständen von v und s zugleich u. s. f.

Ist die Beschleunigungskraft P konstant oder als eine Funktion der Zeit t gegeben, so lässt sich die Integration der aus der
Grundgleichung

$$P = mp = m \cdot \frac{dv}{dt}$$

sich ergebenden Differentialgleichung

$$dv = \frac{P}{m} dt$$

ohne weiteres bewerkstelligen. Dasselbe ist der Fall, wenn die
Beschleunigungskraft P eine Funktion der Geschwindigkeit v ist,
nur hat man hier die Differentialgleichung unter der Form

$$\frac{dv}{P} = \frac{1}{m} \cdot dt$$

anzuschreiben. Ist dagegen P als Funktion des Abstandes s gegeben, so multiplicirt man die Differentialgleichung

$$mdv = Pdt$$

erst mit v und erhält

$$mvdv = P \cdot v \cdot dt = P \cdot \frac{ds}{dt} \cdot dt = Pds,$$

worauf sich die Integration durchführen lässt. Dabei wollen wir
bemerken, dass bei der Multiplikation mit $v = \frac{ds}{dt}$ für v und damit auch für ds der Absolutwerth angenommen ist.

Wäre P eine Funktion f von v und von s, würde man setzen

$$v = \frac{ds}{dt} \quad \text{und} \quad p = \frac{d^2 s}{dt^2},$$

$$\frac{d^2 s}{dt^2} = \frac{1}{m} f\left(\frac{ds}{dt}, \; s\right),$$

ifferentialgleichung zweiter Ordnung, welche unter Umständen integrirt werden kann und dann eine Beziehung zwischen s und t liefert.

157. Der Satz vom Antrieb. Aus der Gleichung

$$P = m \cdot \frac{dv}{dt} \quad \text{folgt} \quad m\,dv = P\,dt \quad \text{und} \quad \int_{v_0}^{v} m\,dv = \int_{0}^{t} P\,dt$$

$$\text{oder} \quad m\,v - m\,v_0 = \int_{0}^{t} P\,dt,$$

wobei der Kraft P das $+$-Zeichen beizulegen ist, wenn sie in der $+s$-Richtung wirkt, andernfalls ist ihr das $-$-Zeichen vorzusetzen.

Durch die letzte Gleichung ist der Satz vom Antrieb ausgedrückt. Man nennt nämlich das Produkt $P \cdot dt$ den Antrieb der Kraft P in der Zeit dt oder den Elementarantrieb der Kraft P und $\int_{0}^{t} P\,dt$ den Antrieb der Kraft P in der Zeit t, ferner das Produkt aus der Masse des materiellen Punktes und der Geschwindigkeit die Grösse der Bewegung des materiellen Punktes in dem betreffenden Augenblick. Der durch die obige Gleichung angegebene Satz lautet demgemäss:

Es ist die Aenderung der Bewegungsgrösse eines materiellen Punktes in einer bestimmten Zeit gleich dem Antrieb der Beschleunigungskraft in derselben Zeit.

158. Die mechanische Arbeit. Ist eine Last von einem Pferde eine schiefe Ebene hinaufgezogen worden, so sagt man, das Pferd habe hierbei eine gewisse Arbeit geleistet. Diese Arbeit bezeichnen wir als eine um so grössere, je grösser die vom Pferde angewendete Kraft und je länger der zurückgelegte Weg war.

Man hat nun den Begriff der Arbeit auch in der Dynamik eingeführt. Ist P eine konstante Kraft, welche einen materiellen Punkt in ihrer Wirkungslinie um die Strecke s in der Zeit t weiter führt, so nennt man das Produkt $P \cdot s$ die mechanische Arbeit oder kurzweg die Arbeit der Kraft P auf dem Wege s oder in der Zeit t. Aendert aber die Kraft P während der Bewegung des materiellen Punktes ihre Intensität stetig, so kann man die Kraft doch während eines Zeitelementes dt als konstant annehmen. Dabei nennt man die von der Kraft P in einem Zeitelement dt verrichtete Arbeit die Elementarbeit der Kraft P. Kommt in der Zeit dt der materielle Punkt in der Kraftrichtung weiter um ds, so ist die Elementararbeit der Kraft P ausgedrückt durch $P \cdot ds$. Die gesammte auf dem Wege s von der Kraft P geleistete Arbeit A ist dann gleich der Summe der Elementararbeiten der Kraft. Man hat daher

$$A = \Sigma P ds.$$

Nehmen wir P wieder konstant an, womit $A = P \cdot s$, so erhält man mit $P = 1$ und $s = 1$ auch $A = 1$, d. h. die Arbeitseinheit ist bei den von uns gewählten Fundamentaleinheiten diejenige Arbeit, welche eine Kraft von 1 kg auf einem in der Kraftrichtung zurückgelegten Weg von 1 m Länge verrichtet, oder das sogen. Kilogrammmeter (kgm) oder Meterkilogramm (mkg).

Im absoluten Massystem (C-G-S-System) ist die Arbeitseinheit das Erg, d. h. die Arbeit, welche von der absoluten Krafteinheit, dem Dyn, auf einem in der Kraftrichtung zurückgelegten Weg von 1 cm verrichtet wird. Da nun nach No. 153

$$1 \text{ Dyn} = \frac{1}{9,81 \cdot 100000} \text{ kg} \quad \text{und} \quad 1 \text{ cm} = \frac{1}{100} \text{ m},$$

so ergiebt sich

$$1 \text{ Erg} = \frac{1}{981 \cdot 100000} \text{ kgm}$$

und damit 1 Kilogrammmeter $= 981 \cdot 10^5$ Erg.

Bei dieser Gelegenheit möge noch bemerkt werden, dass man in der Technik die in 1 Sekunde geleistete Arbeit als Leistung oder Effekt bezeichnet und eine in 1 Sekunde verrichtete Arbeit von 75 Kilogrammmeter oder die sogenannte Pferdekraft, besser Pferdestärke (PS) als Einheit der Leistung annimmt, womit dann auch

1 Pferdestärke $= 75 \cdot 981 \cdot 10^5$ Erg $= 7,36 \cdot 10^9$ Erg in der Sekunde.

Bei der geradlinigen Bewegung eines materiellen Punktes sei die Beschleunigungskraft P im Sinne der $+s$ gerichtet, auch erfolge die Bewegung des materiellen Punktes im gleichen Sinne. In diesem Falle ergiebt sich als Elementararbeit der Kraft P

$$dA = (+P)(+ds) = +Pds.$$

Wäre dagegen bei einer Vorwärtsbewegung des materiellen Punktes die Kraft P im Sinne der $-s$ gerichtet, hätte man

$$dA = (-P)(+ds) = -Pds$$

und ebenso bei **vorwärts** gerichteter Kraft P und **rückwärts** sich bewegendem materiellem Punkt

$$dA = (+P)(-ds) = -Pds.$$

Endlich erhält man bei **rückwärts** gerichteter Kraft P und **rückwärts** erfolgender Bewegung des materiellen Punktes

$$dA = (-P)(-ds) = +Pds.$$

Man kann also sagen, dass die **Elementararbeit einer Kraft positiv ist, wenn während des Einwirkens der Kraft der materielle Punkt sich in der Kraftrichtung bewegt, negativ dagegen im entgegengesetzten Falle.**

Handelt es sich um eine Reihe von Kräften P_1, P_2, P_3 ..., welche einen in gerader Linie sich bewegenden materiellen Punkt angreifen und mit ihren Wirkungslinien alle in der geradlinigen Bahn des materiellen Punktes gelegen sind, so erhält man die Resultante R dieser Kräfte P, indem man die Kräfte, deren Richtung mit der als $+s$-Richtung angenommenen Bewegungsrichtung des materiellen Punktes übereinstimmt, als positiv bezeichnet, die anderen als negativ, und sodann die algebraische Summe sämmtlicher Kräfte P bildet. Man hat also:

$$R = P_1 + P_2 + P_3 + \cdots$$

Multiplicirt man diese Gleichung mit ds, so ergiebt sich:

$$Rds = P_1 ds + P_2 ds + P_3 ds + \cdots$$

und wenn man integrirt:

$$\int Rds = \int P_1 ds + \int P_2 ds + \int P_3 ds + \cdots$$

d. h.: **Es ist die Arbeit der Resultanten gleich der algebraischen Summe der Arbeiten der Komponenten.**

159. Graphische Darstellung der Arbeit einer Kraft. Es sei s_0 der Abstand des materiellen Punktes vom Ursprung in der Bahn zur Zeit 0 und s der Abstand zur Zeit t. Trägt man nun in einem rechtwinkligen Koordinatensystem die Abstände s von s_0 bis s als Abscissen und die zugehörigen Werthe der Kraft P als Ordinaten auf und verbindet die Endpunkte der Ordinaten durch eine stetige Linie (Fig. 175), so stellt die Fläche $s_0 P_0 P s$, welche $= \Sigma Pds$ ist, die von der Kraft P in der Zeit t geleistete Arbeit vor.

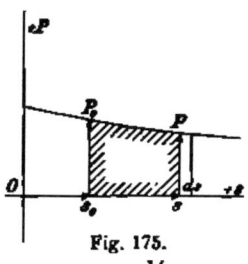

Fig. 175.

Ist die Kraft P konstant, so ist die Linie der P eine Gerade parallel der Abscissenachse und die „Arbeitsfläche" ein Rechteck.

160. Arbeit des Dampfdruckes im Cylinder einer Dampfmaschine bei Annahme von Expansion. Es sei

F die nutzbare Kolbenfläche, im Falle der Fig. 176 auch der lichte Querschnitt des Dampfcylinders;

$A_0 A' = s'$ der Kolbenhub;

$A_0 A_1 = s_1$ der Kolbenweg bis zur Absperrung des Dampfes, also bis zum Beginn der Expansion;

p_1 die Dampfspannung oder der Dampfdruck pro Flächeneinheit, welche in dem Raume $A_0 A_1$ des Cylinders, sowie in dem mit letzterem in Verbindung stehenden schädlichen Raume V_0 herrscht,

p die Dampfspannung, wenn der Kolben den Weg $A_0 A = s > s_1$ zurückgelegt hat.

Damit wird für die betreffende Lage des Kolbens der Druck des Dampfes auf die Kolbenfläche:

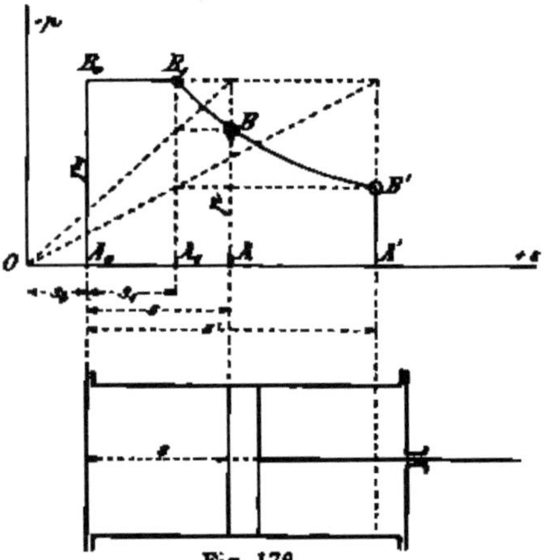

$$P = p \cdot F.$$

Nun ergiebt sich unter der Voraussetzung konstant bleibender Temperatur nach dem Mariotteschen Gesetz für $s \genfrac{}{}{0pt}{}{>s_1}{<s'}$

$$(V_0 + Fs)p = (V_0 + Fs_1)p_1$$

oder, wenn man $V_0 = Fs_0$ setzt:

$$p(s_0 + s) = p_1(s_0 + s_1);$$
$$px = p_1 x_1 = c^2,$$

Fig. 176.

wobei $s_0 + s$ mit x und $s_0 + s_1$ mit x_1 bezeichnet ist und c eine Konstante bedeutet.

Die Gleichung $px = c^2$ ist bekanntlich diejenige einer gleichseitigen Hyperbel.

Trägt man also die $x = s_0 + s$ als Abscissen und die zugehörigen Werthe von p als Ordinaten auf und zeichnet die Linie der p, so ist diese von $x = s_0$ bis $x = s_0 + s_1$ eine Gerade parallel der Abscissenachse und von $x = s_0 + s_1$ bis $x = s_0 + s'$

eine gleichseitige Hyperbel, deren Konstruktion, aus der Gleichung $px = p_1 x_1$ folgend, in Fig. 176 angegeben ist. Die von dem Dampfdruck P bei einem Kolbenhub geleistete Arbeit zeigt sich sodann ausgedrückt durch das Produkt aus F und der Fläche $A_0 B_0 B_1 B' A'$.

161. Die durch die Ausdehnung eines Stabes hervorgerufene Widerstandsarbeit. Ein vertikaler, an seinem oberen Ende A_0 befestigter Stab (Fig. 177) von konstantem Querschnitt F und der ursprünglichen Länge $A_0 B_0 = l$ werde im Schwerpunkt B_0 seiner unteren Endfläche mit Q belastet, infolge dessen der Stab sich um $B_0 B' = \lambda$ ausdehne. Von dem Stab denken wir uns durch einen Querschnitt im Abstand dl von seinem unteren Ende ein scheibenförmiges Element dm abgeschnitten und bei diesem Element dm den über ihm gelegenen Stabtheil ersetzt durch eine entsprechende an der oberen Endfläche F der Scheibe dm in der Stabachse wirkende, nach oben gerichtete „Spannkraft" S, worauf wir das scheibenförmige Element dm als einen freien materiellen Punkt ansehen dürfen, an welchem vertikal abwärts die Last Q und vertikal aufwärts die Kraft S wirkt.

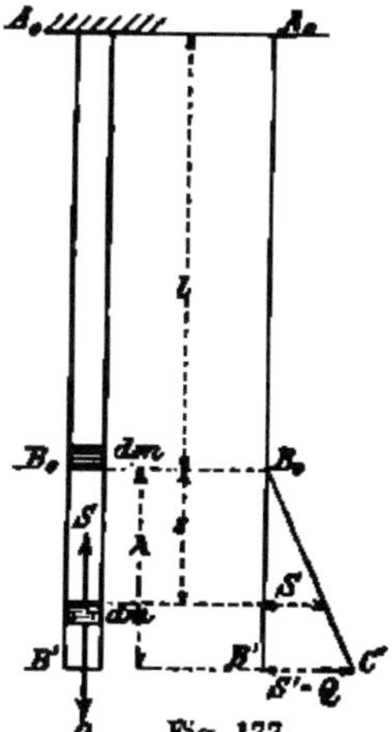

Die als ein Widerstand aufzufassende Spannkraft S, welche bei Beginn der Ausdehnung des Stabes gleich Null war, ist eine veränderliche Kraft. Um nun die Arbeit A von S bei der Ausdehnung des Stabes um λ, also auf dem Wege λ des materiellen Punktes dm, zu erhalten, nehmen wir den Punkt B_0 als Ursprung und die $+ s$- Richtung vertikal abwärts an. Damit ergiebt sich:

$$A = \int_0^\lambda - S \cdot ds = - \int_0^\lambda S \cdot ds.$$

Ist s der Abstand des materiellen Elementes dm von B_0 in irgend einem Augenblick während der Ausdehnung des Stabes, so hat man, der Elasticitätslehre gemäss, als Stabspannung σ in diesem Augenblick

$$\sigma = E \varepsilon = E \cdot \frac{s}{l}$$

Fig. 177.

unter E den Elasticitätsmodul und unter ε die Dehnung des Stabes verstanden. Damit wird

$$S = \sigma \cdot F = \frac{EF}{l} \cdot s = k \cdot s,$$

wobei k eine Konstante.

Für die Linie der S erhält man daher, wenn die s als Abscissen und die zugehörigen S als Ordinaten aufgetragen werden, eine durch den Ursprung B_0 gehende Gerade und damit als Arbeit der Kraft S bei der Ausdehnung des Stabes um λ, wobei für $s = \lambda$ die Spannkraft $S = S'$ sei

$$A = \text{Dreiecksfläche } B_0 B' C' = \frac{1}{2} S' \cdot \lambda.$$

Berücksichtigt man aber, dass

$$S' = EF \cdot \frac{\lambda}{l},$$

so erhält man als Widerstandsarbeit bei der Ausdehnung des Stabes um λ:

$$A = -\frac{1}{2} \cdot \frac{EF}{l} \cdot \lambda^2.$$

Bedeutet nun λ die Ausdehnung des Stabes bei ruhig hängender Last Q, so hat man

$$S = S' = Q.$$

162. Der Satz von der Arbeit. Multiplicirt man die Gleichung

$$m\,dv = P\,dt$$

mit $v = \frac{ds}{dt}$, wobei für v und damit auch für ds je der Absolutwerth genommen wird, so erhält man

$$m v\,dv = Pv\,dt = P \cdot \frac{ds}{dt} \cdot dt = P\,ds$$

und durch Integration dieser Gleichung, wenn man dabei annimmt, dass zur Zeit 0 die Geschwindigkeit $= v_0$ und der Abstand $= s_0$, zur Zeit t die Geschwindigkeit $= v$ und der Abstand $= s$ sei:

$$\int_{v_0}^{v} m v\,dv = \int_{s_0}^{s} P\,ds \quad \text{oder} \quad \frac{1}{2} m v^2 - \frac{1}{2} m v_0^2 = \int_{s_0}^{s} P\,ds,$$

In welcher Gleichung der Kraft P das $+$-Zeichen beizulegen ist, wenn die Kraft in der $+s$-Richtung wirkt, andernfalls das $-$-Zeichen. ds dagegen hat man, wie schon oben angegeben wurde, absolut zu nehmen. Mit der Gleichung

$$\frac{1}{2} m v^2 - \frac{1}{2} m v_0^2 = \int_{s_0}^{s} P ds$$

ist der wichtige Satz von der Arbeit, welcher in der Technik eine so bedeutende Rolle spielt, zum Ausdruck gebracht.

Man nennt hierbei das Produkt $\frac{1}{2} m v^2$ die lebendige Kraft des materiellen Punktes von der Masse m in dem Augenblick, in welchem derselbe die Geschwindigkeit v besitzt, also zur Zeit t, $\frac{1}{2} m v_0^2$ die lebendige Kraft zur Zeit 0.

Pds ist, wie wir oben gesehen haben, die Elementararbeit der Kraft P und $\int_{s_0}^{s} Pds$ die gesammte Arbeit der Kraft P auf dem vom materiellen Punkt in der Zeit t zurückgelegten Wege. Der Satz von der Arbeit lautet daher:

Es ist die Aenderung der lebendigen Kraft eines materiellen Punktes in einer gewissen Zeit gleich der Arbeit der Beschleunigungskraft auf dem in der betreffenden Zeit von dem materiellen Punkt zurückgelegten Wege.

Man pflegt den Satz von der Arbeit auch den Satz von der lebendigen Kraft zu nennen.

§ 21.

Beispiele betreffend die Bestimmung der Beschleunigungskraft für eine geradlinige Bewegung von gegebener Gleichung.

168. Gleichförmig veränderte Bewegung. In No. 138 haben wir gesehen, dass die allgemeine Gleichung zweiten Grades zwischen dem Abstand s und der Zeit t

$$s = a + bt + ct^2,$$

weil die Geschwindigkeit $v = b + 2ct$ und die Beschleunigung $p = 2c$, eine gleichförmig veränderte Bewegung ausdrückt.

Eben daselbst wurde gezeigt, dass, wenn b und c positiv sind, die Bewegung eine beschleunigte Vorwärtsbewegung ist. In diesem Falle ergiebt sich die Beschleunigungskraft

$$P = mp = + m \cdot 2c,$$

sie ist also, entsprechend dem in No. 155 Gesagten, wegen des positiven Vorzeichens im Sinne der $+s$ gerichtet.

Wäre b negativ und c negativ, erhielte man eine beschleunigte Rückwärtsbewegung und die Beschleunigungskraft

$$P = -m \cdot 2c$$

im Sinne der $-s$ gerichtet.

Bei einem negativen b und einem positiven c handelt es sich, wie in No. 138 gezeigt wurde, so lange $t < \dfrac{b}{2c}$ um eine verzögerte Rückwärtsbewegung, hierauf aber, wenn $t > \dfrac{b}{2c}$ geworden, um eine beschleunigte Vorwärtsbewegung. Diese eigenthümliche Bewegung erfolgt mithin auf Grund einer im Sinne der $+s$ gerichteten Beschleunigungskraft

$$P = + m \cdot 2c.$$

Ist endlich b positiv und c negativ, bezeichnet die betreffende Gleichung für s, so lange $t < \dfrac{b}{2c}$, eine verzögerte Vorwärtsbewegung, und mit $t > \dfrac{b}{2c}$ eine beschleunigte Rückwärtsbewegung. Die Beschleunigungskraft $P = -m \cdot 2c$ ist im Sinne der $-s$ gerichtet.

Alles das steht im Einklange mit unserer Erfahrung. Eine in der $+s$-Richtung wirkende, einen materiellen Punkt in Bewegung setzende Kraft P erzeugt eine beschleunigte Vorwärtsbewegung. Ist die Kraft entgegengesetzt gerichtet, so entsteht eine beschleunigte Rückwärtsbewegung. Besitzt dagegen der materielle Punkt in dem Augenblick, in welchem eine im Sinne der $+s$ gerichtete Kraft P an ihn herantritt, eine negative Geschwindigkeit, also eine Rückwärtsbewegung, so wird die vorwärts gerichtete Kraft diese letztere Bewegung immer mehr verlangsamen und schliesslich dem materiellen Punkt eine Vorwärtsbewegung ertheilen. Bewegt sich aber der materielle Punkt vorwärts, wenn eine im Sinne der $-s$ gerichtete Kraft auf ihn einzuwirken beginnt, dann wird die Vorwärtsbewegung eine verzögerte sein und die Bewegung nach einiger Zeit in eine beschleunigte Rückwärtsbewegung übergehen.

164. Oscillationsbewegung. In No. 139 wurde eine Oscillationsbewegung von der Gleichung

$$s = a \sin bt$$

in Betracht gezogen, welche ergab:

Geschwindigkeit $v = ab \cos bt$

und Beschleunigung $p = \dfrac{dv}{dt} = - ab^2 \sin bt = - b^2 s.$

Um nun für diese Bewegung die Beschleunigungskraft P zu erhalten, hat man wieder einfach zu setzen, $P = mp$, womit vorliegenden Falles

$$P = - mb^2 s$$

sich ergiebt, unter m die Masse des hin und her sich bewegenden materiellen Punktes verstanden. Aus dieser Gleichung für P ersehen wir, dass, wenn der materielle Punkt auf dem $+ s$-Zweig der Bahn sich befindet, die Beschleunigungskraft im Sinne der $- s$ wirkt, und umgekehrt, dass also die Beschleunigungskraft stets gegen den Ursprung gerichtet und proportional dem Abstand s ist. Der Maximalwerth von P ist $mb^2 a.$

Hätte man $s = a \cdot \cos bt$, wodurch, wie am Schluss von No. 139 erwähnt wurde, die gleiche Oscillationsbewegung ausgedrückt ist, wie durch die Gleichung $s = a \sin bt$, würde sich ergeben

$$v = \dfrac{ds}{dt} = ab \cdot \sin bt; \qquad p = \dfrac{dv}{dt} = - ab^2 \cdot \cos bt = - b^2 s,$$

also dieselbe Beschleunigungskraft wie oben, nämlich

$$P = - mb^2 s.$$

Wäre dagegen die Beschleunigungskraft $P = - mb^2 s$ gegeben und die Bewegung gesucht, so setzte man:

$$m \cdot \dfrac{dv}{dt} = m \cdot \dfrac{d^2 s}{dt^2} = - mb^2 s,$$

woraus $\dfrac{d^2 s}{dt^2} = - b^2 s.$

Diese Differentialgleichung zweimal integrirt liefert bekanntlich:

$$s = A \sin bt + B \cos bt,$$

worin A und B die Integrationskonstanten bedeuten.

Damit ergiebt sich die Geschwindigkeit

$$v = Ab \cos bt - Bb \sin bt.$$

Soll nun bei gegebener Beschleunigungskraft die Bewegung

vollständig bestimmt sein, so muss man überdies Lage und Geschwindigkeit des bewegten Punktes in einem gegebenen Augenblick kennen. Nimmt man an für $t=0$ sei $s=0$ und $v=+ab$, so erhält man

$$0 = A \cdot 0 + B \cdot 1, \quad \text{woraus} \quad B = 0,$$
$$\text{ferner} \quad ab = Ab \cdot 0 - 0, \quad \text{woraus} \quad A = a,$$
$$\text{und damit} \quad s = a \sin bt.$$

Hätte man dagegen für $t=0$ $s=a$ und $v=0$, würde sich ergeben:

$$a = 0 + B \cdot 1; \quad B = a \quad \text{und} \quad 0 = Ab \cdot 1 - Bb \cdot 0; \quad A = 0,$$
$$\text{womit} \quad s = a \cos bt.$$

Dies steht in Uebereinstimmung mit dem oben Gesagten.

§ 22.

Vertikalbewegung eines materiellen Punktes unter alleiniger Berücksichtigung der Schwerkraft.

166. Der freie Fall im leeren Raume. Ein bei A_0 (Fig. 178) in der Höhe h über dem Boden sich selbst überlassener Körper (materieller Punkt) von der Masse m fällt bekanntlich unter Einwirkung seines Eigengewichtes $Q = mg$ in einer Vertikalen mit der Beschleunigung g herab.

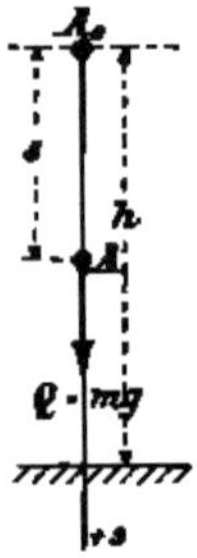

Fig. 178.

Um nun diese Bewegung eingehender zu bestimmen, setzen wir zuerst in der geradlinigen Bahn des materiellen Punktes den Ursprung 0 und die $+s$-Richtung fest, und zwar nehmen wir, was am nächsten liegt, den Ausgangspunkt A_0 des materiellen Punktes als Ursprung und die $+s$-Richtung vertikal abwärts an, ebenso fangen wir die Zeit zu zählen an in dem Augenblick, in welchem der materielle Punkt den Ausgangspunkt A_0 verlässt.

Zur Zeit t befinde sich der materielle Punkt in A im Abstand s vom Ursprung und besitze die Geschwindigkeit v. Man hat nun zur Zeit t

$$m \cdot \frac{dv}{dt} = +Q = +mg; \quad \frac{dv}{dt} = g; \quad dv = g\,dt,$$
$$\text{woraus} \quad v = gt + \text{Const.}$$

Da aber für $t=0$ $v=0$ ist, so ergiebt sich die Integrationskonstante $= 0$ und damit

$$v = gt,$$

$$\text{oder} \quad \frac{ds}{dt} = gt; \quad ds = gt \cdot dt; \quad s = \frac{gt^2}{2} + \text{Const.}$$

Für $t = 0$ ist auch $s = 0$, daher Const $= 0$ und

$$s = \frac{gt^2}{2}$$

Um die Zeit t' zu erhalten, welche der Körper zum Durchfallen der Höhe h braucht, setzt man in der letzten Gleichung $s = h$ und $t = t'$, womit

$$t' = \sqrt{\frac{2h}{g}}.$$

Damit wird dann die Geschwindigkeit v' in der Tiefe h unter dem Ausgangspunkt

$$v' = gt' = g\sqrt{\frac{2h}{g}} = \sqrt{2gh}.$$

Dieses Resultat hätte man direkt erhalten können mittels des Satzes von der Arbeit, wie folgt:

$$\frac{1}{2}mv'^2 - 0 = \int_0^h mg \cdot ds = mgh,$$

$$\text{also} \quad v' = \sqrt{2gh}.$$

166. Der vertikal aufwärts geworfene Körper. Ein Körper (materieller Punkt) werde mit der Geschwindigkeit v_0 vertikal aufwärts geworfen; man soll die Höhe bestimmen, bis zu der er steigt, die Zeit, welche er zum Aufsteigen braucht, und die Geschwindigkeit, welche er erlangt hat, nachdem er im Ausgangspunkt wieder eingetroffen ist (Fig. 179).

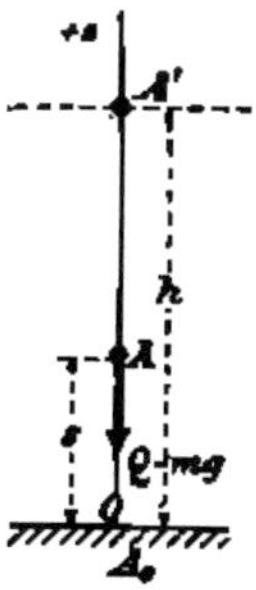

Ursprung: der Ausgangspunkt A_0; $+s$-Richtung: vertikal aufwärts; ferner sei $t = 0$ bei Beginn der Aufwärtsbewegung.

Zur Zeit t befinde sich der materielle Punkt in A im Abstand s vom Ausgangspunkt A_0, man hat dann:

$$m \cdot \frac{dv}{dt} = -mg; \quad dv = -gdt.$$

Daraus $\quad v = -gt + C.$

Für $t = 0$ ist $v = v_0$, somit $v_0 = C$ und damit

$$v = v_0 - gt$$

Fig. 179.

oder $\dfrac{ds}{dt} = v_0 - gt; \qquad ds = v_0 dt - gt \cdot dt$

$$s = v_0 t - \frac{gt^2}{2} + C.$$

Für $t = 0$ ist $s = 0$. Dies giebt $0 = C$ und

$$s = v_0 t - \frac{gt^2}{2}.$$

Zur Zeit t' habe der materielle Punkt den höchsten Punkt A' seiner Bahn, die grösste Steighöhe h erreicht; zu dieser Zeit ist $v = 0$, daher liefert die Gleichung für v

$$0 = v_0 - gt'; \qquad t' = \frac{v_0}{g}.$$

Für $t = t'$ ist aber $s = h$, somit

$$h = v_0 \cdot \frac{v_0}{g} - \frac{g}{2} \cdot \frac{v_0^2}{g^2} = \frac{v_0^2}{2g}.$$

$\dfrac{v_0^2}{2g}$ pflegt man die zu v_0 gehörige Geschwindigkeits-höhe zu nennen. Die Steighöhe h hätte man auch mit Hilfe des Satzes von der Arbeit bestimmen können. Derselbe liefert näm-lich für den vorliegenden Fall

$$0 - \frac{1}{2} m v_0^2 = \int_0^h - mg \cdot ds = - mgh, \quad \text{woraus} \quad h = \frac{v_0^2}{2g}.$$

Desgleichen erhält man die Geschwindigkeit v des materiellen Punktes im Abstand s vom Ursprung aus

$$\frac{1}{2} m v^2 - \frac{1}{2} m v_0^2 = \int_0^s - mg \cdot ds = - mgs,$$

$$v^2 = v_0^2 - 2gs.$$

Hat der materielle Punkt die grösste Höhe h erreicht, so fällt er von da an in der gleichen Vertikalen wieder zurück. Alsdann ist seine Geschwindigkeit u in einem Punkte der Bahn, welcher sich im Abstand s vom Ursprung, also vom unteren Aus-gangspunkt befindet, nach No. 165

$$u = \sqrt{2g(h - s)}, \quad \text{woraus} \quad u^2 = 2gh - 2gs.$$

Es ist aber $v_0^2 = 2gh$, somit $u^2 = v_0^2 - 2gs$ und daher

$$u = v,$$

d. h. ein und derselbe Punkt der Bahnlinie wird beim Aufsteigen und beim Zurückfallen vom materiellen Punkte stets mit der gleichen Geschwindigkeit durchlaufen.

Um die grösste Höhe h zu erreichen, braucht der materielle Punkt, wie wir oben gefunden, die Zeit

$$t' = \frac{v_0}{g} = \sqrt{\frac{2v_0^2}{2g^2}} = \sqrt{\frac{2h}{g}}.$$

Das ist aber auch die Zeit, welche der materielle Punkt nöthig hat, um die Höhe h zu durchfallen (siehe No. 165).

167. Aufgabe. Welche Höhe hat ein Stein erreicht, der im luftleeren Raum vertikal aufwärts geworfen wurde und nach t Sekunden wieder im Ausgangspunkt angelangt ist.

Die gesuchte Höhe sei h. Nach dem soeben Angeführten braucht der Stein zum Aufsteigen die gleiche Zeit wie zum Herabfallen, nämlich

$$t' = \sqrt{\frac{2h}{g}} \text{ Sekunden.}$$

Demgemäss wäre

$$t = t' + t' = 2\sqrt{\frac{2h}{g}}, \quad \text{woraus} \quad h = \frac{gt^2}{8}.$$

168. Aufgabe. Ein Stein falle in einen Schacht. Nach t Sekunden hört man ihn aufschlagen. Wie tief ist der Schacht? Geschwindigkeit des Schalles $= c$. Luftwiderstand nicht zu berücksichtigen.

Die Tiefe des Schachtes sei h. Um diese Tiefe zu durchfallen, braucht der Stein

$$t_1 = \sqrt{\frac{2h}{g}} \text{ Sekunden.}$$

Sodann braucht der Schall, um den Weg h zurückzulegen, die Zeit

$$t_2 = \frac{h}{c} \text{ Sekunden.}$$

Es ist daher

$$t = t_1 + t_2 = \sqrt{\frac{2h}{g}} + \frac{h}{c},$$

aus welcher Gleichung h gefunden werden kann.

§ 23.

Geradlinige Bewegung im widerstehenden Mittel, in welchem Fall die Beschleunigungskraft eine Funktion der Geschwindigkeit ist.

169. Erfahrungsresultate. Der Widerstand eines Mittels hängt ab einestheils von dessen Dichte, anderntheils von der Grösse und der Form des sich bewegenden Körpers, dann aber auch von der Geschwindigkeit des letzteren gegen das Mittel. Demgemäss kann dieser Widerstand W gesetzt werden

$$W = C \cdot \frac{\gamma}{g} \cdot f(v),$$

worin bedeutet: C ein von Grösse und Form des bewegten Körpers abhängiger Koefficient, γ das specifische Gewicht, d. h. das Gewicht der Kubikeinheit des Mittels, also $\frac{\gamma}{g}$ die Dichte des Mittels, ferner $f(v)$ eine gewisse Funktion der Geschwindigkeit v.

Was nun diese letztere Funktion betrifft, so wurde von Newton auf Grund von Versuchen der Satz aufgestellt, dass der Widerstand eines Mittels proportional dem Quadrat der Geschwindigkeit des bewegten Körpers sei, dass man also setzen könne:

$$f(v) = a v^2,$$

gleichgiltig, ob es sich um Wasser oder Luft handele.

Indessen hat schon Newton zugegeben, dass das genannte Gesetz für grosse Geschwindigkeiten, wie solche die aus Gewehren und Geschützen abgeschossenen Projektile zeigen, nicht mehr zutreffend sei. Dies wurde auch von Robins mittels des von ihm erfundenen ballistischen Pendels bestätigt. Desgleichen ergaben die Fallversuche Benzenberg's in Hamburg, dass das Newton'sche Luftwiderstandsgesetz bei Geschwindigkeiten von 35 m pro Sekunde an, der Wirklichkeit nicht mehr genau entspricht. Die von Piobert, Morin und Didion im Jahre 1839 zu Metz unternommenen Schiessversuche, bei welchen es sich um Anfangsgeschwindigkeiten von 200 m bis 650 m in der Sekunde handelte, liessen als zutreffend erscheinen

$$f(v) = (a + bv) v^2,$$

wogegen später der preussische General Otto auf Grund von Versuchen, welche zu Spandau stattfanden, in Vorschlag brachte:

$$f(v) = c \cdot v^3.$$

Nunmehr haben aber die neuesten Versuche, insbesondere diejenigen, welche auf dem Schiessplatze der Krupp'schen Gussstahlfabrik angestellt wurden, ergeben, dass wie für ganz kleine, so für grosse Geschwindigkeiten etwa von 420 m an der Luftwiderstand proportional dem Quadrat der Geschwindigkeit ist, wobei jedoch der Proportionalitätskoefficient für grosse Geschwindigkeiten natürlich grösser ist, als der für ganz kleine, und dass für mittlere Geschwindigkeiten der Widerstand bedeutend schneller wächst, als mit dem Quadrat der Geschwindigkeit.[1] Bezüglich des von Grösse und Form des bewegten Körpers abhängigen Koefficienten C ist zu bemerken, dass derselbe, da der Widerstand des Mittels erfahrungsgemäss nahezu proportional dem Querschnitt F des projicirenden Cylinders ist, welcher die Projektion des bewegten Körpers auf eine Ebene senkrecht zur Bewegungsrichtung liefert, gesetzt werden kann:

$$C = c \cdot F.$$

Demgemäss hätte man

$$W = c \cdot F \cdot \frac{\gamma}{g} \cdot f(v).$$

Mit Rücksicht darauf, dass, wie oben erwähnt wurde, der Luftwiderstand vorzugsweise proportional dem Quadrat der Geschwindigkeit sich erwiesen hat, setzen wir zweckmässigerweise:

$$W = c \cdot F \cdot \gamma \cdot a \cdot \frac{v^2}{2g} = \frac{c \cdot a}{2g} \cdot \gamma \cdot F \cdot \frac{v^2}{2} = \zeta \cdot \gamma F \cdot \frac{v^2}{2g}.$$

Hierbei kann der Koefficient ζ, so lange die Geschwindigkeit v nicht über 10 m, für Wasser und Luft gleich angenommen werden. Im übrigen ist derselbe, dem oben Erwähnten entsprechend, bedingt durch die Form des bewegten Körpers, sowie etwas beeinflusst durch dessen Grösse, unter Umständen aber nicht unmerklich abhängig von der Geschwindigkeit.

Das specifische Gewicht der Luft, d. h. das Gewicht eines Kubikmeter Luft ist bekanntlich bei einer Temperatur von 0^0 und einem Quecksilberbarometerstand b_0 von 760 mm

$$\gamma_0 = 1,2932 \text{ kg}.$$

Dagegen hat man bei einer Temperatur von t^0 C. und einem Barometerstand b mm nach dem Mariotte-Guay-Lussac'schen Gesetz

$$\gamma = \gamma_0 \cdot \frac{b}{b_0} \cdot \frac{273}{273 + t^0}.$$

[1] Siehe „Mayewski, Ueber die Lösung der Probleme des direkten und indirekten Schiessens."

170. Bestimmung der Fallbewegung in der Luft. Ist $Q = mg$ das Gewicht des fallenden Körpers und W der am Körper sich geltend machende Luftwiderstand, so hat man, wenn der Ausgangspunkt A_0 des Körpers als Ursprung und die $+ s$-Richtung vertikal abwärts angenommen wird:

$$m \cdot \frac{dv}{dt} = Q - W = mg - \zeta \cdot \gamma \cdot F \cdot \frac{v^2}{2g}.$$

Indem man für ζ einen konstanten Mittelwerth annimmt und setzt:

$$\frac{\zeta \cdot \gamma \cdot F}{2g} = \frac{mg}{k^2}, \quad \text{womit} \quad k^2 = \frac{2mg^2}{\zeta \cdot \gamma \cdot F},$$

erhält man

$$m \cdot \frac{dv}{dt} = mg \left(1 - \frac{v^2}{k^2}\right) = \frac{mg}{k^2}(k^2 - v^2).$$

Der Widerstand W wächst mit der Geschwindigkeit v. Infolgedessen nimmt die Beschleunigungskraft $m \cdot \frac{dv}{dt}$ mehr und mehr ab. Schliesslich wird W auch den Werth mg erreichen, dann aber ist die Beschleunigung $\frac{dv}{dt} = 0$ und von demselben Zeitpunkt an die Geschwindigkeit v konstant und zwar $= k$, die Bewegung eine gleichförmige. Es fragt sich jetzt, nach wieviel Sekunden tritt diese gleichförmige Bewegung ein?

Aus der letzten Gleichung ergiebt sich:

$$dt = \frac{k^2 dv}{g(k^2 - v^2)} = \frac{k^2}{g} \cdot \frac{dv}{(k-v)(k+v)} = \frac{k}{2g}\left(\frac{dv}{k-v} + \frac{dv}{k+v}\right).$$

Diese Gleichung integrirt giebt, wenn angenommen wird, dass für $t = 0$ auch $v = 0$,

$$t = \frac{k}{2g} \log \operatorname{nat} \frac{k+v}{k-v} \quad \text{oder} \quad v = k \cdot \frac{e^{\frac{2gt}{k}} - 1}{e^{\frac{2gt}{k}} + 1} = k \cdot \frac{1 - \frac{1}{e^{\frac{2gt}{k}}}}{1 + \frac{1}{e^{\frac{2gt}{k}}}}.$$

So lange $v < k$, ist, wie wir oben gesehen, $\frac{dv}{dt}$ positiv, d. h. es nimmt die Geschwindigkeit v zu; dieselbe erreicht aber nach der letzten Gleichung erst für $t = \infty$ den Werth k. Bei der stattfindenden Fallbewegung ist also die Geschwindigkeit stets kleiner als k.

Aus der letzten Gleichung für v folgt, wenn darin $v = \dfrac{ds}{dt}$ gesetzt wird:

$$ds = k \cdot \frac{e^{\frac{2gt}{k}} - 1}{e^{\frac{2gt}{k}} + 1} \cdot dt,$$

woraus durch Integration:

$$s = \frac{k^2}{g} \log \left(e^{\frac{gt}{k}} + e^{-\frac{gt}{k}} \right) + C.$$

Da aber für $t = 0$ auch $s = 0$,

so hat man:
$$0 = \frac{k^2}{g} \log 2 + C$$

und damit

$$s = \frac{k^2}{g} \log \frac{e^{\frac{gt}{k}} + e^{-\frac{gt}{k}}}{2}$$

und nach t aufgelöst:

$$t = \frac{k}{g} \log \left(e^{\frac{gs}{k^2}} + \sqrt{e^{\frac{2gs}{k^2}} - 1} \right).$$

Setzt man diesen Werth von t in die Gleichung für v ein, so erhält man die Beziehung zwischen v und s. Die betreffende Gleichung ergiebt sich aber einfacher aus dem Satz von der Arbeit, wie folgt:

$$\frac{1}{2} m (v + dv)^2 - \frac{1}{2} m v^2 = mg \cdot ds - W \cdot ds = mg \cdot ds \left(1 - \frac{v^2}{k^2} \right)$$

oder
$$v \, dv = \frac{g}{k^2} (k^2 - v^2) \, ds; \qquad ds = \frac{k^2}{g} \cdot \frac{v \, dv}{k^2 - v^2}.$$

Integrirt:
$$s = \frac{k^2}{2g} \log \text{nat} \frac{k^2}{k^2 - v^2}.$$

171. Fallschirm. Ein hierher gehöriges Beispiel ist der niedersinkende Fallschirm. Der Durchmesser eines solchen sei $= 6$ m und das Gesammtgewicht mg von Insassen und Schirm $= 100$ kg.

In diesem Falle darf man unbedingt, da es sich selbstverständlich um geringere Geschwindigkeiten handelt, wieder das Newton'sche Luftwiderstandsgesetz anwenden und setzen wie früher

$$W = \zeta \cdot \gamma \cdot F \cdot \frac{v^2}{2g},$$

wobei g die Beschleunigung der Schwere $= 9,81$ m bezogen auf die Sekunde,

γ das Gewicht eines Kubikmeter Luft $= 1,29$ kg; $F = \dfrac{6^2 \pi}{4}$ und $\zeta = 2,6$. Damit wird nach No. 170 die Endgeschwindigkeit

$$k = \sqrt{\frac{2\,m\,g^2}{\zeta \cdot \gamma \cdot F}} = \sqrt{\frac{2 \cdot 9,81 \cdot 100 \cdot 4}{2,6 \cdot 1,29 \cdot 6^2 \cdot \pi}} = 4,55 \text{ m in der Sekunde.}$$

Danach dürfte die Brauchbarkeit des angegebenen Fallschirmes zu beurtheilen sein.

172. Im Wasser niedersinkende Körper. Bei einem Stein, welcher im Wasser vertikal niedersinkt, darf der Auftrieb des Wassers nicht vernachlässigt werden. Ist γ das Gewicht eines Kubikmeter Wasser und γ_1 das Gewicht eines Kubikmeter Stein, ferner V der Rauminhalt des Steines, so ergiebt sich bekanntlich als Auftrieb A des Wassers: $A = \gamma \cdot V$ und als Gewicht des Steines $Q = \gamma_1 \cdot V$. Demgemäss wirkt am Stein eine vertikal abwärts gerichtete treibende Kraft

$$P = Q - A = V(\gamma_1 - \gamma) = V \cdot \gamma'.$$

Bezeichnet man des weiteren mit W den vertikal aufwärts gerichteten Widerstand des Mittels, so erhält man als Beschleunigungskraft

$$m \cdot \frac{dv}{dt} = P - W = V \cdot \gamma' - \zeta \cdot \gamma \cdot F \cdot \frac{v^2}{2g}.$$

Nun ist die Beschleunigung $\dfrac{dv}{dt} = 0$, wenn $v = k$; man hat daher

$$V \cdot \gamma' = \zeta \cdot \gamma \cdot F \cdot \frac{k^2}{2g},$$

woraus

$$k = \sqrt{\frac{2g \cdot V \cdot \gamma'}{\zeta \cdot F \cdot \gamma}}$$

oder, wenn es sich um eine Kugel vom Halbmesser r handelt:

$$k = \sqrt{\frac{8 \cdot r \cdot g \cdot \gamma'}{3 \cdot \zeta \cdot \gamma}}$$

Nehmen wir jetzt an, dass zwei Kugeln aus Stein von **gleichem** specifischen Gewichte γ_1, aber verschiedener Grösse gleichzeitig im Wasser herabfallen, so ersehen wir aus

$$k = \sqrt{r\left(\frac{8 \cdot g \cdot \gamma'}{3 \zeta \cdot \gamma}\right)},$$

dass bei der grösseren Kugel die Endgeschwindigkeit k sich grösser zeigt, als bei der kleineren, woraus geschlossen werden

kann, dass die grössere Kugel im Wasser schneller voran-
kommt, als die kleinere. Wären dagegen die beiden Kugeln
gleich gross, aber von verschiedenem specifischen Gewicht
gewesen, so hätte man zweckmässigerweise geschrieben:

$$k = \sqrt{\gamma'\left(\frac{\theta\, r g}{3\,\zeta\gamma}\right)},$$

und daraus entnommen, dass die Endgeschwindigkeit k bei der
specifisch schwereren Kugel grösser ausfällt, als bei der
leichteren, dass also die schwereren Kugeln den leichteren
voraneilen.

Diese Thatsachen verwerthet man beim Schlämmen von
Materialien und beim Aufbereiten der Erze. Beim Schlämmen
werden Körper von einerlei Dichte und verschiedenem Volumen
dadurch sortirt, dass man das Gemenge in einen mit Wasser ge-
füllten Behälter wirft, wobei die grössten Stücke zuerst den Boden
des Behälters erreichen und sich hier ansammeln, während nach
oben das Kaliber der abgesetzten Stücke immer mehr abnimmt.
Beim Aufbereiten der Erze dagegen werden Stücke von möglichst gleichem Korn hergestellt und alle zusammen gleichzeitig
ins Wasser geworfen. Ist dann Ruhe eingetreten, so zeigen sich
am Boden die specifisch schwersten Stücke abgelagert.

178. Der in der Luft vertikal aufwärts geworfene Körper.
Den Ausgangspunkt A_0 (Fig. 179) des Körpers nehmen wir als
Ursprung in der geradlinigen Bahn an, die $+ s$-Richtung vertikal
aufwärts, auch fangen wir die Zeit zu zählen an in dem Augenblick, in welchem der Körper mit der Anfangsgeschwindigkeit v_0
den Punkt A_0 verlässt. Man hat dann:

$$m \cdot \frac{dv}{dt} = -mg - W = -mg - mg \cdot \frac{v^2}{k^2}; \quad \frac{dv}{dt} = -g \cdot \frac{k^2 + v^2}{k^2}$$

$$dt = -\frac{k^2}{g} \cdot \frac{dv}{k^2 + v^2}; \quad t = \frac{k}{g}\left(\operatorname{arc\,tg}\frac{v_0}{k} - \operatorname{arc\,tg}\frac{v}{k}\right).$$

Bekanntlich ist $\operatorname{tg}(\varphi - \psi) = \dfrac{\operatorname{tg}\varphi - \operatorname{tg}\psi}{1 + \operatorname{tg}\varphi \cdot \operatorname{tg}\psi}$,

und damit $\varphi - \psi = \operatorname{arc\,tg}\dfrac{\operatorname{tg}\varphi - \operatorname{tg}\psi}{1 + \operatorname{tg}\varphi \cdot \operatorname{tg}\psi}$, also auch:

$$\left(\operatorname{arc\,tg}\frac{v_0}{k} - \operatorname{arc\,tg}\frac{v}{k}\right) = \operatorname{arc\,tg}\frac{\dfrac{v_0}{k} - \dfrac{v}{k}}{1 + \dfrac{v_0}{k} \cdot \dfrac{v}{k}} = \operatorname{arc\,tg}\frac{k(v_0 - v)}{k^2 + v_0 v}.$$

Es ist aber $\quad \text{arc tg } \dfrac{v_0}{k} - \text{arc tg } \dfrac{v}{k} = \dfrac{g\,t}{k}$,

$$\text{tg}\left(\frac{g\,t}{k}\right) = \frac{k\,(v_0 - v)}{k^2 + v_0 v}; \qquad v = k\,\frac{v_0 - k\cdot\text{tg}\left(\dfrac{g\,t}{k}\right)}{v_0 \cdot \text{tg}\left(\dfrac{g\,t}{k}\right) + k},$$

$$v = k\,\frac{v_0 \cdot \cos\left(\dfrac{g\,t}{k}\right) - k\cdot\sin\left(\dfrac{g\,t}{k}\right)}{v_0 \sin\left(\dfrac{g\,t}{k}\right) + k\cos\left(\dfrac{g\,t}{k}\right)} = \frac{ds}{dt}$$

und daraus $\quad s = \dfrac{k^2}{g}\cdot\log\text{nat}\left[\cos\left(\dfrac{g\,t}{k}\right) + \dfrac{v_0}{k}\sin\left(\dfrac{g\,t}{k}\right)\right] + C$.

Für $\quad t = 0$ ist $\quad s = 0$, also $\quad 0 = \dfrac{k^2}{g}\log 1 + C$; $\quad C = 0$.

Der Ausdruck für v lässt erkennen, dass $v = 0$ wird, wenn

$$v_0 \cos\frac{g\,t}{k} = k\sin\frac{g\,t}{k} \quad \text{oder} \quad t = t' = \frac{k}{g}\text{ arc tg }\frac{v_0}{k}.$$

Um die grösste Steighöhe h des Körpers zu erhalten, setzen wir in der Gleichung für s an Stelle von s den Werth h und

$$t = \frac{k}{g}\text{ arc tg }\frac{v_0}{k} \quad \text{oder} \quad \text{tg}\left(\frac{g\,t}{k}\right) = \frac{v_0}{k},$$

womit $\quad \sin\left(\dfrac{g\,t}{k}\right) = \dfrac{v_0}{\sqrt{v_0^2 + k^2}}$; $\quad \cos\left(\dfrac{g\,t}{k}\right) = \dfrac{k}{\sqrt{v_0^2 + k^2}}$.

Man erhält dann:

$$h = \frac{k^2}{g}\log\left(\frac{k}{\sqrt{v_0^2 + k^2}} + \frac{v_0}{k}\cdot\frac{v_0}{\sqrt{v_0^2 + k^2}}\right) = \frac{k^2}{g}\log\left(\frac{\sqrt{v_0^2 + k^2}}{k}\right)$$

$$h = \frac{k^2}{2g}\log\frac{v_0^2 + k^2}{k^2} \quad \text{woraus} \quad e^{\frac{2gh}{k^2}} = \frac{v_0^2 + k^2}{k^2}.$$

Auch mittels des Satzes von der Arbeit wäre man zu diesem Resultat gelangt.

Für die ganze Zeit t'', welche der Körper braucht, um wieder in seinen Ausgangspunkt zurückzukehren, ergiebt sich dann:

$$t'' = \frac{k}{g}\left[\text{arc tg }\frac{v_0}{k} + \log\text{nat}\left(e^{\frac{gh}{k^2}} + \sqrt{e^{\frac{2gh}{k^2}} - 1}\right)\right]$$

$$= \frac{k}{g}\left[\text{arc tg }\frac{v_0}{k} + \log\text{nat}\left(\frac{\sqrt{v_0^2 + k^2}}{k} + \frac{v_0}{k}\right)\right]$$

$$= \frac{k}{g}\left(\text{arc tg }\frac{v_0}{k} + \log\text{nat}\frac{v_0 + \sqrt{v_0^2 + k^2}}{k}\right).$$

§ 24.

Geradlinige Bewegungen, bei welchen die Beschleunigungskraft eine Funktion des Abstandes s ist.

174. Windbüchse. Es sei das Geschoss m als beweglicher Kolben gedacht, der sich ohne Reibung in dem cylindrischen Hohlraum des Gewehrlaufes bewegen kann (Fig. 160). Dieser Kolben befinde sich zuerst in der Lage A_1 und schliesse hier den mit Luft von der Pressung $p_1 = 1$ Atmosphäre[1]) (At) erfüllten Hohlraum des Gewehrlaufes luftdicht ab. Hierauf werde der Kolben im Gewehrlaufe zurückgeschoben, bis zur Lage A_0 und dem Abstand a vom Grunde des Gewehrlaufes, und dann sich selbst überlassen.

Infolge des Druckes der hinter dem Kolben befindlichen zusammengepressten Luft bewegt sich der Kolben nach vorn gegen die Mündung. Man kann nun fragen, mit welcher Geschwindigkeit v_1 kommt der Kolben an der Mündung an? und welche Zeit braucht der Kolben, um bis zur Mündung zu gelangen?

Da es sich zunächst um die Geschwindigkeit eines materiellen Punktes an einer bestimmten Stelle der Bahn handelt, wird man den Satz von der Arbeit in Anwendung bringen.

Ist A die Lage und s der Abstand des Kolbens vom Grunde Gewehrlaufes zur Zeit t, ferner A_0 die Lage und a der Abstand des Kolbens zur Zeit 0, des weiteren v die Geschwindigkeit des Kolbens in A und 0 diejenige in A_0, m die Masse des Kolbens, p_0 der

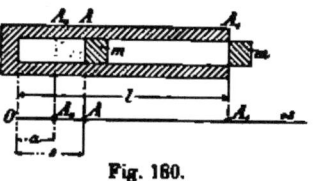

Fig. 160.

Luftdruck hinter dem Kolben bei Beginn der Bewegung, zur Zeit 0, p dieser Luftdruck bei der Lage des Kolbens in A zur Zeit t, $p_1 = 1$ At der äussere Luftdruck, F die Kolbenfläche, so hat man, wenn man für die erfolgende geradlinige Bewegung den Ursprung am Grunde des Gewehrlaufes und die $+s$-Richtung gegen die Mündung annimmt, für die Beschleunigungskraft P des Kolbens zur Zeit t

$$P = pF - p_1F.$$

[1]) Druck 1 Atmosphäre = 10 000 kg pro qm oder 1 kg pro qcm.

15*

Damit liefert der Satz von der Arbeit:

$$\frac{1}{2}\,mv^2 - 0 = \int_a^s Pds = \int_a^s pF\cdot ds - \int_a^s p_1\,F\cdot ds\,.$$

Um den Luftdruck p zu erhalten, wenden wir bei Voraussetzung gleichbleibender Temperatur das Mariotte'sche Gesetz an. Dasselbe ergiebt:

$$p\cdot sF = p_1 lF \quad \text{oder} \quad pF = \frac{l}{s}\cdot p_1 F\,.$$

Damit erhält man:

$$\frac{1}{2}\,mv^2 = \int_a^s \frac{l}{s}\cdot p_1 F\cdot ds - \int_a^s p_1 Fds = p_1 F\left(l\cdot\log\operatorname{nat}\frac{s}{a} - (s-a)\right).$$

Soll jetzt die Geschwindigkeit v_1 des Geschosses an der Gewehrmündung bestimmt werden, so hat man nur in der letzten Gleichung für s den Werth l zu setzen und aus derselben die Geschwindigkeit $v = v_1$ zu berechnen.

Zur Bestimmung der Zeit t_1, welche das Geschoss braucht, um bis zur Mündung zu gelangen, hat man

$$v = \frac{ds}{dt} = \sqrt{\frac{2p_1 F}{m}}\sqrt{l\cdot\log\frac{s}{a} - (s-a)}$$

$$dt = \sqrt{\frac{m}{2p_1 F}}\cdot\frac{ds}{\sqrt{l\cdot\log\frac{s}{a} - (s-a)}};$$

$$t_1 = \sqrt{\frac{m}{2p_1 F}}\int_a^l \frac{ds}{\sqrt{l\cdot\log\frac{s}{a} - (s-a)}}\,.$$

In dem Ausdruck für t_1 ist das Integral ein elliptisches, dessen Werth nur näherungsweise angegeben werden kann.

175. Bewegung eines Geschosses innerhalb eines glatten Geschützrohres. Bei der Bewegung eines Geschosses im Laufe einer Kanone ist der Druck p_0 der Pulvergase hinter dem Geschoss so gross, dass von dem Gegendruck p_1 der äusseren Luft füglich abgesehen werden kann. Demgemäss hat man unter der Voraussetzung, dass die ganze, den Laderaum vom Querschnitt F und der Länge a erfüllende Pulvermasse sich augenblicklich in ein Gas vom Druck p_0 verwandle, für die Bewegung des Geschosses von der Masse m die Gleichung

$$\frac{1}{2} m v^2 = \int_a^s F p\, ds \cdot$$

Dabei erhält man nach dem Mariotte'schen Gesetz

$$F p \cdot s = F p_0\, a ,$$

womit $\qquad \dfrac{1}{2} m v^2 = \int_a^s F p_0 \cdot \dfrac{a}{s}\, ds = F p_0\, a \cdot \log \operatorname{nat} \dfrac{s}{a} \cdot$

Ist nun v_1 die Geschwindigkeit des Geschosses an der Mündung der Kanone,

also $\qquad \dfrac{1}{2} m v_1^2 = F p_0\, a \cdot \log \operatorname{nat} \dfrac{l}{a},$

so kann man, wenn diese Geschwindigkeit v_1 auf experimentellem Wege ermittelt wäre, aus der letzten Gleichung den Druck p_0 des Pulvergases beim Anfang der Bewegung des Geschosses berechnen.

Würde in der ganzen Zeit, während welcher das Geschoss im Kanonrohr sich bewegt, der konstante Druck p_0 hinter dem Geschoss herrschen, erhielte man

$$\frac{1}{2} m v^2 = \int_a^s p_0 F\, ds = p_0 F (s - a)$$

$$\frac{1}{2} m v_1^2 = p_0 F (l - a) ,$$

woraus wiederum bei gegebener Geschwindigkeit v_1 der Druck p_0 bestimmt werden könnte.

176. Wirkung eines Puffers. Der Widerstand W, welchen ein Puffer auf den ihn zusammendrückenden Körper ausübt, kann proportional der Zusammendrückung s und umgekehrt proportional der ursprünglichen Länge l der elastischen Feder angenommen werden. Man kann also setzen

$$W = \frac{c \cdot s}{l} ,$$

worin c eine konstante Grösse. Wenn nun ein Körper von der Masse m, welcher sich gegen den Puffer bewegt, zur Zeit 0 mit dem Puffer in Berührung tritt und in diesem Augenblick die Geschwindigkeit v_0 besitzt, so beginnt im gleichen Augenblick der Widerstand W des Puffers hemmend auf die Bewegung des Körpers m einzuwirken. Nimmt man jetzt das freie Ende des noch nicht zusammengedrückten Puffers als Ursprung 0 und die $+s$-Richtung mit der Bewegungsrichtung des als materiellen Punkt zu betrachtenden Körpers m übereinstimmend an, so erhält man als Beschleunigungskraft von m

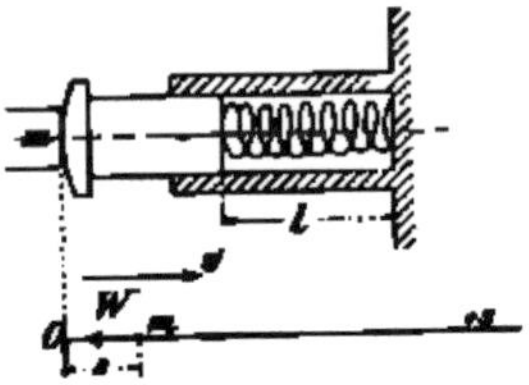

Fig. 181.

$$m \cdot \frac{dv}{dt} = m \cdot \frac{d^2 s}{dt^2} = -W = -\frac{cs}{l},$$

oder wenn man die Konstante $c = m b^2 \cdot l$ setzt,

$$m \cdot \frac{d^2 s}{dt^2} = -m b^2 \cdot s; \qquad \frac{d^2 s}{dt^2} = -b^2 s.$$

Das sind dieselben Gleichungen wie in No. 164.

Integrirt man die letzte Differentialgleichung, so ergiebt sich wieder

$$s = A \sin bt + B \cos bt,$$

worin A und B die Integrationskonstanten. Um nun diese bestimmen zu können, leitet man s nach t ab, wodurch man erhält:

$$v = \frac{ds}{dt} = Ab \cos bt - Bb \cdot \sin bt.$$

Da nun für $t = 0$ $s = 0$ und $v = v_0$, so liefert mit $t = 0$ die Gleichung für s: $B = 0$ und die Gleichung für v: $A = \frac{v_0}{b}$.

Damit zeigt sich als Gleichung der Bewegung in der Bahn:

$$s = \frac{v_0}{b} \sin bt,$$

auch ist die Geschwindigkeit v ausgedrückt durch

$$v = v_0 \cos bt.$$

Für $t = \frac{\pi}{2b}$ wird $v = 0$ und s am grössten, und zwar ist die grösste Zusammendrückung

$$s' = \frac{v_0}{b}.$$

Für $t > \frac{\pi}{2b}$ wird v negativ, es geht daher der materielle Punkt m wieder zurück. Ist $t = \frac{\pi}{b}$ geworden, hat man

$$s = 0 \quad \text{und} \quad v = -v_0.$$

Nunmehr tritt der nicht weiter verschiebbare Puffer ausser Wirksamkeit und es bewegt sich der materielle Punkt m mit der Geschwin-
digkelt v'_0, welche er zur Zeit 0 hatte, wieder vom Puffer hinweg.

**177. Oscillationen eines an einem elastischen Seile hängen-
den Körpers.** An einem Seil hänge ein schwerer, als materieller
Punkt anzunehmender Körper von der Masse m und dem Gewichte Q. Dieser materielle Punkt sei zunächst durch eine horizontale Unterlage so unterstützt, dass das Seil sich gerade noch an
der Grenze des spannungslosen Zustandes befindet. Nimmt man
nun die Unterlage plötzlich weg, so wird das Seil ausgedehnt
und der materielle Punkt in schwingende Bewegung versetzt.
Zur Bestimmung dieser Bewegung verfahren wir in
folgender Weise: Es sei das Seil in B (Fig. 162) befestigt und $BA_0 = l$ die Länge des Seiles im spannungslosen Zustand, F der Querschnitt desselben. Die
Zeit fangen wir in dem Augenblick zu zählen an, in
welchem der materielle Punkt, seiner Unterlage beraubt,
vertikal abwärts sich zu bewegen beginnt; des weiteren
nehmen wir den Punkt A_0 als Ursprung und die $+s$
vertikal abwärts gerichtet an. Nach t Sekunden befinde sich der materielle Punkt in A im Abstand s
vom Ursprung A_0. Dieses s giebt dann zugleich die
betreffende Ausdehnung des Seiles an. Soll jetzt der
materielle Punkt in A frei gemacht werden, so müssen
wir das Seil durchschneiden und dafür an der Schnittstelle die Kraft $S = F\sigma$ vertikal aufwärts gerichtet anbringen, unter σ die Spannung des Seiles verstanden.

Fig. 162.

Damit ergiebt sich als Beschleunigungskraft des materiellen
Punktes A

$$P = Q - S.$$

Bezüglich der Spannung σ liefert die Elasticitätslehre

$$\sigma = E \cdot \varepsilon = E \cdot \frac{s}{l} \quad \text{und damit} \quad S = \frac{EF}{l} \cdot s,$$

wobei E der Elasticitätsmodul des Seiles und ε die Dehnung
desselben. Desgleichen hat man, wenn bei ruhender Belastung
Q die Ausdehnung des Seiles $= \lambda$ ist:

$$\frac{Q}{F} = E \cdot \frac{\lambda}{l}, \quad \text{woraus} \quad Q = \frac{EF}{l} \cdot \lambda.$$

Werden diese Werthe von S und Q in die Gleichung für P
eingesetzt, so erhält man

$$P = \frac{EF}{l} (\lambda - s).$$

Es ist also vorliegenden Falles die Beschleunigungskraft wieder in Funktion des Abstandes s gegeben. Man könnte jetzt den Satz von der Arbeit anwenden und in gewöhnlicher Weise die stattfindende Bewegung bestimmen, wir können aber einfacher verfahren, indem wir den Ursprung nicht mehr in A_0, sondern in einem Punkte C der Bahnlinie annehmen, welcher im Abstand λ unter dem Punkte A_0 gelegen ist. Bezeichnen wir dann die Abstände des bewegten materiellen Punktes vom neuen Ursprung mit x und nehmen die $+x$ vertikal aufwärts gerichtet an, so erhält man als Beschleunigungskraft

$$m \cdot \frac{d^2 x}{dt^2} = S - Q = \frac{EF}{l}(s - \lambda) = -\frac{EF}{l} \cdot x,$$

oder wenn man $\dfrac{EF}{l} = mb^2$ setzt:

$$m \cdot \frac{d^2 x}{dt^2} = -mb^2 x; \qquad \frac{d^2 x}{dt} = -b^2 x,$$

dieselbe Differentialgleichung wie in No. 176 und No. 164.

Man erhält daher wieder

$$x = A \sin bt + B \cos bt,$$

womit $\qquad \dfrac{dx}{dt} = v = Ab \cos bt - Bb \sin bt.$

Vorliegenden Falles ist für $t = 0$ $x = \lambda$ und $v = 0$. Dies giebt

$$\lambda = A \cdot 0 + B; \qquad B = \lambda$$
$$\text{und} \quad 0 = Ab \cdot 1 - 0; \qquad A = 0,$$

womit die obigen Gleichungen übergehen in

$$x = \lambda \cos bt \quad \text{und} \quad v = -\lambda b \cdot \sin bt.$$

Durch diese Gleichungen ist die Oscillationsbewegung angegeben, welche wir am Schluss von No. 139 in Betracht gezogen haben. Dabei ist die Schwingungsweite a der erfolgenden Oscillation, wie früher nachgewiesen wurde,

$$a = CA_0 = \lambda \quad \text{und die Schwingungsdauer} \quad \tau = \frac{\pi}{b}.$$

Berücksichtigt man, dass einerseits $Q = mg$ und anderseits $Q = \dfrac{EF}{l} \cdot \lambda$, also $mg = \dfrac{EF}{l} \cdot \lambda$, so wird

$$\tau = \frac{\pi}{b} = \pi \sqrt{\frac{ml}{EF}} = \pi \sqrt{\frac{\lambda}{g}}.$$

Mit der Schwingungsweite λ ergiebt sich als grösste Ausdehnung des Seiles

$$A_0 A' = 2\lambda$$

und damit als grösste Seilspannung

$$\sigma' = E \cdot \frac{2\lambda}{l},$$

während die Spannung bei ruhender Belastung Q

$$\sigma = E \cdot \frac{\lambda}{l} \text{ beträgt.}$$

Es ist also $\qquad \sigma' = 2\sigma.$

178. **Weiteres Beispiel einer Oscillationsbewegung.** Der letzte Wagen eines auf horizontalem Geleise befindlichen Eisenbahnzuges sei mittels eines längeren, schlaff herabhängenden, gewichtlos anzunehmenden Seiles mit dem übrigen Wagenzug verbunden. Setzt sich nun der Zug in Bewegung, so wird das erwähnte Verbindungsseil nach und nach gestreckt und schliesslich der letzte Wagen mitgenommen. Dieser Wagen nimmt aber erfahrungsgemäss nicht sofort die Bewegung der vorderen Wagen an, er führt vielmehr beim Weiterfahren noch gewisse Oscillationen aus. Man soll nun die Bewegung des als materiellen Punkt von der Masse m vorauszusetzenden letzten Wagens näher untersuchen unter Vernachlässigung von Reibungs- und sonstigen Bewegungswiderständen sowie des Seilgewichts.

Wir zählen die Zeit von dem Augenblick an, in welchem das herabhängende Seil $A_0 B_0 = l$ soeben gerade geworden ist und seine Spannung sich zu entwickeln beginnt, also der materielle Punkt m sich in Bewegung setzt, und wählen als Ursprung die Lage A_0 des materiellen Punktes m zur Zeit 0 und als $+ s$-Richtung die Bewegungsrichtung des Bahnzuges. Des weiteren möge angenommen werden, dass in dem Augenblick, in welchem der hinterste Wagen m sich in Bewegung setzt, der übrige Theil des Zuges die Geschwindigkeit c besitze.

Zur Zeit t sei das am betrachteten materiellen Punkt befestigte Seilende in A und das vordere Seilende in B (Fig. 183), dann hat man, wenn s der Abstand des Punktes A vom Ursprung A_0 und l die ursprüngliche Länge des Seiles, für die Verlängerung des Seiles zur Zeit t den Ausdruck

$$(l + ct - s) - l.$$

Es ist daher die Seilspannung σ zur Zeit t

$$\sigma = E \cdot \frac{ct - s}{l}.$$

Damit wird die Beschleunigungskraft P zur Zeit t

$$P = EF \cdot \frac{ct - s}{l} = m \cdot \frac{dv}{dt} = mp,$$

woraus $\quad p = \frac{EF}{ml}(ct - s) = k^2(ct - s).$

Diese Gleichung nach t abgeleitet giebt

$$\frac{dp}{dt} = k^2 \left(c - \frac{ds}{dt} \right) = k^2 (c - v).$$

Nochmals nach t abgeleitet:

$$\frac{d^2 p}{dt^2} = - k^2 \cdot \frac{dv}{dt} = - k^2 p$$

die bekannte Differentialgleichung, welche integrirt liefert

$$p = A \sin kt + B \cos kt.$$

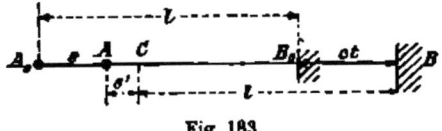

Fig. 183.

Weiter oben hatten wir $\quad p = k^2 (ct - s).$ Es ist also

$$A \sin kt + B \cos kt = k^2 (ct - s).$$

Diese Gleichung giebt eine Beziehung zwischen s und t an, sie ist daher nichts anderes als die Gleichung der Bewegung in der Bahn. Leitet man diese Gleichung nach t ab, so erhält man:

$$A k \cdot \cos kt - B k \cdot \sin kt = k^2 (c - v).$$

Zur Bestimmung der Integrationskonstanten A und B hat man nun: für $t = 0$ wird $s = 0$. Dies giebt

$$A \cdot 0 + B \cdot 1 = 0, \quad \text{woraus } B = 0.$$

Ferner hat man: für $t = 0 \quad v = 0$, womit

$$A k \cdot 1 - 0 = k^2 \cdot c; \quad A = k \cdot c.$$

Demnach gehen die Gleichungen für s und für v über in

$$kc \cdot \sin kt = k^2 (ct - s) \quad \text{oder} \quad s = c \left(t - \frac{1}{k} \sin kt \right)$$

und $\quad k^2 c \cdot \cos kt - 0 = k^2 (c - v); \quad v = c (1 - \cos kt).$

Setzt man den Werth von s in die Gleichung für σ ein, so erhält man:

$$\sigma = \frac{E}{l} \cdot \frac{c}{k} \sin kt = \frac{Ec}{l} \cdot \sqrt{\frac{ml}{EF}} \sin \left(\sqrt{\frac{EF}{ml}} \cdot t \right)$$

oder $\quad \sigma = c \cdot \sqrt{\frac{m \cdot E}{F \cdot l}} \sin \left(\sqrt{\frac{EF}{ml}} \cdot t \right).$

Aus dieser Gleichung ersehen wir, dass die grösste Seilspannung

$$\sigma_{max} = c \cdot \sqrt{\frac{mE}{Fl}} \quad \text{ist.}$$

Trägt man vom Punkte B (Fig. 163) in der Richtung gegen A_0 die Strecke BC ab $= l$, wobei l die Länge des geraden, spannungslosen Seiles, und nimmt den Punkt C mit dem Wagenzug fest verbunden an, welcher sich mit der Geschwindigkeit c vorwärts bewegt, so wird der Punkt C ebenfalls die Geschwindigkeit c besitzen und sich zur Zeit t im Abstand ct vom Ursprung A_0 befinden. Bezeichnet man nun mit s' den Abstand des zur Zeit t in A befindlichen materiellen Punktes m von dem Punkte C, so hat man

$$s' = CA = ct - s = \frac{c}{k} \sin kt.$$

Ein an der Bewegung des Punktes C unbewusst theilnehmender Beobachter wird den materiellen Punkt m um den scheinbar ruhenden Punkt C oscilliren sehen, indem der Abstand s' des materiellen Punktes von C sich mit der Zeit t ändert und zwar gemäss der Gleichung

$$s' = \frac{c}{k} \sin kt.$$

Diese Gleichung haben wir in No. 139 als diejenige einer Oscillationsbewegung von der Schwingungsweite

$$a = \frac{c}{k} = c \cdot \sqrt{\frac{ml}{EF}}$$

und der Schwingungsdauer

$$\tau = \frac{\pi}{k} = \pi \sqrt{\frac{ml}{EF}} \quad \text{erkannt.}$$

Infolge der unvollkommenen Elasticität des Seiles, sowie der thatsächlich am betrachteten Wagen wirkenden Bewegungswiderstände wird die Schwingungsweite a der stattfindenden Oscillationen im Laufe der Zeit kleiner und kleiner, bis sie schliesslich ganz verschwindet.

§ 25.

Zwangläufige [1]) geradlinige Bewegung eines materiellen Punktes bei beliebig gerichteten treibenden Kräften.

179. Allgemeine Erläuterungen. Wir wollen annehmen, dass eine durchbohrte kleine Kugel m, welche an einem sie durchdringenden geraden starren Stab hin- und hergeschoben werden kann, von einer treibenden Kraft P angegriffen sei, welche mit der Normalen zur Stabachse den Winkel φ einschliesse. Diese Kraft P wird die Kugel, oder sagen wir jetzt, den materiellen Punkt m in der vorgeschriebenen geraden Bahnlinie bewegen, wenn, wie früher ausgeführt wurde, der Winkel φ grösser als der betreffende Reibungswinkel ϱ ist. Nehmen wir das an und bestimmen die Beschleunigungskraft im vorliegenden Falle der zwangläufigen Bewegung eines materiellen Punktes.

Die Kraft P zerlegen wir in die Komponenten

$$T = P \sin \varphi \quad \text{und} \quad N = P \cos \varphi$$

nach der geraden Bahnlinie und senkrecht darauf. Damit ergiebt sich dann, da die Komponente N der Kraft P durch die Normalkomponente W_n des Bahnwiderstandes W' aufgehoben wird und die Tangentialkomponente W'_t des letzteren

$$= \mu N = \mu P \cos \varphi$$

ist, als die Resultante sämmtlicher am materiellen Punkte thatsächlich wirkenden Kräfte, d. h. als Beschleunigungskraft

$$R = P \sin \varphi - \mu P \cos \varphi = P (\sin \varphi - \mu \cos \varphi).$$

180. Beschleunigungskraft des Kreuzkopfes eines Kurbelgetriebes. (Siehe „Bach, Maschinenelemente".) Es sei

CAK (Fig. 184) das gegebene Kurbelgetriebe,

C die Achse der Kurbelwelle,

$CA = r$ die Kurbel,

$AK = l$ die Schubstange und

K der in der Geraden OC sich bewegende Kreuzkopf. In diesem denken wir uns die gesammte, längs OC hin- und hergehende bewegte Masse m vereinigt.

---

[1]) Die treffende Benennung „zwangläufig" wurde von Reuleaux an anderem Orte eingeführt. Schon No. 174 und No. 175 zeigten Beispiele einer solchen Bewegung.

Bei der in der Geraden OC erfolgenden Bewegung des materiellen Punktes m werden wir den Ursprung O im Abstand $l + r$ von C und als $+ s$-Richtung die Richtung OC annehmen.

Man hat nun zunächst:

$$s = l + r - l \cos \psi - r \cos \varphi \quad \text{und} \quad l \sin \psi = r \cdot \sin \varphi.$$

Aus letzterer Gleichung folgt:

$$\sin \psi = \frac{r}{l} \sin \varphi, \quad \text{womit} \quad \cos \psi = \sqrt{1 - \left(\frac{r}{l} \sin \varphi \right)^2}$$

oder wenn man nach dem binomischen Lehrsatz entwickelt:

$$\cos \psi = 1 - \frac{1}{2} \left(\frac{r}{l} \sin \varphi \right)^2 - \frac{1}{8} \left(\frac{r}{l} \sin \varphi \right)^4 - \cdots$$

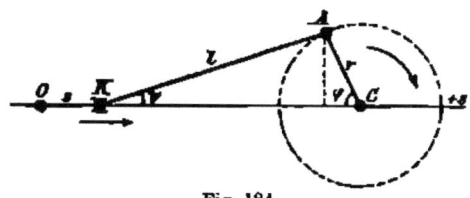

Fig. 184.

Da aber in der Praxis $l \geq 5r$ zu sein pflegt und damit das dritte Glied in der Reihe schon sehr unbedeutend wird, kann man sich begnügen mit

$$\cos \psi = 1 - \frac{1}{2} \left(\frac{r}{l} \sin \varphi \right)^2$$

und daher setzen:

$$s = l + r - l \left[1 - \frac{1}{2} \left(\frac{r}{l} \sin \varphi \right)^2 \right] - r \cos \varphi$$

$$\text{oder} \quad s = r (1 - \cos \varphi) + \frac{l}{2} \left(\frac{r}{l} \sin \varphi \right)^2 \tag{1}$$

Demgemäss wird für die beiden „Todtlagen" des Kurbelgetriebes, d. h. für $\varphi = 0$ und $\varphi = 180^0$

$$s = 0 \quad \text{beziehungsweise} \quad s = 2r.$$

Aus Gleichung (1) ergiebt sich für die Geschwindigkeit v des Kreuzkopfes:

$$v = \frac{ds}{dt} = r \sin \varphi \cdot \frac{d\varphi}{dt} + \frac{r^2}{2l} \cdot 2 \sin \varphi \cos \varphi \cdot \frac{d\varphi}{dt} \tag{2}$$

Dreht sich die Kurbel CA, welche zur Zeit t die in der Figur 184 angegebene Lage habe, um C von links nach rechts, so nimmt in der Zeit dt der in Bogenmass ausgedrückte Winkel φ um $d\varphi$ zu, es ist daher $d\varphi$ der in der Zeit dt vom Radius CA beschriebene Winkel und $\dfrac{d\varphi}{dt} = \omega$ die Winkelgeschwindigkeit, mit welcher sich die Kurbel CA um C dreht.

Bezeichnet man die Geschwindigkeit des Punktes A in seiner kreisförmigen Bahn mit u, so hat man:

$$u = \frac{r\,d\varphi}{dt} = r \cdot \frac{d\varphi}{dt} = r\omega.$$

Damit geht Gleichung (2) nach gehöriger Vereinfachung über in

$$v = r\omega \left(\sin \varphi + \frac{1}{2} \cdot \frac{r}{l} \sin 2\varphi \right) \qquad (3)$$

Berechnet man jetzt für verschiedene Werthe von φ den Abstand s und die Geschwindigkeit v und trägt die s als Abscissen und die zugehörigen Werthe von v als Ordinaten auf, verbindet die Endpunkte der Ordinaten durch eine stetige Linie, so ist diese die sogenannte Geschwindigkeitskurve für den Kreuzkopf (Fig. 185). Indessen lässt sich die Geschwindigkeitskurve, wie wir später sehen werden, noch in anderer, einfacherer Weise erhalten.

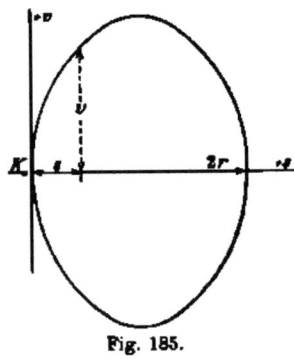

Fig. 185.

Beim „Hingang" des Kreuzkopfes, wobei φ zwischen 0 und 180°, liefert die Formel naturgemäss positive Werthe von v, beim „Rückgang" dagegen, wobei φ zwischen 180° und 360°, negative Werthe, auch wird für $\varphi = 0$ und $\varphi = 180°$ $v = 0$.

Die Geschwindigkeitskurve bildet eine in sich zurückkehrende Kurve, für welche die Abscissenachse OC Symmetralachse ist. Nimmt man nämlich das eine Mal für φ einen bestimmten positiven Werth an und das andere Mal einen absolut ebenso grossen, aber negativen Werth, so erhält man, da $\sin(-\varphi) = -\sin\varphi$, in beiden Fällen für v den gleichen Absolutwerth, nur die Vorzeichen der v sind verschieden. Zur Bestimmung von v_{max} setzen wir $\dfrac{dv}{d\varphi} = 0$ und berechnen aus der erhaltenen Gleichung den betreffenden Werth φ' von φ.

Ist die Winkelgeschwindigkeit ω konstant, so erhält man aus Gleichung (3)

$$\frac{dv}{d\varphi} = r\omega \left(\cos\varphi + \frac{r}{l}\cos 2\varphi\right)$$

und damit

$$\cos\varphi' + \frac{r}{l}\cos 2\varphi' = 0; \quad \cos\varphi' = \frac{l}{4r}\left[-1 \pm \sqrt{1 + 8\left(\frac{r}{l}\right)^2}\right].$$

Hierin ist mit Rücksicht darauf, dass $\frac{l}{4r} > 1$, das $+$-Zeichen vor der Wurzel zu nehmen, weil ja der Absolutwerth eines Cosinus nicht grösser als 1 sein kann. Mit $r = \frac{1}{5}l$ wird dann

$$\cos\varphi' = \frac{5}{4}\left(-1 + \frac{1}{5}\sqrt{33}\right); \quad \varphi' = 79^0 16'$$

$$v_{max} = 1,02 \cdot r\omega = 1,02 \cdot u.$$

Erfolgt in t Sekunden eine Umdrehung der Kurbelwelle, so hat man:

$$\frac{2r\pi}{t} = u.$$

Anderseits legt der Kreuzkopf bei einer Umdrehung der Kurbelwelle, also in t Sekunden, den Weg $4r$ zurück. Es ist daher die mittlere Geschwindigkeit v_m des Kreuzkopfes:

$$v_m = \frac{4r}{t}.$$

Damit wird $\quad \dfrac{v_m}{u} = \dfrac{2}{\pi}.$ Da aber $v_{max} = 1,02 \cdot u$,

so ergiebt sich $\quad v_{max} = 1,02 \cdot \dfrac{\pi}{2} \cdot v_m = 1,60 \cdot v_m.$

Bei gleichförmiger Umdrehung der Kurbelwelle fanden wir:

$$\frac{dv}{d\varphi} = r\omega \left(\cos\varphi + \frac{r}{l}\cos 2\varphi\right).$$

Daraus ergiebt sich die Beschleunigung des Kreuzkopfes

$$p = \frac{dv}{dt} = \frac{dv}{d\varphi} \cdot \frac{d\varphi}{dt} = \frac{dv}{d\varphi} \cdot \omega = r\omega^2 \left(\cos\varphi + \frac{r}{l}\cos 2\varphi\right) \cdots (4).$$

Diese Gleichung liefert

für $\varphi = 0$ den grössten Werth von p, nämlich $p = r\omega^2\left(1 + \frac{l}{r}\right)$;

für $\varphi = \varphi'$ $\left(\text{bei Annahme } r = \frac{1}{5} l, \quad \varphi' = 79^0 16'\right) p = 0$;

für $\varphi = 180^0$ $\qquad p = -r\omega^2 \left(1 - \frac{r}{l}\right)$.

Berechnet man aus Gleichung (4) die Beschleunigung p für verschiedene Werthe von φ und ebenso die zugehörigen Werthe

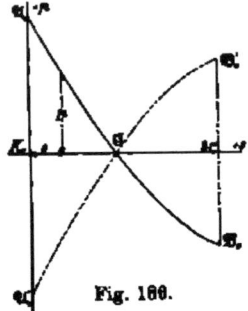

Fig. 186.

von s aus Gleichung (1), trägt die s als Abscissen und die p als Ordinaten auf, so erhält man die Beschleunigungskurve $\mathfrak{A}_0 \mathfrak{C}_0 \mathfrak{B}_0$ für den Kreuzkopf (Fig. 186). Dabei zeigt es sich, dass die Beschleunigungskurve beim Hingang des Kreuzkopfes ($\varphi = 0$ bis $\varphi = 180^0$) mit derjenigen beim Rückgang ($\varphi = 180^0$ bis $\varphi = 360^0$) sich deckt. Es liefert nämlich Formel (4) denselben Werth von p für $+\varphi$, wie für $-\varphi$, da ja $\cos(-\varphi) = +\cos\varphi$.

Würde man jedoch die wirklichen Beschleunigungen als Ordinaten nach oben, die Verzögerungen dagegen nach unten abtragen, erhielte man die Linie $\mathfrak{A}'_0 \mathfrak{C}'_0 \mathfrak{B}'_0$ als Linie der p beim Rückgang des Kreuzkopfes.

In Fig. 186 ist die Beschleunigungskurve des Kreuzkopfes für den speciellen Fall $r = \frac{1}{5} l$ aufgezeichnet. Indessen lässt sich die Beschleunigungskurve noch einfacher konstruiren, wie wir später sehen werden.

Um endlich die Beschleunigungskraft des Kreuzkopfes zu erhalten, hat man nur den algebraischen Werth der Kreuzkopfbeschleunigung p mit der betreffenden, im Kreuzkopf vereinigt gedachten Masse m zu multipliciren. Ergiebt sich dann das Produkt mp positiv, so ist die Beschleunigungskraft im Sinn der $+s$, also von O nach C gerichtet, andernfalls entgegengesetzt.

Bei gleichförmiger Umdrehung der Kurbelwelle erhält man für $\varphi = 0$ den grössten Werth der Beschleunigungskraft, nämlich

$$P = +mr\omega^2 \left(1 + \frac{r}{l}\right).$$

Mit zunehmendem φ nimmt dann die Beschleunigung p und damit auch die Beschleunigungskraft P ab, bis diese beiden Grössen für $\varphi = \varphi'$ (im Falle $r = \frac{1}{5} l$ $\varphi' = 79^0 16'$) $= 0$ geworden. Von $\varphi = \varphi'$ bis $\varphi = 180^0$ sind p und P negativ. Bei $\varphi = 180^0$ ist

$$P = - m r \omega^2 \left(1 - \frac{r}{l}\right),$$

also von C nach O gerichtet.

Damit hat die Beschleunigungskraft ihren grössten negativen Werth erreicht. Von $\varphi = 180^0$ bis $\varphi = 360 - \varphi'$ nimmt die von C gegen O gerichtete Beschleunigungskraft bis zu 0 ab, wird von $\varphi = 360^0 - \varphi'$ bis $\varphi = 360^0$ wieder positiv, also von O nach C gerichtet, sich vom Werth 0 bis zum Werth $+ m r \omega^2 \left(1 + \frac{r}{l}\right)$ erhebend.

§ 26.

Geradlinige Bewegung eines materiellen Punktes auf einer festen horizontalen Ebene.

181. Von dem Trägheitswiderstand oder der Trägheitskraft. Ein schwerer Körper vom Gewichte Q (Fig. 187), welcher auf einer festen horizontalen Ebene aufruht, werde von einer konstanten, horizontalen Kraft P in Bewegung gesetzt. Ausser diesen beiden Kräften Q und P wirken aber noch der Normalwiderstand W_n der Unterlage und der Reibungswiderstand $W_t = \mu Q$ am Körper. Hiervon heben sich die Kräfte Q und W_n auf, sodass nur noch die Kräfte P und W_t übrig bleiben. Da nun

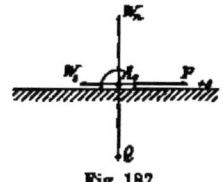

Fig. 187.

P konstante Richtung besitzt und der Reibungswiderstand stets der Bewegung direkt entgegen wirkt, so findet thatsächlich eine geradlinige Bewegung in der Richtung von P statt unter Einwirkung der Beschleunigungskraft

$$R = P - W_t.$$

Anderseits ist aber

$$R = m \cdot \frac{dv}{dt}. \quad \text{Man hat also} \quad P - W_t = m \cdot \frac{dv}{dt}$$

oder

$$P = W_t + m \cdot \frac{dv}{dt}.$$

Diese Gleichung zeigt uns, dass man die treibende Kraft P zerlegen kann in zwei Theile, von denen der eine dazu dient, den Reibungswiderstand W_t zu überwinden, während der andere

Theil, nämlich die Beschleunigungskraft $m \cdot \dfrac{dv}{dt}$, dem materiellen Punkt seine Beschleunigung $\dfrac{dv}{dt}$ ertheilt.

Ueben wir auf den zu bewegenden Körper den Zug P aus, so nehmen wir, entsprechend dem Gesetz der Wechselwirkung, auch einen gewissen Widerstand wahr gleich und direkt entgegengesetzt der von uns auf den Körper ausgeübten Kraft P. Da aber $P = W_t + m \cdot \dfrac{dv}{dt}$, so besteht der Widerstand, welchen wir empfinden, wenn wir den auf der horizontalen Ebene liegenden Körper bewegen, aus zwei Theilen, von welchen der eine W_t, der am Körper thatsächlich wirkende Reibungswiderstand ist, während der andere Theil des Gesammtwiderstandes, $m \cdot \dfrac{dv}{dt}$, am bewegten Körper gar nicht thätig ist, vielmehr als Trägheitswiderstand oder Trägheitskraft nur an unserer, den Zug P ausübenden Hand sich äussert. Die Trägheitskraft, von der später vielfach die Rede sein wird, wäre also eine Kraft gleich und direkt entgegengesetzt der Beschleunigungskraft.

182. Aufgabe. Es soll die Bewegung des auf einer rauhen horizontalen Ebene liegenden, von der horizontalen Kraft P angegriffenen materiellen Punktes m (Fig. 187) bestimmt werden.

Wählt man die Richtung der treibenden Kraft P zur $+s$-Richtung, so hat man

$$m \cdot \frac{dv}{dt} = P - W_t = P - \mu Q,$$

woraus durch Integration

$$v = \int \frac{P - \mu Q}{m} \, dt$$

und bei konstantem Reibungskoefficienten μ

$$v = \frac{P - \mu Q}{m} \cdot t + C.$$

Zur weiteren Bestimmung der Bewegung nehmen wir den Ursprung O der Bahnlinie zweckmässigerweise in der Ausgangslage A_0 des materiellen Punktes an, desgleichen beginnen wir die Zeit zu zählen in dem Augenblick, in welchem die Kraft P an den materiellen Punkt herantritt und letzterer infolge dessen seine Ausgangslage A_0 verlässt. Demgemäss wird für $t = 0$ auch $v = 0$, womit $C = 0$

$$v = \frac{ds}{dt} = \frac{P - \mu Q}{m} \cdot t,$$

$$ds = \frac{P - \mu Q}{m} t \cdot dt \cdot$$

Diese Gleichung integrirt giebt, wenn man berücksichtigt, dass für $t = 0$ auch $s = 0$ wird:

$$s = \frac{P - \mu Q}{m} \cdot \frac{t^2}{2} \cdot$$

Will man wissen, welche Geschwindigkeit v' der materielle Punkt im Abstand s' vom Ursprung O besitzt, so muss man aus der letzten Gleichung die Zeit bestimmen, welche der materielle Punkt braucht, um in den Abstand s' von O zu gelangen, und dann den gefundenen Werth von t in die Gleichung für v einsetzen. Einfacher ist es aber, mittels des Satzes von der Arbeit die Bestimmung von v' vorzunehmen. Der genannte Satz liefert vorliegenden Falles

$$\frac{1}{2} m v'^2 - 0 = \int_0^{s'} (P - \mu Q) ds = (P - \mu Q) s',$$

woraus

$$v' = \sqrt{\frac{2(P - \mu Q) s'}{m}}.$$

Ueberhaupt empfiehlt es sich, den Satz von der Arbeit in Anwendung zu bringen, wenn die Geschwindigkeit des materiellen Punktes an einer bestimmten Stelle der Bahn angegeben werden soll.

188. Aufgabe. Ein schwerer materieller Punkt vom Gewichte Q, welcher auf einer horizontalen Ebene aufruht, erhalte in einer gewissen Richtung eine horizontale Geschwindigkeit v_0, man soll die Bewegung des materiellen Punktes bestimmen unter Berücksichtigung der Reibung.

Die am materiellen Punkt (Fig. 168) thatsächlich wirkenden Kräfte sind: das Eigengewicht Q, der normale Bahnwiderstand W_n und der Reibungswiderstand $W_i = \mu Q$. Da nun Q und W_n sich aufhoben, bleibt als Beschleunigungskraft der Reibungswiderstand W_i übrig. Der Reibungswiderstand wirkt stets der Bewegung

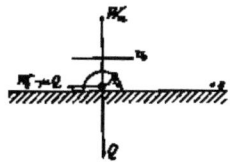

Fig. 168.

direkt entgegen, es kann also nur eine geradlinige Bewegung in der Richtungslinie von v_0 erfolgen.

Zweckmässigerweise wird als Ursprung in der Bahn die Ausgangslage des materiellen Punktes angenommen und die Zeit zu zählen begonnen in dem Augenblick, in welchem der materielle Punkt mit der Geschwindigkeit v_0 den Ausgangspunkt verlässt. Selbstverständlich wird auch als $+s$-Richtung die Richtung von v_0 gewählt. Man hat daher

$$m \cdot \frac{dv}{dt} = -W_1 = -\mu Q = -\mu m g,$$

oder

$$dv = -\mu g \, dt,$$

woraus durch Integration:

$$v = -\mu g t + C.$$

Es ist aber für $t = 0$ die Geschwindigkeit $v = v_0$, also

$$v_0 = C,$$

$$v = v_0 - \mu g t = \frac{ds}{dt}.$$

Integrirt:

$$s = v_0 t - \mu g \frac{t^2}{2} + C'.$$

Für $t = 0$ ist $s = 0$, womit $C' = 0$

und

$$s = v_0 t - \mu g \frac{t^2}{2}.$$

Der Punkt der Bahnlinie, in welchem der materielle Punkt zur Ruhe gelangt, befinde sich im Abstand s' von O und werde in der Zeit t' erreicht. Um nun t' zu erhalten, setzen wir in obiger Gleichung für v, $t = t'$ und $v = 0$, worauf sich ergiebt:

$$t' = \frac{v_0}{\mu g}.$$

Mit diesem Werth von t berechnet sich s' aus

$$s' = v_0 t' - \mu g \frac{t'^2}{2} = \frac{v_0^2}{\mu g} - \frac{\mu g}{2} \left(\frac{v_0}{\mu g}\right)^2 = \frac{v_0^2}{2\mu g}.$$

Wäre nur s' zu bestimmen gewesen, hätte man den Umweg über t' nicht zu machen brauchen, vielmehr s' direkt berechnen können mittels des Satzes von der Arbeit, wie folgt:

$$0 - \frac{1}{2} m v_0^2 = -\mu m g \cdot s'; \quad s' = \frac{v_0^2}{2\mu g}.$$

So erhielte man beispielsweise mit $g = 9{,}81$ $(m \cdot sek.)$

für $v_0 = 90$ km in der Stunde und $\mu = \frac{1}{200}$

(Eisenbahnzug auf horizontaler Bahn)

$t' = 510$ Sek. $= 8$ Min. 30 Sek. und $s' = 6371$ m.

§ 27.

Geradlinige Bewegung eines materiellen Punktes auf einer schiefen Ebene.

184. Abwärtsbewegung bei fehlender Reibung. Im Punkte A_0 (Fig. 189) einer schiefen Ebene von der Horizontalneigung a befinde sich ein schwerer materieller Punkt vom Gewichte Q, man soll die erfolgende Bewegung des sich selbst überlassenen materiellen Punktes bestimmen. Wir errichten in A_0 die Normale zur schiefen Ebene und legen durch diese und die Vertikale durch A_0 eine Ebene, alsdann schneidet diese Ebene die schiefe Ebene nach der sogenannten Linie des grössten Gefälles, d. h. nach einer Geraden, welche von allen in der schiefen Ebene gezogenen Geraden die grösste Horizontalneigung, nämlich a besitzt.

Am materiellen Punkt wirkt ausser dem Eigengewicht Q noch der Normalwiderstand W_n der Unterlage. Nun zerlegen wir Q in die Komponenten $Q \cos a$ und $Q \sin a$ normal, beziehungsweise parallel der schiefen Ebene. Die Normalkomponente $Q \cos a$ wird aber vom Normalwiderstand W_n der schiefen Ebene aufgehoben. Somit bleibt als Beschleunigungskraft übrig die Komponente $Q \sin a$

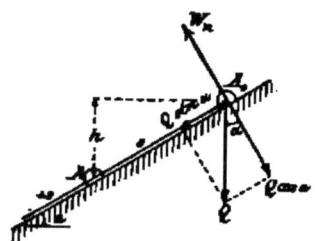

Fig. 189.

parallel der schiefen Ebene. Man hat also, wenn man A_0 als Ursprung in der Bahnlinie und die $+ s$-Richtung nach der Linie des grössten Gefälles abwärts gerichtet annimmt, sowie die Zeit zu zählen anfängt in dem Augenblick, in welchem der materielle Punkt von A_0 aus sich in Bewegung setzt:

$$m \frac{dv}{dt} = + Q \sin a = mg \sin a \quad \text{woraus} \quad dv = g \sin a \cdot dt$$

$$v = gt \sin a + C \text{ und, da für } t = 0 \quad v = 0 \text{ und damit } C = 0,$$

$$v = gt \sin a = \frac{ds}{dt}; \quad ds = gt \cdot dt \cdot \sin a;$$

Integrirt $$s = \frac{gt^2}{2} \sin a + C'.$$

Für $t = 0$ ist $s = 0$,   also $C' = 0$

und $s = \dfrac{g t^2}{2} \sin \alpha \cdot$

Will man die Geschwindigkeit v am Ende A einer beliebigen Wegstrecke $A_0 A = s$ haben, so bestimmt man aus der letzten Gleichung t und setzt den Werth von t in die Gleichung für v ein. Damit erhält man:

$$v = g \sin \alpha \cdot \sqrt{\frac{2 s}{g \sin \alpha}} \quad \text{oder} \quad v^2 = 2 g s \cdot \sin \alpha = 2 g h,$$

wobei h die Tiefe des Punktes A unter dem Punkte A_0.

Daraus ersehen wir, dass, wenn man von einem Punkte A_0 aus unter verschiedenen Horizontalneigungen Gerade zieht gegen eine in der Tiefe h unter dem Punkte A_0 befindliche Horizontalebene und in diesen Geraden schwere materielle Punkte herabgleiten lässt, welche gleichzeitig von A_0 ohne Anfangsgeschwindigkeit ausgehen, so sind die Geschwindigkeiten dieser materiellen Punkte, wenn sie in der erwähnten Horizontalebene angelangt sind, alle einander gleich und zwar $= \sqrt{2 g h}$, d. h. gleich der Geschwindigkeit, welche ein von A_0 frei herabgefallener Körper am Ende der Fallhöhe h erlangt hätte.

Den Ausdruck für die Geschwindigkeit v des materiellen Punktes in dem bestimmten Bahnpunkt A hätte man aber auch mittels des Satzes von der Arbeit unmittelbar erhalten können, wie folgt: Es ist vorliegenden Falles

$$\frac{1}{2} m v^2 - 0 = m g \sin \alpha \cdot s, \quad \text{woraus} \quad v^2 = 2 g s \cdot \sin \alpha = 2 g h.$$

Zum freien Durchfallen der Höhe h seien t Sekunden erforderlich, man hat daher nach No. 165

$$h = \frac{g t^2}{2} \cdot$$

Soll jetzt angegeben werden, in welchen Abständen $A_0 A = s$ von A_0 sich nach t Sekunden die zu gleicher Zeit von A_0 ausgegangenen, in verschieden geneigten Rinnen sich bewegenden materiellen Punkte in ihren geraden Bahnlinien befinden, so beachtet man die oben gefundene Gleichung:

$$s = \frac{g t^2}{2} \sin \alpha = h \sin \alpha.$$

Aus dieser Gleichung können wir schliessen, dass zur Zeit t die materiellen Punkte alle auf einer über h als Durchmesser beschriebenen Kugeloberfläche liegen (siehe Fig. 190).

Lösen wir jetzt noch die folgende Aufgabe: Von dem Punkte A aus (Fig. 191) werden gegen eine Vertikale CB eine Reihe von Geraden AB gezogen. In diesen Geraden lässt man von ihren in der Vertikalen CB gelegenen Endpunkten B aus materielle Punkte herabgleiten. Es fragt sich nun, in welcher dieser Geraden gleitet der materielle Punkt in kürzester Zeit herab.

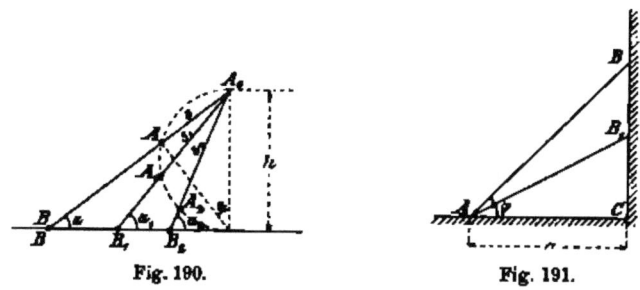

Fig. 190.   Fig. 191.

Die Horizontalneigung der betreffenden Geraden sei φ und a der Abstand des Punktes A von der Vertikalen CB. Wird BA mit s bezeichnet und durchläuft der materielle Punkt die Strecke s in t Sekunden, so hat man nach dem oben Gefundenen

$$t = \frac{g t^2}{2} \sin \varphi \quad \text{oder da} \quad s = \frac{a}{\cos \varphi}$$

$$a = \frac{g t^2}{2} \sin \varphi \cos \varphi = \frac{g t^2}{4} 2 \sin \varphi \cos \varphi = \frac{g t^2}{4} \sin 2\varphi,$$

daraus
$$t^2 = \frac{4 a}{g \cdot \sin 2\varphi}.$$

Nun wird t am kleinsten, wenn $\sin 2\varphi$ am grössten, d. h. wenn $2\varphi = 90°$; $\varphi = 45°$. Dies ist der gesuchte Winkel.

185. Aufwärtsbewegung bei fehlender Reibung. Ein materieller Punkt vom Gewichte Q erhalte im Punkte A_0 einer schiefen Ebene von der Horizontalneigung α nach der Linie der grössten Steigung eine Anfangsgeschwindigkeit v_0 aufwärts. Man soll angeben, bis zu welchem Punkte A' seiner geraden Bahnlinie der materielle Punkt gelangt (Fig. 192).

Es sei der gesuchte Abstand des Punktes A' vom Ausgangspunkt $A_0 = s'$ und t' die Anzahl der Sekunden, welche der materielle Punkt braucht um von A_0 bis A' zu kommen. Ferner sei s der Abstand des materiellen Punktes von A_0 zur Zeit t und v seine Geschwindigkeit zur gleichen Zeit. Wir wählen den Punkt A_0 zum Ursprung und die $+s$-Richtung aufwärts, daher Beschleunigungskraft zur Zeit t

$$P = -Q \sin \alpha = -mg \sin \alpha = m \cdot \frac{dv}{dt}.$$

Daraus $\quad dv = -g \sin \alpha \cdot dt; \quad v = -gt \sin \alpha + C.$

Für $\quad t = 0 \quad$ wird $\quad v = v_0.$ Das giebt: $\quad C = v_0$

und
$$v = v_0 - gt \sin \alpha.$$

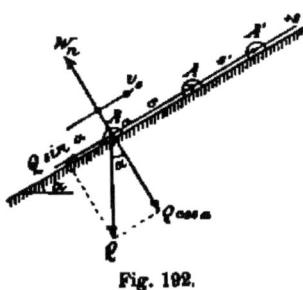

Fig. 192.

Diese Gleichung zeigt, dass die Geschwindigkeit v kleiner und kleiner wird.

Nach t' Sekunden sei $v = 0$ geworden, alsdann hat man

$$0 = v_0 - gt' \sin \alpha; \quad t' = \frac{v_0}{g \sin \alpha}.$$

Wenn nun $t > t'$, so wird v negativ und es bewegt sich der materielle Punkt wieder zurück. Mit $t = t'$ hat also der materielle Punkt den höchsten Punkt A' seiner Bahn erreicht. Um die Lage von A' oder den Abstand s' des Punktes A' von A_0 zu erhalten, schreibt man:

$$v = v_0 - gt \sin \alpha = \frac{ds}{dt},$$

woraus durch Integration

$$s = v_0 t - \frac{gt^2}{2} \sin \alpha + C'.$$

Hierbei wird $C' = 0$, weil für $t = 0$ auch $s = 0$.

Man hat daher

$$s = v_0 t - \frac{gt^2}{2} \sin \alpha.$$

Für $\quad t = t' \quad$ wird $\quad s = s',$

also $\quad s' = v_0 \cdot \dfrac{v_0}{g \sin \alpha} - \dfrac{g \sin \alpha}{2} \cdot \left(\dfrac{v_0}{g \sin \alpha}\right)^2 = \dfrac{v_0^2}{2g \sin \alpha}.$

Dieses Resultat hätte man wieder unmittelbar mittels des Satzes von der Arbeit erhalten können, wie folgt:

$$0 - \frac{1}{2} m v_0{}^2 = - m g \sin \alpha \cdot s', \quad \text{woraus} \quad s' = \frac{v_0{}^2}{2g \sin \alpha}.$$

Bezeichnet man die Höhe des höchsten Punktes A' der vom materiellen Punkte durchlaufenen Bahnlinie über dem Ausgangspunkt A_0 mit h, so ist

$$h = s' \cdot \sin \alpha = \frac{v_0{}^2}{2g \sin \alpha} \cdot \sin \alpha = \frac{v_0{}^2}{2g}.$$

Es ist also h gleich der Steighöhe eines mit der Geschwindigkeit v_0 vertikal aufwärts geworfenen Körpers.

In A' angekommen, kehrt, wie schon oben bemerkt wurde, der materielle Punkt wieder in der gleichen Bahnlinie zurück. Seine in A_0 erlangte Geschwindigkeit ist alsdann

$$v = \sqrt{2 g h} = v_0.$$

Ueberhaupt durchläuft der materielle Punkt bei der Aufwärts- und bei der Abwärtsbewegung einen und denselben Punkt der Bahnlinie stets mit der gleichen Geschwindigkeit.

186. Berücksichtigung eines konstanten Reibungswiderstandes. Wir nehmen wieder einen materiellen Punkt vom Gewichte Q an im Punkte A_0 einer schiefen Ebene von der Horizontalneigung α (Fig. 193). Dieser materielle Punkt wird auf der schiefen Ebene im Gleichgewicht sich befinden, wenn der Winkel φ, den Q mit der Normalen zur Unterlage einschliesst, kleiner ist, als der Reibungswinkel ϱ. Da aber dieser Winkel $\varphi = \alpha$ ist, so kann man sagen:

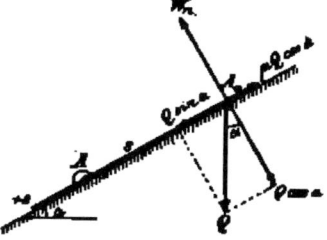

Fig. 193.

Ein materieller Punkt bleibt auf einer schiefen Ebene liegen, so lange deren Horizontalneigung α nicht grösser ist, als der betreffende Reibungswinkel ϱ. Ist $\alpha = \varrho$, so befindet sich der materielle Punkt an der Grenze des Gleichgewichtes, und wenn $\alpha > \varrho$, gleitet der materielle Punkt die schiefe Ebene herab.

Es sei nun $\alpha > \varrho$. Die hierbei eintretende Bewegung des materiellen Punktes erfolgt, wie früher, in der Linie des grössten Gefälles.

Wird wieder der Ursprung in A_0, die $+ s$-Richtung abwärts und für $s = 0$ auch $t = 0$ angenommen, so hat man:

Beschleunigungskraft

$$P = Q \sin \alpha - \mu Q \cos \alpha$$

oder
$$P = mg (\sin \alpha - \mu \cos \alpha) = m \cdot \frac{dv}{dt}$$

$$v = gt (\sin \alpha - \mu \cos \alpha) = \frac{ds}{dt}$$

$$s = \frac{gt^2}{2} (\sin \alpha - \mu \cos \alpha).$$

Um die Geschwindigkeit v in Funktion des Abstandes s zu erhalten, wird zweckmässigerweise der Satz von der Arbeit angewendet:

$$\frac{1}{2} mv^2 - 0 = mg (\sin \alpha - \mu \cos \alpha) \cdot s$$

$$v^2 = 2gs (\sin \alpha - \mu \cos \alpha).$$

Angenommen, das Gefälle einer schiefen Ebene sei $1 : 45$

$$\mu = \frac{1}{200}; \qquad s = 6 \text{ km},$$

so ergiebt sich, da α so klein, dass man $\cos \alpha = 1$ und $\sin \alpha = \operatorname{tg} \alpha$ setzen kann:

$$v^2 = 2 \cdot 9{,}81 \cdot 6000 \left(\frac{1}{45} - \frac{1}{200} \right); \qquad v = \sim 44 \text{ m} \text{ in der Sek.}$$

Bei einem geringeren Gefälle als $1 : 200$ wäre der materielle Punkt in Ruhe geblieben.

Handelt es sich um die Aufwärtsbewegung eines materiellen Punktes m auf einer rauhen schiefen Ebene in der Linie der grössten Steigung, vom Punkte A_0 aus, so kann man fragen, bis zu welchem höchsten Punkte A' seiner geraden Bahnlinie gelangt der materielle Punkt auf der schiefen Ebene, wenn derselbe im Punkte A_0 eine in der Linie der grössten Steigung aufwärts gerichtete Geschwindigkeit v_0 erhalten hat.

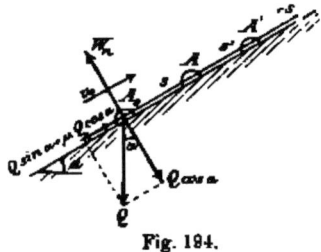
Fig. 194.

Nehmen wir (Fig 194) den Punkt A_0 als Ursprung und die $+ s$-Richtung aufwärts an und beginnen die Zeit zu zählen in dem Augenblick, in welchem der materielle Punkt bei seiner Aufwärtsbewegung den Punkt A_0 verlässt, so hat man für die Beschleunigungskraft:

$$P = -mg \sin a - \mu mg \cos a = -mg (\sin a + \mu \cos a) = m \cdot \frac{dv}{dt},$$

woraus durch Integration:

$$v = -gt (\sin a + \mu \cos a) + C.$$

Nun ist für $t = 0$ $v = v_0$, also $v_0 = C$

und damit

$$v = v_0 - gt (\sin a + \mu \cos a) = \frac{ds}{dt}.$$

Integrirt: $s = v_0 t - \frac{1}{2} gt^2 (\sin a + \mu \cos a).$

Um die Geschwindigkeit v in Funktion des Abstandes s zu bekommen, könnte man aus den Gleichungen für v und s die Zeit t eliminiren. Einfacher ist es wieder, den Satz von der Arbeit in Anwendung zu bringen. Derselbe liefert:

$$\frac{1}{2} mv^2 - \frac{1}{2} mv_0^2 = -mg (\sin a + \mu \cos a) \cdot s.$$

Im Punkte A' der Bahn ist $v = 0$ und $s = s'$. Damit geht die letzte Gleichung über in:

$$-\frac{1}{2} mv_0^2 = -mg (\sin a + \mu \cos a) \cdot s',$$

woraus

$$s' = \frac{v_0^2}{2g (\sin a + \mu \cos a)}.$$

Mit s' ist aber die Lage des Punktes A' festgesetzt.

§ 28.

Bewegung der Fahrzeuge auf Strassen und Eisenbahnen.

187. Der Bewegungswiderstand. In ähnlicher Weise wie beim Gleiten eines schweren Körpers auf einer horizontalen Ebene macht sich auch ein Bewegungswiderstand geltend, wenn eine Last auf einem Wagen weiterbewegt werden soll. Auch hier ist Gleichgewicht vorhanden, so lange die horizontale Zugkraft P nicht eine gewisse Grenze P' übersteigt, oder mit anderen Worten: Von $P = 0$ bis $P = P'$ ist der Bewegungswiderstand W stets gleich der jeweiligen treibenden Kraft P.

An der Grenze des Gleichgewichts hat man:

$$W' = P',$$

wobei W' der grösste Bewegungswiderstand, welcher überhaupt entwickelt werden kann.

Aehnlich wie bei der gleitenden Reibung kann man wieder setzen:

$$W = \mu Q,$$

oder allgemeiner, wenn N der Normaldruck:

$$W = \mu N,$$

unter μ den sogenannten Widerstandskoefficienten verstanden.

Soll jetzt ein Wagen vom Gewichte Q mit einer gewissen konstanten Geschwindigkeit v auf einer horizontalen Ebene bewegt werden, so muss die Zugkraft, um den Wagen überhaupt in Bewegung zu setzen, zunächst grösser als W' oder μQ sein. Sodann hat die Zugkraft den Bewegungswiderstand so lange zu übersteigen, als die gewünschte Geschwindigkeit v des Wagens noch nicht erzielt ist. Hat aber der Wagen durch die Zugkraft die vorgeschriebene Geschwindigkeit v erreicht, so genügt es zur Aufrechterhaltung dieser Geschwindigkeit, wenn nunmehr die Zugkraft P dem betreffenden Bewegungswiderstand W gleichkommt, so dass dann

$$P = W = \mu Q,$$

wobei μ der für den betreffenden Fall geltende Widerstandskoefficient. Was diesen Widerstandskoefficienten μ betrifft, so hängt derselbe in erster Linie ab von der Beschaffenheit der Fahrbahn und derjenigen des Wagens. Unter Umständen ist aber auch die Fahrgeschwindigkeit auf ihn von wesentlichem Einfluss. Erfahrungsgemäss darf für die gewöhnlichen Strassenfuhrwerke und deren übliche Fahrgeschwindigkeit angenommen werden:

$$\mu = \frac{1}{50} \text{ bei guten Strassen,}$$

$$\mu = \frac{1}{20} \text{ bei trockenen, festen Erdwegen,}$$

$$\mu = \frac{1}{7} \text{ bei frisch beschütteten Strassen,}$$

$$\mu = \frac{1}{80} \text{ bei Asphaltstrassen.}$$

Bei Eisenbahnfahrzeugen auf Schienengeleisen kann gesetzt werden

$$\mu = \frac{2,4 + 0,001 \cdot v^2}{1000},$$

wobel v die Fahrgeschwindigkeit in Kilometer in der Stunde. Man pflegt indessen bei der Bewegung der Eisenbahnfahrzeuge vielfach sich mit dem Mittelwerth $\mu = \frac{1}{200}$ zu begnügen.

188. Leistung der verschiedenen Motoren. Ein Mensch kann beim Ziehen oder Schieben eine Kraft ausüben von 12—15 kg bei einer Geschwindigkeit von 0,6 bis 0,7 m in der Sekunde.

Ein kräftiges Pferd ist im Stande, bei einer Geschwindigkeit von 1 m in der Sekunde und bei 8—10stündiger täglicher Arbeitszeit eine Zugkraft von 70 kg auszuüben, ohne überanstrengt zu werden. Diese Zugkraft darf sogar bei kürzeren Wegstrecken zeitweilig auf das Zweifache gesteigert werden. Eine noch grössere Kraftleistung kann dem Pferde beim Anziehen zugemuthet werden.

Sehr kräftige Pferde können bei einer Geschwindigkeit von 1 m in der Sekunde eine Zugkraft von 75 kg ausüben und damit eine Arbeit von 75 kgm in der Sekunde leisten. Damit erklärt sich, dass man überhaupt eine Arbeitsleistung von 75 kgm in der Sekunde als eine „Pferdekraft" oder besser „Pferdestärke" bezeichnet.

Was die Zugkraft der Lokomotiven betrifft, so richtet sich diese selbstverständlich nach der Beschaffenheit der Lokomotive selbst. Bei einer Schnellzuglokomotive wollen wir die verfügbare Zugkraft $P = 4000$ kg und bei einer Güterzuglokomotive $P = 6000$ kg annehmen und weiter voraussetzen, dass beim Anfahren 1000 kg mehr Zugkraft aufgewendet werde, als zur Erhaltung des Beharrungszustandes erforderlich ist, wenn der Bahnzug sich im Gange befindet.

189. Bewegung eines Lastwagens auf einer Strasse. Es sei die Strasse theils horizontal, theils mit kürzeren Steigungen versehen. Bezeichnet man mit Q das Gewicht des Wagens sammt Ladung, mit n die Anzahl der nöthigen Pferde und mit P_1 die gewöhnliche Zugkraft eines Pferdes, so bestimmt sich die Zahl n für die horizontalen Strassenstrecken aus

$$n \cdot P_1 = \mu Q.$$

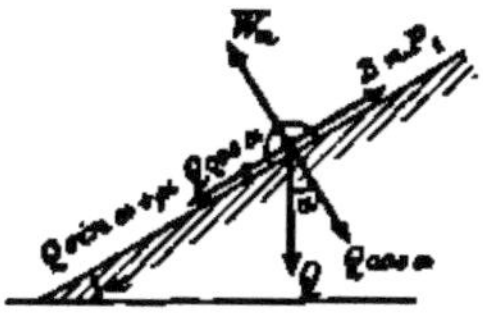

Fig. 195.

Auf einer Steigung von der Horizontalneigung α darf, wie oben erwähnt wurde, für die Zugkraft das Doppelte gerechnet werden, man hat daher unter Berücksichtigung von Fig. 195

$$2 \pi P_1 = Q \cdot \sin \alpha + \mu Q \cdot \cos \alpha$$

oder, da in praktischen Fällen α klein und demgemäss $\cos \alpha = 1$ und $\sin \alpha = \operatorname{tg} \alpha$ gesetzt werden kann:

$$2 \pi P_1 = Q \left(\operatorname{tg} \alpha + \mu \right)$$

und mit $\pi P_1 = \mu Q$

$$2 \mu = \operatorname{tg} \alpha + \mu; \qquad \operatorname{tg} \alpha = \mu.$$

Wäre die Kraftanstrengung eines Pferdes das Dreifache, d. h. $= 3 P_1$ gewesen, hätte man erhalten: $\operatorname{tg} \alpha = 2 \mu$.

Daraus folgt, dass, je kleiner μ, also je besser die Bahn ist, um so geringer die vorkommenden Steigungen sein dürfen, wenn die Arbeitskraft der Pferde richtig ausgenutzt werden soll.

Für $Q = 6000 \, \text{kg}$; $P_1 = 70 \, \text{kg}$ und $\mu = \dfrac{1}{40}$ ergiebt sich die nothwendige Anzahl von Pferden auf horizontaler Strecke:

$$\pi = \frac{1}{40} \cdot \frac{6000}{70} = 2$$

und die zulässige Maximalsteigung $= \dfrac{1}{40}$ oder $2{,}5 \, \%$, wenn die Kraftanstrengung der Pferde nicht mehr als bis zum doppelten der gewöhnlichen Zugkraft P_1 gesteigert werden darf.

Soll der Wagen eine lange Steige von der Horizontalneigung α hinauf befördert werden, so wird man für diese die nöthige Anzahl π' von Pferden berechnen aus

$$\pi' \cdot P_1 = Q \left(\operatorname{tg} \alpha + \mu \right).$$

Nehmen wir wieder den vorhin betrachteten Wagen an und eine Steigung der Strasse von $\dfrac{1}{20}$ oder $5 \, \%$, so erhalten wir:

$$\pi' \cdot 70 = 6000 \left(\frac{1}{20} + \frac{1}{40} \right),$$

woraus $\pi' = 6$.

Es wäre also für die Steige, da der Wagen auf horizontaler Strecke nur zwei Pferde erfordert, ein Vorspann von vier Pferden nöthig.

190. Bewegung von Eisenbahnfahrzeugen. Eine Schnellzuglokomotive, deren verfügbare Zugkraft $P = 4000 \, \text{kg}$ sei, habe ein Zuggewicht Q von 200 t zu fördern mit einer Geschwindigkeit v von 90 km in der Stunde. Für diese Geschwindigkeit v ergiebt sich der Widerstandskoefficient

$$\mu = \frac{2,4 + 0,001 \cdot v^2}{1000} = \frac{2,4 + 0,001 \cdot 8100}{1000} = \frac{10,5}{1000}$$

und der gesammte Bewegungswiderstand

$$W = \mu Q = 10,5 \cdot 200 = 2100 \text{ kg.}$$

Auf der freien horizontalen Bahn ist daher eine Zugkraft P erforderlich von 2100 kg, wobei diese Zugkraft P noch um 1900 kg vermehrt werden kann, da die verfügbare Zugkraft der Lokomotive 4000 kg beträgt. Mit $P = 2100$ kg und $v = 90$ km in der Stunde erhält man die Leistung N der Lokomotive ausgedrückt in Pferdestärken

$$N = \frac{2100 \cdot 90000}{60 \cdot 60 \cdot 75} = 700.$$

Suchen wir jetzt die grösste Steigung $(\operatorname{tg} \alpha)$ zu bestimmen, welche vom Zug überwunden werden kann.

Man hat wieder als Zugkraft

$P = Q \sin \alpha + \mu Q \cos \alpha$ oder angenähert $= Q (\operatorname{tg} \alpha + \mu)$

und nach Einführung der Zahlenwerthe:

$$4000 = 200000 (\operatorname{tg} \alpha + 0,0105),$$
$$\operatorname{tg} \alpha = 0,02 - 0,0105 = 0,0095 = 1 : 105.$$

Um die Zeit t' zu erhalten, welche verfliesst, bis der von der Ruhe ausgehende Zug auf horizontaler Bahn die gewünschte Geschwindigkeit v' angenommen hat, sowie die in dieser Zeit t' zurückgelegte Wegstrecke s', beachten wir, dass die Zugkraft P der Lokomotive beim Anfahren um 1000 kg grösser anzunehmen ist, als auf der freien horizontalen Bahn, mithin vorliegenden Falles $= 2100 + 1000 = 3100$ kg beträgt.

Des weiteren wollen wir für den Widerstandskoefficienten μ während der Periode des Anfahrens den konstanten Mittelwerth $\frac{1}{200}$ in Rechnung nehmen. Damit bekommt man als Beschleunigungskraft

$$R = 3100 - \frac{1}{200} \cdot 200000 = 2100 \text{ kg.}$$

Diese Beschleunigungskraft R ist konstant; es ergiebt sich also beim Anfahren eine gleichförmig beschleunigte Bewegung, für welche

$$v = \frac{R}{m} \cdot t \quad \text{und} \quad s = \frac{1}{2} \frac{R}{m} \cdot t^2$$

unter m die Masse des Bahnzuges, also der Quotient $\frac{Q}{g}$ verstanden.

Diese Formeln liefern

$$t' = \frac{200\,000}{9,81} \cdot \frac{90\,000}{60 \cdot 60} \cdot \frac{1}{2100} = 243 \text{ Sekunden} = 4 \text{ Minuten.}$$

Hätte man beim Anfahren die volle verfügbare Zugkraft der Lokomotive mit 4000 kg wirken lassen, würde sich ergeben haben

$$R = 4000 - \frac{1}{200} \cdot 200\,000 = 3000 \text{ kg}$$

und damit $t' = 170$ Sekunden $= 2$ Minuten 50 Sekunden.

Um jetzt auch s' zu erhalten, braucht man nur in dem Ausdruck für s statt t den Werth t' zu setzen. Einfacher aber ergiebt sich s' mit Hilfe des Satzes von der Arbeit. Dieser liefert

$$\frac{1}{2} m v'^2 = R s' \quad \text{oder} \quad s' = \frac{1}{2} \frac{m}{R} \cdot v'^2$$

und vorliegenden Falles mit $R = 3000$ kg

$$s' = 2124 \text{ m.}$$

191. Berechnung einer Sicherheitsrampe von gegebener Horizontalneigung. Am Fusse grosser und langer Steigungen pflegt man bei Eisenbahnen hier und da zur Sicherheit des Bahnverkehrs ein in entgegengesetzter Richtung ansteigendes Nebengeleise anzuordnen, in welches ein auf dem Hauptgeleise von einem Zug etwa sich loslösender, die Steigung herabrollender Wagen eingeleitet werden kann, um sich daselbst „todt zu laufen".

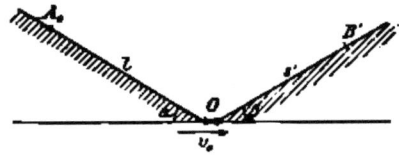

Fig. 196.

Es sei $O A_0$ das nach links unter der Horizontalneigung α ansteigende Hauptgeleise; $O B'$ das nach rechts unter der Horizontalneigung β ansteigende Sicherheitsgeleise; A_0 der Ausgangspunkt eines frei gewordenen und die schiefe Ebene $A_0 O$ herabrollenden Wagens; v_0 die Geschwindigkeit desselben im tiefsten Punkte O; B' der Punkt des Sicherheitsgeleises, in welchem der Wagen zur Ruhe gekommen; $A_0 O = l$; $O B' = s'$; O ausgerundet.

Der Satz von der Arbeit giebt nun für die Bewegung des Wagens von A bis O, wenn m die Masse des Wagens und μ der Widerstandskoefficient

$$\frac{1}{2} m v_0{}^2 - 0 = (mg \sin \alpha - \mu mg \cos \alpha)\, l$$

und für die Bewegung des Wagens auf dem Sicherheitsgeleise von O bis B'

$$0 - \frac{1}{2} m v_0{}^2 = -(mg \sin \beta + \mu mg \cos \beta)\, s'.$$

Aus diesen beiden Gleichungen erhält man die gesuchte Länge s'

$$s' = \frac{(\sin \alpha - \mu \cos \alpha)\, l}{\sin \beta + \mu \cos \beta}.$$

---

8. Kapitel.

Krummlinige Bewegung eines materiellen Punktes.

§ 29.

Allgemeine Erläuterungen.

192. Entstehung einer krummlinigen Bewegung. Ohne Einwirkung einer Kraft ergiebt sich keine krummlinige Bewegung, denn wenn keine Kraft vorhanden, ist die Bewegung nach dem Trägheitsgesetz eine geradlinige und gleichförmige.

Wie schon in No. 147 gezeigt wurde, tritt eine krummlinige Bewegung ein, wenn die den materiellen Punkt angreifende Kraft ihre Richtung fortwährend ändert. Aber auch bei einer Kraft von konstanter Richtung kann eine krummlinige Bewegung entstehen. Wenn nämlich ein materieller Punkt eine geradlinige gleichförmige Bewegung ausführt und dann von einer Kraft von konstanter Richtung angegriffen wird, deren Wirkungslinie nicht mit der ursprünglichen geraden Bahnlinie zusammenfällt, so muss ebenfalls eine krummlinige Bewegung erfolgen.

193. Die Geschwindigkeit bei der krummlinigen Bewegung. Es sei A (Fig. 197) die Lage des materiellen Punktes in seiner Bahn zur Zeit t und A' zur Zeit $t + dt$, also $AA' = ds$ der in der Zeit dt beschriebene Weg und damit $v = \dfrac{ds}{dt}$ die Geschwindigkeit des materiellen Punktes in seiner Bahn zur Zeit t.

Bezieht man die Bewegung des materiellen Punktes auf ein rechtwinkliges Koordinatensystem und projicirt den in seiner krummlinigen Bahn sich bewegenden materiellen Punkt fortwäh-

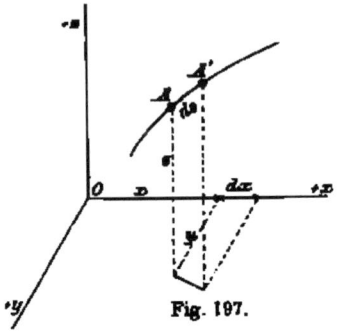

Fig. 197.

rend auf die drei Koordinatenachsen, so werden sich auch die Projektionen des Punktes in den betreffenden Koordinatenachsen weiter bewegen. Sind x, y, z die Koordinaten des Punktes A; $x + dx$, $y + dy$, $z + dz$ die Koordinaten des Punktes A', dann bedeuten dx, dy, dz die von den Projektionen in den Koordinatenachsen im Zeitelement dt durchlaufenen Wegstrecken.

Man hat nun, wenn φ, χ, ψ die Winkel der Bewegungsrichtung AA' mit den Koordinatenachsen

$$dx = ds \cdot \cos \varphi; \qquad dy = ds \cdot \cos \chi; \qquad dz = ds \cdot \cos \psi.$$

Diese Gleichungen durch dt dividirt, ergeben:

$$\frac{dx}{dt} = \frac{ds}{dt} \cdot \cos \varphi; \qquad \frac{dy}{dt} = \frac{ds}{dt} \cdot \cos \chi; \qquad \frac{dz}{dt} = \frac{ds}{dt} \cdot \cos \psi$$

oder: $\qquad v_x = v \cdot \cos \varphi; \qquad v_y = v \cdot \cos \chi; \qquad v_z = v \cdot \cos \psi,$

worin v die Geschwindigkeit des materiellen Punktes in seiner Bahn zur Zeit t und v_x, v_y, v_z die Geschwindigkeiten der Projektionen in den betreffenden Koordinatenachsen bedeuten. Man erhält also die Geschwindigkeit, welche die Projektion des materiellen Punktes auf eine der Koordinatenachsen in irgend einem Augenblick besitzt, wenn man die Geschwindigkeit v des materiellen Punktes im Raum auf der Tangente an die Bahn in der Bewegungsrichtung als Strecke aufträgt und diese Strecke auf die betreffende Koordinatenachse projicirt.

Hätte man den materiellen Punkt statt auf eine Koordinatenachse auf eine der Koordinatenebenen projicirt, würde sich die Geschwindigkeit der Projektion des materiellen Punktes ebenfalls als Projektion der Geschwindigkeit v auf die betreffende Grundebene ergeben haben.

194. Die Beschleunigung bei der krummlinigen Bewegung. Es seien in Fig. 198 in den Enden des Bogenelementes $AA' = ds$ die Tangenten AB und $A'B'$ gezogen. Dieselben schneiden sich als unmittelbar aufeinander folgende Tangenten (die Kurve als

Grenze eines umbeschriebenen Polygons aufgefasst) und bestimmen die Schmiegungsebene der Bahnkurve bei A. Die in A und A' in der Schmiegungsebene auf den Tangenten errichteten Lothe sind die Hauptnormalen der Bahnkurve in diesen Punkten. Sie schneiden sich im Krümmungsmittelpunkt der Bahnkurve und bilden den sogenannten Kontingenzwinkel miteinander. Ist $d\zeta$ dieser Kontingenzwinkel und ϱ der Krümmungshalbmesser der Bahnkurve, so hat man:

$$ds = \varrho \cdot d\zeta$$

oder $\quad d\zeta = \dfrac{ds}{\varrho}.$

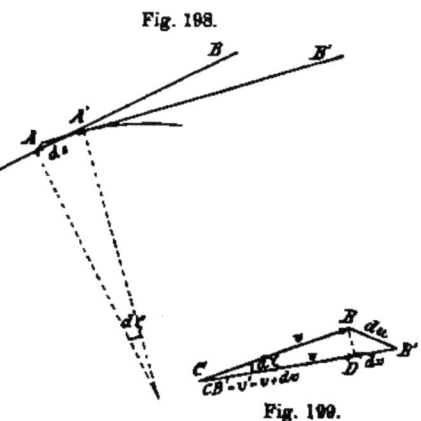

Fig. 198.

Fig. 199.

Zieht man jetzt von einem beliebigen Punkt C aus Gerade CB und CB' (Fig. 199) parallel den Tangenten AB und $A'B'$ (Fig. 198), trägt auf diesen Geraden die Geschwindigkeiten v und v' auf, welche der materielle Punkt in A bezw. A' besitzt, verbindet die Endpunkte B und B' dieser Geschwindigkeitsstrecken durch eine Gerade $BB' = du$, so ist die Ebene des Dreiecks CBB' parallel der Schmiegungsebene der Bahnkurve bei A, auch schliessen die Dreiecksseiten CB und CB' den Kontingenzwinkel $d\zeta$ ein.

Da die beiden Dreiecksseiten CB und CB' Geschwindigkeiten vorstellen, so kann man auch die Seite $BB' = du$ als eine gewisse Geschwindigkeit ansehen und mit Rücksicht darauf, dass Geschwindigkeiten sich wie Kräfte zusammensetzen lassen, v' als Resultirende von v und du betrachten.

Die unendlich kleine Strecke du bringt die Aenderung der Geschwindigkeit v in der Zeit dt nach Grösse und Richtung zum Ausdruck, man bezeichnet daher den Quotienten $\dfrac{du}{dt} = p$ als Beschleunigung des bewegten materiellen Punktes. Diese Beschleunigung $p = \dfrac{du}{dt}$ ist aber wohl zu unterscheiden von der Beschleunigung in der Bahn, welche durch

$$\frac{dv}{dt} = \frac{v' - v}{dt} = \frac{CB' - CB}{dt} = \frac{DB'}{dt}$$

(Fig. 199) angegeben wird. Man pflegt deshalb auch die Beschleunigung $p = \frac{du}{dt}$ Hauptbeschleunigung zu nennen im Gegensatz zur Tangentialbeschleunigung $\frac{dv}{dt}$.

Projicirt man einestheils die Punkte A und A', welche der sich bewegende materielle Punkt zur Zeit t bezw. $t + dt$ in seiner Bahn einnimmt auf eine Projektionsebene oder auf eine Projektionsachse nach 𝔄 und 𝔄' (Fig. 200), anderntheils den Linienzug CBB' (Fig. 199) auf dieselbe Ebene oder Achse nach ℭ𝔅𝔅' (Fig. 200),

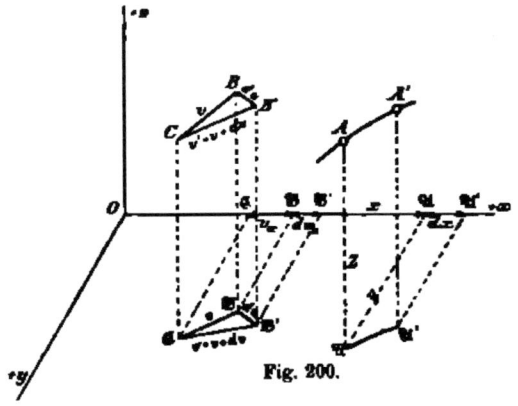

Fig. 200.

so erkennt man, dass die Strecke ℭ𝔅, als Projektion der die Geschwindigkeit v darstellenden Strecke CB, die Geschwindigkeit der Projektion des materiellen Punktes zur Zeit t und ebenso ℭ𝔅' die Geschwindigkeit der Projektion zur Zeit $t + dt$ angiebt, und dass mithin die Aenderung der Geschwindigkeit der Projektion im Zeitelement dt, nämlich 𝔅𝔅' sich ergiebt als Projektion von BB' oder du auf die betreffende Ebene oder Achse. Daraus geht dann weiter hervor, dass die durch $\mathfrak{p} = \frac{\mathfrak{B}\mathfrak{B}'}{dt}$ ausgedrückte Hauptbeschleunigung der Projektion des materiellen Punktes bei der Bewegung der letzteren in der Projektions-Ebene oder -Achse dadurch erhalten wird, dass man vom Punkte B (Fig. 200) aus in der Richtung BB' die Hauptbeschleunigung $p = \frac{du}{dt}$ als Strecke aufträgt und diese Strecke auf die betreffende Projektions-Ebene oder -Achse projicirt.

195. Die Beschleunigungskraft bei der krummlinigen Bewegung. Wirkte während des Zeitelementes dt, in welchem der materielle Punkt im Raum den Weg $AA' = ds$ durchläuft, keine Kraft auf den Punkt ein, so bliebe nach dem Trägheitsgesetz die Geschwindigkeit v konstant, es würde in Fig. 199 v' mit v zusammenfallen und $dv = 0$ sein. Es ist also der Geschwindigkeitszuwachs dv lediglich die Wirkung einer gewissen, den materiellen Punkt angreifenden Kraft, und zwar ist dv nichts anderes als die Geschwindigkeit, welche diese während des Zeitelementes dt konstant anzunehmende Kraft einem von der Ruhe ausgehenden materiellen Punkt m in ihrer Richtung während der Zeit dt erteilte.

Die genannte Kraft, welche wir mit P bezeichnen wollen, wird, da sie die Beschleunigung $\dfrac{dv}{dt}$ des materiellen Punktes hervorruft, wieder die Beschleunigungskraft des materiellen Punktes genannt. Dabei stimmt die Richtung der Beschleunigungskraft mit derjenigen von $BB' = dv$ überein, während die Grösse der Kraft ausgedrückt ist durch

$$P = m \cdot \frac{dv}{dt}.$$

196. Die Beschleunigungskraft der Projektion. Wenn man den materiellen Punkt von der Masse m, welcher in einer krummlinigen Bahn sich unter der Einwirkung einer im allgemeinen veränderlich gedachten Kraft P bewegt, fortwährend auf eine Achse oder eine Ebene projicirt und in der Projektionsachse bezw. Projektionsebene einen zweiten materiellen Punkt ebenfalls von der Masse m annimmt, welcher stets die Projektion des materiellen Punktes im Raum bildet, so wird auch dieser zweite materielle Punkt sich in der betreffenden Projektions-Achse oder -Ebene bewegen. Man kann nun fragen: Welches ist die Beschleunigungskraft $\mathfrak{P}$ dieses zweiten materiellen Punktes?

Oben haben wir gesehen, dass die Beschleunigung der Projektion erhalten werden kann, wenn man dv auf die Projektions-Achse oder -Ebene projicirt und die Projektion von dv durch dt dividirt. Somit wäre

$$\mathfrak{P} = m \cdot \frac{dv \cdot \cos \alpha}{dt} = mp \cdot \cos \alpha = P \cdot \cos \alpha,$$

unter α den Winkel von dv oder auch von P mit der Projektions-Achse oder -Ebene verstanden.

Demgemäss zeigt sich die Beschleunigungskraft der Projektion ausgedrückt durch die Projektion der Be-

schleunigungskraft des materiellen Punktes im Raume
auf die betreffende Projektionsachse beziehungsweise
Projektionsebene.

197. Bestimmung der Tangential- und Centripetalkraft. Da
die Wirkungslinie der Beschleunigungskraft P mit du oder BB'
(Fig. 199) zusammenfällt, so erkennt man, dass die Beschleunigungskraft stets in der Schmiegungsebene der Bahnkurve
wirkt und daher zerlegt werden kann in eine Komponente T nach
der Tangente an die Bahnlinie und in eine gegen den Krümmungsmittelpunkt gerichtete Komponente N nach der Hauptnormalen. Erstere Komponente wird Tangentialkraft, letztere
Centripetalkraft genannt. Beschreibt man in Fig. 201, in

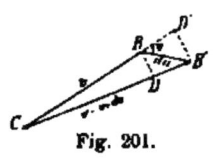
Fig. 201.

welcher wieder das Dreieck CBB' (Fig. 199)
angegeben ist, aus C die Kreisbogen BD
und $B'D'$, so giebt BD' die Zunahme der
Geschwindigkeit v in der Zeit dt an, d. h.
BD' ist $= dv$; auch bemerken wir, dass
der unendlich kleine Kreisbogen BD sich
von dem Kreisbogen $D'B'$ nur um eine un-
endlich kleine Grösse zweiter Ordnung unterscheidet, also gleich
$D'B'$ gesetzt werden darf. Ist nun ψ der Winkel, welchen die
Beschleunigungskraft P mit der Bewegungsrichtung des materiellen
Punktes einschliesst, so erhält man, da du dieselbe Richtung besitzt, wie die Kraft P:

$$du \cdot \cos \psi = BD' = dv \quad \text{oder} \quad \frac{P}{m} \cdot dt \cdot \cos \psi = dv,$$

$$\text{woraus} \quad P \cdot \cos \psi = m \cdot \frac{dv}{dt},$$

d. h. Tangentialkraft $T = m \cdot \dfrac{dv}{dt}$,

wobei $\dfrac{dv}{dt}$ die Beschleunigung des materiellen Punktes in seiner
Bahn bezeichnet. Ferner ist:

$$du \cdot \sin \psi = D'B' = BD = v \cdot d\zeta = v \cdot \frac{ds}{\varrho}$$

$$\text{oder} \quad \frac{P}{m} \cdot dt \cdot \sin \psi = v \cdot \frac{ds}{\varrho}; \quad P \cdot \sin \psi = \frac{mv}{\varrho} \cdot \frac{ds}{dt} = \frac{mv^2}{\varrho},$$

d. h. Centripetalkraft $N = \dfrac{mv^2}{\varrho}$

Von diesen beiden Komponenten der Beschleunigungskraft, nämlich der Tangentialkraft und der Centripetal-

kraft, kann man sagen, dass die erstere die Grösse der Geschwindigkeit ändere, die Beschleunigung des materiellen Punktes in seiner Bahn hervorrufe, während die zweite, die Centripetalkraft, die Aenderung der Richtung der Geschwindigkeit, d. h. die Krümmung der Bahn bewirke. Ist nämlich die Tangentialkraft stets $=0$, so ist $\frac{dv}{dt}=0$ und die Bewegung in der Bahn gleichförmig, die Beschleunigungskraft identisch mit der Centripetalkraft, also stets normal zur Bahnlinie gerichtet. Ist dagegen die Centripetalkraft N fortwährend $=0$, so wird $\varrho=\infty$ und die Bahn geradlinig.

198. Die Euler'sche Methode der Behandlung einer krummlinigen Bewegung. Dieselbe besteht lediglich in der Verwerthung der Thatsache, dass die Beschleunigungskraft stets in der Schmiegungsebene der Bahnlinie wirkt und in die beiden Komponenten

$$T = m \cdot \frac{dv}{dt} \quad \text{und} \quad N = \frac{mv^2}{\varrho},$$

von welchen soeben die Rede war, zerlegt werden kann. Diese Euler'sche Methode lässt sich besonders in denjenigen Fällen mit Vortheil verwenden, in welchen es sich um die Bestimmung der Beschleunigungskraft bei gegebener Bewegung handelt.

199. Die Maclaurin'sche Methode. Bei derselben wird die krummlinige Bewegung des materiellen Punktes auf drei geradlinige zurückgeführt. Projicirt man nämlich den im Raume sich bewegenden materiellen Punkt m fortwährend auf die drei Achsen eines rechtwinkligen Koordinatensystems und nimmt in diesen Achsen materielle Punkte von der gleichen Masse m an, welche stets die Projektionen des Punktes im Raume auf die Koordinatenachsen bilden, so sind, wie oben gefunden wurde, die Beschleunigungskräfte X, Y, Z dieser Projektionen, wenn α, β, γ die Winkel der Beschleunigungskraft P des materiellen Punktes im Raume mit den Koordinatenachsen:

$$X = P\cos\alpha; \quad Y = P\cos\beta; \quad Z = P\cos\gamma.$$

Man hat daher:

$$P\cos\alpha = mp_x = m \cdot \frac{dv_x}{dt} = m\frac{d^2x}{dt^2}$$

$$P\cos\beta = mp_y = m \cdot \frac{dv_y}{dt} = m\frac{d^2y}{dt^2}$$

$$P\cos\gamma = mp_z = m \cdot \frac{dv_z}{dt} = m \cdot \frac{d^2z}{dt^2}.$$

Ist nun die Bewegung des materiellen Punktes im Raume gegeben und es soll die Beschleunigungskraft P desselben bestimmt werden, so sucht man zunächst die Beschleunigungen p_x, p_y, p_z der Projektionen aus der Bewegung des Punktes im Raume zu ermitteln, woraus sich dann die Komponenten X, Y, Z der Beschleunigungskraft P nach den Koordinatenachsen und damit die Kraft P selbst ergeben.

Kennt man dagegen in jedem Augenblick die Beschleunigungskraft P, so zerlegt man dieselbe in ihre Komponenten X, Y, Z nach den Koordinatenachsen und bestimmt ebenfalls mit Hilfe der letzten drei Gleichungen die Bewegungen der Projektionen. Hat man so die Beziehungen zwischen x und t, y und t, z und t gefunden, dann erhält man durch Elimination von t aus diesen Gleichungen die Gleichungen der Bahnlinie im Raume.

Die Maclaurin'sche Methode empfiehlt sich namentlich in den Fällen, in welchen bei gegebenen Kräften die stattfindende Bewegung festzusetzen ist.

200. Einführung von Polarkoordinaten bei einer ebenen krummlinigen Bewegung. Zuweilen ist es von Nutzen, statt der rechtwinkligen Koordinaten Polarkoordinaten einzuführen.

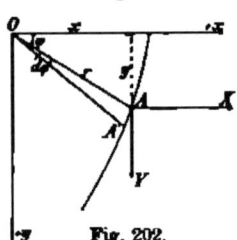
Fig. 202.

Der bewegte materielle Punkt m befinde sich zur Zeit t in A, zur Zeit $t + dt$ in A' (Fig. 202); die rechtwinkligen Koordinaten dieses Punktes seien x und y, die Polarkoordinaten r und φ. Zwischen diesen Koordinaten bestehen die Beziehungen

$$x = r \cos \varphi \quad \text{und} \quad y = r \sin \varphi.$$

Die Komponenten der Beschleunigungskraft P des materiellen Punktes nach den Koordinatenachsen seien X und Y, nach dem Radiusvektor und senkrecht zu ihm P_r bezw. P_s. Damit ergiebt sich

$$P_r = X \cos \varphi + Y \sin \varphi = m \left(\frac{d^2 x}{d t^2} \cos \varphi + \frac{d^2 y}{d t^2} \sin \varphi \right)$$

$$P_s = Y \cos \varphi - X \sin \varphi = m \left(\frac{d^2 y}{d t^2} \cos \varphi - \frac{d^2 x}{d t^2} \sin \varphi \right).$$

Aus $x = r \cos \varphi$ und $y = r \sin \varphi$ folgt:

$$\frac{dx}{dt} = - r \sin \varphi \cdot \frac{d\varphi}{dt} + \frac{dr}{dt} \cos \varphi; \quad \frac{dy}{dt} = r \cos \varphi \frac{d\varphi}{dt} + \frac{dr}{dt} \sin \varphi$$

$$\frac{d^2x}{dt^2} = \frac{d^2r}{dt^2}\cos\varphi - \frac{dr}{dt}\sin\varphi\cdot\frac{d\varphi}{dt} - r\sin\varphi\cdot\frac{d^2\varphi}{dt^2} -$$
$$- \frac{d\varphi}{dt}\left(r\cos\varphi\frac{d\varphi}{dt} + \frac{dr}{dt}\sin\varphi\right)$$
$$\frac{d^2y}{dt^2} = \frac{d^2r}{dt^2}\sin\varphi + \frac{dr}{dt}\cos\varphi\cdot\frac{d\varphi}{dt} + r\cos\varphi\frac{d^2\varphi}{dt^2} +$$
$$+ \frac{d\varphi}{dt}\left(-r\sin\varphi\frac{d\varphi}{dt} + \frac{dr}{dt}\cos\varphi\right).$$

Setzt man diese Werthe von $\frac{d^2x}{dt^2}$ und $\frac{d^2y}{dt^2}$ in die Gleichungen für P_r und P_n ein, so erhält man nach gehöriger Vereinfachung schliesslich

$$P_r = m\left[\frac{d^2r}{dt^2} - r\left(\frac{d\varphi}{dt}\right)^2\right] \quad \text{und} \quad P_n = m\left(r\cdot\frac{d^2\varphi}{dt^2} + 2\frac{dr}{dt}\cdot\frac{d\varphi}{dt}\right).$$

Nun ist

$$\frac{d\left(r^2\cdot\frac{d\varphi}{dt}\right)}{dt} = r^2\cdot\frac{d^2\varphi}{dt^2} + \frac{d\varphi}{dt}\cdot 2r\cdot\frac{dr}{dt} = r\left(r\frac{d^2\varphi}{dt^2} + 2\frac{dr}{dt}\cdot\frac{d\varphi}{dt}\right),$$

somit
$$P_n = \frac{m}{r}\cdot\frac{d\left(r^2\frac{d\varphi}{dt}\right)}{dt},$$

$d\varphi$ ist der vom Radiusvektor in der Zeit dt beschriebene Winkel, man nennt daher, wie schon früher erwähnt wurde, $\frac{d\varphi}{dt} = \omega$, die Winkelgeschwindigkeit des bewegten Punktes. Ferner ist $\frac{1}{2}r^2d\varphi$ die vom Radiusvektor in der Zeit dt beschriebene Fläche und damit

$$\frac{\frac{1}{2}r^2d\varphi}{dt} = \frac{1}{2}r^2\cdot\frac{d\varphi}{dt} \quad \text{die sogen. Flächengeschwindigkeit,}$$

sowie
$$\frac{d\left(\frac{1}{2}r^2\frac{d\varphi}{dt}\right)}{dt} = \frac{1}{2}\frac{d\left(r^2\frac{d\varphi}{dt}\right)}{dt}$$

die Flächenbeschleunigung für den bewegten Punkt.

20L Centralbewegung. Geht die Beschleunigungskraft immer durch einen und denselben Punkt C hindurch, so nennt man den

Punkt C Centrum und die Bewegung eine Centralbewegung. Diese Bewegung ist eine ebene, und zwar findet dieselbe statt in der durch die Anfangsgeschwindigkeit und das Centrum gelegten Ebene. Bei einer derartigen Bewegung ist es angezeigt, Polarkoordinaten einzuführen und dementsprechend die zuletzt entwickelten Formeln zu benutzen.

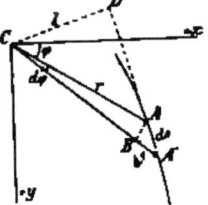

Bei der Centralbewegung ist, da die Beschleunigungskraft P stets mit P_r zusammenfällt, $P_a = 0$, also auch die Flächenbeschleunigung $= 0$ und damit die Flächengeschwindigkeit

$$\frac{1}{2} r^2 \frac{d\varphi}{dt} \quad \text{konstant oder} \quad r^2 \frac{d\varphi}{dt} = c.$$

Fig. 203.

Findet sich umgekehrt bei einer ebenen Bewegung die Flächengeschwindigkeit in Bezug auf einen Punkt C konstant, so ist die Bewegung eine centrale und es geht die Beschleunigungskraft immer durch das Centrum C hindurch.

Weiter bemerken wir in Fig. 203

$$ds^2 = dr^2 + (r\,d\varphi)^2 \quad \text{woraus} \quad \left(\frac{ds}{dt}\right)^2 = v^2 = \left(\frac{dr}{dt}\right)^2 + (r\omega)^2,$$

Fällt man vom Centrum C das Loth $CD = l$ auf die in A gezogene Tangente an die Bahnkurve, so folgt aus der Aehnlichkeit der Dreiecke ACD und $A'AB$:

$$\frac{l}{r} = \frac{r\,d\varphi}{ds},$$

womit $\quad \dfrac{ds}{dt} = \dfrac{1}{l} \cdot r^2 \cdot \dfrac{d\varphi}{dt}$ d. h. $\quad v = \dfrac{c}{l}.$

202. Parabolische Bewegung. Auf einen materiellen Punkt von der Masse m, der zur Zeit 0 nach irgend einer Richtung eine Geschwindigkeit v_0 erhalten, wirke von dem gleichen Augenblick an eine konstante Kraft P ein, deren Richtung mit derjenigen von v_0 den Winkel α bilde. Man soll die Bewegung des materiellen Punktes bestimmen.

Hier leuchtet sofort ein, dass das Maclaurin'sche Verfahren anzuwenden ist. Zu dem Ende nehmen wir die Lage des materiellen Punktes zur Zeit 0 als Ursprung eines rechtwinkligen Koordinatensystems an, dessen $+x$-Achse parallel der Kraft P und dessen xz-Ebene die durch die Richtungslinie von v_0 und die x-Achse gelegte Ebene sei. Man hat nun als Komponenten der Beschleunigungskraft P des materiellen Punktes im Raume nach den Koordinatenachsen:

$$X = + P; \quad Y = 0; \quad Z = 0.$$

Suchen wir zunächst die Bewegung der x-Projektion des materiellen Punktes festzusetzen.

Da die Beschleunigungskraft der x-Projektion

$$X = + P,$$

so hat man

$$m \cdot \frac{dv_x}{dt} = P; \quad dv_x = \frac{P}{m} \cdot dt;$$

$$v_x = \frac{P}{m} t + C_x.$$

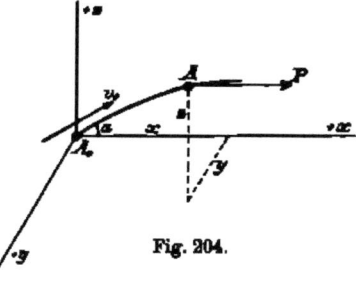

Fig. 204.

Für $t = 0$ wird $v_x = v_0 \cos \alpha$; das giebt $C_x = v_0 \cos \alpha$

womit $v_x = \frac{P}{m} t + v_0 \cos \alpha$. Es ist aber $v_x = \frac{dx}{dt}$

und daher

$$dx = \frac{P}{m} \cdot t \cdot dt + v_0 \cos \alpha \cdot dt; \quad x = \frac{P}{m} \frac{t^2}{2} + v_0 t \cos \alpha + C'_x.$$

Für $t = 0$ wird $x = 0$, daher $C'_x = 0$ und

$$x = \frac{P}{m} \frac{t^2}{2} + v_0 t \cos \alpha.$$

Zur Bestimmung der Bewegung der y-Projektion des materiellen Punktes hat man

$$Y = m \cdot \frac{dv_y}{dt} = 0; \quad v_y = C_y.$$

Zur Zeit 0 ist, da die Projektion von v_0 auf die y-Achse $= 0$ ist, auch $v_y = 0$ und damit, weil v_y konstant, überhaupt $v_y = 0$.

Aus $v_y = \frac{dy}{dt} = 0$ folgt y konstant.

Da aber zur Zeit 0 auch $y = 0$, so ist überhaupt $y = 0$, d. h. es geht die Bewegung des materiellen Punktes ganz in der xz-Ebene vor sich. Die Bewegung der z-Projektion ergiebt sich schliesslich aus

$$Z = m \cdot \frac{dv_z}{dt} = 0; \quad v_z = C_z.$$

Für $t=0$ wird $v_z = v_0 \sin \alpha$,

dies liefert $v_z = \dfrac{dz}{dt} = v_0 \sin \alpha$; $dz = v_0 \sin \alpha \cdot dt$

$$z = v_0 t \cdot \sin \alpha + C'_z .$$

Zur Zeit 0 ist aber $z = 0$, womit $C'_z = 0$

und $z = v_0 t \sin \alpha$.

Eliminirt man aus den beiden Gleichungen die Zeit t, so erhält man die Beziehung

$$x = \frac{1}{2} \frac{P}{m} \cdot \frac{z^2}{(v_0 \sin \alpha)^2} + z \cot g\, \alpha ,$$

d. i. die Gleichung der Bahnlinie des materiellen Punktes. Diese letztere ist also vorliegenden Falles eine Parabel, deren Achse parallel der x-Achse und damit parallel der Richtungslinie der Kraft P.

Die Gleichungen für x und z hätten sich auch in nachstehender

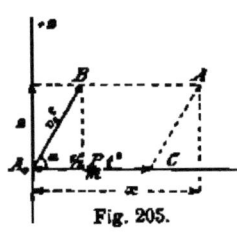
Fig. 205.

Weise ergeben: Vermöge der Anfangsgeschwindigkeit v_0 würde der materielle Punkt, wenn die Kraft P nicht auf ihn einwirkte, in der Richtung von v_0 die Wegstrecke $A_0 B = v_0 t$ in t Sekunden zurücklegen. Wäre dagegen $v_0 = 0$, aber P thätig, so käme der materielle Punkt in t Sekunden auf der Wirkungslinie der konstanten Kraft P von A_0

nach C, wobei $A_0 C = \dfrac{1}{2} \dfrac{P}{m} \cdot t^2$. In Wirklichkeit gelangt daher der materielle Punkt nach t Sekunden in den Eckpunkt A des Parallelogramms $A_0 B A C$ (Fig. 205). Man kann nun BA an sehen als die Ablenkung des materiellen Punktes aus seiner ursprünglichen Bewegungsrichtung (Richtung von v_0) durch die Kraft P. Diese Ablenkung wäre also parallel der Kraftrichtung und $= \dfrac{1}{2} \dfrac{P}{m} \cdot t^2$.

Führt man jetzt die Koordinaten x und z des Punktes A ein, so erhält man

$$x = (CA) \cdot \cos \alpha + A_0 C = v_0 t \cos \alpha + \frac{1}{2} \frac{P}{m} t^2$$

und $\qquad z = (A_0 B) \cdot \sin \alpha = v_0 t \sin \alpha ,$

d. h. die Gleichungen für x und z, aus welchen sich, wie oben ausgeführt ist, die parabolische Bahnlinie des materiellen Punktes ergiebt.

Schon früher wurde bemerkt, dass, wenn ein materieller Punkt von einer veränderlichen Kraft bewegt wird, man doch die Kraft während eines Zeitelementes dt als konstant ansehen darf. Demgemäss wäre die Bewegung während der Zeit dt oder die sogenannte Elementarbewegung eines materiellen Punktes als eine parabolische aufzufassen und die stattfindende krummlinige Bewegung als die Aufeinanderfolge von parabolischen Elementarbewegungen.

208. Die sogenannte Deviation des materiellen Punktes. Nehmen wir an, ein freier materieller Punkt m bewege sich in einer krummlinigen Bahn. Derselbe befinde sich zur Zeit t im Bahnpunkte A (Fig. 206), woselbst seine Geschwindigkeit $= v$ sei, zur Zeit $t + dt$ im Bahnpunkte A'. In A ziehen wir eine Tangente an die Bahnkurve und tragen auf ersterer das Stück $AB = v \cdot dt$ ab. Der so erhaltene Punkt B giebt dann den Ort an, wohin der materielle Punkt nach dt Sekunden käme, wenn keine Kraft auf

Fig. 206.

ihn einwirkte. Thatsächlich kommt aber der materielle Punkt in dt Sekunden nach A'. Es giebt also BA' die Ablenkung, Abweichung oder Deviation des materiellen Punktes an. Diese Deviation wird durch die Beschleunigungskraft des materiellen Punktes hervorgerufen, die wir mit P bezeichnen wollen und nach dem weiter oben Gesagten während des Zeitelementes dt als konstant ansehen dürfen. Berücksichtigen wir nun das vorhin bei konstanter Beschleunigungskraft bezüglich der Ablenkung Gefundene, so erkennen wir, dass die Deviation BA' uns Aufschluss geben kann über die Beschleunigungskraft P zur Zeit t, indem die Richtung BA' die Kraftrichtung angiebt und die Länge

$$BA' = \frac{1}{2} \frac{P}{m} \cdot dt^2 \text{ ist, woraus } P = \frac{2m \cdot (BA')}{dt^2} \text{ folgt.}$$

§ 30.

Bestimmung der Beschleunigungskraft bei gegebener Bewegung.

204. Gleichförmige Bewegung eines freien materiellen Punktes in einem Kreis. Ein materieller Punkt m bewege sich mit konstanter Geschwindigkeit c in einem Kreis vom Halbmesser r (Fig. 207), man soll die Beschleunigungskraft P des materiellen Punktes bestimmen.

Da der Punkt auf dem Kreis in gleichen Zeiten gleiche Bögen beschreibt, werden auch von einem nach dem bewegten Punkte gezogenen Radiusvektor in gleichen Zeiten gleiche Flächenräume beschrieben, d. h. es ist die Flächengeschwindigkeit konstant und die Flächenbeschleunigung $= 0$. Aus letzterem ergiebt sich aber, dass die Bewegung eine centrale ist und die Beschleunigungskraft P immer durch den Kreismittelpunkt hindurchgeht.

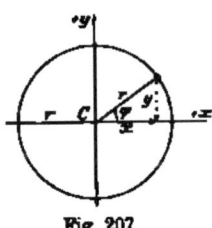

Fig. 207.

Zur Bestimmung von P hat man nach No. 200

$$P = P_r = m\left[\frac{d^2 r}{dt^2} - r\left(\frac{d\varphi}{dt}\right)^2\right] = m\left[0 - \left(\frac{r d\varphi}{dt}\right)^2 \cdot \frac{1}{r}\right]$$

$$= -m\left(\frac{ds}{dt}\right)^2 \cdot \frac{1}{r} = -\frac{mc^2}{r}.$$

Dabei bedeutet das negative Zeichen, dass die Beschleunigungskraft P gegen das Centrum gerichtet ist.

Dasselbe Resultat hätte man auch nach der Euler'schen Methode erhalten: Da die Geschwindigkeit des materiellen Punktes in seiner kreisförmigen Bahn konstant und damit die Beschleunigung in der Bahn $= 0$ ist, wird die Tangentialkraft $T = 0$. Die Beschleunigungskraft P fällt daher mit der gegen den Krümmungsmittelpunkt gerichteten Centripetalkraft N zusammen; man hat also

$$P = \frac{mc^2}{r}.$$

Nach dem Maclaurin'schen Verfahren ist die Lösung der Aufgabe umständlicher, wie Nachstehendes zeigt:

Die Komponenten X und Y der gesuchten Beschleunigungskraft P sind ausgedrückt durch

$$X = m \cdot \frac{d^2 x}{dt^2}; \qquad Y = m \frac{d^2 y}{dt^2}.$$

Man hat nun $\quad x = r\cos\varphi \quad$ und $\quad y = r\sin\varphi$

woraus $\quad \dfrac{dx}{dt} = -r\sin\varphi \cdot \dfrac{d\varphi}{dt}; \quad \dfrac{dy}{dt} = r\cos\varphi \cdot \dfrac{d\varphi}{dt} = c \cdot \cos\varphi$

$$= -c \cdot \sin\varphi,$$

$$\frac{d^2 x}{dt^2} = -c \cdot \cos\varphi \cdot \frac{d\varphi}{dt} = -\frac{c^2}{r}\cos\varphi$$

$$\frac{d^2 y}{d t^2} = - c \cdot \sin \varphi \cdot \frac{d\varphi}{dt} = - \frac{c^2}{r} \sin \varphi$$

und daher

$$X = - \frac{m c^2}{r} \cos \varphi; \quad Y = - \frac{m c^2}{r} \sin \varphi$$

$$P = \sqrt{X^2 + Y^2} = \frac{m c^2}{r}.$$

Bezeichnet man den Winkel von P mit der $+x$-Achse mit ψ, so erhält man:

$$\cos \psi = \frac{X}{P} = - \cos \varphi; \quad \sin \psi = \frac{Y}{P} = - \sin \varphi,$$

also
$$\psi = \varphi + 180^0.$$

Vorliegenden Falles verdient die Euler'sche Methode entschieden den Vorzug.

205. Bewegung eines freien materiellen Punktes in einer Schraubenlinie. Ein materieller Punkt von der Masse m bewege sich mit der konstanten Geschwindigkeit c in einer Schraubenlinie (Fig. 208). Man soll die Beschleunigungskraft P des materiellen Punktes bestimmen. Es sei

r der Halbmesser des Schraubencylinders
und a der Steigungswinkel der Schraubenlinie.

Um die Aufgabe zu lösen, projicirt man zweckmässigerweise den auf der Schraubenlinie sich bewegenden materiellen Punkt auf die Schraubenachse und auf eine Ebene senkrecht zur Schraubenachse. Die gesuchte Beschleunigungskraft ist dann die Resultante aus der Beschleunigungskraft Z der Projektion m auf der Schraubenachse und der Beschleunigungskraft K der in der bezeichneten Projektionsebene sich bewegenden Projektion von m. Was nun die Kraft Z betrifft, so ist diese $= 0$. Durchläuft nämlich der

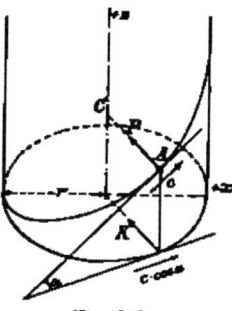

Fig. 208.

materielle Punkt in der Zeit dt auf der Schraubenlinie das Wegelement ds, so legt in derselben Zeit die Projektion auf der Schraubenachse die Wegstrecke

$$d s = d s \cdot \sin a$$

zurück. Man hat daher für die Geschwindigkeit v, der genannten Projektion

$$v_z = \frac{dz}{dt} = \frac{ds}{dt} \sin a = c \cdot \sin a$$

und damit $\dfrac{dv_z}{dt} = 0$, also auch $Z = m \cdot \dfrac{dv_z}{dt} = 0$.

Die Beschleunigungskraft P hat also mit der Kraft K gleiche Grösse und Richtung. Bestimmen wir jetzt K.

Bewegt sich der materielle Punkt in der Schraubenlinie mit der konstanten Geschwindigkeit c, so bewegt sich die Projektion dieses Punktes auf eine Ebene senkrecht zur Schraubenachse in einem Kreis vom Halbmesser r mit der konstanten Geschwindigkeit

$$v = c \cdot \cos a .$$

Für diese Bewegung ist aber die Beschleunigungskraft, wie wir gesehen haben, die Centripetalkraft $\dfrac{mv^2}{r}$.

Man hat daher $\qquad K = \dfrac{m c^2 \cos^2 a}{r}$,

gegen den Kreismittelpunkt gerichtet.

Mit dieser Kraft K ist die ihr gleiche Beschleunigungskraft P bestimmt. Soll also für die Lage A des materiellen Punktes auf der Schraubenlinie die Beschleunigungskraft P angegeben werden, so fällt man von A ein Loth AC auf die Schraubenachse, alsdann wirkt P in der Richtung von A nach C. Des weiteren hat man die Grösse von P aus

$$P = \frac{m c^2 \cos^2 a}{r} .$$

Bei dieser Gelegenheit erhält man auch ein Mittel, für den Punkt A der Schraubenlinie die Schmiegungsebene und den Krümmungshalbmesser ϱ zu bestimmen. Da nämlich die Beschleunigungskraft P in der Schmiegungsebene wirkt, muss letztere durch das Loth AC hindurchgehen, andererseits geht die Schmiegungsebene auch durch die Tangente an die Schraubenlinie in A, somit ist die Ebene durch AC und durch die Tangente die gesuchte Schmiegungsebene.

Ferner bemerken wir, dass im vorliegenden Falle wegen der konstanten Geschwindigkeit c des materiellen Punktes in der Schraubenlinie die Tangentialkomponente der Beschleunigungskraft $P = 0$ ist und deshalb die Kraft P mit ihrer Normalkomponente $N = \dfrac{m c^2}{\varrho}$ zusammenfällt. Darum ergiebt sich durch Gleichsetzung der beiden für P gefundenen Werthe

$$\frac{m c^2 \cdot \cos^2 \alpha}{r} = \frac{m c^2}{\varrho}; \quad \varrho = \frac{r}{\cos^2 \alpha},$$

womit die Grösse des Krümmungshalbmessers einer Schraubenlinie bestimmt ist.

§ 31.

Die Sätze vom Antrieb und von der Arbeit bei der krummlinigen Bewegung.

206. Der Satz vom Antrieb. Ist T die Tangentialkomponente der Beschleunigungskraft R eines materiellen Punktes m zur Zeit t und v dessen Geschwindigkeit, ferner φ der Winkel von R mit der Bewegungsrichtung, so hat man:

$$m \frac{dv}{dt} = T; \quad m dv = T dt = R \cos \varphi \cdot dt,$$

Integrirt: $\quad m v - m v_0 = \int\limits_0^t T dt = \int\limits_0^t R \cos \varphi \cdot dt.$

Wie früher bei der geradlinigen Bewegung nennen wir wieder das Produkt aus der Masse des materiellen Punktes und seiner Geschwindigkeit die **Bewegungsgrösse** des materiellen Punktes, des weiteren verstehen wir unter dem **Elementarantrieb** der Kraft P das Produkt $P \cos \varphi \cdot dt$ und unter dem **Antrieb der Kraft P in der Zeit t** den Ausdruck $\int\limits_0^t P \cos \varphi \cdot dt$, wobei Winkel $P, v = \varphi$.

Wirken mehrere Kräfte $P_1, P_2, P_3 \ldots$ gleichzeitig am materiellen Punkte und ist R deren Resultante, dann hat man nach dem Satze von der Projektion der Resultanten:

$$R \cos \varphi = P_1 \cos \varphi_1 + P_2 \cos \varphi_2 + P_3 \cos \varphi_3 + \cdots$$

oder wenn man mit dt durchmultiplicirt und integrirt:

$$\int\limits_0^t R \cos \varphi \cdot dt = \int\limits_0^t P_1 \cos \varphi_1 \cdot dt + \int\limits_0^t P_2 \cos \varphi_2 \cdot dt + \int\limits_0^t P_3 \cos \varphi_3 \cdot dt +$$

d. h. es ist der Antrieb der Resultanten gleich der Summe der Antriebe der Komponenten.

Denkt man sich eine Kraft P in die Tangentialkraft T und in die Centripetalkraft N zerlegt, so ist der Antrieb der letzteren

Kraft $= 0$, weil für diese Kraft der Winkel $\varphi = 90^0$. Die Komponente N trägt also zur Aenderung der Bewegungsgrösse und damit der Geschwindigkeit, nichts bei, nur die Komponente T ändert die Geschwindigkeit. Darum ist man auch berechtigt, als Antrieb der Kraft P zu setzen den Ausdruck

$$\int_0^t P \cos \varphi \cdot dt = \int_0^t T\,dt,$$

d. h. den Antrieb der Tangentialkomponente von P. Weiter bemerken wir, dass, wenn der Winkel φ (der Winkel der Kraft mit der Bewegungsrichtung) ein stumpfer ist, der Antrieb der Kraft P negativ wird.

Nunmehr können wir den durch die Gleichung

$$mv - mv_0 = \int_0^t R \cos \varphi \cdot dt$$

ausgedrückten Satz vom Antrieb aussprechen wie folgt:

Es ist die Aenderung der Bewegungsgrösse eines materiellen Punktes in irgend einer Zeit gleich dem Antrieb der Beschleunigungskraft in derselben Zeit.

207. Der Satz von der Arbeit. Ein materieller Punkt m bewege sich in einer krummlinigen Bahn. Derselbe sei u. a. auch von einer konstanten Kraft P angegriffen. Ist in der Zeit t der

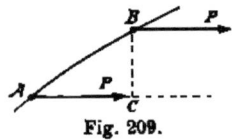

Fig. 209.

materielle Punkt von A bis B (Fig. 209) gekommen, so hat der Punkt während dieser Zeit in der Richtung der Kraft P den Weg AC zurückgelegt. Diese Strecke AC, d. h. die Projektion von AB auf die Kraftrichtung, wird der Weg des materiellen Punktes in der Richtung der Kraft P genannt.

Stimmt die Richtung AC mit der Kraftrichtung überein, so ist der Weg AC positiv zu setzen, bei entgegengesetzter Richtung negativ.

Das Produkt aus der Kraft P und dem vom materiellen Punkt in der Richtung von P zurückgelegten Weg heisst die Arbeit der Kraft auf dem betreffenden Weg.

Ist die Kraft veränderlich, so lässt sich auch auf diesen Fall der Begriff der Arbeit ausdehnen, wenn man die Kraft während eines Zeitelementes dt als konstant ansieht. Die in dieser Zeit von der Kraft P verrichtete Arbeit, oder die sogenannte Elementararbeit ist, wenn ds der in der krummlinigen Bahn vom materiellen Punkt während des Zeitelementes dt zurückgelegte Weg, ausgedrückt durch

$$P \cdot ds \cdot \cos \varphi,$$

wobei φ der Winkel der Kraftrichtung mit der Bewegungsrichtung. Die ganze von der Kraft P in der Zeit t verrichtete Arbeit ist dann

$$A = \int_0^t P \cdot ds \cos \varphi.$$

Steht die Kraft P stets normal zur Bahn, so ist jede ihrer Elementararbeiten $= 0$. Damit zeigt sich dann auch die gesammte Arbeit der Kraft P in jedem beliebigen Zeitabschnitt $= 0$. Ist $\varphi > 90^0$, so wird $\cos \varphi$ und demgemäss die Arbeit der Kraft P negativ.

Insofern $P \cdot ds \cos \varphi = (P \cos \varphi) \cdot ds$, ist die Arbeit der Kraft P auch gleich der Arbeit ihrer Tangentialkomponente.

Wirken mehrere Kräfte $P_1, P_2, P_3 \ldots$, deren Resultante $= R$ sei, gleichzeitig auf einen materiellen Punkt ein, so hat man wieder:

$$R \cos \varphi = P_1 \cos \varphi_1 + P_2 \cos \varphi_2 + P_3 \cos \varphi_3 + \cdots$$
$$R ds \cos \varphi = P_1 ds \cos \varphi_1 + P_2 ds \cos \varphi_2 + P_3 ds \cos \varphi_3 + \cdots$$
$$\int_0^t R ds \cos \varphi = \int_0^t P_1 ds \cos \varphi_1 + \int_0^t P_2 ds \cos \varphi_2 + \int_0^t P_3 ds \cos \varphi_3 + \cdots$$

d. h. die Arbeit der Resultanten ist gleich der Summe der Arbeiten der Komponenten.

Aus $m \cdot \dfrac{dv}{dt} = R \cos \varphi$, wobei R die Beschleunigungskraft, folgt, wenn man die Gleichung mit $v = \dfrac{ds}{dt}$ durchmultiplicirt, für v und ds die Absolutwerthe genommen,

$$m \cdot v \cdot \frac{dv}{dt} = R \cos \varphi \cdot v = R \cos \varphi \cdot \frac{ds}{dt} \quad \text{oder} \quad m v dv = R \cos \varphi \cdot ds$$

und integrirt: $\dfrac{1}{2} m v^2 - \dfrac{1}{2} m v_0^2 = \displaystyle\int_0^t R \cos \varphi \cdot ds.$

Nennt man wieder wie früher, bei der geradlinigen Bewegung, das Produkt $\dfrac{1}{2} m v^2$ die lebendige Kraft des materiellen Punktes, so ergiebt sich aus der letzten Gleichung der Satz von der Arbeit:

18*

Die Aenderung der lebendigen Kraft des materiellen Punktes in irgend einer Zeit ist gleich der Arbeit der Beschleunigungskraft in derselben Zeit.

Ist die Beschleunigungskraft immer normal zur Bahn gerichtet und damit ihre Arbeit $= 0$, so findet keine Aenderung der lebendigen Kraft, also auch keine Aenderung der Geschwindigkeit des materiellen Punktes statt.

§ 32.

Der schiefe Wurf.

208. Bewegung eines schief geworfenen Körpers im leeren Raum. Ein schwerer materieller Punkt von der Masse m werde mit der Anfangsgeschwindigkeit v_0 unter dem Winkel α gegen den Horizont hinausgeworfen, man soll die eintretende Bewegung bestimmen.

Wir nehmen zum Ursprung eines rechtwinkligen Koordinatensystems den Ausgangspunkt A_0 des materiellen Punktes an (Fig. 210), als xz-Ebene die Vertikalebene durch v_0, die x-Achse horizontal, die $+z$-Achse vertikal aufwärts gerichtet. Alsdann ist unter Anwendung der Maclaurin'schen Methode bei ähnlichem Vorgehen wie in No. 202:

$$m \cdot \frac{d^2x}{dt^2} = 0; \qquad m \cdot \frac{d^2y}{dt^2} = 0; \qquad m \cdot \frac{d^2z}{dt^2} = -mg;$$

$$v_x = \frac{dx}{dt} = v_0 \cos\alpha; \qquad v_y = \frac{dy}{dt} = 0; \qquad v_z = \frac{dz}{dt} = v_0 \sin\alpha - gt;$$

$$x = v_0 t \cos\alpha; \qquad y = 0; \qquad z = v_0 t \sin\alpha - \frac{1}{2} g t^2.$$

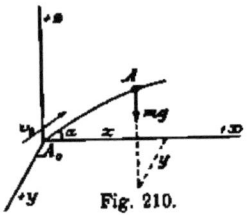

Fig. 210.

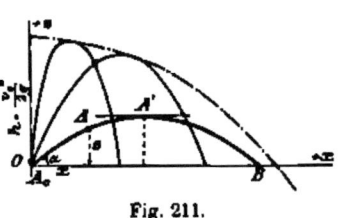

Fig. 211.

Daraus ersehen wir, dass die Bewegung ganz in der xz-Ebene, d. h. in der Vertikalebene durch v_0 vor sich geht.

Durch Elimination von t ergiebt sich die Gleichung der Bahn:

$$z = x \cdot \operatorname{tg}\alpha - \frac{1}{2} g \cdot \frac{x^2}{v_0^2 \cos^2\alpha}.$$

Setzt man $v_0^2 = 2gh$, so geht die letzte Gleichung über in

$$z = x \cdot tg\, \alpha - \frac{x^2}{4h \cos^2 \alpha}.$$

Dies ist die Gleichung einer Parabel $A_0 A'B$ mit vertikaler Achse (Fig. 211).

Bestimmen wir nunmehr die Lage des Kulminationspunktes A', d. h. des Scheitels der Parabel. Es ist:

$$\frac{dz}{dx} = tg\, \alpha - \frac{x}{2h \cos^2 \alpha} = 0; \qquad \sin \alpha = \frac{x}{2h \cos \alpha}; \qquad x = h \sin 2\alpha,$$

damit wird

$$z_{max} = 2 \sin \alpha \cdot \cos \alpha \cdot h \cdot \frac{\sin \alpha}{\cos \alpha} - \frac{4 \sin^2 \alpha \cdot \cos^2 \alpha \cdot h^2}{4 h \cos^2 \alpha},$$

woraus $\quad z_{max} = h \cdot \sin^2 \alpha$.

Um die Wurfweite $A_0 B = w$ (Fig. 211) zu erhalten, setzen wir in der Parabelgleichung $z = 0$ und erhalten:

$$tg\, \alpha = \frac{w}{4h \cos^2 \alpha}; \qquad w = 2h \cdot 2 \sin \alpha \cdot \cos \alpha = 2h \sin 2\alpha.$$

Die Wurfweite ist also gleich der doppelten Abscisse des Kulminationspunktes, was vorauszusehen war.

Das Maximum der Höhe wird erreicht, wenn $\sin \alpha = 1$, also $\alpha = 90^\circ$, das Maximum der Wurfweite dagegen, wenn $\sin 2\alpha = 1$; $2\alpha = 90^\circ$; $\alpha = 45^\circ$.

Für die Bahngeschwindigkeit v erhält man:

$$v^2 = v_x^2 + v_z^2$$

$$\text{oder} \quad v^2 = (v_0 \cos \alpha)^2 + (v_0 \sin \alpha - g t)^2$$
$$= v_0^2 \cos^2 \alpha + v_0^2 \sin^2 \alpha + g^2 t^2 - 2 v_0 g t \cdot \sin \alpha$$
$$= v_0^2 + g t (g t - 2 v_0 \sin \alpha).$$

Nun ist aber $\quad 2z = 2 v_0 t \sin \alpha - g t^2$,

also $\quad v^2 = v_0^2 - g \cdot 2z = 2g(h - z); \qquad v = \sqrt{2g(h - z)}.$

Dieses Resultat hätte man einfacher mit Hilfe des Satzes von der Arbeit erhalten, welcher unmittelbar liefert:

$$\tfrac{1}{2} m v^2 - \tfrac{1}{2} m v_0^2 = - m g z; \qquad v^2 = v_0^2 - 2 g z.$$

Die Geschwindigkeit ist also in jedem Punkte dieselbe, welche ein von der Höhe $(h - z)$ herabfallender Körper erlangt. Die Geschwindigkeit wird am kleinsten, wenn z am grössten, also im Kulminationspunkt; für diesen ist:

$$v = \sqrt{2g(h - z_{max})} = \sqrt{2gh(1 - \sin^2 \alpha)} = \cos \alpha \sqrt{2gh} = v_0 \cos \alpha = v_x.$$

Stellen wir uns jetzt die Aufgabe, den Winkel zu bestimmen, unter welchem der Körper geworfen werden muss, um einen gegebenen Punkt (x, z) zu erreichen.

Die Gleichung der parabolischen Bahn ist:

$$z = x \operatorname{tg} \alpha - \frac{x^2}{4h\cos^2\alpha} = x \operatorname{tg}\alpha - \frac{x^2}{4h}(1 + \operatorname{tg}^2\alpha),$$

daraus:

$$\operatorname{tg}\alpha = \frac{2h}{x} \pm \sqrt{\frac{4h^2}{x^2} - \frac{x^2 + 4hz}{x^2}} = \frac{2h}{x} \pm \frac{\sqrt{4h^2 - x^2 - 4hz}}{x}.$$

Ist $4h^2 > x^2 + 4hz$, so erhält man zwei Richtungen für v_0; ist dagegen $4h^2 = x^2 + 4hz$, so ist nur eine möglich, wobei $\operatorname{tg}\alpha = \frac{2h}{x}$. Wenn aber $4h^2 < x^2 + 4hz$, dann ergiebt sich kein Werth für $\operatorname{tg}\alpha$. Die Gleichung $4h^2 = x^2 + 4hz$ oder $x^2 = 4h(h-z)$ ist diejenige einer Parabel, deren Achse vertikal, mit der z-Achse zusammenfällt und deren Scheitel in der Höhe h über der x-Achse gelegen ist. Liegt nun der Punkt, welcher getroffen werden soll, innerhalb dieser Parabel, so giebt es für v_0 zwei Richtungen, liegt er auf der Parabel, so giebt es nur eine; befindet er sich ausserhalb, so kann der Punkt gar nicht erreicht werden.

Suchen wir schliesslich die Einhüllungskurve der verschiedenen Parabeln, welche von den aus O unter verschiedenen Horizontalneigungen, aber mit derselben Anfangsgeschwindigkeit v_0 geworfenen Körpern beschrieben werden.

Setzen wir $\operatorname{tg}\alpha = p$, so geht die Gleichung der parabolischen Bahnkurve über in

$$z = px - \frac{x^2}{4h}(1 + p^2).$$

Wir müssen nun nach der Regel zur Bestimmung der Einhüllungskurven $\frac{dz}{dp} = 0$ setzen, aus der Gleichung p bestimmen und den gefundenen Werth in obige Kurvengleichung einsetzen, dann ist die so erhaltene Gleichung diejenige der gesuchten Einhüllungskurve.

$$\frac{dz}{dp} = x - \frac{x^2}{2h}p; \qquad p = \frac{2h}{x}$$

$$z = 2h - \frac{x^2}{4h}\left(1 + \frac{4h^2}{x^2}\right) = h - \frac{x^2}{4h}$$

oder $4h^2 = x^2 + 4hz.$

Dies ist die Gleichung der Einhüllungskurve. Dieselbe, eine

Parabel ausdrückend, deren Achse die z-Achse und deren Scheitel in der Höhe $h = \dfrac{v_0^2}{2g}$ über dem Ursprung 0, stimmt überein mit der Gleichung des geometrischen Ortes der Punkte, welche nur bei einem einzigen Werth von α mit der gegebenen Geschwindigkeit v_0 erreicht werden können.

Schon oben haben wir den Satz von der Arbeit angewendet und erhalten:

$$\tfrac{1}{2}mv^2 - \tfrac{1}{2}mv_0^2 = -m_1 g z.$$

In dieser Gleichung kommt α nicht vor, d. h. die unter verschiedenen Winkeln mit derselben Anfangsgeschwindigkeit v_0 hinausgeworfenen Körper haben in der gleichen Höhe alle dieselbe Geschwindigkeit.

209. Bewegung der Geschosse in der Luft. Dieselbe vollzieht sich, da der Luftwiderstand W stets tangentiell zur Bahn wirkt, in der durch die Anfangsgeschwindigkeit v_0 bestimmten Vertikalebene. Wir nehmen daher ein ebenes rechtwinkliges Koordinatensystem in dieser Vertikalebene an mit der Horizontalen durch den Ausgangspunkt A_0 als x-Achse und der Vertikalen durch diesen Punkt als z-Achse (Fig. 212).

Den Luftwiderstand W können wir setzen nach No. 170:

$$W = \frac{mg}{k^2} \cdot v^2 \ldots$$

Zur Bestimmung der Bewegung wollen wir ein von Coriolis angegebenes Verfahren in Anwendung bringen, das

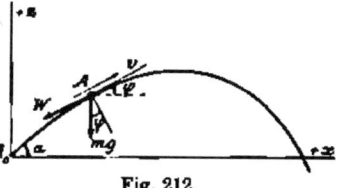

Fig. 212.

als eine Kombination des Maclaurin'schen und Euler'schen Verfahrens angesehen werden kann und darin besteht, dass man die Beschleunigungskraft in jedem Augenblick zerlegt in ihre Komponenten nach der x-Achse und nach der Normalen zur Bahn.

Ist A die Lage des materiellen Punktes zur Zeit t, v seine Geschwindigkeit und φ der Winkel von v mit der $+x$-Achse, so hat man für die x-Komponente der Beschleunigungskraft

$$X = m \cdot \frac{dv_x}{dt} = m \cdot \frac{d(v\cos\varphi)}{dt} = -W\cos\varphi = -\frac{mg}{k^2} v^2 \cos\varphi,$$

$$\text{woraus} \quad \frac{d(v\cos\varphi)}{dt} = -\frac{g}{k^2} \cdot v^2 \cos\varphi$$

$$\text{oder} \quad \frac{d(v\cos\varphi)}{v\cos\varphi} = -\frac{g}{k^2} v\,dt = -\frac{g}{k^2} ds.$$

Diese Gleichung integrirt, giebt:

$$\log(v \cos \varphi) = -\frac{gs}{k^2} + C.$$

Für $t = 0$ wird $v = v_0$ und $\varphi = a$; $s = 0$. Damit wird:

$$\log(v_0 \cos a) = C \quad \text{und} \quad \log \frac{v \cos \varphi}{v_0 \cos a} = -\frac{gs}{k^2}$$

$$v \cos \varphi = v_0 \cos a \cdot e^{-\frac{gs}{k^2}} = v_x = \frac{dx}{dt} \tag{1}$$

Die Komponente N der Beschleunigungskraft nach der Normalen, d. h. die Centripetalkraft ist

$$N = \frac{mv^2}{\varrho},$$

wobei ϱ der Krümmungshalbmesser der Bahnlinie im Punkte A.

Anderseits hat man $N = mg \cos \varphi$,

daher $g \cos \varphi = \frac{v^2}{\varrho}$

oder da $ds = -\varrho \cdot d\varphi$

$$g \cos \varphi = -v^2 \cdot \frac{d\varphi}{ds} \quad \text{und} \quad g \cos^2 \varphi = -v^2 \cos^2 \varphi \cdot \frac{d\varphi}{ds}.$$

Setzt man in diese Gleichung den in Gleichung (1) für $v \cdot \cos \varphi$ gefundenen Werth ein, so erhält man:

$$g \cos^2 \varphi = -\frac{d\varphi}{ds} \cdot v_0^2 \cos^2 a \cdot e^{-\frac{2gs}{k^2}}$$

$$\frac{d\varphi}{\cos^2 \varphi} = -\frac{g\, e^{\frac{2gs}{k^2}}}{v_0^2 \cos^2 a} \cdot ds.$$

Um diese Gleichung zu integriren, setzen wir $\operatorname{tg} \varphi = u$, womit

$$\frac{du}{d\varphi} = \frac{1}{\cos^2 \varphi} \quad \text{und} \quad \frac{d\varphi}{\cos^2 \varphi} = du.$$

Anderseits ist

$$\frac{1}{\cos \varphi} = \sqrt{1 + \operatorname{tg}^2 \varphi} = \sqrt{1 + u^2}.$$

Man hat daher:

$$du \sqrt{1 + u^2} = -\frac{g}{v_0^2 \cos^2 a} \cdot e^{\frac{2gs}{k^2}} \cdot ds \tag{2}$$

und integrirt:

$$u \sqrt{1 + u^2} + \log\left(u + \sqrt{1 + u^2}\right) = -\frac{k^2}{v_0^2 \cos^2 a} \cdot e^{\frac{2gs}{k^2}} + C \tag{3}$$

Zur Bestimmung der Integrationskonstanten C hat man: Für $s = 0$ ist $u = \mathrm{tg}\,\alpha$, womit

$$\mathrm{tg}\,\alpha\sqrt{1 + \mathrm{tg}^2\alpha} + \log\left(\mathrm{tg}\,\alpha + \sqrt{1 + \mathrm{tg}^2\alpha}\right) = -\frac{k^2}{v_0^2\cos^2\alpha} + C \quad (4)$$

Da $\quad \dfrac{dx}{ds} = \cos\varphi = \dfrac{1}{\sqrt{1 + \mathrm{tg}^2\varphi}} = \dfrac{1}{\sqrt{1 + u^2}}$,

so ist $\quad dx = \dfrac{ds}{\sqrt{1 + u^2}}$

und wenn man den Werth von ds aus Gleichung (2) einsetzt:

$$\frac{du}{dx} = -\frac{g \cdot e^{\frac{2gs}{k^2}}}{v_0^2\cos^2\alpha} \quad (5)$$

aus welcher Gleichung durch Einsetzen des Werthes von $e^{\frac{2gs}{k^2}}$ aus Gleichung (3) sich ergiebt:

$$dx = \frac{k^2}{g} \cdot \frac{du}{u\sqrt{1 + u^2} + \log\left(u + \sqrt{1 + u^2}\right) - C}. \quad (6)$$

Berücksichtigt man des weiteren, dass $u = \dfrac{dz}{dx}$ und $dz = u\,dx$, so wird:

$$dz = \frac{k^2}{g} \cdot \frac{u\,du}{u\sqrt{1 + u^2} + \log\left(u + \sqrt{1 + u^2}\right) - C}. \quad (7)$$

Integrirt man jetzt näherungsweise die beiden Gleichungen (6) und (7), so erhält man Beziehungen zwischen x und u und z und u, und kann dann für beliebige Werthe von u die zugehörigen Werthe von x und z, also zusammengehörige Werthe von x und z berechnen, somit auch die Bahn punktweise konstruiren.

Aus Gleichung (1) ergiebt sich

$$dt = \frac{dx}{v_0\cos\alpha} \cdot e^{\frac{gs}{k^2}}$$

und wenn man den Werth von dx aus Gleichung (6) und gleichzeitig aus Gleichung (3) den Werth von $e^{\frac{gs}{k^2}}$, nämlich

$$e^{\frac{gs}{k^2}} = \frac{v_0\cos\alpha}{k}\sqrt{C - u\sqrt{1 + u^2} - \log\left(u + \sqrt{1 + u^2}\right)}$$

einsetzt:

$$dt = -\frac{k}{g} \cdot \frac{1}{\sqrt{C - u\sqrt{1 + u^2} - \log\left(u + \sqrt{1 + u^2}\right)}}.$$

Die Geschwindigkeit erhalten wir aus

$$v^2 = \frac{dx^2}{dt^2} + \frac{dz^2}{dt^2} = \frac{k^2(1+u^2)}{C - u\sqrt{1+u^2} - \log\left(u + \sqrt{1+u^2}\right)}. \qquad (8)$$

Bezüglich der Bahnlinie bemerken wir, dass nach Gleichung (5) du für zunehmende Abscissen stets negativ ist, die Neigung der Tangente an die Bahnlinie gegen die Abscissenachse also fortwährend abnimmt. Im Scheitel der Bahnlinie ist $u = 0$, sodann wird u negativ und schliesslich $= -\infty$, die Tangente an die Bahnlinie vertikal. Zugleich nimmt die Geschwindigkeit der Horizontalprojektion des materiellen Punktes $v_x = v\cos\varphi$, wie aus Gleichung (1) hervorgeht, ab und wird $= 0$ für $s = +\infty$, während v nach Gleichung (8) dem Grenzwerth k zustrebt. Setzt man in der näherungsweise erhaltenen Beziehung zwischen x und u $u = -\infty$, so ergiebt sich ein gewisser positiver Werth von x. Es hat somit der absteigende Kurvenzweig eine vertikale Asymptote. Denkt man sich andererseits den aufsteigenden Kurvenzweig nach rückwärts verlängert, so zeigt auch dieser eine Asymptote, und zwar eine gegen die horizontale Abscissenachse geneigte, denn für $s = -\infty$ liefert Gleichung (5) $\frac{du}{dx} = 0$, also u konstant. Die Bahnlinie hat demgemäss eine Form wie etwa die in Fig. 212 angegebene.

Bei sehr flacher Flugbahn kann man s mit x vertauschen, womit man erhält

$$\frac{du}{dx} = -\frac{g \cdot e^{\frac{2gx}{k^2}}}{v_0^2 \cos^2 a}$$

und daraus $\quad u = -\dfrac{k^2}{2v_0^2 \cos^2 a} \cdot e^{\frac{2gx}{k^2}} + C.$

Da aber für $x = 0$ $u = \operatorname{tg} a$ ist, so hat man

$$C = \operatorname{tg} a + \frac{k^2}{2v_0^2 \cos^2 a}$$

und $\quad u = \operatorname{tg} a + \dfrac{k^2}{2v_0^2 \cos^2 a}\left(1 - e^{\frac{2gx}{k^2}}\right).$

Setzt man nunmehr $u = \dfrac{dz}{dx}$ und integrirt, so ergiebt sich schliesslich:

$$z = x\operatorname{tg} a + \frac{k^2}{2v_0^2 \cos^2 a}\left(x - \frac{1}{2}\frac{k^2}{g}e^{\frac{2gx}{k^2}} + \frac{1}{2}\frac{k^2}{g}\right)$$

als Gleichung der Bahnlinie.

§ 33.

Bewegung eines materiellen Punktes auf einer gekrümmten festen Bahnlinie.

210. Verfahren bei Bestimmung einer solchen Bewegung.
Wie schon früher angedeutet wurde, kann man die unfreie
Bewegung eines materiellen Punktes auf eine freie dadurch
zurückführen, dass man die feste Unterlage des materiellen Punktes ersetzt durch ihren auf den materiellen Punkt ausgeübten
Gegendruck W. Dieser „Bahnwiderstand" W liefert dann mit
der Resultanten P der treibenden Kräfte oder mit der sogenannten
bewegenden Kraft P zusammengesetzt, die Beschleunigungskraft R des materiellen Punktes, d. h. diejenige Kraft, welche
dem frei gedachten materiellen Punkt eine Bewegung ertheilt, die
übereinstimmt mit der von dem unfreien materiellen Punkt thatsächlich ausgeführten Bewegung.

Um nun die Bewegung des materiellen Punktes in seiner
vorgeschriebenen Bahnlinie und zugleich auch den Bahnwiderstand W zu erhalten, beachten wir, dass die Beschleunigungskraft R stets in der betreffenden Schmiegungsebene der Bahnkurve liegt und in die beiden Komponenten

$$T = m \cdot \frac{dv}{dt} \quad \text{und} \quad N = \frac{mv^2}{\varrho}$$

zerlegt werden kann, von welchen die erstere, die Tangentialkraft, in der Tangente an die Bahnkurve wirkt, während die
letztere, die Centripetalkraft, auf der Hauptnormalen gelegen, gegen den Krümmungsmittelpunkt gerichtet ist.

Nimmt man nun ein rechtwinkliges Koordinatensystem an,
dessen Ursprung die Lage A des materiellen Punktes zur Zeit t
sei und dessen Achsen durch die Tangente an die Bahnkurve,
die in der Schmiegungsebene der Bahnkurve gelegene Haupt-
normale und eine Gerade n senkrecht zur Schmiegungsebene
gebildet werden, und zerlegt die Kräfte R, P und W in ihre Komponenten nach diesen Achsen, so erhält man, wenn a, β, γ die
Winkel der bewegenden Kraft P und (R, v), (R, ϱ), (R, n) die
Winkel der Beschleunigungskraft mit der Bewegungsrichtung,
der gegen den Krümmungsmittelpunkt gerichteten Normalen und
der Geraden n, und die Komponenten des Bahnwiderstandes W
nach den Koordinatenachsen mit $-W_t$, W_ϱ und W_n bezeichnet
werden, die Gleichungen:

$$m \cdot \frac{dv}{dt} = R \cdot \cos(R, v) = P \cos \alpha - W_t$$

$$m \frac{v^2}{\varrho} = R \cdot \cos(R, \varrho) = P \cos \beta + W_\varrho$$

$$0 = R \cdot \cos(R, n) = P \cos \gamma + W_n.$$

Ueberdies hat man stets noch eine vierte Gleichung, welche das Gesetz zum Ausdruck bringt, dem der der stattfindenden Bewegung immer entgegen wirkende Tangentialwiderstand W_t im einzelnen Fall unterworfen ist.

So findet, wenn der Tangentialwiderstand lediglich durch die Reibung bedingt ist, die Gleichung statt:

$$W_t = \mu \sqrt{W_\varrho^2 + W_n^2},$$

während bei Berücksichtigung von Luftwiderstand allein, $W_t = k \cdot v^2$ und bei konstantem Tangentialwiderstand $W_t = c$ zu setzen wäre.

Eliminirt man jetzt aus den vier Gleichungen die Kräfte W_t, W_ϱ und W_n, so liefert die diese Unbekannten nicht mehr enthaltende Gleichung die erste Bewegungsgleichung, durch deren weitere Behandlung die Bewegung des materiellen Punktes in der vorgeschriebenen Bahnlinie festgesetzt werden kann.

Die drei ersten Gleichungen hätten auch die Gleichgewichtsbedingungen für den materiellen Punkt ergeben, wenn derselbe zuvor durch Hinzufügen der der Beschleunigungskraft R gleichen und direkt entgegengesetzten sogenannten Trägheitskraft R' in's Gleichgewicht gesetzt worden wäre. Am materiellen Punkt wirken thatsächlich die Kräfte P und W, deren Resultante die Beschleunigungskraft R ist. Eine der letzteren gleiche und entgegengesetzte Kraft R' hält also der Kraft R und damit den Kräften P und W das Gleichgewicht. Indem man nun des weiteren die Trägheitskraft R' durch deren Tangential- und Normalkomponente ersetzt, lässt sich der Satz aussprechen:

Wenn man bei einem in Bewegung begriffenen materiellen Punkt zu den thatsächlich an letzterem wirkenden Kräften noch die entgegengesetzte Tangentialkraft und eine der Centripetalkraft gleiche und direkt entgegengesetzte Kraft, die sogenannte Centrifugalkraft, hinzufügt, so wird dadurch der materielle Punkt in's Gleichgewicht gesetzt und es liefern alsdann die Gleichgewichtsbedingungen, in Verbindung mit der Gleichung für W_t, die zur Bestimmung der Bewegung des materiellen Punktes und des Bahnwiderstandes W erforderlichen Gleichungen.

Dieser häufig mit Vortheil angewendete Satz entspricht dem später für materielle Systeme entwickelten d'Alembert'schen Princip.

211. Die Centrifugalkraft. Unter derselben verstehen wir nach obigem eine der Centripetalkraft gleiche und direkt entgegengesetzte Kraft. Diese Kraft erfordert eine besondere Würdigung.

Schon in No. 181 wurde auf den sogenannten Trägheitswiderstand aufmerksam gemacht. Diesen Trägheitswiderstand nimmt man stets wahr, wenn man einen ruhenden Körper in Bewegung setzen, oder wenn man einem geradlinig und gleichförmig sich bewegenden Körper eine hiervon abweichende Bewegung ertheilen will.

Nehmen wir einen frei beweglichen Körper von der Masse m an, welcher durch Vermittlung eines elastischen Fadens AB von der konstanten Kraft P in Bewegung gesetzt werde. Hierbei giebt der eine bestimmte Spannuung anzeigende, als Dynamometer dienende Faden zwei gleiche Kräfte zu erkennen, von welchen die am freien Fadenende B in der Richtung AB wirkende, die treibende Kraft P ist, während die andere, am Faden in A nach BA gerichtete Kraft $P' = P$ den Trägheitswiderstand $m \cdot \frac{dv}{dt}$ bezeichnet. Man kann also sagen, dass, falls wir selbst mit der Hand die treibende Kraft P auf den Körper ausüben, auf letzteren die Kraft P, dagegen auf unsere Hand der erwähnte Trägheitswiderstand P' thatsächlich einwirkt.

Ganz ähnlich verhält sich die Sache, wenn durch eine Kraft P ein Körper genöthigt werden soll, sich mit konstanter Geschwindigkeit c in einem Kreis vom Halbmesser r zu bewegen. Hier ist, wie wir früher gesehen haben, die Beschleunigungskraft dargestellt durch die gegen den Kreismittelpunkt gerichtete Centripetalkraft $\frac{mc^2}{r}$, es muss deshalb auch P stets mit dieser Centripetalkraft übereinstimmen, wenn die verlangte Bewegung erfolgen soll. Nimmt man jetzt wieder an, dass die Kraft P mittels eines Fadens von uns auf den bewegten Körper ausgeübt werde, so erkennt man, dass auch unsere, den Zug P ausübende Hand eine der Kraft P, also der Centripetalkraft gleiche und direkt entgegengesetzte Kraft P' erfährt. Diese Kraft P' ist die Centrifugalkraft. Dieselbe äussert sich lediglich als Trägheitswiderstand und wirkt demgemäss keineswegs am bewegten Körper, vielmehr wird sie von letzterem ausgeübt.

Es ist also, worauf schon von anderer Seite aufmerksam gemacht wurde, nicht richtig, zu sagen: an einem bewegten Körper wirke dessen Centrifugalkraft. Wenn, wie in No. 176, ein mit der Geschwindigkeit v_0 sich bewegender Körper m mit einem Puffer in Berührung tritt und denselben allmählich zusammendrückt, so treten an der Berührungsstelle wechselseitige Drucke P und $P' = P$ auf, von welchen die Kraft P thatsächlich am Puffer wirkt und denselben zusammendrückt, während die ihr gleiche und entgegengesetzte Kraft P' am Körper m thätig ist und dessen Bewegung verlangsamt. In diesem Falle wird auch Niemand behaupten, dass die Kraft P am Körper m wirke.

212. Der Satz vom Antrieb bei der unfreien Bewegung. Bei der freien Bewegung hatten wir:

$$m v - m v_0 = \int_0^t R \cos (R, v) \cdot dt,$$

wobei R die Beschleunigungskraft des materiellen Punktes und (R, v) der Winkel derselben mit der Bewegungsrichtung. Nun ist R die Resultante der bewegenden Kraft P, des Normalwiderstandes W_n der Bahn und des Tangentialwiderstandes W_t derselben. Daher erhält man mit Rücksicht darauf, dass eine Kraft normal zur Bahnlinie keinen Antrieb liefert und der Tangentialwiderstand mit der Bewegungsrichtung stets einen Winkel von 180^0 bildet:

$$m v - m v_0 = \int_0^t P \cos (P, v) \, dt - \int_0^t W_t \cdot dt.$$

213. Der Satz von der Arbeit bei der unfreien Bewegung. Bei der freien Bewegung war

$$\frac{1}{2} m v^2 - \frac{1}{2} m v_0^2 = \int_{s_0}^s R \cdot \cos (R, v) \cdot ds,$$

man hat daher mit Rücksicht darauf, dass eine auf dem Weg stets senkrecht stehende Kraft keine Arbeit liefert, im vorliegenden Fall

$$\frac{1}{2} m v^2 - \frac{1}{2} m v_0^2 = \int_{s_0}^s P \cos (P, v) \, ds - \int_{s_0}^s W_t \cdot ds.$$

Ist kein tangentieller Widerstand vorhanden, so ist die Aenderung der lebendigen Kraft des materiellen Punktes gleich der Arbeit der bewegenden Kraft P.

Wäre die bewegende Kraft P konstant, wie z. B. in dem Fall, in welchem ausser dem Eigengewicht keine weitere treibende Kraft am materiellen Punkt wirkt, dann hätte man

$$\frac{1}{2} m v^2 - \frac{1}{2} m v_0^2 = P \cdot s',$$

wobei s' der in der Richtung der Kraft P zurückgelegte Weg des materiellen Punktes oder die Projektion des vom materiellen Punkte in seiner Bahn zurückgelegten Weges auf die Richtungslinie der Kraft P. Es ist daher in diesem Fall die Aenderung der Geschwindigkeit unabhängig von der Form der Bahn. Des weiteren mag noch bemerkt werden, dass die Anwendung des Satzes von der Arbeit sich besonders dann empfiehlt (was auch schon bei der geradlinigen Bewegung betont wurde), wenn es sich darum handelt, die Geschwindigkeit des materiellen Punktes an einer bestimmten Stelle der Bahn festzusetzen.

§ 34.

Beispiele von Bewegungen materieller Punkte auf vorgeschriebenen Bahnlinien bei fehlendem Tangentialwiderstand.

214. Zwangläufige Bewegung eines schweren materiellen Punktes in einem vertikalen Kreise. Wir wollen annehmen, dass es sich um die Bewegung einer kleinen durchbohrten, als materiellen Punkt anzusehenden Kugel handele, welche auf einem sie durchdringenden, kreisförmig gebogenen starren Draht ohne Reibung hin- und bergleiten könne. Dabei sei das Eigengewicht mg der Kugel die einzige treibende Kraft. Ausser mg wirkt dann nur noch der vorliegenden Falles normal zur Bahnlinie gerichtete Bahnwiderstand W thatsächlich am materiellen Punkt.

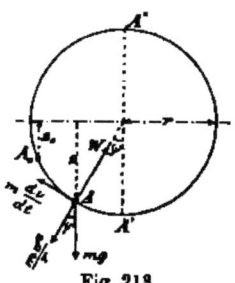

Fig. 213.

Bezeichnet in Fig. 213 der in der Tiefe z_0 unter dem horizontalen Durchmesser gelegene Punkt A_0 die Ausgangsstelle des materiellen Punktes m

v_0 die Anfangsgeschwindigkeit in A_0

die Geschwindigkeit des materiellen Punktes in dem Bahnpunkte A, welcher sich in der Tiefe z unter dem horizontalen Durchmesser befindet,

dann hat man nach dem Satz von der Arbeit:

$$\frac{1}{2} m v^2 - \frac{1}{2} m v_0^2 = m g (z - z_0)$$

$$v^2 = v_0^2 + 2 g (z - z_0).$$

Die Geschwindigkeit nimmt also zu, wenn z zunimmt. Im tiefsten Punkte A' des Kreises ist z am grössten $= r$, dort ist daher auch die Geschwindigkeit am grössten, im höchsten Punkte A'' der Bahn dagegen, wo $z = -r$, ist v am kleinsten. Demgemäss erhält man

$$v_{max} = \sqrt{v_0^2 + 2g(r - z_0)}; \quad v_{min} = \sqrt{v_0^2 - 2g(r + z_0)}.$$

Suchen wir nunmehr denjenigen Werth der Anfangsgeschwindigkeit v_0 zu ermitteln, bei welchem der materielle Punkt bis zum höchsten Punkt A'' des Kreises aufsteigt.

Wir setzen

$$v_{min} = 0 \quad \text{und erhalten} \quad v_0 = \sqrt{2g(r + z_0)}.$$

Bei dieser Anfangsgeschwindigkeit würde indessen der materielle Punkt in A'' liegen bleiben. Soll nun der Kreis vollständig durchlaufen werden, so muss $v_0 > \sqrt{2g(r + z_0)}$ sein. Ist alsdann der materielle Punkt wieder in seinem Ausgangspunkt A_0 angelangt, so hat er auch wieder die Geschwindigkeit v_0 erlangt, denn für den Punkt A_0 ergiebt sich die Geschwindigkeit v aus

$$v^2 = v_0^2 + 2g(z_0 - z_0) = v_0^2.$$

Von A_0 an beginnt daher von Neuem die gleiche Bewegung wie zuvor.

Jetzt wollen wir auch den Normaldruck N im Punkt A bestimmen, welchen die Bahn von Seiten des bewegten materiellen Punktes erfährt. Zu dem Ende machen wir den materiellen Punkt frei, indem wir an demselben den Normalwiderstand W der Bahn, gleich und direkt entgegengesetzt N, anbringen. Die am frei gemachten materiellen Punkte thatsächlich wirkenden Kräfte sind nunmehr Eigengewicht mg und Normalwiderstand W der Bahn. (Die Centrifugalkraft wirkt, wie oben auseinandergesetzt wurde, nicht am materiellen Punkte m, sie wird nur von demselben auf die Unterlage ausgeübt und beeinflusst damit den Druck N, welchen die Bahn von Seiten des bewegten materiellen Punktes erfährt).

Das Gewicht mg und der Bahnwiderstand W zu einer Resultanten zusammengesetzt ergeben daher die Beschleunigungskraft des materiellen Punktes m, womit

$$\text{Centripetalkraft} \quad \frac{mv^2}{r} = W - mg \cdot \cos\varphi$$

$$\text{und} \quad W = mg\cos\varphi + \frac{mv^2}{r} \quad \text{wird.}$$

Die aufgestellten Gleichungen für v und W würde man auch erhalten haben, wenn man entsprechend dem Satz am Schluss von No. 210 zu den am materiellen Punkt thatsächlich wirkenden Kräften mg und W noch die entgegengesetzte Tangentialkraft $m \cdot \frac{dv}{dt}$ und die Centrifugalkraft $\frac{mv^2}{r}$ hinzugefügt und damit das Gleichgewicht des materiellen Punktes herbeigeführt hätte. Es wären dann die Gleichgewichtsbedingungen gewesen

$$W = mg \cdot \cos\varphi + \frac{mv^2}{r}$$

$$m \cdot \frac{dv}{dt} = mg \cdot \sin\varphi, \quad \text{woraus} \quad dv = g\sin\varphi \cdot dt$$

$$v\,dv = g \cdot \frac{ds}{dt} \cdot \sin\varphi \cdot dt = g \cdot ds \cdot \sin\varphi = g \cdot dz;$$

$$\int_{v_0}^{v} v\,dv = \int_{z_0}^{z} g\,dz; \quad \frac{1}{2}v^2 - \frac{1}{2}v_0^2 = g(z - z_0),$$

oder $$v^2 = v_0^2 + 2g(z - z_0),$$

die oben erhaltene Gleichung für v.

Der Druck N, welchen die Bahn von Seiten des bewegten materiellen Punktes m erfährt, ist gleich und direkt entgegengesetzt W, man hat deshalb auch

$$N = mg\cos\varphi + \frac{mv^2}{r},$$

eine Gleichung, welche den Einfluss der Centrifugalkraft auf den Normaldruck N der Bahn erkennen lässt.

Setzt man $\cos\varphi = \frac{z}{r}$ und für v den in z ausgedrückten Werth, so erhält man

$$W = mg \cdot \frac{z}{r} + \frac{m}{r}\left[v_0^2 + 2g(z - z_0)\right] = \frac{mg}{r}(3z - 2z_0) + \frac{mv_0^2}{r}.$$

Daraus geht hervor, dass auch W mit z zu- und abnimmt. Demgemäss tritt das Maximum von W und N im tiefsten Punkte A' der Bahn ein und das Minimum im höchsten Punkte A'', und zwar wird

$$W_{max} = \frac{m v_0^2}{r} + \frac{m g}{r}(3r - 2z_0); \qquad W_{min} = \frac{m v_0^2}{r} - \frac{m g}{r}(3r + 2z_0).$$

Setzen wir für v_0^2 denjenigen Werth, bei welchem der materielle Punkt gerade noch den höchsten Punkt A'' des Kreises erreicht, nämlich

$$v_0^2 = 2g(r + z_0),$$

so ergiebt sich

$$W_{min} = - m g.$$

Der Gegendruck der Bahnlinie ist also in A'' von innen nach aussen gerichtet.

215. Das mathematische Pendel. Die Bewegung eines materiellen Punktes in einem vertikalen Kreise kann auch dadurch bewerkstelligt werden, dass man ihn mit dem einen Ende eines Fadens von der Länge r verbunden sich denkt, dessen anderes Ende festgehalten ist. Eine derartige Vorrichtung nennt man ein **Pendel** und zwar ein **einfaches** oder **mathematisches**.

An Stelle des Gegendruckes W der kreisförmigen Bahn tritt bei dem Pendel die Fadenspannung S. Soll nun der materielle Punkt den Kreis vollständig beschreiben, wobei der Faden stets gespannt sein muss, so darf die Fadenspannung $S = W$ nie negativ werden. Setzen wir daher

$$W_{min} = 0 \quad \text{oder} \quad \frac{m v_0^2}{r} - \frac{m g}{r}(3r + 2z_0) = 0,$$

dann wird

$$v_0 = \sqrt{3 g r + 2 g z_0}.$$

So gross muss also die Anfangsgeschwindigkeit in A_0 zum mindesten sein, wenn der Faden stets gespannt bleiben und der materielle Punkt vollständig den Kreis durchlaufen soll. Mit diesem Werth von v_0 ergiebt sich

$$v_{max} = \sqrt{5 g r} \quad \text{und} \quad W_{max} = 6 m g.$$

Geht der materielle Punkt in A_0 (Fig. 214) von der Ruhe aus, so ist

$$v = \sqrt{2 g (z - z_0)}.$$

Es kann also z nicht kleiner als z_0 werden. Für $z = z_0$ ist $v = 0$. Der materielle Punkt in A_0 von der Ruhe ausgehend, erreicht im tiefsten Punkte A' der Bahn seine grösste Geschwindigkeit, erhebt sich hierauf auf der anderen Seite wieder bis zu dem symmetrisch mit A_0 in der Tiefe z_0 unter dem horizontalen Durchmesser gelegenen Punkte B_0, um sich sodann in der gleichen Weise von B_0 bis A_0 zurückzubewegen. Der materielle Punkt führt also Schwingungen aus, welche sich fortwährend wiederholen. Ist derselbe vom Grenzpunkt A_0 bis zum anderen gegenüberliegenden Grenzpunkte B_0 gelangt, so hat er eine Schwingung vollendet. Dabei nennt man den Winkel $A_0 C A' = a$ den Ausschlag- oder Elongationswinkel des Pendels.

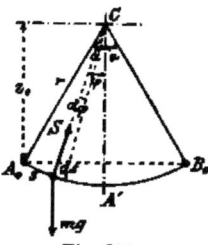

Fig. 214.

Für ein Pendel, das in der angedeuteten Weise hin- und herschwingt, oscillirt, haben wir also

$$v = \frac{ds}{dt} = \pm \sqrt{2g(z - z_0)} ; \quad dt = \pm \frac{ds}{\sqrt{2g(z - z_0)}}$$

wobei, wenn die $+s$ auf der Bahnkurve von A_0 aus gegen B_0 gemessen werden, in dem Ausdruck für dt das $+$ Zeichen für den Hingang, das $-$ Zeichen für den Rückgang des materiellen Punktes gilt. Indem wir uns auf das $+$ Zeichen beschränken und

$$ds = - r\, d\varphi$$

setzen, weil für ein positives ds der Winkel φ um $d\varphi$ abnimmt, erhalten wir:

$$dt = - \sqrt{\frac{r}{g}} \cdot \frac{d\varphi}{\sqrt{2\cos\varphi - 2\cos a}}$$

und

$$t = - \sqrt{\frac{r}{g}} \int_a^\varphi \frac{d\varphi}{\sqrt{2\cos\varphi - 2\cos a}},$$

ein elliptisches Integral, das mittels Reihenentwickelung näherungsweise berechnet werden kann.

Da bekanntlich

$$\cos\varphi = 1 - \frac{\varphi^2}{2!} + \frac{\varphi^4}{4!} - \frac{\varphi^6}{6!} + \cdots,$$

so kann man für kleine Werthe von a und φ setzen

$$\cos a = 1 - \frac{a^2}{2} \quad \text{und} \quad \cos\varphi = 1 - \frac{\varphi^2}{2}.$$

Damit wird

$$t = -\sqrt{\frac{r}{g}}\int_a^\varphi \frac{d\varphi}{\sqrt{a^2-\varphi^2}} = -\sqrt{\frac{r}{g}}\left(\arcsin\frac{\varphi}{a}\right).$$

Die Schwingungsdauer τ eines mathematischen Pendels von der Länge l ist daher unter der Voraussetzung kleiner Ausschlagwinkel beziehungsweise Schwingungsweiten

$$\tau = -\sqrt{\frac{l}{g}}\left(\arcsin\frac{\varphi}{a}\right)_{\varphi=+a}^{\varphi=-a} = +\sqrt{\frac{l}{g}}\left(\arcsin\frac{\varphi}{a}\right)_{-a}^{+a} = \pi\sqrt{\frac{l}{g}}.$$

Damit zeigt sich die Schwingungsdauer τ des Pendels unabhängig von der Schwingungsweite. Setzt man $\tau = 1$, d. h. gleich 1 Sekunde, so erhält man

$$l = \frac{g}{\pi^2} = 0,994 \text{ m}.$$

Die Länge des Sekundenpendels ist also nahezu $= 1$ m.

216. Zwangläufige Bewegung eines schweren materiellen Punktes auf einer in einer Vertikalebene gelegenen beliebigen Kurve. Es sei $A_0 A_1 A_2 A_3$ (Fig. 215) das Längenprofil eines auf einer festen Unterlage ruhen-

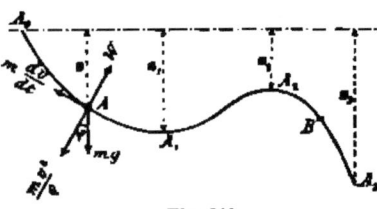

den Geleises, auf welchem der von A_0 ohne Anfangsgeschwindigkeit ausgehende materielle Punkt m sich zu bewegen hat. Dabei sei das Eigengewicht mg die einzige den materiellen Punkt angreifende treibende Kraft und ein Tangentialwider-

Fig. 215.

stand nicht vorhanden. Um die Geschwindigkeit v in dem in der Tiefe z unter der Horizontalen durch A_0 gelegenen Punkte A zu erhalten, wenden wir den Satz von der Arbeit an gemäss der Schlussbemerkung in No. 213. Derselbe liefert:

$$\frac{1}{2}mv^2 = mg\cdot z; \qquad v = \sqrt{2gz}.$$

Dieser Ausdruck für v zeigt, dass die Geschwindigkeit des materiellen Punktes von A_0 bis A_1 zunimmt, in A_1 einen grössten Werth erreicht, von A_1 gegen A_2 hin wieder abnimmt, in A_2 einen kleinsten Werth annimmt, hierauf wieder grösser und grösser wird. Ebenso geht aus der Gleichung für v hervor, dass die Geschwindigkeit v in allen Punkten der Bahn, welche in der gleichen Tiefe z unter der Horizontalen durch A_0, also in einer und derselben Horizontalen sich befinden, denselben Werth besitzt.

Um nun auch den Gegendruck W der Bahn zu erhalten, welcher in A an dem materiellen Punkte sich geltend macht, setzen wir den letzteren ins Gleichgewicht durch Anbringen der entgegengesetzten Tangentialkraft $m \cdot \dfrac{dv}{dt}$ und der Centrifugalkraft $\dfrac{mv^2}{\varrho}$, alsdann ergiebt das Gleichgewicht, wenn man den von der Unterlage hinweg gerichteten Gegendruck W der Bahn positiv setzt, in dem Theil der Bahnlinie, welcher seine konkave Seite nach oben kehrt,

$$W - mg \cos \varphi - \frac{mv^2}{\varrho} = 0;$$

$$W = mg \cos \varphi + \frac{mv^2}{\varrho} = mg\left(\cos \varphi + \frac{2z}{\varrho}\right).$$

In dem Theil dagegen, dessen konkave Seite nach unten gekehrt ist, hat man

$$W - mg \cos \varphi + \frac{mv^2}{\varrho} = 0; \qquad W = mg\left(\cos \varphi - \frac{2z}{\varrho}\right)$$

und im Wendepunkt der Bahnlinie, woselbst $\varrho = \infty$

$$W = mg \cdot \cos \varphi.$$

Im erstgenannten Theil der Bahnlinie ist W stets positiv, d. h. nach aussen gerichtet, im anderen Theil der Bahnlinie kann W auch negativ werden. In diesem Falle müsste die feste Bahnlinie auf den bewegten materiellen Punkt einen nach innen gerichteten Gegendruck ausüben. Wenn es sich aber um einen auf einem Geleise vom Längenprofil $A_0 A_1 A_4 A_8$ sich bewegenden Wagen handelt, so kann W nur nach aussen gerichtet, also positiv sein, ein negatives W würde andeuten, dass der Wagen an der betreffenden Stelle der Bahn auf das Geleise herabgezogen werden müsste, wenn der Wagen seine Unterlage nicht verlassen sollte. Dies ist aber nicht möglich. Es wird also, falls von einem gewissen Punkt B der Bahnlinie an sich bei der Weiterbewegung des materiellen Punktes m der Bahnwiderstand W negativ herausstellt, der als materieller Punkt aufgefasste Wagen in B seine Unterlage verlassen und sich hierauf wie ein geworfener Körper in parabolischer Bahn fortbewegen.

Zur Bestimmung der Lage des erwähnten Punktes B setzen wir in der Gleichung

$$W = m g \left(\cos \varphi - \frac{2z}{\varrho} \right)$$

$W = 0$ und erhalten damit

$$\cos \varphi = \frac{2z}{\varrho}.$$

Aus dieser Gleichung lässt sich im einzelnen Falle mit Hilfe der Gleichung der Bahnlinie die Lage des Punktes B bestimmen.

Soll der Wagen stets auf dem Geleise bleiben, also W stets positiv sein, so darf an keiner Stelle der Bahn der Quotient $\frac{2z}{\varrho} > \cos \varphi$ und damit auch mit Rücksicht darauf, dass der grösste Werth von $\cos \varphi$ gleich 1 ist, $2z$ niemals grösser als ϱ sein.

217. Bewegung eines schweren materiellen Punktes in einem horizontalen Kreis. Wir nehmen zunächst an, dass der materielle Punkt in einer engen, kreisförmig gebogenen Röhre ohne Reibung sich bewege. Ist die gegebene Anfangsgeschwindigkeit im Ausgangspunkte A_0 der Bewegung $= v_0$ und im Punkte $A = v$, so ergiebt der Satz von der Arbeit mit Rücksicht darauf, dass die beiden thatsächlich am materiellen Punkte wirkenden Kräfte mg und W, unter W wieder den Gegendruck der Bahn verstanden, normal auf der Bahnlinie stehen:

$$\frac{1}{2} m v^2 - \frac{1}{2} m v_0^2 = 0,$$

woraus $v = v_0$.

Der materielle Punkt bewegt sich also mit der konstanten Geschwindigkeit v_0 in der kreisförmigen horizontalen Röhre. Dabei ergiebt sich die Umlaufszeit τ aus $\frac{2r\pi}{\tau} = v_0$

$$\tau = \frac{2r\pi}{v_0}.$$

Will man jetzt auch den Bahnwiderstand W haben (Fig. 216), so wird man den materiellen Punkt durch Anbringung der Centrifugalkraft $\frac{m v_0^2}{r}$ ins Gleichgewicht setzen, worauf die Gleichgewichtsbedingungen

$$W \cdot \cos \varphi = mg \qquad W \cdot \sin \varphi = \frac{m v_0^2}{r}$$

den gesuchten Widerstand W nach Grösse und Richtung ergeben. Was die letztere betrifft, so erhält man aus den beiden letzten Gleichungen

$$\operatorname{tg} \varphi = \frac{m v_0^2}{r \cdot m g} = \frac{v_0^2}{r g}.$$

218. Konisches Pendel. Die Bewegung des materiellen Punktes in dem vorgeschriebenen horizontalen Kreis vom Halbmesser r lässt sich auch dadurch bewerkstelligen, dass man den materiellen Punkt mittels eines Fadens AC (Fig. 216) an den Punkt C der durch den Kreismittelpunkt O gehenden Vertikalen befestigt, wobei

$$OC = r \cot g\, \varphi = \frac{r^2 g}{v_0^2},$$

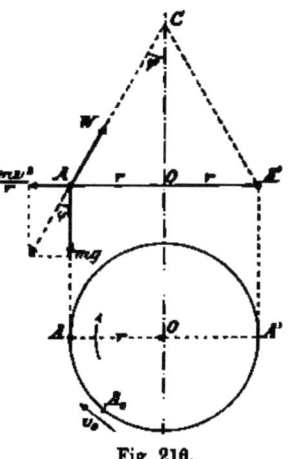

und hierauf dem materiellen Punkt tangentiell zum vorgeschriebenen Kreis die Geschwindigkeit v_0 erteilt. Der materielle Punkt wird alsdann mit der Geschwindigkeit v_0 den horizontalen Kreis vom Halbmesser r beschreiben. An Stelle des stets durch den Punkt C gehenden Bahnwiderstandes W tritt jetzt eben die Spannung S des Fadens.

Das auf diese Weise erhaltene Pendel wird konisches Pendel genannt, weil der Faden bei der Bewegung des materiellen Punktes eine Kegelfläche beschreibt.

Fig. 216.

219. Ueberhöhung des äusseren Schienenstranges in einer Eisenbahnkurve. Ist (Fig. 217)

die in Betracht kommende Geschwindigkeit des Bahnzuges,

r der Halbmesser der kreisförmigen Bahnlinie,

e die Entfernung der beiden Schienenstränge, von Mitte zu Mitte gemessen, und

z die Ueberhöhung des äusseren Schienenstranges,

so erhält man, wenn der Druck N der Eisenbahnwagen auf das Geleise

Fig. 217.

normal zu letzterem gerichtet sein soll, für den Winkel von N mit der Vertikalen

$$\text{tg } \varphi = \frac{v^2}{rg}$$

und für die gesuchte Ueberhöhung

$$z = e \cdot \sin \varphi.$$

220. Bewegung eines schweren materiellen Punktes in der Cykloide. Es sei (Fig. 218) der Punkt A_0 der Cykloide die Ausgangsstelle des unter Einwirkung seines Eigengewichtes ohne Anfangsgeschwindigkeit auf der Cykloide sich abwärts bewegenden materiellen Punktes m; v die Geschwindigkeit des letzteren in A, dann hat man, wenn ein tangentieller Widerstand nicht zu berücksichtigen ist:

$$\frac{1}{2} m v^2 = mg(z_0 - z); \qquad v = \sqrt{2g(z_0 - z)}.$$

Aus dieser Gleichung für v ersehen wir, dass die Geschwindigkeit des materiellen Punktes mit abnehmendem z zunimmt,

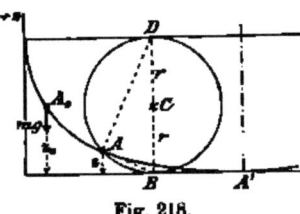

Fig. 218.

also im tiefsten Punkte A' der Bahn, wo $z = 0$, am grössten wird. Vermöge der in A' erlangten Geschwindigkeit geht der materielle Punkt weiter in der Cykloide und erhebt sich wieder bis zu einem Punkt B_0, welcher mit dem Ausgangspunkt A_0 in derselben Höhe liegt. Ueberhaupt ist ja in den Bahnpunkten von gleicher Höhenlage die Geschwindigkeit die gleiche. Demgemäss werden dann auch die symmetrisch zu der Vertikalen durch A' gelegenen Elemente der Cykloide vom materiellen Punkt in gleichen Zeiträumen dt durchlaufen, woraus folgt, dass der materielle Punkt dieselbe Zeit braucht, um von A' bis B_0 zu kommen, wie von A_0 bis A'.

Aus

$$v = \frac{ds}{dt} = \pm \sqrt{2g(z_0 - z)}$$

ergiebt sich

$$dt = \frac{+ ds}{\sqrt{2g(z_0 - z)}},$$

wobei das $+$Zeichen für die Bewegung von A_0 bis B_0 gilt.

Bei der Cykloide bildet die Gerade AD die Normale im Punkte A, daher ist

$$\frac{ds}{dz} = \frac{BD}{BA} = \frac{2r}{\sqrt{z \cdot 2r}} = \sqrt{\frac{2r}{z}}$$

Da nun bei einer Zunahme der Bogenlänge $A_0 A = s$ das z abnimmt, so lange der materielle Punkt sich in der Cykloide abwärts bewegt, hat man zu setzen

$$ds = - \sqrt{\frac{2r}{z}} \cdot dz,$$

womit $\quad dt = - \sqrt{\frac{r}{g}} \cdot \sqrt{\frac{1}{z(z_0 - z)}} \cdot dz$

und $\quad t = - \sqrt{\frac{r}{g}} \int_{z_0}^{z} \frac{dz}{\sqrt{z(z_0 - z)}} = - \sqrt{\frac{r}{g}} \left[\operatorname{arc\,sin} \left(\frac{2z}{z_0} - 1 \right) \right]_{z_0}^{z}$

$\qquad = + \sqrt{\frac{r}{g}} \left[\operatorname{arc\,sin} \left(\frac{2z}{z_0} - 1 \right) \right]_{z}^{z_0}$

$\qquad = + \sqrt{\frac{r}{g}} \left[\frac{\pi}{2} - \operatorname{arc\,sin} \left(\frac{2z}{z_0} - 1 \right) \right].$

Bezeichnet man mit t' die Zeit, welche der materielle Punkt braucht, um den Cykloidenbogen $A_0 A'$ zurückzulegen, so hat man nur in der letzten Gleichung $z = 0$ und $t = t'$ zu setzen, womit

$$t' = \pi \sqrt{\frac{r}{g}}.$$

Daraus folgt dann, dass die Dauer τ der Bewegung von A_0 bis B_0

$$\tau = 2\pi \sqrt{\frac{r}{g}} = \pi \sqrt{\frac{4r}{g}}.$$

Da t' unabhängig von z_0 ist, so werden materielle Punkte, welche man gleichzeitig von verschiedenen Punkten der Cykloide aus auf letzterer herabgleiten lässt, alle im gleichen Augenblick im tiefsten Punkt A' der Cykloide ankommen. Des weiteren bemerken wir, dass die Schwingungsdauer τ unabhängig ist von der Schwingungsweite. Darum nennt man auch die Cykloide Tautochrone.

221. Cykloidenpendel. Die Bewegung eines materielles Punktes auf einer vorgeschriebenen Kurve kann, wie Huyghens zuerst gezeigt hat, immer durch Pendel hervorgebracht werden. Ist nämlich $A'A_0 A'$ (Fig. 219, S. 298) irgend eine ebene Kurve, beispielsweise eine Parabel, $BB_0 B$ die Evolute derselben, d. h. der geometrische Ort der Krümmungsmittelpunkte der Kurve; BA die Tangente in B an die Evolute, dann giebt BA den Krümmungshalbmesser der Kurve $A_0 A'$ im Punkte A an.

Denkt man sich jetzt einen in B an die Evolute befestigten Faden nach BA gespannt und das Fadenende A gegen A_0 hin bewegt, so wickelt sich der stets gespannt zu haltende Faden allmählich auf die Evolute auf, während der Endpunkt A die gegebene Kurve AA_0 beschreibt. Soll nun ein materieller Punkt genöthigt werden, in einer Cykloide sich zu bewegen, so wird man zunächst die Evolute der Cykloide bestimmen. Diese ist aber wieder eine Cykloide, der gegebenen kongruent und gegen sie wie in Fig. 220 gelegen. Befestigt man jetzt ein Pendel von der Länge $l = 4r$ in C (Fig. 220), so wird dasselbe, wenn man es in Schwingungen versetzt, ein Cykloidenpendel vorstellen, weil das am Ende des Fadens angebrachte Gewicht gezwungen ist, eine Cykloide zu beschreiben.

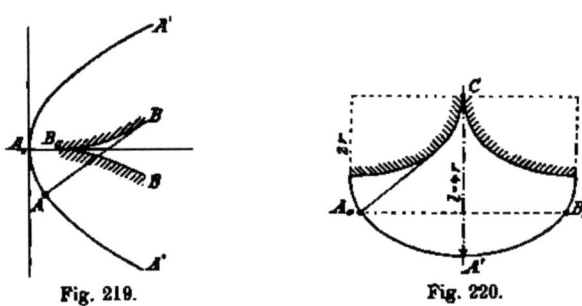

Fig. 219. Fig. 220.

Um auf der Cykloide den Weg $A_0 B_0$ (Fig. 220) zurückzulegen, braucht der materielle Punkt, wie wir gefunden haben, die Zeit

$$\tau = \pi \sqrt{\frac{4r}{g}},$$

es ist also die Schwingungsdauer des Cykloidenpendels, da bei diesem $l = 4r$

$$\tau = \pi \sqrt{\frac{l}{g}}.$$

Diese Formel giebt die Schwingungsdauer genau an, es mag sich um kleine oder grosse Schwingungsweiten handeln. Die Schwingungsdauer des Cykloidenpendels ist unabhängig von der Schwingungsweite.

Huyghens hat zuerst die Cykloide als Tautochrone erkannt und das Cykloidenpendel zur Zeitmessung angewendet. Da aber in Wirklichkeit die hier gemachten Voraussetzungen (Vernachlässigung des Tangentialwiderstandes etc) nicht genau zutreffen und demgemäss bei einem ausgeführten Cykloidenpendel der Tautochronismus doch nicht vollkommen ist, so pflegt man heutzutage ausschliesslich das einfachere Kreispendel statt des Cykloidenpendels als Regulator bei Uhren zu verwenden.

§ 35.

Beispiele von Bewegungen materieller Punkte auf vorgeschriebenen Bahnlinien bei vorhandenem Tangentialwiderstand.

222. Bewegung eines materiellen Punktes in einem vertikalen Kreis unter Einwirkung seines Eigengewichtes, des Reibungswiderstandes W'_t und eines Tangentialwiderstandes W'''_t proportional dem Quadrat der Geschwindigkeit. Es sei (Fig. 221) C der Mittelpunkt der kreisförmigen Bahn, r Halbmesser derselben, A_0 die Lage des materiellen Punktes m zur Zeit 0, A zur Zeit t, α der Winkel von CA_0 mit der Vertikalen, φ der Winkel von CA mit letzterer, v_0 Geschwindigkeit des materiellen Punktes in A_0, v Geschwindigkeit in A, μ der Reibungskoefficient. Alsdann hat man, wenn man den materiellen Punkt in der Lage A in Betracht zieht und $W'''_t = mkv^2$ setzt:

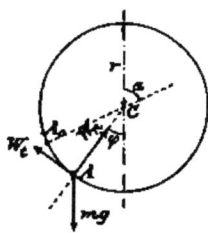

Fig. 221.

$$m \cdot \frac{dv}{dt} = mg \sin\varphi - \mu\left(mg\cos\varphi + \frac{mv^2}{r}\right) - mkv^2 \cdots (1)$$

$$v \cdot \frac{dv}{dt} \cdot \frac{dt}{ds} = g\sin\varphi - \mu g\cos\varphi - v^2\left(k + \frac{\mu}{r}\right),$$

oder wenn man $\quad k + \dfrac{\mu}{r} = k'\quad$ setzt

$$\frac{v\,dv}{ds} = g\sin\varphi - \mu g\cos\varphi - v^2 \cdot k' \cdots (2)$$

Multiplicirt man nach Vorgängen diese Gleichung mit $2e^{2k's}$, unter e die Grundzahl des natürlichen Logarithmensystems und unter s den Bogen A_0A verstanden, so ergiebt sich

$$\frac{2v\,dv}{ds} \cdot e^{2k's} = 2g\sin\varphi \cdot e^{2k's} - 2\mu g\cos\varphi \cdot e^{2k's} - 2v^2k' \cdot e^{2k's} \cdots (3)$$

Anderseits ist

$$\frac{d\left(v^2 \cdot e^{2k's}\right)}{ds} = v^2 \cdot e^{2k's} \cdot 2k' + e^{2k's} \cdot 2v \cdot \frac{dv}{ds},$$

Damit geht Gleichung (3) über in

$$\frac{d\left(v^2 \cdot e^{2k's}\right)}{ds} = 2g \sin\varphi \cdot e^{2k's} - 2\mu g \cos\varphi \cdot e^{2k's}$$

und integrirt:

$$v^2 \cdot e^{2k's} = 2g \int \sin\varphi \cdot e^{2k's} \cdot ds - 2\mu g \int \cos\varphi \cdot e^{2k's} \cdot ds + C.$$

Nun ist $\quad s = r(a - \varphi) \quad$ und $\quad ds = -rd\varphi$,

also $\quad v^2 \cdot e^{2k's} = 2g \int \left[\sin\varphi \cdot e^{2k'r(a-\varphi)} \cdot (-rd\varphi)\right] - 2\mu g \int \cos\varphi \cdot$

$$\cdot e^{2k'r(a-\varphi)} \cdot (-rd\varphi) + C$$

$$= -2gr \cdot e^{2k'ra} \int \left(\sin\varphi \cdot e^{-2k'r\varphi} \cdot d\varphi\right) + 2\mu gr \cdot e^{2k'ra} \int \cos\varphi \cdot$$

$$\cdot e^{-2k'r\varphi} \cdot d\varphi + C$$

$$= -2gr \cdot e^{2k'ra} \left[\int e^{-2k'r\varphi} \cdot \sin\varphi \, d\varphi - \mu \int e^{-2k'r\varphi} \cdot \cos\varphi \, d\varphi \right] + C,$$

oder, wenn man $-2k'r = a$ setzt:

$$v^2 \cdot e^{2k's} = -2gr \cdot e^{-a \cdot a} \left[\int e^{a\varphi} \cdot \sin\varphi \, d\varphi - \mu \int e^{a\varphi} \cdot \cos\varphi \, d\varphi \right] + C.$$

Die beiden Integrale in der Klammer lassen sich nun in endlicher Form bestimmen:

$$\int e^{a\varphi} \cdot \sin\varphi \cdot d\varphi = \frac{e^{a\varphi}(a \sin\varphi - \cos\varphi)}{1 + a^2}$$

$$\int e^{a\varphi} \cdot \cos\varphi \, d\varphi = \frac{e^{a\varphi} \cdot (\sin\varphi + a \cos\varphi)}{1 + a^2}.$$

Damit wird:

$$v^2 \cdot e^{2k's} = -2gr \cdot e^{2k'ra} \left[\frac{e^{-2k'r\varphi}(-2k'r \sin\varphi - \cos\varphi)}{1 + 4k'^2 r^2} - \right.$$

$$\left. -\mu \frac{e^{-2k'r\varphi} \cdot (\sin\varphi - 2k'r \cdot \cos\varphi)}{1 + 4k'^2 r^2}\right] + C =$$

$$= \frac{2gr \cdot e^{2k'ra}}{(1 + 4k'^2 r^2) \cdot e^{2k'r\varphi}} \left[2k'r \sin\varphi + \cos\varphi - \mu(2k'r \cos\varphi - \sin\varphi)\right] + C.$$

Da aber $\dfrac{e^{2k'ra}}{e^{2k'r\varphi}} = e^{2k'r(a-\varphi)} = e^{2k'v}$,

so wird

$$v^2 = \frac{2gr}{1 + 4k'^2r^2}\left[2k'r(\sin\varphi - \mu\cos\varphi) + \cos\varphi + \mu\sin\varphi\right] + C.$$

Für $\qquad \varphi = a$ ist $v = v_0$.

Dies giebt

$$v_0^2 = \frac{2gr}{1 + 4k'^2r^2}\left[2k'r(\sin a - \mu\cos a) + \cos a + \mu\sin a\right] + C,$$

womit:

$$v^2 - v_0^2 = \frac{2gr}{1 + 4k'^2r^2}\left[2k'r\left[\sin\varphi - \sin a - \mu(\cos\varphi - \cos a)\right] + \right.$$
$$\left. + \cos\varphi - \cos a + \mu(\sin\varphi - \sin a)\right].$$

Mittels dieser Gleichung lässt sich die Geschwindigkeit des materiellen Punktes in den verschiedenen Bahnpunkten angeben.

Will man jetzt die Geschwindigkeit eines auf starrer kreisförmiger Bahnlinie lediglich mit Reibung herabgleitenden materiellen Punktes haben, so ist in der letzten Gleichung $k' = \dfrac{\mu}{r}$ anzunehmen.

Soll dagegen für ein im widerstehenden Mittel schwingendes Pendel die Geschwindigkeit angegeben werden, so hat man in der Gleichung für v das $\mu = 0$ und $k' = k$ zu setzen, womit die erwähnte Gleichung übergeht in:

$$v^2 - v_0^2 = \frac{2gr}{1 + 4k^2r^2}\left[2kr(\sin\varphi - \sin a) + \cos\varphi - \cos a\right].$$

Wird auch noch vom Widerstand des Mittels abgesehen, so erhält man (mit $k = 0$)

$$v^2 - v_0^2 = 2gr(\cos\varphi - \cos a) = 2g(z - z_0)$$
$$v^2 = v_0^2 + 2g(z - z_0),$$

die in No. 214 gefundene Gleichung.

223. Bewegung eines materiellen Punktes in einer vertikalen Kurve unter Einwirkung seines Eigengewichtes und eines konstanten Tangentialwiderstandes W_t. Es sei A_0 (Fig. 215) die Lage des materiellen Punktes in seiner Bahn zur Zeit 0, A zur Zeit t, v_0 die Geschwindigkeit zur Zeit 0, v diejenige zur Zeit t, z die Tiefe des Punktes A unter dem Punkte A_0, dann hat man nach dem Satz von der Arbeit:

$$\frac{1}{2} m v^2 - \frac{1}{2} m v_0^2 = mgz - W_t s$$

oder

$$v^2 = v_0^2 + 2gz - 2\frac{W_t}{m} s,$$

unter s den Bogen $A_0 A$ verstanden.

Was sodann den Normaldruck N betrifft, welchen die Bahnkurve in A von Seiten des bewegten Punktes erfährt, so ist derselbe nach No. 214:

$$N = mg \cos \varphi + \frac{m v^2}{\varrho}$$

wobei φ der Winkel der Normalen in A mit der Vertikalen und ϱ der Krümmungshalbmesser der Bahnkurve in A.

224. Bewegung eines schweren materiellen Punktes in einem horizontalen Kreis unter Berücksichtigung der Reibung. Es sei der materielle Punkt zur Zeit 0 im Punkte A_0 des Kreises vom Halbmesser r, zur Zeit t in A und zur Zeit $t + dt$ im benachbarten Punkte A_1, ferner sei die Geschwindigkeit zur Zeit $0 = v_0$, zur Zeit $t = v$, zur Zeit $t + dt = v + dv$; Bogen $A_0 A = s$ und $A A_1 = ds$, W_t der Reibungswiderstand, alsdann hat man nach dem Satz von der Arbeit:

$$\frac{1}{2} m (v + dv)^2 - \frac{1}{2} m v^2 = - W_t ds = - \left[\mu \sqrt{(mg)^2 + \left(\frac{m v^2}{r}\right)^2} \right] ds,$$

woraus

$$v dv = - \frac{\mu}{r} \sqrt{(rg)^2 + v^4} \cdot ds; \quad ds = - \frac{r}{\mu} \cdot \frac{v \, dv}{\sqrt{(rg)^2 + v^4}},$$

welche Gleichung auf ein elliptisches Integral führt.

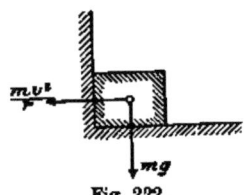

Fig. 222.

Wäre aber die Unterstützung des materiellen Punktes nach Art der Fig. 222, so könnte man setzen:

$$W_t = \mu mg + \mu \frac{m v^2}{r}$$

womit der Satz von der Arbeit liefert:

$$v dv = - \frac{r}{\mu} (rg + v^2) ds.$$

Daraus erhält man durch Integration:

$$s = - \frac{r}{\mu} \int_{v_0}^{v} \frac{v \, dv}{rg + v^2} = - \frac{r}{\mu} \left[\log \text{nat} \sqrt{rg + v^2} \right]_{v_0}^{v} =$$

$$= \frac{r}{\mu} \log \frac{\sqrt{rg + v_0^2}}{\sqrt{rg + v^2}} = \frac{r}{2\mu} \log \frac{rg + v_0^2}{rg + v^2} \qquad e^{\frac{2\mu s}{r}} = \frac{rg + v_0^2}{rg + v^2},$$

woraus $v^2 = \dfrac{r_0{}^2 + rg\left(1 - e^{\frac{2\mu s}{r}}\right)}{e^{\frac{2\mu s}{r}}}$.

Aus dieser Gleichung geht hervor, dass die Geschwindigkeit des materiellen Punktes fortwährend abnimmt, bis sie schliesslich $= 0$ wird. Im Punkt A' des Kreises sei der materielle Punkt zur Ruhe gekommen und Bogen $A_0 A' = s'$ oder $v = 0$ für $s = s'$. Damit ergiebt die Gleichung für s:

$$s' = \frac{r}{2\mu} \log\left(1 + \frac{v_0{}^2}{rg}\right).$$

Will man jetzt auch die Zeit t' haben, welche der materielle Punkt braucht, um zur Ruhe zu gelangen, so geht man von der Gleichung aus

$$m \cdot \frac{dv}{dt} = -\mu m g - \mu \frac{m v^2}{r}.$$

Diese Gleichung giebt:

$$dt = -\frac{r}{\mu} \cdot \frac{dv}{rg + v^2}$$

$$t' = -\frac{r}{\mu} \int_{v_0}^{0} \frac{dv}{rg + v^2} = +\frac{r}{\mu} \int_{0}^{v_0} \frac{dv}{rg + v^2} = \frac{r}{\mu} \frac{1}{\sqrt{rg}} \left(\text{arc tg} \cdot \frac{v}{\sqrt{rg}} \right)_0^{v_0}$$

$$t' = \frac{1}{\mu} \sqrt{\frac{r}{g}} \, \text{arc tg} \cdot \frac{r_0}{\sqrt{rg}}.$$

§ 36.

Bewegung eines materiellen Punktes auf vorgeschriebener Fläche.

225. Bewegung eines schweren materiellen Punktes auf einer schiefen Ebene. Ein schwerer, auf einer schiefen Ebene von der Horizontalneigung α befindlicher materieller Punkt m erhalte im Punkte A_0 der schiefen Ebene in dieser eine Anfangsgeschwindigkeit v_0 in einer Richtung, welche mit der Linie des grössten Falles den Winkel β bilde. Man soll unter Vernachlässigung der Reibung die Bewegung des materiellen Punktes bestimmen.

Die an dem materiellen Punkte wirkenden Kräfte sind das Eigengewicht mg und der Normalwiderstand W der festen Unterlage. Zerlegt man nun mg in die beiden Komponenten N normal zur schiefen Ebene und T in der Linie des grössten Gefälles der schiefen Ebene gelegen, wobei

$$N = mg \cdot \cos a \quad \text{und} \quad T = mg \cdot \sin a,$$

dann heben sich die Kräfte N und W auf, infolgedessen nur noch die Kraft $T = mg \sin a$ als Beschleunigungskraft übrig bleibt. Da aber diese Kraft ihre Grösse und Richtung beibehält, so hat man hier, wenn die durch A_0 gehende Linie des grössten Gefälles als x-Achse angenommen wird, den in No. 202 behandelten Fall, wobei β der Winkel der Anfangsgeschwindigkeit v_0 mit der x-Achse. Demgemäss wäre die Bewegung des materiellen Punktes auf der schiefen Ebene eine parabolische, wobei die Parabel-achse Linie des grössten Gefälles ist.

226. Bewegung eines schweren materiellen Punktes auf einer Kugeloberfläche. Wir wollen hier nur den speciellen Fall in's Auge fassen, in welchem ein im höchsten Punkte A_0 der Oberfläche einer massiven Kugel gelegener materieller Punkt eine horizontale Anfangsgeschwindigkeit v_0 erhält. Hierbei wird die Bewegung in der durch A_0 gehenden Meridianlinie $A_0 A$ erfolgen, welche sich ergiebt als Schnitt der Vertikalebene durch v_0 mit der Kugeloberfläche. Reibung soll nicht berücksichtigt werden.[1]

Wir fangen die Zeit zu zählen an in dem Augenblick, in welchem der materielle Punkt m den Punkt A_0 mit der Ge-schwindigkeit v_0 verlässt, und nehmen an, dass m sich zur Zeit t in A befinde und daselbst die Geschwindigkeit v besitze. Man hat nun wieder nach dem Satz von der Arbeit

$$\frac{1}{2} m v^2 - \frac{1}{2} m v_0^2 = mg \cdot z, \quad \text{woraus} \quad v^2 = v_0^2 + 2gz,$$

unter z die Tiefe des Punktes A unter dem Punkte A_0 verstanden.

Anderseits bestimmt sich der Gegendruck W der Unterlage aus

$$W = mg \cos \varphi - \frac{m v^2}{r}, \quad \text{(vgl. No. 216)}$$

wobei φ der Winkel der Normalen in A mit der Vertikalen.

Da im Verlauf der Bewegung des materiellen Punktes in der Meridianlinie $A_0 A$ der Winkel φ grösser, also $\cos \varphi$ kleiner, und die Tiefe z und mit ihr v grösser wird, so nimmt W immer mehr ab und wird schliesslich für einen gewissen Werth β von φ gleich Null. In diesem Fall ist

$$mg \cos \beta = \frac{m v^2}{r},$$

---

[1] Die zugehörige Figur dürfte vom Leser leicht herzustellen sein.

$$rg \cos \beta = v^2 = v_0^2 + 2gz' = v_0^2 + 2g(r - r \cos \beta),$$

woraus $\quad 3rg \cos \beta = v_0^2 + 2rg$

$$\cos \beta = \frac{v_0^2 + 2rg}{3rg}.$$

Der Ausdruck für $\cos \beta$ zeigt, da $\cos \beta$ nicht grösser als $= 1$ werden kann, dass, falls der materielle Punkt überhaupt eine Zeit lang auf der Kugeloberfläche sich bewegen soll,

$$v_0^2 + 2rg < 3rg \quad \text{oder} \quad v_0^2 < rg$$

sein muss. Wäre $v_0^2 = rg$, erhielte man $\cos \beta = 1$ und $\beta = 0$; und wenn $v_0^2 > rg$, zeigte sich $\cos \beta > 1$, was nicht sein kann. Suchen wir uns nun hierüber näheren Aufschluss zu verschaffen.

Wird ein materieller Punkt mit der Geschwindigkeit v_0 horizontal hinaus geworfen, so zeigt bei seiner Bewegung der materielle Punkt eine parabolische Bahn, und zwar ist die Gleichung der letzteren, wie sich leicht nachweisen lässt, wenn der Ausgangspunkt A_0 als Ursprung und die horizontale Richtungslinie von v_0 als x-Achse, die Vertikale durch A_0 als z-Achse angenommen wird

$$z = \frac{1}{2} g \cdot \frac{x^2}{v_0^2} \qquad\qquad x^2 = 2 \frac{v_0^2}{g} \cdot z = 2pz.$$

Für diese Parabel ist der Krümmungshalbmesser im Scheitel A_0 ausgedrückt durch

$$\varrho_0 = p = \frac{v_0^2}{g}.$$

Oben haben wir gesehen, dass der materielle Punkt nur dann eine Zeit lang auf der Kugeloberfläche sich bewegt, wenn

$$v_0^2 < rg \quad \text{oder, da} \quad v_0^2 = \varrho_0 g,$$

wenn $\qquad\qquad \varrho_0 g < rg \quad \text{oder} \quad \varrho_0 < r.$

Wäre nun $v_0 > rg$ und damit $\varrho_0 > r$, ginge die für v_0 geltende Wurfparabel einfach über die Meridianlinie $A_0 A$, also über die Kugeloberfläche hinweg, die letztere lediglich im Punkte A_0 streifend. Bei $v_0 < rg$ oder $\varrho_0 < r$ dagegen müsste die Wurfparabel in die Kugel eindringen. In diesem Fall wäre dann der materielle Punkt m thatsächlich genöthigt, sich zunächst auf der Kugeloberfläche zu bewegen.

9. Kapitel.

Relative Bewegung eines materiellen Punktes.

§ 37.

Allgemeine Erläuterungen und Sätze.

227. Allgemeine Bemerkungen betreffend die relative Bewegung. Schon in No. 140 wurde der relativen Bewegung eines materiellen Punktes Erwähnung gethan. Dort wurde gesagt, dass man unter der relativen Bewegung eines Punktes die Bewegung desselben gegen ein Koordinatensystem verstehe, das selbst eine Bewegung besitze, während man die gegenüber einem ruhenden Koordinatensystem sich ergebende Bewegung, also die wirkliche Bewegung, als absolute zu bezeichnen pflege. Demgemäss wären alle auf der Erde beobachteten Bewegungen, welche auf ein mit der Erde fest verbundenes Koordinatensystem bezogen werden, wegen der Bewegung der Erde (Umlauf der Erde um die Sonne unter gleichzeitiger Drehung um ihre Achse) als relative Bewegungen anzusehen. Indessen ist der Einfluss der Bewegung der Erde um die Sonne auf die auf der Erde stattfindenden Bewegungen nachweisbar so gering, dass er füglich für letztere ausser Acht bleiben darf, ebenso kann auch in den meisten Fällen bei den Bewegungen auf der Erde von der Umdrehung der Erde um ihre Achse abgesehen und ein mit der Erde fest verbundenes Koordinatensystem für gewöhnlich als ruhend angenommen werden.

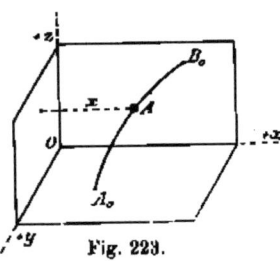

Fig. 223.

Zur Veranschaulichung der Verhältnisse bei der relativen Bewegung eines Punktes wollen wir (Fig. 223) den Boden eines auf einem Geleise befindlichen Eisenbahnwagens als xy-Ebene, eine der beiden Langwände als xz-Ebene und eine Stirnwand des Wagens als yz-Ebene eines rechtwinkligen Koordinatensystems und im Innern des Eisenbahnwagens zunächst einen bei A (Fig. 223) frei schwebenden, im Gleichgewicht befindlichen materiellen Punkt m uns vorstellen. Ist nun dieser Punkt dem Erdboden gegenüber thatsächlich in Ruhe, oder sagen wir, befindet sich derselbe in absoluter Ruhe, dagegen der Eisenbahnwagen auf geradem Geleise in Bewegung, so wird sich der Abstand des materiellen Punktes von der Stirnwand des Wagens fortwährend ändern, es wird der materielle Punkt einem im Innern des Wagens befindlichen, von der Bewegung des Wagens nichts merkenden Beobachter als in Bewegung begriffen und zwar parallel der x-Achse (Fig. 223) sich bewegend erscheinen. Die auf diese Weise sich zeigende Bewegung des materiellen Punktes ist eine relative Bewegung.

Besitzt der Eisenbahnwagen in einem gewissen Augenblick die Geschwindigkeit $u = \dfrac{dx}{dt}$ in der $+x$-Richtung, so wird der Abstand $+x$ des an der Stelle A schwebenden materiellen Punktes m von der als yz-Ebene angenommenen Stirnwand des Wagens kleiner und kleiner, es hat der thatsächlich ruhende materielle Punkt m in demselben Augenblick die Geschwindigkeit $v' = \dfrac{dx}{dt}$ gegen die yz-Ebene, also eine relative Geschwindigkeit v' im Sinne der $-x$ gerichtet.

Bewegt sich der Eisenbahnwagen beschleunigt auf dem geraden Geleise, so zeigt auch der materielle Punkt gegen die Stirnwand des Wagens eine beschleunigte geradlinige Bewegung, und es glaubt deshalb ein im Innern des Wagens befindlicher Beobachter, es wirke am materiellen Punkt eine im Sinne der $-x$ gerichtete Beschleunigungskraft, obgleich thatsächlich der materielle Punkt, wie angenommen ist, im Gleichgewicht sich befindet. Diese am materiellen Punkte scheinbar wirkende Kraft ist die relative Beschleunigungskraft, während die absolute Beschleunigungskraft im vorliegenden Falle $= 0$ ist. Bewegt sich der materielle Punkt in Wirklichkeit wie der Wagen, also parallel der x-Achse des Koordinatensystems, dann ändert derselbe seine Lage gegen den Wagen nicht, und es wird der erwähnte Beobachter den materiellen Punkt für ruhend halten. Diese Ruhe ist aber nur eine scheinbare, der materielle Punkt befindet sich nur in relativer Ruhe.

Nehmen wir jetzt an, der Eisenbahnwagen bewege sich irgendwie auf beliebig gekrümmtem Geleise, so haben wir den Fall eines beliebig sich bewegenden Koordinatensystems.

Ein Insasse des Wagens, welcher von der Bewegung des letzteren keine Kenntniss hat, beobachte einen vom Punkte A_0 des Bodens, d. i. der xy-Ebene, ausgehenden, in einem Bogen $A_0 B_0$ sich gegen die Langwand des Wagens, die xz-Ebene, bis zum Punkte B_0 derselben bewegenden materiellen Punkt von der

20*

Masse m. Die beobachtete Bahnlinie $A_0 B_0$ ist dann die relative Bahnlinie, desgleichen sind die von dem erwähnten Beobachter wahrgenommenen Geschwindigkeiten in den verschiedenen Punkten dieser Bahnlinie die betreffenden relativen Geschwindigkeiten des materiellen Punktes. Nun haben wir früher bei der absoluten Bewegung gesehen, dass aus der beobachteten Bewegung eines materiellen Punktes die Beschleunigungskraft bestimmt werden kann, welche der stattfindenden Bewegung zu Grunde liegt, ebenso dass man die Bewegung des materiellen Punktes festsetzen kann, wenn man die Lage und Geschwindigkeit des Punktes in einem Zeitpunkt kennt und die Beschleunigungskraft in jedem Augenblick anzugeben im Stande ist. Es kann daher auch der im Wagen befindliche Beobachter aus der von ihm für die wahre, die absolute Bewegung gehaltene Bewegung des materiellen Punktes in der Bahnlinie $A_0 B_0$ auf eine diese Bewegung erzeugende Beschleunigungskraft schliessen und die betreffende relative Beschleunigungskraft nach den bei der absoluten Bewegung aufgestellten Regeln aus der relativen Bewegung des materiellen Punktes ermitteln. Anderseits lässt sich aber auch, entsprechend dem Vorgeben bei der absoluten Bewegung, die relative Bewegung des materiellen Punktes bestimmen, wenn man für einen einzigen Zeitpunkt die Lage und die relative Geschwindigkeit des materiellen Punktes und für jeden Augenblick die relative Beschleunigungskraft angeben kann.

Ein weiteres Beispiel zur Aufklärung ist das folgende: Ein hohler Kreiscylinder vom lichten Durchmesser $2r$ und vertikaler Achse, unten mit einem horizontalen Boden verschlossen, drehe sich mit konstanter Winkelgeschwindigkeit ω um seine Achse. Im Innern des Cylinders befinde sich im Abstande a von der Achse und in der Höhe h über dem Boden ein absolut ruhender materieller Punkt. Dieser materielle Punkt wird einem auf dem Boden des Cylinders stehenden und unbewusst an der Drehung des Cylinders theilnehmenden Beobachter als sich bewegend erscheinen, da die Lage des materiellen Punktes gegen den Beobachter sich fortwährend ändert. Der Beobachter sieht den materiellen Punkt in einem horizontalen Kreis vom Halbmesser a mit der konstanten Geschwindigkeit $v' = a\omega$ sich um die Cylinderachse bewegen und ist daher veranlasst, den freien materiellen Punkt als angegriffen von einer stets gegen den Kreismittelpunkt gerichteten Kraft von der Grösse $ma\omega^2 = \dfrac{m v'^2}{a}$ zu halten. In Wirklichkeit befindet sich aber der materielle Punkt in Ruhe und von keiner Kraft angegriffen. Die beobachtete Bewegung ist wiederum eine relative Bewegung und die Kraft $\dfrac{mv'^2}{a}$ die relative Beschleunigungskraft.

226. Beziehung zwischen der absoluten und relativen Geschwindigkeit. Es sei wieder A_0B_0 (Fig. 224) die relative Bahnlinie des materiellen Punktes, welche wir, da sie ihre Lage gegen das bewegte Koordinatensystem nicht ändert, mit letzterem fest verbunden und sich mit ihm bewegend uns denken können. Im

Punkte A dieser Bahnlinie A_0B_0 befinde sich zur Zeit t der materielle Punkt m. Nach Verfluss von dt Sekunden sei $A'_0B'_0$ die Lage der Bahnlinie im Raume und A' die Lage des Bahnpunktes A. Wäre nun der materielle Punkt an das bewegte Koordinatensystem befestigt und demgemäss von diesem mitgenommen, geführt, so

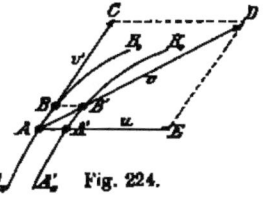

Fig. 224.

würde derselbe damit eine gewisse Bewegung, welche wir Führungsbewegung nennen, ausführen, und hierbei in dt Sekunden von A nach A' gelangen. Als Geschwindigkeit bei dieser Bewegung, d. h. als sogenannte Führungsgeschwindigkeit ergäbe sich dann:

$$u = \frac{A\,A'}{\cdots}$$

Während der Bahnpunkt A in dt Sekunden von A nach A' versetzt wird, legt gleichzeitig der frei ematerielle Punkt bei seiner relativen Bewegung auf A_0B_0 die Wegstrecke $AB = v' \cdot dt$ zurück, unter v' die relative Geschwindigkeit des materiellen Punktes verstanden. Man erhält daher die wirkliche Lage B' des materiellen Punktes zur Zeit $t+dt$, wenn man von A' aus auf $A'_0B'_0$ das Stück $A'B' = AB = v' \cdot dt$ abträgt. Es bezeichnet dann auch AB' die vom materiellen Punkt thatsächlich in dt Sekunden beschriebene Wegstrecke, woraus für die absolute Geschwindigkeit v des materiellen Punktes folgt:

$$v = \frac{AB'}{dt}$$

Die Richtung $A'B'$ kann sich von der Richtung AB nur um einen unendlich kleinen Winkel unterscheiden, es giebt daher die Richtung $A'B'$ auch noch die Richtung der relativen Geschwindigkeit v' an, wie AB. Verlängert man nun die unendlich kleinen Strecken AB, AB' und AA' über die Punkte B beziehungsweise B' und A'

hinaus und trägt auf den betreffenden Geraden von A aus die Strecken $AC = v'$, $AD = v$ und $AE = u$, und zieht CD und DE, so ergiebt sich zunächst, da

$$AD = v = \frac{AB'}{dt} \quad \text{und} \quad AE = u = \frac{AA'}{dt},$$

ED parallel $A'B'$, also auch parallel AC, und ebenso

$$ED = \frac{A'B'}{dt} = v' = AC.$$

Es ist daher $ACDE$ ein Parallelogramm und damit der Satz erwiesen:

Die absolute Geschwindigkeit eines Punktes A ist in jedem Augenblick nach Grösse und Richtung ausgedrückt durch die Diagonale eines Parallelogramms, dessen von A ausgehende Seiten die relative Geschwindigkeit und die Führungsgeschwindigkeit des Punktes A vorstellen.

In No. 141 haben wir gesehen, dass sich Geschwindigkeiten wie Kräfte zusammensetzen lassen, man kann deshalb auch sagen:

Die absolute Geschwindigkeit ist die Resultante aus der relativen Geschwindigkeit und der Führungsgeschwindigkeit.

Daraus geht dann weiter hervor, dass die relative Geschwindigkeit erhalten wird, wenn man zu der absoluten Geschwindigkeit noch die entgegengesetzte Führungsgeschwindigkeit hinzufügt und diese beiden Geschwindigkeiten zu einer Resultanten vereinigt.

229. Anwendungen dieses Satzes. Es soll ein Kahn von dem Punkte A (Fig. 225) des Ufers eines Flusses zu dem Punkte B am jenseitigen Ufer in gerader Linie und mit gegebener konstanter Geschwindigkeit v übergeführt werden. In welcher Richtung ist der Kahn zu rudern, wenn die Wassergeschwindigkeit $= c$?

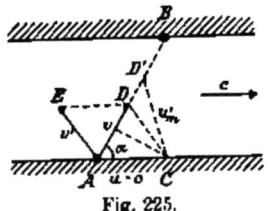
Fig. 225.

Ueberlässt man den Kahn sich selbst, so wird er, vom Wasser fortgenommen, eine Geschwindigkeit gleich der Wassergeschwindigkeit c erhalten. Es ist also die Führungsgeschwindigkeit u des Kahnes

$$u = c.$$

Soll jetzt die absolute Geschwindigkeit v in der Richtung AB erzielt werden, so muss man dem Kahn durch Rudern noch eine gewisse Geschwindigkeit v' ertheilen, damit diese mit u zusammengesetzt, die verlangte absolute Geschwindigkeit v liefert. Um nun v' zu erhalten, trägt man in Fig. 225 AC ab $= c$; $AD = v$ und vollendet das Parallelogramm $ACDE$, dann ist die gesuchte Geschwindigkeit v' nach Grösse und Richtung ausgedrückt durch AE. In eben dieser Richtung AE muss der Kahn fortwährend gerudert werden, wenn er in Wirklichkeit in der Geraden AB mit der Geschwindigkeit v sich bewegen soll.

Nehmen wir jetzt an, es sei v'_m die grösste durch Rudern überhaupt erzielbare Geschwindigkeit des Kahnes, so erhält man die grösstmögliche Ueberfahrtsgeschwindigkeit v_m und damit die kürzeste Ueberfahrtszeit, indem man aus C mit v'_m einen Kreis beschreibt und den Durchschnittspunkt D' desselben mit der Geraden AB bestimmt; durch AD' ist dann v_m ausgedrückt. Nunmehr erkennt man aber leicht, dass nur in dem Falle ein Schnittpunkt D' sich ergiebt und demgemäss ein Ueberführen des Kahnes sich ermöglichen lässt, wenn

$$v'_m > c \cdot \sin a \qquad c < \frac{v'_m}{\sin a}.$$

Eine andere Anwendung des oben gefundenen Satzes ist die folgende:

Es sei bei einem Wasserrad (Fig. 226) AB_1 eine feststehende Leitschaufel und $B_1 B_2$ eine sich bewegende Radschaufel, v_1 die Geschwindigkeit, mit welcher ein an der Leitschaufel AB_1 herabgleitendes Wassertheilchen die letztere verlässt, c_1 die Geschwindigkeit des Punktes B_1 der Radschaufel und v'_1 die relative Geschwindigkeit des Wassertheilchens bei B_1 gegen die Radschaufel $B_1 B_2$, endlich v'_2 die relative Geschwindigkeit bei B_2 und c_2 die Geschwindigkeit von B_2.

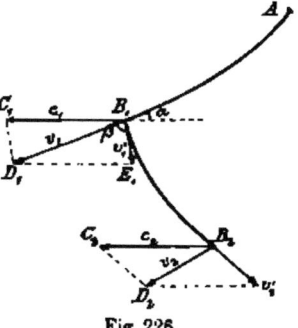

Fig. 226.

Soll nun ein stossfreier Eintritt des Wassers in das sich bewegende Rad erfolgen, so muss die Tangente in B_1 an die Radschaufel $B_1 B_2$ parallel sein der Seite $C_1 D_1$ des durch Auftragen von $B_1 C_1 = c_1$ und von $B_1 D_1 = v_1$ erhaltenen Dreiecks $B_1 C_1 D_1$. Ist diese Bedingung erfüllt, so ergiebt sich die relative Geschwindigkeit v'_1 ausgedrückt nach Grösse und Richtung durch die Seite $B_1 E_1$ des Parallelogramms $B_1 C_1 D_1 E_1$.

Will man jetzt auch wissen, welche absolute Geschwindigkeit v_2 das Wassertheilchen in dem Augenblick besitzt, in welchem es die Radschaufel $B_1 B_2$ bei B_2 verlässt, so hat man nur aus v'_2 und c_2 ein Parallelogramm zu konstruiren; die von B_2 ausgehende Diagonale giebt dann die Resultante von v'_2 und c_2, d. h. die gesuchte absolute Geschwindigkeit v_2 an.

§ 38.

Relative Bewegung eines materiellen Punktes bei einer Translation des Koordinatensystems.

280. Allgemeine Bemerkungen. Wenn das Koordinatensystem, auf welches die relative Bewegung eines materiellen Punktes bezogen werden soll, sich so bewegt, dass der Ursprung O desselben irgend welche Linie im Raume beschreibt und hierbei die Koordinatenachsen sich stets parallel bleiben, so sagt man, das Koordinatensystem führe eine fortschreitende oder Translationsbewegung oder kurz, eine Translation aus. Des weiteren verstehen wir unter der Elementarbewegung des Koordinatensystems die von letzterem in dem Zeitelement dt ausgeführte Bewegung und fassen die in einem endlichen Zeitraum t vor sich gehende Bewegung des Systems wieder als die Aufeinanderfolge von einzelnen Elementarbewegungen auf.

Beschreibt bei einer Translation des Koordinatensystems der Ursprung O in dt Sekunden eine Wegstrecke $OO' = ds$, so legt auch jeder mit dem Koordinatensystem fest verbundene Punkt in der gleichen Zeit eine Wegstrecke gleich und parallel OO' zurück. Ist nun $A_0 B_0$ die mit dem Koordinatensystem fest verbunden gedachte relative Bahnlinie des materiellen Punktes, so wird diese bei der Translation des Koordinatensystems parallel mit sich selbst weiter bewegt.

Kennt man die relative Geschwindigkeit des materiellen Punktes in einem bestimmten Zeitpunkt und kann man die relative Beschleunigungskraft zu jeder Zeit angeben, dann lässt sich, worauf schon weiter oben aufmerksam gemacht wurde, die relative Bewegung des materiellen Punktes ebensogut festsetzen, wie unter denselben Umständen die absolute Bewegung. Auf welche Weise nun die relative Geschwindigkeit sich aus der absoluten und aus der Führungsgeschwindigkeit ergiebt, das wurde im vorhergehenden Paragraphen gezeigt; es bleibt also nur noch übrig, die relative Beschleunigungskraft bei einer Translation des Koordinatensystems zu ermitteln.

281. Bestimmung der relativen Beschleunigungskraft.[1] Es sei in Fig. 227 A die absolute Lage des materiellen Punktes m zur Zeit t; v die absolute Geschwindigkeit desselben; $A_0 B_0$ die Lage der relativen Bahnlinie und v' die relative Geschwindigkeit des materiellen Punktes zur selben Zeit. Nach Verfluss von dt Sekunden befinde sich die relative Bahnlinie in der parallelen Lage $A'_0 B'_0$ und der Bahnpunkt A auf ihr in A'.

Wäre der materielle Punkt in A an das Koordinatensystem befestigt und daher von letzterem „geführt", so käme er in dt Sekunden auf dem Bogenelement AA' nach A'. Bezeichnet man die Geschwindigkeit des in A an das Koordinatensystem befestigten materiellen Punktes, d. h. dessen „Führungsgeschwindigkeit" zur Zeit t, mit u, zieht in A die Tangente AD an den Bogen AA', trägt auf AD das Stück $AD = u \cdot dt$ ab, so deutet D den Punkt des Raumes an, in welchen ein freier mit der Geschwindigkeit u in A versehener materieller Punkt gelangte,

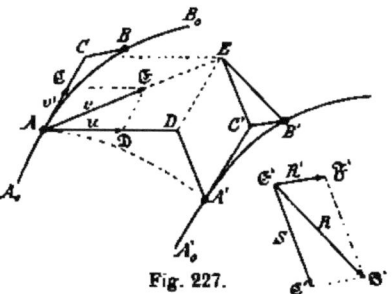
Fig. 227.

wenn auf letzteren gar keine Kraft einwirkte. Der in A befestigte materielle Punkt m kommt aber in der Zeit dt nach A', somit ist DA' die Deviation des materiellen Punktes m infolge Einwirkung der sogenannten Führungskraft, d. h. derjenigen Beschleunigungskraft, welche einem freien, mit der Anfangsgeschwindigkeit u versehenen materiellen Punkt m eine Bewegung erteilt, die übereinstimmt mit der Bewegung des gebundenen materiellen Punktes m längs AA', oder mit der sogenannten Führungsbewegung des materiellen Punktes. Ist S diese Führungskraft, so muss dieselbe in der Richtung DA' wirken. Ihre Grösse ergiebt sich aus

$$DA' = \frac{1}{2}\frac{S}{m} \cdot dt^2 \quad \text{oder} \quad S = \frac{2m}{dt^2} \cdot (DA') = n \cdot (DA').$$

Betrachten wir jetzt die relative Bewegung des materiellen Punktes in der Bahnlinie $A_0 B_0$. Vermöge seiner relativen Geschwindigkeit v' allein gelangte der materielle Punkt in dt Sekun-

---

[1] Verfahren von Coriolis.

den von A zu dem Punkte C der Tangente AC, wobei $AC = v' \cdot dt$, in Wirklichkeit legt aber der materielle Punkt auf seiner relativen Bahnlinie in dt Sekunden das Wegelement AB zurück, es bezeichnet daher CB die Deviation des materiellen Punktes infolge Einwirkung der relativen Beschleunigungskraft R', welch letztere damit die Richtung CB besitzen muss. Des weiteren hat man

$$CB = \frac{1}{2} \frac{R'}{m} \cdot dt^2 \quad \text{oder} \quad R' = \frac{2m}{dt^2} \cdot (CB) = n \cdot (CB).$$

Zur Zeit t besitzt der materielle Punkt in A die absolute Geschwindigkeit v, die relative Geschwindigkeit v' und die Führungsgeschwindigkeit u; nach No. 228 ist aber v die Resultante von v' und u, es ist also v die Diagonale $A\mathfrak{C}$ des aus $A\mathfrak{D} = u$ und $A\mathfrak{C} = v'$ konstruirten Parallelogramms $A\mathfrak{C}\mathfrak{C}\mathfrak{D}$. Macht man nun $A\mathfrak{C}$ und $A\mathfrak{D}$ dt mal grösser, so erhält man das Parallelogramm $ACED$ ähnlich dem Parallelogramm $A\mathfrak{C}\mathfrak{C}\mathfrak{D}$ mit der auf die Richtungslinie von v fallenden Diagonalen $AE = v \cdot dt$. Es bezeichnet somit E den Ort, in welchen der mit der absoluten Geschwindigkeit v versehene freie materielle Punkt m von A aus in dt Sekunden gelangte, wenn auf denselben keine Kraft einwirken würde. Thatsächlich kommt aber der materielle Punkt in dt Sekunden aus der absoluten Lage A in die Lage B', daher ist EB' die Deviation des materiellen Punktes infolge Einwirkung der absoluten Beschleunigungskraft R, d. h. der Resultanten sämmtlicher am materiellen Punkte thatsächlich wirkenden Kräfte. EB' giebt demnach die Richtung von R an, auch hat man

$$EB' = \frac{1}{2} \frac{R}{m} dt^2, \quad \text{woraus} \quad R = \frac{2m}{dt^2} \cdot (EB') = n \cdot (EB').$$

Zieht man jetzt durch die Punkte E und B' des Raumes die Parallelen EC' und $B'C'$ mit DA' beziehungsweise BC, so müssen sich diese Parallelen, wie man leicht erkennt, in einem Punkte C' schneiden, auch ist $EC' = DA'$ und $B'C' = BC$.

Macht man die Seiten des Dreiecks $EC'B'$ n mal grösser, so erhält man ein ähnliches Dreieck $\mathfrak{C}'\mathfrak{C}'\mathfrak{B}'$ und schliesslich durch Ziehen von $\mathfrak{C}'\mathfrak{F}' \| \mathfrak{C}'\mathfrak{B}'$ und $\mathfrak{B}'\mathfrak{F}' \| \mathfrak{C}'\mathfrak{C}'$ ein Parallelogramm $\mathfrak{C}'\mathfrak{F}'\mathfrak{B}'\mathfrak{C}'$, in welchem

$$\mathfrak{C}'\mathfrak{F}' = \mathfrak{C}'\mathfrak{B}' = n \cdot C'B' = n \cdot CB = R'$$
$$\mathfrak{C}'\mathfrak{C}' = n \cdot EC' = n \cdot DA' = S$$
$$\mathfrak{C}'\mathfrak{B}' = n \cdot EB' = R.$$

Dies berücksichtigend und auch die Richtungen der absoluten Beschleunigungskraft R, sowie der relativen Beschleunigungskraft

R' und der Führungskraft S beachtend, kann nunmehr der wichtige Satz ausgesprochen werden:

Es ist bei einer Translation des Koordinatensystems die absolute Beschleunigungskraft die Resultante aus der relativen Beschleunigungskraft und der Führungskraft; oder auch:

Es ist bei einer Translation des Koordinatensystems die relative Beschleunigungskraft die Resultante aus der absoluten Beschleunigungskraft und der entgegengesetzten Führungskraft.

Will man also zu irgend einer Zeit t die relative Beschleunigungskraft haben, so braucht man bloss zu den am materiellen Punkte thatsächlich wirkenden Kräften, deren Resultante ja die absolute Beschleunigungskraft ist, die entgegengesetzte Führungskraft als eine Ergänzungskraft hinzuzufügen und die Gesammtresultante zu bestimmen; letztere ist dann die gesuchte relative Beschleunigungskraft.

Bezüglich der Führungskraft des materiellen Punktes möge man sich, wiederholt sei es gesagt, merken, dass sie erhalten wird, indem man sich den materiellen Punkt m an das bewegte Koordinatensystem befestigt denkt, die Bewegung dieses gebundenen oder geführten Punktes m oder die sogenannte Führungsbewegung des materiellen Punktes m festsetzt und die Beschleunigungskraft bestimmt, welche einem freien materiellen Punkt von der gleichen Masse m eine Bewegung ertheilt, die übereinstimmt mit der Führungsbewegung von m; die gefundene Beschleunigungskraft ist die gesuchte Führungskraft.

§ 39.

Anwendungen.

262. Aufgabe. Ein Fahrstuhl werde mit der konstanten Beschleunigung p vertikal aufwärts bewegt. Auf seinem horizontalen Boden ruht ein Körper vom Gewichte mg. Wie gross ist der Druck dieses Körpers auf den Boden?

Ein mit dem Fahrstuhl fest verbundenes Koordinatensystem führt bei der Bewegung des Fahrstuhles eine Translationsbewegung aus, es kommen daher hier die in § 38 aufgestellten Regeln zur Anwendung. Danach kann man von der Bewegung des Fahrstuhles und des Koordinatensystems absehen und die Ruhe des Körpers oder materiellen Punktes m auf seiner Unterlage als eine

absolute betrachten, wenn man am materiellen Punkt noch eine
Ergänzungskraft K_1 anbringt, gleich und direkt entgegengesetzt
seiner Führungskraft. Der Fahrstuhl bewegt sich mit der Beschleunigung p vertikal aufwärts und mit ihm der an den Boden befestigt gedachte materielle Punkt m. Es ist daher die Beschleunigungskraft des letzteren $= mp$ vertikal aufwärts gerichtet und
die Ergänzungskraft $K_1 = mp$ vertikal abwärts. Demgemäss wird
der Körper mit der Kraft

$$N = mg + mp = m(g + p)$$

auf den Boden des Fahrstuhles aufgedrückt.

Wollte man den Körper während der beschleunigten Fahrt
auf dem Boden verschieben, wäre der zu überwindende Reibungswiderstand

$$\mu N = \mu m (g + p)$$

grösser, als wenn der Fahrstuhl in Ruhe oder in gleichförmiger
Bewegung sich befände. Man hätte in diesen beiden Fällen

$$p = 0 \quad \text{und damit} \quad N = mg; \quad \mu N = \mu mg.$$

Würde der Fahrstuhl mit der Beschleunigung $p < g$ vertikal
abwärts bewegt werden, wäre $K_1 = mp$ vertikal aufwärts gerichtet
und daher

$$N = mg - mp = m(g - p).$$

Für $p = g$ erhielte man $N = 0$ und für $p > g$ N negativ,
d. h. es müsste auf den Körper, um denselben auf dem Boden
zurückzuhalten, ein abwärts gerichteter Zug N ausgeübt werden.

288. Aufgabe. Eine halbkugelförmig ausgehöhlte Schale werde
ohne Drehung mit der konstanten Beschleunigung p vertikal aufwärts bewegt (Translationsbewegung). In einem gewissen Augen-

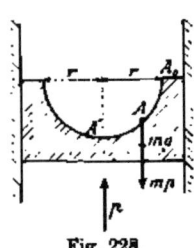

Fig. 228.

blick, von dem an wir die Zeit zu zählen
anfangen wollen, also zur Zeit 0, befinde sich
auf der halbkugelförmigen Innenfläche der
Schale im Punkte A_0 des horizontalen Randes
der Schale ein beweglicher, schwerer materieller Punkt m (Fig. 228). Dieser materielle
Punkt, zur Zeit 0 in absoluter Ruhe, wird
infolge der Einwirkung seines Eigengewichtes
und der Aufwärtsbewegung der Schale auf
der Innenfläche der letzteren eine relative
Bewegung gegen die Schale ausführen, welche

Bewegung auf dem vertikalen Meridiankreis erfolgt, der durch
A_0 und den tiefsten Punkt A' der Kugelfläche hindurchgeht.

Welches ist die relative Geschwindigkeit v' des materiellen Punktes in A'?

Ist u_0 zur Zeit 0 die Geschwindigkeit der Schale bei ihrer Aufwärtsbewegung, so ist auch die Führungsgeschwindigkeit des materiellen Punktes zur Zeit 0 gleich u_0. Da aber die absolute Geschwindigkeit die Resultante aus Führungsgeschwindigkeit und relativer Geschwindigkeit, und zur Zeit 0 die absolute Geschwindigkeit des materiellen Punktes $= 0$ ist, so ergiebt sich die relative Geschwindigkeit des materiellen Punktes zur Zeit 0 gleich und direkt entgegengesetzt der Führungsgeschwindigkeit, also $v'_0 = u_0$ vertikal abwärts gerichtet.

Nach t Sekunden sei der materielle Punkt im Punkte A seiner relativen Bahnlinie angelangt. Um nun die Ergänzungskraft K_1 zur Zeit t zu erhalten, denken wir uns den materiellen Punkt zur Zeit t, also in der Lage A, an seine Unterlage befestigt. Man hat dann als Führungskraft des materiellen Punktes die Kraft mp vertikal aufwärts gerichtet und damit die Ergänzungskraft

$$K_1 = mp$$

vertikal abwärts gerichtet. Wir können daher von der Bewegung der Schale absehen und die Bewegung des materiellen Punktes auf der Innenfläche der Schale wie eine absolute behandeln, wenn wir annehmen, dass der materielle Punkt mit der relativen, vertikal abwärts gerichteten Anfangsgeschwindigkeit $v'_0 = u_0$ den Punkt A_0 verlasse und bei seiner Bewegung auf dem Kreisbogen $A_0 A'$ von der vertikal abwärts gerichteten Kraft

$$K_1 + mg = mp + mg = m(p + g)$$

angegriffen werde.

Zur Bestimmung der relativen Geschwindigkeit v', welche der materielle Punkt im tiefsten Punkte A' seiner Bahn erreicht, wendet man zweckmässiger Weise den Satz von der Arbeit an. Derselbe liefert:

$$\frac{1}{2} m v'^2 - \frac{1}{2} m v'^2_0 = m(p + g) \cdot r,$$

woraus sich v' berechnen lässt.

284. Aufgabe. Ein schief abgeschnittener, zwischen horizontalen Führungen beweglicher prismatischer Körper (Fig. 229) werde in der angedeuteten Richtung mit der konstanten Beschleunigung p bewegt. Auf der unter dem Winkel α gegen den Horizont geneigten schiefen ebenen Endfläche, deren Horizontalspur senkrecht auf der Translationsrichtung des Körpers stehe, befinde sich in A_0 ein schwerer materieller Punkt m, welcher ohne relative Anfangsgeschwindigkeit sich infolge der Einwirkung seines Eigengewichtes mg und der beschleunigten Bewegung seiner Unterlage von A_0 aus in Bewegung setze. Welches ist die relative Bewegung des materiellen Punktes auf der schiefen Ebene?

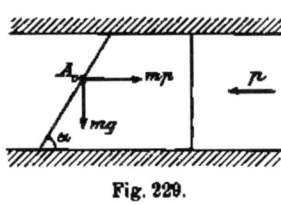

Fig. 229.

Wir können wieder die relative Bewegung des materiellen Punktes wie eine absolute behandeln, wenn wir zu den thatsächlich am materiellen Punkte wirkenden Kräften noch die Ergänzungskraft K_1 gleich und entgegengesetzt der Führungskraft des materiellen Punktes hinzufügen. Letztere ist aber konstant $= mp$, horizontal und im Sinne der Bewegung der Unterlage des materiellen Punktes gerichtet, daher $K_1 = mp$, im entgegengesetztem Sinne wirkend.

Die beiden Kräfte K_1 und mg bewirken, da der Voraussetzung nach die Anfangsgeschwindigkeit des materiellen Punktes $= 0$, eine Bewegung des letzteren in der Linie des grössten Gefälles der schiefen Ebene. Dabei ist die relative Beschleunigungskraft, wenn von der Reibung abgesehen wird:

$$R' = mg \sin a - mp \cos a = m (g \sin a - p \cos a).$$

Ist $p \cos a < g \sin a$ oder $p < g \, \mathrm{tg} \, a$, so wirkt R' in der Linie des grössten Gefälles abwärts, und wenn $p > g \, \mathrm{tg} \, a$, aufwärts. Ersterenfalls ergiebt sich eine gleichförmig beschleunigte Bewegung des materiellen Punktes abwärts, letzterenfalls aufwärts. Wäre $p = g \, \mathrm{tg} \, a$, so bliebe der materielle Punkt auf der schiefen Ebene in Ruhe.

235. Aufgabe. Es sei $A_0 A$ (Fig. 230) die in der vertikalen Bildebene gelegene Achse einer geraden engen Röhre. Diese Röhre werde in der Bildebene mit der konstanten Beschleunigung p in horizontaler Richtung parallel mit sich selbst bewegt, wobei v_0 die Translationsgeschwindigkeit der Röhre zur Zeit 0 sei. Es fragt sich nun:

1. Welche absolute Geschwindigkeit v_0 muss man einer kleinen Kugel bei A_0 ertheilen, wenn diese Kugel zur Zeit 0 bei A_0 ohne Stoss in die Röhre eintreten und gegen letztere die bestimmte relative Anfangsgeschwindigkeit v'_0 zeigen soll?

2. Wie gross ist die absolute Geschwindigkeit v der Kugel in dem Augenblick, in welchem sie bei A die Röhre verlässt?

Um die erste Frage zu beantworten, setzt man einfach die verlangte relative Anfangsgeschwindigkeit v'_0 mit der Führungsgeschwindigkeit u_0 der Kugel in A_0 zu einer Resultanten zusammen, dann ist letztere die gesuchte absolute Geschwindigkeit v_0.

Zur Beantwortung der zweiten Frage hat man zunächst die relative Geschwindigkeit v' der Kugel in der Röhre bei A zu ermitteln.

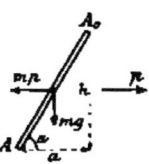

Fig. 230.

Zu diesem Zwecke wendet man den Satz von der Arbeit an. Die hierbei in Betracht kommenden Kräfte sind, wenn man bei der Bewegung der Kugel in der Röhre von einem Tangentialwiderstand absieht: das Eigengewicht mg der Kugel und die Ergänzungskraft $K_1 = mp$ horizontal und der Translationsrichtung der Röhre entgegengesetzt. Damit erhält man

$$\frac{1}{2} m v'^2 - \frac{1}{2} m v'^2_0 = mg \cdot h + mp \cdot a,$$

woraus v' bestimmt werden kann.

Die Kugel sei in t Sekunden von A_0 nach A gelangt, man hat dann zur Bestimmung von t, da die Bewegung von A_0 bis A wegen der konstanten relativen Beschleunigungskraft

$$R' = mg \cdot \sin a + mp \cos a$$

eine gleichförmig beschleunigte ist

$$A_0 A = s = \frac{1}{2} \frac{R'}{m} \cdot t^2, \quad \text{woraus} \quad t = \sqrt{\frac{2s}{g \sin a + p \cos a}}$$

In diesen t Sekunden sei die Translationsgeschwindigkeit der Röhre $= u$ geworden. Da nun

$$p = \frac{du}{dt},$$

so ergiebt sich

$$u = pt + C = pt + u_0 = u_0 + p \sqrt{\frac{2s}{g \sin a + p \cos a}}$$

Will man jetzt die absolute Geschwindigkeit v der Kugel in A erhalten, so hat man nur die relative Austrittsgeschwindigkeit v' der Kugel mit der Führungsgeschwindigkeit u der Kugel in A zu einer Resultanten zusammenzusetzen. Letztere ist dann $= v$.

286. Aufgabe. Zwei freie materielle Punkte m_1 und m_2 ziehen sich gegenseitig an nach dem Newton'schen Gravitationsgesetz mit einer Kraft

$$S = \frac{\varkappa \cdot m_1 \, m_2}{r^2},$$

wobei r die jeweilige Entfernung der beiden Punkte von einander und $\varkappa$ die „Gravitationskonstante" bedeutet. Man soll die relative Bewegung des materiellen Punktes m_2 gegen den Punkt m_1 bestimmen.

Wir nehmen ein rechtwinkliges Koordinatensystem an, dessen Ursprung stets im materiellen Punkt m_1 liegt, sich also mit diesem bewegt und dessen Achsen sich immer parallel bleiben. Die Bewegung des materiellen Punktes m_2 gegen dieses Koordinatensystem liefert dann auch die gesuchte relative Bewegung. Um nun die relative Bewegung des materiellen Punktes m_2 wie eine absolute behandeln zu dürfen, haben wir an m_2 zu der thatsächlich an m_2 wirkenden, gegen m_1 gerichteten Anziehungskraft $S = \frac{\varkappa m_1 m_2}{r^2}$ noch eine Ergänzungskraft K_1 anzubringen, welche der Führungskraft des materiellen Punktes m_2 gleich und direkt entgegengesetzt ist. Die letztere ist aber $= m_2 p_1$, wenn p_1 die Beschleunigung der Translation des Koordinatensystems in dem betreffenden Augenblick, also die Beschleunigung des Ursprunges oder auch des im Ursprung befindlichen materiellen Punktes m_1 bedeutet. Diese Beschleunigung p_1 des letzteren ist aber ausgedrückt durch $\frac{S}{m_1} = \frac{\varkappa m_2}{r^2}$ und gegen den materiellen Punkt m_2 gerichtet. Daher ergiebt sich

$$K_1 = m_2 \cdot p_1 = m_2 \cdot \frac{\varkappa \cdot m_2}{r^2}$$

gegen m_1 gerichtet, und als relative Beschleunigungskraft R'_2 des materiellen Punktes m_2

$$R'_2 = S + K_1 = \frac{\varkappa \cdot m_2}{r^2} (m_1 + m_2)$$

in der Richtung von m_2 gegen m_1 wirkend. Die relative Bewegung des materiellen Punktes m_2 gegen den materiellen Punkt m_1 erfolgt also genau so, wie wenn der den materiellen Punkt m_2 anziehende Punkt ruhend wäre, aber die Masse $m_1 + m_2$ hätte. Des weiteren erkennen wir, dass die relative Bewegung des materiellen Punktes m_2, da die relative Beschleunigungskraft desselben stets gegen den Koordinatenursprung gerichtet ist, in einer Centralbewegung besteht.

§ 40.

Relative Bewegung eines materiellen Punktes bei einer Drehung des Koordinatensystems.

287. Allgemeine Bemerkungen. Handelt es sich um die relative Bewegung eines materiellen Punktes gegen einen um eine feste Achse rotirenden Körper, so werden wir die Drehachse des Körpers als z-Achse eines mit dem Körper fest verbundenen rechtwinkligen Koordinatensystems ansehen und auf dieses die relative Bewegung des materiellen Punktes beziehen.

Denken wir uns die relative Bahnlinie des materiellen Punktes als starre Linie verbunden mit dem bewegten Koordinatensystem, also sich drehend um die z-Achse, während der materielle Punkt auf der genannten Bahnlinie seine relative Bewegung als eine zwangläufige Bewegung ausführt, so wird der materielle Punkt auch auf diese Weise seine absolute Bewegung bewerkstelligen.

Soll jetzt wieder die relative Bewegung des materiellen Punktes bestimmt werden, wenn seine absolute Bewegung und die Bewegung des Koordinatensystems bekannt ist, so muss einerseits die relative Anfangsgeschwindigkeit v'_0 und anderseits die relative Beschleunigungskraft R' festgesetzt werden. Was die erstere anbelangt, so ergiebt sie sich als Resultante aus der absoluten Geschwindigkeit und der entgegengesetzten Führungsgeschwindigkeit des materiellen Punktes in dem betreffenden Augenblick. Bezüglich der relativen Beschleunigungskraft dagegen muss in besonderer Weise vorgegangen werden.

288. Bestimmung der relativen Beschleunigungskraft.[1]) Es sei:

A (Fig. 231) die absolute Lage des materiellen Punktes m zur Zeit t,

AB die Lage der starr gedachten relativen Bahnlinie des materiellen Punktes zu derselben Zeit t.

Während nun der materielle Punkt in seiner relativen Bahnlinie in dt Sekunden den Bogen AB zurücklegt, kommt die relative Bahnlinie selbst infolge der Drehung um die z-Achse des Koordinatensystems in die Lage $A_1 B_1$, wobei der Punkt A den

$$\text{Kreisbogen} \quad AA_1 = (OA) \cdot d\varphi = (OA) \cdot \frac{d\varphi}{dt} \cdot dt = (OA)\,\omega\,dt$$

beschreibt. Ist daher Bogen $A_1 B_1 =$ Bogen AB, so giebt der Punkt B_1 die absolute Lage des materiellen Punktes m nach dt Sekunden an.

---

[1]) Verfahren von Coriolis.

Bezeichnet man die relative Geschwindigkeit des materiellen Punktes in A, also zur Zeit t, mit v' und trägt auf der in A an den Bogen AB gezogenen Tangente von A aus die Strecke $AC = v' \cdot dt$ ab, so ist CB die Deviation des materiellen Punktes m infolge der Einwirkung der relativen Beschleunigungskraft R' und daher

$$CB = \frac{1}{2}\frac{R'}{m}\cdot dt^2.$$

Ebenso giebt die Richtung CB die Richtung der Kraft R' an.

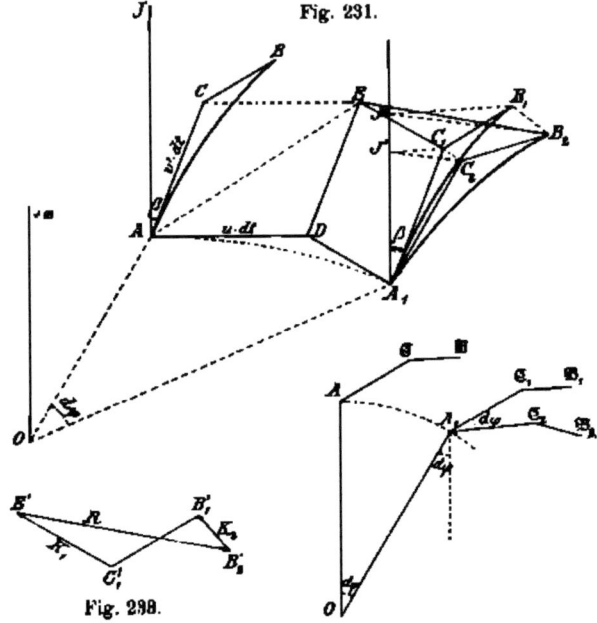

Fig. 231.

Fig. 233.

Um die absolute Geschwindigkeit v des materiellen Punktes in A zu erhalten, hat man nur die relative Geschwindigkeit v' desselben mit seiner Führungsgeschwindigkeit $u = (OA)\omega$ zusammenzusetzen. Trägt man nun auf der Tangente an den vom Punkt A beschriebenen Kreisbogen AA_1 von A aus das Stück AD ab $= u \cdot dt = (OA)\omega \cdot dt$ und vollendet das Parallelogramm $DACE$, so giebt der Eckpunkt E dieses Parallelogramms den Punkt im Raume an, wohin der freie materielle Punkt gelangte vermöge seiner absoluten Geschwindigkeit v, wenn auf ihn während der

Zeit dt gar keine Kraft einwirkte. Thatsächlich kommt aber der materielle Punkt in der Zeit dt nicht nach E, sondern nach B_2, es ist also EB_2 die Deviation des materiellen Punktes infolge Einwirkung der absoluten Beschleunigungskraft R, d. h. der Resultanten der thatsächlich den materiellen Punkt angreifenden Kräfte. Demgemäss hat man

$$EB_2 = \frac{1}{2}\frac{R}{m}dt^2;$$

auch ist die Richtung von R durch die Richtung EB_2 angegeben. Zieht man DA_1 und bezeichnet mit S die Führungskraft des in A an die relative Bahnlinie AB befestigten materiellen Punktes m, so erhält man

$$DA_1 = \frac{1}{2}\frac{S}{m}dt^2$$

und die Richtung von S durch die Richtung DA_1 bestimmt. Diese Führungskraft S ist die Resultante aus der Centripetalkraft $m(OA)\omega^2$ und der Tangentialkraft $m(OA)\cdot\dfrac{d\omega}{dt}$.

Durch die Drehung um die z-Achse des Koordinatensystems kommt die Figur ACB in dt Sekunden nach $A_1C_2B_2$. In diese Lage kann man die Figur auch bringen, wenn man dieselbe zuerst parallel verschiebt nach $A_1C_1B_1$ und dann entsprechend dreht um eine durch A_1 gehende Achse parallel der z-Achse. Hierbei lässt sich beweisen, dass der Winkel, um welchen zuletzt zu drehen ist, mit dem Winkel AOA_1, also mit $d\varphi$ übereinstimmt. Zum Beweise projiciren wir die Punkte B und C auf die xy-Ebene nach $\mathfrak{B}$ und $\mathfrak{C}$ (Fig. 232), ziehen OA, $A\mathfrak{C}$ und $\mathfrak{C}\mathfrak{B}$. Wird nun die Figur ACB durch die Drehung um die z-Achse nach $A_1C_2B_2$ gebracht, so kommt das ebene Liniensystem $OA\mathfrak{C}\mathfrak{B}$ durch Drehung um O in die Lage $OA_1\mathfrak{C}_2\mathfrak{B}_2$. Ebenso gelangt dieses Liniensystem bei der Parallelverschiebung der Figur ACB nach $A_1C_1B_1$ in die Lage $O_1A_1\mathfrak{C}_1\mathfrak{B}_1$. Da nun

$$\measuredangle\, O_1A_1\mathfrak{C}_1 = \measuredangle\, OA\mathfrak{C} = \measuredangle\, OA_1\mathfrak{C}_2,$$

so muss auch $\measuredangle\, \mathfrak{C}_2 A_1 \mathfrak{C}_1 = \measuredangle\, OA_1O_1 = d\varphi$ sein, womit auch der zu liefernde Beweis erbracht ist.

Bei der Drehung der Figur $A_1C_1B_1$ in die Lage $A_1C_2B_2$ (Fig. 231) beschreiben die Punkte C_1 und B_1 Kreisbögen mit den Halbmessern $J'C_1$ beziehungsweise $J''B_1$, deren Ebenen senkrecht auf der durch A_1 gehenden, parallel der z-Achse gezogenen Drehachse $AJ'J''$ stehen. Man hat daher

$$C_1C_2 = (J'C_1)\cdot d\varphi \quad \text{und} \quad B_1B_2 = (J''B_1)\cdot d\varphi.$$

21*

Endlich zieht man noch (Fig. 231) EC_1, welche Strecke gleich und parallel DA_1 ist. Nunmehr liegt ein verschränktes Viereck $EC_1B_1B_2E$ vor, das wir weiter in Betracht ziehen wollen. Die Seite EB_2 desselben ist, wie wir oben gesehen haben, $= \frac{1}{2}\frac{R}{m}\cdot dt^2$, die Seite $C_1B_1 = CB = \frac{1}{2}\frac{R'}{m}\cdot dt^2$, die Seite $EC_1 = DA_1 = \frac{1}{2}\frac{S}{m}\cdot dt^2$; wir setzen daher $B_1B_2 = \frac{1}{2}\frac{K_2}{m}\cdot dt^2$.

Die beiden unendlich kleinen Kreisbögen B_1B_2 und C_1C_2 dürfen wir als gerade, parallel und gleich lang annehmen, da die betreffenden unendlich kleinen Unterschiede ausser Acht bleiben müssen. Demgemäss wäre

$$B_1B_2 = C_1C_2 = (J'C_1)\cdot d\varphi = (A_1C_1)\sin\beta\cdot d\varphi$$
$$= (AC)\sin\beta\cdot d\varphi = v'dt\cdot\sin\beta\cdot d\varphi$$

und stände B_1B_2 wie C_1C_2 senkrecht auf der Ebene des Dreiecks $A_1J'C_1$ oder auch auf einer Ebene, welche man erhält, wenn man durch irgend einen Punkt des Raumes eine Parallele mit der Richtungslinie der relativen Geschwindigkeit v' und eine Parallele mit der Drehachse, also der z-Achse zieht und durch beide Parallelen eine Ebene legt. Setzt man jetzt die beiden oben angegebenen Ausdrücke für B_1B_2 einander gleich, nämlich

$$\frac{1}{2}\frac{K_2}{m}\cdot dt^2 = v'\cdot dt\cdot\sin\beta\cdot d\varphi,$$

so wird $\qquad K_2 = 2m\cdot v'\cdot\sin\beta\cdot\dfrac{d\varphi}{dt}$

oder $\qquad K_2 = 2mv'\cdot\omega\cdot\sin\beta.$

Dividirt man nun die Längen der Seiten des verschränkten Vierecks $EC_1B_1B_2E$ sämmtlich durch den Quotienten $\dfrac{dt^2}{2m}$, so ergiebt sich mit den reducirten Längen ein neues verschränktes Viereck $E'C_1'B_1'B_2'E'$ (Fig. 233.), das dem Viereck $EC_1B_1B_2E$ ähnlich ist. In diesem neuen Viereck sind dann die Längen der Seiten beziehungsweise R, R', S und K_2. R, R' und S sind aber Kräfte, wir sehen daher auch $K_2 = 2mv'\omega\sin\beta$ als eine gewisse Kraft an.

Das verschränkte Viereck $E'C_1'B_1'B_2'E'$ stellt also ein geschlossenes Kräftepolygon vor.

In der Statik haben wir gesehen, dass man auf graphischem Wege die Resultante von Kräften, welche einen und denselben Punkt angreifen, erhalten kann, wenn man die Kraftpfeile, welche die zusammenzusetzenden Kräfte nach Grösse und Richtung darstellen, in der Richtung, in welcher die Kräfte wirken, aneinander reiht und den Anfangspunkt des so konstruirten Kräftezuges mit dessen Endpunkt verbindet. Die Verbindungslinie giebt dann nach Grösse und Richtung die gesuchte Resultante an.

Bestimmt man auf diese Weise die Resultante aus der in der Richtung EB_2 wirkenden absoluten Beschleunigungskraft R und zwei gewissen Ergänzungskräften K_1 und K_2, von welchen K_1 gleich und direkt entgegengesetzt der von D nach A_1 oder von E nach C_1 gerichteten Führungskraft S ist und die zweite, mit K_2 bezeichnete Kraft, nach Grösse und Richtung durch die Strecke $B'_2 B'_1$ (Fig. 233) ausgedrückt und von B_2 nach B_1 gerichtet angenommen wird, so erhält man die gesuchte Resultante als Verbindungslinie des Anfangspunktes C'_1 des Kräftezuges $C'_1 E' B'_2 B'_1$ (Fig. 233) mit dem Endpunkt B'_1 desselben. $C'_1 B'_1$ giebt aber nach Grösse und Richtung die relative Beschleunigungskraft R' an, man kann daher sagen:

Wenn man zu den thatsächlich am materiellen Punkte wirkenden Kräften noch die beiden Ergänzungskräfte K_1 und K_2 hinzufügt, so ist die Resultante aller dieser Kräfte die relative Beschleunigungskraft R'.

Bezüglich der Ergänzungskraft K_2, welche zusammengesetzte Centrifugalkraft genannt wird, ist zu bemerken, dass ihre Grösse, wie oben angegeben wurde, ausgedrückt ist durch

$$K_2 = 2 m v' \omega \sin \beta$$

und ihre Richtung mit der Richtung $B_2 B_1$ oder $C_2 C_1$ übereinstimmt. Die Kraft K_2 steht also senkrecht auf der Ebene des Dreiecks $A_1 J' C_1$ (Fig. 231). Allgemein setzt man die Richtung der zusammengesetzten Centrifugalkraft in folgender Weise fest:

Ist A die Lage des materiellen Punktes in seiner relativen Bahnlinie zur Zeit t, so zieht man durch A eine Parallele AJ mit der gegebenen Drehachse, um welche die relative Bahnlinie rotirt, und ebenso eine Gerade AC in der Richtung der relativen Geschwindigkeit v', welche der materielle Punkt in A besitzt, alsdann steht die zusammengesetzte Centrifugalkraft $K_2 = 2 m v' \omega \sin \beta$ senkrecht auf der Ebene des Winkels $JAC = \beta$. Denkt man sich ferner den Winkel JAC um den Schenkel JA in dem gleichen Sinn gedreht, in welchem die Rotation der relativen Bahnlinie um die gegebene Drehachse Oz mit der Winkelgeschwindigkeit ω erfolgt, so wirkt die zusammengesetzte Centrifugalkraft in entgegengesetztem Sinn, in welchem sich der Endpunkt C des Strahles AC bei der gedachten Drehung des Winkels JAC um die Achse JA bewegt.

Man kann also, um es zu wiederholen, von der Drehung des Koordinatensystems absehen und die relative Bewegung des materiellen Punktes wie eine absolute behandeln, wenn man zu den thatsächlich am materiellen Punkte wirkenden Kräften noch die entgegengesetzte Führungskraft K_1 des materiellen Punktes, sowie die zusammengesetzte Centrifugalkraft K_2 als Ergänzungskräfte hinzufügt.

§ 41.

Zwangläufige Bewegung und Gleichgewicht eines schweren materiellen Punktes auf einer starren Bahnlinie, welche um eine gegebene Achse gedreht wird.

239. Allgemeine Voraussetzungen. Im Nachstehenden handle es sich um die Bewegung, beziehungsweise das Gleichgewicht einer kleinen schweren, als materieller Punkt anzusehenden Kugel in einer engen, absolut glatten Röhre, welch letztere entweder um eine vertikale oder um eine horizontale Achse mit konstanter Winkelgeschwindigkeit ω sich dreht.

240. Röhre horizontal gelegen, Drehachse vertikal. In Fig. 234 bedeute: $A_1 A_2$ die Achse der Röhre, in welcher sich die Kugel von der Masse m bewegt, also die relative Bahnlinie, auf welcher der materielle Punkt m seine relative Bewegung ausführt, O den Durchschnittspunkt der vertikalen Drehachse mit der Horizontalebene, in welcher sich die Röhrenachse befindet; v'_1 die relative Anfangsgeschwindigkeit der Kugel in A_1. Ferner sei A die Lage der Kugel in der Röhre zur Zeit t und v' ihre Geschwindigkeit zur selben Zeit.

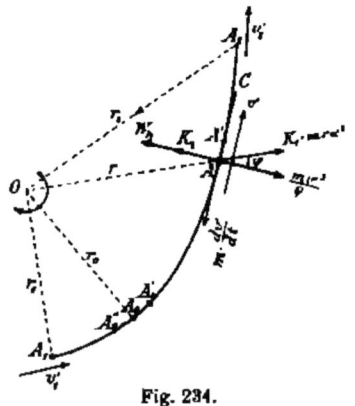

Fig. 234.

Soll man nun die Bewegung der Kugel in der Röhre, oder sagen wir, die relative Bewegung des materiellen Punktes m in der Bahnlinie $A_1 A_2$ wie eine absolute behandeln dürfen, so hat man zu den thatsächlich am materiellen Punkte wirkenden Kräften, Eigengewicht mg und Bahnwiderstand W, noch die beiden Ergänzungskräfte K_1 und K_2 hinzuzufügen.

Was die erstere Kraft, die entgegengesetzte Führungskraft, betrifft, so stimmt dieselbe im vorliegenden Fall, da wegen der konstanten Winkelgeschwindigkeit ω die Tangentialkomponente $m \cdot r \dfrac{d\omega}{dt}$ der Führungskraft $= 0$ ist, mit der Centrifugalkraft $mr\omega^2$ des in A an die Röhre befestigt gedachten materiellen Punktes überein. Man hat also am materiellen Punkt in A in der Richtung OA wirkend anzubringen die erste Ergänzungskraft $K_1 = mr\omega^2$.

Die zweite Ergänzungskraft K_2, die zusammengesetzte Centrifugalkraft, wird gemäss der in No. 238 angegebenen Regel in folgender Weise bestimmt: Bewegt sich der materielle Punkt in der Zeit dt von A nach A' (Fig. 234), so dass AA' die Richtung der relativen Geschwindigkeit des materiellen Punktes in A angiebt, und zieht man durch A eine Parallele AJ mit der vertikalen Drehachse durch O, dann steht die zusammengesetzte Centrifugalkraft K_2 senkrecht auf der Ebene des Winkels $JAA' = \beta$, oder mit anderen Worten: K_2 wirkt in der horizontalen Ebene, in welcher die relative Bahnlinie $A_1 A_2$ sich befindet, und zwar senkrecht zur Tangente an letzterer in Punkte A. Da nun vorliegenden Falles der Winkel $JAA' = \beta = 90°$ und damit $\sin\beta = 1$, so hat man:

$$K_2 = 2m v' \omega.$$

Des weiteren erkennt man, dass, wenn man die Richtungslinie AC der Geschwindigkeit v' um A dreht im gleichen Sinn, in welchem die Drehung der Bahnlinie $A_1 A_2$ um O erfolgt, und berücksichtigt, dass K_2 in dem der Bewegung des Punktes C also auch des Punktes A' entgegengesetzten Sinn wirken muss, die Richtung der Kraft K_2 in Fig. 234 richtig angegeben ist.

Soll jetzt die relative Beschleunigungskraft R' des materiellen Punktes in A bestimmt werden, so hat man die Kräfte mg, K_1 und K_2 mit dem Bahnwiderstand W zu einer Resultanten zusammenzusetzen. Da aber eine Tangentialkomponente des Bahnwiderstandes W nicht vorhanden sein soll und die Komponenten sämmtlicher Kräfte normal zur Bahnlinie im Gleichgewicht sind und sich aufheben, so ergiebt sich vorliegenden Falles als Resultante sämmtlicher Kräfte und damit als relative Beschleunigungskraft

$$R' = K_1 \sin\varphi = mr\omega^2 \cdot \sin\varphi.$$

Kann auf der Bahnlinie ein Punkt A_0 angegeben werden, dessen Verbindungslinie mit O normal auf der Bahnlinie steht,

so ist für diesen Punkt $\varphi = 0$ und $E' = 0$. Bringt man nun an
die Stelle A_0 einen materiellen Punkt, ohne demselben eine relative Geschwindigkeit zu ertheilen, so wird dieser materielle Punkt
aus A_0 sich nicht entfernen. Dagegen würde der materielle Punkt,
in die unmittelbare Nachbarlage A'_0 versetzt, unter dem Einfluss
der im Sinn $A_0 A_2$ wirkenden Tangentialkomponente von K_1 sich
gegen A_2 hin zu bewegen anfangen, während der materielle Punkt
von der Lage A''_0 aus, weil hier die Tangentialkomponente von
K_1 im Sinn $A_0 A_1$ wirkte, sich gegen A_1 hin in Bewegung setzte.
A_0 bezeichnet also eine Gleichgewichtslage des materiellen
Punktes, und zwar eine labile.

Angenommen, es besitze der materielle Punkt in A_1 gegen
A_0 hin die relative Geschwindigkeit v'_1 und in A die relative Geschwindigkeit v', so liefert der Satz von der Arbeit, wenn von
A_1 aus die Abstände s in der Bahn gemessen werden,

$$\frac{1}{2} m v'^2 - \frac{1}{2} m v'_1{}^2 = \sum_0^s m r \omega^2 \sin \varphi \cdot ds \quad \text{oder da} \quad ds \cdot \sin \varphi = dr$$

$$\frac{1}{2} m v'^2 - \frac{1}{2} m v'_1{}^2 = \sum_{r_1}^r m r \omega^2 dr = \frac{1}{2} m \omega^2 (r^2 - r_1{}^2),$$

woraus $\qquad v'^2 = v'_1{}^2 + \omega^2 (r^2 - r_1{}^2) \cdots (1)$

Damit ergiebt sich die relative Geschwindigkeit v'_0 des materiellen Punktes in A_0:

$$v'_0{}^2 = v'_1{}^2 + \omega^2 (r_0{}^2 - r_1{}^2) = v'_1{}^2 - \omega^2 (r_1{}^2 - r_0{}^2).$$

Soll also der Bahnpunkt A_0 vom materiellen Punkt überhaupt
erreicht werden, so muss die Anfangsgeschwindigkeit bei A_1

$$v'_1 \geqq \omega \sqrt{r_1{}^2 - r_0{}^2} \quad \cdot (2) \quad \text{sein.}$$

Ist $v'_1 > \omega \sqrt{r_1{}^2 - r_0{}^2}$, dann kommt der materielle Punkt über
A_0 hinaus, erreicht also den Punkt A'_0, und bewegt sich dann
mit zunehmender Geschwindigkeit bis zum Ende A_2 der Röhre,
woselbst die erlangte relative Geschwindigkeit v'_2 des materiellen
Punktes

$$v'_2 = \sqrt{v'_1{}^2 + \omega^2 (r_2{}^2 - r_1{}^2)}.$$

Der materielle Punkt durchläuft also die ganze Bahnlinie $A_1 A_2$.
Wäre $v'_1 = \omega \sqrt{r_1{}^2 - r_0{}^2}$, so würde der materielle Punkt nur bis
zum Punkt A_0 gelangen und daselbst liegen bleiben.

Wenn aber $v'_1 < \omega \sqrt{r_1{}^2 - r_0{}^2}$, so dringt der materielle Punkt
nicht bis zur Gleichgewichtslage A_0 vor, er kommt vielmehr nur
bis zu einem gewissen Punkte B_0 auf der relativen Bahnlinie, der
näher bei A_1 gelegen ist, als der Punkt A_0. Die relative Ge-

schwindigkeit v' des materiellen Punktes nimmt von A_1 gegen B_0 immer mehr ab und wird in $B_0 = 0$, hierauf erfolgt eine beschleunigte rückläufige Bewegung im Sinn von B_0 gegen A_1. In A_1 angekommen, hat, wie aus Gleichung (1) hervorgeht, der materielle Punkt wieder die Geschwindigkeit v'_1 erlangt, nur ist v'_1 jetzt entgegengesetzt gerichtet.

Zur Bestimmung der Lage des Punktes B_0, dessen Abstand von $O = b$ sei, setzen wir in Gleichung (1) $v' = 0$ und $r = b$ und erhalten

$$b = \sqrt{r_1^2 - \frac{v_1'^2}{\omega^2}}.$$

Soll jetzt auch der Normaldruck N angegeben werden, welchen die Röhre von Seiten des bewegten materiellen Punktes erfährt, so wird man zunächst den ihm gleichen und direkt entgegengesetzten Bahnwiderstand W aus den Gleichgewichtsbedingungen für den durch Anbringen der entgegengesetzten Tangentialkraft $m \cdot \dfrac{dv'}{dt}$ und der Centrifugalkraft $\dfrac{mv'^2}{\varrho}$ in's Gleichgewicht gebrachten materiellen Punkt bestimmen.

Bezeichnet man die Vertikalkomponente von W mit W_v und die Horizontalkomponente mit W_h, so ergiebt sich

$$W_v = mg$$
$$\text{und} \quad W_h$$

aus der Gleichgewichtsbedingung:

$$W_h + K_2 = \frac{mv'^2}{\varrho} + K_1 \cos\varphi,$$

woraus nach Einsetzung der Werthe von K_1 und K_2

$$W_h = \frac{mv'^2}{\varrho} + mr\omega^2 \cos\varphi - 2mv'\omega.$$

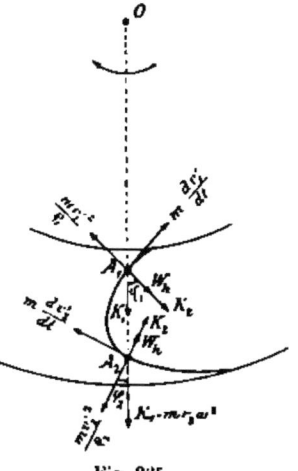

Fig. 235.

Fig. 235 zeigt die Schaufel einer inneren Radialturbine, an deren konkaver Seite sich ein Wassertheilchen m von innen nach aussen bewege. Für dieses Wassertheilchen sind in Fig. 235 die Ergänzungskräfte K_1 und K_2 in den Bahnpunkten A_1 und A_2 angedeutet, welche Punkte sich in den Entfernungen r_1 und r_2 von der vertikalen Turbinenachse befinden. Zur Bestimmung des Gegendruckes W_h der Schaufel hat man dann in A_1:

$$W_k + K_2 + K_1 \cos \varphi_1 = \frac{m v'_1{}^2}{\varrho_1}$$

woraus $\qquad W_k = \frac{m v'_1{}^2}{\varrho_1} - 2 m v'_1 \omega_1 - m r_1 \omega^2 \cos \varphi_1 .$

Ebenso ergiebt sich für das Wassertheilchen in A_2

$$W_k + K_2 = \frac{m v'_2{}^2}{\varrho_2} + K_1 \cos \varphi_2 ,$$

woraus $\qquad W_k = \frac{m v'_2{}^2}{\varrho_2} - 2 m v'_2 \omega + m r_2 \omega^2 \cos \varphi_2 .$

Der Normaldruck N, welchen das bewegte Wassertheilchen auf die Schaufel ausübt, ist dann gleich und direkt entgegengesetzt dem Bahnwiderstand W_k.

Soll nun das an der konkaven Seite der Schaufel sich bewegende Wassertheilchen sich nicht von der Schaufel entfernen, so muss W_k stets > 0 sein.

Ist die Röhre, in welcher sich die Kugel bewegt, geradlinig, so erhält man die Gleichgewichtslage A_0 der Kugel in der Röhre, wenn man von O das Loth $O A_0$ auf die Röhrenachse $A_1 A_2$ fällt. Schneidet aber die Röhrenachse die Drehachse, so kommt A_0 nach O zu liegen. Diesen letzteren Specialfall wollen wir zum Schluss noch in Betracht ziehen.

Wir wählen den Punkt O zum Abscissenursprung und nehmen

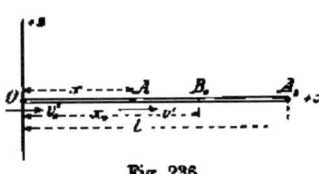

Fig. 236.

an, dass der materielle Punkt m zur Zeit 0 sich in O befinde und daselbst die Geschwindigkeit v'_0 in der Richtung $O A_2$ (Fig. 236) besitze. Nach t Sekunden sei der materielle Punkt in A und habe daselbst die Geschwindigkeit v'.

Da nun vorliegenden Falles die zusammengesetzte Centrifugalkraft K_2 senkrecht auf $O A_2$ steht, mithin, wie auch das Eigengewicht mg des materiellen Punktes, vom Bahnwiderstand W aufgehoben wird und daher die relative Beschleunigungskraft R' mit der Ergänzungskraft K_1 zusammenfällt, so ergiebt sich

$$m \frac{d^2 x}{d t^2} = K_1 = m x \omega^2 \quad \text{oder} \quad \frac{d^2 x}{d t^2} = \omega^2 x.$$

Aus dieser Differentialgleichung erhält man bekanntlich

$$x = A e^{\omega t} + B \cdot e^{-\omega t},$$

worin A und B die Integrationskonstanten und e die Grundzahl des natürlichen Logarithmensystems bedeuten. Leitet man x nach t ab, so wird

$$\frac{dx}{dt} = v' = \omega\left(A e^{\omega t} - B e^{-\omega t}\right).$$

Zur Bestimmung der Integrationskonstanten A und B berücksichtigt man, dass für $t = 0$ $v' = v'_0$ und $x = 0$ ist. Dies giebt

$$v'_0 = \omega(A - B) \quad \text{und} \quad 0 = A + B,$$

woraus

$$A = \frac{v'_0}{2\omega}; \quad B = -\frac{v'_0}{2\omega}.$$

$$x = \frac{v'_0}{2\omega}\left(e^{\omega t} - e^{-\omega t}\right).$$

Soll die Geschwindigkeit v' im Bahnpunkt A angegeben werden, so wendet man den Satz von der Arbeit an. Derselbe liefert:

$$\frac{1}{2} m v'^2 - \frac{1}{2} m v_0'^2 = \sum_0^x m x \omega^2 \cdot dx = m \omega^2 \cdot \frac{x^2}{2}$$

oder

$$v'^2 = v_0'^2 + x^2 \omega^2.$$

Die relative Geschwindigkeit des materiellen Punktes am Ende A_2 der Röhre ist dann

$$v_2'^2 = v_0'^2 + l^2 \omega^2$$

und die absolute Geschwindigkeit v_2 gleich der Resultirenden aus v_2 und der Führungsgeschwindigkeit $l\omega$.

Nehmen wir nunmehr an, dass der materielle Punkt bei A_2 in die um O sich mit der Winkelgeschwindigkeit ω drehende Röhre gebracht und ihm in A_2 eine relative Anfangsgeschwindigkeit v_2' gegen den Ursprung O hin ertheilt werde. Da fragt es sich denn insbesondere: bis zu welchem Punkt B_0 der relativen Bahnlinie dringt der materielle Punkt ein?

Man hat hier wieder:

$$m \cdot \frac{d^2 x}{dt^2} = m x \omega^2,$$

woraus durch Integration dieselben Gleichungen wie oben, nämlich

$$x = A \cdot e^{\omega t} + B \cdot e^{-\omega t} \quad \text{und} \quad v' = \omega\left(A e^{\omega t} - B \cdot e^{-\omega t}\right)$$

sich ergeben. Dagegen erhalten die Integrationskonstanten A und B andere Werthe, insofern vorliegenden Falles für $t = 0$, $x = l$ und $v' = -v_2'$ wird. Daraus folgt dann:

$$l = A + B \quad \text{und} \quad -v_2' = \omega(A - B)$$

$$A = \frac{1}{2}\left(l - \frac{v_2'}{\omega}\right); \quad B = \frac{1}{2}\left(l + \frac{v_2'}{\omega}\right).$$

Werden diese Werthe von A und B in die Gleichungen für x und v' eingesetzt, so zeigen sich x und v' in Funktion der Zeit t ausgedrückt. Um aber die Geschwindigkeit v' in einem beliebigen Bahnpunkt A zu erhalten, wird man am einfachsten wieder den Satz von der Arbeit in Anwendung bringen. Derselbe liefert:

$$\frac{1}{2} m v'^2 - \frac{1}{2} m v'_2{}^2 = \sum_t^x (m x \omega^2 \cdot dx) = -\frac{m \omega^2}{2} (l^2 - x^2),$$

woraus

$$v'^2 = v'_2{}^2 - \omega^2 (l^2 - x^2).$$

Bezeichnet man die Abscisse des Punktes B_0, in welchem die Geschwindigkeit $v' = 0$ geworden, mit x_0, so hat man

$$0 = v'_2{}^2 - \omega^2 (l^2 - x_0{}^2) \quad \text{und} \quad x_0{}^2 = l^2 - \frac{v'_2{}^2}{\omega^2}.$$

Sollte der materielle Punkt gerade noch den Ursprung O erreichen, hätte man $x_0 = 0$ zu setzen, womit man erhielte

$$v'_2 = -l\omega.$$

241. Die Röhrenachse in einer durch die vertikale Drehachse gehenden Ebene gelegen. Zur Zeit t sei A (Fig. 237) die Lage

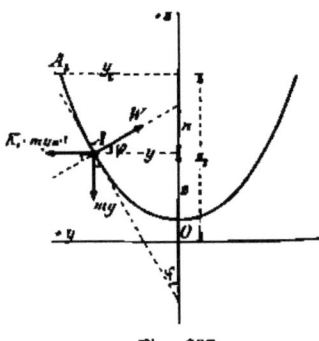

und v' die Geschwindigkeit der Kugel in der Röhre. Von den beiden **Ergänzungskräften** K_1 und K_2 hat nur die erstere einen Einfluss auf die Bewegung der Kugel in der Röhre, da die Kraft K_2 senkrecht auf der Vertikalebene durch die Richtungslinie von v', also normal auf der relativen Bahnlinie steht und daher vom Bahnwiderstand aufgehoben wird. Somit kommen an der Kugel jetzt nur noch drei Kräfte in Betracht, nämlich die Ergän-

Fig. 237.

zungskraft $K_1 =$ der Centrifugalkraft $m y \omega^2$, das Eigengewicht mg der Kugel und der von K_1 und mg hervorgerufene Bahnwiderstand W, welche Kräfte sämmtlich in der Vertikalebene durch die Röhrenachse wirken. Demgemäss ergiebt sich für die relative Beschleunigungskraft R'

$$R' = m y \omega^2 \sin \varphi - mg \cos \varphi = m \omega^2 \cos \varphi \left(y \operatorname{tg} \varphi - \frac{g}{\omega^2} \right),$$

---

¹) Hierbei ist bezüglich des Vorzeichens von dx die betreffende Bemerkung in No. 156 zu berücksichtigen.

$$y \, \text{tg} \, \varphi = y \cdot \frac{dy}{dz}$$

ist aber, wenn wir die mit der Drehachse zusammenfallend angenommene z-Achse als Abscissenachse ansehen, die Subnormale der
Röhrenachse im Punkte A. Bezeichnet man diese Subnormale
mit n, so wird

$$R' = m \omega^2 \cos \varphi \left(n - \frac{g}{\omega^2} \right).$$

In der Gleichgewichtslage A_0 der Kugel ist $R' = 0$ und demzufolge
$$n = \frac{g}{\omega^2}.$$

Will man daher die Gleichgewichtslage A_0 der Kugel haben,
so wird man die Subnormale n der Bahnlinie mit Hilfe der Gleichung
der letzteren in Funktion von z ausdrücken, den gefundenen
Ausdruck für n gleich $\frac{g}{\omega^2}$ setzen und aus der Gleichung das z
bestimmen. Dieses z giebt dann die Abscisse des gesuchten
Punktes A_0 an. Nehmen wir jetzt an, dass man die Kugel, ohne
ihr eine relative Geschwindigkeit zu ertheilen, in die Gleichgewichtslage A_0 bringe und dort sich selbst überlasse, so wird
die Kugel in der Lage A_0 in relativer Ruhe verharren. Versetzt
man aber die Kugel in den höher gelegenen Punkt A'_0 der Röhre,
so ist, wenn die Subnormale der Bahnlinie nach oben zunimmt,
das n für den Punkt A'_0 grösser, als das n für den Punkt A_0,
d. h. es ist $n > \frac{g}{\omega^2}$ und damit R' positiv, nach oben gerichtet;
die Kugel bewegt sich also in der Röhre beschleunigt aufwärts.
Würde man dagegen die Kugel in einen unterhalb A_0 gelegenen
Punkt A''_0 bringen, bewegte sich die Kugel beschleunigt abwärts,
weil jetzt für A''_0 die Subnormale $n < \frac{g}{\omega^2}$ und damit R' negativ,
nach unten gerichtet wäre. Man kann also sagen: Ist die Bahn-
linie der Kugel so geformt, dass ihre auf der Drehachse abzu-
messende Subnormale nach oben zunimmt, so entfernt sich
die Kugel, aus ihrer Gleichgewichtslage A_0 gerückt und sich selbst
überlassen, in der Röhre mehr und mehr von A_0, das Gleichgewicht der Kugel in A_0 ist daher ein labiles. Wäre dagegen
die Röhrenachse von einer Form, bei welcher die Subnormale
nach oben abnimmt, so würde die Beschleunigungskraft R' der
Kugel in A'_0 nach unten und in A''_0 nach oben gerichtet und das
Gleichgewicht der Kugel in A_0 ein stabiles sein. Es kann aber

auch der Fall indifferenten Gleichgewichtes der Kugel in der Röhre eintreten. Ist nämlich die Röhre so geformt, dass in allen Punkten der Bahnlinie $n = \frac{g}{\omega^2}$, so wird überall $R' = 0$ und es bleibt die Kugel in jeder Lage im Gleichgewicht. Suchen wir nun die betreffende Form für die Röhrenachse auf. Man hat:

$$n = \frac{g}{\omega^2} \quad \text{oder} \quad y \cdot \frac{dy}{dz} = \frac{g}{\omega^2}; \quad y\,dy = \frac{g}{\omega^2}\,dz$$

$$\frac{y^2}{2} = \frac{g}{\omega^2} \cdot z + C.$$

Dies die Gleichung einer Parabel, deren Achse mit der Drehachse zusammenfällt.

Angenommen, die Röhrenachse habe die für die gegebene Winkelgeschwindigkeit ω_1 festgesetzte parabolische Form, so ist für alle Punkte derselben die Subnormale $n = \frac{g}{\omega_1^2}$ und die Beschleunigungskraft $R' = 0$. Nimmt jetzt die Winkelgeschwindigkeit ω_1 zu bis zum Werth ω_2, so wird

$$\frac{g}{\omega_2^2} < \frac{g}{\omega_1^2} \quad \text{und damit} \quad R' = m\omega_2^2 \cos\varphi\left(\frac{g}{\omega_1^2} - \frac{g}{\omega_2^2}\right)$$

positiv, nach oben gerichtet. Wäre dagegen $\omega_2 < \omega_1$, erhielte man R' negativ, nach unten gerichtet. Ersterenfalls würde die Kugel in der Röhre fortwährend steigen, letzterenfalls sinken.

Im tiefsten Punkte der Röhre, d. h. im Scheitel der Parabel, ist $\varphi = 90^0$; $\cos\varphi = 0$; $R' = 0$. Es bezeichnet daher dieser tiefste Punkt die Gleichgewichtslage der Kugel in der Röhre sowohl für $\omega > \omega_1$, als auch für $\omega < \omega_1$. Ersterenfalls handelt es sich um labiles, letzterenfalls um stabiles Gleichgewicht.

Will man die Geschwindigkeit v' der Kugel an der beliebigen Stelle A (Fig. 237) erfahren, wenn die Kugel bei A_2 die Geschwindigkeit v'_2 abwärts erhalten hat, so wendet man den Satz von der Arbeit an. Derselbe ergiebt:

$$\frac{1}{2}m v'^2 - \frac{1}{2}m v_2'^2 = mg(z_2 - z) + \sum_{y_2}^{y} my\omega^2\,dy$$

$$= mg(z_2 - z) + \frac{m\omega^2}{2}(y^2 - y_2^2)$$

oder $$v'^2 = v_2'^2 + 2g(z_2 - z) - \omega^2(y_2^2 - y^2),$$

womit die Geschwindigkeit v' bestimmt ist.

242. Specielle Fälle. Die Röhrenachse sei gerade und schneide die Drehachse unter dem Winkel α (Fig. 238).

Hier sehen wir unmittelbar, dass die Subnormale für den Punkt A, wenn man mit letzterem auf der Röhrenachse in die Höhe geht, zunimmt. Demgemäss ist auch die Gleichgewichtslage A_0 der Kugel in der Röhre, welche man aus

$$\frac{g}{\omega^2} = n_0 = z_0 \, tg^2\, a \quad \text{oder} \quad z_0 = \frac{g}{\omega^2 \, tg^2\, a}$$

erhält, eine labile.

Von einem unterhalb A_0 gelegenen Punkte der Röhre aus würde die Kugel sich in der Röhre abwärts, gegen die Drehachse hin bewegen, von einem höher als A_0 gelegenen Punkte aus nach oben, gegen das Röhrenende A_1 hin.

Wollte man haben, dass der höher als A_0 gelegene Punkt A (Fig. 238) die Gleichgewichtslage bezeichnete, müsste

$$z = \frac{g}{\omega^2 \, tg^2\, a}, \quad \text{also} \quad \omega^2 = \frac{g}{z \cdot tg^2\, a}$$

sein, womit sich, da $z > z_0$ eine kleinere Winkelgeschwindigkeit ω als zuvor herausstellte.

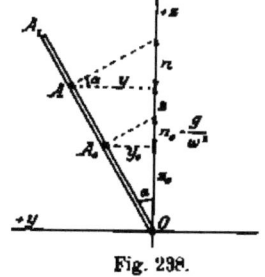

Fig. 238.

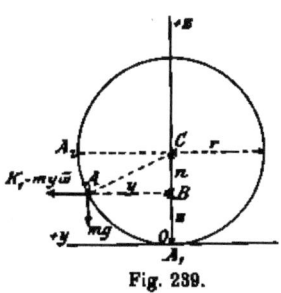

Fig. 239.

Ganz ähnlich verhielte sich die Sache bei einer nach einer Hyperbel geformten Röhre. Hier nimmt mit z die Subnormale ebenfalls zu. Die aus der Gleichung $y \cdot \frac{dy}{dz} = \frac{g}{\omega^2}$ festzusetzende Gleichgewichtslage A_0 der Kugel wäre wieder eine labile.

Nehmen wir jetzt an, es werde eine kreisförmig gebogene Röhre um den vertikalen Durchmesser gedreht (Fig. 239).

Wir wählen den tiefsten Punkt A_1 des Kreises zum Koordinatenursprung. Aus Fig. 239 ergiebt sich unmittelbar, dass die

Subnormale $BC = n = r - z$

mit zunehmendem z kleiner wird. Will man nun die Gleichgewichtslage A_0 der Kugel in der Röhre bestimmen, so setzt man

$$n = r - z_0 = \frac{g}{\omega^2},$$

woraus für die Abscisse z_0 des Punktes A_0 erhalten wird:

$$z_0 = r - \frac{g}{\omega^2}.$$

Je grösser ω, um so grösser wird z_0; für $\omega = \infty$ wird $z_0 = r$. Bei zunehmender Winkelgeschwindigkeit steigt die Kugel in der Röhre, sie kann aber nie über den Punkt A_1 hinaufkommen.

Wegen der nach oben abnehmenden Subnormale ist die Gleichgewichtslage A_0 der Kugel eine stabile.

Bei der elliptisch gebogenen Röhre ist es ähnlich.

Im Anschluss hieran betrachten wir noch einmal eine parabolisch gebogene, sich um die vertikal gestellte Parabelachse drehende Röhre. Bei der Parabel ist die Subnormale n konstant, und zwar hat man, wenn $y^2 = 2pz$ die Parabelgleichung,

$$n = y \cdot \frac{dy}{dz} = p.$$

Setzt man daher zur Bestimmung der Gleichgewichtslage A_0 der Kugel in der Röhre

$$n = \frac{g}{\omega^2},$$

so folgt hieraus:
$$p = \frac{g}{\omega^2}.$$

Es ergiebt sich also bei einer gegebenen parabolischen Röhre nur für die bestimmte Winkelgeschwindigkeit

$$\omega = \sqrt{\frac{g}{p}}$$

das Gleichgewicht der Kugel in der Röhre. Da aber bei dieser bestimmten Winkelgeschwindigkeit an jeder Stelle der Röhre $n = \frac{g}{\omega^2}$, so bezeichnet auch jede Stelle der Röhre eine Gleichgewichtslage, d. h. das Gleichgewicht der Kugel in der Röhre ist ein indifferentes.

Dies alles steht in Uebereinstimmung mit dem, was wir schon in No. 241 bezüglich der parabolischen Röhre gefunden haben.

243. Drehachse horizontal, Röhrenachse in einer senkrecht auf der Drehachse stehenden Vertikalebene gelegen. Die Röhrenachse wollen wir geradlinig annehmen.

$A_0 A_1$ (Fig. 240) sei die Lage der Röhre zur Zeit 0; $A'_0 A'_1$

zur Zeit t; A_0 die Lage der Kugel in der Röhre zur Zeit 0, A' zur Zeit t, $A_0C = r$; $A'C = \varrho$; $A'O' = s$ und O' der Fixpunkt in der Bahn für die relative Bewegung der Kugel in der Röhre.

Damit der Eintritt der Kugel in die Röhre bei A_0 stossfrei mit der relativen Anfangsgeschwindigkeit v'_0 erfolge, muss die absolute Geschwindigkeit v_0 der Kugel in A_0 die Resultirende sein aus der relativen Geschwindigkeit v'_0 und der Führungsgeschwindigkeit $r\omega$. Dies sei der Fall.

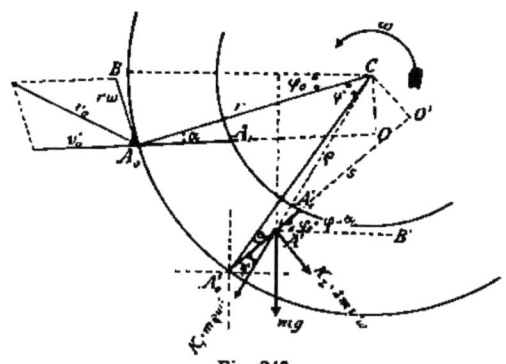

Fig. 240.

Zur Zeit t befinde sich die Kugel, wie schon oben erwähnt wurde, in A' und besitze daselbst die relative Geschwindigkeit v' gegen A'_1 gerichtet.

Was die beiden Ergänzungskräfte K_1 und K_2 betrifft, welche wir in A' an dem von der Kugel vorgestellten bewegten materiellen Punkt m zu den thatsächlich an m wirkenden Kräften, dem Normalwiderstand W der Bahn und dem Eigengewicht mg des materiellen Punktes hinzuzufügen haben, so bemerken wir, dass

$$K_1 = m\,(CA')\,\omega^2 = m\varrho\omega^2$$

in der Richtung CA' wirkt und die zusammengesetzte Centrifugalkraft

$$K_2 = 2\,mv'\omega \sin 90^0 = 2\,mv'\omega$$

senkrecht zu $A'_0 A'_1$ in der in Fig. 240 angedeuteten Richtung.

Nunmehr ergiebt sich als relative Beschleunigungskraft R', welche bei der geradlinigen relativen Bewegung in der Bahnlinie zu wirken hat, wenn $O'A'_0$ die $+s$-Richtung anzeigt:

$$R' = m\varrho\omega^2 \cos \psi + mg \sin (\varphi_0 + \varphi - \alpha)$$

und da $\varrho \cdot \cos \psi = s$; $\varphi = \omega t$ und $R' = m \cdot \dfrac{d^2 s}{d t^2}$

$$m \cdot \frac{d^2 s}{dt^2} = m\omega^2 \cdot s + mg \sin(\varphi_0 - \alpha + \omega t)$$

$$\text{oder} \quad \frac{d^2 s}{dt^2} = \omega^2 s + g \cdot \sin(\varphi_0 - \alpha + \omega t) \tag{1}$$

Das Integral dieser Differentialgleichung ist:

$$s = A \cdot e^{\omega t} + B \cdot e^{-\omega t} - \frac{g}{2\omega^2} \sin(\varphi_0 - \alpha + \omega t) \tag{2}$$

worin A und B die beiden Integrationskonstanten.

Leitet man Gleichung (2) nach t ab, so erhält man

$$v' = \frac{ds}{dt} = A\omega \cdot e^{\omega t} - B\omega \cdot e^{-\omega t} - \frac{g}{2\omega} \cos(\varphi_0 - \alpha + \omega t) \tag{3}$$

Nochmals nach t abgeleitet:

$$\frac{dv'}{dt} = \frac{d^2 s}{dt^2} = A\omega^2 \cdot e^{\omega t} + B\omega^2 \cdot e^{-\omega t} + \frac{g}{2} \sin(\varphi_0 - \alpha + \omega t)$$

$$= \omega^2 \left[A \cdot e^{\omega t} + B e^{-\omega t} + \frac{g}{2\omega^2} \sin(\varphi_0 - \alpha + \omega t) \right]$$

oder mit Berücksichtigung der Gleichung (2):

$$= \omega^2 \left[s + \frac{g}{2\omega^2} \sin(\varphi_0 - \alpha + \omega t) + \frac{g}{2\omega^2} \sin(\varphi_0 - \alpha + \omega t) \right]$$

$$= \omega^2 \left[s + \frac{g}{\omega^2} \sin(\varphi_0 - \alpha + \omega t) \right] = \omega^2 s + g \sin(\varphi_0 - \alpha + \omega t)$$

wie oben.

Zur Bestimmung der Integrationskonstanten A und B hat man: Für $t = 0$ ist $s = r \cdot \cos \alpha$ und $v' = -v'_0$. Damit liefert Gleichung (2):

$$r \cdot \cos \alpha = A + B - \frac{g}{2\omega^2} \sin(\varphi_0 - \alpha) \tag{4}$$

und Gleichung (3):

$$-v'_0 = A\omega - B\omega - \frac{g}{2\omega} \cos(\varphi_0 - \alpha) \tag{5}$$

Aus (4) und (5) lassen sich die Integrationskonstanten A und B festsetzen. Kennt man aber diese, so ist man auch im Stande, zu jeder beliebigen Zeit t sowohl die Lage, als die Geschwindigkeit der Kugel in der Röhre aus Gleichung (2) bezw. (3) zu berechnen.

Soll endlich noch der Normaldruck N angegeben werden, welchen der bewegte materielle Punkt in A', also zur Zeit t, auf seine Unterlage ausübt, so erhält man für diesen:

$$N = K_1 + K_1 \cdot \sin \psi + mg \cdot \cos(\varphi_0 - \alpha + \omega t)$$
$$= 2mv'\omega + m\omega^2 \cdot (CO') + mg \cdot \cos(\varphi_0 - \alpha + \omega t).$$

§ 42.

Der Einfluss der Erdrotation auf das Verhalten schwerer Körper.

244. Beeinflussung des Senkels. Wir wollen einen schweren Körper vom Gewichte $Q = mg$ betrachten, welcher, mittels eines Fadens im Punkte A aufgehängt, im Gleichgewicht sich befindet. Dieses Gleichgewicht ist aber wegen der Erdrotation nur ein relatives.

Um nun von der Erdrotation absehen zu können, haben wir wieder die beiden Ergänzungskräfte K_1 und K_2 zu berücksichtigen. Von diesen ist aber die zusammengesetzte Centrifugalkraft

$$K_2 = 2mv'\omega \sin \beta = 0,$$

weil vorliegenden Falles die relative Geschwindigkeit v' von m gleich Null ist. Es kommt also nur die Ergänzungskraft K_1 in Betracht, welche, als entgegengesetzte Führungskraft, hier durch die Centrifugalkraft $my\omega^2$ ausgedrückt ist, unter y den Halbmesser des durch den betreffenden Erdort A gehenden Parallelkreises und unter ω die Winkelgeschwindigkeit der Erdrotation verstanden. Nimmt man die Erde kugelförmig an vom Halbmesser r, so kann man setzen für die Centrifugalkraft:

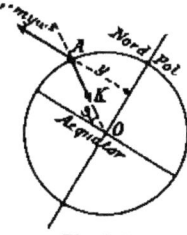

Fig. 241.

$$my\omega^2 = mr \cos \varphi \cdot \omega^2,$$

wobei φ die geographische Breite des Erdortes bedeutet.

Was die Winkelgeschwindigkeit ω der Erdrotation betrifft, so ist zu bemerken, dass wir als Zeiteinheit die von unseren Uhren angegebene Sekunde mittlerer Sonnenzeit, d. h. den $(24 \cdot 60 \cdot 60)$ten Theil eines mittleren Sonnentages angenommen haben. Nun dreht sich die Erde in einem Sterntag einmal um ihre Achse, es ist aber 1 Sterntag $= 23^h 56^{min} 4^{sec} = 86146^{sec}$ mittlerer Sonnenzeit, daher erhält man als Winkelgeschwindigkeit der Erde

$$\omega = \frac{2\pi}{86164} = 0{,}0000729, \text{ eine sehr kleine Grösse.}$$

Der am Faden des Senkels hängende, in relativem Gleichgewicht befindliche Körper steht nunmehr unter Einwirkung der gegen den Erdmittelpunkt gerichteten Anziehungskraft K der Erde und der Centrifugalkraft $K_1 = my\omega^2$, also unter gleichzeitiger

22*

Einwirkung zweier Kräfte, deren Resultante den Faden des Senkels spannt und damit das Gewicht Q des Körpers angiebt. Da nun die beiden Kräfte K und K_1 in der Meridianebene des Erdortes A wirken, so ist auch die Wirkungslinie von Q, d. h. die Lothlinie, die Vertikale durch A, in dieser Ebene gelegen, die Richtung des Senklothes geht aber im allgemeinen nicht gegen den Erdmittelpunkt O, sondern weicht auf der nördlichen Halbkugel nach Süden von der Richtung AO ab. Diese Abweichung ist jedoch in Wirklichkeit eine sehr geringe; sie ist 0 am Pol und Aequator und erreicht in der geographischen Breite $\varphi = 45^0$ ihr Maximum im Betrag von $0^0 11' 30''$.

245. Der Einfluss der Erdrotation auf das Gewicht eines Körpers. Da das Gewicht $Q = mg$ eines Körpers anzusehen ist als die Resultante aus der Anziehungskraft K der Erde und der

$$\text{Centrifugalkraft } K_1 = m y \omega^2 = m r \cdot \cos \varphi \cdot \omega^2,$$

so ist das Gewicht eines Körpers streng genommen nicht konstant, sondern veränderlich mit der geographischen Breite φ des Erdortes. Indessen ist, wie nachstehend gezeigt wird, diese Aenderung sehr unbedeutend.

Am Pol ist die Centrifugalkraft $= 0$ und daher

$$Q = K \quad \text{oder} \quad m g_1 = K.$$

Am Aequator dagegen, woselbst der Einfluss der Erdrotation auf das Gewicht eines Körpers am grössten, hat man

$$Q = m g_0 = K - m r \omega^2.$$

Damit erhält man bei Annahme kugelförmiger Gestalt der Erde:

$$m g_0 = m g_1 - m r \omega^2 \quad \text{oder} \quad g_1 = g_0 + r \omega^2.$$

Aus Pendelversuchen hat sich als Fallbeschleunigung am Aequator ergeben

$$g_0 = 9{,}7807 \text{ m.}$$

Mit diesem Werth und dem Werth

$$r \omega^2 = \frac{40\,000\,000}{2 \pi} \left(\frac{2 \pi}{86\,164} \right)^2 = 0{,}0339 \text{ m}$$

würde sich ergeben

$$g_1 = 9{,}8146 \text{ m.}$$

In Wirklichkeit ist aber die Erde nicht kugelförmig, sondern an den Polen abgeplattet und die Fallbeschleunigung am Pol

$$g_1 = 9{,}8315 \text{ m.}$$

Das Gewicht eines Körpers am Pol verhält sich daher zum Gewicht desselben Körpers am Aequator wie

$$g_1 : g_0 = 9,8315 : 9,7807 = 1,005 : 1,$$

d. h. ein Körper, welcher am Aequator an einer Federwaage ein Gewicht von 1 Kilogramm zeigt, würde am Pol auf der Federwaage 5 Gramm mehr wiegen.

Weiter erkennen wir, dass am Aequator das Verhältnis der Centrifugalkraft zum Gewicht eines Körpers ausgedrückt ist durch:

$$\frac{m r \omega^2}{m g_0} = \frac{r \omega}{g_0} = \frac{0,0339}{9,7807} \quad \text{oder rund} \quad = \frac{1}{289} = \frac{1}{17^2}.$$

Würde nun die Erde sich 17mal schneller um ihre Achse drehen, als es thatsächlich der Fall ist, so würde am Aequator ein Körper gar kein Gewicht mehr zeigen und, auf eine horizontale Unterlage gebracht, auf diese auch keinen Druck ausüben. Bei noch grösserer Winkelgeschwindigkeit der Erde träte dagegen der Fall ein, dass ein auf einer horizontalen Unterlage künstlich niedergehaltener Körper das Bestreben zeigte, sich von seiner Unterlage emporzuheben.

246. Der freie Fall der Körper. Bis jetzt haben wir immer angenommen, dass der durch das Eigengewicht hervorgerufene freie Fall der Körper in einer Geraden, nämlich in der durch den Ausgangspunkt A des Körpers gehenden Lothlinie oder Vertikalen erfolge. Thatsächlich erscheint das so, wenn die Fallhöhen nicht besonders gross sind. Bei grösseren Fallhöhen und genauer Beobachtung zeigt sich indessen eine Abweichung der Bahnlinie des fallenden Körpers von der Vertikalen durch den Ausgangspunkt. Diese Abweichung erklärt sich vollständig dadurch, dass die beobachtete Fallbewegung keine absolute, sondern wegen der Erdrotation eine relative ist und dass demgemäss ausser der Anziehungskraft K der Erde noch die Ergänzungskräfte K_1 und K_2 in Betracht kommen.

Was die Anziehungskraft K der Erde betrifft, so ergiebt sich diese aus dem Newton'schen allgemeinen Gravitationsgesetze, welches sagt, dass zwei im Abstand ϱ von einander befindliche Massen m und m' sich gegenseitig anziehen mit einer Kraft

$$K = \frac{\varkappa \cdot m \, m'}{\varrho^2},$$

wobei $\varkappa$ die sogenannte Gravitationskonstante. Dieses $\varkappa$ bedeutet, da für $m = m' = 1$ und $\varrho = 1$: $K = \varkappa$, die Kraft, mit welcher sich zwei im Abstand 1 von einander gelegene Massen

Eine gegenseitig anziehen. Im technischen Masssystem (Meter Längeneinheit, Sekunde Zeiteinheit, Kilogramm Krafteinheit) ist

$$x = \frac{6,7}{10^{11}} \cdot 9,81 \text{ kg}$$

eine ausserordentlich kleine Kraft.

Die Anziehungskraft K der Erde, wie auch die Ergänzungskraft $K_1 = m\rho \cdot \cos\varphi \cdot \omega^2$ ändern sich in praktischen Fällen von Fallbewegungen mit der Entfernung ρ des fallenden Körpers vom Erdmittelpunkt nur ganz unbedeutend. Von wesentlicherem Einfluss auf die Fallbewegung ist dagegen die zusammengesetzte Centrifugalkraft $K_1 = 2mv'\omega \sin\beta$. Diese Kraft ist beim Ausgang des fallenden Körpers aus der Ruhelage $= 0$, weil im Ausgangspunkte A die relative Geschwindigkeit $v' = 0$ ist. Mit dem Auftreten und Zunehmen von v' tritt aber auch K_1 mit zunehmender Intensität in Wirksamkeit. Da nun die Drehung der Erde um ihre Achse von West nach Ost erfolgt und die zusammengesetzte Centrifugalkraft K_2 senkrecht steht auf der Ebene, welche durch die jeweilige Richtungslinie der relativen Geschwindigkeit v' und eine Parallele zur Drehachse bestimmt ist, so wird anfänglich die Kraft K_2 nahezu senkrecht stehen auf der durch den Ausgangspunkt A gehenden Meridianebene, in welch letzterer ja bei Beginn der Fallbewegung die relative Beschleunigungskraft sich befindet und die erste Elementarbewegung erfolgt. Des weiteren erkennt man unter Beobachtung der Regel bezüglich des Wirkungssinnes der zusammengesetzten Centrifugalkraft, dass im vorliegenden Falle diese Ergänzungskraft gegen Osten gerichtet ist, infolge dessen eine Ablenkung des fallenden Körpers von der Vertikalen durch den Ausgangspunkt nicht bloss gegen Süden (eine Wirkung der Ergänzungskraft K_1), sondern auch gegen Osten stattfindet, ein Ergebniss, das durch die Versuche von Reich in Freiberg seine Bestätigung gefunden hat.

§ 43.

Relative Bewegung eines materiellen Punktes bei einer beliebigen Bewegung des Koordinatensystems.

247. Allgemeine Bemerkungen. Das bewegte Koordinatensystem, auf welches wir die relative Bewegung des Punktes beziehen, wollen wir uns in feste Verbindung gedacht denken mit einem starren Körper. Bewegt sich nun das Koordinatensystem, so führt auch der vom Koordinatensystem mitgenommene Körper eine bestimmte Bewegung aus. Umgekehrt können wir irgend welche Bewegung des Koordinatensystems hervorrufen, wenn wir dem starren Körper, mit welchem das Koordinatensystem fest verbunden ist, eine entsprechende Bewegung ertheilen. Die verschiedenen möglichen Bewegungen des starren Körpers bedingen daher auch die verschiedenen möglichen Bewegungen des Koordinatensystems. Deshalb sind wir zunächst veranlasst, über die allgemeinste Bewegung eines starren Körpers Rechenschaft zu geben. Dies wird im nächsten Kapitel geschehen. Dort werden wir finden, dass die in einem Zeitelement dt vor sich gehende Bewegung oder die Elementarbewegung des Körpers, eine Schraubenbewegung ist, d. h. in einer Verschiebung nach einer gewissen Achse, der sogenannten Momentanachse, und in einer gleichzeitigen Drehung um diese Achse besteht.

Soll daher bei einer beliebigen Bewegung des Koordinatensystems die auf letzteres bezogene relative Bewegung eines materiellen Punktes wie eine absolute behandelt werden dürfen, so müssen wieder in jedem Augenblick zu den thatsächlich am materiellen Punkte wirkenden Kräften noch gewisse Ergänzungskräfte hinzugefügt werden. Diese Ergänzungskräfte sind aber diejenigen, welche der Verschiebung nach der Momentanachse des mit dem Koordinatensystem in fester Verbindung gedachten starren Körpers, d. h. einer Translationsbewegung, und der Drehung des Körpers um die Momentanachse entsprechen. Ist daher in jedem Augenblick die Elementarbewegung des Koordinatensystems bekannt, so lassen sich auch die genannten Ergänzungskräfte nach den Lehren der letzten Paragraphen festsetzen.

III. Abschnitt.

Die Dynamik bewegter materieller Systeme.

(Kinetik materieller Systeme.)

—..

10. Kapitel.

Die Grundlehren der Kinetik materieller Systeme.

§ 44.

Allgemeine Erläuterungen.

248. Begriff des materiellen Systems. Unter einem materiellen System verstehen wir, wie schon in der Einleitung bemerkt wurde, eine Vereinigung von materiellen Punkten. Dabei bezeichnet man das materielle System als ein unveränderliches oder starres, wenn die einzelnen materiellen Punkte ihre gegenseitige Lage nicht ändern können, andernfalls als ein veränderliches. So sind die festen, tropfbar flüssigen und gasförmigen Naturkörper, mit deren Gleichgewicht und Bewegung sich die Mechanik zu beschäftigen hat, materielle Systeme, und zwar bilden die tropfbar flüssigen und die gasförmigen Körper unbedingt veränderliche materielle Systeme. Aber auch die festen Naturkörper haben, da sie alle mehr oder weniger zusammendrückbar und ausdehnbar sind, streng genommen als veränderliche materielle Systeme zu gelten. Indessen sind die infolge der Einwirkung von Kräften auftretenden Formänderungen der festen Naturkörper im allgemeinen so gering, dass man sie in der Dynamik meistens vernachlässigen kann und den betreffenden festen Körper als einen starren, als ein starres materielles System, ansehen darf.

249. Aeussere und innere Kräfte. Ein frei beweglicher fester Körper, also ein materielles System, werde im Punkte A von

einer Kraft P angegriffen, welche von einem nicht zum System
gehörenden Körper ausgehe. Infolgedessen werden die sämmtlichen materiellen Punkte des Systems Bewegungen annehmen.
Von diesen materiellen Punkten wollen wir einen beliebigen,
aber nicht im Angriffspunkt der Kraft P gelegenen, ins Auge
fassen. Derselbe lässt, da er eine bestimmte Bewegung ausführt,
auch eine gewisse Beschleunigungskraft erkennen. Diese Beschleunigungskraft kann aber nur von der Einwirkung anderer,
den betrachteten Punkt umgebenden materiellen Punkten des bewegten Systems herrühren. Aehnlichen Einwirkungen ist auch
der von der Kraft P unmittelbar angegriffene Systempunkt A
unterworfen. Derselbe kann nämlich der Kraft P nicht frei
folgen, er bewegt sich demgemäss anders, als wenn er frei wäre.
Darum müssen auch ausser der Kraft P noch weitere Kräfte an
ihm thätig sein, welche Kräfte wiederum nur von den den
materiellen Punkt umgebenden anderen materiellen Punkten des
Systems ausgehen können. Somit finden thatsächlich wechselseitige Einwirkungen der einzelnen materiellen Punkte statt; die
letzteren üben gegenseitig Kräfte aufeinander aus, welche dem
Gesetz der Wechselwirkung unterworfen sind und innere Kräfte
genannt werden im Gegensatz zu der Kraft P, die, von einem
nicht zum betrachteten System gehörigen Körper ausgehend, als
äussere Kraft bezeichnet wird. Entsprechend dem Gesetz der
Wechselwirkung treten die inneren Kräfte immer paarweise
auf, und zwar sind je zwei derselben einander gleich
und direkt entgegengesetzt.

250. Hervorrufung äusserer Kräfte durch innere. Bei einer
Dampfmaschine, deren Schubstange auf die Kurbel einer Welle
eine Kraft P äussert, liefert der im Dampfcylinder enthaltene ge-
spannte Dampf innere Kräfte, und zwar übt der Dampf einen
gewissen Druck T auf den beweglichen Kolben und einen ebenso
grossen, aber entgegengesetzt gerichteten Druck T auf den Boden
des Cylinders aus. Dabei erscheint am Kurbelgetriebe der
auf den Kolben ausgeübte Druck T als
eine äussere Kraft.

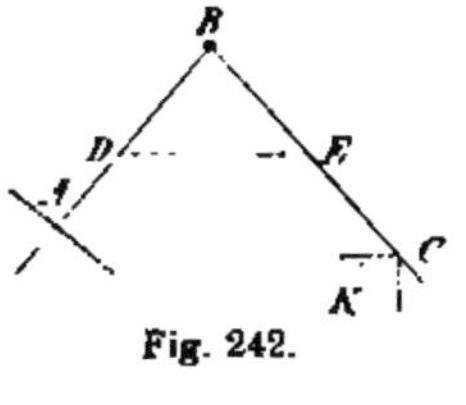

Ziehen wir noch einen anderen Fall
in Betracht. Mit einem bei A eingespann-
ten Stab AB (Fig. 242) sei in B gelenkartig verbunden ein zweiter Stab BC. Die
Drehung dieses letzteren um B werde verhindert durch einen dritten Stab DE. Wenn

Fig. 242.

nun der Stab DE sich infolge einer Temperaturverminderung
zusammenzieht, so dreht sich der Stab BC um B, oder es übt

dieser Stab, wenn er von der Drehung durch ein Hinderniss K bei C abgehalten wird, auf letzteres eine gewisse Kraft P aus, welche am Hinderniss als eine äussere Kraft sich geltend macht.

Ganz in ähnlicher Weise haben wir uns die Sache zu erklären, wenn wir selbst auf einen Körper einen Zug oder einen Druck ausüben. Das Knochengerüste des Menschen ist im wesentlichen als ein System von gelenkartig mit einander verbundenen Stäben anzusehen, zwischen welchen weitere Verbindungen von veränderlicher Länge, die Muskeln, angebracht sind. Diese Muskeln besitzen die merkwürdige Eigenschaft, gemäss dem Willen ihres Besitzers sich plötzlich zusammenzuziehen und wieder zu erschlaffen und dadurch Wirkungen zu erzielen ähnlich denjenigen, welche die Zusammenziehung des Stabes DE (Fig. 242) auf den Körper K äussert.

251. Die Beschleunigungskräfte der einzelnen Punkte eines materiellen Systems. Schon oben wurde auf diese Beschleunigungskräfte hingewiesen. Nehmen wir als Beispiel eines bewegten materiellen Systems einen festen Körper an, welcher infolge der Einwirkung einer äusseren Kraft P eine bestimmte Bewegung ausführt, und ziehen von den materiellen Punkten des Körpers zunächst denjenigen in Betracht, welcher von der Kraft P unmittelbar angegriffen wird. Dieser materielle Punkt, nennen wir ihn m_1, kann der Einwirkung der Kraft P nicht frei folgen, da er mit den anderen materiellen Punkten des Systems zusammenhängt und von diesen bei der von P angestrebten Bewegung gewisse Widerstände erfährt. Indem man nun die erwähnten Widerstände oder inneren Kräfte zu der den materiellen Punkt m_1 angreifenden äusseren Kraft P hinzufügt, kann man dafür die Verbindung des Punktes m_1 mit den übrigen Systempunkten aufheben, ohne dadurch den Bewegungszustand von m_1 zu ändern. Setzt man jetzt die sämmtlichen, an dem materiellen m_1 thatsächlich wirkenden Kräfte zu einer Resultanten R_1 zusammen, so ist R_1 die Beschleunigungskraft (Effektivkraft, Totalkraft), welche dem freien materiellen Punkt m_1 eine Bewegung ertheilt, die übereinstimmt mit der thatsächlichen Bewegung des im Zusammenhang mit den übrigen Systempunkten befindlichen und mit diesen sich bewegenden materiellen Punktes m_1. Fassen wir einen zweiten materiellen Punkt m_2 des Systems ins Auge, so bewegt sich dieser ebenfalls, trotzdem er von keiner äusseren Kraft angegriffen wird. Diese Bewegung erfolgt unter der Einwirkung einer Beschleunigungskraft, welche lediglich aus inneren Kräften zusammengesetzt ist.

§ 45.

Kinematische Lehren, betreffend die Bewegung starrer Körper.[1])

252. Erklärungen. Diejenigen Bewegungen eines starren Körpers, von welchen man unmittelbar eine klare Anschauung besitzt und aus welchen auch die anderen Bewegungen der starren Körper zusammengesetzt erscheinen, sind:

1. Die fortschreitende oder Translations-Bewegung oder kurz: die Translation. Ein starrer Körper, welcher sich zwischen parallelen Führungen hin und herbewegen, nicht aber drehen kann, zeigt, bewegt, eine solche Translationsbewegung. Bei dieser Bewegung beschreiben die sämmtlichen Punkte des Körpers in demselben Zeitelement dt gleiche und parallele Wegstrecken ds, daher sind auch bei der Translation in einem und demselben Augenblick die Geschwindigkeiten $v = \dfrac{ds}{dt}$ aller Punkte des Körpers von gleicher Grösse und Richtung.

2. Die Drehung oder Rotation um eine unbewegliche Achse. Bei dieser Bewegung beschreiben die einzelnen Punkte des Körpers Kreise, deren Ebenen senkrecht auf der Drehachse stehen, deren Mittelpunkte in der Drehachse liegen und deren Halbmesser durch die Abstände r der Punkte von der Drehachse angegeben sind. Für alle Punkte des Körpers ist in einem und demselben Augenblick die Winkelgeschwindigkeit $\omega = \dfrac{d\varphi}{dt}$ eine und dieselbe, weil in dem Zeitelement dt von allen Radien, die von den einzelnen Punkten des Körpers nach den betreffenden Kreismittelpunkten gezogen sind, die gleichen Winkel $d\varphi$ beschrieben werden. Dagegen sind die Bahngeschwindigkeiten $v = \dfrac{r\,d\varphi}{dt} = r\omega$, wie der Ausdruck für dieselbe lehrt, verschieden, nämlich proportional den Abständen r der Punkte von der Drehachse.

Zu den zusammengesetzten Bewegungen der starren Körper gehört zunächst: die Schraubenbewegung, d. h. Drehung des Körpers um eine Achse und gleichzeitige Verschiebung des Körpers

---

[1]) Lediglich zur Erzielung voller Unabhängigkeit der vorliegenden Dynamik sind die nachstehenden kinematischen Lehren als Hilfslehren hier aufgenommen. Damit soll aber einem systematischen Kursus der Kinematik keineswegs vorgegriffen werden.

nach derselben Achse (Schraubenachse). Projicirt man die
verschiedenen Punkte A des Körpers auf die Schraubenachse in
die Punkte C und auf eine Ebene senkrecht zur Schraubenachse
in die Punkte B, so beschreiben in einem und demselben Zeitelement dt die Punkte C in der Schraubenachse alle die gleichen
Wegstrecken ds_1, es sind daher auch die Geschwindigkeiten $v_1 = \dfrac{ds_1}{dt}$
der Projektionen C in einem und demselben Augenblick alle einander gleich, dagegen sind die Geschwindigkeiten v_2 der Punkte B
verschieden, was aus $v_2 = \dfrac{r\,d\varphi}{dt} = r\omega$ hervorgeht.

Die Punkte A des starren Körpers beschreiben bei konstantem
v_1 und ω Schraubenlinien. Ist nun ds der von einem Punkte A
auf seiner Schraubenlinie in der Zeit dt zurückgelegte Weg, so
bildet ds die Hypotenuse eines rechtwinkligen Dreiecks von den
Katheten ds_1 und $r\,d\varphi$. Man hat daher für die Geschwindigkeit v
des Punktes A in seiner Bahn:

$$v = \frac{ds}{dt} = \frac{\sqrt{ds_1{}^2 + (r\,d\varphi)^2}}{dt} = \sqrt{v_1{}^2 + (r\omega)^2}.$$

Die Drehung eines Körpers um einen festen Punkt ist
anzusehen als die Aufeinanderfolge von Drehungen um Achsen,
welche im allgemeinen ihre Lage ändern, dabei aber stets durch
den gegebenen Drehpunkt des Körpers hindurchgehen.

Auch bei der rollenden Bewegung eines Körpers auf
gegebener fester Unterlage handelt es sich um Drehungen des
Körpers um Achsen von veränderlicher Lage.

Wie ist aber die freie Bewegung eines Körpers aufzufassen,
welcher im Raume beliebig sich bewegt?

Um auch hierüber Auskunft zu erhalten, denkt man sich
zunächst die Bewegung des Körpers als die Aufeinanderfolge von
Elementarbewegungen, d. h. von Bewegungen, welche je in einem
Zeitelement dt erfolgen, worauf man die nähere Beschaffenheit
einer beliebigen Elementarbewegung zu ermitteln sucht.

258. Zusammensetzung von Translationen. Wir wollen einen
zwischen parallelen Führungen GG beweglichen, prismatischen,
schief abgeschnittenen Körper K_1 annehmen, auf dessen schiefer
Endfläche E zwei parallele Leitschienen EE befestigt seien,
zwischen welchen sich ein Körper K_2 hin und her bewegen kann.
Wäre dieser Körper K_2 auf seiner Unterlage K_1 befestigt und
letztere zwischen ihren Führungen GG bewegt, so führte der
Körper K_2 eine Translation parallel den Führungen GG aus.

Befände sich dagegen der Körper K_1 in Ruhe, aber der Körper K_2 zwischen seinen Führungen EE in Bewegung, so führte der Körper K_2 eine Translation parallel EE aus. Bewegen sich nun die beiden Körper K_1 und K_2 gleichzeitig, so kann man sagen, es besitze der Körper K_2 gleichzeitig zwei Translationsbewegungen, eine parallel GG und eine parallel EE. In Wirklichkeit

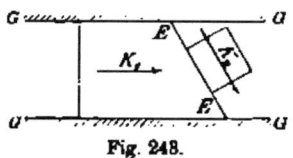

Fig. 248.

führt aber der Körper nur eine Bewegung aus, die resultirende Bewegung aus den beiden Translationen. Um diese zu bestimmen, betrachten wir einen Punkt A des Körpers K_2. Vermöge der Translation des Körpers K_2 parallel GG lege der Punkt A die Wegstrecke ds_1 parallel GG in dem Zeitelement dt zurück, vermöge der Translation von K_2 parallel EE, die Wegstrecke ds_2 parallel EE; der wirkliche Weg ds des Punktes A in der Zeit dt ergiebt sich daher als Diagonale eines Parallelogramms von den Seiten ds_1 und ds_2. Aber alle für die verschiedenen Punkte des Körpers K_2 so konstruirten Parallelogramme sind kongruent und parallel.

Die gesuchte resultirende Elementarbewegung des Körpers K_2 ist also wieder eine Translationsbewegung, indem sämmtliche Punkte des Körpers K_2 in dem Zeitelement dt gleiche und parallele Wegstrecken ds beschreiben.

Die Geschwindigkeit v der resultirenden Bewegung, welche $= \dfrac{ds}{dt}$ ist, lässt sich ebenfalls als Diagonale eines Parallelogramms angeben. Reducirt man nämlich die Seiten des aus ds_1 und ds_2 konstruirten Parallelogramms auf den (dt)ten Theil, wodurch man $\dfrac{ds_1}{dt} = v_1$ und $\dfrac{ds_2}{dt} = v_2$ erhält, und konstruirt wieder ein Parallelogramm, so ist dessen Diagonale $= \dfrac{ds}{dt}$, also $= v$. Sollen daher zwei Translationen, welche durch ihre Geschwindigkeiten v_1 und v_2 in unzweideutiger Weise bestimmt sind, zusammengesetzt werden, so hat man nur die beiden Geschwindigkeiten v_1 und v_2 zur resultirenden Geschwindigkeit zusammenzusetzen (siehe No. 141), um sodann mit dieser die resultirende Translationsbewegung vollständig bestimmt zu erhalten.

Handelt es sich um die Zusammensetzung von mehr als zwei Translationen, so verfährt man in ähnlicher Weise, indem man die betreffenden Translationsgeschwindigkeiten zu einer Resultirenden vereinigt und damit die Geschwindigkeit der resultirenden Translation, also auch die letztere selbst, erhält.

264. Zusammensetzung einer Translation und einer Drehung. Wir wollen einen Körper K (Fig. 244) annehmen, welcher sich um die Achse C senkrecht zur Bildebene mit der Winkelgeschwin-

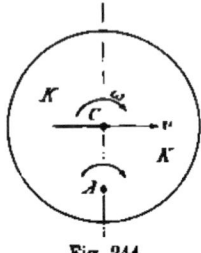

Fig. 244.

digkeit ω von links nach rechts drehe. Dabei sei aber die Drehachse nicht unbeweglich, vielmehr werde dieselbe mit einer Geschwindigkeit v parallel mit sich selbst in einer Richtung senkrecht zur Drehachse verschoben.

Würde der Körper K sich nicht drehen, so führte er in der durch die Geschwindigkeit v angegebenen Richtung eine Translationsbewegung aus. Unterbliebe dagegen die Bewegung der Achse, so handelte es sich lediglich um eine Drehung des Körpers um die Achse C. Um nun über die resultirende Elementarbewegung im vorliegenden Fall Aufschluss zu erhalten, nehmen wir auf der durch C senkrecht zur Translationsrichtung gezogenen Geraden einen Punkt A so an, dass

$$v = (CA)\cdot\omega$$

und der Punkt, welchen wir als dem Körper K angehörend oder doch als mit demselben fest verbunden uns zu denken haben, durch die Drehung um C eine der Translationsrichtung entgegengesetzte Bewegungsrichtung erhält. Wir haben also den Punkt A im Falle der Fig. 244 unter und nicht über dem Punkt C anzunehmen. Infolge der Translation käme der Punkt A in dem Zeitelement dt nach rechts um $v\cdot dt$, vermöge der Drehung um C nach links um $(CA)\omega\cdot dt$, da aber der Voraussetzung nach $v = (CA)\omega$, so bleibt der Punkt A während des Zeitelements dt thatsächlich in Ruhe.

Wie sich der Punkt A des Körpers K verhält, so verhält sich auch jeder andere Punkt desselben, welcher auf einer durch A parallel der Drehachse C gezogenen Geraden sich befindet, d. h. alle auf dieser Parallelen gelegenen Punkte des Körpers K bleiben während der Zeit dt in Ruhe. Daraus lässt sich aber sofort schliessen, dass die gesuchte resultirende Elementarbewegung eine Drehung um eine durch A gehende, der gegebenen Drehachse parallele Achse ist. Die Winkelgeschwindigkeit ω' der resultirenden Elementarbewegung erhält man, wie folgt:

Die wirkliche Elementarverschiebung eines auf der Achse C gelegenen Punktes B des Körpers K ist vdt. Diese Verschiebung

soll nun auch durch Drehung des Körpers K um die Parallelachse A mit der Winkelgeschwindigkeit ω' bewirkt werden; es
hat daher die Drehung um A, wie die gegebene Drehung um C,
ebenfalls im Sinne von links nach rechts zu erfolgen. Weiter
muss sein

$$v\,dt = (AC)\omega'\cdot dt \text{ oder } (CA)\omega\,dt = (AC)\omega'dt,$$
$$\text{womit } \omega' = \omega.$$

Würde die gegebene Drehachse nicht senkrecht stehen auf
der Translationsrichtung, so hätte man die gegebene Translation
in zwei andere zu zerlegen, von welchen die eine parallel der
Drehachse und die andere senkrecht zu derselben gerichtet ist.
Die letztere Translation setzte man dann mit der gegebenen
Drehung zusammen und erhielte als resultirende Bewegung eine
Drehung um eine Achse parallel der ersteren Translation. Der
Körper K würde sich also drehen um die eben gefundene Achse
und sich überdies nach dieser Achse verschieben, oder mit
anderen Worten: die resultirende Elementarbewegung des Kör-
pers K wäre eine Schraubenbewegung.

**255. Zusammensetzung zweier Drehungen um parallele
Achsen.** Wir nehmen einen rechteckigen Rahmen $C_1 C_1' C_2' C_2$
(Fig. 245) an, der sich um $C_2 C_2'$ mit der Winkelgeschwindigkeit ω_2
drehe. Auf $C_1 C_1'$ dagegen sei ein
Körper K aufgesteckt, welcher sich
um $C_1 C_1'$ mit der Winkelgeschwin-
digkeit ω_1 drehe. Man kann daher
sagen, der Körper K führe in einem
Zeitelement dt gleichzeitig zwei
Drehungen, eine Drehung um die
Achse $C_1 C_1'$ und eine solche um die
Achse $C_2 C_2'$ aus, und fragen: was
ist im vorliegenden Fall die resultirende Elementarbewegung?

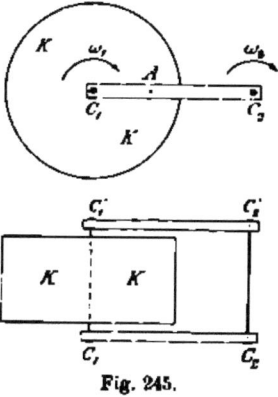

Fig. 245.

Zunächst wollen wir voraussetzen, dass die beiden Drehungen
im selben Sinn, nämlich von links
nach rechts erfolgen.

Auf der Geraden $C_1 C_2$ be-
stimmen wir zwischen C_1 und C_2 einen Punkt A so, dass man hat

$$\omega_1 (C_1 A) = \omega_2 (C_2 A) \text{ oder } \frac{AC_1}{AC_2} = \frac{\omega_2}{\omega_1}.$$

ieser Punkt A, welchen wir dem Körper K angehörend uns

denken, bleibt während des Zeitelements dt thatsächlich in Ruhe, weil derselbe vermöge der Drehung um $C_1C'_1$ eine Elementarverschiebung nach unten $=(C_1A)\omega_1 dt$, vermöge der Drehung um $C_2C'_2$ aber eine solche nach oben $=(C_2A)\omega_2 dt$, also in Wirklichkeit eine Elementarverschiebung $=0$ erhält, indem ja der Voraussetzung nach der Punkt A so angenommen ist, dass $(C_1A)\omega_1=(C_2A)\omega_2$. Die gesuchte resultirende Elementarbewegung ist mithin eine Drehung um eine Achse parallel den gegebenen Drehachsen, in der Ebene der letzteren und zwischen denselben so gelegen, dass $\omega_1(C_1A)=\omega_2(C_2A)$. Was ist nun die Winkelgeschwindigkeit ω' der resultirenden Drehung?

Wir denken uns einen Punkt B in fester Verbindung mit dem Körper K auf der Verlängerung von $C_2C'_2$ gelegen. Infolge der Drehung um die Achse C_1 ist $(BC_1)\omega_1 dt$ oder $(C_2C_1)\omega_1 dt$ die nach unten erfolgende Elementarverschiebung des Punktes B. Durch die Drehung um C_2 ergiebt sich für B keine Verschiebung, es ist daher die thatsächliche Elementarverschiebung des Punktes B $=(C_1C_2)\omega_1 dt$. Diese Verschiebung kann auch durch eine von links nach rechts mit der Winkelgeschwindigkeit ω' erfolgende Drehung um die Parallelachse A bewerkstelligt werden, wobei dann

$$(AB)\omega' \cdot dt = (C_1C_2)\omega_1 dt.$$

Da aber $C_1C_2 = C_1A + AC_2$ und $AB = AC_2$, so wird

$$(AC_2)\omega' = (C_1A + AC_2)\omega_1$$

$$\omega' = \omega_1 + \frac{C_1A}{AC_2}\cdot\omega_1 = \omega_1 + \frac{\omega_2}{\omega_1}\cdot\omega_1 = \omega_1 + \omega_2.$$

Die Winkelgeschwindigkeit ω' der resultirenden Drehung ist also gleich der Summe der Winkelgeschwindigkeiten der zusammenzusetzenden Drehungen und der Drehungssinn von ω' übereinstimmend mit demjenigen von ω_1 und ω_2.

Hätten die beiden zusammenzusetzenden Drehungen entgegengesetzten Drehungssinn, z. B. ω_1 von links nach rechts, ω_2 von rechts nach links, und wäre $\omega_1 > \omega_2$, so erhielte man den Punkt A, welcher während des Zeitelementes dt seine Lage trotz der beiden Drehungen nicht ändern soll, wieder auf C_1C_2, aber ausserhalb der Strecke C_1C_2 und zwar vorliegenden Falles links von C_1, wobei dann wieder

$$\omega_1 \cdot (AC_1) = \omega_2 (AC_2)$$

sein müsste.

In der That wären die Elementarverschiebungen des so bestimmten Punktes A infolge der beiden Drehungen um C_1 und

C_2 einander gleich und entgegengesetzt. Die resultirende Bewegung ergiebt sich also auch in diesem Fall als eine Drehung um eine Achse durch A parallel den gegebenen Drehachsen C_1 und C_2 und mit diesen in einer Ebene liegend. Was die Winkelgeschwindigkeit ω' der resultirenden Drehung betrifft, so erhält man diese wieder, wie folgt: Vermöge der Drehung um C_1 wird ein auf der Achse C_2 angenommener, mit dem Körper K fest verbundener Punkt B während der Zeit dt sich nach abwärts verschieben um das Stück $(C_1B)\omega_1 dt$. Dieselbe Elementarverschiebung soll aber auch durch die Drehung um die Parallelachse A erzielt werden. Die resultirende Drehung um A muss daher auch im Sinne von links nach rechts, d. h. im Sinne der grösseren Winkelgeschwindigkeit ω_1 erfolgen. Man hat also

$$(AB)\omega' dt = (C_1B)\omega_1 dt$$
$$\text{oder} \quad (AC_2)\omega' = (C_1C_2)\omega_1 = (AC_2 - AC_1)\omega_1,$$

$$\omega' = \left(1 - \frac{AC_1}{AC_2}\right)\omega_1 = \omega_1 - \frac{\omega_2}{\omega_1}\cdot\omega_1 = \omega_1 - \omega_2.$$

Im Falle $\omega_1 < \omega_2$ läge der Punkt A rechts von C_2.

Sind die Winkelgeschwindigkeiten ω_1 und ω_2 der zusammenzusetzenden Drehungen einander gleich und entgegengesetzt, so rückt der Punkt A ins Unendliche und es wird die resultirende Winkelgeschwindigkeit $\omega' = 0$. Eine Drehung um eine unendlich ferne Achse, welche in der durch die beiden Drehachsen C_1 und C_2 gelegten Ebene sich befindet, entspricht aber einer Translation senkrecht zu dieser Ebene. Um nun für diese Translation die Geschwindigkeit v zu erhalten, betrachten wir einen Punkt B des Körpers K, links von C_1 und in der Ebene der beiden Achsen C_1 und C_2 gelegen. Dieser Punkt B würde sich während der Zeit dt infolge der im Sinne von links nach rechts stattfindenden Drehung um die Achse C_1 über die Ebene C_1C_2 erheben um die Strecke $(BC_1)\omega_1 dt$, dagegen unter diese Ebene sich senken um $(BC_2)\omega_2 dt$ infolge der Drehung um die Achse C_2; B senkt sich daher thatsächlich unter die genannte Ebene um $(BC_2)\omega_2 dt - (BC_1)\omega_1 dt$, wenn die beiden Drehungen um C_1 und C_2 gleichzeitig erfolgen. Diese Senkung soll aber durch die resultirende Translation, welche demgemäss nach unten mit der Geschwindigkeit v erfolgt, ebenfalls bewerkstelligt werden, man hat daher

$$v \cdot dt = (BC_2)\,\omega_2 dt - (BC_1)\,\omega_1 dt, \text{ oder da } \omega_1 = \omega_2 = \omega$$
$$= (BC_2 - BC_1)\,\omega \cdot dt = (C_1C_2)\,\omega dt,$$

woraus $\quad v = (C_1C_2)\,\omega.$

Wäre die Drehung um die Achse C_1 von rechts nach links erfolgt und diejenige um die Achse C_2 von links nach rechts, so hätte sich als Erhebung des Punktes B über die Ebene der beiden Achsen C_1 und C_2 ergeben

$$(BC_2)\,\omega_2\,dt - (BC_1)\,\omega_1\,dt = (C_1 C_2)\,\omega\,dt,$$

womit sich die Geschwindigkeit v der nach oben gerichteten Translation ergeben hätte

$$v = (C_1 C_2)\,\omega.$$

256. Das Verfahren von Poinsot zur Zusammensetzung von Drehungen. Poinsot, welcher gezeigt hat, dass man Kräfte-paare zusammensetzen und zerlegen kann, wie Kräfte, wenn man die Kräftepaare in gewisser Weise graphisch darstellt, hat auch nachgewiesen, dass Drehungen sich ähnlich behandeln lassen. Angenommen, es liege die Drehung eines Körpers um

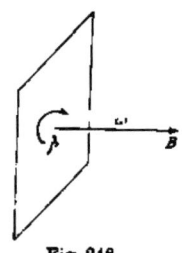

Fig. 246.

eine gegebene Achse mit einer gewissen Winkelgeschwindigkeit ω vor, so lässt sich Lage der Drehachse, Winkelgeschwindigkeit und Drehungssinn mit einem durch einen Pfeil AB (Fig. 246) festsetzen, indem die Lage des Pfeiles unmittelbar die Lage der Drehachse, die Länge des Pfeils die Winkel-geschwindigkeit ω angeben kann und die Richtung AB desselben dadurch den Drehungs-sinn anzudeuten vermag, dass man verlangt, es solle die darzustellende Drehung dem von B nach A blickenden Auge von links nach rechts erfolgend er-scheinen.

In der That ergiebt sich, dass, wenn man in den seither von uns behandelten Fällen der Zusammensetzung von Drehungen diese letzteren, wie angegeben, durch Pfeile darstellt, diese Pfeile als Kraftpfeile ansieht und die Resultante der durch die Pfeile angegebenen Kräfte bestimmt, der die Kraftresultante zum Aus-druck bringende Pfeil auch die gesuchte resultirende Drehung in unzweideutiger Weise angiebt. Dabei bemerken wir noch, dass in dem Fall von zwei Drehungen, die mit gleichen Winkel-geschwindigkeiten in entgegengesetztem Sinn um parallele Achsen erfolgen, wobei sich als resultirende Elementarbewegung eine Translation herausgestellt hat, ein Kräftepaar entsteht. Aber nicht bloss, wenn die Drehachsen parallel sind, sondern auch dann, wenn sich dieselben schneiden, liefert das Poinsot'sche Verfahren ein richtiges Resultat, wie sich nachstehend zeigt.

287. Zusammensetzung zweier Drehungen um Achsen, die sich schneiden. Drei Stäbe seien in ihren Endpunkten mit einander zu einem Dreieck ABC (Fig. 247) verbunden. Auf dem Stab AB sei ein starrer Körper K so aufgesteckt, dass sich derselbe um AB als Achse drehen kann. Während der Körper K sich mit der Winkelgeschwindigkeit ω_1 um die Achse AB dreht, drehe sich das ganze Dreieck ABC um die Achse AC mit der Winkelgeschwindigkeit ω_2. Man kann also sagen, der Körper K führe in dem Zeitelement dt gleichzeitig Drehungen um die beiden

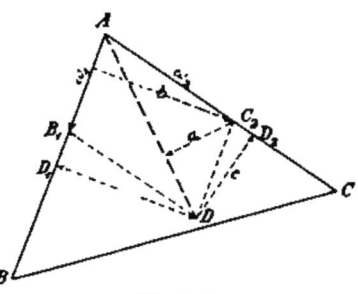

Fig. 247.

in A sich schneidenden Achsen AB und AC aus, und kann demgemäss sich die Aufgabe stellen, die resultirende Elementarbewegung des Körpers K zu ermitteln.

Der Punkt A bleibt unbeweglich, es wird daher die resultirende Bewegung in einer Drehung um eine durch A gehende Achse bestehen. Tragen wir nun von A aus auf den gegebenen Achsen die Stücke $AB_1 = \omega_1$ und $AC_2 = \omega_2$ nach der Seite hin ab, von welcher aus die betreffende Drehung angesehen, von links nach rechts erfolgend erscheint, und konstruiren das Parallelogramm $AB_1 DC_2 A$, so giebt die Diagonale AD dieses Parallelogramms die Achse der resultirenden Drehung, wie auch die Winkelgeschwindigkeit und den Drehungssinn derselben in unzweideutiger Weise an. Zum Beweise bestimmen wir die Elementarverschiebungen des mit dem starren Körper K in fester Verbindung gedachten Punktes D.

Infolge der Drehung um AB würde in der Zeit dt der Punkt D sich unter die Ebene ABC senken um $\omega_1 b\, dt$, infolge der Drehung um AC sich erheben über die genannte Ebene um $\omega_2 c \cdot dt$, also sich thatsächlich senken um $\omega_1 b\, dt - \omega_2 c\, dt$. Da aber die beiden Dreiecke $B_1 DD_1$ und $C_2 DD_2$ ähnlich sind und daher

$$\frac{b}{c} = \frac{\omega_2}{\omega_1} \quad \text{oder} \quad \omega_1 b = \omega_2 c,$$

so ist auch die Senkung $(\omega_1 b - \omega_2 c)\, dt$ des Punktes D unter die Ebene ABC Null, d. h. während der Zeit dt bleibt der dem starren Körper K angehörige Punkt D an derselben Stelle. Ebenso ist es bei dem mit dem Körper K in fester Verbindung gedachten

23*

Punkte A. Auch er ändert in dem Zeitelement dt seine Lage nicht. Wenn aber zwei Punkte A und D eines starren Körpers K bei einer Bewegung des letzteren in der Zeit dt ihre Lage nicht ändern, so kann die Bewegung des Körpers K während der Zeit dt nur in einer Drehung um die Achse AD bestehen.

Jetzt wären noch die Winkelgeschwindigkeit ω' und der Drehungssinn der resultirenden Drehung um die Achse AD festzusetzen. Zu dem Ende betrachten wir den mit dem starren Körper K in fester Verbindung gedachten Punkt C_2. Infolge der Drehung um die Achse AC behält der Punkt C_2 seine Lage bei, infolge der Drehung um die Achse AB dagegen senkt er sich unter die Ebene ABC in der Zeit dt um $b\omega_1 \cdot dt$. Dieselbe Senkung soll aber auch durch die Drehung um die Achse AD mit der Winkelgeschwindigkeit ω' bewerkstelligt werden. Es erfolgt daher thatsächlich die resultirende Drehung um AD im Sinne von links nach rechts, wenn man dieselbe in der Richtung von D gegen A hin betrachtet. Daraus erkennt man aber, dass durch die Richtung AD der Diagonale des Parallelogramms der Drehungssinn der resultirenden Drehung richtig angegeben ist. Was nun die Grösse der resultirenden Winkelgeschwindigkeit ω' betrifft, so wird dieselbe in folgender Weise bestimmt: die beiden Dreiecke ADB_1 und AC_2D sind an Inhalt einander gleich, man hat daher

$$\tfrac{1}{2}(AD)\cdot a = \tfrac{1}{2}\omega_1 \cdot b.$$

Vorhin fanden wir die Senkung des Punktes C_2 unter die Ebene ABC in der Zeit dt gleich $b\omega_1 dt$. Infolge der Drehung um die Achse AD senkt sich aber derselbe Punkt B_1 um $a\cdot\omega'\cdot dt$, es ist also

$$b\omega_1 \cdot dt = a\omega'\cdot dt; \qquad b\omega_1 = a\omega'.$$

Da aber $a\cdot(AD) = b\cdot\omega_1$, so ergiebt sich $\omega' = AD$.

Durch die Diagonale AD des Parallelogramms AB_1DC_2A ist daher die Achse, die Winkelgeschwindigkeit und der Drehungssinn der resultirenden Drehung vollständig festgesetzt. Damit hat man den Satz vom Parallelogramm der Drehungen zum Ausdruck gebracht. Wir können also thatsächlich Drehungen zusammensetzen und zerlegen, wie Kräfte, wenn man die Drehungen nach der Angabe Poinsot's graphisch darstellt.

258. Bewegung einer ebenen Figur in ihrer Ebene. In dem starren Körper K, dessen Bewegung in Betracht gezogen werden soll, nehmen wir drei nicht in gerader Linie liegende Punkte ABC an und verbinden diese durch Gerade zu einem Dreieck. Bewegt sich der Körper K, so führt auch das Dreieck ABC im Raume eine bestimmte Bewegung aus, und umgekehrt, wenn das Dreieck ABC sich bewegt, so ist dadurch die Bewegung des ganzen Körpers K bestimmt.

Wir wollen nun annehmen, dass bei der Bewegung des Dreiecks letzteres nicht aus seiner Ebene heraustrete.

Es sei $A_1 B_1 C_1$ (Fig. 248) die Lage des Dreiecks in irgend einem Augenblick und $A_2 B_2 C_2$ die Lage desselben nach Verfluss der Zeit t, dann kann das Dreieck stets durch Drehung um einen gewissen Punkt O seiner Ebene aus der ersten Lage in die zweite gebracht werden. Zur Bestimmung dieses Punktes O zieht man $A_1 A_2$ und $B_1 B_2$ und errichtet auf diesen Strecken die

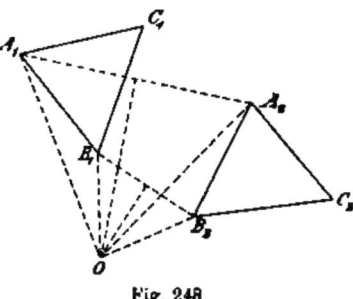

Fig. 248.

Mittellothe; dieselben schneiden sich in dem gesuchten Punkte O. Der Beweis folgt aus der Kongruenz der beiden Dreiecke $OA_1 B_1$ und $OA_2 B_2$.

In Wirklichkeit wird das Dreieck ABC in der Zeit t aus der Lage $A_1 B_1 C_1$ in die Lage $A_2 B_2 C_2$ im allgemeinen nicht durch eine einzige Drehung um den Punkt O gelangen und demgemäss die Bahnlinie irgend eines Punktes J des Dreiecks bei der Bewegung des letzteren auch nicht auf den aus O mit dem Halbmesser OJ beschriebenen Kreisbogen fallen, es stellt sich jedoch der Unterschied zwischen der wirklichen Bahnlinie des Punktes J und dem erwähnten Kreisbogen um so geringer heraus, je kleiner der Zeitabschnitt t ist, in welchem die Bewegung des Dreiecks in Betracht gezogen wird. Dieser Unterschied darf nicht mehr berücksichtigt werden, wenn t unendlich klein ist. Daraus geht hervor, dass die Elementarbewegung des Dreiecks ABC in jedem Augenblick als eine Drehung um einen gewissen Punkt angesehen werden kann. Dabei nennt man den betreffenden Drehpunkt den augenblicklichen Drehpunkt oder das Momentancentrum des Dreiecks, beziehungsweise der beweglichen ebenen Figur F, auf welcher das Dreieck ABC befestigt gedacht ist. Verbindet man einen beliebigen Punkt J der Fläche F mit dem augenblicklichen Drehpunkt O, so ist das in dem Zeitelement dt vom Punkte J bei der Bewegung der Fläche F beschriebene Element ds seiner Bahnlinie ein aus O mit dem Halbmesser OJ beschriebener Kreisbogen, es bildet also die Verbindungslinie

JO die Normale im Punkte J der Bahnlinie und lässt sich demgemäss der Satz aufstellen:

Die in irgend einem Augenblick auf den Bahnlinien der verschiedenen Punkte der Figur F in diesen Punkten errichteten Normalen schneiden sich alle in einem und demselben Punkte O, dem augenblicklichen Drehpunkt.

Da für den angenommenen Punkt J der Figur F die in der Zeit dt zurückgelegte Wegstrecke $ds = (OJ)d\varphi$ ist, wenn mit $d\varphi$ der Winkel bezeichnet wird, welchen der Fahrstrahl OJ in der Zeit dt beschreibt, so hat man für die Geschwindigkeit v des Punktes J in dem betreffenden Augenblick

$$v = \frac{ds}{dt} = \frac{(OJ)d\varphi}{dt} = (OJ)\omega,$$

wobei ω die Winkelgeschwindigkeit bedeutet, mit welcher die Drehung des Punktes J und damit auch die Drehung der ganzen Figur F zur betreffenden Zeit um den augenblicklichen Drehpunkt O erfolgt. Aus $v = (OJ)\omega$ geht dann hervor, dass v proportional OJ oder auch, dass die Geschwindigkeiten der verschiedenen Punkte der Figur in einem und demselben Augenblick sich verhalten wie die Entfernungen der Punkte vom augenblicklichen Drehpunkt.

Führt die Figur F und damit das Dreieck ABC eine Translationsbewegung aus, so fällt der augenblickliche Drehpunkt ins Unendliche, weil in diesem Falle bei der Elementarverschiebung des Dreiecks die Verbindungslinien $A_1 A_2$ und $B_1 B_2$ und ebenso die auf diesen Strecken errichteten Mittellothe, deren Durchschnittspunkt den augenblicklichen Drehpunkt liefert, parallel sind.

Diese Sätze finden vielfache Anwendungen. So z. B., wenn es sich darum handelt, die Bewegung der Schubstange eines Kurbelgetriebes zu bestimmen.

Bei dem Kurbelgetriebe bewegt sich der Endpunkt K (am Kreuzkopf) der Schubstange AK in einer Geraden, der Endpunkt A (am Kurbelzapfen) auf einem Kreis. Um nun für die gezeichnete Lage des Kurbelgetriebes (Fig. 249) die Beziehung zwischen der Winkelgeschwindigkeit ω der Welle C und der Geschwindigkeit v_1 des Kreuzkopfes K zu erhalten, bestimmen wir den augenblicklichen Drehpunkt O für den in einer Ebene senkrecht zur Wellenachse sich bewegenden Längenschnitt der Schubstange, indem wir auf den Bahnlinien der Punkte A und K die Normalen errichten und bis zu ihrem Durchschnittspunkt O verlängern. Diese Normalen sind aber: der von C nach A gezogene Halbmesser und die in

K auf der Geraden CK errichtete Senkrechte. Nach dem oben angegebenen Satz über das Verhältniss der Geschwindigkeiten zweier Punkte der bewegten Figur hat man nun im vorliegenden Fall, wenn v_1 die Geschwindigkeit des Kreuzkopfes und $r\omega$ die Geschwindigkeit des Kurbelzapfens A

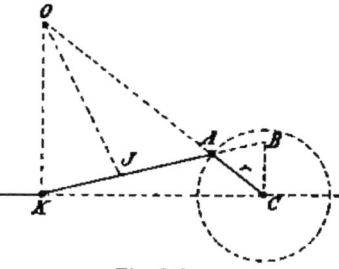

$$\frac{v_1}{r\omega} = \frac{OK}{OA}; \quad v_1 = \frac{OK}{OA} \cdot r\omega$$

oder wenn man den Durchschnittspunkt der verlängerten Geraden KA mit der auf CK in C errichteten Senkrechten mit B bezeichnet,

$$v_1 = \frac{CB}{r} \cdot r\omega = (CB) \cdot \omega.$$

Fig. 249.

Man kann also, wenn die Winkelgeschwindigkeit ω der Welle gegeben ist, für jede beliebige Lage des Kreuzkopfes K dessen Geschwindigkeit mit Leichtigkeit bestimmen. Aber auch für einen beliebigen Punkt J der Schubstange lässt sich die Geschwindigkeit v festsetzen, indem man den Punkt J mit dem augenblicklichen Drehpunkt verbindet und die Länge dieser Verbindungslinie angiebt. Man hat dann

$$\frac{v}{v_1} = \frac{OJ}{OK}.$$

259. Elementarbewegung eines um einen unbeweglichen Punkt drehbaren starren Körpers. Um Aufschluss über die Elementarbewegung des Körpers zu erhalten, betrachten wir wieder die Bewegung eines durch drei materielle Punkte $A_1 B_1 C$ des Körpers bestimmten Dreiecks, wobei wir den einen Eckpunkt C im unbeweglichen Drehpunkt des Körpers annehmen.

Bei der Elementarbewegung des Körpers gelangt das Dreieck ABC aus der Lage $CA_1 B_1$ in die unmittelbare Nachbarlage $CA_2 B_2$. Diese Ortsveränderung kann man aber auch dadurch bewerkstelligen, dass man das Dreieck durch Drehung um eine durch C gehende und senkrecht auf der Ebene $CA_1 A_2$ stehende Achse zunächst in eine Zwischenlage $CA_2 B_1'$ und damit CA_1 zur Deckung mit CA_2 bringt und dann erst das Dreieck durch Drehung um die Achse CA_2 in die Lage $CA_2 B_2$ versetzt. Denkt man sich diese beiden Drehungen statt nacheinander, gleichzeitig ausgeführt, so kann man dieselben, da sie um

Achsen erfolgen, welche beide durch den unbeweglichen Punkt C hindurchgehen, zu einer einzigen Drehung zusammensetzen, deren Achse ebenfalls durch C hindurchgeht Daraus ergiebt sich, dass jede Elementarbewegung eines um einen unbeweglichen Punkt drehbaren starren Körpers aufgefasst werden kann als eine Drehung um eine durch den festen Drehpunkt gehende Achse.

260. Elementarbewegung eines freien Körpers. Die allgemeinste Elementarbewegung eines freien Körpers ist eine Schraubenbewegung. Um dieses zu beweisen, nehmen wir an, dass das mit dem Körper K sich bewegende Dreieck ABC am Anfang eines Zeitelements dt sich in $A_1 B_1 C_1$ (Fig. 250) und am Ende

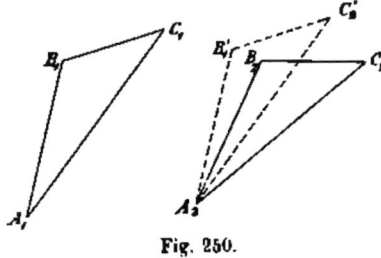

Fig. 250.

desselben sich in $A_2 B_2 C_2$ befinde und dass das Dreieck durch Translation zunächst in die parallele Zwischenlage $A_2 B'_1 C'_2$, hierauf durch Drehung um den Punkt A_2 in die Lage $A_2 B_2 C_2$ gebracht werde. Die letztere Drehung erfolgt, wie wir vorhin gefunden haben, um eine gewisse, durch den Punkt A_2

gehende Achse $A_2 A_2$. Somit handelte es sich vorliegenden Falles um eine Translation in der Richtung $A_1 A_2$ und eine darauffolgende Drehung um die Achse $A_2 A_2$. Denkt man sich diese beiden Bewegungen gleichzeitig vor sich gehend, so stellt die resultirende Bewegung die Elementarbewegung des Dreiecks ABC und damit auch des Körpers K vor. In No. 254 haben wir aber gesehen, dass bei der Zusammensetzung einer Drehung und einer Translation, deren Richtung nicht senkrecht steht auf der Drehachse, sich als resultirende Bewegung eine Schraubenbewegung ergiebt. Somit wäre thatsächlich die allgemeinste Elementarbewegung des Körpers K eine Schraubenbewegung und die freie Bewegung eines starren Körpers überhaupt als die Aufeinanderfolge solcher schraubenförmigen Elementarbewegungen anzusehen. Dabei nennt man die im allgemeinen sich in jedem Augenblick ändernde Schraubenachse die augenblickliche Achse der Drehung und Translation oder die Momentanachse.

261. Bestimmung der Momentanachse. Nach dem in No. 252 über die Schraubenbewegung Gesagten sind die Projektionen der Geschwindigkeiten sämmtlicher Punkte des bewegten starren Körpers auf die Momentanachse in einem und demselben Augenblick alle einander gleich. Bezeichnet man nun mit v_1, v_2, v_3 die gegebenen Geschwindigkeiten dreier nicht in einer Geraden liegenden Punkte A_1, A_2, A_3 des bewegten Körpers, zieht von einem beliebigen Punkte C des Raumes aus Strahlen parallel diesen Geschwindigkeiten, trägt auf diesen Strahlen die betreffenden Geschwindigkeiten v_1, v_2, v_3 ab, legt durch die Endpunkte D_1, D_2 D_3 dieser Strahlen eine Ebene E und fällt von C aus das Loth CE auf diese Ebene, dann ist die gesuchte Momentanachse parallel diesem Loth CE. Zieht man hierauf in der Ebene E die Geraden ED_1, ED_2, ED_3, so sind durch diese Strecken die Richtungslinien, sowie die Grössen der Komponenten von v_1, v_2, v_3 rechtwinklig zur Momentanachse ausgedrückt. Diese letzteren Komponenten sind aber nichts anderes als die bei der Drehung um die Momentanachse sich ergebenden Umfangsgeschwindigkeiten der Projektionen B_1, B_2, B_3 der Punkte A_1, A_2, A_3 des starren Körpers auf eine Ebene senkrecht zur Momentanachse, d. h. auf eine Ebene parallel der Ebene E. Projicirt man also die Punkte A_1, A_2, A_3 auf eine Ebene parallel der Ebene E und zieht durch die Projektionen B_1, B_2, B_3 dieser Punkte A Parallelen mit den Strahlen ED_1, ED_2, ED_3, errichtet auf den erwähnten Parallelen in den Punkten B_1, B_2, B_3 Lothe, so schneiden sich die letzteren in einem einzigen Punkte O, durch welchen die Momentanachse hindurchgeht. Damit ist die Lage der Momentanachse vollständig bestimmt.

§ 46.

Der Satz von der Bewegung des Schwerpunktes eines materiellen Systems.

262. Entwickelung des Satzes. Es seien

$$x_1 y_1 z_1; \qquad x_2 y_2 z_2; \qquad x_3 y_3 z_3; \cdot$$

die Koordinaten der einzelnen materiellen Punkte $m_1 m_2 m_3 \ldots$ des materiellen Systems; $R_1 R_2 R_3 \ldots$ die Beschleunigungs- oder Totalkräfte dieser materiellen Punkte;

$$X_1 Y_1 Z_1; \qquad X_2 Y_2 Z_2; \qquad X_3 Y_3 Z_3; \cdot$$

die Komponenten der Beschleunigungskräfte R nach den Koordinatenachsen, dann hat man für die Bewegungen der einzelnen materiellen Punkte die Gleichungen:

$$m_1 \frac{d^2 x_1}{dt^2} = X_1; \qquad m_1 \frac{d^2 y_1}{dt^2} = Y_1; \qquad m_1 \frac{d^2 z_1}{dt^2} = Z_1$$

$$m_2 \frac{d^2 x_2}{dt^2} = X_2; \qquad m_2 \frac{d^2 y_2}{dt^2} = Y_2; \qquad m_2 \frac{d^2 z_2}{dt^2} = Z_2$$

$$m_3 \frac{d^2 x_3}{dt^2} = X_3; \qquad m_3 \frac{d^2 y_3}{dt^2} = Y_3; \qquad m_3 \frac{d^2 z_3}{dt^2} = Z_3$$

Diese Gleichungen addirt, geben:

$$\left. \begin{aligned} m_1 \frac{d^2 x_1}{dt^2} + m_2 \frac{d^2 x_2}{dt^2} + \cdots &= X_1 + X_2 + \cdots = \Sigma X \\ m_1 \frac{d^2 y_1}{dt^2} + m_2 \frac{d^2 y_2}{dt^2} + \quad &= Y_1 + Y_2 + \cdot \quad = \Sigma Y \\ m_1 \frac{d^2 z_1}{dt^2} + m_2 \frac{d^2 z_2}{dt^2} + \cdots &= Z_1 + Z_2 + \quad = \Sigma Z \end{aligned} \right\} (1)$$

Bezeichnet man ferner die Koordinaten des Schwerpunktes C des materiellen Systems mit x_0, y_0, z_0 und die Gesammtmasse des Systems mit m, so finden bekanntlich die Gleichungen statt:

$$m x_0 = m_1 x_1 + m_2 x_2 + \cdots; \quad m y_0 = m_1 y_1 + m_2 y_2 + \cdot$$
$$m z_0 = m_1 z_1 + m_2 z_2 + \cdots$$

Diese Gleichungen, zweimal nach t abgeleitet, ergeben:

$$m \frac{d^2 x_0}{dt^2} = m_1 \frac{d^2 x_1}{dt^2} + m_2 \frac{d^2 x_2}{dt^2} + \cdots$$
$$m \frac{d^2 y_0}{dt^2} = m_1 \frac{d^2 y_1}{dt^2} + m_2 \frac{d^2 y_2}{dt^2} + \cdot$$
$$m \frac{d^2 z_0}{dt^2} = m_1 \frac{d^2 z_1}{dt^2} + m_2 \frac{d^2 z_2}{dt^2} + \cdots$$

und mit Berücksichtigung der Gleichungen (1)

$$m \cdot \frac{d^2 x_0}{dt^2} = \Sigma X; \qquad m \cdot \frac{d^2 y_0}{dt^2} = \Sigma Y; \qquad m \cdot \frac{d^2 z_0}{dt^2} = \Sigma Z$$

$$\frac{d^2 x_0}{dt^2} = \frac{\Sigma X}{m}; \qquad \frac{d^2 y_0}{dt^2} = \frac{\Sigma Y}{m} \qquad \frac{d^2 z_0}{dt^2} = \frac{\Sigma Z}{m} \cdots (2)$$

In den Ausdrücken $\Sigma X, \Sigma Y, \Sigma Z$ verschwinden die Projektionen der inneren Kräfte, indem sich dieselben gegenseitig aufheben; man kann daher den letzten Gleichungen den Satz entnehmen:

Der Schwerpunkt eines von den ausseren Kräften P_1, P_2... angegriffenen materiellen Systems bewegt sich wie ein von den parallel verschobenen Kräften P_1, P_2... angegriffener freier materieller Punkt, dessen Masse gleich der Gesammtmasse des ganzen Systems ist.

269. Bemerkungen zu diesem Satz. Wir haben in § 32 die Bewegung eines frei beweglichen schweren materiellen Punktes m bestimmt, welchem eine gewisse Anfangsgeschwindigkeit v_0 ertheilt wurde, und hierbei gefunden, dass dieser materielle Punkt eine Parabel beschreibt. Nehmen wir jetzt an, es werde ein schwerer Körper von der Masse m schief hinausgeworfen in der Weise, dass man dem Schwerpunkt des Körpers die Anfangsgeschwindigkeit v_0 ertheilt, so handelt es sich hier um die Bewegung eines materiellen Systems, bei welchem die äusseren Kräfte sich auf die Gewichte der einzelnen materiellen Punkte des Systems beschränken. Nach dem Satz von der Bewegung des Schwerpunktes eines materiellen Systems bewegt sich nun der Schwerpunkt des Körpers wie ein materieller Punkt von der Masse $\Sigma dm = m$, angegriffen von dem Gesammtgewicht $\Sigma dm \cdot g = mg$ des Körpers, d. h. wie der oben erwähnte schwere materielle Punkt m, der die Anfangsgeschwindigkeit v_0 erhalten hat. Sagt man also: ein schief hinausgeworfener Körper beschreibe eine Parabel, so ist streng genommen damit nur die Bewegung des Schwerpunktes des Körpers bezeichnet.

Platzt eine geworfene Bombe, wobei die Bruchstücke derselben nach allen Seiten hinausfliegen, so bilden diese Bruchstücke zusammen immer noch ein materielles System von der ursprünglichen Masse, weshalb auch der Schwerpunkt des Systems bei Vernachlässigung des Luftwiderstandes seine parabolische Bewegung so lange unverändert fortsetzt, als die einzelnen Bruchstücke unaufgehalten im Raume sich weiter bewegen.

Stösst aber irgend eines der Bruchstücke auf einen festen Körper, so wird dadurch die Bewegung des Schwerpunktes des Systems geändert. Die bei der Explosion der Bombe zur Wirkung kommenden Kräfte sind nämlich innere Kräfte, welche auf die Bewegung des Schwerpunktes keinen Einfluss haben. Sowie aber ein Bruchstück mit einem festen Körper zusammenstösst, tritt zu den äusseren, die Bewegung des Schwerpunktes des Systems bedingenden Kräften, welche bis dahin lediglich in den Gewichten der einzelnen Bruchstücke bestanden, noch der Widerstand des getroffenen Körpers als weitere äussere Kraft hinzu.

Noch einige andere Beispiele:

Unser Planetensystem ist in Anbetracht der ungeheuren Entfernung der Sterne, welche es umgeben, als ein nur inneren Kräften unterworfenes materielles System anzusehen, es befindet sich daher der Schwerpunkt des Systems entweder in Ruhe oder in geradliniger und gleichförmiger Bewegung.

Ebenso verhält sich der Schwerpunkt eines materiellen Systems, das von äusseren Kräften angegriffen wird, welche sich im Gleichgewicht befinden, oder auf ein Kräftepaar reduciren lassen.

Bewegt ein auf einem Schlitten stehender Mensch sich und den Schlitten vorwärts, mit Hilfe eines Spiesses, welchen er rückwärts schräg gegen den horizontalen Boden stemmt, so bewirkt lediglich die Horizontalkomponente des Bodenwiderstandes, der sich an der Spitze des Spiesses äussert, die Vorwärtsbewegung.

Beim Gehen ist es ebenso. Auch hier liefert wieder die Horizontalkomponente des am Fusse wirkenden Bodenwiderstandes die Kraft, welche die fortschreitende Bewegung hervorruft. Auf einem absolut glatten Boden wäre somit keine Horizontalbewegung des Schwerpunktes, also überhaupt keine Horizontalbewegung möglich.

Beim Rudern entwickelt sich zwischen Ruder und Wasser Druck und Gegendruck. Der bei der Rückwärtsbewegung der Ruder an letzteren auftretende Gegendruck des Wassers bewegt den Kahn vorwärts.

Bei diesen letzten Beispielen erkennen wir, wie zunächst durch innere Kräfte äussere hervorgerufen und sodann durch letztere Bewegungen bewirkt werden. Auch bei einer bewegten Lokomotive ist der Sachverhalt kein anderer. Hier liefert der Druck des Dampfes in den Cylindern, welcher sich sowohl auf die beweglichen Kolben, als auf den Boden der Cylinder äussert, die inneren Kräfte, welche bei der von ihnen bewirkten Umdrehung der Triebräder an den Berührungsstellen zwischen den Triebrädern und den Schienen Reibungswiderstände erzeugen, die dann an der Lokomotive als äussere Kräfte erscheinen und die Bewegung der Lokomotive auf dem Geleise veranlassen.

264. Bestimmung der grössten Zugkraft einer Lokomotive. Es handle sich um eine mit zwei gekuppelten Triebachsen versehene, auf horizontaler Bahn befindliche Lokomotive vom Gesammtgewicht Q. Dabei entfalle von Seiten des Eigengewichts der Lokomotive auf die vordere Triebachse die Belastung $2Q_1$ und auf die hintere die Belastung $2Q_2$, so dass die Triebräder je mit den Kräften Q_1 beziehungsweise Q_2 normal auf die Schienen aufgedrückt werden. Wären nun die Schienen absolut glatt, so würden die Triebräder durch den auf die Kolben in den beiden Dampfcylindern sich äussernden Dampfdruck einfach um ihre Achsen gedreht werden und es bliebe die Lokomotive stets auf derselben Stelle, da im vorliegenden Falle an ihr keine horizontalen äusseren Kräfte wirkten. Nimmt man aber Reibung zwischen den Triebrädern und den Schienen an, so ergeben sich in den Berührungsstellen zwischen Triebrädern und Schienen an den Triebrädern ausser den Normalwiderständen N auch Tangentialwiderstände T. Diese Tangentialwiderstände können aber nicht grösser werden als μN, wobei N der betreffende Normaldruck und μ der Reibungskoefficient.

Somit wären die äusseren, an der Lokomotive auftretenden Kräfte:

1. das Gesammtgewicht der Lokomotive,
2. die vertikal aufwärts gerichteten Normalwiderstände des Geleises,
3. die an den Umfängen der Triebräder wirkenden horizontalen Reibungswiderstände T.

Da nun der Schwerpunkt der Lokomotive sich so bewegt, wie wenn die ganze Masse der Lokomotive in ihm vereinigt wäre und an dem so bestimmten materiellen Punkt die sämmtlichen äusseren, an der Lokomotive thätigen Kräfte unmittelbar wirkten, so erhält man als grössten Werth der Kraft P, welche die Horizontalbewegung des Schwerpunktes der Lokomotive und damit der Lokomotive selbst, verursacht:

$$P_m = \Sigma T_m = \Sigma \mu N = 2\mu Q_1 + 2\mu Q_2 = \mu(2Q_1 + 2Q_2) = \mu Q',$$

wobei Q' die gesammte Belastung der Triebachsen oder das sogenannte Adhäsionsgewicht der Lokomotive bedeutet. Die Kraft P und damit die Zugkraft der Lokomotive kann also nicht grösser als $\mu Q'$ werden.

265. Veränderlicher Druck eines schweren Körpers auf eine horizontale Unterlage. Auf einer festen, horizontalen Unterlage stehe ein hohler Cylinder, in dessen Innerem sich ein luftdicht schliessender, beweglicher Kolben befindet. In dem Hohlraum des Cylinders unterhalb des Kolbens sei zusammengepresste Luft, deren Druck auf den Kolben dem Gewicht des letzteren das Gleichgewicht halte. Das vom Cylinder, dem Kolben und der eingeschlossenen Luft gebildete materielle System habe seinen Schwerpunkt in C. Die an dem System wirkenden äusseren Kräfte sind, wenn man vom Druck der äusseren Luft absieht und dementsprechend bei der im Cylinder eingeschlossenen Luft nur den Ueberdruck in Betracht zieht, das Eigengewicht Q des ganzen materiellen Systems und der Gegendruck N der Unterlage des Cylinders. Verharrt nun der Schwerpunkt C des Systems stets in der gleichen Lage, so müssen auch die äusseren, nach C parallel verschobenen Kräfte sich im Gleichgewicht halten, d. h. es muss sein:

$$N = Q$$

oder mit anderen Worten: Bei ruhendem Schwerpunkt des materiellen Systems ist der Druck des letzteren auf die Unterlage gleich seinem Eigengewicht.

Wird jetzt die in dem Cylinder eingeschlossene Luft erwärmt, so treibt sie den Kolben und damit den Schwerpunkt des ganzen Systems in die Höhe. Hierbei bleiben aber die äusseren am System wirkenden Kräfte nach wie vor vertreten durch das Eigengewicht Q des Systems und den Gegendruck N der Unterlage. Berücksichtigt man nun wieder den Satz von der Bewegung des Schwerpunktes, so muss, so lange eine beschleunigte Aufwärtsbewegung des Schwerpunktes stattfindet, auch eine aufwärts gerichtete Beschleunigungskraft R an der im Schwerpunkt angenommenen Gesammtmasse des Systems wirken, d. h. es muss in diesem Fall, da $R = N - Q$ ist, $N > Q$ und damit der Druck des Cylinders auf die Unterlage grösser als das Eigengewicht des materiellen Systems sein.

Bewegte sich dagegen der Schwerpunkt des Systems beschleunigt abwärts, so ergiebt der Satz von der Bewegung des Schwerpunktes $N < Q$.

Dementsprechend lässt sich behaupten: Sitzt ein Mensch ruhig auf einem Stuhl, so ist der Gesammtdruck auf den Boden gleich dem Gewicht des Menschen + dem Gewicht des Stuhles. Erhebt sich aber der Mensch vom Stuhle, frei oder auch sich stützend auf den Stuhl, so wird der Gesammtdruck auf den Boden vorübergehend grösser. Der umgekehrte Fall dagegen tritt ein, wenn ein Mensch, der vorher stand, sich auf einen Stuhl niedersetzt.

Ein weiteres Beispiel: Auf einem Gerüste ruht eine Last Q. n Arbeiter vom Gesammtgewicht G legen Hand an die Last und heben sie in die Höhe. Dem Satz von der Bewegung des Schwerpunktes entsprechend ist wieder der Druck auf die Unterlage, d. h. das Gerüst, grösser als die Gesammtlast $Q + G$, so lange der Schwerpunkt des Systems (Last und Arbeiter zusammen) in beschleunigter Aufwärtsbewegung begriffen ist.

Suchen wir uns jetzt auch Rechenschaft darüber abzulegen,

um wie viel der Druck auf den Boden beim Heben der Last zunimmt.

Ist P' die grösste Kraft, welche ein Arbeiter auf die emporzuhebende Last Q auszuüben vermag, so muss sein, wenn die Last überhaupt sich aufwärts bewegen soll:

$$n P' > Q \quad \text{oder} \quad P' = \frac{Q}{n} + \varDelta P = P_0 + \varDelta P.$$

In dem Augenblick, in welchem die Arbeiter in gebückter Stellung Hand an die Last legen, ist der Druck N des materiellen Systems auf den Boden $= Q + G$, wobei der Theil Q dieses Druckes in der Berührungsfläche zwischen der Last und ihrer Unterlage, und der Theil G desselben durch die Füsse der Arbeiter auf den Boden ausgeübt wird. Bethätigen sodann die Arbeiter an der Last je die Kraft $P < P_0$, so tritt noch keine Bewegung des Systems ein, der Druck auf den Boden ist immer noch $N = Q + G$, er wird aber jetzt anders auf den Boden übertragen, als zuvor, insofern die Last Q nur noch den Druck $Q - nP$ auf den Boden ausübt, während der Druck, welchen der Boden von den Füssen der Arbeiter erfährt $= G + nP$ ist. Hat die Kraft P den Werth P_0 erreicht, so wird die Gesammtlast lediglich durch die Füsse der Arbeiter auf den Boden übertragen. Uebersteigt hierauf P den Werth P_0, so tritt eine Aufwärtsbewegung der Last Q und damit auch eine Aufwärtsbewegung des bis dahin ruhenden Schwerpunktes des gesammten materiellen Systems ein. Würde hierbei nur der Schwerpunkt der Last Q sich heben, so ergäbe sich, wenn von jedem der n Arbeiter die auf die Last Q ausgeübte Kraft P den Maximalwerth P' angenommen hätte, als Druck des materiellen Systems auf den Boden:

$$N = G + nP' = G + Q + n \cdot \varDelta P,$$

indem der Arbeiter, welcher auf die Last Q die Kraft P' ausübt, von dieser Last den Gegendruck P' erfährt und diesen Gegendruck P' auf den Boden überträgt.

In Wirklichkeit ist aber der Druck auf den Boden noch etwas grösser, da ja mit dem Emporsteigen der Last Q zugleich auch der Schwerpunkt jedes Arbeiters sich hebt. Der Arbeiter erfährt von Seiten der emporbewegten Last Q die äussere Kraft P'; sein Eigengewicht beträgt $\frac{G}{n}$, somit wäre der Druck des Arbeiters auf den Boden bei ruhendem Schwerpunkt $= \frac{G}{n} + P'$, bei emporsteigendem Schwerpunkt aber $> \frac{G}{n} + P'$ und demgemäss der gesammte Druck N, welchen der Boden erfährt, wenn n Arbeiter je mit der Kraft P' die Last Q in die Höhe heben

$$N > G + nP' \quad \text{oder} \quad N > G + Q + n \cdot \varDelta P.$$

§ 47.

Erläuterungen betreffend die Bestimmung der Bewegung eines freien starren Körpers, welcher von gegebenen Kräften angegriffen wird.

266. Zurückführung der relativen Bewegung eines materiellen Systems auf eine absolute. Die Bewegung eines materiellen Systems ist aufzufassen als die Gesammtheit der Bewegungen der einzelnen materiellen Punkte, aus welchen das System besteht. Wenn nun das Koordinatensystem, auf welches die Bewegung des materiellen Systems bezogen wird, selbst eine Bewegung besitzt, so handelt es sich in diesem Falle um eine relative Bewegung des materiellen Systems. Da aber die relative Bewegung eines einzelnen materiellen Punktes auf eine absolute zurückgeführt werden kann, indem man zu den thatsächlich am materiellen Punkt wirkenden Kräften noch gewisse, von der Bewegung des Koordinatensystems abhängige Ergänzungskräfte hinzufügt, so lässt sich auch bei der relativen Bewegung eines materiellen Systems von der Bewegung des Koordinatensystems, auf welches sich die relative Bewegung bezieht, ganz absehen, wenn man an sämmtlichen einzelnen materiellen Punkten des Systems noch die betreffenden, in Kapitel 9 festgesetzten Ergänzungskräfte anbringt.

267. Weitere Bemerkungen. Nimmt man den Schwerpunkt eines starren Körpers als Reduktionscentrum der äusseren, am Körper wirkenden Kräfte P an, so kann man diese letzteren ersetzen durch die im Schwerpunkt des Körpers wirkende Reduktionsresultante R_0 und ein resultirendes Kräftepaar M. Die Reduktionsresultante ist aber nichts anderes, als die Resultante der parallel mit sich selbst in das Reduktionscentrum, also in den Schwerpunkt des Körpers verschobenen äusseren Kräfte P. Demgemäss bewegt sich auch nach dem Satze von der Bewegung des Schwerpunktes eines materiellen Systems der Schwerpunkt des starren Körpers wie ein materieller Punkt, der von der Reduktionsresultanten R_0 angegriffen wird und eine Masse besitzt gleich derjenigen des starren Körpers. Sind also in jedem Augenblick die äusseren Kräfte P gegeben, so kann auch die Bewegung des Schwerpunktes des starren Körpers bestimmt werden. Nimmt man jetzt den Schwerpunkt des Körpers als Ursprung eines rechtwinkligen Koordinatensystems an, dessen Achsen sich bei der Bewegung des Schwerpunktes parallel bleiben, so wird ein an der Bewegung des Koordinatensystems unbewusst theilnehmender Beobachter glauben, der Schwerpunkt des Körpers sei in Ruhe und es drehe sich der Körper um seinen Schwerpunkt. Diese Drehung um den Schwerpunkt stellt daher eine relative Bewegung vor bezogen auf ein Koordinatensystem, welches eine Translationsbewegung ausführt. In diesem Falle darf man aber nach früherem von der Bewegung des Koordinatensystems absehen und die Bewegung des materiellen Systems als eine absolute betrachten, wenn man an jedem materiellen Punkt dm des Systems noch eine Ergänzungskraft anbringt, welche der betreffenden Führungskraft des materiellen Punktes gleich und direkt entgegengesetzt gerichtet ist. Da aber bei einer Translation in einem und demselben Zeitelement dt die Geschwindigkeiten v und Beschleunigungen p aller materiellen Punkte des Systems je die gleichen sind, so sind auch die Ergänzungskräfte $dm \cdot p$ alle parallel und gleich gerichtet. Dieselben ergeben daher zusammengesetzt eine durch den Schwerpunkt des Systems hindurchgehende Resultante. Letztere hat aber keinen Einfluss auf die Drehung des Systems um seinen Schwerpunkt, somit dürfen wir auch bei bewegtem Schwerpunkt die Drehung des Körpers um seinen Schwerpunkt so behandeln, wie wenn letzterer festgehalten und der Körper von dem Kräftepaar M angegriffen wäre. Die wirkliche Bewegung des von den äusseren Kräften P angegriffenen freien Körpers besteht demgemäss in jedem Augenblick im allgemeinen aus einer Translationsbewegung und einer Drehung um eine durch den Schwerpunkt O des Körpers gehende Achse. Setzt man daher die beiden genannten, während eines Zeitelementes dt stattfindenden Elementarbewegungen zusammen, wodurch man nach No. 254 eine Schraubenbewegung erhält, so muss letztere übereinstimmen mit der während des Zeitelementes dt um die Momentanachse erfolgenden schraubenförmigen Elementarbewegung des Körpers.

§ 48.

Das sogenannte d'Alembert'sche Princip [1]) und seine Anwendungen.

268. Entwickelung des Princips. Wir nehmen ein materielles System an, dessen einzelne mit einander in irgend welcher Einwirkung stehende materielle Punkte mit m_1, m_2, m_3 .. bezeichnet werden. Für diese materiellen Punkte seien die Beschleunigungskräfte R_1, R_2, R_3 ... Eine Kraft R' gleich und direkt entgegengesetzt der Beschleunigungskraft R eines materiellen Punktes m nannten wir früher die Trägheitskraft des materiellen Punktes. Fügt man nun bei einem materiellen Punkt zu den thatsächlich an ihm wirkenden Kräften (äusseren und inneren) noch die Trägheitskraft des materiellen Punktes hinzu, so versetzt man damit den letzteren ins Gleichgewicht. Bringt man daher an sämmtlichen materiellen Punkten m_1, m_2 . . des bewegten Systems die betreffenden Trägheitskräfte an, so kommt dadurch das ganze System ins Gleichgewicht. Aber die paarweise im System auftretenden inneren Kräfte sind für sich im Gleichgewicht und heben sich auf, es halten somit die äusseren Kräfte und die Trägheitskräfte sich im Gleichgewicht.

Damit ist das sogenannte d'Alembert'sche Princip ausgesprochen, welches für die Mechanik von der grössten Bedeutung ist. Dasselbe ermöglicht, Aufgaben der Kinetik auf solche der Statik zurückzuführen.

Zur weiteren Klarstellung des d'Alembert'schen Princips sollen die folgenden Anwendungen dienen.

269. Bewegung einer Reihe mit einander verbundener Massen. Es soll unter Berücksichtigung der Reibung an der horizontalen Auflageebene und Vernachlässigung der Zapfenreibung bei der Rolle C die Bewegung des in Fig. 251 angedeuteten Massensystems bestimmt werden.

Entsprechend dem in No. 268 Bemerkten hat man, um das Gleichgewicht des materiellen Systems herbeizuführen, an den sämmtlichen materiellen Punkten des bewegten Systems noch die betreffenden Trägheitskräfte anzubringen. Zum bewegten System gehört aber alles, was sich zusammen bewegt, also die Massen

---

[1]) Das d'Alembert'sche Princip ist kein Grundprincip der Mechanik; „Princip" ist hier, wie auch in den §§ 50 und 51 lediglich in der Bedeutung von „Satz" aufzufassen.

m, m_1 und m_2, sodann die Masse des Verbindungsseiles und diejenige der sich drehenden Rolle C. Indessen wollen wir vorliegenden Falles zur Vereinfachung der Aufgabe die beiden letztgenannten Massen vernachlässigen.

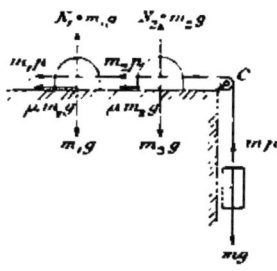

Die vertikal abwärts sich bewegende Masse m habe zur Zeit t die Beschleunigung p, es ist daher die Beschleunigungskraft derselben $R = mp$ vertikal abwärts gerichtet, die Trägheitskraft $E' = mp$ dagegen vertikal aufwärts. Die beiden Massen m_1 und m_2 besitzen zur Zeit t ebenfalls die Beschleunigung p, ihre Beschleunigungskräfte R_1 und R_2 sind damit

$$R_1 = m_1 p \quad \text{und} \quad R_2 = m_2 p$$

horizontal von links nach rechts wirkend, die Trägheitskräfte E'_1 und E'_2 entgegengesetzt.

Indem man nun zu den thatsächlich am System wirkenden Kräften noch die Trägheitskräfte E', E'_1 und E'_2 hinzufügt, stellt man damit das Gleichgewicht des ganzen Systems her. Bei dem im Gleichgewicht befindlichen System hat man aber

$$mg - mp = \mu m_1 g + m_1 p + \mu m_2 g + m_2 p$$
$$\text{oder} \quad p(m + m_1 + m_2) = mg - \mu m_1 g - \mu m_2 g,$$
$$\text{woraus} \quad p = g \cdot \frac{m - \mu m_1 - \mu m_2}{m + m_1 + m_2}.$$

Die Beschleunigung des Systems ist also konstant und die Bewegung eine gleichförmig beschleunigte.

270. Die Spannungen in den Verbindungsstangen zwischen den einzelnen Wagen eines Eisenbahnzuges. Es handle sich zunächst um die Stabspannungen beim Anfahren des Zuges. Ist

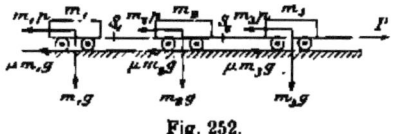

Fig. 252.

hierbei P die Zugkraft der Lokomotive und μ der Widerstandskoefficient der Bahn, so hat man, nachdem die Trägheitskräfte an sämmtlichen Wagen des Zuges angebracht worden sind,

$$P = m_1 p + \mu m_1 g + m_2 p + \mu m_2 g + \cdots,$$

woraus sich die Beschleunigung p des Zuges ergiebt:

$$p = \frac{P - \mu g \left(m_1 + m_2 + \cdots\right)}{m_1 + m_2 + \cdots}$$

Nun folgt aus dem Gleichgewicht des hintersten Wagens m_1, wenn die Verbindungsstange zwischen m_1 und m_2 durchschnitten und dafür an der Schnittstelle die Spannkraft S_1 angebracht ist:

$$S_1 = m_1 p + \mu m_1 g.$$

Schneidet man dagegen die Verbindungsstange zwischen m_2 und m_3 durch, so ergiebt das Gleichgewicht des Systems der beiden Massen m_1 und m_2:

$$S_2 = m_1 p + \mu m_1 g + m_2 p + \mu m_2 g,$$

also $S_2 > S_1$ u. s. f. Ueberhaupt nehmen die Spannungen S der Verbindungsstangen gegen die Lokomotive hin zu.

Hat der Zug die vorschriftsmässige gleichmässige Bewegung erlangt, so ist von da an $p = 0$ und es sind, wie aus den Gleichungen für die Stabspannungen S hervorgeht, nunmehr diese Spannkräfte S wesentlich geringer.

271. Bremsberg. Unter einem Bremsberg versteht man im Bergbau eine geneigte, mit zwei Geleisen versehene Ebene, auf deren einem Geleise die beladenen Wagen vermöge ihres Eigengewichts sich abwärts bewegen und gleichzeitig mittels eines Seiles, das um eine mit einer Bremsvorrichtung versehene Seilscheibe sich windet, die leeren Wagen auf dem anderen Geleise in die Höhe ziehen.

Ob nun die beiden Geleise auf der gleichen schiefen Ebene

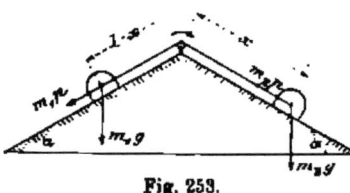

Fig. 253.

oder wie in Fig. 253 auf zwei schiefen Ebenen von gleicher Horizontalneigung sich befinden, ist bei Bestimmung der Bewegung des in Betracht kommenden Massensystems gleichgiltig.

Unter Zugrundelegung des in Fig. 253 angedeuteten Falles wollen wir zunächst bei dem bewegten Massensystem nur die beiden Massen m_1 und m_2 berücksichtigen, auch von sämmtlichen Reibungswiderständen absehen.

Ist p die Beschleunigung des Massensystems zur Zeit t, so sind $m_1 p$ und $m_2 p$ die zur Herbeiführung des Gleichgewichts an den beiden Massen m_1, beziehungsweise m_2 anzubringenden Trägheitskräfte. Mit diesen erhält man:

$$m_2 g \sin \alpha - m_2 p = m_1 g \sin \alpha + m_1 p,$$

$$\text{woraus} \quad p = g \sin \alpha \cdot \frac{m_2 - m_1}{m_2 + m_1},$$

also eine gleichförmig beschleunigte Bewegung des Massensystems. Weniger einfach wird dagegen die Sache, wenn man zum bewegten Massensystem auch noch die Masse des Seiles rechnet. In diesem Falle werden wir in folgender Weise vorgehen:

Es sei zur Zeit t die Lage des bewegten Massensystems, wie in Fig. 253 angegeben,

l die gesammte Länge des die beiden Massen m_1 und m_2 verbindenden Seiles und

q das Gewicht der Längeneinheit dieses Verbindungsseiles.

Damit erhält man, nach Anbringung der Trägheitskräfte, als Gleichgewichtsbedingung für das Massensystem:

$$m_2 g \sin \alpha + q x \sin \alpha - \frac{q}{g} x \cdot p - m_2 p =$$

$$= m_1 g \sin \alpha + q(l - x) \sin \alpha + \frac{q}{g}(l - x) p + m_1 p$$

woraus: $p\left(\frac{q}{g} l + m_1 + m_2\right) = [m_2 g - m_1 g + q(2x - l)] \sin \alpha$

oder wenn man die gesammte in Bewegung befindliche Masse mit m bezeichnet:

$$p \cdot m = [m_2 g - m_1 g + q(2x - l)] \sin \alpha$$

$$p = \frac{d^2 x}{dt^2} = \frac{m_2 g - m_1 g + q(2x - l)}{m} \cdot \sin \alpha . \tag{1}$$

Setzt man

$$m_2 g - m_1 g + q(2x - l) = y \tag{2}$$

und leitet zweimal nach t ab, wodurch man erhält:

$$q \cdot 2 \cdot \frac{dx}{dt} = \frac{dy}{dt} \quad \text{und} \quad q \cdot 2 \cdot \frac{d^2 x}{dt^2} = \frac{d^2 y}{dt^2}; \quad \frac{d^2 x}{dt^2} = \frac{1}{2q} \cdot \frac{d^2 y}{dt^2},$$

so geht die Gleichung für p oder $\dfrac{d^2 x}{dt^2}$ über in:

$$\frac{1}{2q} \cdot \frac{d^2 y}{dt^2} = \frac{y}{m} \sin \alpha$$

und mit $\dfrac{2q \sin \alpha}{m} = a^2$, $\dfrac{d^2 y}{dt^2} = a^2 \cdot y.$

Die Grundlehren der Kinetik materieller Systeme.

Aus dieser Gleichung erhält man bekanntlich durch zwei-malige Integration:

$$y = A \cdot e^{at} + B \cdot e^{-at} \qquad (3)$$

unter A und B die beiden Integrationskonstanten verstanden. Leitet man diese Gleichung nach t ab, so ergiebt sich:

$$\frac{dy}{dt} = a \left(A \cdot e^{at} - B \cdot e^{-at} \right)$$

oder wenn man die Geschwindigkeit des Massensystems zur Zeit t mit v bezeichnet,

$$v = \frac{dx}{dt} = \frac{1}{2q} \cdot \frac{dy}{dt} = \frac{a}{2q} \left(A \cdot e^{at} - B \cdot e^{-at} \right).$$

Ist zur Zeit 0 die Geschwindigkeit $v = 0$ und ebenso $x = 0$, so liefert die letzte Gleichung

$$0 = A - B; \qquad B = A.$$

Mit $x = 0$ erhält man aber für y den Werth

$$y = m_2 g - m_1 g - ql$$

und demgemäss aus Gleichung (3), wenn darin $t = 0$ gesetzt wird,

$$m_2 g - m_1 g - ql = A + B = 2A,$$

womit $\quad A = \frac{1}{2}(m_2 g - m_1 g - ql) \qquad (4)$

$$v = \frac{a \cdot A}{2q}(e^{at} - e^{-at}) = \frac{a^2}{2q} \cdot A \cdot \frac{e^{at} - e^{-at}}{a} \quad \text{oder}$$

$$v = \frac{\sin a}{m} \cdot A \cdot \frac{e^{at} - e^{-at}}{a} = \frac{(m_2 g - m_1 g - ql)\sin a}{2m} \cdot \frac{e^{at} - e^{-at}}{a} \cdots (5)$$

Setzt man schliesslich noch in Gleichung (3) den Werth von y aus Gleichung (2) und den Werth von $A = B$ aus Gleichung (4) ein, so erhält man eine Beziehung zwischen x und t, d. h. für den materiellen Punkt m_2 die Gleichung der Bewegung in der Bahn.

272. Lasten an einer Rollenverbindung. An der losen Rolle C_1 (Fig. 254) hänge eine schwere Masse m_1 und am freien Seilende A eine Masse m_2. Letztere habe das Uebergewicht, infolge dessen eine Bewegung der Massen eintritt. Diese Bewegung soll bestimmt werden unter Vernachlässigung der Masse der Rollen und des Seiles, sowie der Zapfenreibung und der Seilsteifigkeit.

Ist $p_1 = \dfrac{dv_1}{dt}$ die Beschleunigung der vertikal aufwärts sich bewegenden Masse m_1 und $p_2 = \dfrac{dv_2}{dt}$ die Beschleunigung der abwärts gehenden Masse m_2, dann liefert das durch die betreffenden Trägheitskräfte $m_1 p_1$ und $m_2 p_2$ hergestellte Gleichgewicht des Massensystems, wenn S die Spannkraft des Seiles

$$S = m_2 g - m_2 p_2$$
und $$2 S = m_1 g + m_1 p_1 \qquad (1)$$

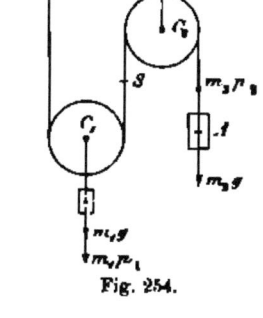
Fig. 254.

Bewegt sich die Masse m_2 in der Zeit dt um ds_2 abwärts, so steigt die Masse m_1 in derselben Zeit um ds_1 aufwärts. Nun hat man aber

$$ds_2 = 2 ds_1,$$

also $$\frac{ds_2}{dt} = 2 \cdot \frac{ds_1}{dt} \quad \text{oder} \quad v_2 = 2 v_1$$

und damit

$$\frac{dv_2}{dt} = 2 \cdot \frac{dv_1}{dt}; \quad p_2 = 2 p_1.$$

Berücksichtigt man dies und eliminirt aus den Gleichungen (1) die Spannkraft S, so erhält man:

$$2 (m_2 g - 2 m_2 p_1) = m_1 g + m_1 p_1,$$
woraus $$p_1 = g \cdot \frac{2 m_2 - m_1}{4 m_2 + m_1}.$$

Die Bewegung ist also eine gleichförmig beschleunigte.

278. Die Atwood'sche Fallmaschine. Dieselbe kann dazu dienen, die Bewegungsgesetze fallender Körper nachzuweisen; sie besteht im wesentlichen aus einer kreiscylindrischen Scheibe (Fig 255), drehbar um ihre in horizontaler Lage angenommene Achse, um welche Scheibe ein Faden geschlungen ist, der in seinen Enden Gewichte $Q_1 = m_1 g$ und $Q_2 = m_2 g$ trägt.

Ist $Q_1 > Q_2$ und p die Beschleunigung der Masse m_1 vertikal abwärts, so ergiebt sich für m_1 die Trägheitskraft $R'_1 = m_1 p$ vertikal aufwärts gerichtet und für m_2 die Trägheitskraft $R'_2 = m_2 p$ vertikal abwärts gerichtet. Zum bewegten Systeme gehört aber auch die rotirende Scheibe, es müssen daher auch an den einzelnen materiellen Punkten dieser Scheibe die Trägheitskräfte ange-

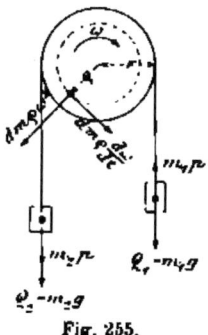
Fig. 255.

bracht werden, wenn das ganze materielle System ins Gleichgewicht versetzt werden soll. Um nun für ein im Abstand ϱ von der Drehachse gelegenes Massenelement dm der Scheibe die Trägheitskraft zu erhalten, hat man aus der stattfindenden Bewegung des betrachteten Elements zunächst die Beschleunigungskraft zu ermitteln. Thatsächlich beschreibt der materielle Punkt dm bei einer Umdrehung der Scheibe einen Kreis vom Halbmesser ϱ. Ist daher in irgend einem Augenblick die Geschwindigkeit des materiellen Punktes dm in seiner Bahn $= v$ und demgemäss seine Bahnbeschleunigung $= \dfrac{dv}{dt}$, so ergiebt sich die Beschleunigungkraft des materiellen Punktes in dem betreffenden Augenblick als Resultante aus der Tangentialkraft $dm \cdot \dfrac{dv}{dt}$ und der Centripetalkraft $dm \cdot \dfrac{v^2}{\varrho}$ und demgemäss die Trägheitskraft als die Resultante aus der entgegengesetzten Tangentialkraft und der entgegengesetzten Centripetalkraft, oder der Centrifugalkraft.

Bezüglich der Ausdrücke für die Tangentialkraft und die Centrifugalkraft ist zu bemerken, dass man bei rotirenden Körpern stets die Winkelgeschwindigkeit $\omega = \dfrac{d\varphi}{dt}$ und die Winkelbeschleunigung $\dfrac{d\omega}{dt}$ einzuführen pflegt, wobei man für die Bahngeschwindigkeit eines im Abstand ϱ von der Drehachse befindlichen Punktes des Körpers erhält

$$v = \frac{ds}{dt} = \frac{\varrho\, d\varphi}{dt} = \varrho \cdot \frac{d\varphi}{dt} = \varrho \cdot \omega$$

Damit ergiebt sich dann für die Tangentialkraft des im Abstande ϱ von der Drehachse gelegenen materiellen Punktes dm

$$dm \cdot \frac{dv}{dt} = dm \cdot \varrho \cdot \frac{d\omega}{dt}$$

und für die Centrifugalkraft:

$$dm \cdot \frac{v^2}{\varrho} = dm \cdot \varrho\, \omega^2.$$

Hat man jetzt mit Hilfe der Trägheitskräfte das Gleichgewicht des ganzen Massensystems herbeigeführt, so liefert die Momentengleichung in Beziehung auf die Drehachse:

$$(m_1 g - m_1 p)\, r = (m_2 g + m_2 p)\, r + \Sigma\, dm \cdot \varrho \cdot \frac{d\omega}{dt} \cdot \varrho$$

oder

$$m_1 (g - p)\, r = m_2 (g + p)\, r + \frac{d\omega}{dt} \Sigma\, dm \cdot \varrho^2 = m_2 (g + p)\, r + \frac{d\omega}{dt} \cdot \Theta$$

Dabei nennt man die Grösse $\Theta = \Sigma dm \cdot \varrho^2$ das Trägheits-moment der Masse der Scheibe in Beziehung auf die Drehachse. Zwischen p und $\dfrac{d\omega}{dt}$ besteht eine bestimmte Beziehung, welche sich in folgender Weise ergiebt:

Bewegt sich in der Zeit dt die Masse m_1 vertikal abwärts um die Strecke ds, so hat sich in dieser Zeit dt von der Scheibe ein Stück Faden abgewickelt von der gleichen Länge ds und die Scheibe sich gedreht um einen gewissen Winkel $d\varphi$, wobei

$$ds = r\,d\varphi.$$

Aus dieser Gleichung folgt aber

$$\frac{ds}{dt} = r \cdot \frac{d\varphi}{dt} = r\omega \quad \text{und} \quad p = \frac{d^2 s}{dt^2} = r \cdot \frac{d\omega}{dt}.$$

Indem man nun den in $\dfrac{d\omega}{dt}$ ausgedrückten Werth von p in die oben angeschriebene Gleichgewichtsbedingung einführt, erhält man

$$\frac{d\omega}{dt} = \frac{(m_1 - m_2)\,gr}{\Theta + m_1 r^2 + m_2 r^2}$$

oder wenn man zur Erzielung eines gleichartigen Nenners und einfacheren Ausdrucks für $\dfrac{d\omega}{dt}$

$$\Theta = m' \cdot r^2$$

setzt, wobei dann m' die auf den Radius r reducirte Masse der Scheibe genannt wird,

$$\frac{d\omega}{dt} = \frac{(m_1 - m_2)\,g}{r\,(m_1 + m_2 + m')},$$

und $\quad p = r \cdot \dfrac{d\omega}{dt} = \dfrac{(m_1 - m_2)\,g}{m_1 + m_2 + m'} = \dfrac{Q_1 - Q_2}{m_1 + m_2 + m'}.$

Die Bewegung des Systems der beiden Massen m_1 und m_2 ist also eine gleichförmig beschleunigte.

Wäre bei der Atwood'schen Fallmaschine die Zapfenreibung mit zu berücksichtigen gewesen, hätte man zunächst den Zapfen-druck P angeben müssen, um das Moment der Zapfenreibung

$$M = \mu P \varrho_0 = T' r$$

(unter ϱ_0 den Halbmesser der Drehzapfen und unter T' den auf den Umfang der Scheibe reducirten Zapfenreibungswiderstand verstanden) zu erhalten. Dieser Zapfendruck P würde aber vorliegenden Falles sein, wenn m die Masse der Scheibe

$$P = m_1 g + m_2 g + mg + m_2 p - m_1 p.$$

Damit ergäbe sich dann:

$$m_1 (g-p)r = m_2 (g+p)r + \Theta \cdot \frac{d\omega}{dt} + T'r$$

oder $\quad Q_1 - m_1 p = Q_2 + m_2 p + m' \cdot p + T'$,

woraus $\quad p = \dfrac{Q_1 - Q_2 - T'}{m_1 + m_2 + m'}$.

274. Das Verfahren von Kohn zur experimentellen Ermittelung des Trägheitsmomentes sich drehender Maschinentheile.
Zur Bestimmung des Trägheitsmomentes von Riemenscheiben, Seiltrommeln, Schwungrädern etc. hat Kohn[1]) das folgende Verfahren vorgeschlagen:

Ueber den zu untersuchenden Umdrehungskörper wird, wie bei der Atwood'schen Fallmaschine ein Band gelegt, dessen Enden die Gewichte Q_1 und Q_2 tragen ($Q_1 > Q_2$). Nun beobachtet man den Zeitraum t, welchen die beiden Gewichte brauchen, um eine bestimmte Wegstrecke s_1 zu durchlaufen. Hierauf nimmt man von dem grösseren Gewichte Q_1 einen Theil q weg, fügt denselben zu dem anderen Gewichte Q_2 hinzu und misst wieder die Wegstrecke s_2, welche die Gewichte unter den veränderten Verhältnissen während eines gleichen Zeitraumes t, wie vorhin, zurücklegen.

Berücksichtigt man jetzt, dass zwischen Weg s, Zeit t und Beschleunigung p die Beziehung besteht:

$$s = \tfrac{1}{2} p t^2 \quad \text{oder} \quad p = \frac{2s}{t^2},$$

so erhält man unter Benutzung des oben bei der Atwood'schen Fallmaschine für die Beschleunigung p gefundenen Ausdruckes:

$$p_1 = \frac{2s_1}{t^2} = \frac{Q_1 - Q_2 - T'_1}{m_1 + m_2 + m'}$$

und $\quad p_2 = \dfrac{2s_2}{t^2} = \dfrac{(Q_1 - q) - (Q_2 + q) - T'_2}{m_1 + m_2 + m'}$,

wobei T'_1 und T'_2 die in den beiden Belastungsfällen sich ergebenden, auf den Umfang der Scheibe (um welche das Band geschlungen ist) reducirten Zapfenreibungswiderstände und $m' = \dfrac{\Theta}{r^2}$ die auf den Radius r reducirte Masse der Scheibe bedeuten.

[1]) Siehe Civilingenieur 1890.

Indem nun Kohn diese beiden Reibungswiderstände T' und T'_2 gleich annimmt, was thatsächlich nicht genau zutrifft, da ja in den Ausdrücken für T'_1 und T'_2 die Beschleunigungen p_1 beziehungsweise p_2 enthalten sind und diese Beschleunigungen nicht übereinstimmen, erhält er durch Subtraktion der beiden letzten Gleichungen:

$$\frac{2(s_1 - s_2)}{t^2} = \frac{2q}{m_1 + m_2 + m'},$$

woraus

$$m' = \frac{\Theta}{r^2} = \frac{q \cdot t^2}{s_1 - s_2} - (m_1 + m_2)$$

folgt und damit das Trägheitsmoment Θ des rotirenden Körpers in Bezug auf die Drehachse sich ergiebt.

275. Sicherheit gegen das Umkippen bei einem in gleitende Bewegung versetzten Körper. Es handle sich um ein schweres rechtwinkliges Parallelepiped (Fig. 256) von der Grundfläche $2a \cdot b$, der Höhe $2h$ und dem Gewichte $Q = mg$, welches auf eine horizontale Auflageebene gestellt, in der Höhe s über letzterer von einer der Kante $2a$ des Parallelepipeds parallelen, die Achse des Parallelepids im Punkte B schneidenden Horizontalkraft H in gleitende Bewegung versetzt werde; man soll die Grenzpunkte B' und B'' auf der Achse des Parallelepipeds angeben, zwischen welchen der Angriffspunkt B der Kraft H sich befinden muss, wenn ein Kippen des Parallelepipeds weder um die Kante A_1

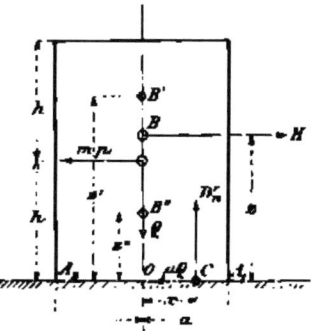

Fig. 256.

noch um die Kante A_2 eintreten soll. Zunächst setzen wir, dem d'Alembert'schen Princip entsprechend, dass eine Translationsbewegung ausführende Parallelepiped durch Anbringen der horizontalen, nach links gerichteten Trägheitskraft $m \cdot p$ ins Gleichgewicht und bringen hierauf die Bedingung zum Ausdruck, dass die Gesammtkraft P, welche das Parallelepiped gegen seine Auflageebene presst, diese letztere in einem Punkte C (Druckmittelpunkt) treffe, welcher innerhalb der Auflagefläche, also zwischen A_1 und A_2 gelegen ist. Dieser Punkt C giebt dann auch den Angriffspunkt des aus den Komponenten $W_1 = \mu Q$ und $W_n = Q$

zusammengesetzten Auflagerwiderstandes W an. Nehmen wir nun C als Drehpunkt an und bezeichnen CO mit x, so erfordert das Gleichgewicht des Parallelepipeds:

$$H \cdot z = Q \cdot x + m p \cdot h \qquad (1)$$

Es ist aber nach dem Satze von der Bewegung des Schwerpunktes

$$m p = H - \mu Q, \qquad (2)$$

also $\quad H z = Q \cdot x + (H - \mu Q) h$,

woraus $\quad x = \dfrac{H (z - h)}{Q} + \mu h \qquad (3)$

Soll jetzt der Druckmittelpunkt C zwischen A_1 und A_2 sich befinden, so muss x zwischen den Grenzwerthen $+ a$ und $- a$ enthalten sein. Steht das Parallelepiped im Begriff, um A_1 zu kanten, so hat man $x = + a$ und $z = z'$ zu setzen, womit man erhält:

$$a = \frac{H (z' - h)}{Q} + \mu h \quad \text{und} \quad z' = h + \frac{Q}{H} (a - \mu h).$$

Ist nun $a > \mu h$, so liegt der Grenzpunkt B' der Horizontalkraft H über dem Schwerpunkt des Parallelepipeds, andernfalls, wenn $a < \mu h$ oder $h > \dfrac{a}{\mu}$, unterhalb desselben. Auch bemerken wir, dass für $z > z'$ aus Gleichung (3) $x > a$ folgt, wodurch ein Kanten um A_1 angezeigt wird. Mit $x = - a$ ergiebt sich aus Gleichung (3)

$$z = z'' = h - \frac{Q}{H} (a + \mu h).$$

Der Angriffspunkt B'' der Horizontalkraft H liegt also, wenn das Parallelepiped im Begriff steht, um A_2 zu kanten, unterhalb des Schwerpunktes des letzteren.

Wäre $\qquad H = Q \left(\dfrac{a}{h} + \mu \right) \quad$ erhielte man $\quad z'' = 0$,

$\qquad\qquad H < Q \left(\dfrac{a}{h} + \mu \right) \quad$ würde z'' negativ,

mit $\qquad H > Q \left(\dfrac{a}{h} + \mu \right) \quad$ dagegen positiv.

In letzterem Falle befände sich B'' über der Auflagefläche, so dass die Kraft H die Achse des Parallelepipeds weder über dem Punkte B' noch unter dem Punkte B'' angreifen dürfte, wenn ein Umkippen nicht eintreten sollte.

Ist also

$$H \gtrless Q\left(\frac{a}{\lambda}+\mu\right),$$

so kann ein Kanten um A_2 nie erfolgen.

276. Die Einwirkung der Trägheitskräfte auf die Insassen eines Eisenbahnwagens. Die Trägheitskräfte können wir selbst wahrnehmen, wenn wir auf dem Boden eines beschleunigt oder verzögert vorwärts sich bewegenden Eisenbahnwagens stehen. Setzt sich der Wagen in Gang, so ist seine Bewegung eine beschleunigte Vorwärtsbewegung, wobei die an den materiellen Punkten des bewegten Systems auftretenden Trägheitskräfte nach rückwärts gerichtet sind. Wird dagegen die Bewegung des Wagens durch Bremsen verzögert, so sind die Trägheitskräfte vorwärts gerichtet. Thatsächlich empfinden wir auch ersterenfalls einen Zug nach rückwärts, letzterenfalls nach vorwärts. Bewegt sich der Wagen mit konstanter Geschwindigkeit, so machen sich gar keine Trägheitskräfte geltend. Steht der Wagen plötzlich still, nachdem seine Bewegung zuvor durch Einwirkung der Bremsen eine verzögerte war, so verschwinden augenblicklich die Trägheitskräfte und es ist dann, wie wenn die nach vorwärts gerichteten Trägheitskräfte durch plötzlich hinzugetretene nach rückwärts gerichtete Kräfte auf einmal aufgehoben würden.

Die gleichen Erscheinungen zeigen sich bei einem auf dem Boden eines Wagens errichteten Mastbaum. Beim beschleunigten Vorwärtsfahren wird der Mastbaum durch die Trägheitskräfte so gebogen, dass er seine konvexe Seite nach vorne kehrt, bei verzögerter Vorwärtsbewegung kehrt dagegen der Mastbaum seine konvexe Seite nach rückwärts. Wenn nun letzterenfalls die biegenden Trägheitskräfte plötzlich zu wirken aufhören, so bewirken die durch die Biegung hervorgerufenen Elasticitätskräfte die Zurückbewegung des durch die Trägheitskräfte übergeneigten Stabes.

§ 49.

Der Satz von der Grösse der Bewegung eines materiellen Systems.

277. Entwickelung des Satzes. Ein materieller Punkt von der Masse m bewege sich unter Einwirkung der Beschleunigungskraft R in irgend welcher Bahnkurve. Derselbe befinde sich zur Zeit t im Punkte A seiner Bahnlinie und habe in diesem Augenblick die Geschwindigkeit v, also die Bewegungsgrösse mv. Projicirt man nun den bewegten Punkt m auf eine beliebige Achse, so erhält man, wenn φ der Winkel von v mit der Projektionsachse, für die Geschwindigkeit u der Projektion

$$u = v \cdot \cos \varphi \quad \text{und damit} \quad mu = mv \cdot \cos \varphi.$$

Dieses mu kann angesehen werden als die Projektion der Bewegungsgrösse mv auf die gegebene Achse. Dabei denkt man sich die Grösse mv auf der Tangente an die Bahn in der Bewegungsrichtung als Strecke aufgetragen und diese Strecke auf die gegebene Achse projicirt.

Bezeichnet man mit X die Komponente der Beschleunigungskraft nach der Projektionsachse, so hat man

$$m \cdot \frac{du}{dt} = X; \quad m\,du = X\,dt; \quad \int_{u_0}^{u} m\,du = \int_0^t X\,dt$$

$$\text{oder} \quad mu - mu_0 = \int_0^t X\,dt.$$

Handelt es sich jetzt um ein ganzes System von materiellen Punkten $m_1, m_2, m_3 \ldots$, dann erhält man für jeden dieser Punkte eine derartige Gleichung, also die Gleichungen:

$$m_1 u' - m_1 u'_0 = \int_0^t X_1\,dt$$

$$m_2 u'' - m_2 u''_0 = \int_0^t X_2\,dt$$

Addirt man diese Gleichungen, so ergiebt sich:

$$\Sigma mu - \Sigma mu_0 = \Sigma \int_0^t X\,dt$$

Um den Ausdruck $\Sigma \int_0^t X\,dt$ zu bilden, müssen wir in jedem Augenblick alle Kräfte, also auch die inneren, auf die angenommene Achse projiciren, die Produkte $X\,dt$ bilden und letztere addiren. Dabei heben sich aber die Projektionen der inneren

Kräfte auf, weshalb bei Bildung des Ausdruckes $\Sigma \int_0^t X dt$ nur die

äusseren am System wirkenden Kräfte zu berücksichtigen sind.

Durch die letzte Gleichung ist der Satz von der Grösse der Bewegung eines materiellen Systems ausgedrückt. Derselbe kann ausgesprochen werden wie folgt:

Die Aenderung der Summe der auf eine beliebige Achse projicirten Bewegungsgrössen aller materiellen Punkte des Systems während irgend eines Zeitabschnittes ist gleich der Summe der auf die nämliche Achse projicirten Antriebe der äusseren am materiellen System wirkenden Kräfte.

278. Anwendungen dieses Satzes. Mittels des vorerwähnten Satzes lässt sich u. a. der Rücklauf der Geschütze beim Abfeuern der Geschosse bestimmen. Eine mit einem Geschoss von der Masse m_1 geladene Kanone von der Masse m_2, deren Rohr horizontal gerichtet sei, stehe auf einer glatten horizontalen Ebene. Vor dem Abfeuern bilden Geschütz und Geschoss ein in Ruhe befindliches materielles System, für welches die Summe der auf die horizontale Rohrachse projicirten Bewegungsgrössen seiner Theile m_1 und m_2 gleich Null ist, und an welchem nur zwei äussere Kräfte, nämlich das Eigengewicht des Systems und der Normalwiderstand des Bodens wirken. Bei der Entzündung des Pulvers entwickeln sich nur innere Kräfte; es treiben die Pulvergase in ausserordentlich kurzer Zeit t das Geschoss bis zur Mündung der Kanone, aber gleichzeitig macht sich auch eine Rückwärtsbewegung des Geschützes bemerkbar. Ist nun v_1 die Geschwindigkeit, welche das Geschoss erlangt hat, wenn es an der Rohrmündung angelangt ist und $-v_2$ die gleichzeitige Geschwindigkeit des Geschützes, so ist in diesem Augenblick $m_1 v_1 - m_2 v_2$ die auf die Rohrachse projicirte Bewegungsgrösse des materiellen Systems und damit auch $m_1 v_1 - m_2 v_2$ die Zunahme der projicirten Bewegungsgrösse in der Zeit t. Da aber nach unserem Satze diese Zunahme gleich der Summe der auf die nämliche Achse projicirten Antriebe der äusseren Kräfte ist und diese letzteren unverändert senkrecht auf der Projektionsachse stehen, so hat man

$$m_1 v_1 - m_2 v_2 = 0 \quad \text{oder} \quad m_1 v_1 = m_2 v_2,$$

$$v_2 = \frac{m_1}{m_2} v_1.$$

Soll also der Rücklauf des Geschützes möglichst gering aus-

fallen, so muss die Masse m_2 des Geschützes gegenüber der Ge-
schossmasse möglichst gross sein.

In ähnlicher Weise kann man sich das Steigen der Raketen
erklären. Anwendung findet der Satz auch in der Lehre vom
Stoss; sowie in der Hydraulik.

§ 50.

Der Satz von der lebendigen Kraft eines materiellen Systems.

279. Entwickelung des Satzes. Es sei für den materiellen
Punkt m_1 eines bewegten materiellen Systems A_1 die in der Zeit t
geleistete Arbeitssumme der äusseren, den materiellen Punkt
angreifenden Kräfte und B_1 die Summe der Arbeiten der inneren
Kräfte, welche an m_1 thätig sind, ferner v' die Geschwindigkeit
des Punktes m_1 zur Zeit t, v'_0 zur Zeit 0, dann giebt der Satz
von der lebendigen Kraft eines materiellen Punktes:

$$\tfrac{1}{2} m_1 v'^2 - \tfrac{1}{2} m_1 v'^2_0 = A_1 + B_1.$$

Desgleichen hat man für einen zweiten materiellen Punkt
m_2 des Systems

$$\tfrac{1}{2} m_2 v''^2 - \tfrac{1}{2} m_2 v''^2_0 = A_2 + B_2$$

und ebenso für einen dritten

$$\tfrac{1}{2} m_3 v'''^2 - \tfrac{1}{2} m_3 v'''^2_0 = A_3 + B_3 \text{ u. s. f.}$$

Addirt man alle diese Gleichungen, so erhält man

$$\Sigma \tfrac{1}{2} m v^2 - \Sigma \tfrac{1}{2} m v_0^2 = \Sigma A + \Sigma B \qquad (1)$$

Unter der lebendigen Kraft eines materiellen Systems
versteht man die Summe der lebendigen Kräfte der einzelnen
materiellen Punkte des Systems, daher bedeutet $\Sigma \tfrac{1}{2} m v^2$ die lebendige Kraft des Systems zur Zeit t und $\Sigma \tfrac{1}{2} m v_0^2$ diejenige zur
Zeit 0.

Durch Gleichung (1) ist nun der Satz von der lebendigen
Kraft eines materiellen Systems zum Ausdruck gebracht.
Dieser Satz kann so ausgesprochen werden:

Die Aenderung der lebendigen Kraft eines bewegten materiellen Systems während irgend eines Zeitabschnittes ist gleich der Arbeit der äusseren Kräfte
während dieser Zeit, vermehrt um die Arbeit der inneren
Kräfte.

260. Die Arbeit der inneren Kräfte. Wir wollen zunächst zwei zur Zeit t in A_1 beziehungsweise A_2 gelegene Punkte m_1 und m_2 (Fig. 257) in Betracht ziehen, welche gegenseitig je mit der Kraft S in der Geraden $A_1 A_2$ aufeinander einwirken. Nach Verfluss der Zeit dt befinden sich die materiellen Punkte in der unendlich nahen Lage A'_1, A'_2. Dabei sei

$$A_1 A_2 = r \quad \text{und} \quad A'_1 A'_2 = r + dr.$$

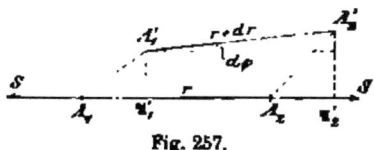

Fig. 257.

Für diese beiden Kräfte S ergiebt sich die Summe dB ihrer Arbeiten bei der Verschiebung der materiellen Punkte von A_1 und A_2 nach A'_1 und A'_2, wenn die unendlich kleinen Grössen höherer Ordnung als der ersten unberücksichtigt bleiben, wie folgt: Man hat

$$\begin{aligned}
dB &= -S(A_1 \mathfrak{A}'_1) + S(A_2 \mathfrak{A}'_2) \\
&= S(A_1 \mathfrak{A}'_1 + \mathfrak{A}'_1 A_2) - S(A_1 \mathfrak{A}'_1 + \mathfrak{A}'_1 A_2) \\
&= S(\mathfrak{A}'_1 \mathfrak{A}'_2) - S(A_1 A_2) \\
&= S(r + dr) - Sr = S \cdot dr,
\end{aligned}$$

woraus durch Integration:

$$B = \int\limits_{r_0}^{r} S \, dr,$$

unter r_0 den Abstand der materiellen Punkte in der Anfangslage (zur Zeit 0) verstanden und unter r den Abstand in der augenblicklichen Lage (zur Zeit t).

Wären die beiden Kräfte S gegeneinander gerichtet, so müsste S negativ gesetzt werden.

Wir sehen also, dass die Arbeitssumme der beiden Kräfte S nur von der relativen Bewegung des einen materiellen Punktes gegen den andern abhängt, nicht aber von der Ortsveränderung der Verbindungslinie $A_1 A_2$. Bleiben die beiden materiellen Punkte bei ihrer Bewegung stets in einem und demselben Abstand r von einander, wobei $dr = 0$, so ergiebt sich die Arbeitssumme $B = 0$. Daraus können wir jetzt schon schliessen, dass bei der Bewegung eines starren materiellen Systems, eines starren Körpers, die Summe der Arbeiten der inneren Kräfte $= 0$ sich zeigt, so dass für den starren Körper der Satz von der lebendigen Kraft ausgedrückt ist durch:

$$\Sigma \tfrac{1}{2} m v^2 - \Sigma \tfrac{1}{2} m v_0^2 = \Sigma A.$$

Was der Ausdruck $\int S\,d\tau$ betrifft, so stellt dieser, wenn die Kraft S lediglich eine Funktion des Abstandes r der beiden materiellen Punkte ist, ebenfalls eine Funktion von r vor, die man als Kräftefunktion bezeichnet. Ist U diese Funktion, so kann man schreiben:

$$\int_{r_0}^{r} S\,d\tau = U - U_0.$$

Es bedeutet dann U den Werth der Kräftefunktion bei der augenblicklichen Lage (zur Zeit t) der beiden materiellen Punkte und U_0 den Werth der Kräftefunktion bei der Anfangslage (zur Zeit 0) der Punkte.

Nehmen wir jetzt eine ganze Reihe von materiellen Punkten an, die gegenseitig Kräfte $S_1, S_2, S_3 \ldots$ aufeinander ausüben, welche lediglich Funktionen der Abstände r der betreffenden materiellen Punkte sind, so ergiebt sich für jedes Paar von inneren Kräften S bei der Bewegung des materiellen Systems aus der Anfangslage in die augenblickliche Lage eine Arbeitssumme entsprechend der letzten Gleichung $B = U - U_0$, infolge dessen man als Gesammtarbeit der inneren, am System thätigen Kräfte erhält:

$$\Sigma B = \Sigma U - \Sigma U_0.$$

Dabei bemerken wir, dass ΣU ausschliesslich eine Funktion der gegenseitigen Abstände der einzelnen materiellen Punkte des Systems ist und demgemäss der Werth von ΣU lediglich bedingt ist durch die jeweilige Konfiguration des materiellen Systems, so dass, wenn die materiellen Punkte des Systems nach einiger Zeit wieder in eine gegenseitige Stellung kommen, welche sie schon einmal einnahmen, auch die Kräftefunktion ΣU wieder denselben Werth annimmt.

Aendern die materiellen Punkte bei der Bewegung des Systems ihre gegenseitigen Abstände nicht, so ist auch $\Sigma U_0 = \Sigma U$, woraus wieder $\Sigma B = 0$.

281. Die lebendige Kraft eines bewegten Körpers. Die Elementarbewegung des Körpers kann, wie in No. 267 bemerkt wurde, aufgefasst werden als zusammengesetzt aus einer durch die Bewegung des Schwerpunktes des Körpers bestimmten Translation und einer Drehung um eine durch den Schwerpunkt hindurchgehende Achse.

Nehmen wir zunächst an, dass der Körper nur eine Translationsbewegung ausführe. In diesem Falle besitzen alle materiellen Elemente dm des Körpers gleichzeitig eine und dieselbe Geschwindigkeit v. Man hat daher als lebendige Kraft des Körpers

$$\Sigma \tfrac{1}{2} dm \cdot v^2 = \frac{v^2}{2} \Sigma dm = \tfrac{1}{2} m v^2,$$

unter m die Gesammtmasse des Körpers verstanden.

Findet dagegen lediglich eine Drehung des Körpers um eine beliebige Achse statt, so ergiebt sich als lebendige Kraft des Körpers, wenn man mit ω die Winkelgeschwindigkeit der Drehung und mit ϱ den Abstand eines Elementes dm des Körpers von der Drehachse bezeichnet,

$$\Sigma \tfrac{1}{2} dm \cdot v^2 = \Sigma \tfrac{1}{2} dm \varrho^2 \omega^2 = \frac{\omega^2}{2} \Sigma dm \varrho^2 = \frac{\omega^2}{2} \Theta,$$

wobei Θ das Trägheitsmoment der Masse des Körpers in Bezug auf die Drehachse.

Ist unter Berücksichtigung der oben gemachten Bemerkung bezüglich der Elementarbewegung des Körpers zur Zeit t die Translationsgeschwindigkeit des Körpers $= u$ und die Winkelgeschwindigkeit der Drehung um die durch den Schwerpunkt des Körpers gehende Achse $= \omega$, so ist die absolute Geschwindigkeit v eines im Abstand ϱ von der Drehachse befindlichen materiellen Punktes dm des Körpers die Resultirende aus den Geschwindigkeiten u und $\varrho \omega$. Nimmt man nun die Achse der Drehung als z-Achse eines rechtwinkligen Koordinatensystems an und zerlegt die betreffenden Geschwindigkeiten in ihre Komponenten nach den Koordinatenachsen, so erhält man für die absolute Geschwindigkeit v des materiellen Punktes dm, wenn mit α, β, γ die Winkel der Translationsgeschwindigkeit u mit den angenommenen Koordinatenachsen bezeichnet werden, unter Berücksichtigung von Fig. 258

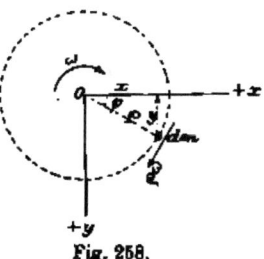

Fig. 258.

$$v^2 = (u \cos \alpha - \varrho \omega \sin \varphi)^2 + (u \cos \beta + \varrho \omega \cos \varphi)^2 + (u \cos \gamma)^2$$
$$= u^2 + \varrho^2 \omega^2 - 2 u \varrho \omega \sin \varphi \cos \alpha + 2 u \varrho \omega \cos \varphi \cos \beta.$$

Damit wird die lebendige Kraft L des Körpers

25*

$$L = \Sigma \tfrac{1}{2} dm \cdot v^2 = \Sigma \tfrac{1}{2} dm \cdot u^2 + \Sigma \tfrac{1}{2} dm \cdot \varrho^2 \omega^2 - \Sigma dm \cdot u \varrho \omega \sin \varphi \cos \alpha +$$
$$+ \Sigma dm \cdot u \varrho \omega \cos \varphi \cos \beta$$
$$= \tfrac{1}{2} m u^2 + \tfrac{1}{2} \Theta \omega^2 - u \omega \cos \alpha \, \Sigma dm \cdot y + u \omega \cos \beta \, \Sigma dm \cdot x.$$

Es ist aber $\Sigma dm \cdot y = 0$ und $\Sigma dm \cdot x = 0$, weil die xz-Ebene und die yz-Ebene des Koordinatensystems durch den S c h w e r p u n k t des Körpers hindurchgehen. Man hat daher schliesslich, wie vorauszusehen war:

$$L = \tfrac{1}{2} m u^2 + \tfrac{1}{2} \Theta \omega^2.$$

Dabei bedeutet $\tfrac{1}{2} m u^2$ die lebendige Kraft des Körpers, wenn nur die Translation desselben stattfindet, und $\tfrac{1}{2} \Theta \omega^2$ die lebendige Kraft des Körpers bei der Drehung.

282. Das Princip der Erhaltung der Energie. Nehmen wir an, es handle sich um ein materielles System, an welchem nur I n n e r e K r ä f t e wirken. Wären diese inneren Kräfte a n z i e h e n d e oder a b s t o s s e n d e Kräfte, welche nur Funktionen von den gegenseitigen Abständen der einzelnen materiellen Punkte des Systems sind, so hätte man nach No. 280 als Gesammtarbeit der inneren Kräfte bei der Bewegung des Systems aus einer Anfangslage in die augenblickliche Lage

$$\Sigma B = \Sigma U - \Sigma U_0$$

oder wenn man $(\Sigma U - \Sigma U_0) = - V$ setzt,

$$\Sigma B = - V.$$

Dabei nennt man V das P o t e n t i a l des materiellen Systems. Dieses Potential wäre danach die Arbeit, welche die am materiellen System wirkenden inneren Kräfte leisteten, wenn das System aus seiner augenblicklichen Lage in die Anfangslage zurück versetzt würde.

Der Voraussetzung nach wirken am betrachteten materiellen System nur I n n e r e K r ä f t e. In diesem Falle ergiebt der Satz von der lebendigen Kraft bei der Bewegung des materiellen Systems von der Anfangslage in die augenblickliche Lage:

$$L - L_0 = \Sigma B = - V$$
$$L + V = L_0 = E.$$

Hierbei nennt man die lebendige Kraft L des materiellen Systems auch k i n e t i s c h e E n e r g i e, die Grösse V potentielle E n e r g i e und die Grösse E t o t a l e E n e r g i e.

Durch die Gleichung $L + V = E$ ist nun der so bedeutungsvolle, unter dem Namen des „Princip s der E r h a l t u n g der E n e r g i e" bekannte Satz zum Ausdruck gebracht:

Bei jedem freien materiellen System, an welchem bloss innere, von den gegenseitigen Entfernungen der materiellen Punkte abhängige Kräfte wirken, ist die totale Energie des Systems konstant.

Zu weiterer Klarstellung möge noch das Nachstehende dienen:

Es handle sich um einen mit der Geschwindigkeit v_0 von A_0 aus vertikal aufwärts geworfenen Körper vom Gewichte mg. Dabei möge der Ausgangspunkt A_0 als Ursprung eines rechtwinkligen Koordinatensystems von horizontaler xy-Ebene angenommen und die Zeit von dem Augenblick an gezählt werden, in welchem der Körper die Ausgangslage A_0 verlässt. Zur Zeit t befinde sich der Körper in A in der Höhe s, und zur Zeit t' in A' in der grössten Höhe h über der horizontalen xy-Ebene.

Das hier in Betracht kommende materielle System ist gebildet von der Masse m des Körpers und der Masse M der Erde. Dabei kann aber die Erde als ruhend und demgemäss ihre lebendige Kraft $= 0$ gesetzt werden, so dass die lebendige Kraft des materiellen Systems zur Zeit t ausgedrückt ist durch:

$$L = \tfrac{1}{2} m v^2.$$

Was nun die Arbeit der inneren Kräfte S betrifft, so ist zu beachten, dass vorliegenden Falles die von den beiden Massen M und m gegenseitig ausgeübten Kräfte $S = mg$ konstant angenommen werden können, wodurch man erhält:

$$\Sigma B = - mg \cdot z = - V \quad \text{oder} \quad V = mgz.$$

Damit geht die Gleichung $L + V = L_0 = E$ über in

$$\tfrac{1}{2} m v^2 + mgz = \tfrac{1}{2} m v_0^2 = E.$$

In A_0 ist

$$E = \tfrac{1}{2} m v_0^2 + 0 = \tfrac{1}{2} m v_0^2.$$

Die Energie des Körpers besteht also nur in kinetischer Energie. Im Punkte A dagegen ist

$$E = \tfrac{1}{2} m v^2 + mgs,$$

es ist also auch eine potentielle Energie mgz vorhanden. Dafür hat aber die kinetische Energie des Körpers von $\tfrac{1}{2} m v_0^2$ bis $\tfrac{1}{2} m v^2$ abgenommen. Im höchsten Punkte A' der Bahn zeigt sich

$$E = 0 + mgh = mgh,$$

d. h. die ursprüngliche kinetische Energie vollständig in die potentielle Energie mgh umgesetzt. Von A' aus fällt nun der Körper wieder zurück, wobei die potentielle Energie abnimmt, dafür aber eine kinetische Energie auftritt. Im Ausgangspunkt A_0 wieder angelangt, hat der Körper seine ganze potentielle Energie verloren, dafür aber die kinetische Energie $\frac{1}{2}mv_0^2$ gewonnen.

Nimmt man jetzt als materielles System das ganze Universum an, so handelt es sich bei diesem nur um innere Kräfte von der Art, wie wir sie oben vorausgesetzt haben. Demgemäss gilt auch für das Universum der Satz, dass die Energie des Systems konstant bleibt.

§ 51.

Das Princip der virtuellen Geschwindigkeiten.

288. Das Princip der virtuellen Geschwindigkeiten für ein unbeschränkt bewegliches materielles System. Bei diesem materiellen System können sich die einzelnen materiellen Punkte ganz unabhängig von einander frei bewegen.

Ist die Resultante der Kräfte, welche einen materiellen Punkt angreifen, $= 0$, so befindet sich der materielle Punkt im Gleichgewicht. Denkt man sich nun den materiellen Punkt in eine unendlich nahe Nachbarlage verschoben ohne Rücksicht darauf, ob die betreffende Verschiebung auch thatsächlich möglich ist, so ergiebt sich, wenn hierbei die Kräfte den materiellen Punkt begleiten, bei dieser nur gedachten oder wie man sagt, virtuellen Verschiebung für jede der Kräfte eine gewisse Elementararbeit, welche man virtuelle Arbeit nennt. Bestimmt man alsdann die Summe der virtuellen Arbeiten aller den Punkt angreifenden Kräfte, so muss diese Summe $= 0$ sich ergeben, da ja die Resultante der Kräfte und damit die Arbeit der Resultanten $= 0$ ist.

Betrachten wir jetzt ein System von materiellen Punkten im Zustande des Gleichgewichts. Da jeder einzelne materielle Punkt des Systems sich im Gleichgewicht befindet, so ist auch die algebraische Summe der virtuellen Arbeiten aller Kräfte, welche überhaupt am System wirken, $= 0$ für jede beliebige virtuelle Verschiebung der einzelnen materiellen Punkte des Systems. Umgekehrt kann behauptet werden, dass das materielle System sich im Gleichgewicht befindet, wenn für jede virtuelle Verschiebung der einzelnen materiellen Punkte des Systems die algebraische Summe der Arbeiten aller Kräfte gleich Null ist.

Damit ist das sogenannte „Princip der virtuellen Geschwindigkeiten" in seiner Allgemeinheit zum Ausdruck gebracht.

Zum Beweise desselben denken wir uns zunächst nur einen einzigen Punkt des Systems verschoben, alle übrigen Punkte dagegen in ihrer ursprünglichen Lage bleibend. Da nun auch bei dieser virtuellen Bewegung des Systems der Voraussetzung nach die Arbeitssumme aller Kräfte $= 0$ ist und die in Ruhe gebliebenen Punkte für sich eine Arbeitssumme $= 0$ liefern, so muss die virtuelle Arbeit der am verschobenen Punkte wirkenden Kräfte $= 0$, der Punkt also im Gleichgewicht sein. In gleicher Weise ergiebt sich auch das Gleichgewicht der übrigen Punkte und damit das Gleichgewicht des ganzen Systems.

Analytisch kann das Princip der virtuellen Geschwindigkeit, wie folgt, ausgedrückt werden:

Ist P eine der Kräfte, welche am materiellen System thätig sind, ds die virtuelle Verschiebung des von der Kraft P angegriffenen materiellen Punktes des Systems, so ist die virtuelle Arbeit von P, wenn X, Y, Z die Komponenten von P nach der den Koordinatenachsen und dx, dy, dz die Projektionen von ds auf diese Achsen sind, ausgedrückt durch

$$X \cdot dx + Y \cdot dy + Z \cdot dz.$$

Da aber das materielle System im Gleichgewicht ist, wenn die Summe der virtuellen Arbeiten aller am System thätigen Kräfte sich gleich Null herausstellt, so hat man als Gleichgewichtsbedingung für das System und als analytischen Ausdruck des Princips der virtuellen Geschwindigkeiten

$$\Sigma (X \cdot dx + Y \cdot dy + Z \cdot dz) = 0.$$

284. Beschränkt bewegliche materielle Systeme. Darunter verstehen wir solche Systeme, bei welchen die einzelnen materiellen Punkte sich nicht ganz beliebig bewegen können, vielmehr bezüglich ihrer Bewegung gewissen Einschränkungen, gewissen Bedingungen unterworfen sind. So kann verlangt sein, dass die einzelnen materiellen Punkte in unveränderlichen Abständen von einander bleiben, also ein unveränderliches oder starres materielles System bilden sollen, und dass zugleich das System einen festen Punkt oder zwei feste Punkte besitze, oder auch, dass einzelne Punkte des Systems auf vorgeschriebenen Linien oder bestimmten Flächen bleiben sollen u. s. f.

Bei einem solchen unfreien materiellen System bezeichnen die mit den gestellten Bedingungen verträglichen virtuellen Verschiebungen der materiellen Punkte des Systems zugleich die

thatsächlich möglichen Elementarbewegungen des Systems.
Ist nun die Summe der virtuellen Arbeiten aller Kräfte, welche
an den verschiedenen materiellen Punkten des Systems wirken,
für beliebige unendlich kleine Verschiebungen derselben, welche
mit einer thatsächlich möglichen Bewegung des ganzen Systems
vereinbar sind, stets gleich Null, dann ist das System im Gleichgewicht. So kann das Princip der virtuellen Geschwindigkeiten
für unfreie materielle Systeme ausgesprochen werden. Dieser
Satz bedarf aber noch des Beweises. Zu dem Ende sagen wir:
Wäre das vor Einwirkung der Kräfte in Ruhe gedachte, von den
Kräften angegriffene System nicht im Gleichgewicht, so würde es
eine bestimmte Bewegung annehmen, wobei die zuerst stattfindenden Elementarbewegungen der einzelnen materiellen Punkte des
Systems als virtuelle Verschiebungen angesehen werden können,
verträglich mit der Bewegung des ganzen Systems. Für eine
solche virtuelle Verschiebung ist aber der Voraussetzung nach
die Arbeitssumme sämmtlicher Kräfte gleich Null. Nun kann
man die erwähnten Elementarbewegungen verhindern, also das
Gleichgewicht des Systems herstellen, wenn man an den einzelnen
materiellen Punkten ihren angestrebten Bewegungen entgegen-
wirkende Kräfte oder Widerstände von entsprechender Grösse
anbringt, deren Arbeiten bei der virtuellen Verschiebung der
materiellen Punkte alle negativ würden. Wenn Gleichgewicht
besteht, so ist die Arbeitssumme aller Kräfte gleich Null; die
ursprünglich am System wirkenden Kräfte geben aber der Voraussetzung nach für sich eine Arbeitssumme gleich Null, es müssten daher auch die zur Bewegungsverhinderung angebrachten
Kräfte eine Arbeitssumme gleich Null liefern, was nicht der
Fall sein kann, da die Summe von lauter negativen Arbeiten
ebenfalls negativ wird. Wegen dieses Widerspruches kann also
nicht angenommen werden, dass die gegebenen Kräfte vorliegenden Falles eine Bewegung des Systems hervorrufen, oder mit
anderen Worten: Es ist nur Gleichgewicht des Systems möglich.

Bei einem unbeschränkt beweglichen, im Gleichgewicht befindlichen materiellen System ist die Summe der Arbeiten sämmtlicher an den materiellen Punkten des Systems wirkenden Kräfte
für jede virtuelle Verschiebung dieser Punkte stets gleich Null.
Diese Arbeitssumme ist dann auch gleich Null, wenn man den
materiellen Punkten nur solche Verschiebungen beimisst, bei welchen die Punkte ihre gegenseitige Lage nicht ändern. In letzterem Falle bilden aber die materiellen Punkte ein starres
System. Somit wäre dieses starre System ebenfalls im Gleichgewicht, oder mit anderen Worten: das Gleichgewicht eines ver-

änderlichen materiellen Systems bleibt bestehen, auch wenn man dasselbe erstarrt sich denkt.

285. Nachträglicher Beweis des Satzes von der Verschiebbarkeit einer Kraft in einem starren Körper. Um die Zusammensetzung der Kräfte an einem starren Körper bewerkstelligen zu können, bedurften wir ausser des Satzes vom Parallelogramm der Kräfte auch noch des Satzes von der Verschiebbarkeit einer Kraft in ihrer Wirkungslinie. Diesen Satz haben wir in § 4 zunächst als Axiom aufgestellt. Jetzt sind wir aber in den Stand gesetzt, diesen Satz zu beweisen und ihn damit als eine Folgerung aus den allgemeinen Grundprincipien der Dynamik zu kennzeichnen.

Zum Beweis des Satzes betrachten wir einen starren Körper, welcher in den Punkten A_1, A_2, A_3 von den Kräften P_1, P_2, P_3 angegriffen, jedoch nicht im Gleichgewicht sei. Um nun das Gleichgewicht herbeizuführen, bringen wir, dem d'Alembert'schen Princip gemäss, an sämmtlichen materiellen Punkten des Körpers die betreffenden Trägheitskräfte T als Ergänzungskräfte an. Des weiteren nehmen wir in einem auf der Wirkungslinie der Kraft P_1 gelegenen Punkte B_1 des starren Körpers zwei einander und der Kraft P_1 gleiche, direkt entgegengesetzte Kräfte $P'_1 = P_1$ und $P_1'' = P_1$ an, von welchen die eine, P'_1, dieselbe Richtung wie P_1 habe, die andere, P''_1, die entgegengesetzte Richtung von P_1. Durch diese beiden, für sich im Gleichgewicht befindlichen Kräfte P'_1 und P''_1 wird der durch die Trägheitskräfte T hergestellte Gleichgewichtszustand des starren Körpers nicht gestört, es muss daher nach dem Princip der virtuellen Geschwindigkeiten die Summe der Arbeiten der Kräfte P_1, P_2, P_3, P'_1, P''_1 und der Kräfte T stets gleich Null sein für beliebige, mit der Bewegung des ganzen Körpers verträgliche Verschiebungen der materiellen Punkte.

Nun liefern aber die beiden gleichen, in einer und derselben Geraden $A_1 B_1$ in den Punkten A_1 beziehungsweise B_1 entgegengesetzt wirkenden Kräfte P_1 und P''_1 mit Rücksicht darauf, dass bei der Starrheit des Körpers der Abstand $A_1 B_1$ sich nicht ändert, nach No. 280 eine Arbeitssumme gleich Null, daher ergiebt sich auch die Summe der virtuellen Arbeiten der Kräfte P'_1, P_2, P_3 und der Kräfte T gleich Null, woraus hervorgeht, dass die Kräfte P'_1, P_2, P_3 und T am starren Körper im Gleichgewicht sind. Vorher waren es die Kräfte P_1, P_2, P_3 und T. Die in B_1 angreifende Kraft P'_1 hat somit dieselbe kinetische Wirkung wie die in A_1 wirkende Kraft P_1, oder mit anderen Worten: Man darf die Kraft P_1

In ihrer Wirkungslinie am starren Körper beliebig verschieben, ohne dass dadurch der Bewegungszustand des
Körpers ein anderer würde.

**286. Herleitung der früher in der Statik aufgestellten sechs
Gleichgewichtsbedingungen für einen freien starren Körper, aus
dem Princip der virtuellen Geschwindigkeiten.** In No. 260 haben
wir gesehen, dass die allgemeinste Elementarbewegung eines starren
Körpers eine Schraubenbewegung um die sogenannte Momentanachse ist, ebenso fanden wir, dass sich durch Zusammensetzung einer Rotation mit einer Translation, deren Richtung nicht
senkrecht steht auf der Rotationsachse, eine Schraubenbewegung
ergiebt. Zieht man daher durch den beliebig angenommenen Ursprung
O eines rechtwinkligen Koordinatensystems zwei Strahlen OM und
ON, von welchen OM die Achse angebe, um welche sich ein starrer
Körper mit der Winkelgeschwindigkeit ω drehe, und ON die Richtung, in welcher der starre Körper gleichzeitig eine Translation mit
der Geschwindigkeit v ausführe, so erhält man durch Zusammensetzung dieser beiden Bewegungen mit Rücksicht darauf, dass die
Strahlen OM und ON, sowie die Geschwindigkeiten ω und v ganz
beliebig angenommen wurden, eine beliebige Elementarbewegung
des starren Körpers zum Ausdruck gebracht. Statt der Drehung
um die Achse OM mit der Winkelgeschwindigkeit ω kann man
aber auch Drehungen um die Koordinatenachsen mit den Winkelgeschwindigkeiten ω_x, ω_y, ω_z setzen und ebenso statt der Translation mit der Geschwindigkeit v drei Translationen nach den
Koordinatenachsen mit den Geschwindigkeiten v_x, v_y, v_z. Somit
stellen diese sechs gleichzeitig erfolgenden Bewegungen des starren
Körpers ebenfalls eine beliebige Elementarbewegung desselben vor.

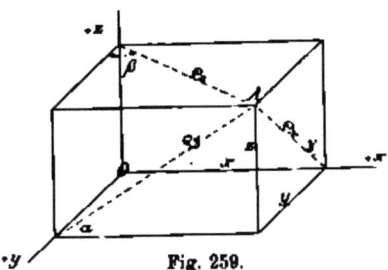
Fig. 259.

Nehmen wir einen Punkt
A des starren Körpers an,
dessen Koordinaten x, y, z
und dessen Abstände von
den Koordinatenachsen ϱ_x,
ϱ_y, ϱ_z seien, so wird dieser
Punkt infolge der erwähn-
ten Elementarbewegung des
Körpers im Zeitelement dt
eine gewisse Verschiebung
$AA' = ds$ erfahren, wobei
dx, dy, dz die Projek-
tionen von ds auf die Koordinatenachsen bezeichnen. Für diese
Projektionen von ds erhält man nun mit Rücksicht auf Fig. 259
und unter Annahme positiver Geschwindigkeiten:

$$dx = v_x dt + \varrho_y \omega_y dt \sin \alpha - \varrho_z \omega_z dt \cdot \cos \beta$$
$$dy = v_y dt + \varrho_z \omega_z dt \sin \beta - \varrho_x \omega_x dt \cdot \cos \gamma$$
$$dz = v_z dt + \varrho_x \omega_x dt \sin \gamma - \varrho_y \omega_y dt \cdot \cos \alpha,$$

oder
$$dx = v_x dt + z \omega_y dt - y \omega_z dt$$
$$dy = v_y dt + x \omega_z dt - z \omega_x dt$$
$$dz = v_z dt + y \omega_x dt - x \omega_y dt.$$

Denkt man sich jetzt den Punkt A als Angriffspunkt einer Kraft P, deren Komponenten nach den Koordinatenachsen X, Y, Z seien, so ergiebt sich für die Arbeit die Kraft P bei der Verschiebung ihres Angriffspunktes von A nach A':

$$X dx + Y dy + Z dz = X(v_x dt + z \omega_y dt - y \omega_z dt) +$$
$$+ Y(v_y dt + x \omega_z dt - z \omega_x dt) + Z(v_z dt + y \omega_x dt - x \omega_y dt)$$
$$= dt[X v_x + Y v_y + Z v_z + \omega_x(Zy - Yz) + \omega_y(Xz - Zx) + \omega_z(Xx - Xy)]$$

Nun sei aber der starre Körper nicht von einer einzigen Kraft P, sondern von einer ganzen Reihe von Kräften P_1, P_2, P_3 ... in den Punkten A_1, A_2, A_3 .. angegriffen, welche dann bei der angenommenen Elementarbewegung des Körpers eine Arbeitssumme

$$dt[v_x \Sigma X + v_y \Sigma Y + v_z \Sigma Z + \omega_x \Sigma(Zy - Yz) + \omega_y \Sigma(Xz - Zx)$$
$$+ \omega_z \Sigma(Yx - Xy)]$$

liefern. Soll daher der starre Körper im Gleichgewicht sein, so muss nach dem Princip der virtuellen Geschwindigkeiten für jede beliebige Elementarbewegung des starren Körpers die Summe der Arbeiten aller Kräfte, welche am materiellen System wirken, gleich Null sein. Da aber die inneren Kräfte beim starren materiellen System für sich eine Arbeitssumme gleich Null liefern, so kann man sich unter den Kräften P lediglich die äusseren Kräfte denken, für welche dann im Gleichgewichtsfalle sein muss:

$$v_x \Sigma X + v_y \Sigma Y + v_z \Sigma Z + \omega_x \Sigma(Zy - Yz) + \omega_y \Sigma(Xz - Zx) +$$
$$+ \omega_z \Sigma(Yx - Xy) = 0.$$

In dieser Gleichung bedeutet $\Sigma(Zy - Yz)$ nichts anderes, als die Summe M_x der statischen Momente der Kräfte P in Beziehung auf die x-Achse, ebenso stellen $\Sigma(Xz - Zx)$ und $\Sigma(Yx - Xy)$ die Momentensummen M_y und M_z in Beziehung auf die beiden anderen Koordinatenachsen vor, man hat daher

$$v_x \Sigma X + v_y \Sigma Y + v_z \Sigma Z + \omega_x \cdot M_x + \omega_y \cdot M_y + \omega_z \cdot M_z = 0.$$

Es soll aber im Gleichgewichtsfalle die Summe der Arbeiten sämmtlicher Kräfte P für jede beliebige Elementarbewegung des starren Körpers, also für beliebige Werthe von v_x, v_y, v_z,

ω_x, ω_y, ω_z, gleich Null sein, man erhält deshalb als Bedingungen für das Gleichgewicht des starren Körpers:

$$\Sigma X = 0; \quad \Sigma Y = 0; \quad \Sigma Z = 0; \quad M_x = 0; \quad M_y = 0; \quad M_z = 0,$$

die bekannten 6 Gleichgewichtsbedingungen.

§ 52.

Anwendungen des Princips der virtuellen Geschwindigkeiten auf praktische Fälle.

287. Der einfache Hebel. Wir sehen den Hebel (Fig. 260) an als ein starres materielles System, angegriffen von den äusseren Kräften P, Q und dem Auflagerwiderstand W. Die einzig möglichen, unendlich kleinen Verschiebungen des Systems entsprechen bei Annahme einer unbeweglichen Drehachse, Drehungen um diese nach oben oder nach unten um unendlich kleine Winkel. Soll

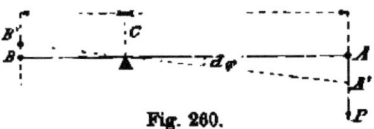

Fig. 260.

nun der Hebel im Gleichgewicht sich befinden, so muss für eine solche virtuelle Drehung die Arbeitssumme sämmtlicher am Hebel thätigen Kräfte $= 0$ sein. Da aber wegen der Starrheit des Systems die Summe der Arbeiten der inneren Kräfte für sich $= 0$ ist und der Angriffspunkt C von W sich nicht verschiebt, so hat man als Gleichgewichtsbedingung

$$Pa \cdot d\varphi - Q \cdot b d\varphi + W \cdot 0 = 0,$$
$$\text{woraus} \quad Pa = Qb,$$

das bekannte Hebelgesetz.

288. Der Kniehebel. Derselbe ist gebildet durch die beiden in C gelenkartig mit einander verbundenen starren Stäbe AC und BC (Fig. 261), von welchen der Stab AC bei A in einem Zapfenlager aufruhe, während der Stab CB in B von einer absolut glatt vorausgesetzten horizontalen Gleitbahn unterstützt werde. Dieser Kniehebel sei in C mit Q belastet und in B von der horizontalen, gegen A gerichteten Kraft P angegriffen. Welche Beziehung findet im Gleichgewichtsfall zwischen P und Q statt, wenn Eigengewicht und Zapfenreibung ausser Acht bleiben dürfen?

Die einzig möglichen, unendlich kleinen Verschiebungen des Systems sind sofort erkennbar.

An dem in Betracht kommenden materiellen System wirken die äusseren Kräfte P, Q, W und V, sodann am Stab AC in C der Gegendruck T des Stabes CB und ebenso am Stab BC in C eine ebenso grosse, nur entgegengesetzt gerichtete Kraft T, ferner an den einzelnen materiellen Punkten der Stäbe die betreffenden inneren Kräfte. Nun geben diese letzteren

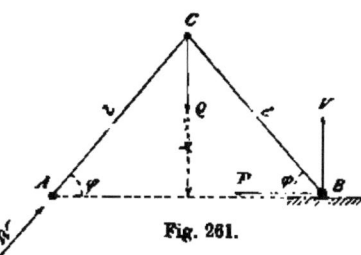

Fig. 261.

inneren Kräfte, da die Stäbe AC und BC starr angenommen sind, für sich eine Arbeitssumme $= 0$; desgleichen ist die Arbeitssumme der beiden gleichen und entgegengesetzten Kräfte T bei der Verschiebung dh ihres gemeinschaftlichen Angriffspunktes $= 0$. Endlich ist die Arbeit des Widerstandes $W = 0$, weil der Angriffspunkt A von W unverrückbar ist, und ebenso die Arbeit des Bahnwiderstandes $V = 0$, weil die Verschiebung ds seines Angriffspunktes B senkrecht auf der Kraftrichtung steht. Bezeichnet man jetzt noch die Vertikalprojektion der virtuellen Verschiebung des Punktes C mit dh, dann ergiebt das Princip der virtuellen Geschwindigkeiten für den Gleichgewichtsfall

$$P \cdot ds - Q \cdot dh = 0.$$

Weiter berücksichtigen wir, dass

$$AB = s = 2l \cos \varphi \quad \text{und} \quad h = l \sin \varphi,$$

woraus $\quad ds = - 2l \sin \varphi \cdot d\varphi \quad$ und $\quad dh = l \cos \varphi \cdot d\varphi.$

Diese Werthe von ds und dh in die Gleichgewichtsbedingung

$$P ds - Q dh = 0$$

eingesetzt, liefern

$$P(- 2l \sin \varphi \cdot d\varphi) - Q \cdot l \cos \varphi \cdot d\varphi = 0$$

$$\text{oder} \quad P = - \frac{Q}{2} \cot g \, \varphi$$

als Beziehung zwischen P und Q. P negativ, d. h. von B nach A gerichtet.

289. Die Brückenwaage. Wir wollen die früher in No. 115 Fig. 133 angedeutete Konstruktion in Betracht ziehen, bei welcher

$$\frac{CB}{CD} = \frac{GK}{FK}$$

ist und demzufolge, wie in No. 115 gezeigt wurde, die Brücke EG sich parallel hebt und senkt, wenn der Waagbalken AD um C sich dreht. Die ganze Stabverbindung ist in C und K unterstützt, in A mit P und auf EG mit Q belastet. Bezeichnet man nun mit dh die Hebung der Brücke EG entsprechend einer Drehung des Waagbalkens AD um $d\varphi$, so ergiebt wieder das Princip der virtuellen Geschwindigkeiten im Gleichgewichtsfalle

$$P(AC)\,d\varphi - Q\cdot dh = 0,$$

oder $\quad P(AC)\,d\varphi = Q\cdot dh = Q\,(CB)\,d\varphi,$

woraus $\quad P = Q\cdot \dfrac{CB}{AC}.$

in Uebereinstimmung mit No. 115.[1])

290. Rollenverbindung. Es möge die in Fig. 262 gezeichnete Hebevorrichtung in Betracht gezogen werden unter Vernachlässigung der Zapfenreibung und der Steifigkeit des Seiles.

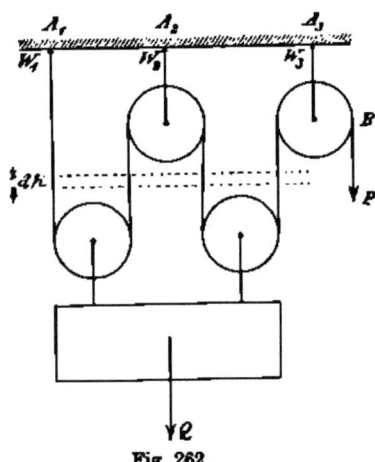

Fig. 262.

Zunächst machen wir die Rollenverbindung bei A_1, A_2, A_3 frei, indem wir daselbst die Widerstände W_1, W_2, W_3 der festen Punkte A am System anbringen. Bei einer Verschiebung des Angriffspunktes der Kraft P um ds hebe sich die Last Q um dh. Nimmt man nun das Seil als unausdehnbar an, so ist bei einer virtuellen Verschiebung des Systems die Summe der Arbeiten der Inneren Kräfte, welche an den materiellen Punkten des Seils wirken, wie bei einem starren Körper, $= 0$, und daher die Summe der virtuellen Arbeiten sämmtlicher am System thätigen Kräfte

$$P\cdot ds - Q\cdot dh + W_1\cdot 0 + W_2\cdot 0 + W_3\cdot 0 = 0$$

oder $\quad Pds = Q\,dh.$

---

[1]) In No. 115 ergab sich zunächst $\quad P = Q\cdot \dfrac{GK}{FK}\cdot\dfrac{CD}{AC}.$ Da aber $\dfrac{GK}{FK} = \dfrac{CB}{CD},$ so wird thatsächlich $\quad P = Q\cdot\dfrac{CB}{AC}.$

Um jetzt die Beziehung zwischen P und Q zu erhalten, muss die Beziehung zwischen ds und dh ermittelt werden. Zu dem Ende berücksichtigen wir, dass im vorliegenden Falle, wenn Q um dh sich hebt, die Länge des Seils von A_1 bis B um die 4 Seilstücke je von der Länge dh, welche durch die beiden im Abstand dh gelegten, in der Figur angedeuteten Horizontalebenen von den von den losen Rollen nach oben gehenden Seilstücken abgeschnitten werden, abnimmt, dass also

$$ds = 4 dh.$$

Damit ergiebt sich aber

$$P = Q \cdot \frac{dh}{4 dh} = \frac{1}{4} Q.$$

291. Schraubenpresse. An der Spindel einer Schraubenpresse wirkt rechtwinklig zur Achse der Spindel, wie in Fig. 94 Seite 115 angegeben ist, ein Kräftepaar $M = P \cdot l$, welches die Umdrehung der Spindel anstrebt. Diese Umdrehung wird aber verhindert durch den Gegendruck Q des von der Schraubenspindel zusammengepressten Körpers. Man soll die Beziehung ermitteln, welche zwischen den Kräften P und Q stattfindet, wenn die Reibung zwischen Schraubenspindel und Schraubenmutter vernachlässigt werden darf und die Ganghöhe der Schraube $= h$ ist.

Wir machen zunächst die Schraubenspindel frei, indem wir die Schraubenmutter wegnehmen und dieselbe ersetzen durch die von ihr in den Elementen der Berührungsflächen zwischen Schraubenspindel und Schraubenmutter ausgeübten Widerstände dW, hierauf schreiben wir die Gleichgewichtsbedingung für die Schraubenspindel an. Da aber bei einer Drehung der Schraubenspindel die Widerstände dW bei fehlender Reibung normal stehen auf den von ihren Angriffspunkten beschriebenen Wegstrecken, so ist auch bei einer virtuellen Bewegung der Schraubenspindel die Summe der Arbeiten der Kräfte $dW = 0$ und daher, wenn die Schraubenspindel bei ihrer virtuellen Bewegung sich um die Winkel $d\varphi$ dreht und nach ihrer Achse sich um ds verschiebt, die Arbeitssumme sämmtlicher an der Schraubenspindel thätigen Kräfte

$$2 \cdot P \cdot \frac{l}{2} d\varphi - Q \, dz = 0,$$

oder da $\dfrac{d\varphi}{2\pi} = \dfrac{dz}{h}$, $\quad Pl \cdot 2\pi = Q \cdot h; \quad P = Q \cdot \dfrac{h}{2 l \pi}$

292. Bemerkungen zu den vorstehenden Beispielen. Beim Hebel ergab das Princip der virtuellen Geschwindigkeiten:

$$P \cdot a d\varphi = Q \cdot b d\varphi, \quad \text{oder} \quad P \cdot ds_1 = Q \cdot ds_2,$$

wobei ds_1 und ds_2 die virtuellen Verschiebungen der Angriffspunkte A und B der Kräfte P und Q vorstellen. Nimmt man nun an, dass die Drehung des Hebels in der Zeit dt um den Winkel $d\varphi$ erfolge, so kann man auch schreiben:

$$P \cdot \frac{ds_1}{dt} = Q \cdot \frac{ds_2}{dt}, \quad \text{oder} \quad Pv_1 = Qv_2.$$

Dabei bedeuten dann v_1 und v_2 die „virtuellen Geschwindigkeiten"[1]) der Punkte A und B. Zugleich erkennt man an diesem, wie an den anderen der vorstehenden Beispiele, dass das Princip der virtuellen Geschwindigkeiten der mathematische Ausdruck für den allbekannten Erfahrungssatz ist: Was an Kraft gewonnen wird, geht an Geschwindigkeit verloren.

Wie man ebenfalls aus den angeführten Beispielen ersehen kann, gestattet das Princip der virtuellen Geschwindigkeiten, Beziehungen zwischen Kräften zurückzuführen auf Beziehungen zwischen Punktverschiebungen; man kann daher auch sagen, dass mittels des Princips der virtuellen Geschwindigkeiten Aufgaben der Statik auf solche der Kinematik zurückgeführt werden.

293. Bestimmung der Leitlinie für das Gegengewicht einer Fallthüre. Es soll für die um C drehbare Fallthüre AC (Fig. 263) vom Gewicht $2Q$ die Leitlinie für das Gegengewicht G so bestimmt werden, dass die Thüre sich in jeder Lage im Gleichgewicht befindet. Fallthüre ein homogenes Rechteck. ABG ein über eine feste Rolle bei B gehendes Seil, welches die Fallthüre mit dem Gegengewicht G verbindet. x und y die Koordinaten des Gegengewichts G.

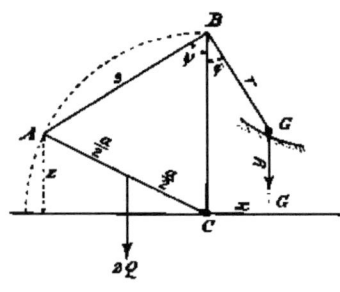

Fig. 263.

Das Princip der virtuellen Geschwindigkeiten ergiebt, wenn Reibungswiderstände nicht zu berücksichtigen sind:

---

[1]) Hiervon der Name des Princips.

$$2Q \cdot \frac{dz}{2} - G \cdot dy = 0,$$

woraus durch Integration:

$$Qz = Gy + C.$$

Für $z = 0$ sei $y = b$ und damit $C = -Gb$

$$Qz = G(y - b) \tag{1}$$

Wenn $z = 0$ hänge das rechtsseitige Seiltrumm vertikal herab. In diesem Falle ist aber die Seilspannung $S = G$. Andererseits ergiebt sich bei horizontaler Lage der Fallthüre diese Spannung S auch aus der Gleichung

$$S \cdot \cos 45^{\,0} \cdot a = 2Q \cdot \frac{a}{2}.$$

Man hat daher:

$$G \cdot \cos 45^{\,0} = Q; \qquad G = Q \cdot \sqrt{2},$$

womit Gleichung 1 übergeht in

$$z = (y - b) \sqrt{2}.$$

Des weiteren ist:

$$s \cdot \cos \psi = a - z; \qquad z = a - s \cdot \cos \psi,$$
$$r \cos \varphi = a - y; \qquad y = a - r \cos \varphi$$

und damit $a - s \cdot \cos \psi = (a - r \cos \varphi - b) \sqrt{2}.$

Da aber $s^2 = s \cos \psi \cdot 2a$, woraus

$$s \cdot \cos \psi = \frac{s^2}{2a},$$

so ergiebt sich schliesslich mit $s + r = l$:

$$a - \frac{(l - r)^2}{2a} = (a - r \cos \varphi - b) \sqrt{2}$$

als Polargleichung der gesuchten Leitlinie. Will man die Linie auf ein rechtwinkliges Koordinatensystem mit dem Ursprung C und der y-Achse CB bezogen erhalten, setzt man

$r \cos \varphi = a - y$ und $r \sin \varphi = x$, wodurch $r^2 = x^2 + (a - y)^2.$

Damit geht die Kurvengleichung über in:

$$a - \frac{\left[l - \sqrt{x^2 + (a - y)^2}\right]}{2a} = (y - b) \sqrt{2}.$$

294. Berechnung eines statisch unbestimmten Fachwerkes mit Hülfe des Princips der virtuellen Geschwindigkeiten. Das genannte Princip, in früheren Zeiten als ein Grundprincip der

Mechanik geltend, hat einst auch bei den praktischen Anwendungen der Mechanik eine hervorragende Rolle gespielt, indem es, wie oben gezeigt wurde, für die einfachen Maschinen die Theorie lieferte; es verlor jedoch mit der Weiterentwicklung der Statik allmählich an praktischer Bedeutung. Aber neuerdings ist das Princip wieder mehr in den Vordergrund getreten, seitdem Mohr zuerst gezeigt hat, dass dasselbe zur Berechnung statisch unbestimmter Fachwerke dienen kann. Nachstehend die Grundzüge des betreffenden Verfahrens.

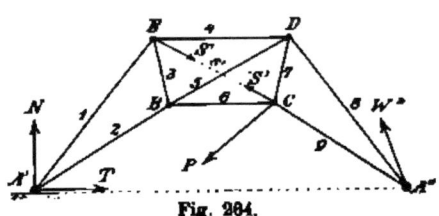

Fig. 264.

Es sei $A'A''$ (Fig. 264) das zu berechnende Fachwerk. Dasselbe in C von der gegebenen treibenden Kraft P angegriffen, ruhe in A' und A'' in reibungslosen Zapfenlagern auf. Dieses Fachwerk ist an sich statisch unbestimmt, weil es einen überzähligen Stab (als solchen wollen wir den Stab EC ansehen) zeigt. Es giebt sich aber auch noch in anderer Hinsicht statische Unbestimmtheit zu erkennen, indem die in A' und A'' auftretenden Auflagerwiderstände W' und W'' sich aus den Gleichgewichtsbedingungen für das ganze Fachwerk nicht ermitteln lassen.

Zunächst zerlegen wir den Auflagerwiderstand W' in seine Komponenten T und N nach $A'A''$ und senkrecht auf $A'A''$. Von diesen beiden Komponenten lässt sich N aus einer Momentengleichung um A'' berechnen, während T unbestimmt bleibt. Ferner bezeichnen wir die Spannkräfte und die ursprünglichen Längen der nothwendigen Stäbe 1 bis 9 mit S beziehungsweise s und dem entsprechenden Index, die Spannkraft des überzähligen Stabes EC mit S' und dessen ursprüngliche Länge mit s'.

Nun können wir das Zapfenlager bei A' ersetzen durch ein reibungsloses Gleitlager $A'A''$, wenn wir dafür an dem Endpunkt A' des Fachwerks die von A' gegen A'' gerichtete Kraft T anbringen. Ebenso können wir von dem überzähligen Stab EC absehen, wenn wir statt desselben in den Knotenpunkten E und C des Fachwerkes die beiden gleichen und entgegengesetzt gerichteten Spannkräfte S' des Stabes EC wirkend uns denken. Jetzt ist

das Fachwerk $A'A''$ gekennzeichnet als ein statisch bestimmtes, angegriffen von den treibenden Kräften P, T und S', von
welch letzteren aber nur die Kraft P gegeben, T und S' dagegen
ihrer Grösse nach unbekannt sind.

Wird ein statisch bestimmtes, in einem seiner Knotenpunkte belastetes Fachwerk etwa auf graphischem Wege oder
mittels des Ritter'schen Verfahrens berechnet, so zeigt sich, dass
die Spannkraft eines jeden Stabes proportional ist der betreffenden Knotenpunktsbelastung und dass bei gleichzeitiger Belastung
mehrerer Knotenpunkte die Spannkraft eines jeden Stabes gleich
der algebraischen Summe der Spannkräfte ist, welche sich für
den betreffenden Stab je bei einer dieser Knotenpunktsbelastungen
ergeben. Demgemäss können wir im vorliegenden Falle für die
Spannkraft S_1 des nothwendigen Stabes 1 des nach Wegnahme
des Stabes EC statisch bestimmten Fachwerkes $A'A''$ setzen:

$$S_1 = \mathfrak{S}'_1 \cdot P + \mathfrak{S}''_1 \cdot T + \mathfrak{S}'''_1 \cdot S',$$

wobei $\mathfrak{S}'_1$, $\mathfrak{S}''_1$, $\mathfrak{S}'''_1$ für das gegebene Fachwerk konstante und
bestimmbare Koefficienten bedeuten. Will man von diesen
Koefficienten beispielsweise $\mathfrak{S}'_1$ ermitteln, so nimmt man $P = 1$,
$T = 0$ und $S' = 0$ an, wodurch man erhält

$$S_1 = \mathfrak{S}'_1.$$

$\mathfrak{S}'_1$ ist also nichts anderes als die Spannkraft des Stabes 1
im statisch bestimmten Fachwerk $A'A''$ (welches, wie erwähnt,
bei A' ein Gleitlager besitzt und den Stab EC nicht enthält),
wenn dieses Fachwerk nur von der treibenden Kraft $P = 1$ angegriffen wird. Diese Spannkraft lässt sich aber in bekannter
Weise ausfindig machen.

Zur Bestimmung von $\mathfrak{S}''_1$ wird man dagegen $P = 0$, $T = 1$
und $S' = 0$ setzen und wieder die Spannkraft S_1 des Stabes 1
in dem erwähnten statisch bestimmten Fachwerk $A'A''$ für die
treibende Kraft $T = 1$ ermitteln, welche Spannkraft den gesuchten Koefficienten $\mathfrak{S}''_1$ liefert.

Um schliesslich auch $\mathfrak{S}'''_1$ zu erhalten, nimmt man das statisch
bestimmte Fachwerk lediglich in den Knotenpunkten E und C
von den beiden gleichen, in EC entgegengesetzt wirkenden treibenden Kräften $S' = 1$ angegriffen an und sucht in dem so be-
anspruchten Fachwerk die Spannkraft des Stabes 1 auf. Diese
giebt dann $\mathfrak{S}'''_1$ an.

In derselben Weise ergeben sich auch für die Spannkräfte
der übrigen nothwendigen Stäbe des Fachwerkes die entsprechenden Gleichungen, so dass man hat:

26*

$$\left.\begin{array}{l} S_1 = \mathfrak{S}'_1 \cdot P + \mathfrak{S}''_1 \cdot T + \mathfrak{S}'''_1 \cdot S' \\ S_2 = \mathfrak{S}'_2 \cdot P + \mathfrak{S}''_2 \cdot T + \mathfrak{S}'''_2 \cdot S' \\ \quad \cdot \\ S_9 = \mathfrak{S}'_9 \cdot P + \mathfrak{S}''_9 \cdot T + \mathfrak{S}'''_9 \cdot S' \end{array}\right\} \quad \cdot \quad \cdot (1)$$

Aus diesen 9 Gleichungen lassen sich aber die 11 unbekannten Kräfte S_1, S_2, ... S_9, T und S' nicht ermitteln. Um nun die weiter erforderlichen Gleichungen zu erhalten, verfährt man wie folgt:

Man denkt sich die sämmtlichen Stäbe des gesammten Fachwerkes ersetzt durch ihre an den Knotenpunkten wirkenden Spannkräfte, so dass man ein im Gleichgewicht befindliches, aus den Kräften S_1 ... S_9, P, T, N, S' und W'' bestehendes Kräftesystem erhält, auf das man das Princip der virtuellen Geschwindigkeiten anwendet, wobei als virtuelle Verschiebungen der Angriffspunkte dieser Kräfte die durch die Formänderung des Fachwerkes infolge der Belastung P sich ergebenden thatsächlichen Verschiebungen der Knotenpunkte des Fachwerkes angenommen werden. Bezeichnet man jetzt die durch die Spannkräfte S hervorgerufenen Aenderungen der Stablängen s je durch ein der betreffenden ursprünglichen Stablänge s vorgesetztes Δ und die Verschiebung des Angriffspunktes C der Belastung P in der Richtung von P mit δp, und berücksichtigt ferner, dass die Summe der Arbeiten der beiden gleichen und entgegengesetzten, einen und denselben Stab in dessen Enden angreifenden Spannkräfte S bei der Längenänderung Δs des Stabes und bei beliebiger Ortsveränderung desselben durch das Produkt $S \cdot \Delta s$ ausgedrückt ist, so liefert das Princip der virtuellen Geschwindigkeiten, da die Verschiebungen der Angriffspunkte der Kräfte N, T und W'' je $= 0$ sind, für das Fachwerk

$$- \Sigma S \cdot \Delta s - S' \cdot \Delta s' + P \cdot \delta p = 0 \qquad (2)$$

wobei $\Sigma S \cdot \Delta s$ sich lediglich auf die nothwendigen Stäbe 1—9 bezieht. Wäre nun $P = 0$ und $S' = 0$, so erhielte man aus der letzten Gleichung

$$\Sigma S \cdot \Delta s = 0$$

oder auch mit Rücksicht auf die Gleichungen (1), wenn man in denselben $P = 0$ und $S' = 0$ setzt:

$$T(\mathfrak{S}''_1 \cdot \Delta s_1 + \mathfrak{S}''_2 \cdot \Delta s_2 + \cdots + \mathfrak{S}''_9 \cdot \Delta s_9) = 0 \qquad \cdot (3)$$

Da aber nach der Elasticitätslehre, wenn F die Querschnittsfläche des Stabes von der Länge s, S die Spannkraft des Stabes und E der Elasticitätsmodul desselben

$$\frac{S}{F} = E \cdot \frac{\Delta s}{s} \quad \text{oder} \quad \Delta s = \frac{S \cdot s}{EF} \, . \tag{4}$$

so geht Gleichung (3) über in

$$\mathfrak{S}''_1 \cdot \frac{S_1 \cdot s_1}{EF_1} + \mathfrak{S}''_2 \cdot \frac{S_2 \cdot s_2}{EF_2} + \mathfrak{S}''_3 \cdot \frac{S_3 \cdot s_3}{EF_3} + \cdots + \mathfrak{S}''_9 \cdot \frac{S_9 \cdot s_9}{EF_9} = 0 \cdot \tag{5}$$

Nimmt man aber $T = 0$ und $P = 0$ und das Fachwerk nur von den beiden treibenden Kräften S' angegriffen an, so ergiebt Gleichung (2)

$$\Sigma S \cdot \Delta s + S' \cdot \Delta s' = 0$$

oder mit Rücksicht auf die Gleichungen (1):

$$\mathfrak{S}'''_1 \cdot S' \cdot \Delta s_1 + \mathfrak{S}'''_2 \cdot S' \cdot \Delta s_2 + \cdots + \mathfrak{S}'''_9 \cdot S' \cdot \Delta s_9 + S' \cdot \Delta s' = 0,$$

woraus $\quad S' \left(\mathfrak{S}'''_1 \cdot \Delta s_1 + \mathfrak{S}'''_2 \cdot \Delta s_2 + \cdots + \mathfrak{S}'''_9 \cdot \Delta s_9 + \Delta s' \right) = 0,$

und mit Rücksicht auf Gleichung (4)

$$\mathfrak{S}'''_1 \cdot \frac{S_1 \cdot s_1}{EF_1} + \mathfrak{S}'''_2 \cdot \frac{S_2 \cdot s_2}{EF_2} + \cdots + \mathfrak{S}'''_9 \cdot \frac{S_9 \cdot s_9}{EF_9} + \frac{S' \cdot s'}{EF'} = 0 \cdot \cdot \tag{6}$$

Mit Hülfe der Gleichungen (1), (5) und (6) lassen sich jetzt die sämmtlichen unbekannten Kräfte, nämlich die 9 Spannkräfte S der nothwendigen Stäbe, die Spannkraft S' des überzähligen Stabes, sowie die Komponente T des Auflagerwiderstandes W' und damit W' und auch W'' berechnen.

§ 53.

Die theoretische Verwerthung des Princips der virtuellen Geschwindigkeiten.

295. Die Lagrange'sche Grundgleichung für die Bewegung materieller Systeme. Auch in rein theoretischer Beziehung ist die Bedeutung des Princips der virtuellen Geschwindigkeiten nicht zu unterschätzen. Hat ja doch Lagrange seine berühmte analytische Mechanik auf dieses Princip gegründet. In dieser Mechanik ist als Grundgleichung für die Bewegung eines Systems von materiellen Punkten m, welche von den Kräften $P, Q, R \ldots$ angegriffen werden, angegeben:

$$\Sigma \left(\frac{d^2 x}{d t^2} \delta x + \frac{d^2 y}{d t^2} \delta y + \frac{d^2 z}{d t^2} \delta z \right) m + \Sigma (P \delta p + Q \delta q + R \delta r + \cdots) = 0,$$

unter $m \cdot \dfrac{d^2 x}{d t^2}, \; m \cdot \dfrac{d^2 y}{d t^2}; \; m \cdot \dfrac{d^2 z}{d t^2}$ die Komponenten der Beschleuni-

gungskräfte der materiellen Punkte m des Systems nach drei
auf einander senkrecht stehenden Koordinatenachsen und unter
δx, δy, δz die Projektionen der virtuellen Verschiebungen der materiellen Punkte auf die Koordinatenachsen verstanden, sowie unter
$-P\delta p$, $-Q\delta q$, $R\delta r \ldots$ die virtuellen Arbeiten der Kräfte P,
Q, $R \ldots$

Diese Lagrange'sche Grundgleichung der Bewegung ergiebt
sich aber einfach durch Verbindung des d'Alembert'schen Princips mit dem Prinzip der virtuellen Geschwindigkeiten. Ist nämlich das von den Kräften P, Q, $R \ldots$ angegriffene materielle
System nicht im Gleichgewicht, so kann man es dadurch ins
Gleichgewicht setzen, dass man an jedem einzelnen materiellen
Punkt des Systems noch dessen Trägheitskraft, welche gleich
und direkt entgegengesetzt der betreffenden Beschleunigungskraft
ist, anbringt. Wendet man alsdann auf das ins Gleichgewicht
gebrachte materielle System das Prinzip der virtuellen Geschwindigkeiten an, so ergiebt sich da die Summe der virtuellen Arbeiten
der Trägheitskräfte, wenn wieder mit $m \cdot \dfrac{d^2 x}{dt^2}$, $m \cdot \dfrac{d^2 y}{dt^2}$, $m \cdot \dfrac{d^2 z}{dt^2}$
die Komponenten der Beschleunigungskräfte nach den Koordi-
natenachsen bezeichnet werden,

$$\Sigma\left(-m \cdot \frac{d^2 x}{dt^2} \cdot \delta x\right) + \Sigma\left(-m \cdot \frac{d^2 y}{dt^2} \cdot \delta y\right) + \Sigma\left(-m \cdot \frac{d^2 z}{dt^2} \cdot \delta z\right)$$

und die Summe der virtuellen Arbeiten der Kräfte P, Q, $R \ldots$
durch

$$-\Sigma(P\delta p + Q\delta q + R\delta r + \cdots)$$

ausgedrückt ist

$$-\Sigma\left(\frac{d^2 x}{dt^2} \cdot \delta x + \frac{d^2 y}{dt^2} \cdot \delta y + \frac{d^2 z}{dt^2} \cdot \delta z\right)m - \Sigma(P\delta p + Q\delta q + R\delta r + \cdots) = 0$$

und damit die oben angegebene Grundgleichung.

Diese Gleichung pflegt man indessen noch auf eine andere
Form zu bringen, indem man die Kräfte P, Q, $R \ldots$, durch ihre
Komponenten X, Y, Z nach den Koordinatenachsen ersetzt und
berücksichtigt, dass die virtuelle Verschiebung eines materiellen
Punktes m des Systems zugleich die Verschiebung des Angriffs-
punktes der am materiellen Punkt wirkenden Kraft bedeutet.
Damit erhält man als Summe der virtuellen Arbeiten der Kräfte
P, Q, $R \ldots$

$$\Sigma(X\delta x + Y\delta y + Z\delta z)$$

und daher als Summe der virtuellen Arbeiten sämmtlicher

am System im Gleichgewicht befindlichen Kräfte (also Trägheitskräfte ebenfalls berücksichtigt)

$$-\Sigma\left(\frac{d^2x}{dt^2}\delta x+\frac{d^2y}{dt^2}\delta y+\frac{d^2z}{dt^2}\delta z\right)m+\Sigma(X\delta x+Y\delta y+Z\delta z).$$

Diese Summe muss aber im Gleichgewichtsfall $=0$ sein, womit sich ergiebt:

$$\Sigma\left[\left(X-m\frac{d^2x}{dt^2}\right)\delta x+\left(Y-m\frac{d^2y}{dt^2}\right)\delta y+\left(Z-m\frac{d^2z}{dt^2}\right)\delta z\right]=0,$$

eine für die analytische Mechanik sehr wichtige Gleichung.

§ 54.

*Die Bewegung zwangläufiger Körper und die hierbei zur Geltung
kommende Bedeutung der reducirten Masse.*

296. Allgemeine Bemerkungen. Im folgenden handle es sich
um die Festsetzung der Bewegung eines von einer gegebenen
treibenden Kraft P angegriffenen festen Körpers, welcher nicht
frei beweglich, sondern zwangläufig sei. Dabei ist unter
„Zwangläufigkeit"[1] eines Körpers eine durch gewisse Hindernisse beschränkte Beweglichkeit des Körpers zu verstehen, die
dem Körper nur eine Bewegung gestattet, bei welcher jeder Punkt
desselben eine ganz bestimmte, zum voraus angebbare Linie beschreibt, bei welcher also die einzelnen Punkte des Körpers auf
vorgeschriebenen Bahnlinien bleiben müssen. So findet Zwangläufigkeit statt, wenn ein Körper sich nur um eine gegebene
Achse drehen kann. Jeder Punkt des Körpers beschreibt hier
einen bestimmten Kreis, dessen Mittelpunkt in der Drehachse liegt
Desgleichen ist ein zwischen parallelen Führungen verschiebbarer,
jedoch nicht drehbarer Körper zwangläufig, ebenso eine Schraubenspindel, wenn dieselbe von einer feststehenden Schraubenmutter
umfasst wird, u. s. f.

297. Begriff der reducirten Masse eines materiellen Systems.
Bei der Bewegung eines materiellen Systems besitzt letzteres in
jedem Augenblick eine gewisse lebendige Kraft. Ist nun L
diese lebendige Kraft zur Zeit t, A' ein beliebiger Punkt des
Systems, v' dessen Geschwindigkeit zur Zeit t, so wird, wenn man
sich einen in A' an das System befestigten materiellen Punkt von

[1] Diese treffende Bezeichnung ist von Reuleaux eingeführt.

der Masse m' denkt, dieser materielle Punkt die lebendige Kraft $\frac{1}{2}m'v'^2$ haben. Wäre jetzt

$$\tfrac{1}{2}m'v'^2 = L,$$

so stellte m' die auf den Punkt A' reducirte Masse des Systems vor.

Es besitzt also die reducirte Masse eines materiellen Systems die gleiche lebendige Kraft, wie das materielle System selbst.

296. Beispiele, betreffend die Bestimmung der reducirten Masse zwangläufiger Körper. Nehmen wir an:

1. **Der Körper sei drehbar um eine feste Achse.**

Ist Θ das Trägheitsmoment der Masse m des Körpers in Beziehung auf die Drehachse, und ω die Winkelgeschwindigkeit zur Zeit t, so hat man für die lebendige Kraft L des Körpers zur Zeit t, wenn ϱ der Abstand eines materiellen Elementes dm des Körpers von der Drehachse,

$$L = \Sigma \tfrac{1}{2}dm\,(\varrho\,\omega)^2 = \tfrac{1}{2}\omega^2 \Sigma dm \cdot \varrho^2 = \tfrac{1}{2}\omega^2 \Theta.$$

Damit ergiebt sich die auf den Punkt A' reducirte Masse m' des rotirenden Körpers, wenn r' der Abstand des Punktes A' von der Drehachse, aus:

$$\tfrac{1}{2}m' \cdot (r'\omega)^2 = L = \tfrac{1}{2}\omega^2 \Theta$$

$$m' = \frac{\Theta}{r'^2}.$$

Aus $m\,r'^2 = \Theta$ folgt dann auch, da $m'r'^2$ das Trägheitsmoment des materiellen Punktes m' in Beziehung auf die Drehachse, dass die reducirte Masse nicht bloss dieselbe lebendige Kraft, sondern auch dasselbe Trägheitsmoment in Beziehung auf die Drehachse besitzt, wie der rotirende Körper. Statt zu sagen, es sei m' die auf den Punkt A' reducirte Masse, pflegt man auch m' als die auf den Halbmesser r' reducirte Masse des rotirenden Körpers zu bezeichnen.

2. **Der Körper sei zwischen parallelen Führungen verschiebbar.**

Ist m die Gesammtmasse des bewegten Körpers,

v die Geschwindigkeit eines beliebigen materiellen Elementes dm des Körpers zur Zeit t,

m' die gesuchte, auf den angenommenen Punkt A' des Körpers reducirte Masse,

v' die Geschwindigkeit des Punktes A',

so hat man

$$\tfrac{1}{2}m'v'^2 = \Sigma \tfrac{1}{2}dm \cdot v^2 = \tfrac{1}{2}v^2 \Sigma dm = \tfrac{1}{2}mv^2.$$

Da aber vorliegenden Falles $v' = v$, so ergiebt sich

$$m' = m.$$

3. Schraubenspindel in der Schraubenmutter sich bewegend.

Es sei zur Zeit t:

ω die Winkelgeschwindigkeit bei der Drehung der Schraubenspindel,

u die Translationsgeschwindigkeit der Schraubenspindel nach der Schraubenachse,

v die Geschwindigkeit eines beliebigen, im Abstand ϱ von der Schraubenachse bei A gelegenen materiellen Punktes dm der Schraubenspindel,

v' die Geschwindigkeit des im Abstand r' von der Schraubenachse angenommenen Punktes A' der Schraubenspindel, auf welchen die Masse m der letzteren reducirt werden soll.

Alsdann hat man:

$$L = \Sigma \tfrac{1}{2} dm \cdot v^2 = \Sigma \tfrac{1}{2} dm (u^2 + \varrho^2 \omega^2) = \tfrac{1}{2} m u^2 + \tfrac{1}{2} \omega^2 \cdot \Theta,$$

ferner: $\quad \tfrac{1}{2} m' \cdot v'^2 = L = \tfrac{1}{2} m u^2 + \tfrac{1}{2} \omega^2 \cdot \Theta$

oder, da $v'^2 = u^2 + r'^2 \omega^2$

$$m'(u^2 + r'^2 \omega^2) = m u^2 + \Theta \cdot \omega^2.$$

Zwischen u und ω besteht aber eine gewisse Beziehung. Bezeichnet man nämlich mit α den Steigungswinkel der durch den Punkt A bestimmten Schraubenlinie und mit h die Ganghöhe der Schraube, so hat man

$$u = v \sin \alpha; \qquad \varrho \omega = v \cos \alpha,$$

also $\quad u = \varrho \omega \cdot \operatorname{tg} \alpha = \varrho \omega \cdot \dfrac{h}{2 \varrho \pi} = \dfrac{h}{2\pi} \cdot \omega; \quad \omega = \dfrac{2 u \pi}{h}.$

Damit wird

$$m' \left[u^2 + \left(\frac{2 r' \pi}{h} \right)^2 u^2 \right] = m u^2 + \Theta \left(\frac{2\pi}{h} \right)^2 u^2$$

oder $\quad m' [h^2 + (2 r' \pi)^2] = m h^2 + \Theta (2\pi)^2 = m h^2 + m r_0^2 \cdot (2\pi)^2$
$$= m [h^2 + (2 r_0 \pi)^2],$$

unter $r_0 = \sqrt{\dfrac{\Theta}{m}}$ den sogenannten Trägheitshalbmesser der Schraubenspindel in Beziehung auf die Schraubenachse verstanden, woraus dann

$$m' = m \frac{h^2 + (2 r_0 \pi)^2}{h^2 + (2 r' \pi)^2} = m \frac{s''^2}{s'^2} = m \left(\frac{s''}{s'} \right)^2$$

Hätte man den Reduktionspunkt A' auf der Schraubenachse gewählt, würde man erhalten haben mit $r' = 0$

$$m' = m + m\left(\frac{2r_0\pi}{h}\right)^2 = m + \left(\frac{2\pi}{h}\right)^2 \cdot \Theta.$$

In den vorstehend angeführten Fällen ist die reducirte Masse bei der Bewegung des Körpers in jedem Augenblick dieselbe. Indessen behält die reducirte Masse nicht bei allen zwangläufigen Körpern im Verlauf der Bewegung stets den gleichen Werth. Das ist nur der Fall, wenn das Verhältniss der Geschwindigkeiten der einzelnen materiellen Punkte des bewegten Körpers zur Geschwindigkeit v' des Reduktionspunktes A' sich im Verlaufe der Bewegung des Körpers nicht ändert. (Weiteres hierüber im 14. Kapitel: Dynamik der Maschinen.)

299. Reducirte Masse eines elastischen geraden Stabes, welcher eine Längenänderung erleidet. Wir wollen einen elastischen Stab von konstantem Querschnitt F und der ursprünglichen Länge l annehmen, welcher mit seinem einen Ende A_0 befestigt sei und dessen freies Ende B von einer in der Stabachse wirkenden Kraft P gezogen werde.

Bei der erfolgenden Ausdehnung des Stabes entferne sich während des ersten Zeitelementes dt das freie Stabende B von dem festgehaltenen Stabende A_0 um dl und ebenso ein Querschnitt bei A, im ursprünglichen Abstand x vom festen Stabende A_0, von letzterem um dx, alsdann ergiebt die Elasticitätslehre, wenn E der Elasticitätsmodul des Stabes,

$$\frac{P}{F} = E \cdot \frac{dl}{l} \quad \text{und ebenso} \quad \frac{P}{F} = E \cdot \frac{dx}{x},$$

infolge dessen $\quad \dfrac{dl}{l} = \dfrac{dx}{x} \quad$ oder auch $\quad \dfrac{\frac{dx}{dt}}{\frac{dl}{dt}} = \dfrac{x}{l}.$

$\dfrac{dx}{dt}$ ist aber nichts anderes als die Geschwindigkeit v, mit welcher sich der Querschnitt bei A oder auch die bei A befindliche Scheibe $F \cdot dx$ des Stabes in der Richtung des Zuges P bei der stattfindenden Ausdehnung des Stabes bewegt, und ebenso $\dfrac{dl}{dt}$ die Geschwindigkeit v' des freien Stabendes B.

Denkt man sich jetzt den Stab durch Querschnitte in lauter unendlich dünne Scheiben von der Dicke dx zerlegt, so ist die lebendige Kraft des ganzen Stabes, wenn δ die Dichte des Stabes bezeichnet:

$$L = \int_{s=0}^{s=l} \frac{1}{2} F \cdot dx \cdot \delta \cdot v^2 = \int_0^l \frac{1}{2} F \cdot \delta \cdot \frac{v'^2}{l^2} x^2 dx = \frac{1}{2} F \cdot \frac{v'^2}{l^2} \cdot \frac{l^3}{3}$$

$$= \frac{1}{2} F \cdot l \cdot \delta \cdot \frac{v'^2}{3} = \frac{1}{2} m \cdot \frac{v'^2}{3}.$$

Soll nun die Masse m des ganzen Stabes auf einen Punkt A' im freien Endquerschnitt reducirt werden, so muss sein, wenn m' die gesuchte reducirte Masse,

$$\frac{1}{2} m' \cdot v'^2 = \frac{1}{2} m \cdot \frac{v'^2}{3}, \quad \text{woraus} \quad m' = \frac{m}{3}.$$

800. Reducirte Masse eines elastischen geraden Stabes, welcher eine Biegung erleidet. Wir wollen für einen in seinen Enden A_1 und A_2 unterstützten, in seiner Mitte A' mit P belasteten geraden horizontalen Stab von konstantem Querschnitt F die auf den Angriffspunkt A' von P reducirte Masse m' bestimmen.

Bezieht man die Gleichung der Biegungskurve des Stabes auf ein rechtwinkliges Koordinatensystem, dessen Ursprung durch das Ende A_1 der Stabachse und dessen $+ x$-Achse durch die anfänglich gerade Stabachse $A_1 A_2$ bezeichnet wird, so ergiebt die Elasticitätslehre für die Gleichung der Biegungskurve

$$y = \frac{P l^3}{16 E \Theta} \left[\frac{x}{l} - \frac{4}{3} \left(\frac{x}{l} \right)^3 \right]$$

unter x und y die Koordinaten eines beliebigen Punktes A der Stabachse, unter Θ das Trägheitsmoment der Querschnittsfläche in Beziehung auf die Neutralachse der letzteren, und unter E den Elasticitätsmodul des Stabes verstanden. Damit wird die grösste Durchbiegung oder der Biegungspfeil des Stabes:

$$f = \frac{P l^3}{48 E \Theta},$$

woraus folgt: $\quad \dfrac{y}{f} = 3 \left[\dfrac{x}{l} - \dfrac{4}{3} \left(\dfrac{x}{l} \right)^3 \right]$

Der Quotient $\dfrac{y}{f}$ ist das Verhältniss des bei der stattfindenden Biegung des Stabes von dem Punkte A der Stabachse beschriebenen Weges zu dem Weg des Punktes A' der Stabachse. Demgemäss hat man auch, wenn nur unendlich kleine Durchbiegungen df und dy angenommen werden,

$$\frac{dy}{df} \quad \text{oder} \quad \frac{\dfrac{dy}{dt}}{\dfrac{df}{dt}} \quad \text{oder} \quad \frac{v}{v'} = 3\left[\frac{x}{l} - \frac{4}{3}\left(\frac{x}{l}\right)^2\right],$$

wobei v die Geschwindigkeit des Punktes A und v' diejenige des Punktes A' bei der stattfindenden Biegung bedeutet. Denkt man sich jetzt den ganzen Stab durch Ebenen senkrecht zur Stabachse in lauter unendlich dünne Scheiben von der Dicke dx zerlegt und bezeichnet mit δ die Dichte des Stabes, so ergiebt sich als lebendige Kraft des Stabes:

$$L = \int_0^l \frac{1}{2} F \cdot dx \cdot \delta \cdot v^2 = \int_0^l \frac{1}{2} F \cdot dx \cdot \delta \cdot 9\left[\frac{x}{l} - \frac{4}{3}\left(\frac{x}{l}\right)^2\right]^2 \cdot v'^2 =$$

$$= \frac{1}{2} F \cdot \delta \cdot v'^2 \cdot 9 \int_0^l \left(\frac{x^2}{l^2} + \frac{16}{9} \cdot \frac{x^4}{l^4} - \frac{8}{3} \cdot \frac{x^3}{l^3}\right) dx$$

$$= \frac{1}{2} F \cdot l \cdot \delta \cdot v'^2 \cdot \left(3 + \frac{16}{7} - \frac{24}{5}\right) = \frac{1}{2} m \cdot \frac{17}{35} v'^2.$$

Dagegen ist die lebendige Kraft der in A' gedachten Masse m' ausgedrückt durch $\frac{1}{2} m' v'^2$; man setzt also:

$$\frac{1}{2} m' v'^2 = \frac{1}{2} m \cdot \frac{17}{35} v'^2,$$

woraus die gesuchte reducirte Masse:

$$m' = \frac{17}{35} m.$$

Zum Schluss bemerken wir noch, dass die beiden zuletzt behandelten elastisch-festen Körper insofern als zwangläufige materielle Systeme gelten können, als bei der durch die Formänderung sich kundgebenden Bewegung die einzelnen materiellen Punkte vorgeschriebene Bahnlinien beschreiben.

301. Die Bestimmung der Bewegung eines zwangläufigen Körpers mit Benutzung der reducirten Masse. Bei der zwangläufigen Bewegung eines starren Körpers ist jeder einzelne Punkt desselben genöthigt, auf einer vorgeschriebenen Bahnlinie sich zu bewegen. Umgekehrt ist auch durch die Bewegung eines Punktes des Körpers die Bewegung des ganzen Körpers bestimmt.

Angenommen, es werde ein starrer zwangläufiger Körper von treibenden Kräften P zur Zeit 0 in Bewegung gesetzt. Ist nun

R die Resultante sämmtlicher am Körper wirkenden Kräfte, ein-
schliesslich der an ihm sich bethätigenden Widerstände, und ein
auf der Wirkungslinie von R gelegener Punkt A' des Körpers
als Angriffspunkt von R gedacht, so wird der bei A' befindliche,
von R unmittelbar angegriffene materielle Punkt dm des Körpers der
Kraft R nicht frei folgen können, da er einerseits sich auf einer vorgeschriebenen Bahnlinie zu bewegen hat und anderseits auch auf
dieser sich nicht wie die Kugel in einer Röhre ungehindert bewegen
kann, indem er ja die übrige Masse des Körpers mit sich ziehen
muss. Denkt man sich nun an Stelle des gebundenen materiellen
Punktes dm einen auf der vorgeschriebenen Bahnlinie des
Punktes A' beweglichen materiellen Punkt von der Masse m und
verlangt, dass dieser sich unter Einwirkung der Kraft R ebenso
bewege, wie der gebundene materielle Punkt dm, dann muss sein,
wenn φ der Winkel von R mit der Bewegungsrichtung des Punktes m:

$$m \cdot \frac{dv}{dt} = R \cos \varphi, \quad \text{oder} \quad m v\, dv = R \cos \varphi \cdot ds,$$

woraus
$$\int_0^s m v\, dv = \int_0^s R \cos \varphi \cdot ds \quad \text{oder} \quad \tfrac{1}{2} m v^2 = \int_0^s R \cos \varphi \cdot ds.$$

$\int_0^s R \cos \varphi \cdot ds$ ist aber nach dem Satz von der lebendigen Kraft
eines materiellen Systems gleich der von der Kraft R in der
Zeit t hervorgerufenen lebendigen Kraft des Körpers. Da nun
letztere auch ausgedrückt ist durch $\tfrac{1}{2} m' v^2$, unter m' die auf den
Angriffspunkt A' der Resultanten R reducirte Masse des Körpers verstanden, so hat man

$$\tfrac{1}{2} m v^2 = \tfrac{1}{2} m' v^2; \quad m = m'.$$

Daraus geht hervor, dass man die wirkliche Bewegung des
von der Resultanten R angegriffenen Punktes A' des zwangläufigen
Körpers erhält, wenn man an Stelle des durch den Punkt A' bezeichneten gebundenen materiellen Elementes dm des Körpers
einen materiellen Punkt von der Kraft R angegriffen sich denkt,
welcher, wie die Kugel in einer Röhre, auf der vom Punkte A'
bei der Bewegung des Körpers beschriebenen Bahnlinie sich frei
bewegen kann und eine Masse besitzt gleich der auf den Punkt A'
reducirten Masse m' des Körpers. Die Bewegung dieses auf vorgeschriebener Bahnlinie beweglichen materiellen Punktes m' giebt
alsdann die wirkliche Bewegung des Punktes A' des zwangläufigen
Körpers an.

11. Kapitel.

Drehung eines starren Körpers um eine gegebene Achse.

§ 55.

Die Bewegung eines von gegebenen Kräften angegriffenen, um eine unbewegliche Achse drehbaren starren Körpers.

802. Die Grundgleichung der Bewegung. Ist die algebraische Summe M der statischen Momente sämmtlicher äusseren Kräfte, welche am Körper wirken, in Beziehung auf die Drehung nicht $= 0$, so wird eine Umdrehung des Körpers um die feste Drehachse erfolgen. Um diese Bewegung zu bestimmen, wird man wieder, dem d'Alembert'schen Princip entsprechend, wie in No. 273 bei der Scheibe der Atwood'schen Fallmaschine, an sämmtlichen Elementen oder materiellen Punkten des gegebenen Körpers die betreffenden Centrifugalkräfte, sowie die entgegengesetzten Tangentialkräfte als Ergänzungskräfte anbringen, um das Gleichgewicht des Körpers herbeizuführen. Ist dies geschehen, so ergiebt die einzige Gleichgewichtsbedingung für den Körper, nämlich die Momentengleichung in Bezug auf die Drehachse,

$$M = \Sigma\, dm \cdot \varrho \cdot \frac{d\omega}{dt} \cdot \varrho$$

oder da die Winkelbeschleunigung $\frac{d\omega}{dt}$ in einem und demselben Augenblick für alle Elemente dm des Körpers die gleiche ist:

$$M = \frac{d\omega}{dt} \Sigma\, dm \cdot \varrho^2 = \frac{d\omega}{dt} \cdot \Theta,$$

$$\text{womit} \quad \frac{d\omega}{dt} = \frac{M}{\Theta},$$

unter M die algebraische Summe der statischen Momente sämmtlicher äusseren Kräfte und unter Θ das Trägheitsmoment[1]) der Masse des Körpers in Bezug auf die Drehachse verstanden.

---

[1]) Bei dieser Gelegenheit kann auch erklärt werden, wie man zur Bezeichnung „Trägheitsmoment" für Momente zweiten Grades überhaupt gekommen ist. Sie stammt aus der Kinetik des rotirenden Körpers. Während bei der fortschreitenden Bewegung die Beschleunigung p mittels Division der bewegenden Kraft durch die Masse oder, wie man früher statt

Diese Gleichung ist die Grundgleichung für die Drehung eines Körpers um eine gegebene Achse. Aus

$$\frac{d\omega}{dt} = \frac{M}{\Theta}$$

folgt durch Integration:

$$\omega - \omega_0 = \frac{1}{\Theta} \int_0^t M \, dt,$$

worin ω_0 die Winkelgeschwindigkeit zur Zeit 0 oder die anfängliche Winkelgeschwindigkeit angiebt.

Wäre nun M konstant, so zeigte sich die Winkelbeschleunigung $\frac{d\omega}{dt}$ ebenfalls konstant, es wäre die Bewegung eine gleichförmige beschleunigte Rotation, für welche man hätte:

$$\omega - \omega_0 = \frac{M}{\Theta} \cdot t, \quad \text{woraus mit} \quad M = 0, \quad \omega = \omega_0.$$

Durch letzteres ist dann erwiesen, dass bei plötzlichem Aufhören der äusseren Kräfte der Körper von diesem Augenblick an sich mit der erlangten Winkelgeschwindigkeit gleichförmig weiter umdreht.

§ 56.

Die Berechnung der Trägheitsmomente.

603. Flächenträgheitsmomente. Dieselben spielen, wie wir wissen, in der Festigkeitslehre eine wichtige Rolle. Multiplicirt man jedes Element dF einer begrenzten ebenen Fläche F mit seinem Abstand y von einer beliebigen, in der Ebene der Fläche gezogenen Achse, so bezeichnet $\Sigma dF \cdot y$, wofür man auch setzen kann $F \cdot y_0$, unter y_0 den Abstand des Schwerpunktes der Fläche von der Achse verstanden, das Moment ersten Grades der Fläche F in Beziehung auf die angenommene Achse. Multiplicirt man dagegen die Flächenelemente je mit den Quadraten ihrer Abstände y von der Achse und bildet $\Sigma dF \cdot y^2 = \Theta$, so nennt

---

Masse sagte, durch die Trägheit des Körpers erhalten wird, ergiebt sich bei einer Drehung des Körpers die Winkelbeschleunigung $\frac{d\omega}{dt}$ mittels Division des Momentes der bewegenden Kraft durch das „Moment der Trägheit" des Körpers.

man dieses Moment das Moment zweiten Grades oder das Trägheitsmoment der Fläche F in Beziehung auf die gegebene Achse und, wenn man $\Theta = F \cdot r_0{}^2$ setzt, die Strecke r_0 den Trägheitshalbmesser der Fläche F in Beziehung auf die gleiche Achse.

Hätte man für die Flächenelemente dF die Abstände nicht von einer Achse, sondern von einem in der Ebene der Fläche beliebig gewählten Punkt O bestimmt, so würde man statt des achsialen Trägheitsmomentes Θ das polare Trägheitsmoment Θ_0 in Beziehung auf den Punkt oder Pol O erhalten haben. Zieht man durch den Punkt O in der Ebene der Fläche F zwei aufeinander senkrecht stehende Achsen, bezeichnet die Trägheitsmomente der Fläche F in Beziehung auf diese Achsen mit A und B, wobei $A = \Sigma dF \cdot y^2$ und $B = \Sigma dF \cdot x^2$, ferner mit ϱ den Abstand eines Elementes dF der Fläche F von dem Punkt O, so hat man:

$$\varrho^2 = x^2 + y^2 \quad \text{und} \quad \Sigma dF \cdot \varrho^2 = \Sigma dF \cdot x^2 + \Sigma dF \cdot y^2$$
$$\text{oder} \quad \Theta_0 = B + A.$$

Man braucht daher nur die achsialen Trägheitsmomente der Fläche F bezogen auf die durch O gezogenen, senkrecht aufeinander stehenden Achsen zu addiren, um das polare Trägheitsmoment in Beziehung auf den Punkt O zu erhalten. Weiter: Soll beispielsweise das Trägheitsmoment einer Kreisfläche, aus welcher ein Viereck herausgeschnitten ist, in Beziehung auf eine beliebige in der Ebene der Kreisfläche gezogene Achse bestimmt werden, so kann man zuerst $\Sigma dF \cdot y^2$ bilden für alle Elemente der Kreisfläche und hierauf die zu viel genommenen Produkte $dF \cdot y^2$, d. h. $\Sigma dF \cdot y^2$ für das Viereck, wieder in Abzug bringen. Damit ergiebt sich das Trägheitsmoment der gegebenen Fläche als Differenz der Trägheitsmomente von Kreisfläche und von Viereck.

Handelte es sich dagegen um das achsiale Trägheitsmoment Θ eines I-Querschnittes F, welcher aus den Rechtecken F_1, F_2, F_3 zusammengesetzt ist, so ergiebt sich Θ oder $\Sigma dF \cdot y^2$ für die ganze Fläche F, gleich $\Sigma dF \cdot y^2$ für die Fläche F_1 plus $\Sigma dF \cdot y^2$ für die Fläche F_2 plus $\Sigma dF \cdot y^2$ für die Fläche F_3, oder:

$$\Theta = \Theta_1 + \Theta_2 + \Theta_3.$$

Aus diesen zwei angeführten Fällen lässt sich der Satz entnehmen:

Es ist das Trägheitsmoment der Summe und Differenz von Flächen in Beziehung auf eine Achse gleich

der Summe, beziehungsweise Differenz der Trägheitsmomente der einzelnen Flächen bezogen auf dieselbe
Achse.

Ist Θ das Trägheitsmoment einer Fläche F bezogen auf eine
durch ihren Schwerpunkt C gehende Achse und Θ' dasjenige auf
eine zweite, der ersten im Abstand e parallel gezogene Achse
(Fig. 265), so hat man

$$\Theta' = \Sigma dF \cdot x'^2 = \Sigma dF(x+e)^2 = \Sigma dF(x^2 + 2ex + e^2) =$$
$$= \Sigma dF \cdot x^2 + 2e \Sigma dF \cdot x + e^2 \Sigma dF.$$

Da aber $\Sigma dF \cdot x^2 = \Theta$; $\Sigma dF \cdot x = x_0 \cdot F = 0$; $\Sigma dF = F$, ist:

$$\Theta' = \Theta + F \cdot e^2,$$

d. h.: Es ist das Trägheitsmoment einer Fläche bezogen
auf eine in ihrer Ebene gelegene, aber nicht durch ihren
Schwerpunkt gehende Achse, gleich dem Trägheitsmoment der Fläche bezogen auf die parallele Schwerpunktsachse, vermehrt um das Produkt aus der Fläche
und dem Quadrat des Abstandes der beiden Achsen.

Mit Hilfe der vorstehenden Sätze ist man
im Stande, die Trägheitsmomente beliebiger
ebener Flächen zu bestimmen. So ergiebt sich
u. a. für ein Rechteck von den Seiten a und
b als Trägheitsmoment in Bezug auf eine durch
den Schwerpunkt des Rechtecks parallel der
Seite a gezogene Achse:

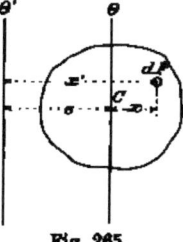

Fig. 265.

$$\Theta_a = \int_{-\frac{b}{2}}^{+\frac{b}{2}} a \cdot dy \cdot y^2 = \frac{1}{12} a b^3,$$

während das Trägheitsmoment in Bezug auf eine der Seite b parallele
Schwerpunktsachse

$$\Theta_b = \frac{1}{12} b a^3.$$

Damit stellt sich dann als polares Trägheitsmoment Θ_0 des
Rechtecks in Beziehung auf dessen Mittelpunkt heraus:

$$\Theta_0 = \Theta_a + \Theta_b = \frac{1}{12} a b (a^2 + b^2) = \frac{1}{12} F \cdot d^2,$$

unter F die Rechtecksfläche und unter d die Länge der Diagonale des Rechtecks verstanden.

Für eine Kreisfläche vom Halbmesser r erhält man zunächst als polares Trägheitsmoment:

$$\Theta_0 = \sum_{\varrho=0}^{\varrho=r} dF \cdot \varrho^2 = \int_0^r (2\varrho\pi d\varrho) \cdot \varrho^2 = 2\pi \cdot \frac{r^4}{4} = \frac{r^4\pi}{2}.$$

Da aber, wenn Θ das Trägheitsmoment der Kreisfläche in Beziehung auf einen beliebigen Durchmesser,

$$\Theta_0 = \Theta + \Theta = 2\,\Theta, \quad \text{so ist} \quad \Theta = \frac{\Theta_0}{2} = \frac{r^4\pi}{4}.$$

804. Achsiale Trägheitsmomente von Massen. Auch bei den Trägheitsmomenten von Massen kann man setzen, wie schon in No. 298 geschehen ist,

$$\Theta = \sum dm \cdot \varrho^2 = m \cdot r_0^2,$$

wobei dann r_0 den Trägheitshalbmesser der Gesammtmasse m in Bezug auf die gegebene Achse bezeichnet.

Um das Trägheitsmoment der Masse eines homogenen Körpers in Beziehung auf irgend eine Achse zu erhalten, nehmen wir diese Achse als x-Achse eines rechtwinkligen Koordinatensystems an und zerlegen den Körper durch Ebenen senkrecht zur genannten x-Achse in lauter unendlich dünne Scheiben von der Dicke dx. Ist nun F ein Querschnitt des Körpers senkrecht zur x-Achse oder die Basis einer solchen Scheibe und δ die Dichte des Körpers, so hat man für das Trägheitsmoment der Scheibe in Beziehung auf die gegebene Achse

$$d\Theta_x = \sum dm \cdot \varrho^2 = \sum dF \cdot dx \cdot \delta \cdot \varrho^2 = \delta \cdot dx \sum dF \cdot \varrho^2 = \delta \cdot dx\,\Theta_0,$$

unter Θ_0 das polare Trägheitsmoment der Querschnittsfläche F in Beziehung auf den Durchschnittspunkt der gegebenen Achse und der Querschnittsebene verstanden. Damit erhält man dann als Trägheitsmoment der Masse des ganzen Körpers

$$\Theta_x = \delta \cdot \sum \Theta_0 \cdot dx.$$

Dass ähnlich wie bei den Flächen, das Trägheitsmoment der Summe oder Differenz zweier Massen gleich der Summe, bezw. der Differenz der Trägheitsmomente der einzelnen Massen ist, folgt unmittelbar aus:

$$\Theta = \sum dm \cdot \varrho^2.$$

805. Satz. Das Trägheitsmoment der Masse eines Körpers in Beziehung auf eine beliebige Achse ist gleich dem Trägheitsmoment der Masse bezogen auf die parallele Schwerpunktsachse, vermehrt um das Produkt aus der ganzen Masse und dem Quadrat des Abstandes der beiden Achsen.

§ 56. Die Berechnung der Trägheitsmomente. 419

Um diesen Satz zu beweisen, wollen wir (Fig. 266) zwei Koordinatensysteme mit parallelen Achsen annehmen, das eine mit dem Ursprung O, das andere mit dem Ursprung O'. Die Koordinaten eines Massenelementes dm in Beziehung auf das erstere Koordinatensystem seien x, y, z, diejenigen in Beziehung auf das zweite System x', y', z', und a, b, c die Koordinaten des Ursprungs O in Beziehung auf das Koordinatensystem O'.

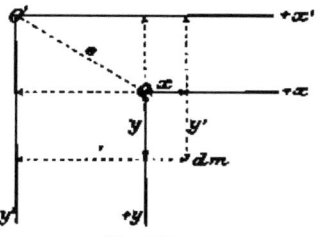

Fig. 266.

Man hat nun

$$\Theta'_z = \Sigma dm(x'^2 + y'^2) = \Sigma dm(x+a)^2 + \Sigma dm(y+b)^2$$
$$= \Sigma dm \cdot x^2 + a^2 \cdot \Sigma dm + 2a \cdot \Sigma dm \cdot x +$$
$$+ \Sigma dm \cdot y^2 + b^2 \cdot \Sigma dm + 2b \cdot \Sigma dm \cdot y$$
$$= \Sigma dm \cdot x^2 + \Sigma dm \cdot y^2 + (a^2+b^2)m + 2a\Sigma dm \cdot x + 2b \Sigma dm \cdot y$$
$$= \Sigma dm(x^2+y^2) + c^2 \cdot m + 2a \cdot \Sigma dm \cdot x + 2b \cdot \Sigma dm \cdot y$$
$$= \Theta_z + m \cdot c^2 + 2a \cdot mx_0 + 2b \cdot my_0,$$

wobei x_0 und y_0 die Entfernungen des Schwerpunktes der Gesammtmasse m des gegebenen Körpers von der yz Ebene beziehungsweise der xz-Ebene des Koordinatensystems O. Im Falle die z-Achse durch diesen Schwerpunkt hindurchginge, wäre $x_0 = 0$ und $y_0 = 0$ und damit

$$\Theta_z = \Theta_z + mc^2.$$

Es ist also der angegebene Satz bewiesen.

306. Rechtwinkliges Parallelepiped. Die Kantenlängen seien a, b, c. Um das Trägheitsmoment Θ_z des Parallelepipeds in Beziehung auf seine der Kante c parallele Schwerpunktsachse zu erhalten, setzen wir wieder

$$d\Theta_x = \Theta_0 \cdot dx \cdot \delta,$$

woraus $\Theta'_x = \Sigma \Theta_0 \cdot dx \cdot \delta = \Theta_0 \cdot \delta \Sigma dx = \Theta_0 \delta \cdot a$

$$= \delta \cdot a \left(\frac{1}{12} c b^3 + \frac{1}{12} bc^3\right) = \frac{\delta a \cdot cb}{12}(c^2 + b^2) = \frac{m}{12} \cdot d^2,$$

unter d die Länge der Diagonale des Rechtecks cb verstanden.

307. Kreiscylinder. Wir wollen die Cylinderachse als die x-Achse des Koordinatensystems annehmen und den Ursprung des letzteren in der Mitte der Cylinderachse. Damit erhält man, wenn r der Halbmesser und l die Länge des Cylinders:

27*

$$\Theta_x = \Sigma \, \Theta_0 \cdot dx \cdot \delta = \Theta_0 \cdot \delta \, \Sigma \, dx = \frac{r^4 \pi}{2} \cdot \delta \cdot l = \frac{r^2 \pi \cdot l \cdot \delta}{2} \cdot r^2 = \frac{m}{2} \cdot r^2.$$

Die auf den Halbmesser r des Cylinders reducirte Masse m' ist daher gleich der halben Cylindermasse.

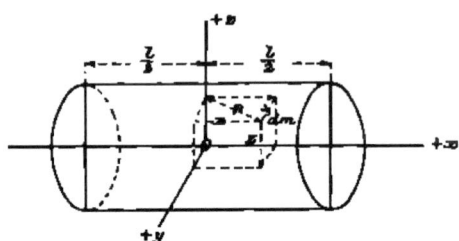

Fig. 267.

Um jetzt auch Θ_z zu erhalten, könnte man wieder den Cylinder durch Ebenen senkrecht zur x-Achse, also parallel der Cylinderachse, in rechteckige unendlich dünne Platten zerlegen, wir wollen aber die zur Bestimmung von Θ_x vorgenommene Eintheilung in kreisförmige Scheiben beibehalten. Hierbei ergiebt sich für das Trägheitsmoment eines Elementes dm der im Abstand x von der yz-Ebene angenommenen Scheibe

$$dm \cdot \varrho^2 = dm \, (x^2 + y^2) = dm \cdot x^2 + dm \cdot y^2$$

und daher für das Trägheitsmoment der ganzen Scheibe in Beziehung auf die z-Achse

$$d\Theta_z = \Sigma \, dm \cdot x^2 + \Sigma \, dm \cdot y^2 = x^2 \cdot F \cdot dx \cdot \delta + \delta \cdot dx \, \Sigma \, dF \cdot y^2$$

oder da $\Sigma \, dF \cdot y^2$ das Trägheitsmoment der Querschnittsfläche F in Beziehung auf die Durchschnittslinie der xz-Ebene mit der Querschnittsebene,

$$d\Theta_z = x^2 \cdot r^2 \pi \cdot dx \cdot \delta + \delta \cdot dx \cdot \frac{r^4 \pi}{4}.$$

Damit wird:

$$\Theta_z = \int_{x=-\frac{l}{2}}^{x=+\frac{l}{2}} x^2 \cdot r^2 \pi \cdot \delta \cdot dx + \int_{x=-\frac{l}{2}}^{x=+\frac{l}{2}} \delta \cdot dx \cdot \frac{r^4 \pi}{4} = \frac{r^2 \pi \cdot \delta \cdot l^3}{12} + \frac{r^4 \pi \cdot \delta \cdot l}{4}$$

$$= \frac{r^2 \pi \cdot l \cdot \delta}{12} \, (l^2 + 3 \, r^2) = \frac{m}{12} \, (l^2 + 3 \, r^2).$$

Ist der Cylinderhalbmesser r sehr klein gegen die Länge l des Cylinders, so kann $3r^2$ gegen l^2 vernachlässigt werden, womit man erhält

$$\Theta_s = \frac{m\,l^2}{12}.$$

308. Gerader Stab von konstantem Querschnitt. Bei der gleichen Annahme des Koordinatensystems wie beim Kreiscylinder, erhält man für das Trägheitsmoment des Stabes in Bezug auf die Stabachse

$$\Theta_x = \Sigma\,\Theta_0\cdot dx\cdot\delta = \Theta_0\cdot\delta\,\Sigma\,dx = \Theta_0\cdot\delta\cdot l,$$

wobei Θ_0 das polare Trägheitsmoment des Stabquerschnittes in Beziehung auf dessen Schwerpunkt und l die Länge des Stabes bedeutet.

Für die senkrecht auf der Stabachse stehende, durch die Mitte der Stablänge gehende s-Achse ergiebt sich dagegen das Trägheitsmoment Θ_s wie oben beim Kreiscylinder aus

$$d\Theta_s = x^2\cdot F\cdot\delta\cdot dx + \delta\cdot dx\cdot\Sigma\,dF\cdot y^2$$

und zwar wird, wenn man den Trägheitshalbmesser der Querschnittsfläche F in Beziehung auf die Durchschnittslinie der xs-Ebene mit der Querschnittsebene mit r_0 bezeichnet, also $\Sigma\,dF\cdot y^2 = F\cdot r_0^2$ setzt,

$$\Theta_s = \int_{x=-\frac{l}{2}}^{x=+\frac{l}{2}} x^2\cdot F\cdot\delta\cdot dx + \int_{x=-\frac{l}{2}}^{x=+\frac{l}{2}} \delta\cdot dx\cdot F\cdot r_0^2$$

$$= \frac{F\cdot\delta\cdot l^2}{12} + F\cdot\delta\cdot r_0^2\cdot l = F\cdot l\cdot\delta\left(\frac{l^2}{12} + r_0^2\right) = m\left(\frac{l^2}{12} + r_0^2\right).$$

Bei einem dünnen Stab kann man daher angenähert setzen:

$$\Theta_s = \frac{m\,l^2}{12}.$$

Das Trägheitsmoment in Beziehung auf eine Parallelachse durch das Stabende ist dann

$$\Theta'_s = \frac{m\,l^2}{12} + m\cdot\frac{l^2}{4} = \frac{m\,l^2}{3}.$$

Um die auf die Länge l reducirte Masse m' zu erhalten, setzt man:

$$m'\cdot l^2 = \frac{m\,l^2}{3}, \quad \text{woraus} \quad m' = \frac{m}{3}.$$

809. Kreiskegel. Um das Trägheitsmoment der Masse eines Kreiskegels in Beziehung auf die Kegelachse zu erhalten, wählen

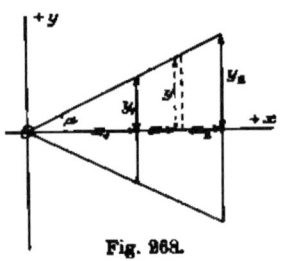

Fig. 268.

wir die letztere zur x-Achse des Koordinatensystems und die Kegelspitze zum Ursprung und bestimmen zunächst das Trägheitsmoment des in Fig. 268 angedeuteten abgestumpften Kegels von der Höhe $(x_2 - x_1)$. Für dasselbe ergiebt sich:

$$\Theta_x = \int_{x_1}^{x_2} \Theta_0 \cdot dx \cdot \delta = \int_{x_1}^{x_2} \frac{y^4 \pi}{2} \cdot dx \cdot \delta$$

oder da $x = y \cdot \cotg a$ und damit $dx = dy \cdot \cotg a$

$$\Theta_x = \int_{y_1}^{y_2} \frac{y^4 \pi}{2} \cdot dy \cdot \cotg a \cdot \delta = \frac{\delta \cdot \pi \cotg a}{2} \cdot \frac{y_2^5 - y_1^5}{5}.$$

Nun ist die Masse m des bezeichneten abgestumpften Kegels ausgedrückt durch:

$$m = \int_{y_1}^{y_2} \delta \cdot y^2 \pi \cdot dx = \int_{y_1}^{y_2} \delta \cdot y^2 \cdot \pi \cdot dy \cdot \cotg a = \delta \cdot \pi \cdot \cotg a \cdot \frac{y_2^3 - y_1^3}{3},$$

und demgemäss $\Theta_x = \frac{3}{10} \cdot m \cdot \frac{y_2^5 - y_1^5}{y_2^3 - y_1^3}$, woraus mit $y_2 = r$ und $y_1 = 0$, für den Kreiskegel sich ergiebt

$$\Theta_x = \frac{3}{10} \cdot m \cdot r^2.$$

810. Kugel. Für das Trägheitsmoment Θ eines Kugelabschnittes (Fig. 269) in Beziehung auf die geometrische Achse desselben erhält man:

$$\Theta_x = \int_x^r \Theta_0 \cdot dx \cdot \delta = \int_x^r \frac{y^4 \pi}{2} \cdot dx \cdot \delta = \frac{\delta \pi}{2} \int_x^r (r^2 - x^2)^2 \cdot dx$$

$$= \frac{\delta \pi}{2} \int_x^r (r^4 - 2 r^2 x^2 + x^4) dx = \frac{\delta \pi}{2} \left(r^4 x - \frac{2 r^2 x^3}{3} + \frac{x^5}{5} \right)_x^r$$

$$= \frac{\delta \pi}{30} (8 r^5 - 15 r^4 x + 10 r^2 x^3 - 3 x^5)$$

und daher für die Halbkugel mit $x = 0$

$$\Theta_z = \frac{\delta \pi}{30} \cdot 8 r^5 = \frac{4 r^3 \pi}{3} \cdot \delta \cdot \frac{1}{5} r^2 = \frac{1}{5} m r^2.$$

Das Trägheitsmoment der ganzen Kugel in Beziehung auf einen Durchmesser ist somit:

$$\Theta_x = \frac{2}{5} m r^2$$

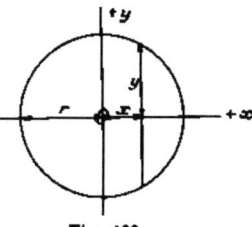

Fig. 269.

und die auf den Kugelhalbmesser r reducirte Masse m'

$$m' = \frac{2}{5} m.$$

811. Ring. Nehmen wir zunächst einen Ring mit rechteckigem Querschnitt, denselben sehen wir als Differenz zweier Kreiscylinder an. Demgemäss hat man:

$$\Theta_z = \frac{1}{2} \Big[(r + a)^4 \pi \cdot 2 b - (r - a)^4 \pi \cdot 2 b \Big] \cdot \delta = \delta b \pi 8 r a (r^2 + a^2)$$
$$= 4 a b \cdot 2 r \pi \cdot \delta (r^2 + a^2) = m (r^2 + a^2).$$

Handelt es sich um einen Ring mit elliptischem Querschnitt, so zerlegen wir den Ring durch Ebenen senkrecht zur Momentenachse (z-Achse) in unendlich dünne Scheiben und bestimmen das Trägheitsmoment einer solchen Scheibe, indem wir dieselbe als einen Ring von rechteckigem Querschnitt $2x \cdot dz$ ansehen, entsprechend dem für einen solchen Ring soeben Gefundenen, womit

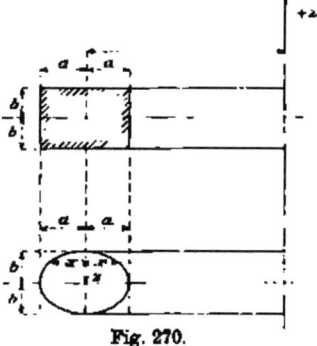

Fig. 270.

$$d\Theta_z = \delta \cdot 2x \cdot dz \cdot 2 r \pi (r^2 + x^2).$$

Zwischen x und z besteht aber die Beziehung, wenn a und b die beiden Halbachsen des elliptischen Querschnittes,

$$\frac{x^2}{a^2} + \frac{z^2}{b^2} = 1, \qquad dz = -\frac{b}{a} \cdot \frac{x \, dx}{\sqrt{a^2 - x^2}}$$

Damit wird:

$$\Theta_s = \delta \cdot 4r\pi \cdot 2 \int_{z=0}^{z=b} x(r^2 + x^2) \cdot dz$$

$$= 8 \cdot \delta \cdot r\pi \left(-\frac{b}{a}\right) \int_{z=0}^{z=b} x(r^2 + x^2) \cdot \frac{x\,dx}{\sqrt{a^2 - x^2}}$$

$$= 8\delta r\pi \left(-\frac{b}{a}\right) \int_a^0 \frac{x^2(r^2+x^2)}{\sqrt{a^2-x^2}} \cdot dx = \frac{8\delta r\pi b}{a}\left(\frac{3a^2}{4}+r^2\right)\frac{a^2\pi}{4}$$

$$= 2r\pi \cdot ab\pi \cdot \delta \left(\frac{3a^2}{4}+r^2\right) = m\left(\frac{3a^2}{4}+r^2\right).$$

Ist a klein gegen r, so kann man bei den beiden Arten von Ringen angenähert setzen:

$$\Theta_s = mr^2.$$

§ 57.

Die Hauptträgheitsmomente eines homogenen Körpers.

812. Trägheitsellipsoid. Es sei O der Ursprung eines rechtwinkligen Koordinatensystems und ON die Achse, auf welche das

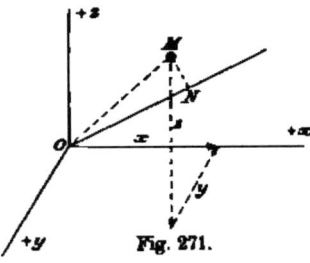

Trägheitsmoment Θ der Masse m des homogenen Körpers bezogen werden soll; ferner bezeichnen wir die Winkel der Achse ON mit den positiven Zweigen der Koordinatenachsen mit α, β, γ und mit x, y, z die Koordinaten eines bei M gelegenen Elementes dm der Masse m. Fällt man nun von M das Loth MN auf die Achse ON, so wird

Fig. 271.

$$(MN)^2 = (OM)^2 - (ON)^2$$

oder da ON als die Projektion des Streckenzuges x, y, z (Fig. 271) auf die Achse ON angesehen werden kann:

$$(MN)^2 = (x^2 + y^2 + z^2) - (x\cos\alpha + y\cos\beta + z\cos\gamma)^2$$
$$= x^2 + y^2 + z^2 - (x^2\cos^2\alpha + y^2\cos^2\beta + z^2\cos^2\gamma$$
$$+ 2xy\cos\alpha\cos\beta + 2xz\cos\alpha\cdot\cos\gamma + 2yz\cos\beta\cos\gamma)$$
$$= x^2(1 - \cos^2\alpha) + y^2(1 - \cos^2\beta) + z^2(1 - \cos^2\gamma) -$$
$$- 2xy\cos\alpha\cos\beta - 2xz\cos\alpha\cdot\cos\gamma - 2yz\cos\beta\cos\gamma;$$

da aber $\cos^2\alpha + \cos^2\beta + \cos^2\gamma = 1$, also

$$1 - \cos^2\alpha = \cos^2\beta + \cos^2\gamma; \quad 1 - \cos^2\beta = \cos^2\alpha + \cos^2\gamma;$$
$$1 - \cos^2\gamma = \cos^2\alpha + \cos^2\beta,$$

so erhält man:

$$(MN)^2 = (y^2 + z^2)\cos^2\alpha + (x^2 + z^2)\cos^2\beta + (x^2 + y^2)\cos^2\gamma -$$
$$- 2xy\cos\alpha\cdot\cos\beta - 2xz\cos\alpha\cdot\cos\gamma - 2yz\cos\beta\cos\gamma,$$

damit wird das Trägheitsmoment $d\Theta$ des Elementes dm in Bezug auf die Achse ON:

$$d\Theta = dm\,(MN)^2,$$

woraus $\Theta = \cos^2\alpha\,\Sigma dm\,(y^2 + z^2) + \cos^2\beta\,\Sigma dm\,(x^2 + z^2)$
$$+ \cos^2\gamma\,\Sigma dm\,(x^2 + y^2) - 2\cos\alpha\cdot\cos\beta\,\Sigma dm\cdot x\cdot y$$
$$- 2\cos\alpha\cos\gamma\,\Sigma dm\,x\cdot z - 2\cos\beta\cos\gamma\,\Sigma dm\,y\cdot z.$$

Die Ausdrücke

$$\Sigma dm\,(y^2 + z^2) = A; \quad \Sigma dm\,(x^2 + z^2) = B; \quad \Sigma dm\,(x^2 + y^2) = C$$

sind nichts anderes als die Trägheitsmomente der Masse m bezogen auf die Koordinatenachsen und zwar A bezogen auf die x-Achse, B auf die y-Achse und C auf die z-Achse. Des weiteren pflegt man die Ausdrücke:

$$\Sigma dm\cdot xy = D; \quad \Sigma dm\cdot xz = E; \quad \Sigma dm\cdot yz = F$$

Centrifugalmomente zu nennen. Mit diesen Bezeichnungen geht sodann die Gleichung für Θ über in:

$$\Theta = A\cos^2\alpha + B\cos^2\beta + C\cos^2\gamma - 2D\cos\alpha\cdot\cos\beta -$$
$$- 2E\cos\alpha\cos\gamma - 2F\cdot\cos\beta\cos\gamma.$$

Um jetzt zu erkennen, wie das Trägheitsmoment Θ sich ändert, wenn man die Momentenachse ON um O dreht, tragen wir auf dieser Achse von O aus jedesmal eine Länge $s = \dfrac{1}{\sqrt{\Theta}}$ ab. Sind dann X, Y, Z die Koordinaten des Endpunktes P der von O ausgehenden Strecke s, so hat man:

$$\cos\alpha = X\sqrt{\Theta}; \quad \cos\beta = Y\sqrt{\Theta}; \quad \cos\gamma = Z\sqrt{\Theta} \quad \text{und damit:}$$
$$1 = AX^2 + BY^2 + CZ^2 - 2D\cdot XY - 2E\cdot XZ - 2F\cdot YZ.$$

Dies ist die Gleichung eines Ellipsoids, dessen Mittelpunkt der Ursprung O des Koordinatensystems. Dasselbe wird Trägheitsellipsoid des Körpers für den Punkt O genannt. Die 3 aufeinander senkrecht stehenden Achsen des Trägheitsellipsoids heissen die Hauptachsen des Körpers für den Punkt O.

Hätte man die Achsen des Trägheitsellipsoids als Koordinatenachsen angenommen, so würde sich als Gleichung desselben ergeben haben:

$$1 = A X^2 + B Y^2 + C Z^2.$$

Für diese Lage des Koordinatensystems, d. h. für die Achsen des Trägheitsellipsoids, sind also die Centrifugalmomente

$$D = \Sigma\, dm \cdot xy; \qquad E = \Sigma\, dm \cdot xz; \qquad F = \Sigma\, dm \cdot yz$$

je $= 0$.

Fällt die x-Achse mit einer Hauptachse des Körpers zusammen, so dürfen in der Gleichung des Ellipsoids die Glieder mit XY und XZ nicht mehr vorkommen, man hat daher in diesem Fall:

$$D = \Sigma\, dm\, xy = 0 \quad \text{und} \quad E = \Sigma\, dm\, xz = 0.$$

Hat der Körper eine Symmetralebene und wir nehmen diese als yz-Ebene des Koordinatensystems, so entspricht jedem positiven Produkt $dm \cdot x \cdot z$ ein ebenso grosses negatives und jedem $+ dm \cdot xy$ ein ebenso grosses $- dm \cdot xy$. Es ergiebt sich daher

$$E = \Sigma\, dm \cdot xz = 0 \quad \text{und} \quad D = \Sigma\, dm \cdot xy = 0$$

und als Gleichung des Trägheitsellipsoides

$$1 = A X^2 + B Y^2 + C Z^2 + F \cdot YZ.$$

Diese Gleichung des Ellipsoides zeigt aber, dass die x-Achse des Koordinatensystems mit einer Achse des Ellipsoids zusammenfällt und dass die yz-Ebene die beiden anderen Achsen enthält. Mit anderen Worten: Hat ein Körper eine Symmetralebene, in welcher der Punkt O angenommen wird, so liegen in dieser Ebene zwei der Hauptachsen des Körpers für den Punkt O, während die dritte derselben in O auf der Symmetralebene senkrecht steht.

Die Trägheitsmomente des Körpers in Bezug auf die Hauptachsen werden Hauptträgheitsmomente genannt, insofern der grössten Achse des Trägheitsellipsoids das kleinste Trägheitsmoment und der kleinsten Achse das grösste Trägheitsmoment entspricht.

Sind die Hauptträgheitsmomente eines Körpers für einen Punkt O gegeben, so erhält man das Trägheitsmoment Θ desselben in Bezug auf eine beliebige durch O gehende Achse, die mit den Hauptachsen des Körpers die Winkel α, β, γ bildet, aus der Gleichung für Θ, welche beim Zusammenfallen der Koordinatenachsen mit den Hauptachsen des Körpers die Form annimmt

$$\Theta = A \cos^2 \alpha + B \cos^2 \beta + C \cos^2 \gamma,$$

worin A, B, C die Hauptträgheitsmomente des Körpers für den Punkt O bedeuten.

818. Centralellipsoid. Jedem Punkte im Raume entspricht ein Trägheitsellipsoid des gegebenen Körpers. Von diesen Ellipsoiden heisst dasjenige, welches den Schwerpunkt des Körpers zum Mittelpunkt hat, Centralellipsoid. Seine Achsen sind die sogenannten Schwerpunktshauptachsen des Körpers.

§ 58.

Die Drücke eines in zwei Punkten festgehaltenen und um die Verbindungslinie derselben sich drehenden Körpers auf diese Stützpunkte.

814. Das Verfahren zur Bestimmung der Stützendrücke. Wir wollen einen starren Körper annehmen, der in den Punkten A' und A'' festgehalten und demgemäss um die Achse $A'A''$ drehbar sei; dieser Körper werde von einer Reihe von Kräften P_1, P_2, P_3 ... angegriffen, wobei der Körper in Umdrehung versetzt werde. Man kann nun fragen: Welches sind die Drücke, welche die Stützpunkte A' und A'' von Seiten des rotirenden Körpers erfahren? oder auch: Welches sind die diesen Stützendrücken gleichen und direkt entgegengesetzten Widerstände W' und W'' der Stützpunkte A' und A''?

Um diese Frage zu beantworten, wird man wieder das d'Alembert'sche Princip in Anwendung bringen und demzufolge den Körper durch Hinzufügung der Trägheitskräfte seiner sämmtlichen Massenelemente ins Gleichgewicht setzen, worauf dann aus den Gleichgewichtsbedingungen die Widerstände W' und W'' zu bestimmen sind.

815. Ausführung dieses Verfahrens. Wir nehmen (Fig. 272, S. 428) den Stützpunkt A' als Ursprung und die Drehachse $A'A''$ als z-Achse eines rechtwinkligen Koordinatensystems an, bezeichnen den Abstand $A'A''$ mit l und mit $x_1 y_1 z_1$; $x_2 y_2 z_2$; ... die Koordinaten der Angriffspunkte der gegebenen Kräfte P_1, P_2, P_3, ..., des weiteren mit $X_1 Y_1 Z_1$; $X_2 Y_2 Z_2$; die Komponenten der Kräfte P_1, P_2 ... nach den Koordinatenachsen, sowie mit $X'Y'Z'$ und mit $X''Y''Z''$ die Komponenten von W' bezw. W'' nach diesen Achsen.

Ein Massenelement dm des Körpers (Fig. 273), welches sich im Abstand ϱ von der z-Achse befinde und dessen Koordinaten x, y, z seien, beschreibt bei der Drehung des Körpers um die z-Achse einen Kreis vom Halbmesser ϱ, es setzt sich daher die Trägheitskraft zur Zeit t von dm zusammen aus der Centrifugalkraft $dm \cdot \varrho\,\omega^2$ und der entgegengesetzten Tangentialkraft $dm \cdot \varrho \cdot \dfrac{d\omega}{dt}$, wobei ω die Winkelgeschwindigkeit des Körpers und $\dfrac{d\omega}{dt}$ die Winkelbeschleunigung zur Zeit t bedeuten. Bringt man nun an allen Elementen dm des Körpers je die betreffende Centrifugalkraft und die betreffende entgegengesetzte Tangentialkraft

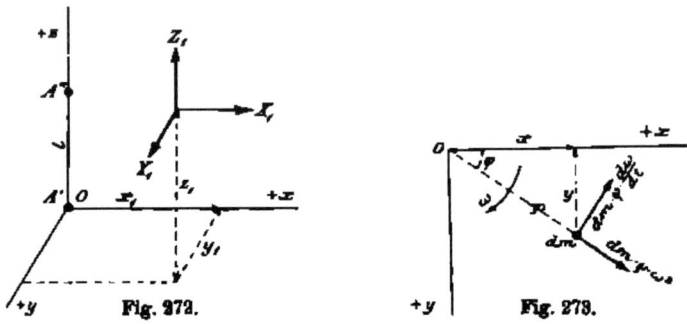

Fig. 272.　　　　　Fig. 273.

an und macht den Körper frei durch Anbringen der Kräfte W' und W'' in den Stützpunkten A' bezw. A'' des Körpers, so ist letzterer im Gleichgewicht. Es müssen daher auch die 6 Gleichgewichtsbedingungen für den freien Körper erfüllt sein. Die 3 Komponentengleichungen lauten nun:

$$(X_1 + X_2 + X_3 + \cdots) + X' + X'' +$$
$$+ \Sigma\left(dm\,\varrho\,\omega^2 \cos\varphi + dm\,\varrho\,\frac{d\omega}{dt}\sin\varphi\right) = 0$$
$$(Y_1 + Y_2 + Y_3 + \cdots) + Y' + Y'' +$$
$$+ \Sigma\left(dm\,\varrho\,\omega^2 \sin\varphi - dm\,\varrho\,\frac{d\omega}{dt}\cos\varphi\right) = 0$$
$$(Z_1 + Z_2 + Z_3 + \cdots) + Z' + Z'' = 0$$

oder vereinfacht:

$$\Sigma X + \omega^2 \Sigma\,dm\cdot x + \frac{d\omega}{dt}\,\Sigma\,dm\cdot y + X' + X'' = 0$$
$$\Sigma Y + \omega^2 \Sigma\,dm\cdot y - \frac{d\omega}{dt}\,\Sigma\,dm\cdot x + Y' + Y'' = 0$$
$$\Sigma Z + Z' + Z'' = 0.$$

Bezeichnet man die Koordinaten des Schwerpunktes des Körpers mit x_0, y_0, z_0, so wird

$$\Sigma\,dm\cdot x = x_0\cdot m \quad \text{und} \quad \Sigma\,dm\cdot y = y_0\cdot m.$$

Damit gehen die obigen Gleichungen über in:

$$\begin{cases} \Sigma X + \omega^2 \cdot m x_0 + \dfrac{d\omega}{dt} \cdot m y_0 + X' + X'' = 0 \\[2mm] \Sigma Y + \omega^2 \cdot m y_0 - \dfrac{d\omega}{dt} \cdot m x_0 + Y' + Y'' = 0 \\[2mm] \Sigma Z + Z' + Z'' = 0. \end{cases}$$

Dies wären die 3 Komponentengleichungen. Jetzt kommen noch die 3 Momentengleichungen. Die Momentengleichung bezüglich der x-Achse ist:

$$(Z_1 y_1 - Y_1 z_1) + (Z_2 y_2 - Y_2 z_2) + \cdots +$$
$$+ \Sigma \left(dm \cdot \varrho \frac{d\omega}{dt} \cos\varphi - dm \cdot \varrho \, \omega^2 \sin\varphi \right) Z - Y'' \cdot l = 0$$

oder abgekürzt:

$$\begin{cases} M_x + \dfrac{d\omega}{dt} \Sigma \, dm \cdot xz - \omega^2 \Sigma \, dm \cdot yz - Y'' \cdot l = 0. \\[3mm] \text{Ebenso erhält man:} \\[2mm] M_y + \dfrac{d\omega}{dt} \Sigma \, dm \cdot yz + \omega^2 \Sigma \, dm \cdot xz + X'' \cdot l = 0 \\[3mm] M_z - \dfrac{d\omega}{dt} \Sigma \, dm \cdot \varrho^2 = 0. \end{cases}$$

Von diesen 6 Gleichungen liefert die letzte die Winkelbeschleunigung $\dfrac{d\omega}{dt}$; sie ist nichts anderes als die in No. 302 erhaltene Formel $\dfrac{d\omega}{dt} = \dfrac{M}{\Theta}$. Die vierte und fünfte Gleichung ergeben, da aus der Gleichung für $\dfrac{d\omega}{dt}$ durch Integration auch ω gefunden werden kann, und ferner die sogenannten Centrifugalmomente $\Sigma \, dm \cdot xz$ und $\Sigma \, dm \cdot yz$ als gegebene Grössen anzusehen sind, X'' und Y'', während X' und Y' aus den beiden ersten Gleichungen folgen. Was nun die z-Komponenten von W' und W'' betrifft, so ergiebt sich für diese aus der dritten Gleichgewichtsbedingung nur ihre Summe. Dies entspricht aber dem, was in der Statik bei der Bestimmung der Stützenwiderstände gefunden wurde.

Würden die sämmtlichen Kräfte P sich auf ein Kräftepaar vom Moment M zurückführen lassen, dessen Ebene senkrecht steht auf der Drehachse, so hätte man:

$$\Sigma X = 0; \quad \Sigma Y = 0; \quad \Sigma Z = 0;$$
$$M_x = 0; \quad M_y = 0; \quad M_z = M.$$

Damit gingen die 6 Gleichgewichtsbedingungen des Körpers über in:

$$\omega^2 \cdot m x_0 + \frac{d\omega}{dt} \cdot m y_0 + X' + X'' = 0$$

$$\omega^2 \cdot m y_0 - \frac{d\omega}{dt} \cdot m x_0 + Y' + Y'' = 0$$

$$Z' + Z'' = 0$$

oder da kein Bestreben einer Verschiebung des Körpers nach der z-Achse vorhanden ist:

$$Z' = 0 \quad \text{und} \quad Z'' = 0.$$

Ferner: $\quad \frac{d\omega}{dt} \Sigma dm \cdot xz - \omega^2 \cdot \Sigma dm \cdot yz - Y'' \cdot l = 0$

$$\frac{d\omega}{dt} \Sigma dm \cdot yz + \omega^2 \cdot \Sigma dm \cdot xz + X'' \cdot l = 0$$

$$\frac{d\omega}{dt} \Sigma dm \cdot \varrho^2 = M.$$

Soll nun der Stützpunkt A'' keinen Druck erleiden, also X'' und Y'' je $= 0$ sein, so müssten die Gleichungen stattfinden:

$$\frac{d\omega}{dt} \Sigma dm \cdot xz - \omega^2 \Sigma dm \cdot yz = 0$$

und $\quad \dfrac{d\omega}{dt} \Sigma dm \cdot yz + \omega^2 \Sigma dm \cdot xz = 0.$

Multiplicirt man die erste dieser beiden Gleichungen mit $\Sigma dm \cdot yz$ und die zweite mit $\Sigma dm \cdot xz$ und zieht die erste Gleichung von der zweiten ab, so ergiebt sich:

$$\omega^2 (\Sigma dm \cdot xz)^2 + \omega^2 (\Sigma dm \cdot yz)^2 = 0$$

und damit $\quad \Sigma dm \cdot xz = 0 \quad$ und $\quad \Sigma dm \cdot yz = 0,$

d. h. es muss die Drehachse mit einer Haupttägheitsachse des Körpers für den Punkt A' zusammenfallen.

Nehmen wir jetzt an, dass in einem gewissen Augenblick die Kräfte P plötzlich zu wirken aufhören, dann hat man von diesem Augenblick an zunächst

$$\frac{d\omega}{dt} = 0,$$

also ω konstant gleich der Winkelgeschwindigkeit, welche der Körper zur Zeit des Aufhörens der Kräfte P besass. Die Drehung des Körpers ist somit von da an eine gleichförmige. Im übrigen bestehen die Gleichungen:

$$\omega^2 \cdot m x_0 + X' + X'' = 0$$
$$\omega^2 \cdot m y_0 + Y' + Y'' = 0$$
$$\omega^2 \cdot \Sigma dm \cdot yz + Y'' \cdot l = 0$$
$$\omega^2 \cdot \Sigma dm \cdot xz + X'' \cdot l = 0.$$

Würde die Drehachse mit einer Hauptträgheitsachse des Körpers für den Punkt A' zusammenfallen, oder was das gleiche bedeutet, mit einer Achse des Trägheitsellipsoides des Körpers für den Punkt A', so hätte man:

$$\Sigma dm \cdot yz = 0 \quad \text{und} \quad \Sigma dm \cdot xz = 0,$$

womit sich aus den zwei letzten der obigen vier Gleichungen ergäbe:

$$X'' = 0 \quad \text{und} \quad Y'' = 0.$$

Die Drehachse brauchte also in diesem Falle in keinem weiteren Punkte ausser in A' festgehalten zu werden. Ginge nun die Drehachse auch durch den Schwerpunkt des Körpers hindurch, womit $x_0 = 0$ und $y_0 = 0$, so erhielte man auch

$$X' = 0 \quad \text{und} \quad Y' = 0,$$

d. h. die Drehachse brauchte gar nicht gehalten zu werden, sie wäre eine freie Achse.

Zieht man die drei Achsen des Centralellipsoides, so ist dann jede dieser Achsen eine freie. Es giebt also in einem Körper stets drei freie Achsen, welche durch den Schwerpunkt des Körpers hindurchgehen und senkrecht aufeinander stehen.

316. Drehung eines nur schweren Körpers um eine vertikale Achse. In diesem speciellen Fall ist, da ausser dem Eigengewicht keine weiteren Kräfte P auf den Körper einwirken:

$$\Sigma X = 0; \quad \Sigma Y = 0; \quad \Sigma Z = -mg;$$
$$M_z = 0; \quad M_x = -mg \cdot y_0; \quad M_y = mg \cdot x_0.$$

Damit wird $\quad \dfrac{d\omega}{dt} = 0 \quad$ und $\quad \omega = \text{Konst.};$

$$\omega^2 \cdot m x_0 + X' + X'' = 0$$
$$\omega^2 \cdot m y_0 + Y' + Y'' = 0$$
$$Z' + Z'' = mg$$
$$-mg \cdot y_0 - \omega^2 \cdot \Sigma dm \cdot yz - Y'' \cdot l = 0$$
$$mg \cdot x_0 + \omega^2 \cdot \Sigma dm \cdot xz + X'' \cdot l = 0.$$

Fiele nun die Drehachse mit einer Hauptträgheitsachse des Körpers für den Punkt A' zusammen und läge der Stützpunkt A' senkrecht unter dem Schwerpunkt des Körpers, so wäre

$$\Sigma\,dm\cdot ys = 0; \quad \Sigma\,dm\cdot zs = 0; \quad x_0 = 0; \quad y_0 = 0$$
und damit $\quad X'' = 0; \quad Y'' = 0; \quad X' = 0; \quad Y' = 0; \quad Z' + Z'' = mg.$

Denkt man sich die Achsen des Centralellipsoides eines Körpers verlängert bis zum Schnitt mit der Oberfläche des Körpers, sodann den Körper in einem dieser Schnittpunkte unterstützt und in eine solche Lage gebracht, dass der Schwerpunkt des Körpers vertikal über dem Stützpunkt sich befindet, hierauf gedreht um die Vertikale durch den Stützpunkt und schliesslich sich selbst überlassen, so wird der Körper im Gleichgewicht bleiben und sich mit der ihm ertheilten Winkelgeschwindigkeit um die Vertikale durch den Stützpunkt gleichförmig weiter drehen.

§ 59.

Das physische Pendel.

817. Allgemeine Bemerkungen. Wir haben früher in No. 215 die Bewegung des sogenannten mathematischen oder einfachen Pendels untersucht, wobei wir unter einem solchen Pendel einen schweren materiellen Punkt verstanden, welcher, durch einen gewichtlosen Faden mit einem festen Punkt verbunden, um diesen letzteren infolge der Einwirkung des Eigengewichts Schwingungen ausführt. Ein derartiges mathematisches Pendel ist aber in Wirklichkeit nicht herzustellen; statt des idealen, mathematischen Pendels handelt es sich thatsächlich stets um ein reales, physisches Pendel, d. h. um einen schweren Körper, drehbar um einen festen Punkt, beziehungsweise eine feste horizontale Achse. Das physische Pendel nennt man auch zusammengesetztes Pendel, insofern man den schwingenden Körper ansehen kann als ein System von unendlich vielen materiellen Punkten, welche gegenseitig und mit dem Drehpunkt oder der Drehachse fest verbunden sind, oder mit anderen Worten: als ein System von unendlich vielen, mit einander verbundenen einfachen Pendeln.

818. Schwingungen des physischen Pendels. Durch den Schwerpunkt S des ein physisches Pendel bildenden, um eine horizontale Achse drehbaren Körpers (Fig. 274) legen wir eine Ebene senkrecht zur Drehachse, welche die letztere in C schneide, und bezeichnen mit e die Länge CS, mit m die Masse des gegebenen Körpers, mit Θ' das Trägheitsmoment von m in Beziehung auf die Drehachse C und mit Θ diejenige in Beziehung auf eine durch den Schwerpunkt S gehende, der Drehachse parallele Gerade. Wir bringen nun das Pendel aus seiner Gleichgewichtslage, so dass CS mit der Vertikalen durch C den Winkel α bildet und überlassen hierauf das Pendel sich selbst. Infolge seines Eigengewichts wird jetzt das Pendel zu schwingen anfangen. Nach Verfluss von t Sekunden sei der Winkel von CS mit der Vertikalen $= \varphi$ geworden, und $\dfrac{d\omega}{dt}$ die Winkelbeschleunigung des Körpers, alsdann hat man:

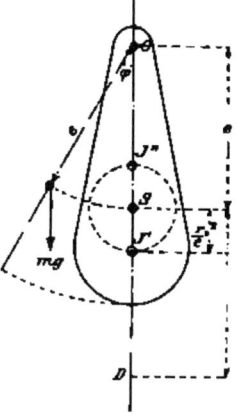

$$\frac{d\omega}{dt} = \frac{mg \cdot \sin\varphi \cdot e}{\Theta'}.$$

Bei einem mathematischen Pendel von der Länge l' ist dagegen

$$mg \cdot \sin\varphi = m \cdot \frac{dv}{dt} = m \cdot l' \cdot \frac{d\omega}{dt}$$

oder $\dfrac{d\omega}{dt} = \dfrac{g}{l'} \cdot \sin\varphi.$

Fig. 274.

Nun stimmen die beiden Gleichungen für $\dfrac{d\omega}{dt}$ überein, wenn

$$l' = \frac{\Theta'}{m\,e} \quad \text{oder auch} \quad l' = \frac{\Theta + me^2}{me} = \frac{mr_0^2 + me^2}{me} = e + \frac{r_0^2}{e},$$

wobei r_0 der Trägheitshalbmesser der Masse m in Beziehung auf die der Drehachse parallele Schwerpunktsachse.

Nimmt man also ein mathematisches Pendel von dieser Länge l' an, so wird sich dessen Winkelbeschleunigung stets gleich derjenigen des vorliegenden physischen Pendels ergeben, es werden aber auch die Winkelgeschwindigkeiten ω und damit überhaupt die Bewegungen beider Pendel übereinstimmen, wenn beide Pendel unter dem gleichen Ausschlagwinkel α sich in Bewegung setzen.

Die Länge l' wird reducirte Pendellänge genannt.

Die Schwingungsdauer τ des gegebenen physischen Pendels ist jetzt:

$$\tau = \pi \sqrt{\frac{l'}{g}} = \pi \sqrt{\frac{\Theta'}{mg \cdot e}} = \pi \sqrt{\frac{e + \frac{r_0^2}{e}}{g}}.$$

319. Experimentelle Bestimmung der Fallbeschleunigung g mittels des Pendels. Den Werth von g erhält man am genauesten mit Hilfe des Pendels. Beobachtet man nämlich die Schwingungsdauer τ des physischen Pendels und bestimmt die reducirte Länge l' desselben, so kann man aus der Formel

$$\tau = \pi \sqrt{\frac{l'}{g}}$$

die Grösse g berechnen. Borda ermittelte auf diese Weise die Fallbeschleunigung g, indem er eine an einem festen Draht aufgehängte Platinkugel um den Aufhängepunkt schwingen liess und die Schwingungsdauer τ beobachtete.

Ist hierbei r der Halbmesser der Kugel, so ergiebt sich bei Vernachlässigung der Masse des Drahtes die reducirte Pendellänge

$$l' = \frac{\Theta'}{me} = e + \frac{\Theta}{me} = e + \frac{\frac{2}{5} r^2}{e},$$

unter e den Abstand des Kugelmittelpunktes vom Aufhängepunkt verstanden.

820. Das Metronom von Mälzl, ein Instrument dazu bestimmt, den Takt zu schlagen, ist nichts anderes als ein physisches Pendel, versehen mit einem an der Pendelstange verschiebbaren Laufgewicht. Indem man diesem Laufgewicht verschiedene Lagen giebt, ist man im Stande, beim Pendel eine kürzere oder längere Schwingungsdauer herbeizuführen, oder mit anderen Worten: ein rascheres oder langsameres „Tempo" durch das Metronom anzugeben.

Es sei bei dem in Fig. 275 angedeuteten Metronom:

A die cylindrische Pendelscheibe vom Halbmesser r und der Masse m_1,

B das als materieller Punkt von der Masse m_2 anzunehmende Laufgewicht,

Fig. 275. C die feste Drehachse und

m_3 die Masse der Pendelstange,

alsdann erhält man für die reducirte Pendellänge l':

$$l' = \frac{\Theta'}{me} = \frac{\frac{m_1}{2} r^2 + m_1 (r+a)^2 + m_2 x^2 + m_3 \cdot \frac{l^2}{12} + m_3 \left(\frac{l}{2} - a\right)^2}{m_1 (r+a) - m_2 x - m_3 \left(\frac{l}{2} - a\right)}$$

und damit die Schwingungsdauer des Pendels

$$\tau = \pi \sqrt{\frac{l'}{g}}.$$

821. Experimentelle Bestimmung des Trägheitsmomentes beliebiger Körper. Handelt es sich um Ermittelung des Trägheitsmomentes Θ' eines beliebig geformten und zudem nicht homogenen Körpers in Beziehung auf irgend eine, nicht durch dessen Schwerpunkt gehende Drehachse, so wird zweckmässigerweise der Weg der Rechnung verlassen und dafür experimentell vorgegangen.

$$\text{Aus}\quad \tau = \pi\sqrt{\frac{l'}{g}}\quad \text{und}\quad l' = \frac{\Theta'}{m e}\quad \text{folgt}$$

$$\Theta' = m g \cdot e \cdot \frac{\tau^2}{\pi^2}.$$

Man lässt daher den Körper um die gegebene Drehachse schwingen und beobachtet die Schwingungsdauer τ, indem man die Schwingungen zählt, welche in 1 Minute vom Körper ausgeführt werden. Sind es n Schwingungen, so ist

$$\tau = \frac{60}{n}.$$

Um jetzt auch das statische Moment $m g \cdot e$ des Gewichts des Körpers in Beziehung auf die Drehachse C zu erhalten, bezeichnet man zunächst an dem in C aufgehängten Körper die den Schwerpunkt S des Körpers enthaltende, durch die Drehachse C gehende Vertikalebene, dreht sodann den Körper um C, bis CS horizontal wird und unterstützt den in dieser Lage befindlichen Körper in einem beliebigen Punkte A, dessen Abstand von der Drehachse C gleich a sei, bestimmt hierauf, etwa mittels einer Waage, den Druck N, welchen der Körper auf den Stützpunkt A ausübt, alsdann ergiebt sich

$$N \cdot a = m g \cdot e,$$

$$\text{womit}\quad \Theta' = m g \cdot e \cdot \frac{\tau^2}{\pi^2} = N \cdot a \cdot \left(\frac{60}{n}\right)^2 \cdot \frac{1}{\pi^2}$$

ausgerechnet werden kann.

822. Der Schwingungsmittelpunkt. Trägt man vom Schwerpunkt S des um die horizontale Drehachse C schwingenden Körpers (Fig. 274) nach unten die Strecke $SJ' = \dfrac{\Theta}{m e} = \dfrac{m r_0^2}{m e} = \dfrac{r_0^2}{e}$ ab, wobei r_0 der Trägheitshalbmesser der gegebenen Körpers bezogen auf die der Drehachse parallele Schwerpunktsachse, so ist $CJ' = l'$ und der Punkt J' der sogenannte Schwingungsmittelpunkt des Körpers. Denkt man sich nämlich in J' die ganze Masse m des schwingenden Körpers zu einem materiellen Punkt verdichtet,

28*

so würde dieser materielle Punkt, durch einen gewichtlosen Faden mit C verbunden und um C frei schwingend, dieselben Schwingungen ausführen, wie der gegebene Körper selbst.

Beschreibt man um den Schwerpunkt S mit dem Halbmesser $\frac{r_0^2}{e}$ einen Kreis und bringt in einem beliebigen Punkte des Umfanges dieses Kreises eine Achse parallel der ursprünglichen Drehachse C an, so wird der Körper um diese neue Achse schwingen wie ein mathematisches Pendel von der Länge

$$l = \frac{r_0^2}{e} + \frac{r_0^2}{\frac{r_0^2}{e}} = \frac{r_0^2}{e} + e,$$

d. h. wie der Körper um die ursprüngliche Drehachse C.

Alle Punkte des um den Schwerpunkt S mit dem Halbmesser $\frac{r_0^2}{e}$ beschriebenen Kreises sind demgemäss sogenannte Schwingungspunkte, und da dieser Kreis durch den Punkt J' geht, so ist auch der Schwingungsmittelpunkt J' ein solcher Schwingungspunkt. Der Kreis schneidet aber die Gerade CS ausser in J' noch in einem zweiten Punkt J''. Lässt man daher den Körper um J'' schwingen, so müssen die Schwingungen übereinstimmen mit denjenigen um J' und um C. Man kann nun fragen: Welches ist der Schwingungsmittelpunkt bei der Schwingung um J''?

Ist (Fig. 274) D dieser auf der Geraden CS gelegene Schwingungsmittelpunkt, so muss sein

$$J''D = J''S + \frac{r_0^2}{J''S} = \frac{r_0^2}{e} + \frac{r_0^2}{\frac{r_0^2}{e}} = \frac{r_0^2}{e} + e = CJ'.$$

Somit liegt der Punkt D mit dem Punkt C symmetrisch zum Schwerpunkt S. Es giebt also auf der Geraden CS vier Punkte, nämlich C, J'', J' und D, um welche der Körper in der gleichen Weise schwingt.

Nehmen wir beispielsweise einen dünnen Stab von konstantem Querschnitte und der Länge l an, und lassen diesen Stab um sein eines Ende C schwingen, dann bestimmt sich der zugehörige Schwingungsmittelpunkt aus:

$$CJ' = \frac{\Theta'}{m e} = \frac{\frac{1}{3} m l^2}{m \cdot \frac{l}{2}} = \frac{2}{3} l,$$

womit $SJ' = SJ'' = \frac{1}{3}l$ und $J''D = J'C = \frac{2}{3}l$,

d. h. der Punkt D fällt, wie vorauszusehen war, in das andere Stabende.

828. Das Reversionspendel, ein von Bohnenberger und etwas später auch von dem Engländer Kater erdachtes Instrument zur experimentellen Bestimmung der Fallbeschleunigung g, besteht im Princip aus einem Stab (Fig. 276), an welchem bei A eine schwere Linse befestigt ist und in zweckmässig angenommenen Punkten C und J' gegen einander gekehrte Schneiden angebracht sind, um welchen man den Stab abwechslungsweise schwingen lassen kann. Zwischen den beiden Schneiden C und J' befindet sich ein am Stab verschiebbares und in beliebiger Lage festzuschraubendes Laufgewicht B. Lässt man nun bei irgend einer Stellung des Laufgewichtes den Stab das eine Mal um C schwingen, das andere Mal um J', so werden die Schwingungen im allgemeinen nicht übereinstimmen. Man kann es aber durch entsprechende Verschiebung des Laufgewichtes leicht dahin bringen, dass die Schwingungen um C und um J' gleich werden. Ein so eingerichtetes Pendel nennt man wegen seiner „Umwendbarkeit" ein Reversionspendel.

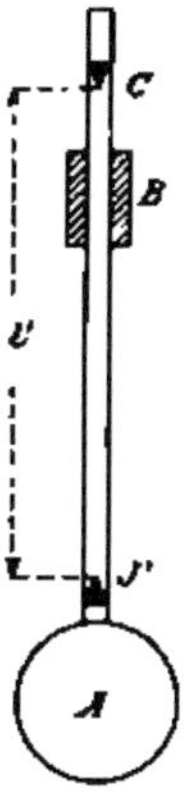

Bei demselben ist J' der Schwingungsmittelpunkt für die Schwingung um C und $CJ' = l'$ die Länge des mathematischen Pendels, das ebenso schwingen würde, wie das vorliegende physische Pendel. Schwingungsdauer des letzteren hat man daher

Fig. 276.

$$\tau = \pi\sqrt{\frac{l'}{g}}.$$

Nun ist der Abstand $CJ' = l'$ der beiden Schneiden bekannt, man hat also nur die Schwingungsdauer τ zu beobachten, um aus der letzten Gleichung die Fallbeschleunigung g zu erhalten.

824. Das Sekundenpendel. Setzt man in der Formel

$$\tau = \pi\sqrt{\frac{l}{g}} \qquad \tau = 1,$$

so erhält man

$$l = \frac{g}{\pi^2}.$$

Dies ist die Länge des Sekundenpendels. Dieselbe kann bei uns und in runder Zahl $= 994\,mm$ angenommen werden.

Wie wir früher gesehen haben, ändert sich die Fallbeschleunigung g mit der geographischen Breite und der Höhenlage des Erdortes, demgemäss ist auch die Länge des Sekundenpendels nicht überall die gleiche. Auf den leeren Raum und auf Meereshöhe reducirt, kann die Länge l_φ des Sekundenpendels für einen Erdort von der geographischen Breite φ gesetzt werden:[1]

$$l_\varphi = 993,577 \left[1 - 0,002\,59 \cdot \cos 2\varphi\right].$$

Man begegnet oft der Meinung, dass die Länge des Sekundenpendels die Grundlage für das englische Masssystem bilde. Bekanntlich ist das Yard (Elle) die englische Längeneinheit. 1760 Yard geben eine englische Meile und $\frac{1}{3}$ Yard ist der englische Fuss, welcher seinerseits in 12 Zolle eingetheilt wird. Dieses Yard stimmt nun keineswegs mit der Länge des Sekundenpendels (etwa für die Breite von London) überein, wie die nachstehenden Zahlenwerthe zeigen

Länge des Sekundenpendels für die Breite von London
$$= 0,994\,140 \text{ m}$$
Länge des Yard $= 3$ Fuss engl. $\qquad = 0,914\,392$ m.

Aber so ganz grundlos ist die erwähnte Meinung nicht. Durch die Parlamentsakte vom 17. Juni 1824 wurde das Yard neu festgesetzt und bestimmt, dass das Yard $\dfrac{36}{39,1393}$ der Länge des Sekundenpendels (auf die Breite von London, den Meeresspiegel und den luftleeren Raum reducirt) betragen solle. Als nun im Jahre 1834 der Urmassstab durch Feuer unbrauchbar geworden, und man daher veranlasst war, die Länge des Yard von 1824 wieder herzustellen, ergab es sich, dass bei der seinerzeit vorgenommenen Bestimmung der Pendellänge Ungenauigkeiten vorgekommen waren und dass bei genauer Festsetzung der Länge des Sekundenpendels $\dfrac{36}{39,1393}$ dieser Länge das Yard von 1824 nicht genau liefert. Man kam daher davon ab, die gesetzliche Länge des Yard auf die Länge des Sekundenpendels zu beziehen und nahm vielmehr als Normalyard wieder den Abstand zweier Marken auf einem bestimmten, im Tower zu London aufbewahrten Massstab an, den Abstand gemessen bei einer Temperatur von 60° Fahrenheit.

---

[1] Nach Violle, Lehrbuch der Physik. Deutsche Ausgabe.

§ 60.

Die Schwingungen der Glocken.

825. Fall einer unbrauchbaren Glocke. Aendert bei der Bewegung der Glocke und des Klöppels der letztere seine Lage nicht gegen die Glocke, so findet kein Anschlagen des Klöppels gegen die Glocke statt, es ist die Glocke unbrauchbar. Untersuchen wir nun den speciellen Fall, in welchem der Klöppel stets in der Mittellinie der Glocke bleibt. Es sei in Fig. 277

C_1 die horizontale Drehachse der Glocke,

S_1 der Schwerpunkt der Glocke,

C_2 die der Glockendrehachse parallele Drehachse des Klöppels und S_2 der Schwerpunkt desselben,

m_1 die Masse der Glocke und m_2 die Masse des Klöppels,

Θ'_1 das Trägheitsmoment der Glocke in Beziehung auf ihre Drehachse C_1,

Θ_1 das Trägheitsmoment derselben bezogen auf eine durch ihren Schwerpunkt S_1 gezogene Parallelachse,

Θ'_2 das Trägheitsmoment des Klöppels bezogen auf seine Drehachse C_2,

Fig. 277.

Θ_2 dasselbe bezogen auf die Parallelachse durch S_2,

$\dfrac{d\omega}{dt}$ die Winkelbeschleunigung der Glocke bei der in der Fig. 277 angenommenen Lage derselben.

Fällt bei der Bewegung des Systems die Mittellinie des Klöppels stets mit derjenigen der Glocke zusammen, so kann zur Bestimmung dieser Bewegung das System als ein starrer, um C_1 drehbarer Körper betrachtet werden. Demgemäss hat man bei der frei schwingenden Glocke, wenn $S_1 C_1$ mit e_1, $S_2 C_2$ mit e_2 und $C_1 C_2$ mit a bezeichnet wird:

$$\frac{d\omega}{dt} = \frac{m_1 g e_1 \sin\varphi + m_2 g (a + e_2) \sin\varphi}{\Theta'_1 + \Theta'_2 + m_2 (e_2 + a)^2} =$$
$$= g \sin\varphi \frac{m_1 e_1 + m_2 (a + e_2)}{\Theta'_1 + \Theta'_2 + m_2 (2 e_2 a + a^2)}$$

Anderseits ist zu berücksichtigen, dass der um C_2 drehbare Klöppel sich in r e l a t i v e r Ruhe gegen die um C_1 sich drehende

Glocke befindet. Soll daher beim Klöppel von der Bewegung
der Glocke abgesehen werden dürfen, so hat man an sämmtlichen
materiellen Punkten des Klöppels noch gewisse Ergänzungskräfte
anzubringen, welche vorliegenden Falles übereinstimmen mit den
aus der Drehung der Glocke um C_1 sich ergebenden Trägheitskräfte der materiellen Punkte des in unveränderlicher Lage gegen
die Glocke gedachten Klöppels.

Das relative Gleichgewicht des um C_2 drehbaren Klöppels
erfordert nunmehr, wenn man den Abstand eines materiellen
Punktes des Klöppels von C_1 mit ϱ bezeichnet:

$$m_2 g \cdot e_2 \sin \varphi = \Sigma\, dm \cdot \varrho\, \frac{d\omega}{dt}(\varrho - a) = \frac{d\omega}{dt}(\Sigma\, dm\, \varrho^2 - a\, \Sigma\, dm\, \varrho)$$

$$= \frac{d\omega}{dt}[\Theta_2 + m_2 (a + e_2)^2 - a \cdot m_2 (a + e_2)] = \frac{d\omega}{dt}(\Theta'_2 + m_2 e_2 \cdot a),$$

wobei näherungsweise $\Sigma\, dm \cdot \varrho = m^2 (a + e_2)$ angenommen ist.

Führt man in diese Gleichung den oben für $\frac{d\omega}{dt}$ gefunden Werth
ein, so erhält man:

$$m_2 g \cdot e_2 \sin \varphi = g \sin \varphi \cdot \frac{m_1 e_1 + m_2 (a + e_2)}{\Theta'_1 + \Theta'_2 + m_2 (2 e_2 a + a^2)}(\Theta'_2 + m_2 e_2 a).$$

Setzt man jetzt $\Theta'_1 = m_1 e_1 l'_1$ und $\Theta'_2 = m_2 e_2 l'_2$, wobei l'_1 bezw.
l'_2 die reducirten Längen der von Glocke und Klöppel dargestellten
physischen Pendel bedeuten, so geht die letzte Gleichung über in:

$$m_2 e_2 [m_1 e_1 l'_1 + m_2 e_2 l'_2 + m_2 a (2 e_2 + a)] =$$
$$= [m_1 e_1 + m_2 (a + e_2)] \cdot (m_2 e_2 l'_2 + m_2 e_2 a) \quad \text{oder}$$
$$m_1 e_1 l'_1 + m_2 e_2 l'_2 + m_2 a (2 e_2 + a) = [m_1 e_1 + m_2 (a + e_2)] \cdot (l'_2 + a)$$
$$m_1 e_1 l'_1 + m_2 e_2 l'_2 + m_2 e_2 \cdot a = [m_1 e_1 + m_2 (a + e_2)] l'_2 + m_1 e_1 \cdot a,$$

$$\text{woraus} \quad a = \frac{m_1 e_1 (l'_1 - l'_2)}{m_2 l'_2 + m_1 e_1 - m_2 e_2} = \frac{l'_1 - l'_2}{1 + \frac{m_2}{m_1} \cdot \frac{l'_2 - e_2}{e_1}}$$

Wie sich bei ausgeführten grösseren Glocken zeigt, ist der

Ausdruck $\frac{m_2}{m_1} \cdot \frac{l'_2 - e_2}{e_1}$ in der Regel eine kleine Grösse, man kann
daher in diesem Falle angenähert setzen:

$$a = l'_1 - l'_2.$$

Soll also eine Glocke ihren Zweck erfüllen, so darf bei ihr
der Abstand a der Drehachsen von Glocke und Klöppel nicht
mit der Differenz der reducirten Pendellängen l'_1 und l'_2 übereinstimmen, vielmehr soll dieser Abstand sich möglichst von $l'_1 - l'_2$

unterscheiden. Dabei kann $a \lessgtr l'_1 - l'_2$ sein. Für gewöhnlich trifft man aber die Anordnung so, dass $a > l'_1 - l'_2$ ausfällt.

826. Einwirkung der schwingenden Glocke auf den Glockenstuhl[1]) In neuerer Zeit pflegt man die Glockenstühle vielfach aus Eisen zu konstruiren und die betreffende Konstruktion einer statischen Berechnung zu unterziehen. Da ist es denn nöthig, zuvor die äusseren Kräfte zu bestimmen, welche am Glockenstuhl wirken und demgemäss auch den Druck der schwingenden Glocke auf den Glockenstuhl zu berechnen.

Indem man von der relativen Bewegung des Klöppels gegen die Glocke absieht und damit Klöppel und Glocke als ein starres materielles, um eine horizontale Achse drehbares System oder kurz: als ein physisches Pendel betrachtet, erhält man den Gegendruck W, welchen die Glocke von Seiten ihres Lagers erfährt nach Massgabe des in § 58 Angeführten, indem man unter Anwendung des d'Alembert'schen Princips durch Hinzufügung der betreffenden Trägheitskräfte zu den thatsächlich am Pendel wirkenden Kräften das Pendel ins Gleichgewicht setzt und die Gleichgewichtsbedingungen aufstellt.

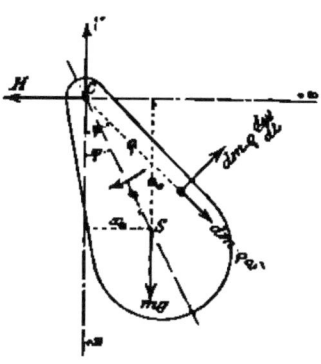

Fig. 278.

Bezeichnet man mit H und V die Horizontal- bezw. Vertikalkomponente des Lagerwiderstandes W, mit m die Masse des Pendels, mit e den Abstand des Schwerpunktes S des Pendels von der Drehachse C und mit Θ' das Trägheitsmoment der Pendelmasse in Bezug auf dieselbe Achse C, so ergeben die Gleichgewichtsbedingungen für die in Fig. 278 angedeutete Lage des Pendels:

$$H = \Sigma\, dm\, \varrho\, \frac{d\omega}{dt} \cos\psi + \Sigma\, dm\, \varrho\, \omega^2 \sin\psi$$

$$= \frac{d\omega}{dt} \Sigma\, dm\, \varrho \cos\psi + \omega^2 \Sigma\, dm\, \varrho \sin\psi$$

$$= \frac{d\omega}{dt} \cdot m z_0 + \omega^2 \cdot m x_0,$$

unter x_0 und z_0 die Abstände des Schwerpunktes S des Pendels von der Vertikalen, beziehungsweise der Horizontalen durch C verstanden.

$$V = mg - \Sigma\, dm\, \varrho\, \frac{d\omega}{dt}\sin\psi + \Sigma\, dm\, \varrho\, \omega^2 \cos\psi$$

$$= mg - \frac{d\omega}{dt} m x_0 + \omega^2 m z_0.$$

Ferner hat man: $\dfrac{d\omega}{dt} = \dfrac{mg \cdot e \sin\varphi}{\Theta'}$

Um aber auch die Winkelgeschwindigkeit ω zu erhalten, wendet man auf das Pendel zweckmässiger Weise den Satz von der lebendigen Kraft an. Derselbe liefert, wenn a der grösste Ausschlagwinkel der Mittellinie des Pendels

$$\tfrac{1}{2}\Theta' \omega^2 - 0 = mg \cdot e\,(\cos\varphi - \cos a),$$

woraus $\quad \omega^2 = \dfrac{2\, mg \cdot e\,(\cos\varphi - \cos a)}{\Theta'}.$

Damit, und wenn man überdies $x_0 = e \sin\varphi$; $z_0 = e \cos\varphi$ setzt, gehen die Gleichungen für H und V über in:

$$H = \frac{m^2 e^2 g}{\Theta'}\,(3\sin\varphi\cos\varphi - 2\sin\varphi\cos a)$$

$$V = mg + \frac{m^2 e^2 g}{\Theta'}\,[2\,(\cos\varphi - \cos a)\cos\varphi - \sin^2\varphi]$$

$$= mg + \frac{m^2 e^2 g}{\Theta'}\,(3\cos^2\varphi - 2\cos a\cos\varphi - 1).$$

Soll nun H den grössten Werth besitzen, so muss sein

$$\frac{d\,(3\sin\varphi\cos\varphi - 2\sin\varphi\cos a)}{d\varphi} = 0$$

oder $\quad \cos\varphi = \dfrac{\cos a}{6} + \sqrt{\dfrac{1}{2} + \left(\dfrac{\cos a}{6}\right)^2}$

Nimmt man jetzt den grössten Ausschlagwinkel $a = 90^0$ an, so ergiebt sich:

$$\cos\varphi = \pm \sqrt{\tfrac{1}{2}}$$

oder mit Rücksicht darauf, dass thatsächlich der Werth von φ nur zwischen den Grenzen $+a$ und $-a$ sich bewegt, also $\cos\varphi$ stets positiv ist,

$$\cos\varphi = +\sqrt{\tfrac{1}{2}}; \qquad \varphi = \pm 45^0.$$

Mit diesen Werthen von φ erreicht H sein Maximum, nämlich

$$H_{max} = \frac{m^2 e^2 g}{\Theta'} \cdot \frac{3}{2} = \frac{3}{2} Q \cdot \frac{e}{l'},$$

unter Q das Gewicht der Glocke sammt Klöppel und unter $l' = \frac{\Theta'}{me}$ die entsprechende reducirte Pendellänge verstanden.

Den kleinsten Werth dagegen, nämlich $H = 0$, erreicht H mit $\varphi = 0$; es zeigt das unmittelbar die Gleichung für H.

Bezüglich der ausgezeichneten Werthe von V ist zu bemerken, dass dieselben eintreten, wenn

$$\frac{d(3\cos^2\varphi - 2\cos a \cos\varphi - 1)}{d\varphi} = 0$$

oder $\quad -6\cos\varphi\sin\varphi + 2\cos a \sin\varphi = 0$.

Diese Gleichung ist mit $\varphi = 0$ erfüllt, desgleichen mit

$$\cos\varphi = \tfrac{1}{3}\cos a$$

und wenn a wieder $= 90^0$ angenommen wird, mit

$$\cos\varphi = 0; \qquad \varphi = \pm 90^0.$$

Für $\varphi = 0$ und $a = 90^0$ erhält man

$$V = mg + \frac{m^2 e^2 g}{\Theta'}(3-1) = Q\left(1 + 2\frac{e}{l'}\right),$$

für $\varphi = +90^0$ dagegen

$$V = mg + \frac{m^2 e^2 g}{\Theta'}(-1) = Q\left(1 - \frac{e}{l'}\right).$$

Man sieht also, dass das Maximum von V eintritt bei $\varphi = 0$, nämlich

$$V_{max} = Q\left(1 + 2\frac{e}{l'}\right),$$

das Minimum von V bei $\varphi = +90^0$, nämlich

$$V_{min} = Q\left(1 - \frac{e}{l'}\right).$$

327. Die Poxdech'sche Anordnung der Glocken. Bei dieser ist, ähnlich wie beim Metronom von Mälzl, mit der Glocke noch eine weitere schwere, über der Drehachse C der Glocke gelegene Masse m_2 fest verbunden. Dadurch ist der Schwerpunkt der Glocke in die Höhe gerückt, also e vermindert, dagegen das Trägheitsmoment Θ' vergrössert. Wird aber e kleiner und Θ'

grösser, so nimmt der Werth von H und V ab und es ergiebt sich die Einwirkung der schwingenden Glocke auf den Glockenstuhl als eine geringere. Dabei darf jedoch die in No. 325 gegebene Vorschrift, welche verlangt, dass die Grösse a (Fig. 277) entweder grösser oder kleiner als $l'_1 - l'_2$, niemals aber gleich $l'_1 - l'_2$ sei, nicht ausser Acht gelassen werden. Indessen lässt sich bei der Pozdech'schen Anordnung die Bedingung $a < l'_1 - l'_2$ leicht erfüllen, bedingt ja doch eine Vergrösserung oder eine Verschiebung der Zusatzmasse m_2 nach oben eine Zunahme von l'_1.

§ 61.

Die Centrifugalkräfte rotirender Körper.

328. Bemerkung. Die von den einzelnen Massenelementen dm eines Körpers ausgeübten Centrifugalkräfte sind wie die Gewichte dieser Elemente proportional den Massen dm der Elemente, also sogenannte Massenkräfte. Beide Arten von Massenkräften pflegt man zusammenzusetzen. Während nun die Gewichte der Elemente sich stets auf eine einzige Kraft, nämlich das Gesammtgewicht des Körpers, zurückführen lassen, ist dies bei den Centrifugalkräften nicht immer der Fall, wie aus Nachstehendem erhellt.

329. Zusammensetzung der Centrifugalkräfte. Ist ϱ der Abstand des Massenelementes dm (Fig. 279) eines um die z-Achse des Koordinatensystems mit der Winkelgeschwindigkeit ω sich

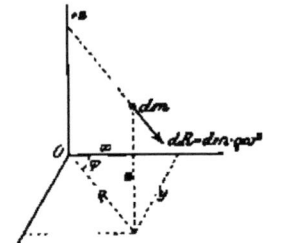

Fig. 279.

drehenden Körpers, dann ergiebt sich als Centrifugalkraft von dm

$$dR = dm \cdot \varrho \omega^2.$$

Diese Kraft, welche parallel der xy-Ebene des Koordinatensystems wirkt, zerlegen wir in ihre Komponenten nach der x- und y-Achse

$$dX = dm \varrho \omega^2 \cdot \cos \varphi = dm \omega^2 \cdot x$$
$$dY = dm \varrho \omega^2 \cdot \sin \varphi = dm \omega^2 \cdot y.$$

Indem wir es bei den übrigen Massenelementen des Körpers ebenso machen, erhalten wir als Resultanten der x- beziehungsweise y-Komponenten sämmtlicher Centrifugalkräfte:

$$X = \Sigma\, dm \cdot x \cdot \omega^2 = \omega^2 \Sigma\, dm \cdot x = \omega^2 \cdot m x_0$$
$$Y = \Sigma\, dm \cdot y \cdot \omega^2 = \omega^2 \Sigma\, dm \cdot y = \omega^2 \cdot m y_0,$$

wobei x_0 und y_0 die Koordinaten des Schwerpunktes der rotirenden Masse m bedeuten.

Um nun auch die Entfernungen z' und z'' der Kräfte X und Y von der xy-Ebene des Koordinatensystems zu erhalten, schreiben wir die Momentengleichungen um die y- bezw. x-Achse des Koordinatensystems an:

$$X \cdot z' = \Sigma\, dm \cdot x \cdot \omega^2 \cdot z = \omega^2 \cdot \Sigma\, dm \cdot xz$$
$$Y \cdot z'' = \Sigma\, dm \cdot y \cdot \omega^2 \cdot z = \omega^2 \cdot \Sigma\, dm \cdot yz,$$

woraus sich ergiebt

$$z' = \frac{\Sigma\, dm \cdot xz\,^1)}{m \cdot x_0}; \qquad z'' = \frac{\Sigma\, dm \cdot yz}{m \cdot y_0}.$$

Zur Bestimmung der Lage dieser beiden Kräfte X und Y hat man aber noch weiter nöthig, den Abstand y' der Kraft X von der xz-Ebene und den Abstand x' der Kraft Y von der yz-Ebene. Bezüglich des y' liefert die Momentengleichung um die z-Achse

$$X \cdot y' = \Sigma\, dm \cdot x \omega^2 \cdot y = \omega^2 \Sigma\, dm \cdot xy$$

und damit $\quad y' = \dfrac{\omega^2 \Sigma\, dm \cdot xy}{\omega^2 \cdot m x_0} = \dfrac{\Sigma\, dm \cdot xy}{m x_0}.$

Ebenso erhält man

$$Y \cdot x' = \Sigma\, dm \cdot y \omega^2 \cdot x = \omega^2 \Sigma\, dm \cdot xy$$

und $\quad x' = \dfrac{\Sigma\, dm \cdot xy}{m y_0}.$

Auch bemerken wir, dass $\ X y' = Y x'.$

Sollen nun die Centrifugalkräfte eine Resultante haben, so müssen X und Y sich in einer und derselben Ebene befinden, d. h. es muss sein:

$$z' = z'' \quad \text{oder} \quad \frac{\Sigma\, dm \cdot xz}{m x_0} = \frac{\Sigma\, dm \cdot yz}{m y_0}.$$

---

1) Nimmt man die Winkelgeschwindigkeit $\omega = 1$ an, so bedeutet $m x_0$ eine Centrifugalkraft und $m x_0 \cdot z'$ das Moment einer Centrifugalkraft. Da aber $\Sigma\, dm \cdot xz = m x_0 \cdot z'$, so ist es nicht ganz ungerechtfertigt, diesen Ausdruck $\Sigma\, dm \cdot xz$, wie auch die Ausdrücke $\Sigma\, dm \cdot yz$ und $\Sigma\, dm \cdot xy$, wobei man sich unter dm das Element irgend welcher Grösse denken mag, als Centrifugalmoment zu bezeichnen.

In diesem Falle ist die Resultante R sämmtlicher Centrifugalkräfte

$$R = \sqrt{X^2 + Y^2} = m\omega^2 \sqrt{x_0^2 + y_0^2} = m\varrho_0\omega^2$$

unter ϱ_0 den Abstand des Schwerpunktes der rotirenden Masse von der Drehachse verstanden. Damit wäre die Grösse der Resultanten R festgesetzt.

Bezeichnet man den Winkel von R mit der xz-Ebene mit ψ, so hat man:

$$\cos\psi = \frac{X}{R} = \frac{mx_0\omega^2}{m\varrho_0\omega^2} = \frac{x_0}{\varrho_0} \quad \text{und} \quad \sin\psi = \frac{Y}{R} = \frac{y_0}{\varrho_0},$$

d. h. es ist R parallel dem vom Schwerpunkte des Körpers auf die Drehachse gefällten Loth.

Des weiteren ergiebt die Gleichung $Xy' = Yx'$, dass die Resultante R von X und Y durch die Drehachse hindurchgeht.

Um also betreffenden Falles Grösse und Richtung der resultirenden Centrifugalkraft zu erhalten, kann man sich die ganze Masse m des rotirenden Körpers im Schwerpunkte desselben koncentrirt denken, und für den so bestimmten, in fester Verbindung mit der Drehachse stehenden materiellen Punkt m die Centrifugalkraft ermitteln. Grösse und Richtung der letzteren geben dann Grösse und Richtung der gesuchten resultirenden Centrifugalkraft R an. Was nun die Lage von R betrifft, so wird dieselbe durch ihren Abstand $z' = z''$ von der xy-Ebene vollends festgesetzt. Bezüglich der Lage der Resultanten R ist aber wohl zu beachten, dass der Abstand z' der Resultanten von der xy-Ebene im allgemeinen nicht mit dem Schwerpunktsabstand z_0 des Körpers von dieser Grundebene übereinstimmt, dass also im allgemeinen die resultirende Centrifugalkraft nicht durch den Schwerpunkt des rotirenden Körpers hindurchgeht.

380. Einige Fälle, in welchen es eine resultirende Centrifugalkraft giebt. Nehmen wir an, der rotirende Körper habe eine Symmetralebene, welche durch die Drehachse, also die z-Achse, hindurchgehe und die xz-Ebene des Koordinatensystems bilde, dann heben sich die normal zur Symmetralebene gerichteten Komponenten dY der Centrifugalkräfte $dR = dm \cdot \varrho\,\omega^2$ gegenseitig auf, so dass nur die Komponenten dX übrig bleiben. Es ist daher in diesem Falle die Resultante R der Centrifugalkräfte ausgedrückt durch:

$$R = X = mx_0\omega^2$$

und deren Lage bestimmt durch

$$z' = \frac{\Sigma\, dm \cdot xz}{m\,x_0}.$$

Unter Umständen reduciren sich die Kräfte dX auf ein Kräfte-paar. Dieser Fall tritt ein, wenn die Drehachse durch den Schwer-punkt des Körpers hindurchgeht, also $x_0 = 0$ ist und überdies $\Sigma dm \cdot xz$ sich nicht $= 0$ erzeigt; man hat dann $B = 0$ und $z' = \infty$. Wäre jedoch ausser $x_0 = 0$ auch $\Sigma dm \cdot xz = 0$, so ergäbe sich $s' = \dfrac{0}{0}$ und $B = 0$, es würden sich die Centrifugalkräfte aufheben.

Hätte der um die z-Achse sich drehende Körper eine Symme-tralebene senkrecht zur Drehachse, so könnte man diese Symmetral-ebene zur xy-Ebene wählen, dann würde

$$\Sigma dm \cdot xz = 0 \quad \text{und} \quad \Sigma dm \cdot yz = 0,$$
$$\text{also} \quad z' = 0 \quad \text{und} \quad z'' = 0.$$

Da aber der Schwerpunkt des Körpers in der Symmetralebene liegen muss, hat man auch $z_0 = 0$. Es giebt daher im vorliegen-den Falle eine resultirende Centrifugalkraft und geht dieselbe durch den Schwerpunkt des Körpers hindurch.

Handelt es sich um einen Körper mit einer geraden Achse (Achse, d. i. Verbindungslinie der Schwerpunkte der einzelnen Quer-schnitte), welche der Drehachse parallel ist, so wird man zur Be-stimmung der Grössen z' und z'' den Körper durch Ebenen senk-recht zur Drehachse, also parallel der xy-Ebene des Koordinaten-systems, in unendlich dünne Scheiben zerlegen und zunächst für eine solche Scheibe von der Dicke dz und der Basis F, welche sich im Abstand z von der xy-Ebene befindet, die Ausdrücke $\Sigma dm \cdot xz$ und $\Sigma dm \cdot yz$ festsetzen. Indem man sodann die Fläche F durch Gerade parallel der y-Achse in unendlich schmale Streifen $b \cdot dx$ eintheilt, erhält man für die betrachtete Scheibe des Kör-pers, wenn δ die Dichte des Körpers

$$\Sigma dm \cdot x \cdot z = \Sigma (b \cdot dx \cdot dz \cdot \delta) \cdot x \cdot z = \delta \cdot z \cdot dz \, \Sigma b \cdot dx \cdot x$$
$$= \delta \cdot z \cdot dz \cdot F \cdot x_0 = x_0 \cdot (F \cdot dz \cdot \delta) \, z$$

und daher für den ganzen Körper

$$\Sigma dm \cdot x \cdot z = \Sigma x_0 (F \cdot dz \cdot \delta) z = x_0 \, \Sigma dm \cdot z = x_0 \cdot m \cdot z_0,$$

wobei z_0 der Abstand des Schwerpunktes des Körpers von der xy-Ebene. Damit wird

$$z' = \frac{\Sigma dm \cdot xz}{m x_0} = \frac{m x_0 \cdot z_0}{m x_0} = z_0.$$

In gleicher Weise erhält man $\quad z'' = z_0$.

Es geht also auch hier die resultirende Centrifugalkraft durch den Schwerpunkt des Körpers hindurch.

881. Centrifugalkraft einer materiellen ebenen Fläche. Wir wollen annehmen, dass die gegebene Fläche F eine Symmetralachse besitze, welche die Drehachse in dem Punkte A unter dem

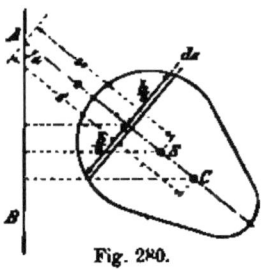

Fig. 280.

Winkel α schneide, ferner, dass die Ebene der Fläche F senkrecht stehe auf der durch die Symmetralachse AS von F und der Drehachse AB gelegten Ebene. Fig. 280 zeigt die gegebene Fläche F in der Umklappung in die letztgenannte Ebene.

Indem man die Fläche F durch Gerade senkrecht zur Symmetralachse AS in unendlich schmale Streifen vom Inhalt $b \cdot ds$ zerlegt, erhält man für jeden solchen Flächenstreifen eine in der Ebene BAS wirkende, senkrecht auf der Drehachse stehende Centrifugalkraft

$$dR = b \cdot ds \cdot s \cdot \sin \alpha \cdot \omega^2.$$

Alle diese Centrifugalkräfte dR setzen sich zusammen zu einer Resultanten, deren Grösse:

$$R = F \cdot s_0 \cdot \sin \alpha \cdot \omega^2,$$

wobei s_0 den Abstand des Schwerpunktes S der Fläche F vom Punkte A bedeutet.

Um nun auch die Lage dieser resultirenden Centrifugalkraft beziehungsweise ihren auf der Symmetralachse AS gelegenen Angriffspunkt C zu erhalten, schreiben wir die Momentengleichung um den Punkt A an:

$$R \cdot s' \cdot \cos \alpha = \Sigma b \cdot ds \cdot s \cdot \sin \alpha \cdot \omega^2 \cdot s \cdot \cos \alpha$$

oder $s' \cdot F s_0 \cdot \sin \alpha \cdot \omega^2 \cdot \cos \alpha = \omega^2 \cdot \sin \alpha \cdot \cos \alpha \, \Sigma b \cdot ds \cdot s^2,$

woraus $s' = \dfrac{\Sigma b \cdot ds \cdot s^2}{F s_0} = \dfrac{\Theta'}{F s_0} = \dfrac{\Theta + F s_0^2}{F s_0} = s_0 + \dfrac{F r_0^2}{F s_0} = s_0 + \dfrac{r_0^2}{s_0},$

unter Θ das Trägheitsmoment und unter r_0 den Trägheitshalbmesser der Fläche F in Beziehung auf eine durch den Schwerpunkt S von F senkrecht zu AS gezogene Achse verstanden.

Mit s' ist der Angriffspunkt C der Centrifugalkraft R bestimmt. Dieser Punkt C ist, wie wir sehen, der Schwingungsmittelpunkt der Fläche F für die Aufhängeachse A (letztere senkrecht zur Ebene SAB, also in der Ebene von F gelegen).

882. Centrifugalkraft eines Körpers von gerader Achse. Die geometrische Achse des Körpers schneide die Drehachse im

Punkte A (Fig. 281). Ferner sei die durch diese beiden Achsen gehende Ebene Symmetralebene des Körpers.

Wir zerlegen den Körper durch Ebenen senkrecht zu seiner Achse in lauter scheibenförmige Elemente.

Für eine solche Scheibe im Abstand s von A ist die Centrifugalkraft:

$$dR = F \cdot ds \cdot \delta \cdot x\omega^2 = dm \cdot x\omega^2.$$

Diese senkrecht zur Drehachse AB gerichtete, in der Ebene SAB wirkende Kraft greift die Querschnittsfläche F im Schwingungsmittelpunkt C von F für die Aufhängeachse B ($\perp$ zur Ebene SAB) an. Demgemäss wird dann:

$$R = \Sigma\, dm \cdot x \cdot \omega^2 = m\, x_0\, \omega^2.$$

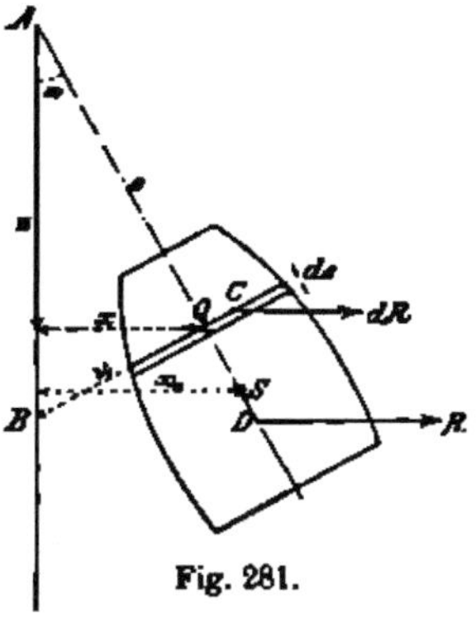

Um jetzt auch die Lage der in der Symmetralebene des Körpers und senkrecht zur Drehachse AB wirkenden Resultanten R zu bekommen, schreiben wir die Momentengleichung um den Punkt A an:

Fig. 281.

$$R \cdot z' = \Sigma\, dR\, (z - \overline{OC} \cdot \sin \alpha)$$

oder auch nach Einsetzung der Werthe von R und dR und mit Berücksichtigung, dass

$$OC = \frac{\Theta}{Fu} = \frac{r_0^2}{u},$$

(unter Θ das Trägheitsmoment, unter r_0 den Trägheitshalbmesser der Querschnittsfläche F bezogen auf eine durch den Schwerpunkt O von F gehende, senkrecht auf der Ebene SAB stehende Achse und unter u den Abstand OB verstanden):

$$m x_0 \omega^2 \cdot z' = \Sigma\, F \cdot ds \cdot \delta \cdot x\omega^2 \cdot z - \Sigma\, F \cdot ds \cdot \delta \cdot x\omega^2 \cdot \frac{r_0^2}{u} \cdot \sin \alpha$$

oder $\quad m x_0 z' = \Sigma\, F \cdot ds \cdot \delta \cdot x \cdot z - \Sigma\, F \cdot ds \cdot \delta \cdot \cos \alpha \cdot r_0^2 \cdot \sin \alpha.$

Schneidet die Kraft R die geometrische Achse AS des Körpers in D und bezeichnet man AD mit s', so geht die letzte Gleichung, da

$$x_0 = s_0 \cdot \sin \alpha \qquad z' = s' \cdot \cos \alpha$$

über in:

$$m \cdot s_0 \cdot \sin \alpha \cdot s' \cdot \cos \alpha =$$
$$= \Sigma\, F \cdot ds \cdot \delta \cdot s \cdot \sin \alpha \cdot s \cdot \cos \alpha - \Sigma\, F \cdot ds \cdot \delta \cdot \cos \alpha \cdot r_0^2 \cdot \sin \alpha$$

oder $\quad m \cdot s_0 \cdot s' = \Sigma F \cdot \delta \cdot s^2 \cdot ds - \Sigma F \cdot \delta \cdot r_0^2 \cdot ds$

oder $\quad m s_0 s' = \Sigma F \cdot \delta \cdot s^2 \cdot ds - \Sigma \delta \cdot \Theta \cdot ds$. $\hspace{2cm}$ (1)

Handelt es sich um einen homogenen Körper von konstantem Querschnitte F und der Länge l, bei welchem die obere Endfläche im Abstand a vom Punkte A sich befindet, so ergiebt sich, da nunmehr auch Θ und r_0^2 konstant sind:

$$F \cdot l \cdot \delta \cdot s_0 \cdot s' = F \cdot \delta \int_a^{a+l} s^2 \cdot ds - F \cdot \delta \cdot r_0^2 \int_a^{a+l} ds$$

$$\text{oder} \quad l \cdot s_0 \cdot s' = \frac{(a+l)^3 - a^3}{3} - r_0^2 \cdot l$$

und mit $a = 0$:

$$l \cdot \frac{l}{2} \cdot s' = \frac{l^3}{3} - r_0^2 \cdot l, \quad \text{woraus} \quad s' = \frac{2}{3} l - 2 \cdot \frac{r_0^2}{l}$$

Bei einem dünnen Stab ist $2 \cdot \dfrac{r_0^2}{l}$ klein gegenüber $\dfrac{2}{3} l$, man kann daher hier annäherungsweise setzen:

$$s' = \frac{2}{3} l.$$

Für einen homogenen Kreiskegel von der Höhe h und der Basis B (Halbmesser der Basis $= b$), dessen Spitze im Abstand a und dessen Basis im Abstand $a + h$ vom Punkte A sich befindet, ergiebt sich die Centrifugalkraft

$$R = m x_0 \omega^2 = \frac{B \cdot h}{3} \cdot \delta \cdot \left(a + \frac{3h}{4} \right) \sin \alpha \cdot \omega^2,$$

ferner

$$\frac{F}{B} = \frac{(s-a)^2}{h^2} \quad \text{und} \quad \Theta = \frac{\varrho^4 \pi}{4} = \frac{\pi}{4} \left[\frac{b}{h} (s-a) \right]^4 = \frac{B \cdot b^2}{4 h^4} (s-a)^4.$$

Damit geht die Gleichung (1) über in:

$$\frac{Bh}{3} \cdot \delta \left(a + \frac{3h}{4} \right) \cdot s' = \int_a^{a+h} \frac{(s-a)^2}{h^2} \cdot B \cdot \delta \cdot s^2 \cdot ds - \int_a^{a+h} \delta \cdot \frac{B \cdot b^2}{4 h^4} (s-a)^4 \cdot ds$$

$$\text{oder} \quad \frac{h}{3} \left(a + \frac{3h}{4} \right) \cdot s' = \frac{1}{h^2} \int_a^{a+h} s^2 (s-a)^2 \cdot ds - \frac{b^2}{4 h^4} \int_a^{a+h} (s-a)^4 \cdot ds.$$

Aus dieser Gleichung lässt sich s' leicht berechnen.

Wäre $a = 0$, also die Kegelspitze in A, erhielte man:

$$\frac{h^2}{4} \cdot s' = \frac{1}{h^2} \int_0^h s^4 \cdot ds - \frac{b^2}{4h^4} \int_0^h s^4 \cdot ds = \frac{h^3}{5} - \frac{b^2 h}{4 \cdot 5}$$

oder $\quad s' = \frac{4}{5} h \left[1 - \left(\frac{b}{2h} \right)^2 \right] \quad$ und $\quad z' = \frac{4}{5} h \cos \alpha \left[1 - \left(\frac{b}{2h} \right)^2 \right]$.

888. Praktische Bestimmung der Centrifugalkraft eines homogenen Körpers, welcher eine durch die Drehachse gehende Symmetralebene besitzt. Wir nehmen die Symmetralebene als Bildebene an. Man zerlegt den Körper durch Ebenen BB senkrecht zur Drehachse AA in einzelne Scheiben, bestimmt für jede Schnittebene BB den Inhalt F und Schwerpunkt O der betreffenden Schnittfläche, misst die Abstände x der Schwerpunkte O von der Drehachse und berechnet die Produkte $F \cdot x = \eta$, trägt hierauf die η als Ordinaten zu den Ab-

scissen z auf und verbindet die Endpunkte der Ordinaten η durch eine stetige Linie, dann giebt der Inhalt f der von dieser Linie sowie von der Abscissenachse (Drehachse) gebildeten Fläche, mit $\delta \cdot \omega^2$ multiplicirt, die Grösse der gesuchten Centrifugalkraft R des gegebenen Körpers an, desgleichen muss die auf der Drehachse senkrecht

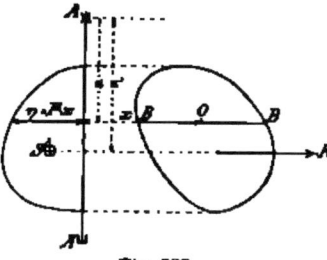

Fig. 382.

stehende Centrifugalkraft R durch den Schwerpunkt S' der Fläche f hindurchgehen, wodurch auch die Lage von R bestimmt ist. Der Beweis hierfür ist folgender:

Man hat

$$R = \Sigma F \cdot dz \cdot \delta \cdot x \omega^2 = \delta \omega^2 \Sigma \eta \cdot dz = \delta \omega^2 \Sigma df = \delta \omega^2 \cdot f;$$

des weiteren:

$$R \cdot z' = \Sigma F \cdot dz \cdot \delta \cdot x \omega^2 \cdot z = \delta \omega^2 \Sigma df \cdot z = \delta \omega^2 \cdot f \cdot z_0$$

oder $\quad \delta \omega^2 \cdot f \cdot z' = \delta \omega^2 \cdot f \cdot z_0; \quad z' = z_0.$

Handelt es sich jetzt um die Centrifugalkraft eines Stabes von gerader Achse und konstantem Querschnitt, dessen Endflächen nicht normal auf der Stabachse, sondern senkrecht auf der Drehachse stehen, so kann hier die Stabachse zugleich als

Linie der η dienen, worauf die Trapezfläche $B_1 O_1 O_2 B_2 = f$ mit $F \cdot \delta \omega^2$ multiplicirt die Grösse der Centrifugalkraft R des Stabes liefert und der Schwerpunkt S' des genannten Trapezes, durch welchen R hindurchgehen muss, die Lage von R bestimmt.

Ist der Stab verhältnissmässig lang, so fällt der Umstand, dass im zuletzt betrachteten Falle die Endflächen des Stabes nicht normal zur Stabachse angenommen sind, nur wenig ins Gewicht, es kann daher auch das eben Gefundene für den normal abgeschnittenen Stab als angenähert giltig angesehen werden.

§ 62.

Der Centrifugalpendelregulator.

884. Der Watt'sche Regulator. Von den verschiedenen Arten von Centrifugalpendelregulatoren, welche in der Praxis zur Regulirung des Ganges eines Motors angewendet werden, wollen wir den ältesten und bekanntesten, den Watt'schen Regulator, zur Erklärung des Zweckes und der Wirkungsweise eines Centrifugalpendelregulators in Betracht ziehen. Derselbe hat folgende Einrichtung:

An der vertikalen Welle CB (Fig. 284), der sogenannten Regulatorwelle oder der Spindel, welche von dem Motor, dessen Gang regulirt werden soll, in Umdrehung versetzt wird, ist in C eine Achse rechtwinklig zu derjenigen der Regulatorwelle befestigt. Diese Achse dient als Aufhängeachse der beiden Pendel CA, welche in ihren unteren Enden mit schweren Kugeln

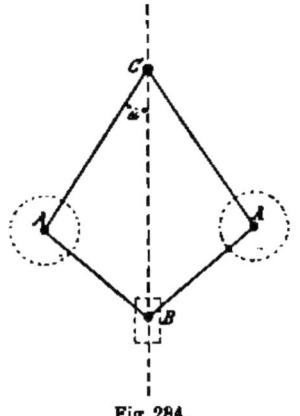

Fig. 284.

A versehen sind und mittels der Stangen AB die an der Regulatorwelle verschiebbare Hülse oder Muffe B tragen. Dabei hat

man sich die Eckpunkte des symmetrisch zu der vertikalen Achse
CB gestalteten Vierecks $CABAC$ gelenkartig beweglich zu denken.

Die beiden Pendel CA sind nichts anderes, als physische
Centrifugalpendel, welche bei wechselnder Winkelgeschwindigkeit ω der Regulatorwelle ihre Vertikalneigung verändern und
bei ihrer Auswärtsbewegung die Hülse B in die Höhe heben.
Mit der Hülse B ist aber eine Vorrichtung, das sogenannte Stellzeug, verbunden, mittels dessen die Zufuhr von „Arbeitsflüssig-
keit" zum Motor und damit die Bewegung des Motors überhaupt
regulirt wird.

265. Ideelle Centrifugalpendelregulatoren. Denken wir uns
die Massen der Pendelstangen CA und die Hülsenstangen AB gegenüber den Massen m der beiden Kugeln A verschwindend klein
und diese Stangen damit gewichtlos, ebenso das Gewicht der
Hülse B und die Hülsenbelastung überhaupt $= 0$, desgleichen
den Widerstand vernachlässigt, welchen das Stellzeug bei einer
Bewegung der Hülse auf letztere ausübt, endlich die Massen m
der Kugeln in ihren Mittelpunkten A vereinigt, so hat man es
beim Watt'schen Regulator mit schweren materiellen Punkten m
zu thun, welche sich in einem vertikalen Kreis vom Halbmesser
CA bewegen, wobei dieser Kreis selbst sich um seinen vertikalen
Durchmesser dreht. Diesen Fall haben wir schon in No. 242, Fig. 239,
in Betracht gezogen. Dort handelte es sich um die Bewegung und
das Gleichgewicht eines schweren materiellen Punktes m auf einer
starren, in einer vertikalen Ebene gelegenen, nach einem Kreis
gebogenen Bahnlinie, welche sich mit der Winkelgeschwindigkeit ω
um den vertikalen Durchmesser des Kreises dreht. Hierbei haben
wir gesehen, dass die einer bestimmten Winkelgeschwindigkeit ω
entsprechende Gleichgewichtslage A_0 des materiellen Punktes stets
eine stabile ist, indem, wie nachgewiesen wurde, der materielle
Punkt aus seiner Gleichgewichtslage auf der Bahnlinie etwas verschoben und dann sich selbst überlassen, stets gegen die Gleichgewichtslage sich bewegt. Den Grund hierfür erkannten wir
darin, dass bei einer kreisförmigen Bahnlinie, welche in einer
durch die vertikale Drehachse gehenden Ebene liegt, die auf der
Drehachse abgemessene Subnormale der Bahnlinie nach oben
kleiner wird. Des weiteren zeigt sich in diesem Fall, dass der
materielle Punkt bei zunehmender Winkelgeschwindigkeit ω in seiner
kreisförmigen Bahnlinie emporsteigt, jedoch nur bis zu dem mit dem
Kreismittelpunkt in der gleichen Horizontalen gelegenen Grenzpunkt
A_1, welcher Punkt indessen erst mit $\omega = \infty$ erreicht wird. Auch
lässt sich nachweisen, dass, wenn die Winkelgeschwindigkeit ω,
welcher die Gleichgewichtslage A_0 des materiellen Punktes in

seiner Bahnlinie entspricht, um den konstanten Betrag c zunimmt und infolge dessen der materielle Punkt sich in seiner Bahnlinie bis zu der der Winkelgeschwindigkeit $\omega + c$ entsprechenden Gleichgewichtslage A'_0 erhebt, die Länge des Bogens $A_0 A'_0$ von der Lage des Ausgangspunktes A_0 abhängt, und zwar für einen höher gelegenen Ausgangspunkt A_0 kleiner sich ergiebt, als für einen tiefer gelegenen, dass also die „Empfindlichkeit" des materiellen Punktes gegenüber einer Aenderung der Winkelgeschwindigkeit in den oberen Punkten der kreisförmigen Bahnlinie eine geringere ist, als in den unteren. Indem wir nun diese Resultate bei dem von uns angenommenen ideellen Watt'schen Regulator verwerthen, können wir sagen, dass bei ihm die einer bestimmten Winkelgeschwindigkeit entsprechende Gleichgewichtslage eine stabile ist, dass ferner mit zunehmender Winkelgeschwindigkeit die Vertikalneigung α der Pendelstangen ebenfalls zunimmt, aber die Empfindlichkeit des Regulators mit zunehmendem Winkel α abnimmt.

Demgemäss kann man den ideellen Watt'schen Regulator als einen stabilen, oder, wie man gewöhnlich zu sagen pflegt, als einen statischen Regulator bezeichnen. Würden dagegen bei einem Regulator die Kugelmittelpunkte sich relativ auf einer Linie bewegen, für welche die auf der vertikalen Drehachse des Regulators gemessene Subnormale nach oben zunimmt, wie bei der Hyperbel, so zeigte es sich, entsprechend dem in No. 242 Gefundenen, dass die für eine gegebene Winkelgeschwindigkeit ω geltende Gleichgewichtsstellung des Regulators eine labile wäre und bei der geringsten Aenderung der Winkelgeschwindigkeit der Regulator erst mit Erreichung der betreffenden Grenzstellung, bei welcher die Hülse ihre höchste bezw. tiefste Lage einnimmt, ins Gleichgewicht käme. Anders verhält sich dagegen die Sache, wenn die Subnormale der relativen Bahnlinie der Kugelmittelpunkte konstant bleibt, welcher Fall bei der Parabel eintritt. Hier würde, wenn die Gleichung der Bahnlinie $y^2 = 2pz$ wäre (z-Achse mit der vertikalen Achse der Regulatorwelle zusammenfallend), nach den betreffenden Ergebnissen in No. 242 bei der Winkelgeschwindigkeit $\omega = \sqrt{\dfrac{g}{p}}$ der ideelle Regulator in jeder Stellung im Gleichgewicht sich befinden, sich indifferent verhalten, bei Aenderung der Winkelgeschwindigkeit aber seine Stellung so lange ändern, bis sich wieder die Winkelgeschwindigkeit $\omega = \sqrt{\dfrac{g}{p}}$ eingestellt hätte. Ein derartiger ideeller Regulator wird als astatischer Regulator bezeichnet.

Zur Charakterisirung eines ideellen Regulators hat uns das Verhalten der Subnormalen der von den Kugelmittelpunkten beschriebenen Bahnlinie gedient. Nimmt die Länge der Subnormalen zu, wenn man auf der Bahnlinie nach oben geht, so wäre der Regulator ein labiler, nimmt die Subnormale dagegen ab, so hat man es mit einem statischen Regulator zu thun. Bleibt aber die Subnormale konstant, so ist der Regulator ein astatischer.

Um sich über das Verhalten eines Regulators Kenntniss zu verschaffen, hätte man aber auch in folgender Weise vorgehen können: Man nimmt zwischen den beiden Grenzstellungen des Regulators, welchen die tiefste, beziehungsweise höchste Lage der Hülse entspricht, verschiedene Stellungen des Regulators an und berechnet die Winkelgeschwindigkeit ω, bei welcher die jeweilige Stellung des Regulators eine Gleichgewichtsstellung ist, giebt für jede solche Stellung die Lage der Hülse an, trägt in dem die Lage der Hülse bezeichnenden Punkte der Regulatordrehachse die berechnete Winkelgeschwindigkeit ω oder auch die aus ω sich ergebende Anzahl n^1) der Umdrehungen der Regulatorwelle in der Minute, als Ordinate auf, und verbindet die Endpunkte der Ordinate n durch eine stetige Linie, so kann diese sogenannte n-Linie den betreffenden Regulator kennzeichnen. Handelt es sich beispielsweise um einen ideellen Regulator, bei welchem die Mittelpunkte der Schwungkugeln auf der Parabel $y^2 = 2px$ sich bewegen so ergiebt sich in diesem Falle der Regulator als ein astatischer und die n-Linie als eine Gerade parallel der z-Achse (Drehachse). Beim Watt'schen Regulator dagegen entspricht einer höheren Lage der Hülse und damit einem grösseren Ausschlagwinkel α der Pendelstangen im Gleichgewichtsfall auch eine grössere Winkelgeschwindigkeit ω und eine grössere Umdrehungszahl n oder mit anderen Worten: Beim Watt'schen Regulator und überhaupt bei einem statischen Regulator entfernt sich die n-Linie nach oben immer mehr von der Achse der Regulatorwelle.

Nehmen wir schliesslich an, es bewegen sich die Mittelpunkte der Schwungkugeln eines Regulators auf einer Bahnlinie, für welche die Subnormale nach oben zunimmt, so müsste bei dem betreffenden ideellen Regulator für die höheren Lagen dieser Kugelmittelpunkte die die Gleichgewichtsstellung des Regulators bedingende Winkelgeschwindigkeit ω eine kleinere sein, als für die tieferen Lagen entsprechend dem in No. 241 Angeführten, d. h.

---

¹) Dieses n nicht zu verwechseln mit dem n in No. 241 und 242.

es würde die n-Linie sich nach oben der Drehachse des Regulators nähern. Vorliegenden Falles wäre aber, worauf schon oben aufmerksam gemacht wurde, der Regulator ein labiler. Das alles zusammenfassend können wir somit behaupten:

Entfernt sich bei einem idellen Regulator die n-Linie nach oben von der Achse der Regulatorwelle (z-Achse), wobei also $\frac{dn}{dz} = \text{tg}\,\varphi$ positiv ist, so handelt es sich um einen statischen Regulator. Ist dagegen die n-Linie eine Gerade parallel der Regulatorachse, so hat man es mit einem astatischen Regulator zu thun. Neigt sich aber die n-Linie nach oben gegen die Regulatorachse, in welchem Falle $\frac{dn}{dz} = \text{tg}\,\varphi$ negativ ist, so ist damit ein labiler Regulator bezeichnet. Des weiteren erkennt man, dass der Neigungswinkel φ der n-Linie als Gradmesser für die Empfindlichkeit des Regulators dienen kann.

336. Das Verhalten eines Centrifugalpendelregulators, wie er sich thatsächlich darbietet. Ueber dieses Verhalten kann uns die n-Linie wieder die nöthigen Aufschlüsse geben. Um nun in einem gegebenen Falle die n-Linie zu erhalten, hat man zunächst den Regulator durch Anbringen der Centrifugalkräfte an den einzelnen Theilen desselben in relatives Gleichgewicht zu versetzen und sodann wie in nachstehend angegebenem Beispiel zu verfahren.

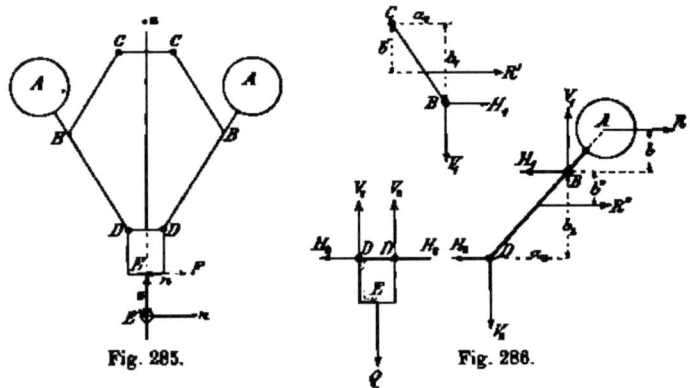

Fig. 285.   Fig. 286.

Es handle sich um einen Regulator, wie er in Fig. 285 in einer Zwischenstellung angedeutet ist. Auf der die Abscissenachse bildenden Achse der Regulatorwelle sei die tiefste Lage E' des

Punktes E der Hülse der Koordinatenursprung, ferner z die Abscisse des Punktes E bei der in der Figur angegebenen Gleichgewichtsstellung des Regulators, welche einer Winkelgeschwindigkeit ω, beziehungsweise der Umdrehungszahl n entspreche, $EF = n$ die zur Abscisse z gehörige Ordinate und damit F ein Punkt der gesuchten n-Linie. Nachdem wir an den Schwungkugeln A, sowie an den Stangen CB und BD die nach Massgabe des § 61 ermittelten Centrifugalkräfte R bezw. R' und R'' angebracht und damit den Regulator ins Gleichgewicht gesetzt haben, schreiben wir für den Regulator und seine Theile die Gleichgewichtsbedingungen an.

Zunächst erfordert das Gleichgewicht der Hülse, wenn Q die Resultante aus Eigengewicht der Hülse sammt Hülsenbelastung und Reibungswiderstand der Hülse an der Regulatorwelle,

$$2V_2 = Q \ldots$$

wobei V_2 und H_2 (Fig. 266) die Komponenten des in D von Seiten der Stangen BD auf die Hülse ausgeübten Zuges P_2.

Gehen wir jetzt zu der Stange BD über. An derselben wirken in D der Zug P_2 der Hülse oder die Komponenten V_2 und H_2 von P_2; in B die Komponenten V_1 und H_1 des von der Stange CB auf die Stange BD ausgeübten Zuges P_1; ferner die Centrifugalkräfte R und R''. Diese Kräfte sind im Gleichgewicht. Man hat daher:

$$H_1 + H_2 = R + R''$$
$$V_1 = V_2$$
$$R \cdot b + H_1 \cdot b_1 = R'' \cdot b'' + V_2 \cdot a_2$$

Endlich liefert das Gleichgewicht der um C drehbaren Stange CB:

$$R' \cdot b' + H_1 \cdot b_1 = V_1 \cdot a_1$$

Bedenkt man nun, dass die Lagen der Centrifugalkräfte R, R' und R'' bei der angenommenen Stellung des Regulators bestimmt werden können und daher die Hebelarme b, b' und b'' dieser Kräfte als gegeben angesehen werden dürfen, die genannten Centrifugalkräfte aber auch ihrer Grösse nach bekannt wären, wenn man die Winkelgeschwindigkeit ω des Regulators, deren Quadrat bekanntlich als Faktor, in den Ausdrücken für R, R' und R'' auftritt, kennen würde, so hat man im ganzen in den vorliegenden fünf Gleichungen fünf Unbekannte, nämlich die Kräfte H_1, V_1, H_2, V_2 sowie die Winkelgeschwindigkeit ω. Es lässt sich also letztere berechnen für die angenommene Stellung des Regulators und damit auch der dieser Stellung entsprechende Punkt der n-Linie auf der Zeichnung angeben. Indem man nun

In dieser Weise für verschiedene Stellungen des Regulators die zugehörigen Punkte der n-Linie bestimmt, erhält man durch Verbinden der Punkte die gesuchte, zur Beurtheilung des Regulators dienende n-Linie selbst.

§ 63.

Das Torsionspendel.

887. Einrichtung des Torsionspendels. Wird ein Stab von gerader Achse, an dessen Enden schwere Kugeln sich befinden, mittels eines dünnen Drahtes so aufgehängt, dass die Stabachse sich horizontal stellt, dann hat man ein Torsionspendel in seiner einfachsten Gestalt. Wird nämlich der Stab in der durch seine Achse bestimmten Horizontalebene um seinen Aufhängepunkt O gedreht, so erleidet dadurch der Draht eine Torsion, infolge deren im Draht Torsionswiderstände auftreten, welche bestrebt sind, den Stab in seine ursprüngliche Gleichgewichtslage zurückzuführen. Lässt man daher den gedrehten Stab los, so bewegt er sich wieder zurück und führt horizontale Schwingungen aus um die mit dem Aufhängedraht zusammenfallende vertikale Achse.

888. Schwingungsdauer des Torsionspendels. Es sei $A_0 A_0$ (Fig. 287) die Lage der um den Ausschlagwinkel α gedrehten Pendelstange in dem Augenblick, in welchem das Pendel, sich

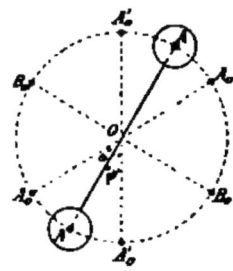

Fig. 287.

selbst überlassen, anfängt, gegen die ursprüngliche Gleichgewichtslage $A'_0 A'_0$ sich zurück zu bewegen, oder die Lage der Pendelstange zur Zeit 0; $A A$ die Lage zur Zeit t, dann hat man, wenn mit M das Moment des Torsionswiderstandes des Drahtes beim Verdrehungswinkel φ, also zur Zeit t und mit ω die Winkelgeschwindigkeit des Pendels zur selben Zeit bezeichnet wird:

$$\frac{d\omega}{dt} = \frac{M}{\Theta},$$

unter Θ das Trägheitsmoment der Masse des Pendels in Beziehung auf die durch O gehende Vertikale verstanden.

Nach den Lehren von der Torsionsfestigkeit ist M proportional dem Verdrehungswinkel φ, man kann daher setzen

$$M = C \cdot \varphi \quad \text{und demgemäss} \quad \frac{d\omega}{dt} = \frac{C \cdot \varphi}{\Theta}.$$

Da aber, wenn t zunimmt, der Winkel φ abnimmt oder für ein positives dt das $d\varphi$ negativ ist, so hat man:

$$\omega = \frac{-d\varphi}{dt} \quad \text{und} \quad \frac{d\omega}{dt} = \frac{-d^2\varphi}{dt^2},$$

womit $\dfrac{d^2\varphi}{dt^2} = -\dfrac{C}{\Theta}\cdot\varphi = -b^2\cdot\varphi$

sich ergiebt. Diese Differentialgleichung von bekannter Form liefert:

$$\varphi = A \sin bt + B \cos bt,$$

unter A und B die Integrationskonstanten verstanden. Um diese zu bestimmen, leiten wir die letzte Gleichung nach t ab, wodurch

$$\frac{d\varphi}{dt} = \omega = A\cdot b \cos bt - B\cdot b \sin bt$$

und berücksichtigen, dass für $t=0$: $\omega = 0$ und $\varphi = a$ sein muss, womit sich ergiebt:

$$\omega = 0 = A\cdot b\cdot 1 - 0; \quad A = 0$$

und demgemäss

$$\varphi = B\cdot\cos bt; \quad a = B\cdot\cos 0; \quad B = a; \quad \varphi = a\cdot\cos bt.$$

Aus dieser Gleichung erhält man die Zeit t', welche das Pendel braucht, um aus der Lage $A_0 A_0$ in die Lage $A'_0 A'_0$ zu gelangen

$$0 = a\cdot\cos bt'; \quad \cos bt' = 0; \quad bt' = \frac{\pi}{2},$$

$$t' = \frac{\pi}{2b} = \frac{\pi}{2}\sqrt{\frac{\Theta}{C}}.$$

Damit wird dann die Schwingungsdauer

$$\tau = 2t' = \pi\sqrt{\frac{\Theta}{C}}.$$

339. Experimentelle Bestimmung des Trägheitsmomentes der Masse eines Schwungrades in Beziehung auf seine Achse. Man hängt mittels eines genügend starken Drahtes das Rad so auf, dass seine Mittelebene horizontal sich stellt und der Draht mit der Achse des Rades zusammenfällt. Nun dreht man das Rad etwas um den vertikalen Draht und lässt es um letzteren horizontale Schwingungen ausführen. Ist dann τ die beobachtete Schwingungsdauer, so hat man nach dem oben gefundenen

$$\tau = \pi\sqrt{\frac{\Theta}{C}} \qquad \Theta = C\cdot\frac{\tau^2}{\pi^2}.$$

Jetzt muss noch die Konstante C ermittelt werden. Zu diesem Zweck legt man auf das Rad zwei weitere, gleiche Massen m in der Weise auf, dass diese Massen symmetrisch zu O liegen, lässt das Rad von neuem schwingen und beobachtet wieder die Schwingungsdauer τ'. Alsdann ist

$$\tau' = \pi \sqrt{\frac{\Theta'}{C}}; \quad \Theta' = C \cdot \frac{\tau'^2}{\pi^2}.$$

Wählt man nun die Zulagemassen m von einer solchen Form, dass ihre Trägheitsmomente in Beziehung auf die Vertikalachse durch O sich zum voraus leicht bestimmen lassen, so hat man, wenn T das angebbare Trägheitsmoment des Systems der beiden Massen m:

$$\Theta' = \Theta + T.$$

Letztere Gleichung geht dann über in

$$C \cdot \frac{\tau'^2}{\pi^2} = \frac{C \cdot \tau^2}{\pi^2} + T, \quad \text{woraus} \quad \frac{C}{\pi^2} = \frac{T}{\tau'^2 - \tau^2}$$

und schliesslich

$$\Theta = T \cdot \frac{\tau^2}{\tau'^2 - \tau^2} \qquad \Theta = T \cdot \frac{1}{\left(\frac{\tau'}{\tau}\right)^2 - 1}$$

sich ergiebt.

<h2 style="text-align:center">§ 64.</h2>

Drehung eines starren Körpers um eine bewegte Achse.

840. Aufgabe. An dem starren, um die vertikale Achse $A'A''$ drehbaren Gestelle $A'A''O''O'$ (Fig. 288) sei bei O' ein Fusslager und bei O'' ein Halslager angebracht für den in den Enden O' und O'' seiner geometrischen Achse mit Drehzapfen versehenen homogenen Umdrehungskörper C_0. Dieser Körper, dessen Gewicht $= Q$ sei und dessen Schwerpunkt in C_0 sich befinde, erhalte zur Zeit 0 um seine Achse $O'O''$ eine Winkelgeschwindigkeit $+\omega_0$, während das Gestelle $A'A''O''O'$ um die vertikale Achse $A'A''$ mit der konstanten Winkelgeschwindigkeit $+\frac{d\psi}{dt}$ gedreht werde.

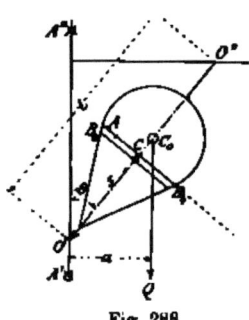

Fig. 288.

(Durch das $+$Zeichen der Winkelgeschwindigkeiten ω_0 und $\frac{d\psi}{dt}$ sei angedeutet, dass die betreffenden Drehungen einem von oben nach unten blickenden Beobachter im Sinn von links nach rechts erfolgend erscheinen); man soll den Widerstand W'' bestimmen, welchen der Umdrehungskörper C_0 von Seiten des Zapfenlagers bei O'' zur beliebigen Zeit t erfährt. Zapfenreibung nicht zu berücksichtigen.

Die Umdrehung des Körpers C_0 um seine geometrische Achse $O'O''$ oder die Eigenbewegung des Körpers ist eine relative Bewegung gegen eine Unterlage (das Gestelle), welche sich um die vertikale Achse $A'A''$ dreht. Man hat daher, um von der Bewegung der Unterlage absehen zu dürfen, an sämmtlichen materiellen Elementen dm des Körpers C_0 noch die bekannten beiden Ergänzungskräfte dK_1 und dK_2 (siehe No. 235) hinzuzufügen. Diese Ergänzungskräfte sind für ein bei A (Fig. 288 und 289) gelegenes materielles Element dm des Körpers, welches sich im Abstand ϱ von der Achse $O'O''$ und im horizontalen Abstand ϱ' von der Drehachse $A'A''$ befindet:

1. Die entgegengesetzte Führungskraft dK_1 des materiellen Punktes dm, welche vorliegenden Falles, da $\frac{d\psi}{dt}$ konstant, durch die Centrifugalkraft $dm \cdot \varrho' \left(\frac{d\psi}{dt}\right)^2$ angegeben wird.

2. Die zusammengesetzte Centrifugalkraft

$$dK_2 = 2\,dm \cdot v' \cdot \frac{d\psi}{dt} \cdot \sin\beta,$$

unter v' die relative Geschwindigkeit des materiellen Punktes und unter β den Winkel dieser relativen Geschwindigkeit mit der durch A gezogenen Parallelen zur Drehachse $A'A''$ verstanden.

Dies berücksichtigend wollen wir den Umdrehungskörper durch Ebenen senkrecht zu seiner Achse $O'O''$ in unendlich dünne Scheiben, je von der Dicke ds, zerlegen und von diesen Scheiben die im Abstand s von O' gelegene, durch den Punkt A gehende in Betracht ziehen. Die kreisförmige Grundfläche F dieser Scheibe, in welcher der horizontale Durchmesser $B_1 B_2$ und senkrecht auf letzterem der Durchmesser $B_3 B_4$ gezogen sei, zerlegen wir in ihre Elemente dF und fassen von letzteren das bei A im Abstand ϱ vom Mittelpunkt C der Kreisfläche F gelegene ins Auge. Dieses Flächenelement dF kann angesehen werden als die Basis eines materiellen Elementes dm der betrachteten Scheibe des Umdrehungskörpers C_0, so dass man setzen kann

$$dm = dF \cdot ds \cdot \delta,$$

unter δ die Dichte des Umdrehungskörpers C_0 verstanden.

Um die Lage der am materiellen Punkt dm bei A thätigen zusammengesetzten Centrifugalkraft dK_1 zu erhalten, zieht man (Fig. 289) durch A eine Parallele zur vertikalen Drehachse $A'A''$, sowie in A eine Tangente an der vom materiellen Punkt dm bei der Umdrehung des Körpers um die Achse $O'O''$ mit dem Halbmesser ϱ beschriebenen Kreis, alsdann giebt der Winkel dieser Tangente mit der Vertikalen AA'_1 durch A den in dem Ausdruck für dK_1 mit β bezeichneten Winkel an, auch wissen wir, dass die Wirkungslinie der zusammengesetzten Centrifugalkraft senkrecht stehen muss auf der Ebene dieses Winkels β. Da aber diese Ebene vertikal ist, so wirkt die zusammengesetzte Centrifugalkraft dK_1 horizontal und zwar unter Beobachtung der in No. 238

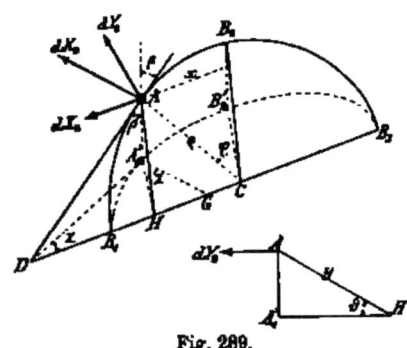

Fig. 289.

bezüglich des Wirkungssinnes der zusammengesetzten Centrifugalkraft angegebenen Regel vorliegenden Falles nach aussen, wie in Fig. 289 angedeutet ist.

In Fig. 289 sei $B_1 B'_1 B_2$ die Projektion des mit dem Halbmesser ϱ beschriebenen Halbkreises $B_1 B_1 B_2$ auf eine Horizontalebene durch den horizontalen Durchmesser $B_1 B_2$, ferner D der Durchschnittspunkt der Tangente in A an den erwähnten Halbkreis mit dieser Horizontalebene, endlich $A'_1 G$ eine Parallele durch A'_1 mit der horizontalen Wirkungslinie der Kraft dK_1, alsdann hat man, wenn ω die Winkelgeschwindigkeit des Punktes A um die Achse $O'O''$

$$dK_1 = 2\,dm \cdot \varrho\,\omega \cdot \frac{d\psi}{dt} \cdot \sin\beta.$$

Diese horizontale Kraft dK_1 zerlegen wir in die beiden horizontalen Komponenten dX_2 und dY_2, von welchen dX_2 parallel dem Durchmesser $B_1 B_2$ und dY_2 rechtwinklig zu dem Durchmesser $B_1 B_2$ wirkt.

Man hat nun

$$dX_1 = dK_1 \cdot \sin\chi = 2\,dm \cdot \varrho\,\omega \cdot \frac{d\psi}{dt} \cdot \sin\beta \cdot \sin\chi.$$

Es ist aber nach Fig. 289

$$\sin\beta = \frac{DA'_1}{DA} \quad \text{und} \quad \sin\chi = \frac{A'_1 H}{DA'_1},$$

also $\quad \sin\beta \cdot \sin\chi = \dfrac{A'_1 H}{DA} = \dfrac{AH \cdot \cos\vartheta}{DA} = \sin\varphi \cdot \cos\vartheta,$

womit $\quad dX_1 = 2\,dm \cdot \omega \cdot \dfrac{d\psi}{dt} \cos\vartheta \cdot \varrho \cdot \sin\varphi = 2\,dm \cdot \omega \cdot \dfrac{d\psi}{dt} \cos\vartheta \cdot x.$

Nimmt man jetzt ein zweites Masseneelement dm der Scheibe an, mit dem in A befindlichen symmetrisch gelegen zum Durchmesser $B_2 C B_4$ der Kreisfläche F, so wird für dieses

$$dX_1 = 2\,dm \cdot \omega \cdot \frac{d\psi}{dt} \cdot \cos\vartheta\,(-x).$$

Daraus geht hervor, dass sich die Komponenten dX_1 der zusammengesetzten Centrifugalkräfte dK_1 gegenseitig aufheben und nur die Komponenten dY_1 der zusammengesetzten Centrifugalkräfte übrig bleiben. Für diese erhält man:

$$dY_1 = 2\,dm \cdot \varrho\,\omega \cdot \frac{d\psi}{dt} \sin\beta \cdot \cos\chi$$

oder da $\quad \sin\beta \cdot \cos\chi = \dfrac{DA'_1}{DA} \cdot \dfrac{DH}{DA'_1} = \dfrac{DH}{DA} = \cos\varphi,$

$$dY_1 = 2\,dm \cdot \omega \cdot \frac{d\psi}{dt} \cdot \varrho \cos\varphi = 2\,dm \cdot \omega \cdot \frac{d\psi}{dt}\,(AH) = 2\,dm \cdot \omega \cdot \frac{d\psi}{dt} \cdot y.$$

Bei einem zweiten Masseneelement dm, welches mit dem in A befindlichen symmetrisch zum horizontalen Durchmesser $B_1 B_3$ gelegen ist, ergiebt sich:

$$dY_2 = 2\,dm \cdot \omega \cdot \frac{d\psi}{dt}\,(-y).$$

Diese beiden Kräfte dY_1 bilden zusammen ein Kräftepaar vom Moment

$$2\,dm \cdot \omega \cdot \frac{d\psi}{dt}\,2\,(AA'_1),$$

deesen Ebene parallel ist der Vertikalebene $A'A''O''O'$, auch dreht dieses Kräftepaar im Sinne von $O'O''$ gegen $A'A''$, infolge dessen wir es als negativ bezeichnen werden.

Als Summe der statischen Momente der Kräfte dY_1, welche sich an sämmtlichen materiellen Elementen $dm = dF \cdot ds \cdot \delta$ der

Scheibe $F \cdot ds$ des Umdrehungskörpers C_0 geltend machen, erhält man in Bezug auf den horizontalen Durchmesser $B_1 B_2$ der Kreisfläche F

$$dM' = -\Sigma 2 \cdot dF \cdot ds \cdot \delta \cdot \omega \cdot \frac{d\psi}{dt} \cdot y \cdot (AA'_1) =$$

$$= -2 \cdot ds \cdot \delta \cdot \omega \cdot \frac{d\psi}{dt} \Sigma dF \cdot y^2 \cdot \sin\vartheta = -2 \cdot ds \cdot \delta \cdot \omega \cdot \frac{d\psi}{dt} \sin\vartheta \cdot \Theta,$$

unter Θ das Trägheitsmoment der Kreisfläche F bezogen auf den Durchmesser $B_1 B_2$ verstanden. Ist Θ_0 das polare Trägheitsmoment dieser Fläche in Beziehung auf den Kreismittelpunkt, so hat man $\Theta_0 = 2\Theta$ und damit

$$dM' = -ds \cdot \delta \cdot \omega \cdot \frac{d\psi}{dt} \cdot \sin\vartheta \cdot \Theta_0.$$

Dies ist dann auch das Moment des Kräftepaares, auf welches sich die an der Scheibe $F \cdot ds$ wirkenden zusammengesetzten Centrifugalkräfte dK_t zurückführen lassen. Damit liefern aber die sämmtlichen am ganzen Umdrehungskörper sich geltend machenden zusammengesetzten Centrifugalkräfte ein in der Vertikalebene $A'A''O''O'$ wirkendes Kräftepaar vom Moment:

$$M' = -\Sigma ds \cdot \delta \cdot \omega \cdot \frac{d\psi}{dt} \cdot \sin\vartheta \cdot \Theta_0 = -\omega \cdot \frac{d\psi}{dt} \sin\vartheta \cdot C,$$

wobei C das Trägheitsmoment der Masse des Umdrehungskörpers in Beziehung auf seine geometrische Achse $O'O''$ bedeutet.

Ziehen wir jetzt auch die Ergänzungskräfte

$$dK_1 = dm \cdot \varrho' \cdot \left(\frac{d\psi}{dt}\right)^2$$

in Betracht und geben zunächst das statische Moment dM'' der an der Scheibe $F \cdot ds$ (Fig. 288) auftretenden Centrifugalkraft dR in Beziehung auf eine Achse durch O_1 senkrecht zur Ebene $O_1 A_2 O_2$ an. Bezüglich der Grösse von dR hat man:

$$dR = F \cdot ds \cdot \delta \cdot s \cdot \sin\vartheta \cdot \left(\frac{d\psi}{dt}\right)^2$$

Was dagegen die Lage von dR betrifft, so wissen wir aus No. 332, dass dR durch einen Punkt C' der Basis F der Scheibe $F \cdot ds$ hindurchgeht, welcher auf dem Durchmesser $B_2 B_4$ des Kreises F sich im Abstand

$$CC' = \frac{\Theta}{F u} = \frac{1}{2} \frac{\Theta_0}{F \cdot s \cdot \lg\vartheta}$$

von dem Kreismittelpunkt C befindet, wobei Θ das Trägheitsmoment der Kreisfläche F in Beziehung auf den Durchmesser $B_1 B_2$, Θ_0 das polare Trägheitsmoment des Kreises und u die in Fig. 290 bezeichnete Strecke bedeutet. Damit wird

$$dM'' = dR \left[s \cos \vartheta - (CC') \sin \vartheta \right] = dR \cdot \cos \vartheta \left(s - \frac{1}{2} \frac{\Theta_0}{Fs} \right)$$

und
$$M'' = \Sigma F \cdot \delta \cdot s \cdot \sin \vartheta \cdot \left(\frac{d\psi}{dt} \right)^2 \cdot \cos \vartheta \left(s - \frac{1}{2} \frac{\Theta_0}{Fs} \right) =$$

$$= \sin \vartheta \cdot \cos \vartheta \cdot \left(\frac{d\psi}{dt} \right)^2 \cdot (\Sigma F \cdot ds \cdot \delta \cdot s^2 - \Sigma \tfrac{1}{2} \Theta_0 \cdot ds \cdot \delta).$$

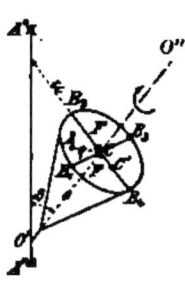
Fig. 290.

Bezeichnet man das Trägheitsmoment der Masse des Umdrehungskörpers in Beziehung auf seine Achse $O'O''$ wieder mit C, dasjenige in Beziehung auf eine Achse durch O' senkrecht zu $O'O''$ mit A, so lässt sich leicht nachweisen, dass

$$\Sigma F \cdot ds \cdot \delta \cdot s^2 = A - \tfrac{1}{2} C.$$

Ist nämlich η der Abstand eines Massenelementes dm des Umdrehungskörpers von einer Achse durch O' parallel $B_2 B_4$ und x der Abstand von der Ebene $A''O'O''$, so hat man

$$s^2 = \eta^2 - x^2, \quad \text{womit}$$

$$\Sigma F \cdot ds \cdot \delta \cdot s^2 = \Sigma dm \cdot s^2 = \Sigma dm (\eta^2 - x^2) = \Sigma dm \cdot \eta^2 - \Sigma dm \cdot x^2 =$$
$$= A - \Sigma (\delta \cdot ds \Sigma dF \cdot x^2) = A - \Sigma \delta \cdot ds \cdot \Theta =$$
$$= A - \Sigma \delta \cdot ds \cdot \frac{\Theta_0}{2} = A - \tfrac{1}{2} C.$$

Demgemäss erhält man schliesslich:

$$M'' = \sin \vartheta \cdot \cos \vartheta \left(\frac{d\psi}{dt} \right)^2 \cdot (A - C).$$

Um jetzt den mit der Winkelgeschwindigkeit ω um seine geometrische Achse $O'O''$ rotirenden Umdrehungskörper vollends ins Gleichgewicht zu versetzen, hat man nur nach dem d'Alembert'schen Princip an demselben noch ein Kräftepaar vom Moment $- C \cdot \frac{d\omega}{dt}$ anzubringen, dessen Ebene senkrecht zur Achse $O'O''$.

Nunmehr ergeben die Gleichgewichtsbedingungen:

$$- C \cdot \frac{d\omega}{dt} = 0; \quad \omega = \text{Const.} = \omega_0,$$

$$W'' \cdot l = Q \cdot a \cdot \sin \vartheta + M' - M'' =$$
$$= Q \cdot a \cdot \sin \vartheta + (A - C) \cdot \left(\frac{d\psi}{dt} \right)^2 \cdot \sin \vartheta \cdot \cos \vartheta - C \cdot \omega \cdot \frac{d\psi}{dt} \cdot \sin \vartheta.$$

Damit ist der gesuchte Widerstand W'' bestimmt.

Setzt man $W'' = 0$, so erhält man:

$$(C - A) \cdot \left(\frac{d\psi}{dt}\right)^2 \cdot \cos\vartheta + C \cdot \omega \cdot \frac{d\psi}{dt} = Q \cdot a.$$

Umgekehrt kann man auch sagen, dass, wenn zwischen ϑ, ω und $\frac{d\psi}{dt}$ die letzterwähnte Beziehung stattfindet, der Körper in O'' keinen Druck von Seiten des mit der konstanten Winkelgeschwindigkeit $\frac{d\psi}{dt}$ sich um $A'A''$ drehenden Gestelles erfährt.

341. Kreiselbewegung. Ein homogener, schwerer Umdrehungskörper sei im Punkte O' seiner geometrischen Achse $O'O''$ unterstützt. (Siehe Fig. 288, worin aber der Körper C_0 in O'' frei zu denken ist). Diese Achse bilde zur Zeit 0 mit der Vertikalen $O'A''$ durch O' den Winkel ϑ_0. Die Achse $O'O''$ habe zur Zeit 0 die Winkelgeschwindigkeit $+\frac{d\psi_0}{dt}$ um die Vertikale $O'A''$ erhalten, während gleichzeitig dem Umdrehungskörper um seine geometrische Achse $O'O''$ die Winkelgeschwindigkeit $+\omega_0$ erteilt worden sei; da zeigt es sich denn, dass der schwere, einen Kreisel darstellende Körper auch bei geneigter Lage seiner Achse trotz Einwirkung seines Eigengewichtes nicht umfällt, sondern fortfährt, sich um seine geometrische Achse $O'O''$ zu drehen, während die diese Achse enthaltende Vertikalebene $A''O'O''$ um die Vertikale $O'A''$ mit einer im allgemeinen veränderlichen Winkelgeschwindigkeit $\frac{d\psi}{dt}$ rotirt und gleichzeitig die Achse $O'O''$ in der Ebene $A'O'O''$ eine Drehung um den Punkt O', oder, was dasselbe, eine Drehung um eine senkrecht auf der Ebene $A''O'O''$ stehende, durch O' gehende Achse mit einer gewissen Winkelgeschwindigkeit $\frac{d\vartheta}{dt}$ ausführt, unter ϑ den jeweiligen Winkel der Achse $O'O''$ mit der Vertikalen $O'A''$ verstanden. Die ersterwähnte Drehung des Körpers um seine Achse $O'O''$ ist die Eigenbewegung des Körpers, die zweite die sogenannte Präcession und die dritte die Nutation.

Würde nun zwischen den gegebenen Grössen ϑ_0, $\frac{d\psi_0}{dt}$ und ω_0 die Beziehung stattfinden, welche durch die letzte Gleichung in No. 340 angegeben ist, nämlich

$$(C - A) \cdot \left(\frac{d\psi_0}{dt}\right)^2 \cdot \cos\vartheta_0 + C\omega_0 \cdot \frac{d\psi_0}{dt} = Qa,$$

so fände nach der Schlussbemerkung in No. 340, falls man sich die Achse $O'O''$ wieder wie in Fig. 288 von dem mit der Winkelgeschwindigkeit $\dfrac{d\psi_0}{dt}$ um $A'A''$ sich drehenden Gestelle $A'O'A''O''$ (bei demselben der Winkel $A''O'O'' = \vartheta_0$) geführt dächte, in O'' kein Lagerdruck statt, oder mit anderen Worten: es drehte sich der in O' unterstützte, um $O'O''$ mit der konstanten Winkelgeschwindigkeit ω_0 rotirende Körper frei um O', wobei der Winkel ϑ von $O'O''$ mit $O'A''$ konstant $= \vartheta_0$ bliebe und auch die Winkelgeschwindigkeit $\dfrac{d\psi}{dt}$ von $O'O''$ um $O'A''$ ihren Werth $\dfrac{d\psi_0}{dt}$ beibehielte. In diesem Fall handelte es sich also um eine ohne Nutation, aber mit gleichförmiger Präcession und Eigenbewegung erfolgende Kreiselbewegung.

Dass hierbei der Kreisel nicht umfällt, trotzdem sein Schwerpunkt sich nicht auf der Vertikalen durch den Stützpunkt O' des Kreisels befindet, ist der Einwirkung der zusammengesetzten Centrifugalkräfte zuzuschreiben. Diese Kräfte suchen, wie wir gesehen haben, den Winkel ϑ zu verringern, während das Eigengewicht Q des Kreisels den Winkel ϑ zu vergrössern bestrebt ist. Die zusammengesetzten Centrifugalkräfte ergeben sich aber, wie ihr analytischer Ausdruck zeigt, aus dem gleichzeitigen Stattfinden der Drehungen um $O'O''$ und um $O'A''$. Verhindert man eine dieser Bewegungen, so werden die zusammengesetzten Centrifugalkräfte $= 0$, infolge dessen die Stabilität des Kreisels aufhört und der Kreisel umfällt.

12. Kapitel.

Die Lehre vom Stoss.

§ 65.

Der Stoss freier Körper.

842. **Allgemeine Bemerkungen.** Wir wollen zwei im Raum sich frei bewegende Körper I und II annehmen, welche sich mehr und mehr nähern und schliesslich in einem Punkte B berühren. Sucht nun in weiterer Verfolgung der Bewegung der eine Körper den andern zu verdrängen, so entsteht ein Stoss, es erwachen an der Berührungsstelle wechselseitige Druckkräfte, sogenannte Stossdrücke, welche die Bewegungszustände der beiden Körper erfahrungsgemäss in ungemein kurzer Zeit sehr merklich ändern,

mithin eine sehr bedeutende Wirkung äussern. Dieser Stoss ist
ein centrischer oder centraler, wenn die im Berührungspunkt B der Körper auf der gemeinschaftlichen Berührungsebene
errichtete Normale durch die Schwerpunkte der beiden aufeinander
stossenden Körper hindurchgeht, andernfalls ein excentrischer.
Stehen die Bewegungsrichtungen der beiden in B in Berührung
tretenden Punkte B_1 und B_2 der Körper I und II unmittelbar
vor dem Stoss senkrecht auf der gemeinschaftlichen Berührungsebene, so heisst der Stoss ein gerader, andernfalls ein schiefer.

848. Gerader centraler Stoss zweier freier Körper. Ein
solcher erfolgt, wenn zwei Kugeln I und II sich mit ihren Mittelpunkten auf einer und derselben Geraden in den gleichen Richtungen, aber mit verschiedenen Geschwindigkeiten c_1 und c_2 bewegen, wobei die Geschwindigkeit c_2 der vorderen Kugel II kleiner
ist als die Geschwindigkeit c_1 der Kugel I.

In dem Augenblick, in welchem die Berührung der beiden
Kugeln eintritt, beginnt der Stoss, indem nunmehr die Kugel I
in den von der Kugel II eingenommenen Raum einzudringen
sucht. Es findet an der Stossstelle B eine Zusammendrückung,
eine Formänderung der beiden Kugeln statt, und es erwachen in
B wechselseitige Druckkräfte, die sogenannten Stossdrücke.
Dabei erfährt die Kugel II von Seiten der Kugel I einen in der
gemeinschaftlichen Normalen wirkenden, die Geschwindigkeit der
Kugel II vergrössernden Druck N, die Kugel I dagegen von der
Kugel II einen ebenso grossen, die Geschwindigkeit der Kugel I
verringernden Gegendruck N. Der Unterschied der Geschwindigkeiten beider Kugeln wird damit kleiner und kleiner. So lange
aber die Geschwindigkeit der stossenden Kugel I noch grösser
ist als diejenige der gestossenen Kugel II, nimmt die Zusammendrückung beider Kugeln an der Stossstelle zu. Erst wenn diese
Geschwindigkeiten gleich geworden sind, hat die Zusammendrückung ihr Maximum erreicht, indem dann zu einer weiteren
Zusammendrückung kein Anlass mehr vorliegt. Diesen Augenblick wollen wir als das Ende einer ersten Periode des Stosses
ansehen. Unter Umständen ist mit dieser ersten Periode des
Stosses der Stoss überhaupt beendigt. Sind nämlich die Kugeln
vollkommen unelastisch, so zeigen sie nach der erlangten
grössten Formänderung an der Stossstelle keinerlei Bestreben,
ihre ursprüngliche Form wieder anzunehmen, sie bleiben defor-
mirt und gehen in diesem Zustande zusammen weiter mit ihren
nunmehr übereinstimmenden Geschwindigkeiten. Sind dagegen
die Kugeln elastisch, so haben sie das Bestreben, die während

der ersten Periode des Stosses erlittene Formänderung während
einer zweiten Periode wieder rückgängig zu machen.

Statt die aufeinander stossenden Körper zusammendrückbar
und elastisch anzunehmen, können wir dieselben auch starr voraussetzen, wenn wir dafür zwischen den beiden Körpern längs der
Normalen im Berührungspunkte B eine masselose elastische Spiralfeder als Puffer eingeschaltet uns denken. In diesem Falle wird
die Feder während der ersten Periode des Stosses infolge der
ungleichen Geschwindigkeiten der aufeinander stossenden Körper
mehr und mehr zusammengedrückt; sobald aber die Gleichheit der
beiden Geschwindigkeiten hergestellt ist,
also kein Grund zu weiterer Zusammendrückung der Feder mehr vorliegt, fängt
die Feder an, während der zweiten
Periode des Stosses sich wieder auszu-
dehnen und weiter verzögernd auf
den stossenden Körper I, dagegen be-

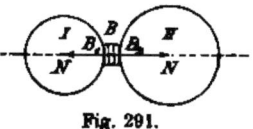

Fig. 291.

schleunigend auf den gestossenen Körper II einzuwirken. Mit
der Abnahme der Geschwindigkeit von I und der Zunahme
der Geschwindigkeit von II nimmt aber die Federspannung allmählich ab. Ist diese Spannung gleich Null geworden, so ist
auch die zweite Periode des Stosses und damit der Stoss überhaupt beendigt, worauf die beiden Kugeln getrennt sich weiter
bewegen vermöge der erlangten Geschwindigkeiten.

Schliesslich ist noch zu bemerken, dass gegenüber der be-
deutenden kinetischen Wirkung der Stosskräfte die Wirkungen
anderer äusserer Kräfte, welche an den beiden Kugeln etwa noch
thätig sind, während der Dauer des Stosses nicht in Betracht
kommen können, dass also von diesen letzteren Kräften beim
Stoss abzusehen ist.

Bezeichnet man die gemeinschaftliche Geschwindigkeit beider
Kugeln am Ende der ersten Periode des Stosses mit u, ferner mit
N die veränderlichen Drücke, welche die beiden Kugeln während
der ersten Periode des Stosses wechselseitig aufeinander ausüben,
so ergiebt der Satz von der Bewegungsgrösse, wenn τ_1 die Dauer
der ersten Periode des Stosses bezeichnet,

$$m_1 u - m_1 c_1 = - \int_0^{\tau_1} N \, dt$$

$$m_2 u - m_2 c_2 = + \int_0^{\tau_1} N \, dt$$

woraus man durch Addition beider Gleichungen erhält:

$$(m_1 + m_2) u = m_1 c_1 + m_2 c_2; \qquad u = \frac{m_1 c_1 + m_2 c_2}{m_1 + m_2}.$$

Diese beiden letzten Gleichungen hätte man bei Anwendung des Satzes von der Konstanz der Bewegungsgrösse eines von keinen äusseren Kräften angegriffenen materiellen Systems auch unmittelbar erhalten können.

Am Anfang der zweiten Periode des Stosses haben beide Kugeln die Geschwindigkeit u, am Ende dieser Periode seien die Geschwindigkeiten v_1 bezw. v_2. Damit liefert der Satz von der Bewegungsgrösse, wenn τ_2 die Dauer der zweiten Periode des Stosses,

$$m_1 v_1 - m_1 u = - \int_0^{\tau_2} N\, dt$$

$$m_2 v_2 - m_2 u = + \int_0^{\tau_2} N\, dt,$$

woraus wieder durch Addition:

$$m_1 v_1 + m_2 v_2 = (m_1 + m_2)\, u = m_1 c_1 + m_2 c_2,$$

ein nach dem Satz von der Konstanz der Bewegungsgrösse wieder vorauszusehendes Resultat.

Weiche Lehmkugeln wollen wir als vollkommen unelastisch, Elfenbeinkugeln als vollkommen elastisch ansehen; in Wirklichkeit zeigen die festen Naturkörper mehr oder weniger unvollkommene Elasticität. Um nun dieser letzteren in der Theorie des Stosses Rechnung zu tragen, nehmen wir an, dass bei den unvollkommen elastischen Körpern der Antrieb der Stossdrücke während der zweiten Periode des Stosses geringer sei als während der ersten, so dass man setzen kann:

$$\int_0^{\tau_2} N\, dt = \varepsilon \int_0^{\tau_1} N\, dt,$$

wobei ε einen zwischen 0 und 1 gelegenen, insbesondere von der materiellen Beschaffenheit der aufeinander stossenden Körper abhängigen Koefficienten, den sogenannten Stosselasticitätskoefficienten,[1] bedeutet. Mit

---

[1] Diese gebräuchliche Bezeichnung ist nicht sehr glücklich gewählt, insofern man in der Elasticitätslehre unter Elasticitätskoefficient einen Koefficienten von ganz anderer Bedeutung versteht.

$$\int\limits_0^{\tau_0} N\,dt = \varepsilon \int\limits_0^{\tau_1} N\,dt$$

erhält man aus den früheren Gleichungen:

$$m_1 v_1 - m_1 u = - \varepsilon \int\limits_0^{t_1} N\,dt = \varepsilon (m_1 u - m_1 c_1)$$

$$m_2 v_2 - m_2 u = + \varepsilon \int\limits_0^{t_1} N\,dt = \varepsilon (m_2 u - m_2 c_2)$$

und damit $\quad v_1 = u(1 + \varepsilon) - \varepsilon c_1 = \dfrac{m_1 c_1 + m_2 c_2}{m_1 + m_2} (1 + \varepsilon) - \varepsilon c_1$

$$v_2 = u(1 + \varepsilon) - \varepsilon c_2 = \dfrac{m_1 c_1 + m_2 c_2}{m_1 + m_2} (1 + \varepsilon) - \varepsilon c_2.$$

Bei vollkommen unelastischen Körpern ist $\varepsilon = 0$, womit

$$v_1 = u \quad \text{und} \quad v_2 = u,$$

bei vollkommen elastischen Körpern dagegen ist $\varepsilon = 1$ und demgemäss im letzteren Fall:

$$v_1 = 2u - c_1 = \dfrac{2(m_1 c_1 + m_2 c_2)}{m_1 + m_2} - c_1 = \dfrac{m_1 c_1 + 2 m_2 c_2 - m_2 c_1}{m_1 + m_2}$$

$$v_2 = 2u - c_2 = \dfrac{2(m_1 c_1 + m_2 c_2)}{m_1 + m_2} - c_2 = \dfrac{m_2 c_2 + 2 m_1 c_1 - m_1 c_2}{m_1 + m_2}.$$

Wäre hierbei $m_1 = m_2$, so würde $v_1 = c_2$ und $v_2 = c_1$; es tauschten also die Kugeln ihre Geschwindigkeiten gegenseitig aus. Bewegten sich aber die beiden Kugeln gegeneinander, so setzte man c_2 negativ und erhielte damit $v_1 = - c_2$, $v_2 = c_1$, d. h. die Kugeln gingen beide nach dem Stoss wieder zurück. Würde endlich die Kugel m_1 normal gegen eine feste ruhende Wand stossen, so hätte man zu setzen $c_2 = 0$ und $m_2 = \infty$, womit sich ergäbe, wieder bei Annahme vollkommener Elasticität,

$$v_1 = - \dfrac{\dfrac{m_1 c_1}{m_2} + 2 c_2 - c_1}{\dfrac{m_1}{m_2} + 1} = - c_1$$

und $\quad v_2 = - \dfrac{c_2 + 2 \dfrac{m_1 c_1}{m_2} - \dfrac{m_1 c_2}{m_2}}{\dfrac{m_1}{m_2} + 1} = 0.$

Die Kugel m_1 prallte also von der Wand wieder zurück mit der Geschwindigkeit c_1, mit welcher sie auf die Wand aufstiess.

Nehmen wir jetzt den in Fig. 292 angedeuteten Fall an, in welchem eine Reihe von gleichen Elfenbeinkugeln pendelartig aufgehängt sind. Bringt man von diesen Kugeln die mit I bezeichnete aus ihrer Gleichgewichtslage und lässt sie gegen die Kugel II sich bewegen, so wird sie die letztere mit einer gewissen Geschwindigkeit c_1 stossen. Durch den Stoss erhält die Kugel II, dem Vorhergehenden entsprechend, plötzlich die Geschwindigkeit $v_2 = c_1$, während

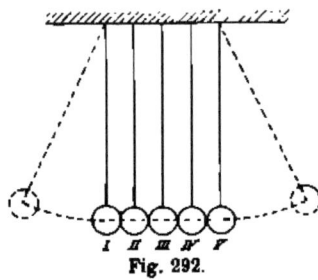

Fig. 292.

die Geschwindigkeit der Kugel I zu Null wird. Die gestossene Kugel II stösst aber nach erhaltener Geschwindigkeit c_1 sofort gegen die ruhende Kugel III und erthellt dieser die Geschwindigkeit $v_3 = c_1$, während sie selbst die Geschwindigkeit 0 erhält u. s. f. Schliesslich empfängt auch die Kugel V die Geschwindigkeit c_1, vermöge welcher sie sich um ihren Aufhängepunkt nach aussen dreht, während alle übrigen Kugeln in Ruhe verharren. Dieses Verhalten der Kugeln bestätigt bekanntlich das Experiment.

844. Der Verlust an lebendiger Kraft beim Stoss. Zieht man von der lebendigen Kraft L, welche das System der beiden aufeinander stossenden Massen m_1 und m_2 unmittelbar vor dem Stosse hatte, die lebendige Kraft L_1 des Systems nach vollendetem Stoss ab, so erhält man den Verlust $\Delta L = L_2$ an lebendiger Kraft:

$$L_2 = (\tfrac{1}{2} m_1 c_1^2 + \tfrac{1}{2} m_2 c_2^2) - (\tfrac{1}{2} m_1 v_1^2 + \tfrac{1}{2} m_2 v_2^2)$$
$$= \frac{(1 - \varepsilon^2) m_1 m_2 (c_1 - c_2)^2}{2 (m_1 + m_2)}.$$

Beim **vollkommen elastischen** Stoss ist $\varepsilon = 1$ und damit

$$L_2 = 0,$$

beim **vollkommen unelastischen** Stoss hat man dagegen $\varepsilon = 0$

und $$L_2 = \frac{m_1 m_2 (c_1 - c_2)^2}{2 (m_1 + m_2)} = \frac{m_1 (c_1 - c_2)^2}{2} \cdot \frac{1}{\frac{m_1}{m_2} + 1}$$

Aus $L = L_1 + L_2$ ersieht man, dass die vor dem Stoss vorhandene lebendige Kraft L des materiellen Systems aus zwei

Theilen bestehend angenommen werden kann, mit deren einem, L_1, die Weiterbewegung des Systems nach vollendetem Stoss erfolgt, während der andere Theil, L_2, für diese Weiterbewegung verloren geht, dafür aber zur Hervorbringung von bleibenden Formänderungen der aufeinander stossenden Körper und von Vibrationen dieser Körper und des sie umgebenden Mittels dient.

Handelt es sich nun darum, durch Stoss einen Nagel in die Wand oder einen Pfahl in den Boden zu treiben, so sollte nach vollendetem Stoss das materielle System (Hammer $+$ Nagel, Rammbär $+$ Pfahl) noch möglichst viel lebendige Kraft für seine Weiterbewegung, also zum Eindringen in das entgegenstehende Hinderniss, besitzen, d. h. es sollte L_1 möglichst gross und damit L_2 möglichst klein sein. Bei Voraussetzung eines vollkommen unelastischen Stosses erhält man, wenn die Geschwindigkeit c_2 des gestossenen Körpers $= 0$,

$$L_2 = \frac{m_1 c_1^2}{2} \cdot \frac{1}{\frac{m_1}{m_2} + 1} \quad \text{und} \quad L_1 = \frac{m_1 c_1^2}{2} \cdot \frac{1}{\frac{m_2}{m_1} + 1}.$$

Damit zeigt sich, dass, um ein möglichst kleines L_2 zu erzielen, das Verhältniss der stossenden Masse m_1 zur gestossenen m_2 möglichst gross genommen werden sollte. Ist aber mit dem Stoss bezweckt, eine Formänderung des gestossenen Körpers hervorzubringen, wie beim Schmieden, Nieten etc., so sollte in diesem Fall L_2 möglichst gross sein, also das Verhältniss $m_1 : m_2$ möglichst klein und damit die gestossene Masse m_2 möglichst gross im Vergleich mit der stossenden Masse m_1 (möglichst schwerer Amboss etc.).

845. Das Einrammen von Pfählen. Wir wollen Rammbär und Pfahl starr voraussetzen und an der Stossstelle wieder ein zusammendrückbares Zwischenglied eingeschaltet uns denken, welches den vollkommen unelastisch anzunehmenden Stoss des Rammbärs auf den Pfahl überträgt, des weiteren den Widerstand W, welchen der Boden dem Eindringen des Pfahls entgegenstellt, als eine konstante Kraft ansehen. Bezeichnet sodann

$Q = m_1 g$ das Gewicht des Rammbärs, h dessen Fallhöhe und
$c_1 = \sqrt{2gh}$ seine Geschwindigkeit bei Beginn des Stosses, ferner
$q = m_2 g$ das Gewicht des Pfahles,

so hat man für die lebendige Kraft L_1, mit welcher das materielle System (Rammbär $+$ Pfahl) nach vollendetem Stoss in den Boden eindringt:

$$L_i = \frac{1}{2} \cdot \frac{m_1{}^2 c_1{}^2}{m_1 + m_2} = \frac{\frac{1}{2}\left(\frac{Q}{g}\right)^2 \cdot 2gh}{\frac{Q+q}{g}} = \frac{Q^2 h}{Q+q} = Q \cdot \frac{h}{1 + \frac{q}{Q}}$$

Dringt nun der Pfahl nach einem Schlag (bei der überaus kurzen Dauer des Stosses ist von einer Ortsveränderung des Systems der beiden aufeinanderstossenden Körper während des Stosses selbst abzusehen; der Stoss vollzieht sich gleichsam momentan) vermöge seiner durch den Stoss erlangten lebendigen Kraft um die Länge s in den Boden ein, dann ergiebt der Satz von der lebendigen Kraft eines materiellen Systems:

$$0 - L_1 = (Q + q)s - Ws \quad \text{oder} \quad Ws = (Q + q)s + Q \cdot \frac{h}{1 + \frac{q}{Q}}$$

Daraus lässt sich der Widerstand W berechnen, wenn s gemessen ist.

Handelt es sich um eine Pfahlrostgründung, so kann man durch Einrammen eines Probepfahles das s und damit den an einem Pfahl sich geltend machenden Widerstand W des Bodens ermitteln. Demgemäss erhält man die zum mindesten nothwendige Anzahl von Pfählen, n, wenn G das von den Pfählen auf den Untergrund zu übertragende Gesammtgewicht des Bauwerkes bezeichnet, aus:

$$n \cdot W = G.$$

846. Experimentelle Bestimmung des Stosselasticitätskoefficienten ε. Lässt man eine Kugel von der Masse m_1 aus der Höhe h auf einen auf dem Boden ruhenden, horizontal abgeglichenen Körper m_2 frei herabfallen, so ergiebt sich aus der oben gefundenen Gleichung für die Geschwindigkeit v_1 der Kugel m_1 nach vollendetem Stoss, mit $c_2 = 0$, zunächst:

$$v_1 = \frac{(1 + \varepsilon)}{\frac{m_1}{m_2} + 1} - \varepsilon c_1$$

oder da man m_2 im vorliegenden Fall $= \infty$ zu setzen hat:

$$v_1 = - \varepsilon c_1.$$

Hierbei deutet das — Zeichen an, dass die Kugel m_1 sich nach vollendetem Stoss mit der Geschwindigkeit v_1 rückwärts, also vertikal aufwärts bewegt.

Springt nun in Wirklichkeit die Kugel m_1 wieder bis zur Höhe h' empor, so muss sein, da v_1 die Anfangsgeschwindigkeit für diese Bewegung:

$$v_1 = \sqrt{2gh'} \quad \text{oder} \quad \varepsilon c_1 = \sqrt{2gh'},$$

$$\varepsilon = \frac{\sqrt{2gh'}}{c_1} = \frac{\sqrt{2gh'}}{\sqrt{2gh}} = \sqrt{\frac{h'}{h}}.$$

Durch Beobachtung von h und h' könnte man daher den Stosselasticitätskoefficienten ε für die beiden Versuchskörper m_1 und m_2 erhalten.

847. Schiefer Centralstoss zweier freien Körper. Es handle sich wieder um zwei Kugeln von den Massen m_1 und m_2, welche in einem gewissen Augenblick im Punkte B zusammenstossen. Dabei seien bei Beginn des Stosses die Geschwindigkeiten der Kugeln c_1 bezw. c_2 und a_1 und a_2 die Winkel dieser Geschwindigkeiten mit der gemeinschaftlichen Normalen in B. Zwischen den beiden Kugeln denken wir uns, wie früher, an der Stossstelle B längs der Normalen in B eine elastische Spiralfeder eingeschaltet, bei deren Zusammendrückung sich (unter Vernachlässigung der Reibung an der Stossstelle) die Stossdrücke N in der Normalen in B entwickeln.

Hat die Zusammendrückung der Feder und damit der Stossdruck N das Maximum erreicht, so ist die erste Periode des Stosses vollendet. Bezeichnet man nun mit w_1 und w_2 die Geschwindigkeiten, welche die Massen m_1 und m_2 am Ende der ersten Periode des Stosses infolge der Stossdrücke allein erhalten hätten, dann ist die Geschwindigkeit u_1 der Kugel m_1 am Ende der ersten Periode des Stosses die Resultirende aus c_1 und w_1. Ebenso ist die Geschwindigkeit u_2 der Kugel m_2 die Resultirende aus c_2 und w_2. Wendet man jetzt den Satz von der Bewegungsgrösse an, indem man

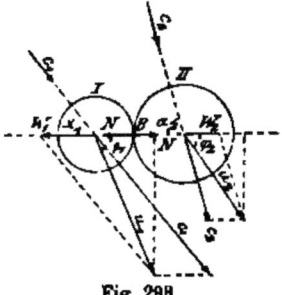

Fig. 293.

als Projektionsachse die Normale in B voraussetzt, so erhält man, wenn die Winkel von u_1 und u_2 mit der Normalen in B mit φ_1 und φ_2 bezeichnet werden (Fig. 293):

$$m_1 u_1 \cos \varphi_1 - m_1 c_1 \cos \alpha_1 = - \int_0^{\tau_1} N \, dt$$

$$m_2 u_2 \cos \varphi_2 - m_2 c_2 \cos \alpha_2 = + \int_0^{\tau_1} N \, dt.$$

Da aber am Ende der ersten Periode des Stosses die Kugel m_1 gegen die Kugel m_2 längs der Feder, also nach der Normalen in B keine Geschwindigkeit besitzt, so ist

$$u_1 \cos \varphi_1 = u_2 \cos \varphi_2 = u,$$

also: $\quad m_1 u - m_1 c_1 \cos \alpha_1 = - \int_0^{\tau_1} N \, dt$

$$m_2 u - m_2 c_2 \cos \alpha_2 = + \int_0^{\tau_1} N \, dt,$$

woraus: $\quad u = \dfrac{m_1 c_1 \cos \alpha_1 + m_2 c_2 \cos \alpha_2}{m_1 + m_2}.$

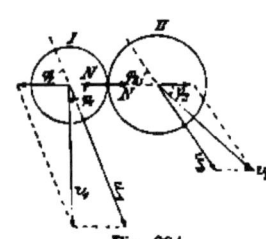
Fig. 294.

Ferner hat man

$$u_1 \sin \varphi_1 = c_1 \sin \alpha_1$$
und $\quad u_2 \sin \varphi_2 = c_2 \sin \alpha_2.$

Es sind daher die Geschwindigkeiten u_1 und u_2 vollständig bestimmt.

Für die zweite Periode des Stosses sind u_1 und u_2 die Anfangsgeschwindigkeiten, während die Endgeschwindigkeiten mit v_1 und v_2 und deren Winkel mit der Normalen in B mit ψ_1 und ψ_2 bezeichnet werden mögen (Fig. 294). Damit ergiebt sich:

$$m_1 v_1 \cos \psi_1 - m_1 u_1 \cos \varphi_1 = - \int_0^{\tau_2} N \, dt = - \varepsilon \int_0^{\tau_1} N \, dt =$$
$$= \varepsilon (m_1 u - m_1 c_1 \cos \alpha_1)$$

$$m_2 v_2 \cos \psi_2 - m_2 u_2 \cos \varphi_2 = + \int_0^{\tau_2} N \, dt = + \varepsilon \int_0^{\tau_1} N \, dt =$$
$$= \varepsilon (m_2 u - m_2 c_2 \cos \alpha_2),$$

woraus: $v_1 \cos \psi_1 = u (1 + \varepsilon) - \varepsilon c_1 \cos a_1$

$v_2 \cos \psi_2 = u (1 + \varepsilon) - \varepsilon c_2 \cos a_2$.

Ferner ist: $v_1 \sin \psi_1 = u_1 \sin \varphi_1 = c_1 \sin a_1$

$v_2 \sin \psi_2 = u_2 \sin \varphi_2 = c_2 \sin a_2$.

Damit wären die Endgeschwindigkeiten v_1 und v_2 ebenfalls vollständig bestimmt.

848. Stoss einer Kugel m_1, gegen eine feste Ebene. Man hat hier $m_2 = \infty$ und $c_2 = 0$ zu setzen, womit bei vollkommener Elasticität, d. h. $\varepsilon = 1$

$u = 0$; $\quad v_1 \cos \psi_1 = - c_1 \cos a_1$; $\quad v_1 \sin \psi_1 = + c_1 \sin a_1$;

$\operatorname{tg} \psi_1 = - \operatorname{tg} a_1$; $\quad \psi_1 = - a_1$;

$v_1 \cos (- a_1) = - c_1 \cos a_1$; $\quad v_1 \cos a_1 = - c_1 \cos a_1$; $\quad v_1 = c_1$.

Hierdurch ist das bekannte Reflexionsgesetz angegeben.

§ 66.
Der unfreie Stoss.

849. Allgemeine Bemerkungen. Der Stoss ist ein unfreier, wenn nicht jeder der beiden zusammentreffenden Körper vor dem Stoss frei beweglich war.

In den Anwendungen der Stossgesetze auf praktische Fälle pflegt man den unfreien Stoss meistens als einen vollkommen unelastischen anzunehmen, auch wird in Anbetracht der ausnehmend kurzen Dauer des Stosses von einer Ortsveränderung der aufeinander stossenden Körper während des Stosses stets abgesehen. Endlich mag bemerkt werden, dass beim unfreien Stoss ausser den Stossdrücken etwa noch vorhandene weitere treibende Kräfte unberücksichtigt bleiben können.

850. Das ballistische Pendel. Dasselbe ist ein physisches, um eine horizontale Achse drehbares Pendel, dazu bestimmt, den Stoss eines abgefeuerten Geschosses aufzunehmen und in seiner durch den Stoss erlangten Bewegung das Mittel zur Festsetzung der Geschossgeschwindigkeit zu liefern (Fig. 295).

Das Pendel besitze eine Symmetralebene senkrecht zur Drehachse, in welcher Ebene auch die stossende Masse m_1 sich mit der horizontalen Geschwindigkeit c_1 gegen das Pendel bewege. Des weiteren nehmen wir an, dass der Stosspunkt B senkrecht unter der Drehachse C des Pendels in der Tiefe h unter letzterer gelegen sei und der Schwerpunkt S des Pendels sich im Abstand e von C befinde. Wird das einen zwangläufigen Körper darstellende Pendel in B von einer Horizontalkraft N angegriffen, so wird infolgedessen das in B gelegene materielle Element dm_2 des Pendels, welches bei einer Bewegung des letzteren einen Kreis um C zu beschreiben genöthigt ist, eine Beschleunigung $\frac{dv}{dt}$ erfahren, welche man gemäss den Ausführungen in No. 301 erhält, wenn man an Stelle des gebundenen materiellen Punktes dm_2 einen auf der vorgeschriebenen kreisförmigen Bahnlinie frei beweglichen materiellen Punkt m'_2 annimmt, dessen Masse m'_2 mit der auf den Punkt B reducirten Masse des ganzen Pendels übereinstimmt, und diesen materiellen Punkt m'_2 von der Kraft N angegriffen sich denkt. Die dem materiellen Punkt m'_2 von der Kraft N ertheilte Bahnbeschleunigung giebt dann die Beschleunigung $\frac{dv}{dt}$ des

Fig. 295.

gebundenen materiellen Punktes dm_2, also die Beschleunigung des Punktes B des Pendels an. Somit hätte man jetzt

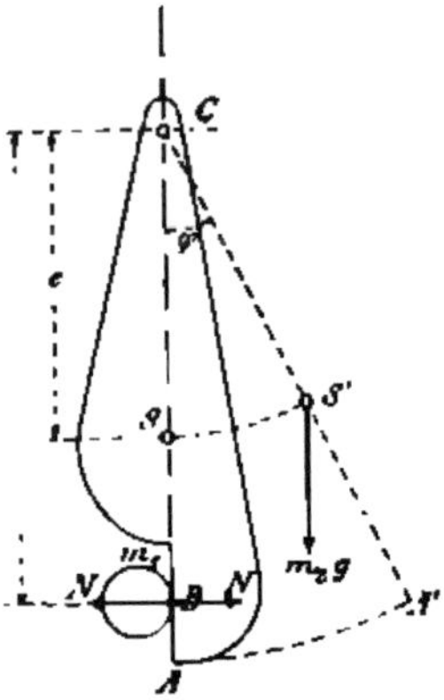

$$m'_2 \cdot \frac{dv}{dt} = N, \quad \text{also} \quad \frac{dv}{dt} = \frac{N}{m'_2}.$$

Denkt man sich nun unter der Kraft N den Stossdruck des stossenden Körpers m_1 und bezeichnet wieder mit u die Geschwindigkeit der Stossstelle B am Ende des vollkommen unelastisch anzunehmenden Stosses, dann ergiebt sich aus der letzten Gleichung

$$m'_2 \, dv = N \, dt$$

und durch Integration

$$m'_2 u - 0 = \int_0^\tau N \, dt$$

unter τ die Dauer des Stosses verstanden. Anderseits ist aber beim stossenden Körper:

$$m_1 u - m_1 c_1 = -\int_0^\tau N \, dt.$$

Addirt man die beiden letzten Gleichungen, so erhält man

$$m'_2 u + m_1 u - m_1 c_1 = 0$$

und damit $\quad u = \dfrac{m_1 c_1}{m_1 + m'_2}$.

Hieraus ersicht man, dass man vorliegenden Falles den Stoss wie einen freien behandeln darf, wenn man als gestossene Masse die auf den Stosspunkt reducirte Masse des Pendels annimmt. Dabei ist dann nach früherem die reducirte Masse m'_2 des Pendels ausgedrückt durch

$$m'_2 = \frac{\Theta'}{h^2},$$

wenn das Trägheitsmoment des Pendels in Beziehung auf seine Drehachse C mit Θ' bezeichnet wird.

Durch den Stoss wird dem Pendel, in Anbetracht der ausnehmend kurzen Dauer τ des Stosses, gleichsam momentan, eine lebendige Kraft A ertheilt, welche ausgedrückt ist durch

$$L = \tfrac{1}{2} m'_2 \cdot u^2.$$

Vermöge dieser lebendigen Kraft wird sich das Pendel um seine Aufhängeachse drehen und hierbei einen gewissen grössten Ausschlagwinkel φ zeigen, welcher sich aus nachstehender, vom Satz von der Arbeit gelieferter Gleichung bestimmen lässt:

$$0 - L = -m_2 g \cdot e(1 - \cos \varphi) \quad \text{oder} \quad \tfrac{1}{2} m'_2 \cdot u^2 = m_2 g \cdot e(1 - \cos \varphi).$$

Aus der letzten Gleichung ergiebt sich aber auch:

$$u = \sqrt{\frac{2 m_2 g \cdot e(1 - \cos \varphi)}{m'_2}},$$

womit man in den Stand gesetzt ist, bei beobachtetem Winkel φ den Werth von u und damit die Geschossgeschwindigkeit c_1 zu berechnen.

351. Stoss rotirender Körper. Es handle sich um den Stoss zweier, um parallele Drehachsen mit den Winkelgeschwindigkeiten ω_1 bezw. ω_2 rotirender Körper.

Entsprechend dem Vorhergehenden erhält man bei Voraussetzung vollkommen unelastischen Stosses für die Geschwindigkeit der Stossstelle B nach vollendetem Stoss, wenn m'_1 und m'_2 die auf den Stosspunkt B reducirten Massen der beiden rotirenden Körper,

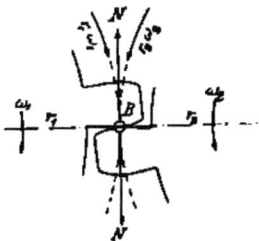

Fig. 298.

$$u = \frac{m'_1 r_1 \omega_1 + m'_2 r_2 \omega_2}{m'_1 + m'_2},$$

und für den Verlust an lebendiger Kraft infolge des Stosses:

$$\Delta L = \frac{m'_1 m'_2 (r_1 \omega_1 - r_2 \omega_2)^2}{2 (m'_1 + m'_2)}.$$

852. Stoss eines rotirenden Körpers gegen einen zwischen parallelen Führungen beweglichen. (Fig. 297.) Die beiden im Stosspunkt B in Berührung tretenden materiellen Elemente der aufeinanderstossenden Körper m_1 und m_2 seien wieder dm_1 und dm_2, an deren Stelle wir die auf den Stosspunkt B reducirten Massen $m'_1 = \dfrac{\Theta'}{\varrho^2}$ und $m'_2 = m_2$ der Körper m_1 und m_2 setzen können, wobei dann m'_1 und m'_2 als frei beweglich auf den betreffenden vorgeschriebenen Bahnlinien anzusehen sind.

Bei Beginn des Stosses habe der materielle Punkt dm_1 die Geschwindigkeit $c_1 = \omega (CB)$ und der materielle Punkt dm_2 die Geschwindigkeit c_2, ferner seien v_1 und v_2 die Geschwindigkeiten dieser Punkte am Ende der ersten Periode des Stosses und damit bei Voraussetzung eines vollkommen unelastischen Stosses, am Ende des Stosses überhaupt. Indem man nun an der Stossstelle B sich wieder in der Normalen die elastische Spiralfeder eingeschaltet denkt, welche während des Stosses die veränderlichen Drücke N auf die zusammenstossenden Massen ausübe, ergiebt der Satz von der Bewegungsgrösse für die Masse m'_1, wenn man die Gerade $AB \perp BC$ als Projektionsachse annimmt:

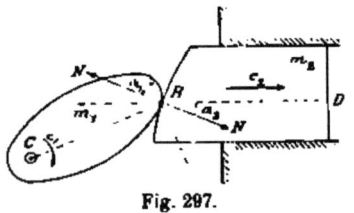

Fig. 297.

$$m'_1 v_1 - m'_1 c_1 = - \int_0^\tau N \cos a_1 \cdot dt = - \cos a_1 \int_0^\tau N \, dt.$$

Desgleichen liefert der Satz von der Bewegungsgrösse für die Masse m'_2 bei Annahme der Projektionsachse BD parallel den Führungen

$$m'_2 v_2 - m'_2 c_2 = \int_0^\tau N \cos a_2 \cdot dt = \cos a_2 \int_0^\tau N \, dt.$$

Multiplicirt man nun die erste dieser Gleichungen mit $\cos a_2$, die zweite mit $\cos a_1$ und addirt beide Gleichungen, so ergiebt sich

$$m'_1 v_1 \cos a_2 - m'_1 c_1 \cos a_2 + m'_2 v_2 \cos a_1 - m'_2 c_2 \cos a_1 = 0.$$

Am Ende des Stosses hat die bei B eingeschaltet gedachte Spiralfeder das Maximum ihrer Zusammendrückung erfahren, es sind daher auch die Komponenten der Geschwindigkeiten v_1 und v_2 nach der Normalen in B einander gleich oder

$$v_1 \cos a_1 = v_2 \cos a_2,$$

womit die vorletzte Gleichung übergeht in:

$$m'_1 \cdot v_2 \cdot \frac{\cos^2 a_2}{\cos a_1} + m'_2 v_2 \cos a_1 = m'_1 c_1 \cos a_2 + m'_2 c_2 \cos a_1.$$

Hieraus bestimmt sich v_2 und mit $v_1 \cos a_1 = v_2 \cos a_2$ dann auch v_1.

Als Verlust an lebendiger Kraft infolge des Stosses erhält man:

$$\Delta L = \tfrac{1}{2} m'_1 c_1^2 + \tfrac{1}{2} m'_2 c_2^2 - (\tfrac{1}{2} m'_1 v_1^2 + \tfrac{1}{2} m'_2 v_2^2).$$

856. Der seiner Achse nach gestossene gerade Stab. Wir wollen einen geraden, vertikal gestellten, zusammendrückbaren, homogenen Stab von konstantem Querschnitt F und der Länge l annehmen, welcher in seinem unteren Ende von einer unnachgiebigen horizontalen Ebene gestützt sei und im Schwerpunkt B seiner oberen Endfläche von einer aus der Höhe h herabgefallenen schweren Kugel von der Masse m_1 gestossen werde. Für diesen Stab sei die grösste Druckspannung infolge des Stosses zu bestimmen (Fig. 298).

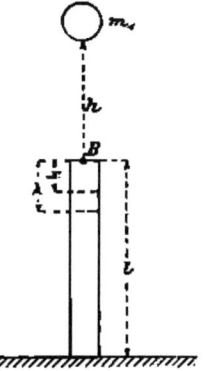

Fig. 298.

Wird der Stab, welchen man sich aus unendlich dünnen horizontalen Scheiben zusammengesetzt zu denken hat, im Punkte B mit P belastet, wodurch seine Länge l im ganzen um λ abnehme, dann zeigt derselbe, so lange bei seiner Zusammendrückung die Längenänderung λ noch nicht erreicht ist, angesichts der noch stattfindenden Abwärtsbewegung der einzelnen Scheiben, eine gewisse lebendige Kraft L, für welche sich, wenn das obere Stabende im Abstand $x < \lambda$ von seiner ursprünglichen Lage angelangt ist, ergiebt nach dem Satze von der lebendigen Kraft eines materiellen Systems:

$$L = \int_0^z P \, dx - \frac{EF}{l} \cdot \frac{x^2}{2}.$$

In dieser Gleichung bezeichnet in Anbetracht dessen, dass am Stab nur zwei äussere Kräfte, nämlich P und der Widerstand W des Bodens wirken, wobei W wegen der Unbeweglichkeit des Angriffspunktes, keine Arbeit liefert, $\int_0^z P dx$ die Arbeit der äusseren Kräfte bei der Zusammendrückung des Stabes um den Betrag x, während $-\frac{EF}{l} \cdot \frac{x^2}{2}$ nach den Ausführungen in No. 161 § 20 die Arbeit des auftretenden Elasticitätswiderstandes und damit die Arbeit der am Stabe sich geltend machenden inneren Kräfte angiebt.[1]

Aus der letzten Gleichung für L folgt durch Differentiation:

$$dL = P dx - \frac{EF}{l} x dx.$$

Setzt man jetzt $L = \frac{1}{2} m'_2 v^2$, wobei v die Geschwindigkeit des Punktes B in dem Augenblick, in welchem der Stab die Verkürzung x erfahren hat, und m'_2 die auf den Punkt B reducirte Masse des Stabes bedeutet, so wird

$$dL = m'_2 \cdot v \, dv$$

und damit $\left(P - \frac{EF}{l} x\right) \frac{dx}{dt} = m'_2 v \frac{dv}{dt},$

$$P - \frac{EF}{l} x = m'_2 \cdot \frac{dv}{dt} \quad \text{oder} \quad P - S = m'_2 \cdot \frac{dv}{dt}$$

----

[1] Ist l die ursprüngliche Länge, F der Querschnitt, E der Elasticitätsmodul und S die Spannkraft des Stabes bei der Zusammendrückung des letzteren um x, so hat man bekanntlich $S = \frac{EF}{l} \cdot x$.

Denkt man sich jetzt den ganzen Stab in scheibenförmige Elemente von der Dicke dl zerlegt, so wirken an jedem Element zwei gegeneinander gerichtete Kräfte S, welche bei der Zusammendrückung des ganzen Stabes um dx und derjenigen einer Scheibe um $\varDelta dl$, je die Arbeitssumme $-S \cdot \varDelta dl$ liefern. Da aber die Kräfte S bei sämmtlichen Scheiben dieselben Grössen besitzen, so ergiebt sich als Gesammtarbeit sämmtlicher Kräfte S, d. h. als Arbeit der inneren Kräfte bei einer Zusammendrückung des Stabes um dx:

$$\Sigma(-S \cdot \varDelta dl) = -S \cdot \Sigma \varDelta dl = -S \cdot dx$$

und damit endlich als Arbeit der inneren Kräfte bei der Zusammendrückung um x:

$$-\Sigma S \cdot dx = -\int_0^x \frac{EF}{l} \cdot x dx = -\frac{EF}{l} \cdot \frac{x^2}{2}$$

Daraus geht aber hervor, dass der Punkt B der oberen Endfläche des Stabes sich bei der Zusammendrückung des letzteren durch die Kraft P wie ein freier materieller Punkt von der Masse m'_2 bewegt, welcher unter der Einwirkung der Beschleunigungskraft

$$R = P - S$$

steht.

Handelt es sich nun um den Stoss der aus der Höhe h auf den Stab herabfallenden Kugel von der Masse m_1, so tritt hier bei dem Stab an Stelle der Kraft P der Stossdruck N. Des weiteren ist zu bemerken, dass während der so überaus kurzen Dauer des Stosses von einer Ortsveränderung der oberen Endfläche des Stabes (wie beim einzurammenden Pfahl), also von der Grösse x, wieder abgesehen werden kann. Mit diesem x ist dann aber auch S ausser Acht zu lassen, so dass man hat

$$R = N.$$

Danach lässt sich der Stoss wie derjenige zweier freien Massen behandeln, wenn man statt des unfreien Stabes die auf den Stosspunkt B reducirte Masse m'_2 des Stabes setzt, wobei, wie in No. 299 sich ergeben hat, $m'_2 = \dfrac{m_2}{3}$.

Unter der Annahme eines vollkommen unelastischen Stosses besitzt das materielle System (Stab + Kugel) nach vollendetem Stoss die lebendige Kraft

$$L_1 = \frac{1}{2} \cdot \frac{m_1{}^2 c_1{}^2}{m_1 + m'_2} = \frac{m_1{}^2 \cdot gh}{m_1 + m'_2}.$$

Wendet man nun auf das materielle System den Satz von der lebendigen Kraft an, indem man die Arbeit der inneren Kräfte des Stabes bei einer Zusammendrückung des letzteren um λ, nach Fussnote Seite 482, $= -\dfrac{EF}{l} \cdot \dfrac{\lambda^2}{2}$ setzt und unter λ die grösste durch den Stoss verursachte Zusammendrückung des Stabes versteht, so erhält man unter Vernachlässigung der Arbeit des Eigengewichtes von Kugel und Stab:

$$0 - L_1 = -\frac{EF}{l} \cdot \frac{\lambda^2}{2}$$

$$\frac{EF}{l} \cdot \frac{\lambda^2}{2} = L_1 = \frac{m_1{}^2 \cdot gh}{m_1 + m'_2} = \frac{Q_1{}^2 h}{Q_1 + \dfrac{Q_2}{3}},$$

wobei Q_1 das Gewicht der Kugel und Q_2 das Gewicht des Stabes.

Da aber die Druckspannung σ des Stabes bei einer Zusammendrückung desselben um λ

$$\sigma = E \cdot \frac{\lambda}{l},$$

so ergiebt sich schliesslich als grösste Druckspannung des Stabes

$$\sigma_m = \sqrt{\frac{2 Eh}{Fl} \cdot \frac{Q_1^2}{Q_1 + \frac{Q_1}{3}}}.$$

Soll der Stab durch den Stoss keinen Schaden erleiden, so darf σ_m die grösste zulässige Druckspannung k des Stabmaterials nicht überschreiten. Man hat daher

$$\frac{1}{2} \cdot \frac{k^2}{E} \cdot Fl = \frac{Q_1^2}{Q_1 + \frac{Q_1}{3}} \cdot h,$$

woraus die grösste zulässige Fallhöbe h der Kugel berechnet werden kann.

854. Der durch einen Stoss auf Biegung beanspruchte gerade Stab. Es handle sich um einen in seinen Enden auf festen Stützpunkten ruhenden Stab von konstantem Querschnitt und gerader horizontaler Achse, welcher in seiner Mitte B von einer aus der Höhe h herabgefallenen Kugel vom Gewichte $m_1 g$ getroffen werde und infolge des Stosses eine Durchbiegung f in der Mitte seiner Länge l und damit eine grösste Querschnittsnormalspannung σ_m erfahre. Wie gross ist nun σ_m?

Dieser Fall erledigt sich ähnlich wie der vorhergehende. Auch hier ergiebt sich wieder als lebendige Kraft, welche das materielle System (Balken + Kugel) unmittelbar nach dem momentan erfolgten Stoss besitzt:

$$L_1 = \frac{1}{2} \cdot \frac{m_1^2 c_1^2}{m_1 + m_2'},$$

wobei $m_2' = \frac{17}{35} m_2$ (siehe No. 300) die auf den Stosspunkt B reducirte Masse des Balkens m_2 bedeutet.

Ist nun f die grösste durch den Stoss hervorgerufene Durchbiegung des Balkens, so entwickelt bei dieser der Elasticitätswiderstand des Balkens, wie in No. 300 gezeigt wurde, eine Arbeit

$$- \frac{48 \cdot E \Theta}{l^3} \cdot \frac{f^2}{2}.$$

Damit liefert der Satz von der lebendigen Kraft eines materiellen Systems, da Arbeit der inneren Kräfte = Arbeit des Elasticitätswiderstandes,

$$0 - L_1 = -\frac{48 \cdot E\Theta}{l^3} \cdot \frac{f^3}{2},$$

woraus sich bestimmt

$$f = \sqrt{\frac{l^3 L_1}{24 \cdot E\Theta}}.$$

Bei einem in der Mitte mit P belasteten Stab ist einerseits

$$f = \frac{Pl^6}{48 \cdot E\Theta} = \frac{Pl}{4\Theta} \cdot \frac{l^3}{12E},$$

anderseits findet sich, wenn e der grösste Abstand eines Querschnittspunktes von der Neutralachse des Querschnittes, die grösste Normalspannung σ_m, welche im mittleren Querschnitt auftritt, ausgedrückt durch

$$\sigma_m = \frac{e}{\Theta} \cdot \frac{Pl}{4}, \quad \text{so dass} \quad \sigma_m = \frac{e \cdot 12 \cdot Ef}{l^3}$$

$$\text{oder} \quad \sigma_m = \frac{e \cdot 12 \cdot E}{l^3} \sqrt{\frac{l^3 \cdot L_1}{24 E\Theta}} = e \sqrt{\frac{6 E L_1}{l \cdot \Theta}},$$

womit die Aufgabe gelöst erscheint.

§ 67.

Die Lehre von den Momentankräften und deren Anwendung auf die Theorie des Stosses.

855. Begriff der Momentankraft. Wird eine frei bewegliche ruhende Masse m von einer durch ihren Schwerpunkt gehenden Kraft P angegriffen, deren Richtung konstant ist, so erhält diese Masse eine beschleunigte Bewegung in der Richtung der Kraft, wobei sich die Geschwindigkeit v zur Zeit t ergiebt aus der Gleichung:

$$mv = \int_0^t P\,dt$$

Diese Gleichung zeigt, dass die Bewegungsgrösse mv der Masse m zu- und abnimmt sowohl mit der Kraft P, als auch mit der Zeit t, während welcher die Kraft P an der Masse m wirkt. Lässt man nun t kleiner und kleiner werden, so kann der Ausdruck $\int_0^t P\,dt$ denselben Wert mv beibehalten, wenn die Kraft P entsprechend vergrössert wird. Selbst in dem Falle, in welchem t

kann der Werth des Antriebes $\int_0^t P\,dt$ noch

der gleiche sein, nur muss hier die Kraft P unendlich gross gedacht werden. In diesem Fall nennt man den Ausdruck

$$\int_0^t P\,dt = mv$$

eine Momentankraft von der Intensität oder Grösse mv.

In Wirklichkeit giebt es keine Kraft, die zur Hervorbringung der Bewegungsgrösse mv nicht eine gewisse endliche Zeit nöthig hätte, auch beim Stoss handelt es sich nicht um eine plötzliche Aenderung der Geschwindigkeit, allein bei letzterem erfolgt die Geschwindigkeitsänderung thatsächlich in so ausnehmend kurzer Zeit, dass man recht wohl die Stossdauer τ unendlich klein und damit den Stossdruck N unendlich gross annehmen und die betreffende Stosswirkung einer Momentankraft zuschreiben kann.

Zeigt ein frei beweglicher materieller Punkt von der Masse m, welcher ursprünglich in Ruhe sich befand, plötzlich die Geschwindigkeit v, so pflegt man anzunehmen, es habe der materielle Punkt in der Richtung von v einen Stoss erlitten, dessen

Intensität durch $\int_0^\tau N\,dt = mv$ angegeben ist; man kann aber auch

sagen, es habe auf den materiellen Punkt m eine Momentankraft $\mathfrak{P} = mv$ in der Richtung von v eingewirkt.

Ist v die Geschwindigkeit eines frei beweglichen materiellen Punktes von der Masse m zur Zeit t und v' die Geschwindigkeit nach Verfluss des Zeitelementes dt, wobei die Geschwindigkeit v'

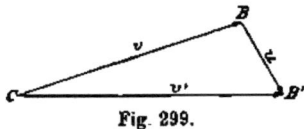
Fig. 299.

von der Geschwindigkeit v sowohl nach Grösse, als nach Richtung je um einen endlichen Betrag abweiche, so ist damit eine plötzliche Aenderung der Geschwindigkeit und die Einwirkung einer gewissen Momentankraft $\mathfrak{P}$ angedeutet. Um nun letztere zu erhalten, tragen wir, wie in No. 194, von einem Punkt C (Fig. 299) aus die Strecken $CB = v$ und $CB' = v'$ in den Richtungen der Geschwindigkeiten v bezw. v' auf und ziehen BB'. Alsdann bezeichnet $BB' = u$ diejenige Geschwindigkeit, welche zur Zeit t plötzlich zur Geschwindigkeit v hinzugetreten sein müsste, um die Geschwindigkeit v' zur Zeit $t + dt$ zu liefern. Man kann daher auch sagen, es habe auf den materiellen Punkt m zur Zeit t die Momentankraft $\mathfrak{P} = mu$ in der Richtung BB' eingewirkt.

Man hat den Namen „Momentankraft“ schon als einen ungeeigneten erklärt und statt Momentankraft das Wort „Impuls“ empfohlen. An sich ist allerdings die Bezeichnung „Momentankraft“ für die Grösse mv ebenso ungeeignet, wie die Bezeichnung „lebendige Kraft“ für die Grösse $\frac{1}{2}mv^2$, denn weder in dem einen, noch in dem andern Fall handelt es sich um eine Kraft in der gewöhnlichen Bedeutung des Wortes, allein vom Standpunkt der theoretischen Mechanik aus erscheint der Name „Momentankraft“ doch nicht so ganz ungerechtfertigt. Während für die gewöhnlichen, mit einem ausgeübten Zug vergleichbaren, stetigen Kräfte die Beziehung gilt: Kraft gleich Masse mal Beschleunigung oder $P = mp$, hat man bei der Momentankraft: Kraft gleich Masse mal Geschwindigkeit oder $\mathfrak{P} = mv$.

Damit zeigt sich eine gewisse Analogie zwischen der gewöhnlichen, der stetigen und der Momentankraft. Dies möge noch weiter ausgeführt werden. Angenommen, es habe sich bei der geradlinigen Bewegung eines materiellen Punktes m als Gleichung der Bewegung in der Bahn ergeben

$$s = a + bt + ct^2 + et^3,$$

so erhält man durch Ableitung dieser Gleichung nach t:

$$v = \frac{ds}{dt} = b + 2ct + 3et^2$$

$$p = \frac{dv}{dt} = 2c + 6et$$

$$q = \frac{dp}{dt} = \frac{d^2v}{dt^2} = 6e.$$

Wir haben bisher in der technischen Mechanik p kurzweg Beschleunigung genannt, in der einen allgemeineren Standpunkt einnehmenden theoretischen Mechanik wird dagegen $p = \frac{dv}{dt}$ als eine Beschleunigung erster Ordnung, $q = \frac{d^2v}{dt^2}$

als eine Beschleunigung zweiter Ordnung und demgemäss
v als eine Beschleunigung nullter Ordnung bezeichnet und
sodann unter einer Kraft im allgemeinen das Produkt aus der
Masse und der Beschleunigung verstanden, so dass das Produkt
mv eine Kraft von der nullten Ordnung, das Produkt $m \cdot \frac{dv}{dt}$
eine Kraft erster, das Produkt $m \cdot \frac{d^2v}{dt^2}$ eine Kraft zweiter
Ordnung etc. bedeutet. Eine Kraft nullter Ordnung wäre
nun eben die Momentankraft. Insofern dürfte also die Bezeichnung Momentankraft nicht zu verwerfen sein.

Von den Kräften verschiedener Ordnung haben die Kräfte
von höherer Ordnung als der ersten bis jetzt in der Wissenschaft
keine Berücksichtigung erfahren; in der technischen Mechanik
handelt es sich für gewöhnlich nur um Kräfte erster Ordnung,
um stetige Kräfte, allein mit Rücksicht auf die praktisch so
wichtige Lehre vom Stoss erscheint es nicht unzweckmässig,
auch Kräfte nullter Ordnung, d. h. Momentankräfte, in die
technische Mechanik einzuführen.

856. Zusammensetzung und Zerlegung von Momentankräften.
Zeigt ein frei beweglicher materieller Punkt von der Masse m,
welcher ursprünglich in Ruhe sich befand, plötzlich die Geschwindigkeit v, so kann man sagen, es habe auf denselben in der Richtung von v eine Momentankraft $\mathfrak{P} = mv$ eingewirkt. Denkt man
sich nun die Geschwindigkeit v ersetzt durch ihre Komponenten
$v_1, v_2, v_3, \ldots$ nach beliebigen Richtungen, so kann man auch der
Momentankraft $\mathfrak{P} = mv$ das System der in den Richtungen der
Geschwindigkeiten v_1, v_2, v_3 . gleichzeitig wirkenden Momentan-
kräfte $\mathfrak{P}_1 = mv_1$, $\mathfrak{P}_2 = mv_2$, $\mathfrak{P}_3 = mv_3$ substituiren, so dass
sich die Momentankraft $\mathfrak{P}$ als die Resultante der Momentan-
kräfte $\mathfrak{P}_1, \mathfrak{P}_2, \mathfrak{P}_3 \ldots$ erweist. Daraus erkennt man aber, dass
Momentankräfte sich wie Geschwindigkeiten und damit wie ge-
wöhnliche stetige Kräfte zusammensetzen und zerlegen lassen.

**857. Der Satz von der Bewegung des Schwerpunktes bei
Momentankräften.** Es handle sich vorerst um die Bewegung eines
materiellen Systems, welches in gewissen Punkten von den stetigen
Kräften P_1, P_2, P_3 . . angegriffen werde. Sind $\alpha_1 \beta_1 \gamma_1$; $\alpha_2 \beta_2 \gamma_2$;
$\alpha_3 \beta_3 \gamma_3$ die Winkel dieser Kräfte P mit den Koordinaten-
achsen, und x_0, y_0, z_0 die Koordinaten des Schwerpunktes des
materiellen Systems zur Zeit t, so liefert der in No. 262 entwickelte
Satz von der Bewegung des Schwerpunktes:

$$m \cdot \frac{d^2 x_0}{dt^2} = P_1 \cos \alpha_1 + P_2 \cos \alpha_2 + P_3 \cos \alpha_3 + \cdot$$

$$m \cdot \frac{d^2 y_0}{dt^2} = P_1 \cos \beta_1 + P_2 \cos \beta_2 + P_3 \cos \beta_3 +$$

$$m \cdot \frac{d^2 z_0}{dt^2} = P_1 \cos \gamma_1 + P_2 \cos \gamma_2 + P_3 \cos \gamma_3 +$$

Diese Gleichungen mit dt multiplicirt und zwischen den Grenzen 0 und t integrirt, ergeben:

$$m \left[\left(\frac{dx_0}{dt} \right)_t - \left(\frac{dx_0}{dt} \right)_0 \right] = \int_0^t P_1 \cos \alpha_1 \cdot dt + \int_0^t P_2 \cos \alpha_2 \cdot dt + \cdots$$

$$m \left[\left(\frac{dy_0}{dt} \right)_t - \left(\frac{dy_0}{dt} \right)_0 \right] = \int_0^t P_1 \cos \beta_1 \cdot dt + \int_0^t P_2 \cos \beta_2 \cdot dt + \cdots$$

$$m \left[\left(\frac{dz_0}{dt} \right)_t - \left(\frac{dz_0}{dt} \right)_0 \right] = \int_0^t P_1 \cos \gamma_1 \cdot dt + \int_0^t P_2 \cos \gamma_2 \cdot dt + \cdots$$

Nimmt man jetzt die stetigen Kräfte P unendlich gross an, dafür aber t unendlich klein, so bezeichnen die Integrale $\int_0^t P dt$ nunmehr Momentankräfte $\mathfrak{P}$, welche in den Richtungen der stetigen Kräfte P wirken. Durch diese Momentankräfte wird der Schwerpunkt des materiellen Systems eine plötzliche Geschwindigkeitsänderung u erleiden, deren Komponenten nach den Koordinatenachsen u_x, u_y, u_z seien. Man hat dann an Stelle der letzten Gleichungen:

$$m u_x = \mathfrak{P}_1 \cos \alpha_1 + \mathfrak{P}_2 \cos \alpha_2 + \cdot \cdot$$
$$m u_y = \mathfrak{P}_1 \cos \beta_1 + \mathfrak{P}_2 \cos \beta_2 + \cdot \cdot$$
$$m u_z = \mathfrak{P}_1 \cos \gamma_1 + \mathfrak{P}_2 \cos \gamma_2 +$$

Durch diese Gleichungen ist angezeigt, dass die Geschwindigkeitsänderung u des Schwerpunktes des materiellen Systems erhalten wird, wenn man die ganze Masse m des Systems im Schwerpunkt desselben vereinigt sich denkt und annimmt, dass dieser materielle Punkt m den gleichzeitigen Einwirkungen der nach Grösse und Richtung gegebenen Momentankräfte $\mathfrak{P}_1, \mathfrak{P}_2, \mathfrak{P}_3 \cdots$ ausgesetzt sei.

Wir sehen also, dass bei Momentankräften für die Be-

wegung des Schwerpunktes eines materiellen Systems der gleiche
Satz gilt, wie bei stetigen Kräften.

358. Das d'Alembert'sche Princip bei Momentankräften.
Nehmen wir zunächst wieder ein frei bewegliches materielles
System an, das in einzelnen seiner Punkte von den äusseren
stetigen Kräften P_1, P_2, P_3 ... angegriffen werde, deren Winkel
mit den Koordinatenachsen $a_1 \beta_1 \gamma_1$; $a_2 \beta_2 \gamma_2$; $a_3 \beta_3 \gamma_3$ .. seien.
Bedeuten nun x, y, z die Koordinaten eines materiellen Punktes m
des Systems, so hat man als Komponenten der Geschwindigkeit v
dieses materiellen Punktes nach den Koordinatenachsen:

$$v_x = \frac{dx}{dt}; \qquad v_y = \frac{dy}{dt} \qquad v_z = \frac{dz}{dt},$$

ferner als Komponenten der Beschleunigungskraft des materiellen Punktes nach den Koordinatenachsen:

$$m \cdot \frac{d^2 x}{dt^2} = m \cdot \frac{dv_x}{dt}; \qquad m \cdot \frac{d^2 y}{dt^2} = m \cdot \frac{dv_y}{dt}; \qquad m \cdot \frac{d^2 z}{dt^2} = m \cdot \frac{dv_z}{dt}$$

und als Komponenten der Trägheitskraft die entgegengesetzten
Werthe.

Nun halten sich nach dem d'Alembert'schen Princip die
äusseren Kräfte und die Trägheitskräfte am System im
Gleichgewicht. Dies kann, wie in No. 295 gezeigt wurde, durch
die Gleichung:

$$\Sigma\left[\left(X - m\frac{d^2 x}{dt^2}\right)\delta x + \left(Y - m\frac{d^2 y}{dt^2}\right)\delta y + \left(Z - m\frac{d^2 z}{dt^2}\right)\delta z\right] = 0$$

analytisch ausgedrückt werden. In dieser Gleichung bedeuten:

$$X = P\cos a; \qquad Y = P\cos\beta; \qquad Z = P\cos\gamma$$

allgemein die Komponenten der äusseren Kräfte P und

$$-m\frac{d^2 x}{dt^2}, \qquad -m\frac{d^2 y}{dt^2}, \qquad -m\frac{d^2 z}{dt^2}$$

die Komponenten der Trägheitskräfte der materiellen Punkte m
des Systems nach den Koordinatenachsen, endlich: δx, δy, δz
die Projektionen der thatsächlich möglichen virtuellen Verschiebungen der materiellen Punkte des Systems auf die Koordinatenachsen.

Multiplicirt man die obige Gleichung mit dt durch und
integrirt Glied für Glied zwischen den Grenzen 0 und t, so ergiebt sich:

$$\Sigma \left[\left(\int_0^t X dt - [(mv_x) - (mv_x)_0] \right) \delta x + \left(\int_0^t Y dt - [(mv_y) - (mv_y)_0] \right) \delta y + \right.$$

$$\left. + \left(\int_0^t Z dt - [(mv_z) - (mv_z)_0] \right) \delta z \right] = 0.$$

Nimmt man jetzt die Kräfte P unendlich gross und t unendlich klein an, so liefert

$$\int_0^t X dt = \int_0^t P \cos a \cdot dt = \left(\int_0^t P dt \right) \cos a = \mathfrak{P} \cdot \cos a$$

die Komponente einer in der Richtung von P wirkenden Momentankraft P nach der x-Achse. Ebenso geben $\int_0^t Y dt$ und $\int_0^t Z dt$ die Komponenten dieser Momentankraft $\mathfrak{P}$ nach den beiden anderen Koordinatenachsen an. Man kann daher, wenn man diese Komponenten mit $\mathfrak{X}$, $\mathfrak{Y}$, $\mathfrak{Z}$ bezeichnet, schreiben:

$$\Sigma \left[(\mathfrak{X} - [(mv_x) - (mv_x)_0]) \delta x + (\mathfrak{Y} - [(mv_y) - (mv_y)_0]) \delta y + \right.$$
$$\left. + (\mathfrak{Z} - [(mv_z) - (mv_z)_0] \delta z \right] = 0.$$

Berücksichtigt man nun, dass die Ausdrücke

$$[(mv_x) - (mv_x)_0]; \qquad [(mv_y) - (mv_y)_0]; \qquad [(mv_z) - (mv_z)_0]$$

die Komponenten einer Momentankraft $\mathfrak{R}$ sind, welche dem materiellen Punkt m des Systems die thatsächlich erlittene plötzliche Geschwindigkeitsänderung ertheilte, wenn der materielle Punkt ein freier wäre, und dass diese Momentankraft $\mathfrak{R}$ ganz der Beschleunigungskraft R bei stetigen Kräften P entspricht und ebenso die entgegengesetzte Momentankraft $-\mathfrak{R}$ der Trägheitskraft $-R$, so drückt die letzte Gleichung aus, dass das d'Alembert'sche Princip auch dann noch gilt, wenn das materielle System statt von stetigen Kräften, von Momentankräften angegriffen wird.

359. Weitere Bemerkungen. Ein von stetigen Kräften P angegriffenes materielles System, welches nicht ganz frei beweglich ist, kann dadurch in ein freies verwandelt werden, dass man zu den Kräften P noch die Widerstände W der Hindernisse als weitere äussere Kräfte hinzufügt, wodurch zu den Kräften X, Y, Z noch die Komponenten W_x, W_y, W_z dieser Widerstände hinzutreten. Beim Uebergang der endlichen Kräfte P in unendlich grosse werden auch die von ihnen hervorgerufenen Widerstände W unendlich gross, demgemäss erzeugen treibende Momentankräfte $\mathfrak{P}$ auch Momentanwiderstände $\mathfrak{W}$. Diese letzteren Widerstände können dann ganz in der gleichen Weise bestimmt werden, wie die Widerstände W bei den stetigen treibenden Kräften P.

Wirken an einem materiellen System neben Momentankräften $\mathfrak{P}$ auch noch stetige endliche Kräfte Q, so werden die Integrale

$$\int_0^t Q\,dt,$$ welche in den zur Bestimmung der Bewegung des Systems dienenden Gleichungen auftreten, wenn t unendlich klein angenommen wird, ebenfalls unendlich klein. Diese Ausdrücke

$$\int_0^t Q\,dt$$ sind daher gegenüber den Ausdrücken $\int_0^t P\,dt = \mathfrak{P}$ wegzulassen, oder mit anderen Worten: die stetigen, endlichen Kräfte Q kommen neben den Momentankräften $\mathfrak{P}$ bezüglich der plötzlichen Aenderung des Bewegungszustandes des materiellen Systems nicht in Betracht. Auf dies wurde schon in No. 349 aufmerksam gemacht.

360. Körper um eine unbewegliche Achse drehbar, angegriffen von einer Momentankraft $\mathfrak{P}$. Nehmen wir statt der Momentankraft $\mathfrak{P}$ eine stetige endliche Kraft P an, so kann man diese zerlegen in eine Komponente S, welche rechtwinklig zur Drehachse gerichtet ist und in eine Komponente T parallel der Drehachse. Letztere Kraft hat auf den Bewegungszustand des Körpers keinen Einfluss, die Kraft S dagegen bewirkt die Drehung des Körpers um die gegebene Achse, wobei sich die Winkelbeschleunigung der Drehung ergiebt aus der Gleichung

$$\frac{d\omega}{dt} = \frac{Sa}{\Theta},$$

unter a den Hebelarm der Kraft S und unter Θ das Trägheitsmoment der Masse des Körpers in Bezug auf die Drehachse verstanden.

Multiplicirt man diese Gleichung mit dt und integrirt dieselbe zwischen den Grenzen 0 und t, so erhält man, wenn ω die Winkelgeschwindigkeit des Körpers zur Zeit t und ω_0 die Winkelgeschwindigkeit zur Zeit 0

$$\omega - \omega_0 = \frac{a}{\Theta} \int_0^t S \, dt \, .$$

Nimmt man jetzt S unendlich gross und t unendlich klein an, so bedeutet $\omega - \omega_0$ die plötzliche Aenderung der Winkelgeschwindigkeit infolge der Momentankraft $\mathfrak{S} = \int_0^t S \, dt$,

man schreibt daher: $\qquad \omega - \omega_0 = \dfrac{\mathfrak{S} \cdot a}{\Theta}$.

Das gleiche Resultat hätte man auch bei Anwendung des d'Alembert'schen Princips erhalten. Ein Massenelement dm des Körpers, im Abstand ϱ von der Drehachse gelegen, erfährt durch die Einwirkung der gegebenen Momentankraft $\mathfrak{P}$ auf den Körper eine plötzliche Aenderung seiner Bahngeschwindigkeit im Betrag von $\varrho\omega - \varrho\omega_0$, es ist daher die entsprechende Trägheitsmomentankraft des Elementes dm ausgedrückt durch $dm \cdot \varrho\,(\omega - \omega_0)$. Nun sind die äusseren Momentankräfte $\mathfrak{P}$ und $\mathfrak{W}$ mit den Trägheitsmomentankräften der materiellen Elemente des Körpers im Gleichgewicht, womit

$$\mathfrak{S} \cdot a = \Sigma\, dm \cdot \varrho\,(\omega - \omega_0) \cdot \varrho = (\omega - \omega_0)\,\Sigma\, dm \cdot \varrho^2 = (\omega - \omega_0)\,\Theta$$

und demgemäss $\qquad \omega - \omega_0 = \dfrac{\mathfrak{S} \cdot a}{\Theta}$.

361. Der Stoss auf's Lager. Erfährt ein um eine Achse drehbarer Körper von der Masse m in irgend einem seiner Punkte einen Stoss, so macht sich im allgemeinen auch auf das Achsenlager ein gewisser Stoss geltend, oder mit anderen Worten: wird ein um eine Achse drehbarer Körper in einem beliebigen Punkte B von einer Momentankraft $\mathfrak{P}$ angegriffen, so wird damit im allgemeinen auch auf das Lager eine gewisse Momentankraft ausgeübt, deren Umkehrung den Momentanwiderstand $\mathfrak{W}$ des Lagers bezeichnet. Um nun diese Momentankraft $\mathfrak{W}$ zu erhalten, wenden wir, wie in § 56, das d'Alembert'sche Princip an, indem wir zur Herbeiführung des Gleichgewichtes des Körpers an den einzelnen materiellen Punkten des letzteren die betreffenden Trägheitsmomentankräfte anbringen und die Gleichgewichtsbedingungen für den Körper anschreiben, worauf aus letzteren der unbekannte Momentanwiderstand $\mathfrak{W}$ bestimmt werden kann.

Nehmen wir an, es handle sich, wie in No. 316, um ein physisches Pendel, drehbar um eine horizontale Achse C, für welches die Vertikalebene durch seinen Schwerpunkt S und senkrecht zur Drehachse eine Symmetralebene sei. Dieses Pendel, ursprünglich in Ruhe, erfahre in dem Punkte B seiner Schwer-

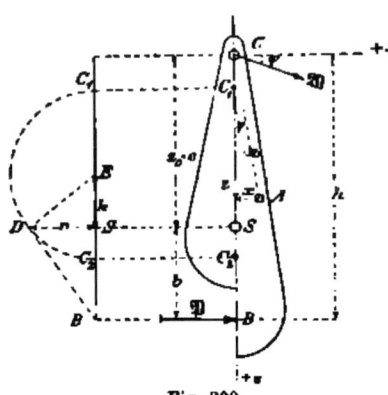

punktsvertikalen einen horizontalen Stoss, dessen Intensität durch die Momentankraft $\mathfrak{P}$ ausgedrückt sei. Infolge dieses Stosses erhält das Pendel plötzlich eine Winkelgeschwindigkeit, die wir mit ω bezeichnen wollen. Mit dieser Winkelgeschwindigkeit ω ergiebt sich als Trägheitsmomentankraft eines beliebigen, bei A gelegenen materiellen Punktes dm des Körpers: $dm \cdot \varrho\omega$ und als deren Horizontal- und Vertikalkomponente: $dm \cdot \varrho\omega \cdot \cos\psi$,

Fig. 300.

beziehungsweise $dm \cdot \varrho\omega \cdot \sin\psi$. Sind nun $\mathfrak{W} \cdot \cos\varphi$ und $\mathfrak{W} \cdot \sin\varphi$ die Komponenten des Momentanwiderstandes $\mathfrak{W}$ nach der Horizontal- bezw. Vertikalrichtung, so hat man als Gleichgewichtsbedingungen für den frei gemachten Körper unter Berücksichtigung der Bezeichnungen von Fig. 300:

$$\mathfrak{P} + \mathfrak{W} \cdot \cos\varphi = \Sigma\, dm \cdot \varrho\omega \cdot \cos\psi = \omega\, \Sigma\, dm \cdot z = \omega \cdot m z_0 = \omega \cdot m e$$

$$\mathfrak{W} \cdot \sin\varphi = \Sigma\, dm \cdot \varrho\omega \cdot \sin\psi = \omega\, \Sigma\, dm \cdot x = \omega \cdot m x_0 = 0,$$

womit $\varphi = 0$ und $\mathfrak{W} \cdot \cos\varphi = \mathfrak{W}$,

$$\text{also} \quad \mathfrak{P} + \mathfrak{W} = \omega \cdot m e.$$

Die dritte Gleichgewichtsbedingung, die Momentengleichung um C, ergiebt sodann:

$$\mathfrak{P} \cdot h = \Sigma\, dm \cdot \varrho\omega \cdot \varrho = \Theta' \cdot \omega \quad \text{oder} \quad \omega = \frac{\mathfrak{P} \cdot h}{\Theta'}$$

$$\mathfrak{W} = \frac{\mathfrak{P} \cdot h}{\Theta'} \cdot m e - \mathfrak{P} = \mathfrak{P}\left(\frac{mhe}{\Theta'} - 1\right).$$

Soll das Lager gar keinen Stoss erleiden, so muss $\mathfrak{W} = 0$ sein und demgemäss

$$\frac{mhe}{\Theta'} - 1 \qquad\qquad h = \frac{\Theta'}{me}$$

Es ist aber $\dfrac{\Theta'}{me}$ die reducirte Länge l' des vorliegenden physischen Pendels, also $h = l'$ oder $CB = CJ'$, wobei J' der Schwingungsmittelpunkt des Pendels. Daher kann die Bedingung dafür, dass das Lager keinen Stoss erleide, auch so ausgesprochen werden: Es muss der Stosspunkt B mit dem Schwingungsmittelpunkt J' des Pendels zusammenfallen.

Nehmen wir jetzt den Abstand e des Schwerpunktes S des Pendels von der Drehachse C veränderlich $= z_0$, dagegen den Abstand BS des Stosspunktes B vom Schwerpunkt S konstant $= b$ an und suchen diejenige Lage der Drehachse zu bestimmen, bei welcher der Stoss in B das Lager C am heftigsten erschüttert, oder mit anderen Worten: bei welcher die Momentankraft $\mathfrak{B}$ am grössten wird.

Zur Lösung dieser Aufgabe gehen wir von der Gleichung

$$\mathfrak{B} = \mathfrak{P} \cdot \left(\frac{mhz_0}{\Theta'} - 1 \right)$$

aus, indem wir setzen:

$$h = z_0 + b \quad \text{und} \quad \Theta' = \Theta + m z_0^2,$$

unter $\Theta = mr^2$ das Trägheitsmoment der Masse m des Pendels in Beziehung auf die der Drehachse parallele Schwerpunktsachse verstanden. Damit wird:

$$\mathfrak{B} = \mathfrak{P} \cdot \frac{b z_0 - r^2}{r^2 + z_0^2}; \qquad \frac{d\mathfrak{B}}{dz_0} = \mathfrak{P} \cdot \frac{(r^2 + z_0^2) b - (b z_0 - r^2) 2 z_0}{(r^2 + z_0^2)^2}$$

und mit $\dfrac{d\mathfrak{B}}{dz_0} = 0$:

$$r^2 b - b z_0^2 + r^2 \cdot 2 z_0 = 0,$$

$$z_0^2 - 2 \frac{r^2}{b} \cdot z_0 = r^2$$

und mit $\dfrac{r^2}{b} = k$: $\qquad z_0 = k \pm \sqrt{k^2 + r^2}.$

Damit lassen sich die beiden Punkte C_1 und C_2 der Schwerpunktsvertikalen, durch welche die horizontale Drehachse des Pendels hindurchgehen muss, wenn das Achsenlager eine möglichst grosse Stosswirkung erfahren soll, leicht ermitteln. Man trage (Fig. 300) SD horizontal auf gleich dem Trägheitshalbmesser r, ziehe BD, ferner $DE \perp BD$, beschreibe aus E mit ED einen Kreis, dann schneidet dieser Kreis die Schwerpunktsvertikale in den gesuchten Punkten C_1 und C_2. Es ist nämlich

$$SE = \frac{r^2}{SB} - \frac{r^2}{b} = k; \qquad ED = \sqrt{k^2 + r^2};$$

$$C_1 S = k + \sqrt{k^2 + r^2}; \qquad SC_2 = \sqrt{k^2 + r^2} - k = -(k - \sqrt{k^2 + r^2}).$$

862. Bewegter Körper gegen ein festes Hinderniss stossend.

Im Nachstehenden wollen wir uns auf den Fall beschränken, in welchem der betrachtete Körper eine Symmetralebene besitze und sich so bewege, dass der von der Symmetralebene bestimmte, in Fig. 301 kreisförmig angenommene Querschnitt des Körpers bei der Bewegung des Körpers nicht aus seiner Ebene heraustritt, auch sei der feste Punkt C', gegen welchen der Körper anstösst, in der gleichen Ebene gelegen. Dieselbe Ebene nehmen wir zur xz-Ebene und den in ihr gelegenen Schwerpunkt S des Körpers zum Ursprung eines rechtwinkligen Koordinatensystems an.

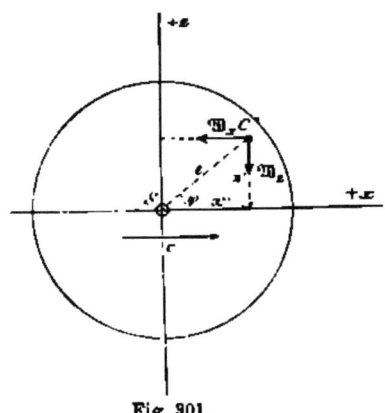

Fig. 301.

Durch das Aufstossen des Körpers auf den festen Punkt C' erwacht in letzterem ein Momentanwiderstand $\mathfrak{W}$, welcher die Geschwindigkeit der verschiedenen materiellen Punkte des bewegten Körpers plötzlich ändert. Gesetzten Falles, es sei der bewegte Körper, dessen Masse $= m$ unmittelbar vor dem Stoss in einer Translationsbewegung mit der Geschwindigkeit c parallel der x-Achse begriffen, so hat man, wenn die Komponenten des Momentanwiderstandes $\mathfrak{W}$ nach den Koordinatenachsen mit $\mathfrak{W}_x$, $\mathfrak{W}_z$, die Koordinaten des Punktes C' mit x' und z' und die Komponenten der Geschwindigkeit v, welche der Schwerpunkt S des Körpers unmittelbar nach vollendetem Stoss besitzt, mit v_x und v_y bezeichnet werden, nach dem Satz von der Bewegung des Schwerpunktes bei Momentankräften (No. 357)

$$m v_x - m c = - \mathfrak{W}_x; \qquad m v_z = - \mathfrak{W}_z$$

$$v_x = c - \frac{\mathfrak{W}_x}{m}; \qquad v_z = - \frac{\mathfrak{W}_z}{m}$$

Anderseits verursacht das Moment $(\mathfrak{W}_z x' - \mathfrak{W}_x z')$ eine Drehung des Körpers um S mit der Winkelgeschwindigkeit ω, welche sich ergiebt aus

$$\omega = \frac{\mathfrak{W}_s \cdot x' - \mathfrak{W}_x \cdot z'}{\Theta} = \frac{\mathfrak{W}_s \cdot x' - \mathfrak{W}_x \cdot z'}{mr^2},$$

wobei $\Theta = mr^2$ das Trägheitsmoment der Masse m des Körpers in Beziehung auf eine durch den Schwerpunkt S senkrecht zu der xz-Ebene gezogene Achse.

Nun setzt sich die Bewegung des Körpers zusammen aus einer Translationsbewegung, welche durch die Bewegung des Schwerpunktes des Körpers bestimmt ist und aus einer Drehung des Körpers um seinen Schwerpunkt, vorliegenden Falles mit der Winkelgeschwindigkeit ω. Damit erhielte man für die Komponenten v'_x und v'_s der Geschwindigkeit v' des Punktes C' unmittelbar nach dem Stoss:

$$v'_x = c - \frac{\mathfrak{W}_x}{m} + (SC')\,\omega \cdot \sin\varphi = c - \frac{\mathfrak{W}_x}{m} + z' \cdot \omega$$

$$v'_s = \quad - \frac{\mathfrak{W}_s}{m} - (SC')\,\omega \cdot \cos\varphi = \quad - \frac{\mathfrak{W}_s}{m} - x' \cdot \omega.$$

Da aber der Punkt C' unverrückbar, also seine Geschwindigkeit $v' = 0$ sein soll, so hat man auch $v'_x = 0$ und $v'_s = 0$, und demgemäss:

$$0 = c - \frac{\mathfrak{W}_x}{m} + z'\omega; \qquad \mathfrak{W}_x = mc + mz'\omega$$

$$0 = \quad - \frac{\mathfrak{W}_s}{m} - x'\omega; \qquad \mathfrak{W}_s = -mx'\omega.$$

Mit diesen Werthen von $\mathfrak{W}_x$ und $\mathfrak{W}_s$ ergiebt sich:

$$v_x = -z'\omega; \qquad v_s = +x'\omega$$

$$\text{und}\quad \omega = \frac{-m\omega \cdot x'^2 - mc \cdot z' - m\omega \cdot z'^2}{mr^2}$$

oder, wenn man SC' mit e bezeichnet:

$$\omega(r^2 + e^2) = -cz'; \qquad \omega = \frac{-cz'}{r^2 + e^2}.$$

Die Elementarbewegung des Körpers unmittelbar nach dem Anstossen an C' setzt sich zusammen aus einer durch die Schwerpunktsgeschwindigkeit v bestimmten Translation und einer mit der Winkelgeschwindigkeit ω erfolgenden Drehung des Körpers um eine senkrecht auf der Translationsrichtung stehende, durch den Schwerpunkt S gehende Achse. In diesem Falle ergiebt sich nach No. 254 als resultirende Bewegung eine Drehung um eine Parallelachse, wobei die Winkelgeschwindigkeit der resultirenden

Drehung mit der Winkelgeschwindigkeit ω um die durch S gehende Achse übereinstimmt.

Da nun unmittelbar nach dem Stoss die Elementarbewegung des Körpers thatsächlich in einer Drehung um eine Achse durch C' senkrecht zur xz-Ebene besteht, so muss auch letztere Drehung die resultirende Elementarbewegung des Körpers angeben. Danach würde die Drehung um C' mit der Winkelgeschwindigkeit ω erfolgen, womit sich eine lebendige Kraft L des Körpers ergäbe

$$L = \tfrac{1}{2}\Theta'\omega^2 = \tfrac{1}{2}(\Theta + me^2)\omega^2 = \tfrac{1}{2}m\omega^2(r^2 + e^2),$$

unter Θ' das Trägheitsmoment des Körpers in Bezug auf die Achse C' verstanden. Setzt man in den Ausdruck für L den gefundenen Werth von ω ein, so wird

$$L = \tfrac{1}{2}m \cdot \frac{c^2 z'^2}{(r^2 + e^2)^2}(r^2 + e^2) = \tfrac{1}{2}mc^2 \cdot \frac{z'^2}{r^2 + e^2}.$$

Dabei giebt $\tfrac{1}{2}mc^2$ die lebendige Kraft an, welche der Körper unmittelbar vor dem Stoss besass.

Eine Anwendung hiervon zeigt nachstehendes Beispiel:

Auf dem Boden eines in geradem horizontalen Geleise mit der konstanten Geschwindigkeit c sich bewegenden Eisenbahnwagens stehe, wie in Fig. 302 angedeutet ist, ein Körper vom Gewicht mg, welcher eine bei C' auf dem Boden des Wagens befestigte Querleiste berühre. Wird nun die Bewegung des Wagens plötzlich aufgehoben, so erhält der Körper auf dem Wagen plötzlich eine Drehung um C', für welche die anfängliche Winkelgeschwindigkeit ω_0 sich aus der oben gefundenen Gleichung

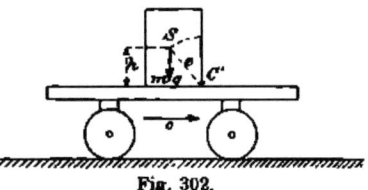

Fig. 302.

$$\omega = \frac{-cz'}{r^2 + e^2}$$ ergiebt, wenn man darin $z' = -h$ setzt. Damit erhält man:

$$\omega_0 = \frac{+ch}{r^2 + e^2} \quad \text{und} \quad L_0 = \tfrac{1}{2}mc^2 \cdot \frac{h^2}{r^2 + e^2}.$$

Es fragt sich jetzt: wird der Körper umkippen oder nicht? oder auch: wird der Körper, wenn seine Winkelgeschwindigkeit $\omega = 0$ geworden, sich wieder zurückdrehen oder nicht?

Angenommen, es stehe, wenn $\omega = 0$ geworden, SC' vertikal. In diesem Falle hat man nach dem Satze von der lebendigen Kraft:

$$0 - L_0 = -mg(e - h),$$

woraus $g(e - h) = \frac{1}{2}c^2 \cdot \frac{h^2}{r^2 + e^2}$ und $c = \sqrt{2g(e - h) \cdot \frac{r^2 + e^2}{h^2}}$.

Ist nun die Geschwindigkeit des Wagens grösser als diese Wurzelgrösse, so kippt der Körper um und zwar vorwärts. Bei geringerer Geschwindigkeit dagegen findet ein Umkippen nicht statt.

13. Kapitel.

Rollbewegung eines Körpers auf einer festen Unterlage.

§ 68.

Die Hauptlehren betreffend die Rollbewegung starrer Körper.

868. Erklärungen. In Fig. 303 sind zwei in den Eckpunkten B'_1 und B''_1 zusammentreffende Polygone I und II so gegeben, dass die Längen der aufeinander folgenden Seiten $B'_1 B'_2$, $B'_2 B'_3$, $B'_3 B'_4$. des Polygons I übereinstimmen je mit den Längen der Seiten $B''_1 B''_2$, $B''_2 B''_3$, $B''_3 B''_4$ des Polygons II. Dreht man nun das Polygon I zunächst um den Punkt B''_1, bis die Polygonseite $B'_1 B'_2$ zusammenfällt mit der Polygonseite $B''_1 B''_2$, hierauf um den Punkt B''_2 bis zum Zusammenfallen von $B'_2 B'_3$ mit $B''_2 B''_3$, alsdann

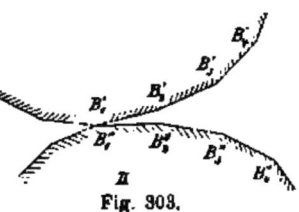

Fig. 303.

um B''_3 u. s. f., so zeigt damit das Polygon I, wenn man sich das Polygon II ruhend denkt, eine gewisse, in aufeinander folgenden Drehungen um verschiedene Punkte bestehende unstetige Bewegung. Diese unstetige Bewegung geht aber in eine stetige über, sobald man die Polygonseiten unendlich klein annimmt. Man sagt dann, es finde ein Rollen der Kurve I auf Kurve II statt. Bei einem solchen Rollen erfolgt die Berührung beider Kurven immer nur in einem einzigen Punkte, wobei die Berührungsstelle B sowohl auf der Kurve I, als auf der Kurve II je einen Punkt B' bezw. B'' bezeichnet. Sind nun beim Rollen der Kurve I auf der Kurve II B'_0 und B''_0 die sich deckenden Punkte der beiden Kurven zur Zeit 0 und B' und B'' diese Punkte

32*

zu irgend einer Zeit t, so ist beim vollkommenen Rollen die Bogenlänge $B'_0 B'$ stets gleich der Bogenlänge $B''_0 B''$. Würden jedoch bei einer stetigen Bewegung der Kurve I auf der Kurve II diese Bogenlängen nicht übereinstimmen, so wäre das Rollen ein unvollkommenes, es fände in diesem Falle ein mit Gleiten verbundenes Rollen der Kurve I auf der Kurve II statt. Rollen zwei mit stetigen Oberflächen versehene Körper I und II aufeinander, die sich in einem einzigen Punkte berühren, wie bei der Kugel, so bezeichnet der Berührungspunkt B bei der Bewegung der Körper I und II aufeinander je eine Linie auf der Oberfläche I und eine Linie auf der Oberfläche II, welche Linien bei der Bewegung der Körper aufeinander rollen. Ist nun das Rollen dieser Linienpaare ein vollkommenes, so ist es auch das Rollen der beiden Körper I und II. Findet die Berührung beider Körper in einer Linie statt und zieht man auf einer der beiden Oberflächen irgend eine Kurve, welche die auf der Oberfläche angegebenen aufeinander folgenden Lagen der Berührungslinie durchschneidet, so bezeichnet beim Rollen der beiden Körper aufeinander die erwähnte Kurve auch auf der anderen Oberfläche eine entsprechende Linie. Soll jetzt das Rollen der Körper ein vollkommenes sein, dann müssen auch diese Linienpaare stets vollkommenes Rollen zeigen.

864. Kreiscylinder auf einer horizontalen Ebene, angegriffen von einer horizontalen Kraft. Ein starrer homogener Kreiscylinder vom Halbmesser r und dem Gewicht mg, welcher auf einer starren, vollkommen glatten, horizontalen Ebene aufruhe, werde senkrecht zu seiner Achse von einer durch den Schwerpunkt des Cylinders gehenden Horizontalkraft P angegriffen. Man soll die Bewegung des Cylinders bestimmen. Ausser den Kräften P und mg wirkt am Cylinder noch der Normalwiderstand W_n der horizontalen Unterlage. Da nun aber mg von W_n aufgehoben wird, so bleibt

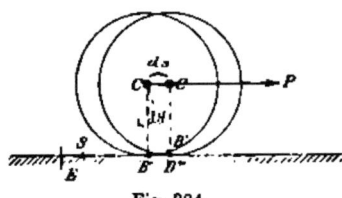

Fig. 304.

nur noch die durch den Schwerpunkt des Cylinders gehende Horizontalkraft P übrig. Es entsteht daher eine Translationsbewegung des Cylinders in der Richtung von P, also eine gleitende Bewegung des Cylinders auf der Unterlage. Wird jetzt in der durch P gehenden vertikalen Mittelebene des Cylinders um letzteren ein Faden gewickelt, dessen vom Cylinder abstehendes Ende E (Fig. 304) man an die horizontale Auflageebene befestigt, so ist nunmehr ein Gleiten des Cylinders auf der horizontalen Unterlage in der Richtung von P ausgeschlossen und der Cylinder genöthigt, auf seiner Unterlage ohne Gleiten zu rollen. Zur Bestimmung dieser vollkommenen Rollbewegung hat man, wenn S die Fadenspannung, v die Geschwindigkeit des Schwerpunktes C des Cylinders und ω die Winkelgeschwindigkeit der Drehung des Cylinders um seine Achse bedeutet, zunächst nach dem Satz von der Bewegung des Schwerpunktes

$$P - S = m \cdot \frac{dv}{dt} = mp,$$

wobei die Richtung von P als $+s$-Richtung gewählt ist. Bezüglich der Drehung des Cylinders um seine Achse erhält man dagegen, wenn gewohnter Weise der Drehungssinn von links nach rechts als der positive angenommen wird:

$$\frac{d\omega}{dt} = \frac{Sr}{\Theta},$$

unter Θ das Trägheitsmoment der Masse des Cylinders in Beziehung auf dessen Achse verstanden.

Beim vollkommenen Rollen des Cylinders, das ja thatsächlich durch den Faden herbeigeführt wird, ist, wenn ds das vom Schwerpunkt C des Cylinders in der Zeit dt zurückgelegte horizontale Wegelement und $d\varphi$ der von einem Halbmesser des Cylinders in der Zeit dt beschriebene Winkel,

$$ds = rd\varphi; \qquad \frac{ds}{dt} = \frac{rd\varphi}{dt}$$

oder $\quad v = r\omega; \qquad \frac{dv}{dt} = r \cdot \frac{d\omega}{dt} = \frac{Sr^2}{\Theta} = \frac{Sr^2}{m'r^2} = \frac{S}{m'},$

wobei m' die auf den Radius r reducirte Cylindermasse.

Mit $\dfrac{dv}{dt} = \dfrac{S}{m'}$ wird dann $P - S = \dfrac{m}{m'} \cdot S; \quad S = P \cdot \dfrac{m'}{m + m'}.$

Bezeichnet man mit v_a die absolute Geschwindigkeit des Punktes B des Cylinders und mit u die Geschwindigkeit von B infolge der Drehung des Cylinders um seine Achse mit der Winkelgeschwindigkeit ω, so erkennt man, dass bei unserer Annahme der $+s$-Richtung und des positiven Drehungssinnes $u = -r\omega$ zu setzen ist. Damit wird die Geschwindigkeit v_a als Resultante von v und u

$$v_a = v + u = v - r\omega.$$

Beim vollkommenen Rollen hat man aber $v = r\omega$, es ist

also bei diesem $v_a = 0$ und demgemäss, da nicht blos für B, sondern auch für sämmtliche Punkte des Cylinders, welche auf der durch den Punkt B bestimmten Mantellinie liegen, die Geschwindigkeit $= 0$ ist, die Elementarbewegung des Cylinders beim vollkommenen Rollen eine Drehung um die Mantellinie B, was in Uebereinstimmung mit dem in No. 264 Gesagten steht.

Bei fehlendem Faden und vollkommen glatter Unterlage gleitet der Cylinder, ohne sich zu drehen, auf dieser Unterlage fort in der Richtung der Kraft P, bei rauher Unterlage dagegen tritt an der Berührungsstelle infolge der von der Kraft P angestrebten Vorwärtsbewegung des Cylinders ein nach rückwärts gerichteter Reibungswiderstand W_1 auf, welcher an Stelle der Fadenspannung S die Umdrehung des Cylinders um seine Achse und damit das Rollen des Cylinders bewirkt.

Hört bei umgelegtem Faden und vollkommen glatter Unterlage in irgend einem Augenblick, sagen wir zur Zeit t_1, die treibende Kraft P zu wirken auf, so wird, da den oben aufgestellten Gleichungen zufolge für $P = 0$ sich $\dfrac{dv}{dt} = 0$ und $\dfrac{d\omega}{dt} = 0$ ergiebt, von der Zeit t_1 an sowohl die Translationsgeschwindigkeit v, als auch die Winkelgeschwindigkeit ω konstant bleiben, d. h. es wird stets $v = v_1$ und $\omega = \omega_1$ sein, wobei v_1 die Translationsgeschwindigkeit des Cylinders zur Zeit t_1 und ω_1 die Winkelgeschwindigkeit zur selben Zeit. Da aber wegen des bis zum Zeitpunkt t_1 durch den Faden herbeigeführten vollkommenen Rollens des Cylinders auch noch $v_1 = r\omega_1$, so wird diese Beziehung auch fernerhin stattfinden und demgemäss von der Zeit t_1 an ein gleichförmiges vollkommenes Rollen des Cylinders erfolgen.

Mit $P = 0$ hat man $S = 0$, es wird deshalb der Cylinder auch nach Wegnahme des Fadens von dem Zeitpunkt t_1 an diese gleichförmige und vollkommene Rollbewegung ausführen. Ueberhaupt kann man sagen, dass ein durch eine Horizontalebene unterstützter Cylinder, auf welchen keine treibende Kraft einwirkt, dem aber die Geschwindigkeiten v und ω ertheilt wurden, wobei $v = r\omega$, auf seiner horizontalen Unterlage ohne zu gleiten gleichförmig, unter Beibehaltung der Geschwindigkeiten v und ω weiter rollen wird. Dabei übt auch eine rauhe Unterlage auf den Cylinder, da ja $S = 0$ wäre, nur einen Normalwiderstand, aber keinen Tangentialwiderstand aus.

Berücksichtigt man, dass bei vollkommenem Rollen des von der treibenden Kraft P angegriffenen Cylinders $r \cdot \dfrac{d\omega}{dt} = \dfrac{dv}{dt}$ sein muss und dass die Kraft $S = P \cdot \dfrac{m'}{m + m'}$ derjenige Tangentialwiderstand ist, welcher eine Umfangsbeschleunigung $r \cdot \dfrac{d\omega}{dt}$ des Cylinders hervorruft, welche mit dessen Translationsbeschleunigung $\dfrac{dv}{dt}$ übereinstimmt, so kann man sagen, dass, wenn bei fehlendem Faden und rauher Unterlage das aus der Gleichung $S = P \cdot \dfrac{m'}{m + m'}$ berechnete S sich nicht grösser zeigt, als der Grenzwerth $\mu m g$ des Reibungswiderstandes, der zur Bewirkung vollkommenen Rollens nöthige Tangentialwiderstand S durch den betreffenden Reibungswiderstand W_1 geliefert wird. Dies möge etwas weiter ausgeführt werden.

Wir betrachten wieder den von einer vollkommen glatten Horizontalebene unterstützten, von der Horizontalkraft P angegriffenen Cylinder (Fig. 304), um welchen der in E an der ebenen Unterlage befestigte Faden geschlungen ist. Dabei nehmen wir das Fadenstück EB elastisch an und setzen voraus, dass dieses Fadenstück in dem Augenblick vom schlaffen Zustand in den gespannten übergehe, in welchem der Punkt B des Cylinders die absolute Geschwindigkeit v_a in der Richtung EB besitze. Vermöge der Geschwindigkeit v_a des Punktes B, also des Endpunktes des Fadenstückes EB, beginnt eine allmählich sich steigernde Spannung S des Fadens. Diese Kraft S erzeugt, da $\dfrac{d\omega}{dt} = \dfrac{Sr}{\Theta}$, die mit S zunehmende Umfangsbeschleunigung $r \cdot \dfrac{d\omega}{dt}$ des Cylin-

Was aber die Translationsbeschleunigung $\dfrac{dv}{dt} = \dfrac{P - S}{m}$ betrifft, so nimmt diese mit wachsendem S ab. Ist nun $r \cdot \dfrac{d\omega}{dt} = \dfrac{dv}{dt}$ geworden und damit $S = P \cdot \dfrac{m'}{m + m'}$, wodurch vollkommenes Rollen sich kundgiebt, so zeigt sich die absolute Geschwindigkeit v_a des Endpunktes B der Fadenstrecke EB gleich Null, infolge dessen eine weitere Vergrösserung der Fadenspannung S nicht mehr eintritt und S konstant bleibt.

In ähnlicher Weise mag man sich den Vorgang bei der Entwickelung des Reibungswiderstandes denken. Auch dieser Tangentialwiderstand W_1, welcher den Grenzwerth $\mu m g$ nicht überschreiten kann, entwickelt sich, wenn auch in ausnehmend kurzer

Zeit, von Null aus stetig. Hat nun bei seiner Entwickelung der Reibungswiderstand W_t den Werth $P \cdot \dfrac{m'}{m+m'}$, erreicht, wobei $P \cdot \dfrac{m'}{m+m'} < \mu m g$, so erfolgt von diesem Augenblick an vollkommenes Rollen und damit, wie im vorhergehenden Fall, keine weitere Zunahme des Tangentialwiderstandes, also des Reibungswiderstandes W_t. Demgemäss können wir jetzt sagen: Ist

$$P \cdot m' \over m+m' \leq \mu m g \qquad\qquad P \leq \mu m g\left(1 + \frac{m}{m'}\right),$$

so findet ein vollkommenes Rollen des Cylinders statt.

Wäre die gegebene treibende Kraft $P > \mu m g\left(1 + \dfrac{m}{m'}\right)$, so erfolgte ein mit Gleiten verbundenes Rollen, wobei für die Translation des Cylinders sich ergäbe:

$$m \cdot \frac{dv}{dt} = P - \mu m g$$

und für die Drehung des Cylinders um seine Achse:

$$\frac{d\omega}{dt} = \frac{\mu m g \cdot r}{\Theta}.$$

Durch Zusammensetzung der beiden Einzelbewegungen könnte dann jederzeit der wirkliche Bewegungszustand des Cylinders bestimmt werden.

Beim vollkommenen Rollen hat man:

$$m p = m \frac{dv}{dt} = P - S = P \cdot \frac{m}{m+m'},$$

woraus: $P = (m + m') p$.

Es bewegt sich also beim vollkommenen Rollen der Schwerpunkt des Cylinders von der Masse m wie derjenige eines von der Kraft P angegriffenen, auf der Horizontalebene ohne Reibung gleitenden Körpers von der Masse $(m + m')$.

Wäre $P > \mu m g\left(1 + \dfrac{m}{m'}\right)$, so dass unvollkommenes Rollen einträte, erhielte man:

$$m p = m \frac{dv}{dt} = P - \mu m g.$$

Die Translationsbewegung des rollenden Cylinders würde somit in diesem Falle übereinstimmen mit derjenigen eines von der

Kraft P angegriffenen, mit Reibung auf der Horizontalebene gleitenden Körpers von der gleichen Masse.

Nehmen wir jetzt an, es greife die Horizontalkraft P den Cylinder in der Höhe z über dessen Schwerpunkt an (Fig. 305).

In diesem Falle erhält man bei Vorhandensein des um den Cylinder rechts herum gewickelten, ihn zu vollkommenem Rollen nöthigenden Fadens die Gleichungen:

$$P - S = m \frac{dv}{dt}; \qquad \frac{d\omega}{dt} = \frac{S r + P z}{\Theta},$$

$$r \frac{d\omega}{dt} = \frac{dv}{dt},$$

woraus: $\quad P - S = \dfrac{m r}{\Theta} (S r + P z)$

und damit: $\quad S = \dfrac{P}{r} \cdot \dfrac{m' r - m z}{m + m'}$

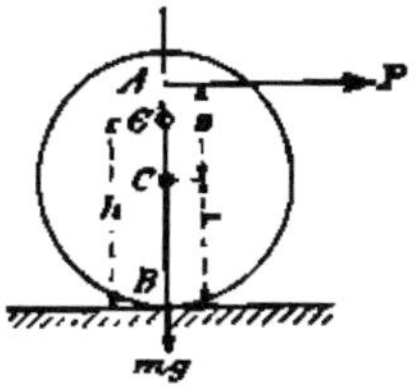

Fig. 305.

Soll auch ohne Vorhandensein des Fadens vollkommenes Rollen eintreten, so muss wieder der Reibungswiderstand W_i die Fadenspannung S ersetzen, demzufolge der für gegebene Werthe von z und von P berechnete Werth von S den Werth $\mu m g$ nicht überschreiten darf.

Wäre $m z = m' r$ und damit $z = \dfrac{m'}{m} r$, also beim Cylinder, für welchen $m' = \dfrac{m}{2}$, $z = \frac{1}{2} r$, so erhielte man:

$$S = 0; \quad P = m \cdot \frac{dv}{dt}; \quad \frac{d\omega}{dt} = \frac{P z}{\Theta} = \frac{P \cdot \frac{m'}{m} r}{m' r^2} = \frac{P}{m r},$$

womit $\quad r \dfrac{d\omega}{dt} = \dfrac{P}{m} = \dfrac{dv}{dt}.$

Es fände also auch in diesem Falle vollkommenes Rollen statt und zwar bei jedem beliebigen Werth von P, sogar bei $P = \infty$.

Setzt man nämlich neben $z = \dfrac{m'}{m} r$, für S seinen Grenzwerth $\mu m g$, so liefert der allgemeine Ausdruck für S thatsächlich $P = \infty$. Daraus ist zu schliessen, dass auch ein horizontaler Stoss gegen den in der Höhe $z = \dfrac{m'}{m} r$ senkrecht über dem Schwerpunkt C des Cylinders liegenden Punkt C' des letzteren geführt, kein Gleiten des Cylinders, sondern ein vollkommenes Rollen desselben hervorruft.

Bezüglich der Lage des Punktes C' bemerken wir, dass sein Abstand $h = z + r = r\left(1 + \dfrac{m'}{m}\right)$ von der horizontalen Unterlage des Cylinders übereinstimmt mit der reducirten Länge l' eines physischen Pendels, welches der Cylinder nach Wegnahme seiner Unterlage darbietet, wenn seine durch B gehende Mantellinie festgehalten und damit für den Cylinder eine horizontale Drehachse gebildet wird. Für dieses Pendel wäre nämlich die reducirte Länge l' nach No. 318

$$l' = \frac{\Theta'}{mr} = \frac{\Theta + mr^2}{mr} = r + \frac{\Theta}{mr} = r + \frac{m'r^2}{mr} = r\left(1 + \frac{m'}{m}\right) = h.$$

Der Punkt C' bezeichnet also für den um die Mantellinie B sich drehenden Cylinder den Schwingungsmittelpunkt oder nach der Lehre vom Stoss auch den Stossmittelpunkt.

Nimmt man jetzt den Angriffspunkt der Horizontalkraft P über dem Punkt C' gelegen an, so wird in der Formel für S die Differenz $(m'r - mz)$, und damit S selbst, negativ. Es muss daher, wenn der Cylinder wieder zu vollkommenem Rollen gezwungen werden soll, der Faden entgegengesetzt, d. h. links herum, um den Cylinder geschlungen werden. Alsdann hat man die Formeln:

$$P + S = m\frac{dv}{dt}; \qquad \frac{d\omega}{dt} = \frac{Pz - Sr}{\Theta}; \qquad r\frac{d\omega}{dt} = \frac{dv}{dt}$$

$$\text{und damit} \qquad S = \frac{P}{r} \cdot \frac{mz - m'r}{m + m'}$$

oder wenn man für S seinen Grenzwerth μmg einführt:

$$\mu mg = \frac{P}{r} \cdot \frac{mz - m'r}{m + m'}.$$

Aus dieser Gleichung lässt sich bei gegebener Grösse der Horizontalkraft P die höchste Lage des Angriffspunktes dieser Kraft berechnen, bei welcher gerade noch ein vollkommenes Rollen stattfindet.

Liegt der Angriffspunkt der Horizontalkraft P in der Tiefe s unter dem Schwerpunkt C des Cylinders, so muss man den Faden wieder rechts herum um den Cylinder gewickelt sich denken. Alsdann erhält man:

$$P - S = m\frac{dv}{dt}; \qquad \frac{d\omega}{dt} = \frac{Sr - Pz}{\Theta}; \qquad r\frac{d\omega}{dt} = \frac{dv}{dt}$$

$$S = \frac{P}{r} \cdot \frac{m'r + mz}{m + m'}$$

und mit $S = \mu m g$: $\quad \mu m g = \dfrac{P}{r} \cdot \dfrac{m' r + m z}{m + m'}$,

woraus sich wieder bei gegebenem Werth von P die Grösse z bestimmt.

Anderseits ergiebt sich mit $z = r$, in welchem Fall die treibende Kraft P den Cylinder in B angreifen würde, $P = \mu m g$.

Zum Schluss möge noch bemerkt werden, dass es sich bis jetzt lediglich um einen rollenden Cylinder gehandelt hat, allein die erhaltenen Gleichungen gelten auch für jeden anderen homogenen Umdrehungskörper, welcher eine Symmetralebene senkrecht zu seiner Achse besitzt.

365. Bergabrollender Umdrehungskörper. Es handle sich um einen Umdrehungskörper der letzterwähnten Art vom Gewichte $m g$, welcher auf einer schiefen Ebene von der Horizontalneigung a aufliege, wobei die Achse des Umdrehungskörpers parallel der Horizontalspur der schiefen Ebene sei. Dieser Körper werde sich selbst überlassen, infolge dessen er die schiefe Ebene herabrollt (Fig. 306).

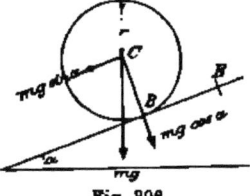

Fig. 306.

Entsprechend der Bedingung vollkommenen Rollens auf der Horizontalebene, als welche wir

$$P \leqq \mu m g \left(1 + \frac{m}{m'}\right) \quad \text{oder} \quad P \leqq \mu N \left(1 + \frac{m}{m'}\right)$$

gefunden haben, hat man hier:

$$m g \cdot \sin a \leqq \mu m g \cdot \cos a \left(1 + \frac{m}{m'}\right) \quad \text{oder} \quad \operatorname{tg} a \leqq \mu \left(1 + \frac{m}{m'}\right),$$

woraus sich der Maximalwerth a_m des Neigungswinkels a der schiefen Ebene ergiebt, bei welchem gerade noch ein vollkommenes Rollen des Umdrehungskörpers stattfindet. Man erhält

$$\operatorname{tg} a_m = \mu \left(1 + \frac{m}{m'}\right).$$

Beim Kreiscylinder ist bekanntlich $m' = \frac{1}{2} m$, womit
$$\operatorname{tg} a_m = 3 \mu.$$

Beim dünnen Reif darf man setzen $m' = m$, womit
$$\operatorname{tg} a_m = 2 \mu.$$

Bei der Kugel hat man $m' = \frac{2}{3} m$ und damit
$$\operatorname{tg} a_m = \frac{7}{2} \mu.$$

Was die Translationsbeschleunigung $p = \dfrac{dv}{dt}$ dieser drei Umdrehungskörper betrifft, so hat man beim vollkommenen Rollen, entsprechend der Formel $p = \dfrac{P}{m+m'}$, in No. 364:

$$p = \frac{mg \cdot \sin a}{m+m'} = g \cdot \sin a \cdot \frac{m}{m+m'}.$$

Damit erhält man für den Cylinder: $p = \frac{2}{3} g \cdot \sin a$; für den Reif: $p = \frac{1}{2} g \cdot \sin a$ und für die Kugel: $p = \frac{5}{7} g \cdot \sin a$.

Hieraus geht hervor, dass p unabhängig ist von der Grösse und dem Gewicht der Umdrehungskörper, dagegen abhängig von ihrer Form. Ferner zeigt sich, dass, wenn auf einer schiefen Ebene, bei welcher noch vollkommenes Rollen erfolgt, in gleichen Entfernungen von der Horizontalspur der schiefen Ebene gleichzeitig ein Cylinder, ein Reif und eine Kugel sich in Bewegung setzen, die Kugel dem Cylinder und dieser dem Reif voraneilt.

Ist die Horizontalneigung a der schiefen Ebene grösser als der für den betreffenden Umdrehungskörper berechnete Grenzwinkel a_m, so findet kein vollkommenes Rollen des Umdrehungskörpers mehr statt, vielmehr ein Rollen verbunden mit einem Gleiten. Um nun auch für diesen Fall die Translationsbeschleunigung p und damit die Translationsbewegung des Umdrehungskörpers überhaupt zu erhalten, verfahren wir nach Maassgabe der betreffenden Ausführungen in No. 364. Danach ergiebt sich zunächst nach dem Satz von der Bewegung des Schwerpunktes:

$$m \cdot \frac{dv}{dt} = mp = mg \cdot \sin a - \mu mg \cdot \cos a,$$

hierauf für die Drehung des Umdrehungskörpers um seine Achse

$$\frac{d\omega}{dt} = \frac{\mu mg \cdot \cos a \cdot r}{\Theta}.$$

Soll auch, wenn $a > a_m$ ein vollkommenes Rollen des Umdrehungskörpers stattfinden, so muss wieder der Faden an letzterem angebracht werden. Ist alsdann $a = 90^0$, so wird

$$p = \frac{mg}{m+m'} = g \cdot \frac{m}{m+m'}$$

und die Fadenspannung $S = mg \cdot \dfrac{m'}{m+m'}$,

mithin bei einer cylindrischen Scheibe:

$$p = \tfrac{2}{3} g; \qquad S = \tfrac{1}{3} mg.$$

Im vorliegenden Falle erfolgt also eine Vertikalbewegung des Schwerpunktes der Scheibe, trotzdem der Schwerpunkt sich nicht senkrecht unter dem Aufhängepunkt E des Fadens befindet.

866. Bergaufrollender Umdrehungskörper. Der durch eine schiefe Ebene von der Horizontalneigung α unterstützte Umdrehungskörper habe nach der Linie der grössten Steigung eine Translationsgeschwindigkeit v_0 erhalten, infolge deren er sich auf der schiefen Ebene aufwärts bewegt. Man soll wieder die eintretende Bewegung bestimmen.

Bei Beginn der Bewegung, zur Zeit 0, ist die Geschwindigkeit des Auflagepunktes B des Umdrehungskörpers $= v_0$, aufwärts gerichtet, demgemäss wirkt der volle Reibungswiderstand $\mu mg \cos \alpha$ abwärts. Es sind nun die Bewegungsgleichungen, wenn v die Translationsgeschwindigkeit des Cylinders zur Zeit t und ω die Winkelgeschwindigkeit um die Cylinderachse,

$$m \cdot \frac{dv}{dt} = -mg \sin \alpha - \mu mg \cos \alpha,$$

$$\frac{d\omega}{dt} = \frac{\mu mg \cos \alpha \cdot r}{\Theta},$$

woraus $\quad v = v_0 - gt(\sin \alpha + \mu \cos \alpha)\quad$ und $\quad \omega = \dfrac{\mu mg \cos \alpha \cdot r}{\Theta} \cdot t$

Ist wieder u die Geschwindigkeit des Punktes B des Umdrehungskörpers infolge der Drehung allein und v_a die absolute Geschwindigkeit derselben, so hat man

$$u = -r\omega \quad \text{und} \quad v_a = v + u$$

oder $\quad v_a = v_0 - gt\left(\sin \alpha + \mu \cos \alpha + \mu \cos \alpha \cdot \frac{m}{m'}\right),$

v_a wird also im Verlauf der Zeit kleiner und kleiner. Zur Zeit t_1 sei $v_a = 0$ geworden, d. h.

$$0 = v_0 - gt_1\left(\sin \alpha + \mu \cos \alpha \cdot \frac{m + m'}{m'}\right)$$

woraus $\quad t_1 = \dfrac{v_0}{g\left(\sin \alpha + \mu \cos \alpha \cdot \dfrac{m + m'}{m'}\right)}$

Damit ergeben sich für die Translationsgeschwindigkeit v_1 des Umdrehungskörpers zur Zeit t_1 und für die Winkelgeschwindigkeit ω_1 der Drehung zur selben Zeit die Gleichungen:

$$v_1 = v_0 - gt_1(\sin \alpha + \mu \cos \alpha); \quad \omega_1 = \frac{\mu g \cos \alpha}{r} \cdot \frac{m}{m'} \cdot t_1,$$

also v_1 und ω_1 positiv, ferner für den Abstand s_1 des Auflagepunktes B_1 zur Zeit t_1 von der ursprünglichen Lage B_0 desselben zur Zeit 0:

$$s_1 = v_0 t_1 - \frac{g t_1^2}{2} (\sin a + \mu \cos a).$$

Von $t = 0$ bis $t = t_1$ ist das Aufwärtsrollen des Umdrehungskörpers auf der schiefen Ebene ein mit Gleiten verbundenes, indem bis $t = t_1$ die Geschwindigkeit v_a des die schiefe Ebene berührenden Punktes B des Umdrehungskörpers sich grösser als Null zeigt. Erst im Zeitpunkt t_1, in welchem $v_a = 0$ geworden, findet vollkommenes Rollen statt.

Um nun auch die nach der Zeit t_1 stattfindende Bewegung des Umdrehungskörpers auf der schiefen Ebene zu erhalten, denken wir uns wieder zur Herbeiführung vollkommenen Rollens um den Umdrehungskörper einen Faden geschlungen (entgegengesetzt wie in Fig. 306), dafür aber die schiefe Ebene vollkommen glatt. Man hat dann:

$$m \cdot \frac{dv}{dt} = -mg \sin a - S; \qquad \frac{d\omega}{dt} = \frac{Sr}{\Theta}$$

$$\frac{dv}{dt} = r \cdot \frac{d\omega}{dt} = \frac{Sr^2}{m'r^2} = \frac{S}{m'}, \qquad S = -\frac{m'}{m+m'} \cdot mg \sin a.$$

Wenn nun der Reibungswiderstand W_i der schiefen Ebene die Kraft S soll ersetzen können, so darf der aus der letzten Gleichung berechnete Werth von S den grössten überhaupt entwickelbaren Reibungswiderstand $\mu mg \cos a$ nicht überschreiten, womit für den Grenzfall sich ergiebt:

$$-\frac{m'}{m+m'} \cdot mg \sin a = -\mu mg \cos a; \qquad \mathrm{tg}\, a = \mu \left(1 + \frac{m}{m'}\right).$$

Soll also der Umdrehungskörper nach der Zeit t_1 oder vom Punkte B_1 an auf der schiefen Ebene ein vollkommenes Rollen zur Ausführung bringen können, so darf $\mathrm{tg}\, a$ nicht grösser als $\mu \left(1 + \frac{m}{m'}\right)$ sein. Das ist aber genau auch die Bedingung, welche wir für das vollkommene Rollen eines auf schiefer Ebene abwärts sich bewegenden Umdrehungskörpers gefunden haben.

Bestimmen wir jetzt noch die Wegstrecke $B_1 B_2 = a$, welche der aufwärts rollende Umdrehungskörper von B_1 an noch zurücklegt, bis seine Translationsgeschwindigkeit $v = 0$ geworden.

Wie bei dem auf der schiefen Ebene aufwärts gleitenden Körper liegt es hier nahe, den Satz von der lebendigen Kraft in Anwendung zu bringen.

Beim vollkommenen Rollen ist stets $v = r\omega$. Nun ist in B_1 die Translationsgeschwindigkeit $v = 0$, also $\omega = 0$ und damit auch die ganze lebendige Kraft des Umdrehungskörpers $= 0$. Was dagegen die lebendige Kraft des Umdrehungskörpers in der Lage B_1 betrifft, so ergiebt sich für dieselbe bekanntlich:

$$L_1 = \tfrac{1}{2}m v_1{}^2 + \frac{\omega_1{}^2}{2}\,\Theta = \tfrac{1}{2}m v_1{}^2 + \tfrac{1}{2}m'\cdot r^2\omega_1{}^2 = \tfrac{1}{2}(m+m')v_1{}^2.$$

Bezüglich der Arbeiten der äusseren Kräfte, welche an dem Umdrehungskörper auf seinem Wege a wirken, bemerken wir, dass beim vollkommenen Rollen wegen $v_a = 0$ auch die Elementararbeit des Reibungswiderstandes W_t stets gleich Null ist, es beschränkt sich daher vorliegenden Falles die Summe der Arbeiten der äusseren Kräfte auf $-mg\sin a \cdot a$. Der Satz von der lebendigen Kraft liefert demgemäss:

$$0 - \tfrac{1}{2}(m+m')v_1{}^2 = -mg\sin a \cdot a,$$

woraus $\quad a = \dfrac{\tfrac{1}{2}(m+m')v_1{}^2}{mg\sin a}.$

Handelt es sich um einfaches Gleiten eines Körpers vom Gewichte mg auf der gleichen schiefen Ebene, und zwar ohne Reibung, so erhält man bekanntlich in diesem Fall

$$a = \frac{v_1{}^2}{2g\sin a} = \frac{\tfrac{1}{2}m v_1{}^2}{mg\sin a}.$$

367. Hin- und Herrollen eines starren Umdrehungskörpers auf einer starren, cylindrisch geformten Unterlage. Es handle sich um eine kreiscylindrische Unterlage mit horizontalen Mantellinien, für welche die Horizontalneigungen a der Berührungsebenen nirgends den Werth

$$\operatorname{arc\ tg} \mu\left(1 + \frac{m}{m'}\right)$$

überschreiten. Auf diese Unterlage werde in B_0 ein schwerer Umdrehungskörper von der seither angenommenen Art aufgelegt und dann sich selbst überlassen. (Fig. 307.)

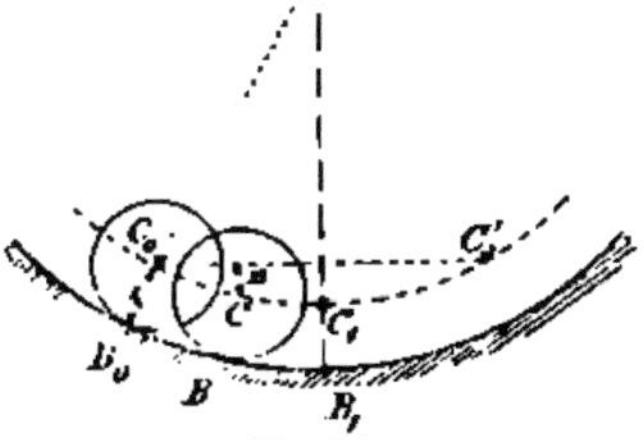

Fig. 307.

Bezüglich der auftretenden Bewegung des Umdrehungskörpers auf der cylindrischen Unterlage bemerken wir zunächst, dass wegen

$$a < \text{arc tg } \mu \left(1 + \frac{m}{m'}\right) \qquad \text{tg } \alpha < \mu \left(1 + \frac{m}{m'}\right)$$

die Bewegung in einem vollkommenen Rollen besteht. Beim vollkommenen Rollen haben wir aber gefunden, dass die Elementararbeit des Reibungswiderstandes W_i an der Berührungsstelle B stets $= 0$, und dass die lebendige Kraft L des rollenden Körpers, wenn v die Geschwindigkeit seines Schwerpunktes C, ausgedrückt ist durch

$$L = \tfrac{1}{2} (m + m') v^2.$$

Bezeichnet man nun die Anfangslage des Schwerpunktes des Umdrehungskörpers mit C_0 und mit C die Lage zur Zeit t, ferner mit z die Tiefe des Punktes C unter dem Punkt C_0 und mit v die Geschwindigkeit des Schwerpunktes zur Zeit t, so ergiebt der Satz von der lebendigen Kraft, unter Berücksichtigung der Bemerkungen in No. 366, Seite 511:

$$L - 0 = mg \cdot z, \quad \text{also} \quad \tfrac{1}{2}(m + m')v^2 = mg \cdot z$$

$$\text{und damit} \quad v = \sqrt{\frac{2gz}{1 + \dfrac{m'}{m}}}.$$

Bei dem einfach ohne Reibung gleitenden Körper hat man dagegen:

$$v = \sqrt{2gz}.$$

Wir können daher die Bewegung des Schwerpunktes C des Umdrehungskörpers erhalten, wenn wir uns in C einen materiellen Punkt denken, welcher auf dem durch C bestimmten Kreise reibungslos vermöge seines Eigengewichtes sich bewegt, wobei aber die Beschleunigung der Schwere nicht gleich g, sondern $= \dfrac{g}{1 + \dfrac{m'}{m}}$,

anzunehmen ist. Der in C_0 sich selbst überlassene Umdrehungskörper wird daher in der tiefsten Lage C_1 das Maximum seiner Schwerpunktsgeschwindigkeit erlangen, hierauf jenseits der Vertikalen durch C_1 auf der cylindrischen Unterlage emporsteigen, bis C'_0 (mit C_0 in einer Horizontalen), sodann von C'_0 wieder zurückrollen bis C_0 u. s. f. Was nun die Zeit τ betrifft, welche der Körper braucht, um von der Lage C_0 in die Lage C'_0 zu kommen, so erhält man für diese, wenn der dem Kreisbogen $C_0 C'_0$ entsprechende Centriwinkel klein ist, gemäss dem in No. 215 Gefundenen

$$\tau = \pi \sqrt{\dfrac{l\left(1 + \dfrac{m'}{m}\right)}{g}},$$

unter l den Halbmesser des Kreisbogens $C_0 C'_0$ verstanden.

§ 69.

Der Rollwiderstand.

868. Allgemeines. Wir haben im vorhergehenden Paragraphen gesehen, dass eine Horizontalkraft P, welche einen auf einer starren, rauhen horizontalen Unterlage aufruhenden starren Cylinder senkrecht zu dessen Achse in seinem Schwerpunkt angreift, ein Rollen des Cylinders hervorruft, es mag die Kraft P so klein sein als sie will. In Wirklichkeit ist das aber anders: thatsächlich handelt es sich stets um mehr oder weniger zusammendrückbare, feste Körper und Unterlagen. Demgemäss zeigt sich auch, dass nur dann eine Bewegung des Cylinders eintritt, wenn die Kraft P einen gewissen Grenzwerth P' überschritten hat, dass also ein gewisser Widerstand erst von der Kraft P überwunden werden muss, ehe Bewegung erfolgt. Dieser Widerstand W', dessen Grösse durch P' angegeben wird, ist der sogenannte Rollwiderstand.

Was die Grösse dieses Widerstandes W' an der Gleichgewichtsgrenze des Cylinders betrifft, so haben Versuche, welche zuerst Coulomb angestellt hat, zu der Annahme veranlasst, dass W' proportional dem Normaldruck N sei und umgekehrt proportional dem Halbmesser r des Cylinders, und dass W' überdies von der materiellen Beschaffenheit der in Berührung stehenden Körper abhänge, dass man also setzen könne:

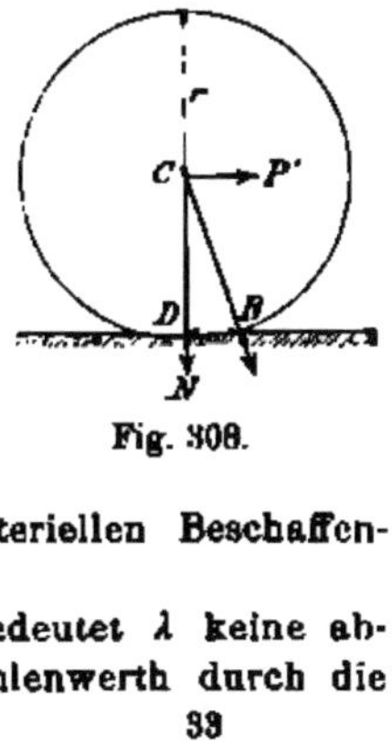

$$W' = \lambda \cdot \frac{N}{r},$$

Fig. 308.

wobei dann λ, der sogenannte Rollwiderstandskoefficient, lediglich von der materiellen Beschaffenheit der Körper abhängig wäre.

Wie nun die Gleichung für W' zeigt, bedeutet λ keine absolute Zahl, sondern eine Länge, deren Zahlenwerth durch die gewählte Längeneinheit bedingt ist. In der Folge haben indessen genauere Versuche gezeigt, dass der Koefficient λ nicht allein von der materiellen Beschaffenheit des rollenden Körpers und der Unterlage abhängt, sondern u. a. auch vom Halbmesser r. Es ist aber zur Zeit das thatsächliche Rollwiderstandsgesetz noch nicht ermittelt, deshalb pflegt man sich immer noch an die Gleichung

$W' = \lambda \cdot \dfrac{N}{r}$ zu halten und, wenn vorkommenden Falls eine grössere Genauigkeit gewünscht wird, durch besondere Versuche den betreffenden Werth von λ zu bestimmen.

In der Regel genügt es jedoch, für λ die nachstehenden Werthe anzunehmen:

Bei gusseisernen Walzen auf gusseiserner Unterlage
$$\lambda = 0{,}48 \text{ mm,}$$

bei hölzernen Walzen auf Steinflächen
$$\lambda = 1{,}3 \text{ mm,}$$

bei hölzernen Walzen auf Unterlagen von Holz
$$\lambda = 1{,}5 \text{ mm,}$$

bei Eisenbahnwagenrädern auf den Bahnschienen
$$\lambda = 0{,}5 \text{ mm.}$$

Setzt man $\dfrac{\lambda}{r} = \nu$, so wird der Rollwiderstand $W' = \nu N$, während der Gleitwiderstand bekanntlich durch μN ausgedrückt ist.

Da infolge des Normaldruckes N einerseits der Cylinder sich in die Unterlage etwas eindrückt, anderseits selbst eine gewisse Abplattung erfährt, so gestaltet sich die Sache an der Grenze des Gleichgewichts des Cylinders etwa wie in Fig. 308 (Seite 513) angedeutet ist; der Cylinder wird hierbei durch die Resultante von P' und N auf seine Unterlage aufgedrückt.

Nun liefert die Momentengleichung um B:
$$P' \cdot (CD) = N \cdot (DB)$$

oder, da der Unterschied zwischen CD und r thatsächlich sehr klein ist,

$$P' \cdot r = N \cdot (DB), \quad \text{woraus} \quad DB = \frac{P' \cdot r}{N} = \lambda$$

sich ergiebt, so dass λ als die halbe Breite der Abplattung des Cylinders aufgefasst werden kann, wenn man der Anschaulichkeit halber nur den rollenden Cylinder als zusammendrückbar annimmt.

869. Die Bestimmung des Rollwiderstandskoefficienten.
Coulomb bestimmte den Rollwiderstandskoefficienten λ, indem er, wie in der Fig. 309 angedeutet ist, an den Enden des den Versuchskörper umschlingenden Fadens zunächst zwei gleiche Gewichte Q anbrachte und hierauf zu dem einen Gewicht Q so lange Zulagegewichte hinzufügte, bis der Versuchskörper an der Grenze des Gleichgewichts sich befand, alsdann konnte aus dem gesammten Zulagegewicht q der Rollwiderstandskoefficient λ berechnet werden. Ist nämlich G das Eigengewicht und r der Halbmesser des Versuchskörpers, so liefert die Momentengleichung um D:

$$q \cdot r = N \cdot \lambda = (2Q + G + q)\,\lambda,$$

woraus dann $\lambda = \dfrac{q \cdot r}{2Q + G + q}$ und $\nu = \dfrac{\lambda}{r} = \dfrac{q}{2Q + G + q}$.

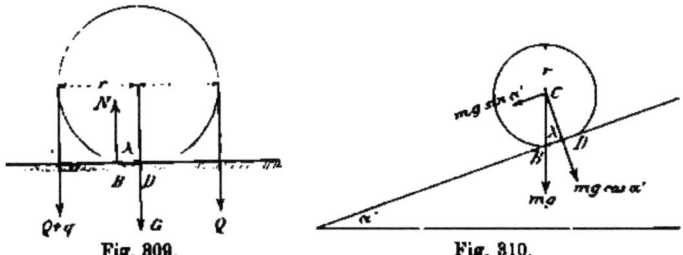

Fig. 309.   Fig. 310.

Aber auch mit Hilfe einer schiefen Ebene (Fig. 310) lässt sich λ bestimmen, wie sich nachstehend zeigt:

Wären der rollende Cylinder und die Unterlage zwar rauh, aber vollkommen unnachgiebig, so würde, wie wir im vorhergehenden Paragraphen gesehen haben, das geringste Gefälle der ebenen Unterlage ein Abwärtsrollen des aufgelegten Cylinders verursachen, und zwar fände vollkommenes Rollen statt, so lange die Horizontalneigung a der schiefen Ebene einen gewissen Grenzwerth a_m nicht überschritte (siehe No. 365). In Wirklichkeit beginnt aber das Rollen überhaupt erst dann, wenn der Winkel a grösser als ein gewisser, durch den Versuch zu ermittelnder Winkel a'.

Ist $a = a'$, so befindet sich der Cylinder an der Grenze des Gleichgewichts, bei welcher die Momentengleichung um B ergiebt:

$$mg \cos a' \cdot \lambda = mg \sin a' \cdot r,$$

woraus $\lambda = r \cdot \operatorname{tg} a'$ und $\nu = \dfrac{\lambda}{r} = \operatorname{tg} a'$.

Durch experimentelle Festsetzung von a' erhält man daher auch ν und λ.

870. Bewegungswiderstand einer auf Walzen gelagerten Last. Es sei Q eine mit einer ebenen Unterfläche versehene Last (Fig. 311), welche von zwei auf einer Horizontalebene liegenden Walzen von gleichem Halbmesser r gestützt sei. Man soll die in der Unterfläche der Last an letzterer wirkende Horizontalkraft P' angeben, welche die Bahn Q an die Grenze des Gleichgewichtes versetzt.

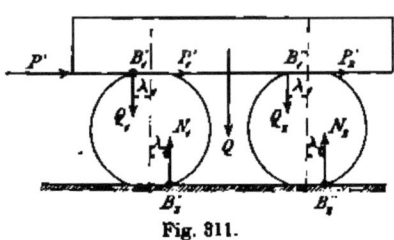

Fig. 311.

Bezeichnet man mit Q_1 und Q_2 die auf die einzelnen Walzen entfallenden Beträge von Q, und mit P'_1 und P'_2 die Beträge der treibenden Kraft P', ferner mit λ_1 und λ_2 die Werthe des Rollwiderstandskoefficienten für Last und Walzen bezw. für Walzen und horizontale Auflagefläche, so liefert für die erste Walze die Momentengleichung um B'_2 angenähert:

$$P'_1 \cdot 2r = Q_1 (\lambda_1 + \lambda_2),$$

für die zweite Walze die Momentengleichung um B''_2:

$$P'_2 \cdot 2r = Q_2 (\lambda_1 + \lambda_2),$$

worauf man durch Addition der beiden Gleichungen erhält:

$$(P'_1 + P'_2)\, 2r = (Q_1 + Q_2)\, (\lambda_1 + \lambda_2)$$
$$\text{oder} \quad P' \cdot 2r = Q\, (\lambda_1 + \lambda_2)$$

und damit $\quad P' = \dfrac{\lambda_1 + \lambda_2}{2} \cdot \dfrac{Q}{r} = \nu' Q,\quad$ wobei $\quad \nu' = \dfrac{1}{r} \cdot \dfrac{\lambda_1 + \lambda_2}{2}.$

871. Friktionsrollen. Auf den beiden in Fig. 312 angedeuteten „Friktionsrollen", je vom Halbmesser r, ruhe die mit einer horizontalen Unterfläche versehene Last Q auf; man soll die horizontale, an der Unterfläche der Last wirkenden Kraft P' bestimmen, welche bei geringster Vergrösserung die Verschiebung der Last hervorruft.

Das Gleichgewicht der Rolle I erfordert:

$$P'_1 r = Q_1 \lambda + \mu' R_1 \varrho,$$

wobei P'_1 und Q_1 die auf die Rolle I entfallenden Theile von P' bezw. Q; R_1 die Resultante von P'_1 und Q_1, ϱ den Zapfenhalbmesser und μ' den Zapfenreibungskoefficienten bedeuten.

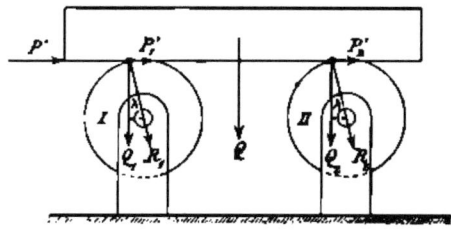

Fig. 312.

Da nun P'_1 klein im Vergleich mit Q_1 und damit R_1 wenig verschieden von Q_1 sein wird, so kann man auch schreiben:

$$P'_1 r = Q_1 \lambda + \mu' Q_1 \cdot \varrho, \quad \text{woraus} \quad P'_1 = \frac{\lambda + \mu' \varrho}{r} \cdot Q_1.$$

In gleicher Weise ergiebt sich für die Rolle II:

$$P'_2 = \frac{\lambda + \mu' \varrho}{r} \cdot Q_2,$$

so dass man erhält:

$$P' = P'_1 + P'_2 = \frac{\lambda + \mu' \varrho}{r} (Q_1 + Q_2) = \frac{\lambda + \mu' \varrho}{r} \cdot Q.$$

Damit zeigt sich dann überhaupt der Tangentialwiderstand W', welchen eine Friktionsrolle beim Ueberschieben eines mit der Kraft N normal auf die Rolle gedrückten Körpers an letzterem äussert, ausgedrückt durch:

$$W' = \frac{\lambda + \mu' \varrho}{r} \cdot N.$$

372. Friktionsrollenlager. Dasselbe, im Princip in Fig. 313 dargestellt, findet Anwendung, wenn es sich darum handelt, den Tangentialwiderstand bei sich drehenden Zapfen möglichst zu verringern; so bei der Atwood'schen Fallmaschine, bei dem Halslager eines Drehkrahns mit theilweise versenkter Krahnsäule etc.

Wird der Cylinder C_0 durch die Kraft Q auf die zu seiner Unterlage dienenden Friktionsrollen C_1 und C_2 aufgedrückt (Fig. 313), so bedarf es eines treibenden Kräftepaares M', um den Cylinder C_0 an die Grenze des Gleichgewichtes zu führen. Wie gross muss nun dieses M' sein?

Sind N_1 und N_2 die Normaldrücke, welche die beiden Rollen C_1 und C_2 von Seiten des Cylinders C_0 erfahren, d. h. die Kom-

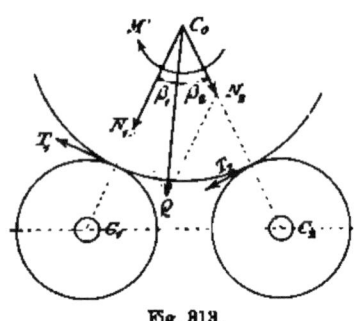

Fig. 813.

ponenten der Kraft Q nach den Richtungen $C_0 C_1$ und $C_0 C_2$, ferner T_1 und T_2 die treibenden Tangentialkräfte an den Rollen, hervorgerufen durch das Kräftepaar M', so hat man entsprechend den in No. 371 erhaltenen Ausdrücken:

$$T_1 = \frac{\lambda + \mu' \varrho}{r} \cdot N_1$$

und $\quad T_2 = \dfrac{\lambda + \mu' \varrho}{r} \cdot N_2.$

Es ist aber:

$$N_1 = Q \cdot \frac{\sin \beta_2}{\sin (\beta_1 + \beta_2)} \quad \text{und} \quad N_2 = Q \cdot \frac{\sin \beta_1}{\sin (\beta_1 + \beta_2)}.$$

Man erhält daher für das Gleichgewicht des Cylinders C_0, wenn r_0 dessen Halbmesser,

$$M' = (T_1 + T_2)\, r_0 = \frac{r_0}{r} (\lambda + \mu' \varrho) \cdot \frac{\sin \beta_1 + \sin \beta_2}{\sin (\beta_1 + \beta_2)} \cdot Q.$$

und im Falle die Kraft Q den Winkel $C_1 C_0 C_2 = 2\beta$ halbirt:

$$M' = \frac{r_0}{r} (\lambda + \mu' \varrho)\, \frac{2 \sin \beta}{\sin 2\beta} \cdot Q = \frac{r_0}{r} (\lambda + \mu' \varrho) \cdot \frac{1}{\cos \beta} \cdot Q.$$

Setzt man sodann $M' = P' \cdot r_0$, so wird

$$P' = \frac{\lambda + \mu' \varrho}{r} \cdot \frac{1}{\cos \beta} \cdot Q,$$

welcher Ausdruck mit $\beta = 0$ übergeht in

$$P' = \frac{\lambda + \mu' \varrho}{r} \cdot Q.$$

Das ist der in No. 371 für P' gefundene Werth.

Aus dem Ausdruck für M' ergiebt sich, dass M' um so kleiner ausfällt, je kleiner der Quotient $\dfrac{r_0}{r}$.

673. Die Rollbewegung eines Kreiscylinders mit Rücksicht auf den Rollwiderstand. Nehmen wir wieder einen durch eine Horizontalebene gestützten Kreiscylinders vom Gewicht mg an, welcher in seinem Schwerpunkt von der Horizontalkraft P

angegriffen werde. Dieser Kreiscylinder wird sich unter Einwirkung der Kraft P nur dann bewegen, wenn P grösser als der Rollwiderstand $W' = \dfrac{\lambda \cdot mg}{r} = r \cdot mg$ ist. Ist letzteres der Fall, so wird man zur Bestimmung der Bewegung des Cylinders einfach an Stelle der Kraft P in No. 364 setzen $P - W'$, wodurch man erhält:

$$P - W' = (m + m')\,p$$
$$\text{oder} \quad P - \frac{\lambda \cdot mg}{r} = (m + m') \frac{dv}{dt}.$$

Handelt es sich um einen Cylinder, welcher auf einer schiefen Ebene von der Horizontalneigung α vollkommen rollt, so ergiebt sich für die Translationsbewegung des Cylinders:

$$mg \sin \alpha - \frac{\lambda}{r} mg \cos \alpha = (m + m') \cdot p,$$

woraus $\quad p = \dfrac{dv}{dt} = \dfrac{mg\left(\sin \alpha - \dfrac{\lambda}{r} \cos \alpha\right)}{m + m'}.$

Es würde daher der rollende Cylinder, wenn er von der Ruhe ausginge, in t Sekunden eine Wegstrecke s zurücklegen, welche ausgedrückt ist durch:

$$s = \frac{1}{2} p t^2 = \frac{1}{2} \cdot \frac{mg\left(\sin \alpha - \dfrac{\lambda}{r} \cos \alpha\right)}{m + m'} \cdot t^2.$$

§ 70.

Die Bewegung der Fuhrwerke.

874. Der Bewegungswiderstand bei einem Wagen auf einer Horizontalebene. Es handle sich um einen Wagen, welcher auf zwei gleichen Räderpaaren ruhe und von einer Horizontalkraft P angegriffen werde. Für diesen Wagen soll zunächst derjenige Werth P' von P bestimmt werden, bei welchem der Wagen sich an der Grenze des Gleichgewichts befindet. Bezeichnet man mit r den Halbmesser der rollenden Räder, mit $G = mg$ das Gewicht eines rollenden Räderpaares sammt Achse, mit $Q = Q_1 + Q_2 = Mg$ das Gewicht des übrigen Theils des Wagens sammt der Ladung, mit m' die auf den Halbmesser reducirte Masse m eines Räderpaares, mit ϱ den Zapfenhalbmesser und mit μ' den Zapfenreibungskoefficienten, so hat man für die beiden Räderpaare unter Berücksichtigung der Bezeichnungen in Fig. 314 die Gleichgewichtsbedingungen

$$W'_1 r = N_1 \lambda + \mu' \varrho Q_1; \qquad W'_2 r = N_2 \lambda + \mu' \varrho Q_2,$$

woraus durch Addition der beiden Gleichungen:

$$(W'_1 + W'_2) r = (N_1 + N_2) \lambda + (Q_1 + Q_2) \mu' \varrho.$$

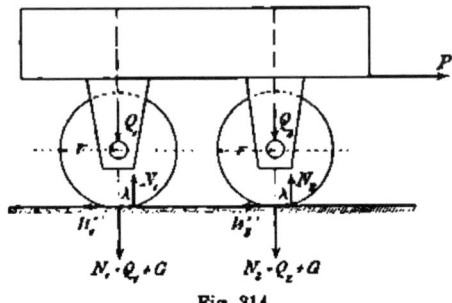

Fig. 314.

Wegen des Gleichgewichtes des ganzen Wagens ist aber

$$N_1 + N_2 = Q + 2G; \qquad W'_1 + W'_2 = W' = P';$$

es ergiebt sich daher

$$W' r = (Q + 2G) \lambda + \mu' Q \cdot \varrho,$$

woraus $\quad W' = (Q + 2G) \dfrac{\lambda}{r} + Q \cdot \dfrac{\mu' \varrho}{r}$

oder angenähert $\quad W' = \dfrac{\lambda + \mu' \varrho}{r} \cdot (Q + 2G) = \nu' \cdot (Q + 2G).$

Dabei bedeutet ν' den in § 26 eingeführten und dort mit μ bezeichneten Widerstandskoefficienten. Dieser hängt also nicht bloss von der Beschaffenheit der Fahrbahn, sondern auch von der Zapfenreibung ab. Von ganz wesentlichem Einfluss auf ν' ist aber der Radhalbmesser r, da ν' umgekehrt proportional r ist. Mit Rücksicht darauf empfiehlt es sich, r möglichst gross zu wählen, wenn W' möglichst klein ausfallen soll.

Ist die treibende Kraft $P > P'$, so setzt sich der Wagen auf seiner horizontalen Unterlage in Bewegung, wobei man, vollkommenes Rollen vorausgesetzt, die Beschleunigung p der betreffenden Translationsbewegung gemäss No. 373 aus der Gleichung erhält:

$$P - W' = (M + 2m + 2m') p,$$

womit sich mit dem für W' gefundenen Werth ergiebt:

$$p = \frac{P - \left[\frac{\lambda}{r} (Q + 2G) + \frac{\mu' \varrho}{r} \cdot Q \right]}{M + 2 (m + m')}.$$

375. Der Wagen auf einer schiefen Ebene sich selbst überlassen. Bei dem vollkommen rollenden Wagen erhält man:

$$p = \frac{(Q + 2G) \cdot \sin \alpha - \left[\frac{\lambda}{r} (Q + 2G) \cdot \cos \alpha + \mu' \frac{\varrho}{r} Q \right]}{M + 2 (m + m')}$$

und $\quad s = \frac{1}{2} p t^2 = \frac{1}{2} \cdot \frac{(Q + 2G) \cdot \sin \alpha - [\cdots]}{M + 2 (m + m')} \cdot t^2.$

Lässt man nun auf einer schiefen Ebene von gegebener Horizontalneigung α nur ein Räderpaar ohne Wagen herabrollen und bestimmt die Zeit t_1, welche das Räderpaar braucht, um eine gemessene Wegstrecke s auf der schiefen Ebene zurückzulegen, so besteht die Gleichung:

$$s = \frac{1}{2} \cdot \frac{G \sin \alpha - \frac{\lambda}{r} G \cos \alpha}{m + m'} \cdot t_1{}^2 = \frac{1}{2} g \cdot \frac{m}{m + m'} \left(\sin \alpha - \frac{\lambda}{r} \cos \alpha \right) \cdot t_1{}^2.$$

Lässt man aber den ganzen Wagen herabrollen, wobei der Wagen in der Zeit t_2 dieselbe Wegstrecke s zurücklege, so hat man

$$s = \frac{1}{2} \cdot \frac{(Q + 2G) \sin \alpha - \left[\frac{\lambda}{r} (Q + 2G) \cos \alpha + \mu' \frac{\varrho}{r} Q \right]}{M + 2 (m + m')} \cdot t_2{}^2.$$

Aus diesen zwei Gleichungen für s lassen sich dann die beiden Koefficienten λ und μ' bestimmen.

Bezeichnet man mit α' die Horizontalneigung der schiefen Ebene, bei welcher der Wagen gerade noch im Gleichgewicht sich befindet, so erhält man α' aus der Gleichung für p, wenn man darin $p = 0$ setzt, also aus:

$$0 = (Q + 2G) \sin \alpha' - \left[\frac{\lambda}{r} (Q + 2G) \cos \alpha' + \mu' \frac{\varrho}{r} Q \right]$$

oder, da in Wirklichkeit α' ein kleiner Winkel und damit $\cos \alpha'$ nahezu $= 1$, auch $\operatorname{tg} \alpha'$ statt $\sin \alpha'$ gesetzt werden kann,

$$0 = (Q + 2G) \operatorname{tg} \alpha' - \left[\frac{\lambda}{r} (Q + 2G) + \mu' \frac{\varrho}{r} Q \right],$$

woraus $\quad \operatorname{tg} \alpha' = \frac{\lambda}{r} + \mu' \cdot \frac{\varrho}{r} \cdot \frac{Q}{Q + 2G}.$

876. Die zum gleichförmigen Bergaufziehen eines Wagens erforderliche Zugkraft. Ist P' die der schiefen Ebene parallele treibende Kraft, welche den Wagen an die Grenze des Gleichgewichts bringt, so hat man mit W wie in No. 375:

$$P' = (Q + 2G)\sin\alpha + \frac{\lambda}{r}(Q + 2G)\cos\alpha + \mu'\frac{\varrho}{r}Q$$

oder angenähert $P' = (Q + 2G)\left(\operatorname{tg}\alpha + \frac{\lambda}{r} + \mu'\cdot\frac{\varrho}{r}\right)$.

Demgemäss erhielte man für eine Steigung der Bahn von $1:200$, einen Radhalbmesser $r = 500\,\text{mm}$, einen Zapfenhalbmesser $\varrho = 50\,\text{mm}$ mit $\lambda = 0{,}5\,\text{mm}$ und $\mu' = 0{,}01$

$$P' = (Q + 2G)\left(\frac{1}{200} + \frac{1}{1000} + \frac{1}{1000}\right) = 0{,}007\cdot(Q + 2G).$$

877. Die Wirkung der Radbremsen. Wir wollen zunächst einen Kreiscylinder vom Halbmesser r und der Masse m annehmen, welcher auf einer horizontalen Ebene, gegen die er mit der Kraft Q normal aufgedrückt werde, in rollende Bewegung versetzt worden sei. Dabei finde zwischen den gegebenen Anfangsgeschwindigkeiten v_0 und ω_0 der nunmehr zu betrachtenden Bewegung die Beziehung $v_0 = r\omega_0$ statt, wodurch das Rollen des Cylinders als ein vollkommenes und in Anbetracht des Fehlens der treibenden Horizontalkraft auch als ein gleichförmiges mit den Geschwindigkeiten v_0 und ω_0 sich erweist.

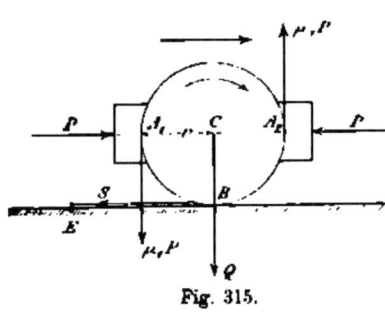
Fig. 315.

Diese gleichförmige Rollbewegung erfährt aber eine Aenderung, sobald die beiden Bremsklötze bei A_1 und A_2 an den Cylinder angepresst werden (Fig. 315). Bezeichnet man mit P und $\mu_1 P$ die Normaldrücke, beziehungsweise Reibungswiderstände in A_1 und A_2 und nimmt überdies zur Erzielung vollkommenen Rollens auf der vorläufig absolut glatt vorausgesetzten Horizontalebene wieder einen um den Cylinder geschlungenen Faden an, so hat man:

$$m\frac{dv}{dt} = -S; \quad \frac{d\omega}{dt} = \frac{Sr - 2\mu_1 Pr}{\Theta}; \quad r\frac{d\omega}{dt} = \frac{dv}{dt},$$

woraus $S = 2\mu_1 P\cdot\dfrac{m}{m + m'}$ $\qquad p = \dfrac{dv}{dt} = -\dfrac{2\mu_1 P}{m + m'}.$

Diese Gleichungen zeigen, dass je grösser P, um so grösser die negative Beschleunigung p oder die Verzögerung p, um so grösser aber auch die Fadenspannung S ist.

Für $P = P'$ sei $S = \mu Q$, womit $P' = \dfrac{\mu Q}{2\mu_1}\left(1 + \dfrac{m'}{m}\right)$.

Desgleichen sei für $P = P_1$, wobei $P_1 < P'$,

$$S = S_1 = 2\mu_1 P_1 \cdot \frac{m}{m + m'}.$$

S_1 ist dann kleiner als μQ.

Denkt man sich jetzt den Faden wieder weggenommen, dafür aber die horizontale Auflageebene des Cylinders nicht mehr absolut glatt, so wird die Einwirkung der Bremswiderstände $\mu_1 P_1$ in A_1 und A_2 zur Folge haben, dass die Winkelgeschwindigkeit ω_0 des Cylinders abnimmt und damit ein Reibungswiderstand W_t in B entsteht, welcher der Translationsbewegung des Cylinders entgegenwirkt. Hat dieser Reibungswiderstand W_t bei seiner Entwicklung den Werth $W_t = S_1 = 2\mu_1 P_1 \cdot \dfrac{m}{m + m'}$, erreicht, so zeigt sich $v = r\omega$. Damit fällt dann nach den Ausführungen auf Seite 503 und 504 der Anlass zu weiterer Vergrösserung des Reibungswiderstandes W_t weg, so dass $W_t = S_1$ bleibt.

Die Bewegung des Cylinders besteht daher von jetzt an in einem vollkommenen Rollen, nur ist dieses Rollen kein gleichmässiges mehr, vielmehr ein verzögertes, insofern sich ergiebt:

$$p = \frac{dv}{dt} = r\frac{d\omega}{dt} = -\frac{2\mu_1 P_1}{m + m'}.$$

Steigert man die Kraft P bis zum Werthe P', so bleibt das Rollen des Cylinders ein vollkommenes, wobei mit $P = P'$:

$$p = -\frac{2\mu_1 P'}{m + m'} = -\frac{2\mu_1}{m + m'} \cdot \frac{\mu Q}{2\mu_1} \cdot \frac{m + m'}{m} = -\frac{\mu Q}{m}$$
$$mp = -\mu Q.$$

Nimmt man hierauf $P > P'$ an, so ist das Rollen des Cylinders mit einem Gleiten verbunden. Dabei besitzt der Reibungswiderstand W_t' in B seinen Maximalwerth μQ. In diesem Falle giebt dann der Satz von der Bewegung des Schwerpunktes

$$mp = -\mu Q.$$

Daraus ersieht man, dass eine Steigerung der Kraft P über den Werth P' hinaus werthlos ist. Auch erkennt man, dass die Verlangsamung der Translationsbewegung des Cylinders nicht unmittelbar durch die Bremsen bewirkt wird, dass es vielmehr der in B durch die Bremsen hervorgerufene Reibungs- widerstand W_t der Unterlage des Cylinders ist, welcher die Verzögerung bewirkt. Dieser Reibungswiderstand kann aber nie grösser als μQ werden.

Handelt es sich um Bremsen der Räder von Eisenbahn- fahrzeugen, so kann bei Bestimmung der Bremswirkung in ähn- licher Weise vorgegangen werden, wie beim rollenden Cylinder. Man hat hier eben statt des Cylinders ein Räderpaar sammt Räder- achse als rollenden Körper in Betracht zu ziehen und überdies die Zapfenreibung zu berücksichtigen. Bedeutet nun

m die Masse eines Räderpaares sammt Achse, $mg = G$ dessen
    Gewicht,
r den Radhalbmesser
m' die auf den Halbmesser r reducirte Masse m,
ϱ den Zapfenhalbmesser,
Q die Last, welche die Achse zu tragen hat,
μ' den Zapfenreibungskoefficienten,
μ'' den Reibungskoefficienten für die Bremsen,
μ den Reibungskoefficienten für die Eisenbahnschienen,
P den Druck eines der vier Bremsklötze auf das Rad,

so hat man entsprechend dem Vorhergehenden für ein Räderpaar bei vollkommenem Rollen:

$$m \frac{dv}{dt} = mp = -S; \qquad \frac{d\omega}{dt} = \frac{Sr - 4\mu'' Pr - \mu' Q\varrho}{m' \cdot r^2},$$

$$r \frac{d\omega}{dt} = \frac{dv}{dt} = p,$$

woraus $\quad S = \left(4\mu'' P + \mu' Q \cdot \frac{\varrho}{r}\right) \frac{m}{m + m'}$

und mit $S = \mu(Q + G)$:

$$P = P' = \frac{1}{4\mu''} \left[\mu(Q + G) \frac{m + m'}{m} - \mu' Q \cdot \frac{\varrho}{r}\right].$$

Dieser Druck P' muss zum mindesten von jedem der vier Bremsklötze auf das Rad ausgeübt werden, wenn das Maximum der Bremswirkung erzielt, nämlich der Reibungswiderstand $\frac{1}{2}\mu(Q+G)$ an der Auflagestelle B eines jeden der beiden Räder hervorgerufen werden soll.

376. Bewegung eines gebremsten Eisenbahnzuges. Ein Zug von $n = n_1 + n_2$ Achsen, von welchen n_1 gebremst werden, rolle eine schiefe Ebene von der Horizontalneigung α herab. Derselbe besitze in dem Augenblick, in welchem das Bremsen der n_1 Achsen erfolgt, die Geschwindigkeit v_0.

Man soll die Bewegung des gebremsten Zuges bestimmen.

Die Gesammtmasse des Zuges sei M, und m die Masse eines Räderpaares sammt Achse, m' die auf den Radhalbmesser r reducirte Masse m,

$mg = G$ das Gewicht eines Räderpaares sammt Achse,

Q die Last, welche im Durchschnitt eine Achse zu tragen hat.

Man hat nun unter der Voraussetzung, dass die Bremsen so stark angezogen seien, dass die gebremsten Räder auf den Schienen schleifen und sich nicht mehr drehen, die übrigen Räder aber vollkommen rollen, gemäss den seitherigen Ausführungen:

$$(M + n \cdot m') \frac{dv}{dt} = Mg \cdot \sin a - n_1 \cdot \mu (Q + G) \cos a - $$
$$- n_2 \left[\frac{\lambda}{r} (Q + G) \cos a + \mu' \frac{\varrho}{r} Q \right]$$

oder, da a klein und demgemäss $\cos a = 1$ und $\sin a = \operatorname{tg} a$ gesetzt werden kann:

$$(M + n_2 \cdot m') \frac{dv}{dt} = Mg \cdot \operatorname{tg} a - \mu \cdot n_1 (Q + G) - $$
$$- n_2 \left[\frac{\lambda}{r} (Q + G) + \mu' \frac{\varrho}{r} Q \right].$$

Aus dieser Gleichung lässt sich leicht die ganze Bewegung des Eisenbahnzuges bestimmen.

— —

14. Kapitel.

Dynamik der Maschinen.

§ 71.

Von den Maschinen und den an ihnen wirkenden Kräften.

879. Die Maschinen im Sinne der Dynamik. Vom Standpunkt der Dynamik aus wollen wir unter einer Maschine ein materielles System verstehen, mittels dessen die an ihm sich bethätigenden Arbeiten gegebener treibenden Kräfte zum Zweck

bestimmter Verwerthung in entsprechender Weise umgesetzt werden nach Massgabe des Princips der lebendigen Kraft.

380. Die Kräfte an den Maschinen. Die Kräfte, welche an einer Maschine in Betracht kommen, sind:

1. Das Eigengewicht der Maschine.
2. Die gegebenen treibenden Kräfte.[1]
3. Die äusseren Widerstände, welche durch die Berührung der Maschine mit fremden, zum materiellen System der Maschine nicht gehörenden Körpern hervorgerufen werden. Zu diesen Widerständen sind zu rechnen: die Auflagerwiderstände, ausgeübt von den Unterstützungen der Maschine, insbesondere aber der Widerstand, welchen der von der Maschine zu bearbeitende Körper der Maschine entgegensetzt, d. h. der sogenannte Nutzwiderstand.
4. Die inneren Kräfte, welche die einzelnen mit einander in Verbindung stehenden Maschinentheile an den Verbindungsstellen gegenseitig ausüben.
5. Die inneren Kräfte, welche die materiellen Punkte je eines und desselben Maschinentheiles gegenseitig äussern.

Was nun die Arbeiten dieser Kräfte beim Gang der Maschine betrifft, so ist darüber Folgendes zu sagen:

Bezüglich der Arbeit des Eigengewichtes erkennen wir, dass die Elementararbeit desselben positiv oder negativ ist, je nachdem sich der Schwerpunkt der Maschine während des betreffenden Zeitelementes senkt oder hebt. Bleibt bei der Bewegung der Maschine der Schwerpunkt der letzteren immer in derselben Horizontalebene, so ist auch die Arbeit des Eigengewichts gleich Null. Desgleichen ergiebt sich, wenn eine ihren Standort nicht ändernde Maschine nach einem gewissen Zeitabschnitt stets wieder in ihre ursprüngliche Stellung zurückkehrt, die in diesem Zeitabschnitt geleistete Arbeit des Eigengewichtes gleich Null.

Die Elementararbeit der eigentlichen treibenden Kräfte ist stets positiv. Kennzeichnet sich doch eine solche treibende Kraft, d. h. eine Kraft, welche die Geschwindigkeit des von ihr

---

[1] Schon in der Statik war von treibenden Kräften die Rede. Dort lassten wir die treibenden Kräfte auf im Gegensatz zu den Auflagerwiderständen, damit die unpassenden Bezeichnungen aktive und passive Kräfte vermeidend. Bei den Maschinen pflegt man aber auch treibende Kräfte und hemmende Kräfte zu unterscheiden und unter einer treibenden Kraft eine Kraft zu verstehen, welche die Geschwindigkeit ihres Angriffspunktes zu vergrössern sucht. Die treibenden Kräfte bei den Maschinen wären also treibende Kräfte im engeren Sinne des Wortes.

angegriffenen materiellen Punktes zu vergrössern sucht, dadurch, dass sie mit der Bewegungsrichtung ihres Angriffspunktes einen spitzen Winkel bildet. Letzterenfalls leistet aber die Kraft eine positive Elementararbeit. Eine hemmende Kraft dagegen schliesst mit der Bewegungsrichtung einen stumpfen Winkel ein und liefert eine negative Elementararbeit. Demgemäss sind auch die Elementar-Arbeiten der äusseren Widerstände niemals positiv. Sie sind entweder negativ oder gleich Null. Das letztere findet statt, wenn der Angriffspunkt des Widerstandes keine Bewegung erfährt oder wenn die Richtung des Widerstandes stets normal auf dem von seinem Angriffspunkt beschriebenen Weg steht.

Nicht minder erfordern die inneren Kräfte in den Verbindungsstellen der einzelnen Maschinentheile eine besondere Betrachtung. Angenommen zwei Maschinentheile $\mathfrak{M}_1$ und $\mathfrak{M}_2$ berühren sich in einer Fläche CD (Fig. 316) und üben gegenseitig die beiden gleichen und entgegengesetzt gerichteten Kräfte S_1 und S_2 aufeinander aus (S_1 die von $\mathfrak{M}_2$ ausgehende, an $\mathfrak{M}_1$ wirkende innere Kraft, S_2 die Kraft an $\mathfrak{M}_2$).

Nach Verfluss des Zeitelementes dt komme $\mathfrak{M}_1$ aus der Lage AB in die Lage $A'B'$ und $\mathfrak{M}_2$ aus der Lage CD in die Lage $C'D'$, wobei eine Verschiebung von $\mathfrak{M}_2$ gegen $\mathfrak{M}_1$ nicht stattfinde. In diesem Falle ist bei der Ortsveränderung der Maschinentheile $\mathfrak{M}_1$ und $\mathfrak{M}_2$ die Arbeitssumme der beiden Kräfte S_1 und S_2 gleich Null. Erfolgt aber während des gemeinsamen Fort-

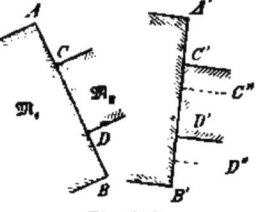

Fig. 316.

schreitens der Maschinentheile $\mathfrak{M}_1$ und $\mathfrak{M}_2$ noch eine Verschiebung von $\mathfrak{M}_2$ gegen $\mathfrak{M}_1$, so dass am Ende des Zeitelementes dt der Maschinentheil $\mathfrak{M}_2$ sich in der Lage $C''D''$ befindet, dann gestaltet sich die Sache anders. Man kann sich nämlich denken, dass zunächst die gemeinsame Verschiebung der beiden Maschinentheile aus der Lage AB, CD in die Lage $A'B'$, $C'D'$ erfolge und darauf die Verschiebung von $\mathfrak{M}_2$ gegen $\mathfrak{M}_1$ aus der Lage $C'D'$ in die Lage $C''D''$ eintrete. Bei der erstgenannten Elementarbewegung ist die Arbeitssumme von S_1 und S_2 gleich Null, bei der letztgenannten Verschiebung dagegen ist die Arbeit von S_1 gleich Null, dagegen die Arbeit von S_2, welche mit der Arbeit der Tangentialkomponenten von S_2 übereinstimmt, negativ. Man kann also sagen, dass, wenn zwei in Verbindung stehende Maschinentheile beim Gang der Maschine zusammen eine Ortsveränderung erleiden, bei welcher sie sich gegenseitig nicht verschieben, die Summe der Elementararbeiten der in der Verbindungsstelle dieser Maschinentheile auftretenden Widerstände gleich Null ist, dass aber beim Stattfinden einer solchen Verschiebung die genannte Arbeitssumme sich als negativ ergiebt.

Was endlich die Arbeiten der inneren Kräfte betrifft, welche die materiellen Punkte eines und desselben Maschinentheils gegenseitig ausüben, so ist auch hier bei jeder Elementarbewegung des betreffenden Maschinentheils nach Früherem die Arbeitssumme der inneren Kräfte gleich Null, wenn angenommen werden darf, dass während der Bewegung des Maschinentheils die gegenseitigen Entfernungen der einzelnen materiellen Punkte des Maschinentheils sich nicht ändern. Letztere Voraussetzung werden wir im Folgenden thatsächlich machen.

Fassen wir jetzt die Arbeiten zusammen, welche von den an der Maschine wirkenden Kräften in der Zeit t verrichtet werden. Diese Arbeiten sind:

1. die positive Arbeit A der treibenden Kräfte P oder die Triebkraftarbeit;
2. die positive oder negative Arbeit C des Eigengewichtes G der Maschine, welche Arbeit unter Umständen auch gleich Null ist;
3. die negative Arbeit B' des Widerstandes W', welchen der von der Maschine zu bearbeitende Körper der Maschine entgegensetzt oder die sogenannte Nutzwiderstandsarbeit oder kurz: die Nutzarbeit;
4. die negative Arbeit B'', herrührend von den übrigen Widerständen W'', welche sich der Bewegung der Maschine entgegenstellen, so insbesondere der Reibungswiderstände. Diese Widerstände pflegt man als Bewegungswiderstände oder auch als Nebenwiderstände zu bezeichnen.

381. Kraftmaschinen und Arbeitsmaschinen. Stellen wir uns vor, es solle eine Hobelmaschine oder ein Webstuhl oder eine Spinnmaschine etc. durch Wasserkraft betrieben werden. In diesem Fall kann die gegebene äussere Triebkraft, nämlich der Druck des Wassers, nicht unmittelbar auf die betreffende Maschine einwirken, vielmehr ist eine Zwischenmaschine, das Wasserrad, nöthig, welche die Arbeit des Wasserdruckes aufnimmt und dieselbe auf die Hobelmaschine, den Webstuhl, die Spinnmaschine etc. überträgt. Diese Zwischenmaschine wird Kraftmaschine (Motor) genannt, während die erwähnten, von der Kraftmaschine bewegten, das gewünschte Fabrikat liefernden Maschinen Arbeitsmaschinen heissen. Zu den Kraftmaschinen gehören insbesondere auch die Dampfmaschinen, sodann ausser den Wasserrädern, der

Pferdegöpel, das Tretrad etc., zu den Arbeitsmaschinen die verschiedenen Werkzeugmaschinen, die Lasthebemaschinen etc.

§ 72.

Die Anwendung des Princips der lebendigen Kraft auf Maschinen.

382. Die Hauptgleichung für die Bewegung einer Maschine.
Dieselbe liefert das Princip der lebendigen Kraft eines materiellen Systems. Dieses Princip lautet bekanntlich:

Es ist die Aenderung der lebendigen Kraft eines bewegten materiellen Systems während irgend eines Zeitabschnittes gleich der Summe der in dem Zeitabschnitt geleisteten Arbeiten aller am System wirkenden Kräfte.

Demgemäss erhält man die Aenderung der lebendigen Kraft L einer Maschine während eines Zeitabschnittes t:

$$\Delta L = A - B' - B'' = A - (B' + B'') = A - B$$

und daher während eines Zeitelementes dt:

$$dL = dA - dB.$$

Nehmen wir zunächst an, es sei der Gang der Maschine ein vollkommen gleichförmiger, oder mit anderen Worten: es bleibe die Geschwindigkeit eines jeden materiellen Punktes der Maschine konstant, wobei wir uns einen im Betrieb befindlichen Schleifstein denken können, dann hat man:

$$dL = 0 \quad \text{und damit} \quad dA = dB.$$

Es tilgt also in diesem Fall in jedem Zeitelement die Triebkraftarbeit die gesammte Widerstandsarbeit der Maschine. Ein solches gleichmässiges Wirken der Triebkräfte und der Widerstände wird aber nur in den seltensten Fällen stattfinden, vielmehr wird bald die Triebkraftarbeit A, bald die Widerstandsarbeit B überwiegen. Ist $A > B$, so ergiebt sich ΔL positiv, es nimmt die lebendige Kraft der Maschine zu, der Gang der Maschine wird schneller. Mit $A < B$ tritt dagegen eine Verlangsamung der Maschine ein.

Da man einen vollkommen gleichförmigen Gang der Maschine für gewöhnlich nicht erzielen kann, so muss man sich eben mit einem periodisch gleichförmigen begnügen. Bei einem solchen stellt sich nach Verfluss eines gewissen Zeitabschnittes τ stets wieder der gleiche Geschwindigkeitszustand der Maschine und damit dieselbe lebendige Kraft derselben ein. Für eine Bewegungsperiode der Maschine von der Dauer τ hat man daher $\Delta L = 0$ und demgemäss $A = B$. d. h. in der Zeit τ tilgen sich stets die Triebkraftarbeit und die Widerstandsarbeit.

888. Die Bedeutung der Schwungräder. Wir haben gesehen, dass, wenn $A > B$, ΔL positiv ist, dass also die lebendige Kraft der Maschine zunimmt. Auf die lebendige Kraft eines Körpers haben aber zwei Faktoren Einfluss, nämlich die Masse des Körpers und die Geschwindigkeit desselben. Ist nun unter der Voraussetzung $A > B$ bei einer Maschine die in Bewegung zu setzende Masse grösser als bei einer anderen, so wird bei gegebenem $A - B = \Delta L$, die Maschine von der grösseren Masse eine geringere Geschwindigkeitszunahme zeigen, als die Maschine von der kleineren Masse. Ebenso wird, wenn $A < B$, bei der Maschine von der grösseren Masse die Verlangsamung nicht in so erheblichem Grad erfolgen, wie bei der Maschine von der kleineren Masse. Darum ist es unter Umständen zweckmässig, durch Anhäufung weiterer Masse an einem bewegten Maschinentheil die bewegliche Masse der Maschine zu vergrössern. Diese Zusatzmasse wird gewöhnlich an einer Welle der Maschine in Form einer Scheibe oder eines Rades angebracht und führt dann den Namen Schwungrad. So dient das Schwungrad als Regulator für die Bewegung der Maschine.

Bei dem periodisch gleichförmigen Gang der Maschine ist es nicht nöthig, dass Triebkraft und Nutzwiderstand gleichzeitig thätig sind, vielmehr geht es auch an, zuerst die Triebkraft eine Zeit lang wirken, dann aufhören und hierauf die Nutzarbeit an dem zu bearbeitenden Körper von der Maschine ausführen zu lassen. Während des alleinigen Wirkens der Triebkraft, also während des „Leerlaufens" der Maschine wird die lebendige Kraft der Maschine und damit des Schwungrades grösser und grösser, es wird immer mehr Energie im Schwungrad angesammelt und zwar um so mehr, je länger man die verfügbare Triebkraft auf die Maschine hat einwirken lassen. Hört dann die Triebkraft zu wirken auf, so kann die lebendige Kraft des Schwungrades wieder in Nutzarbeit umgesetzt werden. Auf diese Weise dient das Schwungrad als Energie- oder Arbeitssammler.

Bei einem Walzwerk würde man den Widerstand des zu walzenden Körpers meistens nicht mit der vorhandenen Triebkraft unmittelbar überwinden können, bei einem Walzwerk ist daher das Schwungrad unentbehrlich. Ebenso verhält es sich bei Lochmaschinen u. dergl.

884. Stosswirkungen. Da die lebendige Kraft der Maschine, welche von der Arbeit der Triebkraft erzeugt wird, sich wieder in Nutzarbeit umsetzen lässt, so ist auch von der Maschine ein Verlust an lebendiger Kraft möglichst fern zu halten. Nun haben wir aber in der Lehre vom Stoss gesehen, dass bei jedem Stoss nicht vollkommen elastischer Körper ein Verlust an lebendiger Kraft eintritt. Daher sollten auch bei einer Maschine Stösse womöglich nicht vorkommen.

885. Perpetuum mobile. Ein solches wäre eine Maschine, bei welcher, nachdem sie einmal in Gang gesetzt ist, ohne Einwirkung einer äusseren Triebkraft, fortwährend Nutzarbeit geleistet, also Widerstandsarbeit getilgt wird. Nun erhält man mit $A = 0$ $\Delta l = -B$, d. h. es nimmt die lebendige Kraft der Maschine immer mehr ab, die Maschine geht langsamer und langsamer und bleibt endlich stehen. Aber auch wenn von der Maschine gar keine Nutzarbeit verlangt wird, wenn man blos haben will, dass die Bewegung der Maschine nie aufhöre, ergiebt sich, da eine Maschine nie ausgeführt werden kann, bei der sich nicht Bewegungswiderstände geltend machten, dass $\Delta L = -B''$ stets negativ sein muss, womit wieder die allmähliche Abnahme der Geschwindigkeit erwiesen ist. Ein „Perpetuum mobile" ist also ein Ding der Unmöglichkeit.

§ 73.

Die lebendige Kraft und die reducirte Masse einer Maschine.

886. Bestimmung dieser Grössen. Die lebendige Kraft einer in Bewegung befindlichen Maschine ist die Summe der lebendigen Kräfte aller einzelnen materiellen Punkte, welche in ihrer Gesammtheit die Maschine bilden.

Nehmen wir an, dass eine Maschine aus den Körpern I, II und III (Fig. 317) bestehe, drehbar um die parallelen Achsen C_1, C_2, C_3. Diese drei Körper seien durch Zahnräder miteinander in Verbindung gesetzt, so dass die Umdrehung des Körpers I auch diejenige der beiden anderen Körper zur Folge habe.

Bezeichnet man die Trägheitsmomente der Körper in Beziehung auf ihre Drehachsen mit Θ_1, Θ_2, Θ_3 und die Winkelgeschwindigkeiten der Körper in einem und demselben Augenblick mit ω_1, ω_2, ω_3, so ergiebt sich die lebendige Kraft L der ganzen Maschine, wenn L_1, L_2, L_3 die lebendigen Kräfte der drei Körper bezeichnen, aus welchen die Maschine zusammengesetzt ist:

$$L = L_1 + L_2 + L_3$$

oder nach Massgabe von § 50

$$L = \tfrac{1}{2}\Theta_1\,\omega_1{}^2 + \tfrac{1}{2}\Theta_2\,\omega_2{}^2 + \tfrac{1}{2}\Theta_3\,\omega_3{}^2.$$

Nun stehen aber die Winkelgeschwindigkeiten ω_1, ω_2, ω_3 in gewisser Beziehung zu einander. Es sei r'_1 der Theilkreishalbmesser des auf der Achse des Körpers I befindlichen Zahnrades, das mit einem an der Achse des Körpers II angebrachten Zahnrad vom Halbmesser r''_1 im Eingriffe stehe. Des weiteren befinde sich auf der Achse des Körpers II ein zweites Zahnrad, dessen Halbmesser $= r''_2$ sei und das in ein auf der Achse des Körpers III befindliches Zahnrad vom Halbmesser r'''_2 eingreife. Man hat daher:

$$r'_1\,\omega_1 = r''_1\,\omega_2; \qquad r''_2\,\omega_2 = r'''_2\,\omega_3,$$

also
$$\omega_2 = \frac{r'_1}{r''_1}\,\omega_1; \qquad \omega_3 = \frac{r''_2}{r'''_2}\cdot\frac{r'_1}{r''_1}\,\omega_1$$

und demgemäss
$$L = \tfrac{1}{2}\omega_1{}^2\left[\Theta_1 + \Theta_2\left(\frac{r'_1}{r''_1}\right)^2 + \Theta_3\left(\frac{r''_2}{r'''_2}\cdot\frac{r'_1}{r''_1}\right)^2\right].$$

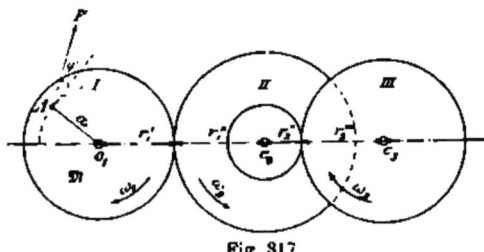

Fig. 317

Der Klammerausdruck ist aber eine von der Bewegung der Maschine unabhängige Grösse; man kann daher vorliegenden Falles setzen

$$L = \tfrac{1}{2}\omega_1{}^2\cdot C.$$

Nehmen wir jetzt an, es bezeichne A einen mit dem Körper I (Fig. 317) fest verbundenen, im Abstand a von der Drehachse befindlichen materiellen Punkt von der Masse m', dann wird in dem Augenblick, in welchem der Körper I die Winkelgeschwindigkeit ω_1 hat, die lebendige Kraft dieses materiellen Punktes m' durch $\tfrac{1}{2}m'a^2\omega^2$ ausgedrückt sein, während die lebendige Kraft der Maschine den Werth $L = \tfrac{1}{2}\omega_1{}^2\cdot C$ besitzt.

Würde nun die lebendige Kraft des materiellen Punktes m' gleich sein der lebendigen Kraft L der Maschine, so wäre in

Uebereinstimmung mit dem in No. 297 Gesagten, m' die auf den angenommenen Punkt A reducirte Masse der ganzen Maschine. Um dieselbe zu erhalten, hätte man also zu setzen:

$$\tfrac{1}{2} m' a^2 \omega_1{}^2 = L = \tfrac{1}{2} \omega_1{}^2 \cdot C, \quad \text{woraus} \quad m' = \frac{C}{a^2}.$$

Demgemäss würde sich vorliegenden Falles die reducirte Masse m' der Maschine während der Bewegung der letzteren als konstant erweisen.

Wie auf den mit dem Körper I fest verbundenen Punkt A könnte man die Masse der Maschine in gleicher Weise auf einen mit II oder mit III fest verbundenen Punkt reduciren.

Etwas anders gestaltet sich die Sache, wenn bei einer Maschine auch hin- und hergehende Massen, Schubstangen u. dgl. vorkommen. Nehmen wir beispielsweise an, es sei noch eine zwischen geraden Führungen bewegliche Masse m_4 vorhanden, welche durch eine mit dem Körper III in Verbindung stehende Schubstange bei der Umdrehung des Körpers III eine hin- und hergehende Bewegung erhalte. Diese Masse m_4 wird dann zur lebendigen Kraft L der Maschine einen gewissen Beitrag L_4 liefern. Gesetzten Falles, es wäre die Winkelgeschwindigkeit ω_1 konstant, dann würden auch die lebendigen Kräfte L_1, L_2, L_3 als konstant sich erweisen, L_4 zeigte sich dagegen veränderlich, da ja die Geschwindigkeit der bewegten Masse m_4 in jedem Augenblick wechselt. Des weiteren erhielte man für die auf den Punkt A reducirte Masse m' der Maschine, wenn man von der Masse der Schubstange absieht:

$$m' = \frac{2}{a^2 \omega_1{}^2} (L_1 + L_2 + L_3 + L_4) = \frac{C}{a^2} + \frac{2}{a^2 \omega_1{}^2} \cdot L_4.$$

Die reducirte Masse bestünde also aus einem konstanten und einem bei der Bewegung der Maschine sich ändernden Theil. Zu dem veränderlichen Theil der reducirten Masse lieferte auch die sich bewegende Schubstange, wenn man ihre Masse berücksichtigen wollte, einen Beitrag. Da nun eine Maschine aus derartigen Theilen, wie die soeben angeführten, zusammengesetzt zu sein pflegt, so kann man sagen, dass im allgemeinen die auf einen bestimmten Punkt A eines bewegten Maschinentheils reducirte Masse der Maschine aus zwei Theilen m'_1 und m'_2 besteht, von welchen der eine, m'_2, sich bei der Bewegung der Maschine ändert, während der andere, m'_1, unverändert bleibt. Damit ist dann die lebendige Kraft einer Maschine, wenn v die Geschwindigkeit des Reduktionspunktes A, ausgedrückt durch:

$$L = \tfrac{1}{2} m' v^2 = \tfrac{1}{2} (m'_1 + m'_2) v^2.$$

Dynamik der Maschinen.

387. Bestimmung des Bewegungszustandes einer Maschine mit Hilfe der reducirten Masse. Bei einer sich bewegenden Maschine führen die einzelnen materiellen Punkte derselben bestimmte Bewegungen in vorgeschriebenen Bahnlinien aus. Man kann daher die Maschine als einen zwangläufigen Körper betrachten, bei welchem die Bewegung eines Punktes auch diejenige des ganzen Körpers bedingt. Nun sei:

A' der Angriffspunkt der Triebkraft P, welche die Maschine in Bewegung setzt,

m' die auf den Punkt A' reducirte Masse der Maschine,

P_0 der Theil der Triebkraft P, welcher nöthig ist, um die Maschine zunächst an die Grenze des Gleichgewichtes zu führen und den an der Maschine wirkenden Widerständen das Gleichgewicht zu halten,

$R = P - P_0$ der zum Antrieb der Maschine übrig bleibende Theil der Kraft P,

ds das Wegelement, welches der Punkt A' bei der Bewegung der Maschine in dem Zeitelement dt beschreibt, also

$v = \dfrac{ds}{dt}$ die Geschwindigkeit des Punktes A', endlich

φ der Winkel der Triebkraft P mit der Bewegungsrichtung ihres Angriffspunktes A',

alsdann hat man:

$$R \cdot ds \cos \varphi = (P - P_0)\, ds \cos \varphi = P\, ds \cos \varphi - P_0\, ds \cos \varphi$$
$$= dA - dB = dL = d(\tfrac{1}{2} m' v^2) = m' v\, dv$$

und damit $\quad R \cdot \dfrac{ds}{dt} \cos \varphi = m' \cdot v \cdot \dfrac{dv}{dt} \quad$ oder $\quad R \cos \varphi = m' \cdot \dfrac{dv}{dt}.$

Dadurch kommt der schon in § 54 No. 301 beim zwangläufigen Körper gefundene Satz auch bei der Maschine wieder zum Ausdruck:

Die Bewegung des Angriffspunktes A' der die Maschine bewegenden Kraft $R = P - P_0$ stimmt überein mit der Bewegung eines auf vorgeschriebener Bahnlinie (wie die Kugel in einer Röhre) frei beweglichen, von der Kraft R angegriffenen materiellen Punktes, dessen Masse gleich der auf den Punkt A' reducirten Masse der Maschine ist und dessen vorgeschriebene Bahn durch diejenige Linie bezeichnet wird, welche der Punkt A' bei der Bewegung der Maschine beschreibt.

Mit der Bewegung des Punktes A' ist aber die Bewegung der ganzen Maschine bestimmt.

§ 74.

Ermittelung des Wirkungsgrades einer Maschine.

888. Der Wirkungsgrad einer Maschine. Stellt sich nach Verfluss eines bestimmten Zeitabschnittes τ stets der gleiche Bewegungszustand der Maschine wieder ein, so ist für diesen Zeitabschnitt:

$$\Delta L = 0, \quad \text{also} \quad A = B' + B''.$$

Soll während des Zeitraumes τ mittels der gegebenen Triebkraftarbeit A eine möglichst grosse Nutzarbeit B' geleistet werden, so muss die zur Ueberwindung der Nebenwiderstände (Reibungswiderstände etc.) erforderliche Arbeit B'' möglichst klein sein, es muss sich die Nutzarbeit B' der Triebkraftarbeit A und damit der Quotient $\dfrac{B'}{A} = \eta$ der Einheit möglichst nähern. Den Quotienten η nennt man den Wirkungsgrad der Maschine.

889. Bestimmung des Wirkungsgrades einer Kraftmaschine. Um denselben zu erhalten, muss sowohl A als B' für die betreffende Maschine bestimmt werden. Was die Triebkraftarbeit A betrifft, so lässt sich dieselbe vielfach unmittelbar angeben, wie bei den Wasserrädern, bei Pferdebetrieb, Handbetrieb etc. Nur bei den Dampfmaschinen muss A aus besonderen Versuchen, die man mit Hilfe des sogenannten Indikators anzustellen pflegt, ermittelt werden. Dagegen ist die von den Kraftmaschinen abzugebende Arbeit B', also die Nutzarbeit der Kraftmaschinen, stets durch Versuche, am besten durch Bremsversuche festzusetzen, wobei man sich zweckmässigerweise des sogenannten Prony'schen Zaumes bedient.

890. Der Prony'sche Zaum. Stellen wir uns die Aufgabe, die Nutzarbeit B' eines Wasserrades zu bestimmen.

Setzt man das Wasserrad ausser Verbindung mit der von ihm zu betreibenden Arbeitsmaschine und lässt auf dasselbe den Wasserdruck einwirken, so wird das Rad beschleunigt sich um seine Achse drehen. Die Beschleunigung der Drehung kann aber verhindert und eine gleichförmige Umdrehung der Radwelle herbeigeführt werden dadurch, dass man an letzterer einen entsprechend grossen Reibungswiderstand sich bethätigen lässt und zwar mittels nachstehender, unter dem Namen des Prony'schen Zaumes bekannter Vorrichtung.

An der Welle C des Wasserrades wird centrisch befestigt eine cylindrische Bremsscheibe vom Halbmesser r, welche von zwei Bremsbacken umfasst wird, von denen die eine in A eine Waagschale trägt. Zieht man nun die beiden Schrauben BB entsprechend an, so wird die sich mit der Welle drehende Bremsscheibe den ihr angelegten „Zaum" mitnehmen und herumdrehen. Man kann es aber durch Einlegen eines entsprechenden Gewichtes G in die Waagschale dahin bringen, dass eine Mitnahme des Zaumes von Seiten der Bremsscheibe nicht erfolgt,

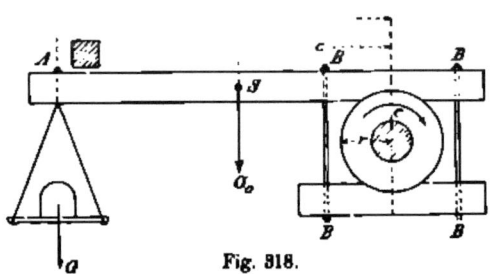

Fig. 318.

vielmehr die Scheibe im Zaum sich dreht und der Balken BA in horizontaler Lage und damit der ganze Bremszaum im Gleichgewicht bleibt. Ist S der Schwerpunkt des ganzen Zaumes sammt der Waagschale und G_0 das Eigengewicht, ferner W der zwischen den Bremsbacken und der Bremscheibe stattfindende, auf den Halbmesser r reducirte Reibungswiderstand, so ergiebt das Gleichgewicht des Bremszaumes

$$Wr = Ga + G_0 c$$

oder wenn G'_0 das auf den Punkt A reducirte Gewicht G_0 bedeutet, wobei $G'_0 a = G_0 c$,

$$Wr = (G + G'_0) a = Pa.$$

Hieraus lässt sich der an der Radwelle wirkende, die Winkelbeschleunigung $\frac{d\omega}{dt}$ des Wasserrades vermindernde Reibungswiderstand W' berechnen.

Zieht man jetzt die Schrauben BB noch mehr an, so hat man das Gewicht G in der Waagschale entsprechend zu vergrössern, wenn der Balken AB nach wie vor in horizontaler Lage bleiben soll. Eine Vergrösserung von G hat aber nach der letzten Gleichung eine Vergrösserung des Reibungswiderstandes W und damit eine weitere Verminderung der Winkelbeschleunigung $\frac{d\omega}{dt}$ der Wasserradwelle zur Folge. Durch fortgesetztes Anziehen der Schrauben BB und gleichzeitiges Einlegen von Gewichten in die Waagschale kann man daher schliesslich eine Winkelbeschleunigung $\frac{d\omega}{dt} = 0$ und damit eine konstante Winkelgeschwindigkeit ω, eine gleichförmige Umdrehung der Welle herbeiführen.

Macht hierbei die Welle n Umdrehungen in der Minute, so hat man, wenn die Sekunde die Zeiteinheit,

$$\frac{n \cdot 2\pi}{60} = \omega \qquad \frac{n\pi}{30} = \frac{d\varphi}{dt}.$$

An Stelle des Widerstandes der vom Wasserrad zu treibenden Arbeitsmaschine stellt jetzt der Reibungswiderstand W den Beharrungszustand des bewegten Wasserrades her, es ist daher die in der beliebigen Zeit t geleistete Nutzarbeit B' des Wasserrades ausgedrückt durch:

$$B' = \Sigma W \cdot r d\varphi = \Sigma Pa \cdot \omega dt = Pa\omega \cdot t = \frac{Pa \cdot n\pi}{30} \cdot t$$

und die Nutzarbeit in 1 Sekunde

$$E = \frac{B'}{t} = \frac{Pa \cdot n\pi}{30}.$$

Giebt man P in Kilogramm und a in Meter an und beachtet man, dass eine Arbeitsleistung von 75 Kilogrammmeter in 1 Sekunde eine Pferdestärke (Pferdekraft) ausmacht, so beträgt die Nutzleistung oder der Nutzeffekt N des Wasserrades, in Pferdestärken (PS) ausgedrückt:

$$N = \frac{Pa \cdot n\pi}{30 \cdot 75}.$$

Mittels des Prony'schen Zaumes kann auch der zum Betriebe jeder einzelnen Arbeitsmaschine erforderliche Arbeitsaufwand bestimmt werden. Man setzt die betreffende Arbeitsmaschine mit einem zur Verfügung stehenden Motor in Verbindung, dessen Leistungsfähigkeit grösser ist, als die zum Betrieb der Arbeitsmaschine nöthige. Lässt man nun den Motor laufen, so wird derselbe eine beschleunigte Bewegung annehmen, da der Widerstand der angehängten Arbeitsmaschine zu schwach ist, um den gleichförmigen Gang des Motors herbeizuführen. Durch entsprechendes gleichzeitiges Bremsen der Motorwelle mit einem Prony'schen

Zaum kann aber eine konstante Winkelgeschwindigkeit der letzteren erzielt werden.

Bezeichnet man mit B'_1 die in der Sekunde von der Arbeitsmaschine am Motor geleistete Widerstandsarbeit, mit B'_2 die Arbeit des durch die Bremse hervorgerufenen Reibungswiderstandes, wobei

$$B'_2 = \frac{P_2 a \cdot n\pi}{30},$$

und mit A wieder die Arbeit der Triebkraft, mit B'' die Arbeit der Nebenwiderstände, alles auf 1 Sekunde bezogen, so hat man

$$A = B'_1 + B'_2 + B''$$

Setzt man hierauf die Arbeitsmaschine ausser Verbindung mit dem Motor und bremst letzteren wieder so stark, dass dessen Winkelgeschwindigkeit ω konstant bleibt, dann ist, wenn hierbei B' die Arbeit des Bremswiderstandes, also $B' = \frac{P_1 a \cdot n\pi}{30}$:

$$A = B' + B''.$$

Man hat daher:

$$B'_1 + B'_2 + B'' = B' + B''$$

$$\text{oder} \quad B'_1 = B' - B'_2 = \frac{a n\pi}{30}(P_1 - P_2).$$

B'_1 ist die in 1 Sekunde für den Betrieb der Arbeitsmaschine erforderliche Arbeit. Damit ergiebt sich die Anzahl N_1 der Pferdestärken zum Betrieb der Arbeitsmaschine:

$$N_1 = \frac{a n\pi}{30 \cdot 75}(P_1 - P_2).$$

391. Der Indikator.[1]) Zur Bestimmung der „Pressung" einer gespannten Flüssigkeit (tropfbar oder gasförmig) bedient man sich bekanntlich der sogenannten Manometer. Ist der Spannungszustand der Flüssigkeit nicht konstant, so kann es wünschenswerth erscheinen, zu erfahren, nach welchem Gesetz sich die Pressung ändert.

Zu diesem Zwecke wendet man ein Registrirmanometer an, das auf einem sich in bestimmter Weise vorbeibewegenden Papierstreifen die Pressungen selbstthätig aufzeichnet. Der Indikator ist nun nichts anderes, als ein solches Registrirmanometer.

Fig. 319 zeigt im Princip in schematischer Darstellung die Einrichtung eines zur Bestimmung der Dampfspannung im Cylin-

---

[1]) Wer sich über den Indikator eingehendere Kenntniss verschaffen will, möge sich an Specialabhandlungen, insbesondere an das Buch von Rosenkranz „Der Indikator und seine Anwendung", halten.

der einer Dampfmaschine dienenden Indikators. Durch die mit einem Abschlusshahn versehene Röhre *aa* tritt der Dampf aus dem Raum *B* des Dampfcylinders *CC* in den kleinen Cylinder *c*, den Indikatordampfcylinder, in welchem ein beweglicher Kolben *k* sich befindet, der durch die elastische Feder *f* verhindert wird, sich bis zum Deckel des Cylinders zu bewegen. Je grösser die Dampfspannung unter dem Indikatorkolben *k*, um so grösser ist auch die Zusammendrückung der Spiralfeder *f*, und zwar kann nach Versuchen diese Zusammendrückung proportional der herrschenden Dampfspannung angenommen werden. Die den Deckel des Indikatordampfcylinders *c* durchdringende Kolbenstange ist nach Fig. 319 oben umgebogen und fasst an ihrem Ende einen Zeichenstift *Z*, welcher einen Papierstreifen berührt,

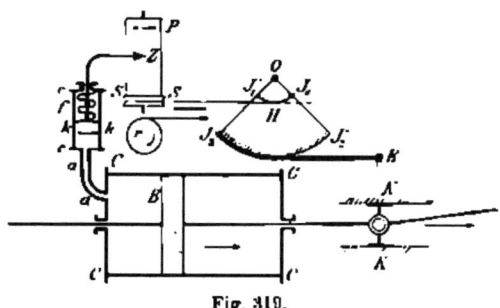

Fig. 319.

der auf einen um eine vertikale Achse drehbaren Cylinder *P*, den sogenannten Papiercylinder, aufgewickelt ist. Uebrigens befindet sich meistens zwischen dem Zeichenstift *Z* und dem Ende der Kolbenstange noch eine storchschnabelartige Vorrichtung eingeschaltet, welche den Zweck hat, den Weg des Indikatorkolbens *k* entsprechend grösser auf dem Papiercylinder zur Darstellung zu bringen; es ist indessen der Einfachheit halber in Fig. 319 von dieser besonderen Vorrichtung abgesehen.

Was die durch die Dampfmaschine veranlasste Bewegung des Papiercylinders *P* betrifft, so wollen wir uns dieselbe zunächst in folgender Weise bewerkstelligt denken: Um eine mit dem Papiercylinder fest verbundene Scheibe *S* vom Halbmesser *r* ist eine Schnur herumgewickelt, deren Ende *E'* von dem sogenannten Mitnehmer *KE'* gefasst wird. Dieser Mitnehmer ist nichts anderes, als ein vom Kreuzkopf *K* der Dampfmaschine ausragender Arm, welcher mit dem Kreuzkopf sich hin- und herbewegt. Damit nun die Schnur auch beim Rückgang des Kolbens der

Dampfmaschine stets gespannt sei, ist der Papiercylinder mit einer spiralförmig um seine Achse gewundenen Uhrfeder verbunden, welche Feder sich bei der Auswärtsbewegung des Schnurendes E' aufwindet und daher fortwährend die Rückdrehung des Papiercylinders anstrebt und damit die Schnur anspannt.

Legt jetzt der Kreuzkopf K eine Wegstrecke s gleich dem Kolbenhub zurück, so wird auch ein Stück des Fadens von der Länge $l = s$ von der Scheibe S abgewickelt, wodurch sich der Papiercylinder P um einen Winkel φ dreht, welcher sich ergiebt aus $l = r \cdot \varphi$. Da aber aus praktischen Gründen der Papiercylinder P beim Hin- und Hergang des Kreuzkopfes K nie eine ganze Drehung ausführen soll, so muss auch zwischen der Scheibe S und dem Ende E' des Mitnehmers ein besonderer Apparat, der sogenannte Hubverminderer H, eingeschaltet werden, der bewirkt, dass die Länge des bei einem Kolbenhub sich von der Scheibe S abwickelnden Stückes der Schnur nur einen bestimmten Theil des Kolbenhubes s beträgt, so dass $l = r\varphi = \dfrac{1}{n} \cdot s$. Diesen Hubverminderer, dessen Einrichtung verschiedenartig sein kann, wollen wir uns der Anschaulichkeit wegen, wie in der Figur angedeutet, als einen um O drehbaren Quadranten denken, wobei die von der Scheibe S ausgehende, an den Punkt J_1 des Hubverminderers befestigte Schnur sich auf den Kreis $J_1 J'_1$ aufwindet, während die Schnur $J_2 E$ sich vom Kreis $J_2 J'_2$ abwindet, wenn der Kreuzkopf K sich nach rechts bewegt. Bleibt während der ganzen Vorwärtsbewegung des Kolbens der Dampfmaschine, also auf die Hublänge s, die Dampfspannung im Cylinderraum B und damit auch die ebenso grosse Dampfspannung unter dem Kolben k des Indikatordampfcylinders die gleiche, so bleibt auch der Zeichenstift Z in derselben Höhenlage und wird auf dem mit einem Papierstreifen belegten Mantel des Papiercylinders P vom Zeichenstift eine Linie normal zu den Mantellinien des Cylinders beschrieben, die sich bei der Abwickelung des Papierstreifens auf letzterem als eine Gerade ergiebt von der Länge $l = r\varphi = \dfrac{O J_1}{O J_2} \cdot s$.

Ist aber die Dampfspannung veränderlich, so dass auch die Höhenlage des Zeichenstiftes Z sich ändert, dann beschreibt letzterer auf dem Papierstreifen bei einem Hin- und Rückgang des Kolbens der Dampfmaschine, d. h. bei Ausführung eines Doppelhubes, eine geschlossene Linie, das Indikatordiagramm. Nehmen wir beispielsweise an, es handle sich um eine Expansionsdampfmaschine, bei welcher die Einströmungsspannung des Dampfes p_1 Atmosphären betrage (1 Atmosphäre = Druck von 1 Kilogramm auf das

Quadratcentimeter), ferner s der Kolbenhub sei und s_1 der Weg des Kolbens bis zur Absperrung des Dampfes, also bis zum Beginn der Expansion des Dampfes, womit $\frac{s_1}{s}$ das Füllungsverhältnis (Füllung) und $\frac{s}{s_1}$ der Expansionsgrad, dann würde, wenn die Dampfspannung auf dem Kolbenweg s_1 konstant bliebe, vom Zeichenstift Z des Indikators auf dem Papierstreifen die Linie ab (Fig. 320) normal zu den Mantellinien des Papiercylinders beschrieben werden und auf dem Kolbenweg von s_1 bis s die sogen. Expansionslinie bc, welche sich unter Voraussetzung konstanter Temperatur des Dampfes, entsprechend dem Mariotte'schen Gesetz, als gleichseitige Hyperbel auf dem abgewickelten Papierstreifen darstellte. (Siehe No. 160).

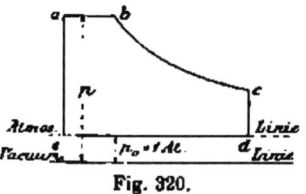

Fig. 320.

Könnte alsdann, wenn der Kolben in seiner äussersten Lage am Deckel des Dampfcylinders angekommen ist, der im Bodenraum des Cylinders enthaltene Dampf plötzlich in die freie Luft entweichen, auspuffen, so dass sich augenblicklich der atmosphärische Druck p_0 im Bodenraum des Cylinders einstellte, so würde hierbei der Zeichenstift Z auf dem Papiercylinder in einer Mantellinie des letzteren die Linie cd beschreiben und hierauf beim Rückgang des Kolbens die Linie $de \parallel ab$, die sogenannte atmosphärische Linie, aufzeichnen, um schliesslich bei plötzlichem Einströmen des Dampfes von der Spannung p_1 unter Beschreibung der Linie ea wieder in den Anfangspunkt a des Diagramms zurückzukehren. In Wirklichkeit gestaltet sich aber das Indikatordiagramm nicht ganz wie angegeben, vielmehr weicht seine Form von der in Fig 320 angedeuteten mehr oder weniger ab aus hier nicht näher auseinanderzusetzenden Gründen.

Fig. 321 zeige das Indikatordiagramm für die Dampfspannung im „Bodenraum" des Cylinders einer „Auspuffmaschine". Dieses Indikatordiagramm ist das Abbild desjenigen Diagrammes, welches man erhält, wenn man in einem rechtwinkligen Koordinatensystem die Kolbenwege x als Abscissen und die zugehörigen, im Bodenraum des Cylinders herrschenden Dampf-

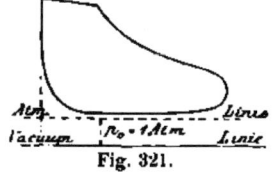

Fig. 321.

spannungen als Ordinaten aufträgt und die Endpunkte der letzteren durch Linien verbindet.

Beim „Hingang" des Kolbens ist die Arbeit A'_1 des am Kolben wirkenden Druckes P', welchen der im Bodenraum des Dampfcylinders befindliche Dampf auf den Kolben ausübt, stets positiv, und zwar ergiebt sich für den Hingang des Kolbens, d. h. für einen Kolbenhub, als Gesammtarbeit von P':

$$A'_1 = \sum_0^s P' \cdot dx$$

oder wenn F die dem Dampfdruck ausgesetzte Kolbenfläche,

$$A'_1 = \sum_0^s F \cdot p \, dx = F \sum_0^s p \, dx = F \cdot f'_1,$$

wobei f'_1 der Inhalt der Fläche, welche einerseits begrenzt wird von der für den Hingang des Kolbens geltenden Linie der p, andererseits von der Abscissenachse und den beiden zu $x = 0$ und $x = s$ gehörigen Ordinaten.

Ebenso ergiebt sich beim „Rückgang" des Kolbens die Arbeit A'_2 der im Bodenraum des Dampfcylinders auf die Kolbenfläche F wirkenden Kraft P'

$$A'_2 = \sum_0^s (-P' \cdot dx) = -F \cdot f'_2,$$

wobei f'_2 der Inhalt der Fläche, welche durch die für den Rückgang des Kolbens geltende Linie der p und die Abscissenachse bestimmt ist. Man hat daher als Gesammtarbeit von P' bei einer Umdrehung der Kurbelwelle:

$$A' = A'_1 + A'_2 = F(f'_1 - f'_2) = F \cdot f',$$

unter f' den Inhalt der Fläche verstanden, welchen die in sich zurückkehrende, für den Bodenraum des Dampfcylinders geltende Linie der p umgrenzt.

Denkt man sich die Fläche f' in ein Rechteck von der Länge s (Kolbenhub) und der Breite p' verwandelt, so wäre

$$A' = F \cdot p' \cdot s,$$

wobei die Breite p' des Rechtecks eine gewisse Dampfspannung bedeutete, welche man dem Indikatordiagramm entnehmen kann. Es ist nämlich bei jedem Indikator bekannt gegeben, wie gross der Weg z_1 ist, welchen der Zeichenstift Z bei ruhendem Papiercylinder auf einer Mantellinie des letzteren beschreibt, wenn die Dampfspannung unter dem Indikatorkolben um 1 Atmosphäre zunimmt. Demgemäss wird man zur Bestimmung von p' den Flächen-

Inhalt des Indikatordiagrammes etwa mittels eines Planimeters in Quadratmillimeter angeben und diesen Inhalt durch die in Millimeter ausgedrückte, dem Kolbenhub s entsprechende Länge l des Indikatordiagrammes dividiren, wodurch man die mittlere Breite b des Indikatordiagrammes in Millimeter erhält. Entspricht jetzt eine Verschiebung von z_1 Millimeter des Zeichenstiftes Z in der Richtung der Achse des Papiercylinders einer Spannungszunahme des Dampfes von 1 Atmosphäre, so findet sich damit

$$p' = \frac{b}{z_1} \text{ Atmosphären.}$$

Soll nun die Arbeit A' der Kraft P', also

$$A' = F \cdot p' \cdot s$$

in Kilogrammmeter angegeben werden, so hat man den Kolbenhub s in Meter und, da der Druck von einer Atmosphäre $= 1$ kg pro qcm, die Fläche F in Quadratcentimeter auszudrücken.

In ganz ähnlicher Weise ergiebt sich die Arbeit A'' des Druckes P'', welchen der im „Deckelraum" des Dampfcylinders befindliche Dampf bei einem Kolbenhub an dem Kolben leistet, aus dem Diagramm eines mit dem Deckelraum des Cylinders in Verbindung gesetzten Indikators. Sind jedoch die betreffenden Verhältnisse zu beiden Seiten des Kolbens gleich, so erhält man für Boden- und Deckelraum des Dampfcylinders die gleichen Indikatordiagramme und demgemäss, wenn die Kolbenstange vor und hinter dem Kolben gleiche Stärke besitzt, also die nutzbare Kolbenfläche F auf beiden Seiten des Kolbens dieselbe ist, $A'' = A'$. Im allgemeinen ist die Arbeit A des Dampfdruckes bei einer Umdrehung der Kurbelwelle

$$A = A' + A''.$$

Macht nun die Kurbelwelle n Umdrehungen in der Minute, so ergiebt sich als Arbeitsleistung des Dampfdruckes in 1 Sekunde

$$E = \frac{nA}{60}$$

und daher die „indicirte Leistung" der Dampfmaschine in Pferdestärken ausgedrückt:

$$N_i = \frac{n \cdot A}{60 \cdot 75},$$

worin A in Kilogrammmeter anzugeben ist.

§ 75.

Bestimmung der nothwendigen Masse des Schwungrades einer Dampfmaschine.

392. Vorbemerkungen. Um die nothwendige Masse des auf der Welle C (Fig. 322) angenommenen Schwungrades einer Dampfmaschine bestimmen zu können, muss man vor allem im Stande sein, die Kraft anzugeben, welche die Schubstange KA des Kurbelgetriebes KAC bei beliebiger Stellung des letzteren auf den Kurbelzapfen A ausübt. Ist nun

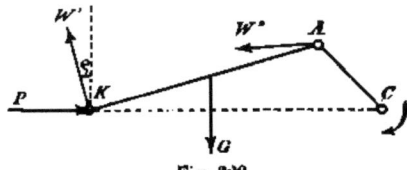

Fig. 322.

P die Kraft, welche von der Kolbenstange der Dampfmaschine auf den Kreuzkopf K ausgeübt wird,

W' der am Kreuzkopf K wirkende Widerstand der Gleitbahu, welcher den Reibungswinkel ϱ mit der Normalen zur Gleitbahn einschliesst,

G das Eigengewicht der Schubstange,

W'' der Auflagerwiderstand, welchen die Schubstange in A erfährt, wobei dann W'' gleich und direkt entgegengesetzt ist der von der Schubstange auf den Kurbelzapfen A ausgeübten Kraft,

und handelt es sich darum, bei gegebener Kraft P den Druck der Schubstange auf den Kurbelzapfen zu bestimmen, so zeigt sich dieser Druck $(-W'')$, wenn die Maschine noch nicht im Gange ist, aber an der Grenze des Gleichgewichts sich befindet, als die Resultante der Kräfte P, W' und G, da ja die Kräfte P, W', G und W'' an der Schubstange im Gleichgewicht sind. Ist jedoch die Maschine im Gange, so verhält sich die Sache anders, indem jetzt die Schubstange unter Einwirkung der letztgenannten Kräfte sich thatsächlich nicht mehr im Gleichgewicht befindet. In diesem Falle hat man das d'Alembert'sche Princip in Anwendung zu bringen, also das Gleichgewicht der Schubstange durch Hinzufügung der Trägheitskräfte ihrer einzelnen materiellen Punkte herbeizuführen, worauf dann die Bestimmung der gesuchten Kraft W'' wieder aus den Gleichgewichtsbedingungen für die Schubstange bewerkstelligt werden kann.

Die Trägheitskräfte der Schubstange, welche wir nunmehr festsetzen wollen, zeigen sich nachstehend proportional dem Quadrat der Winkelgeschwindigkeit, mit welcher sich die Welle C umdreht, es macht sich daher der Einfluss der Trägheitskräfte um so mehr geltend, je schneller die Maschine sich bewegt. Diese Trägheitskräfte müssen demgemäss bei schnell laufenden Maschinen unbedingt mit berücksichtigt werden.

898. Verfahren des Verfassers zur Bestimmung der Trägheitskräfte einer bewegten Schubstange. Im 39. Jahrgang (1895) der Zeitschrift des Vereins deutscher Ingenieure hat Verfasser ein Verfahren zur Bestimmung der Trägheitskräfte einer Schubstange veröffentlicht,[1] welches auch hier dargelegt werden soll. Dieses Verfahren besteht in Folgendem:

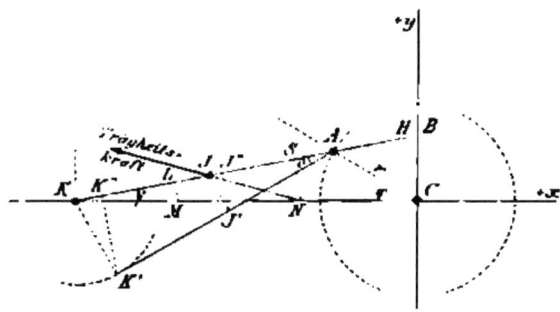

Fig. 323.

Um die Trägheitskräfte für die Schubstange KA des Kurbelgetriebes KAC (Fig. 323) zu erhalten, bei welchem die Kurbel $CA = r$ sich um C mit der konstanten Winkelgeschwindigkeit ω von links nach rechts drehe, zerlegt man zunächst die Schubstange durch Ebenen senkrecht zu ihrer Achse KA in einzelne

---

[1] Die betreffende Abhandlung wurde hervorgerufen durch die Forderungen der in diesem und dem folgenden Paragraphen vorliegenden dynamischen Aufgaben, darum war denn auch Verfasser bestrebt, ohne weiter ausgedehnte kinematische Ausführungen, lediglich mit den in vorliegender Dynamik gebotenen Hilfsmitteln, ein einfaches und praktisches Verfahren zur Bestimmung der Trägheitskräfte einer bewegten Schubstange zu erzielen.

Abschnitte, berechnet deren Massen und nimmt die letzteren in den auf KA gelegenen Schwerpunkten der Abschnitte koncentrirt an. Damit bekommt man an Stelle der ganzen Schubstange eine Reihe von materiellen Punkten, welche in der Schubstangenachse gelegen sind und mit der Schubstange sich bewegen. Für diese materiellen Punkte hat man dann die Trägheitskräfte zu bestimmen.

Um beispielsweise für den in J (Fig. 323) gelegenen materiellen Punkt von der Masse m die Trägheitskraft zu erhalten, beschreibe man aus K (Fig. 323) mit dem Halbmesser $KK' = AB$ einen Kreis und ziehe an diesen von A aus die Tangente AK', projicire den Punkt J auf AK' nach J' und den Punkt J' wieder auf AK nach J'', fälle von C auf die verlängerte KA das Loth CH, trage von J'' aus auf AK das Stück $J''S = AH$ ab, und zwar in der Richtung von A gegen H, errichte auf AK in S das Loth SN, ziehe NJ, so giebt die Strecke JN, mit ω^2 multiplicirt, nach Grösse und Richtung die Beschleunigung des Punktes J an. Was sodann die Trägheitskraft des in J befindlichen materiellen Punktes von der Masse m betrifft, so ist diese $= m\omega^2(NJ)$, in der Richtung NJ wirkend.

Konstruirt man in gleicher Weise auch für den Punkt K der Schubstangenachse bei den verschiedenen Stellungen des Kurbelgetriebes die Strecken NJ, so fallen diese, durch KM (Fig. 323) angegeben, in die Gerade KC, und liefern, mit ω^2 multiplicirt, die Beschleunigungen p des Kreuzkopfes K in seinen verschiedenen Lagen. Trägt man diese p als Ordinaten in den Punkten K auf, so erhält man die Beschleunigungskurve des Kreuzkopfes, eine Kurve, die wir schon in No. 180 auf analytischem Wege gefunden haben.

Für die sogenannten „Todtlagen" des Kurbelgetriebes, d. h. wenn Kurbelstange und Kurbel in einer Geraden liegen, wird

$$AB = r, \quad \text{und mit} \quad AK = l: \quad KK'' = \frac{r^2}{l},$$

auch ist zu bemerken, dass nunmehr der Punkt H mit dem Punkt C zusammenfällt, wodurch $AH = r$.

Demgemäss ergiebt sich für die „innere Todtlage"

$$KM = \frac{r^2}{l} + r,$$

also die Beschleunigung des Kreuzkopfes:

$$p = r\left(1 + \frac{r}{l}\right)\omega^2;$$

für die „äussere Todtlage" dagegen:

$$KM = \frac{r^2}{l} - r \quad \text{und} \quad p = -r\left(1 - \frac{r}{l}\right)\omega^2.$$

894. Begründung des angegebenen Verfahrens. Es sei C (Fig. 324) der Ursprung und KC die Abscissenachse eines rechtwinkligen Koordinatensystems, in Beziehung auf welches die Koordinaten des Punktes J mit $-x$ und $+y$ bezeichnet werden.

Zunächst bemerken wir bezüglich der Geschwindigkeit v des Punktes J, dass man die Elementarbewegung der Schubstange KA auffassen kann als eine Drehung um den augenblicklichen Drehpunkt O. Es steht daher v senkrecht auf OJ, auch ist, wenn mit ω'' die Winkelgeschwindigkeit der augenblicklichen Drehung um O bezeichnet wird:

$$v = (OJ) \cdot \omega''.$$

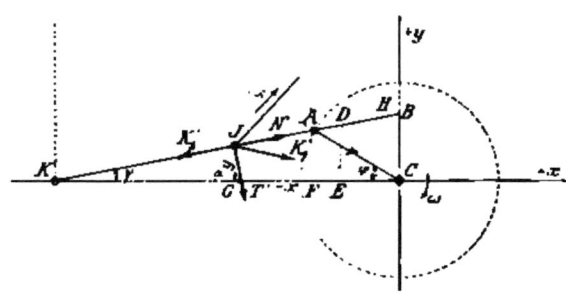

Ferner hat man:

$$(OA)\omega'' = r\omega, \quad \text{womit} \quad \omega'' = \frac{r\omega}{OA} \quad \text{und} \quad v = r\omega \cdot \frac{OJ}{OA}.$$

Zieht man jetzt CD parallel JO (Fig. 324), so ergiebt sich:

$$\frac{OJ}{OA} = \frac{CD}{CA} \quad \text{und daher} \quad v = \omega \cdot (CD).$$

Zerlegt man die Geschwindigkeit v in ihre Komponenten v_x und v_y nach den Koordinatenachsen, so erhält man:

$$v_x = v \cdot \cos\alpha \quad \text{und} \quad v_y = v \cdot \sin\alpha = \omega \cdot (CD)\sin\alpha = \omega \cdot (CE).$$

Setzt man jetzt $KJ = \frac{1}{n} KA$, so wird, da die beiden Dreiecke ABC und AOK ähnlich sind,

$$\frac{BD}{BA} = \frac{KJ}{KA} = \frac{1}{n}, \quad \text{also} \quad BD = \frac{1}{n}\, BA.$$

Damit ergiebt sich aber auch:

$$CE = \frac{1}{n}\, CF = \frac{1}{n}\, r \cos \varphi,$$

womit endlich $v_y = \omega \cdot \frac{1}{n}\, r \cos \varphi.$

Diese Gleichung nach der Zeit t abgeleitet, liefert:

$$\frac{dv_y}{dt} = p_y = -\omega \cdot \frac{1}{n}\, r \sin \varphi \cdot \frac{d\varphi}{dt} = -\omega^2 \cdot \frac{1}{n}\, r \sin \varphi =$$

$$= -\omega^2 \cdot \frac{1}{n}\, (AF) = -\omega^2 \cdot y.$$

Die Komponente Y der Beschleunigungskraft R des in J befindlichen materiellen Punktes m nach der y-Achse ist daher:

$$Y = -my\omega^2.$$

Statt jetzt auch die Komponente X der Beschleunigungskraft R nach der x-Achse zu bestimmen, wollen wir die Kraft R in ihre Komponenten nach der Schubstangenachse und senkrecht darauf zerlegt uns denken und die Komponente nach der Achse der Schubstange ermitteln. Zu dem Ende beachten wir, dass man die Bewegung des Punktes J ansehen kann als zusammengesetzt aus zwei Drehungen, nämlich aus einer Drehung von links nach rechts um C mit der Winkelgeschwindigkeit ω und aus einer Drehung um A mit einer gewissen Winkelgeschwindigkeit, die wir mit ω' bezeichnen wollen. Diese letztere Drehung um A haben wir uns von rechts nach links erfolgend zu denken, da bei einer Zunahme des Winkels φ der Winkel KAC abnimmt. Führt nun der Punkt J gleichzeitig die beiden Drehungen um C und um A aus, so ergiebt sich als resultirende Bewegung bekanntlich wieder eine Drehung, und zwar um einen auf der Verbindungslinie CA befindlichen Punkt O_0, der so gelegen ist, dass

$$(O_0 C)\, \omega = (O_0 A)\, \omega'.$$

Dabei erhält man für die Winkelgeschwindigkeit ω_0 der resultirenden Drehung um O_0

$$\omega_0 = \omega' - \omega.$$

Hiernach würde die Elementarbewegung des Punktes J in einer Drehung um den Punkt O_0 mit der Winkelgeschwindigkeit ω_0 bestehen. Anderseits darf aber diese Elementarbewegung als eine Drehung um den augenblicklichen Drehpunkt O aufgefasst werden; es muss also der Punkt O_0 mit dem augenblicklichen Drehpunkt O zusammenfallen und die Winkelgeschwindigkeit $\omega'' = \omega_0$ sein. Demgemäss hat man:

$$\omega'' = \omega' - \omega \quad \text{oder} \quad \frac{r\omega}{OA} = \omega' - \omega$$

$$\omega' = \omega \left(1 + \frac{r}{OA} \right).$$

Denkt man sich die Bildebene mit der Winkelgeschwindigkeit ω um C sich drehend, ebenso wie die Kurbel CA, so bleibt der Punkt A der Schubstange AK stets an derselben Stelle der Bildebene, die relative Bewegung des Punktes J gegen die sich drehende Bildebene ist daher eine Bewegung im Kreise vom Halbmesser AJ mit der Winkelgeschwindigkeit ω' im Sinne von rechts nach links. Demgemäss hat man entsprechend den Ausführungen in No. 236, um die relative Beschleunigungskraft R' des in J gelegenen materiellen Punktes m zu erhalten, zu den thatsächlich am materiellen Punkte wirkenden Kräften, deren Resultante die absolute Beschleunigungskraft R des materiellen Punktes ist, noch die beiden Ergänzungskräfte K_1 und K_2 hinzuzufügen, von welchen die eine, K_1, gleich und direkt entgegengesetzt ist der Führungskraft des in J an die Bildebene befestigt gedachten und mit dieser sich um C drehenden materiellen Punktes m, also

$$K_1 = m\,(CJ)\,\omega^2$$

in der Richtung CJ wirkend, während die andere, K_2, die zusammengesetzte Centrifugalkraft, ausgedrückt ist durch:

$$K_2 = 2mv'\omega \sin\beta,$$

wobei v', als relative Geschwindigkeit des Punktes J, $=(AJ)\,\omega'$ ist, und β den Winkel der relativen Geschwindigkeit v' mit der Achse bedeutet, um welche die Drehung der Bildebene erfolgt. Da aber $\beta = 90^\circ$, so wird

$$K_2 = 2mv'\omega = 2m\,(AJ)\,\omega'\omega.$$

Bezüglich der Richtung der zusammengesetzten Centrifugalkraft K_2 ist zu bemerken, dass diese Ergänzungskraft senkrecht stehen muss auf einer Ebene, welche bestimmt ist durch die Richtungslinie der relativen Geschwindigkeit v' und eine durch J gezogene Parallele zur Drehachse C. Die zusammengesetzte Centrifugalkraft K_2 wirkt daher vorliegenden Falles in der Geraden KA

und zwar gemäss der in No. 239 angegebenen Regel in der Richtung KA.

Wenn jetzt einerseits die relative Beschleunigungskraft R' die Resultante von der absoluten Beschleunigungskraft R und den beiden Ergänzungskräften K_1 und K_2, so ist anderseits auch die absolute Beschleunigungskraft R die Resultante von R' und den Kräften $-K_1 = K'_1$ und $-K_2 = K'_2$. Des weiteren möge beachtet werden, dass R' zerlegt werden kann in die von J nach A gerichtete Centrifugalkraft N' und in die senkrecht auf JA stehende Tangentialkraft T'. Demgemäss liefern die am materiellen Punkt m in J wirkenden Kräfte N', T', K'_1, K'_2 (Fig. 324) zusammengesetzt die absolute Beschleunigungskraft R des materiellen Punktes m und als Komponente S der Beschleunigungskraft R nach der Schubstangenachse

$$S = N' + K'_1 \cos(CJA) - K'_2$$
$$= m(AJ)\omega'^2 + m(CJ)\omega^2 \cdot \cos(CJA) - 2m(AJ)\omega'\omega$$
$$= m(AJ)\omega'(\omega' - 2\omega) + m\omega^2 \cdot (CJ)\cos(CJA).$$

Da aber nach Früherem:

$$\omega' = \omega\left(1 + \frac{r}{OA}\right), \quad \text{womit} \quad \omega' - 2\omega = \omega\left(\frac{r}{OA} - 1\right)$$

und $\omega'(\omega' - 2\omega) = \omega^2\left[\frac{r^2}{(OA)^2} - 1\right] = \omega^2(\sin^2\delta - 1) = -\omega^2\cos^2\delta,$

wobei also $\frac{r}{OA}$ mit $\sin\delta$ bezeichnet ist, so wird:

$$S = -m\omega^2(AJ)\cos^2\delta + m\omega^2(CJ)\cos(CJA).$$

Der Winkel δ lässt sich leicht konstruiren. Man hat nur aus K (Fig. 323) mit $KK' = AB$ einen Kreis zu beschreiben und von A aus die Tangente AK' zu ziehen, dann ist der Winkel $KAK' = \delta$. Zum Beweis hat man:

$$\sin(KAK') = \frac{KK'}{AK} = \frac{AB}{AK} = \frac{r}{OA} = \sin\delta.$$

In Fig. 323 ist

$$AJ'' = AJ\cos^2\delta \quad \text{und} \quad JH = CJ \cdot \cos(CJA).$$

Damit wird:

$$S = m\omega^2(-AJ'' + JH) = m\omega^2(-AJ + JJ'' + JA + AH) =$$
$$= m\omega^2(JJ'' + AH) = m\omega^2(JS).$$

Es wirkt also die Komponente S der Beschleunigungskraft R nach der Schubstangenachse KA in der Richtung von J gegen A.

Ihre Grösse erhält man, indem man die konstruirte Strecke JS mit $m\omega^2$ multiplicirt. Die Strecke JS ergiebt sich aber dadurch, dass man von dem auf KA festgesetzten Punkt J'' aus die Strecke $J''S$ abträgt $= AH$ und zwar in der Richtung von A gegen H.

Oben haben wir für die y-Projektion der Beschleunigungskraft R gefunden

$$Y = -m\omega^2 y,$$

$Y = m\omega^2 \cdot (JG)$ von J nach G gerichtet.

Mit den beiden Projektionen S und Y von R ist aber R selbst bestimmt, und zwar hat man:

$$R = m\omega^2 (JN)$$

von J nach N gerichtet, wobei N der Durchschnittspunkt des in S auf AK errichteten Lothes mit der Geraden CK ist. Damit aber erweist sich auch, dass die Trägheitskraft des in J angenommenen materiellen Punktes m ausgedrückt ist durch:

$$m\omega^2 \cdot (NJ)$$

und dass diese Kraft in der Richtung NJ wirkt.

Will man auch die Komponente von R normal zur Schubstangenachse haben, so ist diese:

$$N = m\omega^2 (SN).$$

Trägt man in den Punkten J der Schubstangenachse die konstruirten Strecken JS und SN, welche mit $m\omega^2$ multiplicirt die Achsialkomponenten S, beziehungsweise die Normalkomponenten N der Beschleunigungs- und der Trägheitskräfte R liefern, als Ordinaten senkrecht zur Schubstangenachse auf und verbindet die Endpunkte dieser Ordinaten durch stetige Linien, so sind letztere gerade. Dies geht aus Folgendem hervor:

Es sei A (Fig. 323) der Ursprung der Abscissen $AJ = x'$ der Punkte J, dann ist JJ'' proportional x'; da aber $J''S = AH$, also $J''S$ für alle Punkte J denselben Werth besitzt, so kann man setzen:

$$JS = ax' + b,$$

womit sich die Linie der JS als eine Gerade erweist. Ferner ist nach Fig. 323:

$$KS = l - (AS) = l - (x' - JS) = l - x' + ax' + b,$$

also $\quad SN = (KS) \, \mathrm{tg}\, \psi = (l - x' + ax' + b)\, \mathrm{tg}\, \psi.$

Die Linie der SN ist daher ebenfalls eine Gerade.

Als Trägheitskraft R hat man im Punkte A die in der Richtung CA wirkende Centrifugalkraft $mr\omega^2$, so dass hier

$$JS = AH \quad \text{und} \quad SN = HC.$$

Desgleichen lassen sich bei bekannter Beschleunigung des Kreuzkopfes K die Längen der betreffenden Strecken JS und SN angeben. Damit sind dann die Linien der JS und der SN, und mit diesen, für die verschiedenen Punkte J die Strecken NJ, also wieder die Trägheitskräfte bestimmt.

895. Festsetzung des Ungleichförmigkeitsgrades, welcher sich im Gang der von der Schubstange bewegten Maschine zeigt. Nachdem man für eine angenommene Stellung des Kurbelgetriebes die Trägheitskräfte der einzelnen Abschnitte der Schubstange, sowie die Trägheitskräfte von Kolben, Kolbenstange und Kreuzkopf bestimmt hat, setzt man alle diese Trägheitskräfte mit dem auf den Kolben wirkenden Dampfdruck und dem Eigengewicht der Schubstange zu einer Resultante (R) zusammen und ermittelt die beiden in den Enden K und A der Schubstange wirkenden, durch die Kraft (R) hervorgerufenen Widerstände W' und W'', von welchen der letztere gleich und direkt entgegengesetzt ist der Kraft, welche die bewegte Schubstange in der betreffenden Stellung auf die Kurbel ausübt. Von dieser Kraft ist die Komponente $T \perp AC$ als die Triebkraft der ganzen, von der Schubstange bewegten Maschine anzusehen. Diese Maschine, zu welcher auch das auf der Welle C angenommene Schwungrad gehört, besteht theils aus rotirenden, theils aus hin- und hergehenden, theils aus ruhenden Massen. Von diesen Massen reduciren wir die bewegten alle auf den Punkt A, den Mittelpunkt des Kurbelzapfens. Dabei berücksichtigen wir, dass die rotirenden Maschinentheile reducirte Massen liefern, welche von der jeweiligen Stellung der einzelnen Maschinentheile unabhängig sind, während die reducirten Massen der hin- und hergehenden Maschinentheile nicht einen und denselben Werth beibehalten. Trotzdem nehmen wir die auf den Punkt A reducirte Masse der ganzen Maschine als eine bei der Bewegung der letzteren konstant bleibende Grösse m' an, indem wir eben für die in jedem Augenblick sich ändernde lebendige Kraft der hin- und hergehenden Maschinentheile einen konstanten Mittelwerth setzen. Die auf den Punkt A reducirte Masse m' der Maschine können wir nunmehr aus zwei Theilen bestehend auffassen, nämlich aus dem Haupttheil m'_1, der auf den Punkt A reducirten Schwungradmasse und dem minder beträchtlichen Theil m'_2, welchen die übrigen bewegten Maschinentheile liefern. Trägt man in einem rechtwinkligen Koordinatensystem die vom Punkte A bei der Umdrehung der Welle C beschriebenen Wegstrecken $s = r\varphi$ als Abscissen, die zugehörigen Werthe von T als Ordinaten auf und verbindet die Endpunkte der Ordinaten durch eine Linie, so giebt die Fläche, welche von der Linie der T, der Abscissenachse und der durch das Ende der Abscisse s gezogenen Ordinate begrenzt ist, die von der Triebkraft T auf dem Wege s verrichtete Arbeit $A = \Sigma T ds$ an. Ebenso erhält man die Arbeit $B = \Sigma W ds$ des auf den Punkt A reducirten Widerstandes W, welcher sich bei der Bewegung der Maschine der Triebkraft T entgegensetzt, durch eine Fläche dargestellt, welche die Linie der W bestimmt. Diese Linie der W ist eine Gerade parallel der Abscissenachse, wenn der Widerstand W, was wir annehmen wollen, konstant ist.

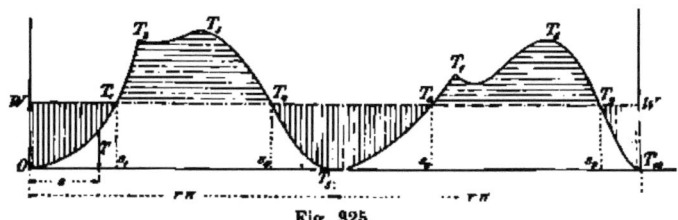

Fig. 325.

In Fig. 325 bezeichne $OT_1 T_2 \ldots T_{10}$ die Linie der T und WW die Linie der W für eine Umdrehung der Welle. Soll nun nach einer solchen Umdrehung, also für $s = 2 r \pi$ dieselbe Winkelgeschwindigkeit ω der Welle sich wieder einfinden, so muss nach dem Princip der lebendigen Kraft für $s = 2 r \pi$ die geleistete Triebkraftsarbeit A gleich der Widerstandsarbeit B sein, wenn man haben will, dass die Maschine nicht schneller und schneller laufe, „durchgehe", vielmehr in periodisch gleichförmigem Gang sich erhalte. Demgemäss muss die Linie der W für die von der Linie der T und der Abscissenachse begrenzte Fläche eine Ausgleichungslinie bilden in der Weise, dass die Summe der in der Figur horizontal schraffirten Flächentheile gleich der Summe der vertikal schraffirten ist.

Aus Fig. 325 ersehen wir, dass von $s = 0$ bis $s = s_1$ bei den angenommenen Linien der T und der W die Widerstandsarbeit $W ds$ grösser ist, als die Triebkraftsarbeit $T ds$, dass also die lebendige Kraft der Maschine und damit die Winkelgeschwindigkeit ω der Welle C von $s = 0$ bis $s = s_1$ abnimmt. Von $s = s_1$ bis $s = s_4$ dagegen übersteigt die Triebkraftsarbeit $T ds$ die Widerstandsarbeit $W ds$, es nimmt daher von $s = s_1$ bis $s = s_4$ die Winkelgeschwindigkeit ω stets zu, von $s = s_4$ bis $s = s_6$ aber wieder ab. Mithin besitzt die Winkelgeschwindigkeit bei $s = s_1$ einen Minimalwerth ω'_{min}, bei $s = s_4$ einen Maximalwerth

ω'_{max}, bei $s = s_6$ wieder einen Minimalwerth ω''_{min}, und bei $s = s_9$ einen Maximalwerth ω''_{max}. Die lebendige Kraft L der Maschine in denjenigen Lagen, welche den Werthen s_1, s_4, s_6, s_9 von s entsprechen, ist dann ausgedrückt durch: $\frac{1}{2}m'r^2\omega'^2_{min}$ bezw. durch $\frac{1}{2}m'r^2\omega'^2_{max}$, $\frac{1}{2}m'r^2\omega''^2_{min}$, $\frac{1}{2}m'r^2\omega''^2_{max}$, und damit die Zunahme der lebendigen Kraft von $s = s_1$ bis $s = s_4$ durch:

$$\Delta L' = \frac{1}{2}m'r^2(\omega'^2_{max} - \omega'^2_{min});$$

von $s = s_6$ bis $s = s_9$:

$$\Delta L'' = \frac{1}{2}m'r^2(\omega''^2_{max} - \omega''^2_{min}).$$

Entsprechend dem Princip der lebendigen Kraft muss man $\Delta L'$ gleich der Fläche $T_1 T_2 T_3 T_4 = f'$ und $\Delta L''$ gleich der Fläche $T_6 T_7 T_8 T_9 = f''$ sein. Von diesen beiden Flächen f' und f'' giebt die grössere auch die grössere Differenz der Winkelgeschwindigkeiten an. f' sei die grössere Fläche. Demgemäss setzen wir:

$$f' = \frac{1}{2}m'r^2(\omega^2_{max} - \omega^2_{min}) = m'r^2 \cdot \frac{\omega_{max} + \omega_{min}}{2}(\omega_{max} - \omega_{min})$$

oder wenn die mittlere Winkelgeschwindigkeit mit ω und die grösste Winkelgeschwindigkeitsdifferenz $\omega_{max} - \omega_{min}$ mit $\delta \cdot \omega$ bezeichnet wird:

$$m'r^2 \cdot \omega^2 \cdot \delta = f'.$$

Aus dieser Gleichung lässt sich die Grösse δ, durch welche die Schwankung der Winkelgeschwindigkeit der Welle C und damit die Ungleichförmigkeit des Ganges der Maschine angegeben wird, berechnen. Für dieses δ, welches man auch als Ungleichförmigkeitsgrad des Ganges der Maschine zu bezeichnen pflegt, liefert die Gleichung einen um so geringeren Werth, je grösser die Masse m'. Durch Vergrösserung der Masse des Schwungrades hat man es also ganz in der Hand, die Geschwindigkeitsschwankungen im Gang der Maschine beliebig zu verringern. Ganz werden jedoch diese Schwankungen nie verschwinden, da nur bei einem unendlich grossen m' das δ gleich Null wird. Nun sind die Trägheitskräfte der Schubstange und damit die Kräfte T für eine konstante Winkelgeschwindigkeit ω bestimmt worden, wir haben daher bei Festsetzung der erwähnten Kräfte unter ω die mittlere Geschwindigkeit der Welle C uns zu denken. Diese mittlere Winkelgeschwindigkeit ω, welche durch den Zweck der Maschine bedingt ist, dürfen wir aber als eine gegebene Grösse ansehen.

896. Berechnung der nothwendigen Masse des Schwungrades. Berücksichtigt man in m' nur die Masse des auf der

Welle C angenommenen Schwungrades und bezeichnet mit Θ das Trägheitsmoment des letzteren in Bezug auf die Wellenachse C, so liefert die Gleichung $m'r^2\omega^2 \cdot \delta = f'$, da $m'r^2 = \Theta$

$$\Theta = \frac{f'}{\delta\,\omega^2}.$$

Das auf der Wellenachse C befindliche Schwungrad muss mithin in Beziehung auf diese Achse ein Trägheitsmoment von der Grösse $\frac{f'}{\delta\,\omega^2}$, besitzen, wobei δ der in dem betreffenden Falle zulässige Ungleichförmigkeitsgrad der Maschine.

§ 76.

Einfluss der Bewegung auf die Anstrengung der einzelnen Theile einer im Gang befindlichen Maschine.

397. Das allgemeine Verfahren bei Bestimmung dieses Einflusses. Wenn man an den einzelnen materiellen Punkten eines bewegten materiellen Systems die Trägheitskräfte als Ergänzungskräfte anbringt, so wird hierdurch das ganze System nach dem d'Alembert'schen Princip ins Gleichgewicht gesetzt. Dabei erleiden die thatsächlich am bewegten System wirkenden Kräfte, also auch die inneren Kräfte keinerlei Aenderung. Wenn aber die inneren Kräfte dieselben bleiben, so ändert sich auch nicht der Spannungszustand des materiellen Systems. Demgemäss können bei einer im Gange befindlichen Maschine die in den einzelnen Theilen der Maschine herrschenden Spannungen bestimmt werden genau wie bei einer im Gleichgewicht befindlichen Maschine, man hat nur zu den thatsächlich an der Maschine thätigen Kräften noch die betreffenden Trägheitskräfte an den einzelnen materiellen Punkten der Maschine hinzuzufügen.

398. Grösste Anstrengung einer bewegten Schubstange. In No. 393 ist gezeigt worden, wie man bei jeder beliebigen Stellung eines Kurbelgetriebes die Trägheitskräfte der Schubstange bestimmen und damit das Gleichgewicht der letzteren herbeiführen kann. Befindet sich aber die Schubstange im Gleichgewicht, so lässt sich auch in bekannter Weise ihre Anstrengung berechnen. Will man nun die grösste Anstrengung der Schubstange überhaupt festsetzen, so wird man für verschiedene Stellungen des Kurbelgetriebes den Spannungszustand der Schubstange ermitteln und dann durch Vergleichung zum Ziel gelangen.

899. Anstrengung eines Sägegatters. Wir wollen ein zwischen vertikalen Führungen bewegliches Sägegatter, wie es in Fig. 326 angedeutet ist, in Betracht ziehen. Dasselbe bestehe aus einem rechteckigen Rahmen, an dessen horizontalen Querstücken KK und BB in deren Mitten das vertikale Sägeblatt befestigt sei. Dabei befinden sich an den Enden K des oberen Querstückes Drehzapfen angebracht, welche von den Köpfen zweier gleich langen, einander parallel bleibenden Schubstangen KA umfasst werden. Mittels dieser Schubstangen bewirkt eine mit der Winkelgeschwindigkeit ω sich umdrehende horizontale Welle C die Auf- und Abbewegung des vertikalen Sägegatters.

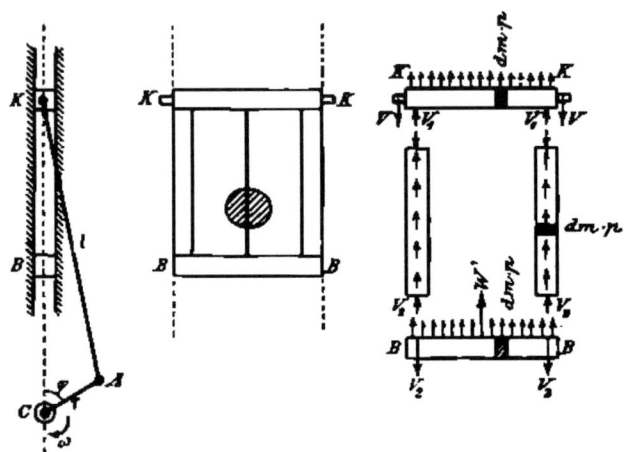

Bei der Bewegung des Sägegatters werden wir die $+$ Richtung vertikal abwärts annehmen.

Wie wir in No. 180 gefunden haben, ist die Beschleunigung p des in gerader Linie sich bewegenden Endpunktes K der Schubstange, also vorliegenden Falles auch diejenige des ganzen Sägegatters, ausgedrückt durch:

$$p = r\omega^2 \left(\cos\varphi + \frac{r}{l} \cos^2\varphi \right),$$

unter φ, r, $AK = l$ die in Fig. 326 bezeichneten Grössen verstanden.

So lange p positiv, zeigen sich die Trägheitskräfte der einzelnen materiellen Punkte des Sägegatters vertikal aufwärts gerichtet (Beschleunigungskräfte positiv, vertikal abwärts gerichtet), bei negativem p dagegen vertikal abwärts. Des weiteren ist zu bemerken, dass beim Niedergang des Sägegatters, d. h. wenn φ zwischen 0^0 und 180^0, der Widerstand W'' des zu durchschneidenden Körpers sich mittels des nur zugfähigen Sägeblattes am unteren Querstück BB des Rahmens vertikal aufwärts, beim Aufgang des Sägegatters, also für φ zwischen 180^0 und 360^0, am oberen Querstück KK vertikal abwärts geltend macht. Demgemäss erscheinen die das Gleichgewicht des Sägegatters herbeiführenden Trägheitskräfte und der Widerstand W' bei beschleunigter Abwärtsbewegung des Sägegatters, wie in Fig. 326 angegeben. Kennt man nun W', so sind mit den Trägheitskräften vollends alle die Anstrengung der einzelnen Theile des Sägegatters hervorrufenden äusseren Kräfte bestimmt, so dass die Berechnung der grössten Anstrengung dieser Theile für jede beliebige Lage des Sägegatters während seiner Bewegung nur mehr eine Aufgabe der Festigkeitslehre ist.

400. Anstrengung eines bewegten Schwungrades. Hat die Maschine ihren gleichförmigen Gang angenommen, so ist das auf der Welle C befestigte Schwungrad ausser von seinem Eigengewicht nur noch von den Centrifugalkräften $dm \cdot \varrho \cdot \omega^2$ seiner einzelnen materiellen Punkte dm angegriffen anzusehen. Wie nun die infolge der Einwirkung dieser Kräfte im Schwungrad auftretenden Spannungen zu bestimmen sind, so ist das Sache der Festigkeitslehre und hier nicht weiter zu erörtern. Dagegen wollen wir hier noch die Biegung, welche die Radarme beim Anlassen der Maschine erfahren in Betracht ziehen und für einen

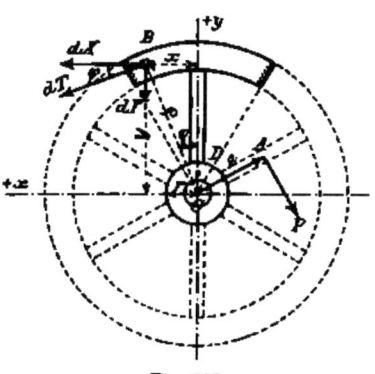

Fig. 327.

Radarm das grösste Biegungsmoment M_b berechnen.

Es sei P (Fig. 327) die am Hebelarm $CA = a$ wirkende Triebkraft, welche die Maschine in Bewegung setzt, und P_0 derjenige Theil von P, welcher nöthig ist, um die Maschine an die Grenze des Gleichgewichts zu bringen;

$\dfrac{d\omega}{dt}$ die durch den Kraftüberschuss $P - P_0$ bewirkte Winkelbeschleunigung der Schwungradwelle C;

m' die auf den Angriffspunkt A der Kraft P reducirte Masse der Maschine, alsdann hat man:

$$\frac{d\omega}{dt} = \frac{(P - P_0)a}{m'a^2} = \frac{P - P_0}{m'a}.$$

Nunmehr zerlegen wir durch Halbiren der Winkel, welche die Achsen der aufeinanderfolgenden Radarme, deren es n seien, mit einander einschliessen, in einzelne Sektoren und ziehen von diesen letzteren einen in Betracht. Für diesen bildet die durch die Mittellinie des dem Sektor angehörenden Radarmes und die Wellenachse gelegte Ebene eine Symmetralebene. Denkt man sich jetzt an den einzelnen materiellen Elementen des Schwungradsektors die Trägheitskräfte $dm \cdot \varrho \omega^2$ und $dm \cdot \varrho \cdot \dfrac{d\omega}{dt}$ wirkend, so haben die ersteren keinen Einfluss auf das dicht an der Nabe bei D eintretende grösste Biegungsmoment M_b des Radarmes. Die an dem materiellen Element dm bei B sich kundgebende Tangentialkraft $dT = dm \cdot \varrho \dfrac{d\omega}{dt}$ zerlegen wir in ihre Komponenten dY und dX parallel und senkrecht zur Mittellinie des Radarmes, worauf man mit den Bezeichnungen der Fig. 327 erhält:

$$dX = dT \cdot \cos\varphi = dm \cdot \varrho \cdot \frac{d\omega}{dt} \cos\varphi = \frac{d\omega}{dt} \cdot dm \cdot y$$

$$dY = dT \cdot \sin\varphi = dm \cdot \varrho \cdot \frac{d\omega}{dt} \sin\varphi = \frac{d\omega}{dt} \cdot dm \cdot x$$

und damit, wenn mit r der Halbmesser der Nabe des Schwungrades bezeichnet wird:

$$M_b = \Sigma dX(y - r) + \Sigma dY \cdot x = \frac{d\omega}{dt} \Sigma dm \cdot y(y - r) + \frac{d\omega}{dt} \Sigma dm \cdot x^2$$

$$= \frac{d\omega}{dt} [\Sigma dm(x^2 + y^2) - r \Sigma dm \cdot y] = \frac{d\omega}{dt} [\Sigma dm \cdot \varrho^2 - r \cdot y_0 \Sigma dm],$$

unter y_0 den Abstand des Schwerpunktes des Schwungradsektors von der Wellenachse C verstanden.

Ist endlich m_1 die Masse des ganzen Radkranzes, m_2 die Masse eines der n Radarme,

Θ_1 das Trägheitsmoment des ganzen Radkranzes und Θ_2 das Trägheitsmoment eines Radarmes in Bezug auf die Wellenachse C, so ergiebt sich schliesslich:

$$M_b = \frac{d\omega}{dt} \left[\frac{1}{n} \Theta_1 + \Theta_2 - r \cdot y_0 \left(\frac{1}{n} m_1 + m_2 \right) \right],$$

woraus sich die grösste Anstrengung des Radarmes berechnen lässt.